SÄCHSISCHE AKADEMIE DER WISSENSCHAFTEN
ZU LEIPZIG

JAHRBUCH
1975—1976

MIT 8 TAFELN UND 7 ABBILDUNGEN IM TEXT

AKADEMIE-VERLAG · BERLIN
1979

Nach dem Stand vom 31. Dezember 1976
Manuskript eingeliefert am 16. Dezember 1977
Druckfertig erklärt am 26. April 1979

Im Auftrage der Akademie
bearbeitet und herausgegeben
von Gerald Wiemers

Erschienen im Akademie-Verlag, DDR - 108 Berlin, Leipziger Straße 3—4

Lizenznummer: 202 · 100/57/79
Gesamtherstellung: VEB Druckhaus „Maxim Gorki“, 74 Altenburg
Bestellnummer: 753 405 0 (1011/75-76) · LSV 0725
Printed in GDR
DDR 48,— M

INHALT

Präsidium 5
Die Präsidenten, Vizepräsidenten, Sekretare und stellvertretenden Sekretare . . . 7
Archiv und Bibliothek 8
Wissenschaftliches Sekretariat 8

Mitglieder

Mathematisch-naturwissenschaftliche Klasse:

Ordentliche Mitglieder 9
Auswärtige Mitglieder 16

Philologisch-historische Klasse:

Ordentliche Mitglieder 23
Auswärtige Mitglieder 29

Todesfälle 38
Zuwahlen 42
Ehrungen 44
Gedenktage 47

Kommissionen

Mathematisch-naturwissenschaftliche Klasse:

Kommission für spezielle Umweltprobleme 49
Kommission für J. C. Poggendorff 80

Philologisch-historische Klasse:

Historische Kommission 81
Sprachwissenschaftliche Kommission 84

Zuschüsse 91
Vertreter der Akademie 93
Sitzungskalender 94
Ansprachen des Präsidenten bei öffentlichen Gesamtsitzungen 95
Bericht des Vizepräsidenten über den Stand der Arbeiten der Akademie 113
Kurzfassungen der Vorträge und Auszüge aus den Protokollen über die Sitzungen der Jahre 1975 und 1976 120
Veröffentlichungen der Akademie in den Jahren 1975 und 1976 156
Veröffentlichungen von Akademiemitgliedern in den Berichtsjahren 158

Nachrufe und Schriftenverzeichnisse

Mitglieder der mathematisch-naturwissenschaftlichen Klasse:

Anton Arland (Klaus Dörter) 203
Bibliographie 207
Gustav Hertz (Artur Lösche) 213
Bibliographie 216
Walter Brednow (Prof. Dr. Dietfried Jorke) 220
Bibliographie 223

Franz Hein (Friedrich Wolf) 229
Bibliographie 231
Karl Schmalfuß (Klaus Dörter) 239
Bibliographie 242
Werner Heisenberg (Friedrich Hund) 246
Bibliographie 249
Alexander N. Frumkin (Hermann Berg) 261
Bibliographie 264

Mitglieder der philologisch-historischen Klasse:

Johannes Jahn (Prof. Dr. Ernst Ullmann) 279
Bibliographie 282
Werner Krauss (Werner Bahner) 290
Bibliographie 300

Verzeichnis der mit der Akademie im Schriftentausch stehenden Körperschaften . 316

Abkürzungen 352
Namenregister 355
Zuwahlen 1978 361

PRÄSIDIUM

Präsident
Schwabe, Kurt, em. Prof. Dr.-Ing., Dr. rer. nat. h. c. mult.

Vizepräsident
Lehmann, Edgar, em. Prof. Dr. phil., Dr.-Ing. e. h.

Sekretar der mathematisch-naturwissenschaftlichen Klasse
Neef, Ernst, em. Prof. Dr. phil.

Stellvertr. Sekretar der mathematisch-naturwissenschaftlichen Klasse
Drischel, Hans, Prof. Dr. med.

Sekretar der philologisch-historischen Klasse
Große, Rudolf, Prof. Dr. phil.

Stellvertr. Sekretar der philologisch-historischen Klasse
Brüning, Eberhard, Prof. Dr. phil.

Růžička, Rudolf, Prof. Dr. phil.

DIE PRÄSIDENTEN, VIZEPRÄSIDENTEN, SEKRETARE UND STELLVERTRETENDEN SEKRETARE

seit der Wiedereröffnung am 8. Dezember 1948

Präsidenten

1948–1965 Theodor Frings
seit 1965 Kurt Schwabe

Vizepräsidenten

1948–1958 Ludwig Binder
1958–1959 Anton Arland in Stellvertretung
1959 Robert Schröder
1959–1962 Arthur Simon
1960–1965 Anton Arland
1962–1965 Ernst Neef in Stellvertretung
1965–1971 Ernst Neef
1966–1970 Siegfried Morenz
seit 1971 Edgar Lehmann

Die Sekretare der Klassen

Mathematisch-naturwissenschaftliche Klasse

1949–1960 Anton Arland
1960–1965 Ernst Neef
1965–1971 Rolf Emmrich
seit 1971 Ernst Neef

Philologisch-historische Klasse

1948–1965 Erwin Jacobi
1965–1971 Johannes Jahn
seit 1971 Rudolf Große

Die stellvertretenden Sekretare der Klassen

Mathematisch-naturwissenschaftliche Klasse

1949–1956 wurde das Amt nicht besetzt
1957–1958 Heinrich Bredt
1959–1960 Ernst Neef
1960–1965 Erich Strack
1965–1971 Peter Friedrich Matzen
1971–1974 Rolf Emmrich
seit 1974 Hans Drischel

Philologisch-historische Klasse

1949–1956 wurde das Amt nicht besetzt
1957–1958 Heinz Ladendorf
1958–1961 Siegfried Morenz
1961–1965 Edgar Lehmann
1965–1971 Gertrud Schubart-Fikentscher
1971–1976 Johannes Jahn
seit 1976 Eberhard Brüning

SATZUNG DER AKADEMIE

siehe Jahrbuch 1969–1970 (Berlin 1972) S. 9–13

ARCHIV

701 Leipzig, Goethestraße 3—5, Tel. 292886
Archivare: Dipl. phil. Elisabeth Lea, Diplom-Archivar/Diplom-Historiker Gerald Wiemers.

BIBLIOTHEK

Bibliothekar im Nebenamt: Dr. Dietmar Debes, wissenschaftlicher Bibliothekar an der Universitätsbibliothek Leipzig, 701 Leipzig, Beethovenstraße 6, Tel. 34391
Bibliothekarin im Nebenamt: Jutta Sporleder
Magazinverwalter: Paul Tottermusch

WISSENSCHAFTLICHES SEKRETARIAT

701 Leipzig, Goethestraße 3—5, Tel. 281081
Wiss. Sekretär: Dipl. paed. Manfred Kobialka
Kaderleiterin: Inge Partikel
Haushaltbearbeiterin: Sigrid Westmeier
Sekretärin: Marianne Zabelt
Angestellte: Hilda Hilse, Dieter Frede

VERLAG DER AKADEMIE

Akademie-Verlag, 108 Berlin, Leipziger Straße 3—4, Tel 22360

VERTRAGSHEIM DER AKADEMIE

Kurhaus 6113 Masserberg, Tel. Masserberg/Thür. 221

MITGLIEDER

(Die eingeklammerten Zahlen bedeuten das Datum der Zuwahl)

Ordentliche Mitglieder der mathematisch-naturwissenschaftlichen Klasse

Beckert, Herbert, Dr. phil., o. Professor für Mathematik (Analysis) an der Karl-Marx-Universität Leipzig, Nationalpreisträger, Inhaber der Ehrennadel der Karl-Marx-Universität, Mitglied der Deutschen Akademie der Naturforscher Leopoldina in Halle, der Mathematischen Gesellschaft der DDR in Berlin und der Österreichischen Mathematischen Gesellschaft in Wien, geb. 12. X. 1920 in Colmnitz, Kreis Freital, 7113 Markkleeberg, Raschwitzerstraße 12, Tel. Leipzig 31205 (17. X. 1975).

Berg, Hermann, Dr. rer. nat., Prof. für physikalische Chemie an der Akademie der Wissenschaften der DDR, Zentralinstitut für Mikrobiologie und experimentelle Therapie in Jena, Leiter der Abt. Biophysikochemie und der URANIA Gruppe der Akademieinstitute in Jena, Inhaber der Heyrovský-Medaille des Heyrovský-Instituts für Polarographie der Tschechoslowakischen Akademie der Wissenschaften in Prag, Mitglied der Ges. für mathematische und physikalische Biologie der DDR, der International Society of Electrochemistry (ISE) und der American Society for Photobiology, geb. 16. VII. 1924 in Greifswald, 69 Jena, Greifbergstraße 15, Tel. 24817 (28. VI. 1971).

Bethge, Heinz, Dr. rer. nat., Professor mit vollem Lehrauftrag für Physik an der Martin-Luther-Universität Halle—Wittenberg, Direktor des Instituts für Festkörperphysik und Elektronenmikroskopie der Akademie der Wissenschaften der DDR in Halle, Nationalpreisträger, Inhaber der Verdienstmedaille der DDR und der Carus-Medaille der Deutschen Akademie der Naturforscher Leopoldina in Halle, o. Mitglied der Akademie der Wissenschaften der DDR, korresp. Mitglied der Bayerischen Akademie der Wissenschaften in München, Mitglied und Präsident der Deutschen Akademie der Naturforscher Leopoldina in Halle, Mitglied der Physikalischen Gesellschaft der DDR, der International Organization for Crystal Growth (IOCG) und des International Thin Film Committee (ITFC), geb. 15. X. 1919 in Magdeburg, 402 Halle (Saale), Ginsterweg 15, Tel. 24659 (17. X. 1975).

Buchheim, Wolfgang, Dr. phil., em. o. Professor für theoretische Physik der Bergakademie Freiberg, Mitglied der Kommission für spezielle Umweltprobleme der Akademie und der Deutschen Akademie der Naturforscher Leopoldina in Halle, berufener ständiger Gast der Klasse „Umweltschutz und Umweltgestaltung“ der Akademie der Wissenschaften der DDR, Mitglied der Permanenten Kommission für die Festerdegezeiten der Internationalen Association für Geodäsie in Strasbourg, geb. 18. X. 1909 in Leipzig, 92 Freiberg (Sachsen) Richard-Wagner-Straße 25, Tel. 48383 (7. XII. 1959).

Busch, Karl-Franz, Dr.-Ing., Dr.-Ing. E. h. (Freiberg) Diplom-Gewerbelehrer, o. Professor für Wasserversorgung und Abwasserbehandlung an der TU Dresden, Direktor der Sektion Wasserwesen der TU Dresden und Leiter des Wissenschaftsbereiches Wasserversorgung und Abwasserbehandlung, Träger des Vaterländischen Verdienstordens in Bronze, Held der sozialistischen Arbeit, Verdienter Techniker des Volkes, Träger der Goldenen Ehrennadel der Kammer der Technik, Mitglied der Deutschen Agrarwissenschaftlichen Gesellschaft, o. Mitglied des Forschungsrates der DDR, geb. 22. III. 1917 in Oberhausen, 8053 Dresden, Waldparkstraße 2, Tel. 31743 (25. III. 1977).

Dörter, Klaus, Dr. agr. (Wissenschaftsgebiet Grünland und Meliorationswesen sowie Landeskultur), o. Professor für landwirtschaftliche Meliorationen an der Martin-Luther-Universität Halle—Wittenberg, Inhaber der Verdienstmedaille der DDR, der Erinnerungsmedaille zum 20. Jahrestag der Demokratischen Bodenreform, der Ehrennadel in Gold der Agrarwissenschaftlichen Gesellschaft und der Erinnerungsmedaille der Landwirtschaftlichen Hochschulen Póznan und Nitra, Mitglied der Kommission für spezielle Umweltprobleme der Akademie, der Agrarwissenschaftlichen Gesellschaft der DDR, der Bodenkundlichen Gesellschaft der DDR, der Internationalen Bodenkundlichen Gesellschaft in Amsterdam/Holland und der Sektion Landeskultur und Naturschutz der Akademie der Landwirtschaftswissenschaften der DDR, Mitarbeiter der Arbeitsgruppe „Ökologie" der Klasse „Umweltschutz und Umweltgestaltung" bei der Akademie der Wissenschaften der DDR, geb. 10. I. 1922 in Breslau, 402 Halle/S., Elsa-Brändström-Straße 190, Tel. 45211 (18. VI. 1974).

Drischel, Hans, Dr. med., o. Professor für Physiologie an der Karl-Marx-Universität Leipzig, Nationalpreisträger, o. Mitglied der Akademie der Wissenschaften der DDR, der Deutschen Akademie der Naturforscher Leopoldina in Halle, der New York Academy of Sciences, Ehrenmitglied der Allunionsgesellschaft der Physiologen der UdSSR „I. P. Pawlow", geb. 8. VI. 1915 in Köln, 7027 Leipzig, Güldengossaer Straße 33, Tel. 80923 (7. XII. 1964).

Eßbach, Hasso, Dr. med., em. o. Professor für pathologische Anatomie an der Medizinischen Akademie Magdeburg und an der Deutschen Akademie für Ärztliche Fortbildung Berlin, Gründungsrektor der Medizinischen Akademie Magdeburg, Träger des Vaterländischen Verdienstordens, Inhaber des Rudolf-Virchow-Preises des Ministeriums für Gesundheitswesen, der Humboldt-Medaille des Ministeriums für Hoch- und Fachschulwesen in der DDR und der Otto-v.-Guericke-Plakette der Stadt Magdeburg, Mitglied der Deutschen Gesellschaft für Pathologie in Münster, der Gesellschaft für Experimentelle Medizin in der DDR in Berlin, der Gesellschaft für Pathologie der DDR in Berlin, der Gesellschaft für Perinatale Medizin der DDR in Halle, der Gesellschaft für Neuropathologie der DDR in Leipzig, der Deutschen Gesellschaft für Elektronenmikroskopie in Düsseldorf, geb. 9. III. 1919 in Chemnitz, 3271 Möser über Burg bei Magdeburg, Kastanienallee 5, Tel. 274 (24. V. 1965).

Freimuth, Ulrich, Dr. rer. nat., o. Professor für Lebensmittelchemie an der TU Dresden, Mitglied der Kommission für spezielle Umweltprobleme der Akademie, Inhaber der Verdienstmedaille der DDR, der Kekulé-Medaille der Chemischen Gesellschaft und der Pettenkofer-Medaille der Gesellschaft für Allgemeine und kommunale Hygiene in der DDR, Mitglied der Chemischen Gesellschaft der DDR und Vorsitzender des Fachverbandes Lebensmittelchemie dieser Gesellschaft, Mitglied der Biochemischen Gesellschaft und der Gesellschaft für Ernährung, Ehrenmitglied des Ungarischen Wissenschaftlichen Vereins für Lebensmittelindustrie, geb. 16. X. 1914 in Wismar, 8020 Dresden, Berner Straße 1, Tel. 40644 (28. VI. 1971).

Gersch, Manfred, Dr. phil., em. o. Professor für Zoologie an der Friedrich-Schiller-Universität Jena, Nationalpreisträger, Inhaber des Heinrich-Greif-Preises der DDR, Mitglied der Kommission für spezielle Umweltprobleme der Akademie, o. Mitglied der Akademie der Wissenschaften der DDR, Mitglied der Deutschen Akademie der Naturforscher Leopoldina in Halle, der Biologischen Gesellschaft in der DDR, der Gesellschaft für Neurowissenschaften der DDR und der International Brain Research Organisation (IBRO) der UNESCO, Gründungsmitglied der European Society for Comporative Endocrinology in Bristol/Großbritannien, Ehrenmitglied der Entomologischen Gesellschaft der UdSSR, geb. 12. VIII. 1909 in Dresden, 69 Jena, Beethovenstraße 8, Tel. 23518 (11. XII. 1961).

Görlich, Paul. Dr.-Ing., Dr. rer. nat. h. c. (Leipzig), Professor, ehemal. Direktor für Forschung und Entwicklung des VEB Carl Zeiss Jena, Nationalpreisträger, Verdienter Techniker des Volkes, Inhaber des Vaterländischen Verdienstordens in Silber, der Goldenen und Silbernen Ehrennadel der Kammer der Technik und der Lenin-Erinnerungsmedaille des Obersten Sowjets der UdSSR, Ehrensenator der TH Karl-Marx-Stadt, Mitglied der Kommission für spezielle Umweltprobleme der Akademie, o. Mitglied der Akademie der Wissenschaften der DDR, em. Direktor am Institut für Optik und Spektroskopie dieser Akademie, Mitglied der Deutschen Akademie der Naturforscher Leopoldina in Halle, Vorstandsmitglied der Physikalischen Gesellschaft der DDR und der Deutschen Gesellschaft für Meßtechnik und Automatisierung in der DDR, Mitglied der Royal Microscopical Society in London—Oxford, geb. 7. X. 1905 in Dresden, 69 Jena, Schillbachstraße 24, Tel. 24496 (15. III. 1965).

Hanson, Horst, Dr. med., em. o. Professor für Biochemie, ehemal. Direktor des physiologisch-chemischen Instituts der Martin-Luther-Universität Halle—Wittenberg, Inhaber der Verdienstmedaille der Martin-Luther-Universität Halle—Wittenberg, der Carus-Medaille der Deutschen Akademie der Naturforscher Leopoldina und des Carus-Preises der Stadt Schweinfurt (1970), Mitglied der Deutschen Akademie der Naturforscher Leopoldina in Halle, Generalsekretär und Präsidiumsmitglied dieser Akademie, geb. 5. VI. 1911 in Lauchhammer, 4014 Halle (Saale), Straße der Deutsch-Sowjetischen Freundschaft Nr. 93, Tel. 29324 (7. XII. 1959). † 3. VII. 1978.

Jordan, Herbert, Dr. med., Honorarprofessor für Physiotherapie an der Friedrich-Schiller-Universität Jena, Direktor des Forschungsinstituts für Balneologie und Kurortwissenschaft in Bad Elster, Obermedizinalrat, Träger der Hufeland-Medaille in Gold und der Medaille für treue Dienste im Gesundheits- und Sozialwesen in Gold, Mitglied der Gesellschaft für Innere Medizin, Kardiologie, Physiotherapie und Rheumatologie in der DDR, Mitglied der Internationalen Gesellschaft für Biologische Rhythmusforschung, Ehrenmitglied der Medizinisch-Wissenschaftlichen Allunionsgesellschaft für Physiotherapie und Kurortologie der UdSSR, der Bulgarischen Gesellschaft für Physikalische Therapie, Kurortologie und Rehabilitation, der Československá fyziatrická spoločnost', und der Polnischen Gesellschaft für Balneologie, Bioklimatologie und Physikalische Therapie, geb. 8. XII. 1919 in Markneukirchen (Vogtland), 9933 Bad Elster, Karl-Marx-Straße 30, Tel. 467 (18. VI. 1974).

Keller, Ott-Heinrich, Dr. phil. nat., em. o. Professor für Mathematik an der Martin-Luther-Universität Halle—Wittenberg, Nationalpreisträger, Mitglied der Deutschen Akademie der Naturforscher Leopoldina in Halle, geb. 22. VI. 1906 in Frankfurt (Main), 402 Halle (Saale) Dölauer Straße 82, Tel. 31480 (15. IX. 1958).

Lösche, Artur, Dr. phil., o. Professor für experimentelle Physik an der Karl-Marx-Universität Leipzig, Nationalpreisträger, Inhaber des Vaterländischen Verdienstordens in Bronze, o. Mitglied der Akademie der Wissenschaften der DDR, Mitglied der Deutschen

Akademie der Naturforscher Leopoldina in Halle, Mitglied des Executive Committee der European Physical Society und des Vorstandes der Groupement AMPERE (Internationale Gesellschaft für HF-Spektroskopie), geb. 20. X. 1921 in Leipzig, 7027 Leipzig, Egon-Erwin-Kisch-Weg 35, Tel. 8612553 (24. V. 1965).

Lueken, Bernd Lüder, Dr. med., o. Professor für Physiologie an der Martin-Luther-Universität Halle—Wittenberg, Mitglied der Deutschen Akademie der Naturforscher Leopoldina in Halle, der Gesellschaft für theoretische Medizin und Grenzgebiete Sachsen-Anhalt und der Gesellschaft der Physiologen in der DDR, geb. 8. VIII. 1908 in Rüstringen (Oldenburg), 402 Halle (Saale), Rathenauplatz 14, Tel. 26501 (7. XII. 1964). † 10. IX. 1978.

Matzen, Peter Friedrich, Dr. med., em. o. Professor für Orthopädie an der Karl-Marx-Universität Leipzig, Verdienter Arzt des Volkes, Inhaber der Priorev-Medaille und des Erich-Lexer-Preises der Deutschen Gesellschaft für Chirurgie bzw. der Deutschen Gesellschaft für Orthopädie und Traumatologie 1974, Mitglied der Deutschen Akademie der Naturforscher Leopoldina in Halle und Senator dieser Akademie, Mitglied der Société Internationale de Chirurgie orthopédique et de Traumatologie in Brüssel, korresp. Mitglied der Società Italiana die Ortopedia e Traumatologia in Rom und der Polnischen Gesellschaft für Osteologie, Fellow of the International College of Surgeons in Chicago, Ehrenmitglied der Bulgarischen Orthopädischen Gesellschaft, der Gesellschaft für Orthopädie der DDR, der Deutschen Gesellschaft für Orthopädie und Traumatologie und der Vereinigung der Orthopäden Österreichs in Wien, geb. 11. X. 1909 in München, 701 Leipzig, Semmelweisstraße 10, Tel. 85848 (7. XII. 1964).

Mothes, Kurt, Dr. phil., Dr. med. h. c. (Halle—Wittenberg), Dr. agr. h. c. (Kiel), Dr. phil. h. c. (Wien), Dr. rer. nat. h. c. (Halle—Wittenberg, Greifswald), Dr. pharm. h. c. (Szeged/Ungarn), em. Professor mit Lehrstuhl für Botanik, Pharmakognosie und Biochemie der Pflanzen an der Martin-Luther-Universität Halle—Wittenberg, Nationalpreisträger, Hervorragender Wissenschaftler des Volkes, Träger des Vaterländischen Verdienstordens und des Österreichischen Ehrenzeichens für Wissenschaft und Kunst, Mitglied des Ordens Pour le mérite für Verdienste um die Wissenschaft und um die Künste, Inhaber des Ordens „Banner der Arbeit", der Cothenius-Medaille der Deutschen Akademie der Naturforscher Leopoldina, der Döbereiner-Medaille der Pharmazeutischen Gesellschaft der DDR, der Otto-Warburg-Medaille der Gesellschaft für Physiologische Chemie in Berlin-Dahlem, der Carl-Mannich-Medaille der Deutschen Pharmazeutischen Gesellschaft Berlin, der Hoest-Madsen-Medaille der Fédération Internationale Pharmaceutique, der goldenden Gregor-Mendel-Medaille der Tschechoslowakischen Akademie der Wissenschaften, der Pazmany-Medaille der Universität Budapest, der Paul-Karrer-Medaille der Universität Zürich, der silbernen Medaille der Académie Nationale de Médecine de France, der August-Kekulé-Medaille der Chemischen Gesellschaft in der DDR, der Charles Reid-Barnes Honorary Life Membership of the American Society of Plant Physiologists, Mitglied der Kommission für spezielle Umweltprobleme der Akademie, Alt-Präsident der Deutschen Akademie der Naturforscher Leopoldina in Halle, o. Mitglied der Akademie der Wissenschaften der DDR und em. Direktor des Instituts für Biochemie der Pflanzen dieser Akademie, korresp. Mitglied der Heidelberger Akademie der Wissenschaften, der Akademie der Wissenschaften und der Literatur in Mainz, der Bayerischen Akademie der Wissenschaften in München, der Rumänischen Akademie der Wissenschaften in Bukarest, der Rajasthan Academy of Sciens in Pilani (Indien) und der kungl. Vetenskaps-Societen in Uppsala, ausländisches

Mitglied der Akademie der Wissenschaften der UdSSR, der Royal Society in London, der französischen Academie de Pharmacie in Paris und der Académie Nationale de Médicine de France in Paris, Ehrenmitglied der math.-nat. Klasse der Österreichischen Akademie der Wissenschaften in Wien, der Japanischen Akademie der Wissenschaften in Tokio, des Gesamtverbandes der Ungarischen Medizinisch-Wissenschaftlichen Gesellschaften in Budapest, der American Society of Plant Physiologists in Ithaca und der American Society of Pharmacognosy in Storrs/Conn., Mitglied der American Chemical Society in Washington, der Fédération Internationale Pharmaceutique in Amsterdam, der British Society for Experimental Biology in London, der Japanese Society of Plant Physiologists in Tokio, der Societas Physiologiae Plantarum Scandinavica in Lund, der Deutschen Arzneibuch-Kommission in Berlin und des Kuratoriums der Flückiger-Stiftung in Bern, Ehrenmitglied der Deutschen Vereinigung für angewandte Botanik in Berlin-Dahlem, der Indian Society of Plant Physiologists in New Delhi, der Indian Botanical Society in Bombay, der Sowjetischen Botanischen Allunionsgesellschaft in Leningrad, der Biologischen Gesellschaft der DDR, der Gesellschaft für Arzneipflanzenforschung (Camberg, BRD), der Gesellschaft Deutscher Chemiker der Bundesrepublik Deutschland, der Biochemischen Gesellschaft der DDR und der Pharmazeutischen Gesellschaft der DDR, Ehrensenator der Martin-Luther-Universität Halle—Wittenberg, geb. 3. XI. 1900 in Plauen (Vogtland), 402 Halle (Saale), Hoher Weg 23, Tel. 21717 (10. V. 1954).

Neef, Ernst, Dr. phil., em. o. Professor für Geographie an der Technischen Universität Dresden, Inhaber der Verdienstmedaille der DDR, der Hermann-Haack-Medaille der Geographischen Gesellschaft in der DDR, der Verdienstmedaille der Polnischen Geographischen Gesellschaft und der Goldenen Carl-Ritter-Medaille der Gesellschaft für Erdkunde in Berlin (West-), Vorsitzender der Kommission für spezielle Umweltprobleme und der Poggendorff-Kommission der Akademie, Mitglied der Deutschen Akademie der Naturforscher Leopoldina in Halle, Ehrenmitglied der Geographischen Gesellschaft der DDR, der Österreichischen Geographischen Gesellschaft in Wien und der Ungarischen Geographischen Gesellschaft in Budapest, korresp. Mitglied der Geographischen Gesellschaft in München, geb. 16. IV. 1908 in Dresden, 8019 Dresden, Florian-Geyer-Straße 44/032, Tel. 693415 (17. XI. 1956).

Obenaues, Fritz, Dr.-Ing., em. Professor mit Lehrstuhl für Hochspannungstechnik an der Technischen Universität Dresden, Nationalpreisträger, Verdienter Techniker des Volkes, Träger des Vaterländischen Verdienstordens, o. Mitglied der Akademie der Wissenschaften der DDR, geb. 9. XII. 1904 in Niedersedlitz, 8020 Dresden, Donndorfstraße 37, Tel. 41331 (7. XII. 1959).

Oelßner, Wilhelm, Dr. med., o. Professor für Radiologie an der Karl-Marx-Universität Leipzig, Verdienter Arzt des Volkes, Träger des Vaterländischen Verdienstordens in Bronze, Inhaber der Ehrenplakette der Deutschen Gesellschaft für klinische Medizin und der Ehrennadel der Karl-Marx-Universität Leipzig, Mitglied der Deutschen Akademie der Naturforscher Leopoldina in Halle, der Gesellschaft für Medizinische Radiologie der DDR und der Gesellschaft für Geschwulstbekämpfung der DDR, korresp. Mitglied der Deutschen Röntgengesellschaft und Ehrenmitglied der Tschechoslowakischen Radiologischen Gesellschaft, geb. 3. III. 1920 in Leipzig, 7124 Holzhausen (Sachsen), Richard-Wagner-Straße 15, Tel. Leipzig 2012363 (17. X. 1975).

Paetzold, Roland, Dr. rer. nat., o. Professor für anorganische Chemie an der Friedrich-Schiller-Universität Jena, Inhaber der Verdienstmedaille der DDR und der Friedrich-

Schiller-Universität Jena in Silber, Mitglied des Präsidiums der Deutschen Akademie der Naturforscher Leopoldina in Halle, Mitglied der Chemischen Gesellschaft der DDR, geb. 13. VII. 1931 in Großhartmannsdorf, 69 Jena, Wilhelm-Stade-Straße 4, Tel. 23206 (25. III. 1977)

Rammler, Erich, Dr.-Ing., Dr.-Ing. E. h. (Aachen), em. Professor mit Lehrstuhl für Brennstofftechnik, Wärmewirtschaft und Brikettierung an der Bergakademie Freiberg, Nationalpreisträger, Hervorragender Wissenschaftler des Volkes, Verdienter Bergmann der DDR, Träger des Vaterländischen Verdienstordens in Silber und Gold, Inhaber der Carl-Exter-Medaille, der Karl-Kegel-Medaille der ehemaligen Brennstofftechnischen Gesellschaft in der DDR und der Medaille für Verdienste in der Kohlenindustrie der DDR in Gold, o. Mitglied der Akademie der Wissenschaften der DDR, Ehrenmitglied der ehemaligen Gesellschaft Deutscher Berg- und Hüttenleute und der ehemaligen Brennstofftechnischen Gesellschaft in, der DDR, Ehrensenator der Bergakademie Freiberg, geb. 9. VII. 1901 in Tirpersdorf (Vogtland), 92 Freiberg, Richard-Wagner-Straße 12, Tel. 48812 (15. IX. 1958).

Ries, Werner, Dr. med., o. Professor für Innere Medizin-Gerontologie an der Karl-Marx-Universität Leipzig, Obermedizinalrat, Träger der Medaille für treue Dienste im Gesundheits- und Sozialwesen in Silber und Gold, des Preises für Medizin „Dr. Margarete Blank“ der Stadt Leipzig, der Reiman-Medaille für präventive Medizin der Slowakischen Ärzte-Gesellschaft in Bratislava und des Ehrenpreises der Gesellschaft für Gerontologie der DDR, Mitglied der Gesellschaft für Innere Medizin der DDR, der Gesellschaft für Gerontologie der DDR, der Gesellschaft für Ernährung der DDR und der Gesellschaft für Endokrinologie und Stoffwechselkrankheiten der DDR, Ehrenmitglied der Sektion Ernährung der Bulgarischen Wissenschaftlichen Gesellschaft, der Gesellschaft für Alternsforschung der DDR und Vorstandsmitglied dieser Gesellschaft, geb. 20. III. 1921 in Nürnberg, 703 Leipzig, Hermann-Schein-Straße 3, Tel. 311720 (25. III. 1977).

Schwabe, Kurt, Dr.-Ing., Dr. rer. nat. h. c. (Dresden, Karl-Marx-Stadt, Merseburg), em. Professor mit Lehrstuhl für physikalische Chemie und Elektrochemie an der TU Dresden, Nationalpreisträger, Hervorragender Wissenschaftler des Volkes, Verdienter Hochschullehrer der DDR 1976, Held der Arbeit, Träger des Vaterländischen Verdienstordens, des Ordens „Banner der Arbeit“, der Goldenen Ehrennadel und der Ernst-Abbe-Medaille der Kammer der Technik, der Hans-Clemm-Gedenkmünze des Vereins der Zellstoff- und Papiertechniker und -ingenieure, der Clemens-Winkler-Medaille der Chemischen Gesellschaft in der DDR und der Arthur-Becker-Medaille der Freien Deutschen Jugend in Gold, Inhaber des Preises 1. Stufe der TU Dresden anläßlich des 150jährigen Bestehens der TU Dresden, Mitglied des Forschungsrates der DDR in Berlin, Vorsitzender des wissenschaftlich-technischen Rates des Koordinationszentrums der RGW-Länder für Korrosionsschutz, Direktor des Forschungsinstituts Meinsberg (Entwicklungslabor der Technischen Universität Dresden), Mitglied der Kommission für spezielle Umweltprobleme der Akademie, o. Mitglied und Vizepräsident der Akademie der Wissenschaften der DDR, Mitglied der Deutschen Akademie der Naturforscher Leopoldina in Halle, korrespl Mitglied der Jugoslavischen Akademie der Wissenschaften und Künste in Zagreb und der mathematisch-naturwissenschaftlichen Klasse der Österreichischen Akademie der Wissenschaften in Wien, auswärtiges Mitglied der Bulgarischen Akademie der Wissenschaften in Sofia, Mitglied der Electrochemical Society in New York, der Faraday Society in London, der International Society of

Electrochemistry (ISE) in Genf und nationaler Sekretär dieser Society, Mitglied des International Corrosion Council und der Chemischen Gesellschaft in der DDR in Berlin, Mitglied des Wissenschaftlichen Rates der Hauptforschungsrichtung Elektrochemie der TU Dresden und Senatsmitglied dieses Rates, Ehrenmitglied der Kammer der Technik in Berlin und der Gesellschaft für Strahlenschutz der DDR in Berlin, geb. 29. V. 1905 in Reichenbach (Vogtland), Meinsberg/Sa., Post 7305 Waldheim, Tel. Waldheim 665 (11. XII. 1950).

Strack, Erich, Dr. med., Dr. phil., Dr. med. h. c. (Leipzig und Rostock), Dr. rer. nat. h. c. (Leipzig), Diplom-Chemiker, em. Professor mit Lehrstuhl für physiologische Chemie an der Karl-Marx-Universität Leipzig, Nationalpreisträger, Träger des Vaterländischen Verdienstordens, Mitglied der Kommission für spezielle Umweltprobleme und der Poggendorff-Kommission der Akademie, Mitglied der Deutschen Akademie der Naturforscher Leopoldina in Halle, Ehrenmitglied der Biochemischen Gesellschaft in der DDR, Ehrensenator der KMU, geb. 20. XI. 1897 in Wollin (Pommern), 701 Leipzig, Phillipp-Rosenthal-Straße 19, Tel. 35081 (14. II. 1949).

Stubbe, Hans, Dr. agr., Dr. agr. h. c. (Berlin, Jena und Kraków), Dr. Sc. h. c. (Brno), em. Professor mit Lehrstuhl für allgemeine und spezielle Genetik an der Martin-Luther-Universität Halle—Wittenberg, Nationalpreisträger, Hervorragender Wissenschaftler des Volkes, Träger des Vaterländischen Verdienstordens, des Ordens „Banner der Arbeit", der Helmholtz-Medaille der Akademie der Wissenschaften der DDR, der Darwin-Plakette der Deutschen Akademie der Naturforscher Leopoldina, der Alexander-Humboldt-Gedenkmedaille der DDR, der Gregor-Mendel-Medaille der Tschechoslowakischen Akademie der Wissenschaften, der Erwin-Baur-Medaille der Akademie der Landwirtschaftswissenschaften der DDR und der Purkyně-Medaille der Universität Brno, Ehrenpräsident der Akademie der Landwirtschaftswissenschaften der DDR, o. Mitglied der Akademie der Wissenschaften der DDR, em. Direktor des Zentralinstituts für Genetik und Kulturpflanzenforschung Gatersleben dieser Akademie, Mitglied der Deutschen Akademie der Naturforscher Leopoldina in Halle, ausländ. Mitglied der W. I. Lenin-All-Unions-Akademie für Landwirtschaftswissenschaften in Moskau, der Rumänischen Akademie der Wissenschaften in Bukarest, der Bulgarischen Akademie der Wissenschaften und der Bulgarischen Akademie der Landwirtschaftswissenschaften in Sofia, der Polnischen Akademie der Wissenschaften in Warschau, Ehrenmitglied der Ungarischen Akademie der Wissenschaften in Budapest, der All-Unions-Botanischen Gesellschaft der UdSSR, der Schwedischen Saatzuchtgesellschaft Svalöf, der Mendel-Gesellschaft in Lund, der Biologischen Gesellschaft und der Agrarwissenschaftlichen Gesellschaft in der DDR, geb. 7. III. 1902 in Berlin, 4325 Gatersleben, Schmiedestraße 1, Tel. 212 (13. II. 1950).

Uhlmann, Dietrich, Dr. rer. nat., Prof. für Hydrobiologie an der TU Dresden, Mitglied der Kommission für spezielle Umweltprobleme der Akademie, des International Council of Scientific Unions (ISCU) und des International Council der International Association of Theoretical and Applied Limnology, Leitungsmitglied der Sektion Ökologie und Vorsitzender der Arbeitsgruppe Hydrobiologie der Biologischen Gesellschaft der DDR in Berlin, Mitglied des Nationalkomitees der DDR für das Internationale Hydrologische Programm, Mitglied des Nationalkomitees der DDR im Wissenschaftlichen Komitee für Umweltprobleme (SCOPE) und des Herausgeberstabes der „Internationalen Revue der gesamten Hydrobiologie" in Berlin, geb. 4. VIII. 1930 in Chemnitz, 8021 Dresden, Schlüterstraße 19, Tel. 32856 (28. VI. 1971).

Watznauer, Adolf, Dr. rer. nat., em. o. Professor für Geologie an der Bergakademie Freiberg, Hervorragender Wissenschaftler des Volkes, Inhaber des Fourmarier-Preises (1972) in Gold der Académie Royale des Sciences des Lettres et des Beaux-Arts de Belgique in Brüssel und der Humboldt-Medaille, Mitglied der Kommission für spezielle Umweltprobleme der Akademie, o. Mitglied der Akademie der Wissenschaften der DDR und Mitglied der problemgebundenen Klassen „Umweltschutz und Umweltgestaltung“ und „Physik in Naturwissenschaft und Technik“ dieser Akademie, Mitglied der Deutschen Akademie der Naturforscher Leopoldina in Halle, korresp. Mitglied der Geologischen Gesellschaft in Wien und Ehrenmitglied der Geologischen Gesellschaft der ČSSR und der Gesellschaft für Geologische Wissenschaften der DDR, geb. 29. IV. 1907 in Reichenberg in Böhmen, 9030 Karl-Marx-Stadt, Dieselstraße 8, Postschließfach 30 (18. XII. 1972).

Wolf, Friedrich, Dr. rer. nat., Dr. rer. nat. h. c. (Poznań), o. Professor für Technische Chemie an der Martin-Luther-Universität Halle—Wittenberg, Nationalpreisträger 1958 und 1966, Träger des Ordens „Banner der Arbeit“ und der Ehrenmedaillen der Universitäten Halle/S., Poznań, Bratislava und Bagdad, korresp. Mitglied der Akademie der Wissenschaften der DDR in Berlin, Mitglied der Chemischen Gesellschaft der DDR in Berlin und der Faraday Society in London, geb. 9. II. 1920 in Leipzig, 7031 Leipzig, Karl-Heine-Straße 4b, Tel. 484415 (18. VI. 1974).

Auswärtige Mitglieder der mathematisch-naturwissenschaftlichen Klasse

Bredt, Heinrich, Dr. med., em. o. Professor für allgemeine Pathologie und pathologische Anatomie an der Johannes-Gutenberg-Universität Mainz, Nationalpreisträger, Mitglied der Akademie der Wissenschaften und der Literatur in Mainz, auswärt. Mitglied der Akademie der Wissenschaften der DDR, Mitglied der Deutschen Akademie der Naturforscher Leopoldina in Halle, geb. 29. I. 1906 in Oberneudorf (Siebenbürgen), 65 Mainz, Fintherlandstraße 58, Tel. 42417 (12. II. 1951).

Buchner, Paul, Dr. phil., Dr. med. h.c. (München), Dr. Sc. biol. h. c. (Pavia), Dr. rer. nat. h. c. (Greifswald), em. o. Professor für Zoologie an der Ludwig-Maximilians-Universität München, Träger des großen Verdienstkreuzes der Bundesrepublik Deutschland, der Carus-Medaille der Deutschen Akademie der Naturforscher Leopoldina in Halle und der Erzherzog-Rainer-Medaille der Österreichischen Zoologisch-Botanischen Gesellschaft, Ehrenbürger von Ischia, Ehrenpräsident des Centro di Studio sull'Isola d'Ischia, korresp. Mitglied der Bayerischen Akademie der Wissenschaften in München und der Dansk Naturhistorisk Forening, Mitglied der Deutschen Akademie der Naturforscher Leopoldina in Halle und der Accademia delle Scienze in Neapel, Ehrenmitglied des Naturwissenschaftlichen Vereins für Vorpommern und Rügen und der Deutschen Zoologischen Gesellschaft in Tübingen, geb. 12. IV. 1886 in Nürnberg, Porto d'Ischia (Napoli), Via S. Alessandro (6. VI. 1935). † 19. X. 1978

Budevski, Evgeni Bogdanov, Dr. rer. nat., Professor für Chemie und Elektrochemie bei der Bulgarischen Akademie der Wissenschaften in Sofia, Zentrallaboratorium für elektrochemische Stromquellen, Inhaber des Staatspreises „Georgi Dimitrov“ für Wissenschaft und der Auszeichnung „100 Jahre Bulgarische Akademie der Wissenschaften“, Träger des Ordens „Kirill und Metodi“ 1. und 2. Stufe, Mitglied der Bulgarischen

Akademie der Wissenschaften in Sofia, Mitglied und Vizepräsident 1975 bis 1977 der International Society of Electrochemistry (ISE), geb. 29. VII. 1922 in Sofia, Sofia 1113, Bul. Samokov 82, Tel. Institut 723454 (9. XI. 1974).

Dabelow, Adolf, Dr. med. et. phil. et. nat., Dr. med. h. c. (Salamanca), em. o. Professor für Anatomie an der Johannes-Gutenberg-Universität Mainz, o. Mitglied der Akademie der Wissenschaften und der Literatur in Mainz, korresp. Mitglied der Bayerischen Akademie der Wissenschaften in München, geb. 28. VI. 1899 in Magdeburg, 78 Freiburg/Breisgau, Sautierstraße 75, Postfach 352 (24. VI. 1944).

Fejes Tóth, László, Dr. phil., Professor, Direktor des Mathematischen Forschungsinstituts der Ungarischen Akademie der Wissenschaften in Budapest, Kossuth- und Staatspreisträger, Mitglied der Ungarischen Akademie der Wissenschaften in Budapest, auswärt. Mitglied der AdW der DDR, geb. 12. III. 1915 in Szeged, 1025 Budapest, Pusztaszeri út. 32, Tel. 688636 (13. VI. 1966).

Gerasimov, Innokentii Petrovich, Dr. der geographischen Wissenschaften, em. Professor für Geographie an der Lomonossow-Universität in Moskau, Vizepräsident der International Geographical Union, Inhaber des Lenin-Ordens, des Ordens Roter Stern und des Dimitroff-Preises der VR Bulgarien, Träger der Goldenen Dokučaev-Medaille, der Goldenen Przenalski-Medaille und der Moritz-Wilhelm-Drobisch-Medaille der Sächsischen Akademie, Mitglied der Deutschen Akademie der Naturforscher Leopoldina in Halle, der Akademie der Landwirtschaftswissenschaften der DDR, der Bulgarischen Akademie der Wissenschaften in Sofia, auswärtiges Mitglied der Akademie der Wissenschaften der DDR und Ehrenmitglied der Geographischen Gesellschaften in Columbien, England, Finnland, Frankreich, Italien, Österreich, Polen, Schottland, Serbien und Ungarn, geb. 9. XII. 1905 in St. Kostroma, Moskau-W 3, Leninsky Prospekt 13, Tel. 231-61-44 (12. XI. 1971).

Helferich, Burckhardt, Dr. phil., Dr. rer. nat. h. c. (Stuttgart), em. o. Professor für Chemie an der Rheinischen Friedrich-Wilhelms-Universität Bonn, Träger des Großen Verdienstkreuzes des Verdienstordens der Bundesrepublik Deutschland, Inhaber der Emil-Fischer-Medaille der Gesellschaft Deutscher Chemiker, Mitglied der Deutschen Akademie der Naturforscher Leopoldina in Halle und der Rheinisch-Westfälischen Akademie der Wissenschaften in Düsseldorf, Ehrenmitglied der Chemischen Gesellschaft der DDR, geb. 10. VI. 1887 in Greifwald, 53 Bonn, Bonner Talweg 66, Tel. 210585 (23. II. 1931).

Hertwig, Paula, Dr. phil., Dr. med. h. c. (Halle—Wittenberg, Heidelberg), em. Professor mit Lehrstuhl für allgemeine Biologie an der Martin-Luther-Universität Halle—Wittenberg, Nationalpreisträgerin, Hervorragender Wissenschaftler des Volkes, Trägerin des Vaterländischen Verdienstordens, Inhaberin des Theobald-Christ-Preises der Senkenbergischen Naturforschenden Gesellschaft in Frankfurt (Main), Mitglied der Deutschen Akademie der Naturforscher Leopoldina in Halle, geb. 11. X. 1889 in Berlin, 773 Villingen, Brandenkopfweg 7 (14. III. 1955).

Hill, Archibald Vivian, Sc. D., LL. D. h. c. (Edinburgh, Belfast), D. Sc. h. c. (Algier, Baltimore, Maryland, Bristol, Columbien, Exeter, John Hopkins, Liège, Manchester, Oxford, Pennsylvania, Rio de Janeiro, Rochester- und Rockefeller Universities), M. D. h. c. (Louvain, Bruxelles, Toulouse), em. Professor für Physiologie, Hon. Research Associate und Hon. Fellow am University College London, Hon. Fellow am Trinity College und King's College Cambridge, Nobelpreisträger, Inhaber der Copley Medal der Royal Society und der Goldenen Cothenius-Medaille der Deutschen Akademie der Naturforscher Leopoldina in Halle, Mitglied der Royal Society in London, der National Academy of Sciences in Washington, der Kongelige Danske Videnskabernes Selskap in Kopenhagen und der Deutschen Akademie der Naturforscher Leopoldina in Halle, ausländ. Ehrenmitglied der Rumänischen Akademie der Wissenschaften in Bukarest, geb. 26. IX. 1886 in Bristol, 11a Chaucer Road, Cambridge, Tel. 54551 (1. VII. 1929). † 3. VI. 1977.

Hölder, Ernst, Dr. phil., em. o. Professor der Mathematik an der Johannes-Gutenberg-Universität Mainz, Inhaber der Silbernen Medaille der Universität Helsinki, auswärt. Mitglied der Akademie der Wissenschaften der DDR, Mitglied der Deutschen Akademie der Naturforscher Leopoldina in Halle, geb. 2. VI. 1901 in Leipzig, 65 Mainz-Gonsenheim, Friedrichstraße 36 (1. VII. 1948).

Hopf, Eberhard, Dr. phil., Forschungs-Professor für Mathematik an der Indiana University, Bloomington, Indiana (USA), korresp. Mitglied der Bayerischen Akademie der Wissenschaften in München, geb. 17. IV. 1902 in Salzburg, Bloomington/Indiana, USA, 512 S. Swain Avenue (26. XI. 1938).

Hund, Friedrich, Dr. phil., Dr. phil. nat. h. c. (Frankfurt [Main]), Dr. phil. h. c. (Uppsala), em. o. Professor für theoretische Physik an der Georg-August-Universität Göttingen, Nationalpreisträger, Träger der Max-Planck-Medaille der Deutschen Physikalischen Gesellschaft, der Cothenius-Medaille der Deutschen Akademie der Naturforscher Leopoldina, des Otto-Hahn-Preises für Chemie und Physik und des Großen Verdienstkreuzes des Verdienstordens der Bundesrepublik Deutschland, auswärt. Mitglied der Akademie der Wissenschaften der DDR, Mitglied der Akademie der Wissenschaften in Göttingen, Mitglied der Deutschen Akademie der Naturforscher Leopoldina in Halle, Ehrenmitglied der Deutschen Bunsengesellschaft für Physikalische Chemie und der Deutschen Physikalischen Gesellschaft, geb. 4. II. 1896 in Karlsruhe, 34 Göttingen, Charlottenburgerstraße 19, Tel. (0551) 7901—2009 (18. XI. 1933).

Kähler, Erich, Dr. phil., em. o. Professor für Mathematik an der Universität Hamburg, Hon.-Professor an der Technischen Universität Berlin, auswärt. Mitglied der Akademie der Wissenschaften der DDR, Mitglied der Deutschen Akademie der Naturforscher Leopoldina in Halle, ausländ. Mitglied der Accademia Nazionale dei Lincei in Rom, geb. 16. I. 1906 in Leipzig, 2 Wedel (Holstein), Mozartstraße 42, Tel. (04103) 86535 (14. II. 1949).

Kaischev, Rostislav, Dr.-Ing., o. Professor für physikalische Chemie an der Universität Sofia, Vizepräsident der Bulgarischen Akademie der Wissenschaften in Sofia, Mitglied der Deutschen Akademie der Naturforscher Leopoldina in Halle, auswärt. Mitglied der Akademie der Wissenschaften der DDR, geb. 16. II. 1908 in Petersburg, Universität Sofia, ul. „7. noemvri“ 1 (19. II. 1968).

Karšulin, Miroslav, Dr. techn., o. Professor für physikalische Chemie an der Universität Zagreb, Träger des Staatspreises für Chemie, des Republikanischen Preises, des Staatsordens II. Klasse und des Ordens für Arbeit mit der roten Fahne, o. Mitglied der Jugoslavischen Akademie der Wissenschaften und Künste in Zagreb, der Makedonischen Akademie der Wissenschaften, der Faraday Society in London, der Electrochemical Society in New York, der Kroatischen Chemischen Gesellschaft, des Vereins der Ingenieure und Techniker Jugoslaviens, der Deutschen Keramischen Gesellschaft und des Internationalen Komitees zur Erforschung der Bauxite, Aluminium-Hydroxide und

Oxyde, geb. 4. IV. 1904 in Przemysl (Polen), 41000 Zagreb, Palmotićeva 4/I, Tel. 36761 (9. XI. 1974).

Keldysch, Mstislav V., Dr. der phys. und mathematischen Wissenschaften, Dr. phil., Dr. phil. h. c. (Lagos/Nigeria), Professor für Mathematik, Präsident der Akademie der Wissenschaften der UdSSR in Moskau (bis 1975), Dreifacher Held der Sozialistischen Arbeit, Staats- und Leninpreisträger, Inhaber von sieben Leninorden und drei Orden des Roten Arbeitsbanners, auswärt. Mitglied der Akademie der Wissenschaften der DDR und der Mongolischen VR in Ulan-Bator, Mitglied der Suomen Tiedeseura in Helsinki, der Tschechoslowakischen Akademie der Wissenschaften in Prag, der Polnischen Akademie der Wissenschaften in Warschau und der Ungarischen Akademie der Wissenschaften in Budapest, Mitglied der Internationalen Akademie für Astronautik und der Gesellschaft für theoretische und praktische Mechanik der VR Polen, Ehrenmitglied der Amerikanischen Akademie der Künste und Wissenschaften in Boston, der Königlichen Gesellschaft von Großbritannien in Edinburg, der Rumänischen Akademie der Wissenschaften in Bukarest und der National Academy of Sciences in Washington, geb. 10. II. 1911 in Riga, Moskau, Miusskaja Platz 4 (24. X. 1966). † 24. VI. 1978.

Kersten, Martin, Dr.-Ing., Hon.-Professor für Physik an der Technischen Universität Carola-Wilhelmina Braunschweig, o. Mitglied der Braunschweigischen Wissenschaftlichen Gesellschaft, Mitglied des Kuratoriums der Physikalisch-Technischen Bundesanstalt, Präsident i. R. dieser Bundesanstalt, Ehrenmitglied der Internationalen Kommission für Maß und Gewicht, geb. 28. IV. 1906 in Zittau, 33 Braunschweig, Knappstraße 8, Tel. (0531) 511383 (14. II. 1949).

Klimaszewski, Mieczysław, Dr. phil., Dr. rer. nat. h. c. (Jena, Kiew, Bratislava, Alliance College, Cambridge Springs [USA], St. Andrews, Uppsala, Katowice), o. Professor für physische Geographie an der Jagiellonischen Universität Kraków, Stellvertreter des Vorsitzenden des Staatsrates der VR Polen 1965—1972, Träger des Offizierskreuzes, des Kommandeur-Kreuzes mit Stern Polonia Restituta und der Standarte der Arbeit I. Klasse, Grand officier du l'ordre de Mérite, Inhaber der Alexander-von-Humboldt-Gedenkmedaille der DDR, der Karl-Sapper-Medaille der Geographischen Gesellschaft in Würzburg und der „Patron Medal" der Royal Geographical Society, o. Mitglied der Polnischen Akademie der Wissenschaften in Warschau, Mitglied der Deutschen Akademie der Naturforscher Leopoldina in Halle, der Societas Academia Scientiarum Fennica, der Jugoslawischen Akademie der Wissenschaften und Künste in Zagreb, der Wiss. Ges. in Wrocław, der Geographischen Gesellschaft der UdSSR in Leningrad, der Koninklijk Nederlandsch Aardrijkskundig Genootschap in Amsterdam, der Société Belge de Geologie, de Paléontologie et d'Hydrologie in Brüssel, der Suomen Maantieteellinen Seura-Geografiska Sällskapet i Finland in Helsinki und der Magyar Fóldrajzi Társaság in Budapest, Ehrenmitglied des Wissenschaftlichen Rates der Universitäten Kiew und Jena, geb. 26. VII. 1908 in Stanisławów, Kraków, Wyspiańskiego 3, Tel. 37573 (13. VI. 1966).

König, Robert, Dr. phil., em. o. Professor für Mathematik an der Ludwig-Maximilians-Universität München, o. Mitglied der Bayerischen Akademie der Wissenschaften in München, geb. 11. IV. 1885 in Linz (Österreich), 8000 München 40, Adelheidstraße 21, Tel. 376005 (31. VII. 1934).

Kolotyrkin, Jakov Mikhailovitsch, Dr. der chemischen Wissenschaften, Professor für Elektrochemie und Korrosionsschutz, Direktor des Instituts für Physikalische Chemie

„L. Ja. Karpov“ in Moskau, Inhaber des Lenin-Ordens und des Ordens des Roten Arbeitsbanners, Träger der Goldmedaille der Tschechoslowakischen Gesellschaft für Internationale Zusammenarbeit und der Gedenkmedaille zu Ehren des 50. Jahrestages des Bestehens der Kommunistischen Partei der ČSSR, o. Mitglied der Akademie der Wissenschaften der UdSSR, der Internationalen Elektrochemischen Gesellschaft, des Staatlichen Komitees für Wissenschaft und Technik beim Ministerrat der UdSSR und Vertreter der UdSSR im wissenschaftlich-technischen Rat des Koordinationszentrums der RGW-Länder für Korrosionsschutz, nationaler Sekretär der Internationalen Elektrochemischen Gesellschaft, geb. 14. XI. 1910 im Dorf Zanino des Jarzevsker Bezirks im Smolensker Gebiet, 107120 Moskau B-120, ul. Obukhe 10, Karpov-Institut, Tel. 297-32-57 (12. XI. 1971).

Kramer, Kurt, Dr. med., em. o. Professor für Physiologie an der Ludwig-Maximilians-Universität München, o. Mitglied der Akademie der Wissenschaften in Göttingen, Mitglied der Deutschen Akademie der Naturforscher Leopoldina in Halle und der Gesellschaft zur Förderung der Naturwissenschaften in Marburg (Lahn), geb. 16. VI. 1906 in Münster, 8000 München 15, Schubertstraße 4, Tel. 531199 (24. VI. 1944).

Lange, Erich, Dr.-Ing., em. o. Professor für physikalische Chemie an der Friedrich-Alexander-Universität Erlangen—Nürnberg, Mitglied der Deutschen Bunsengesellschaft für physikalische Chemie in Frankfurt (Main), der Gesellschaft Deutscher Chemiker in Frankfurt (Main), der Gesellschaft Deutscher Naturforscher und Ärzte in Bonn, Mitglied der Internationalen Society of Electrochemistry (ehemals Comité International de Thermodynamique et de Cinétique Électrochimiques, Nomenklaturkommission) in Brüssel und der American Electrochemical Society in New York, geb. 26. XI. 1896 in Hartha b. Waldheim, 852 Erlangen, Sieglitzhofer Straße 51, Postfach 2542, Tel. 52741 (10. VI. 1961).

Maier, Wilhelm, Dr. phil., em. Professor mit Lehrstuhl für Mathematik an der Friedrich-Schiller-Universität Jena, korresp. Mitglied der Heidelberger Akademie der Wissenschaften, geb. 4. I. 1896 in Neuenbürg (Schwarzwald), 65 Mainz 31, Rubensallee 48 (5. XII. 1960).

Müller, Karl Otto, Dr. phil., Professor für Phytopathologie, Oberregierungsrat a. D., Mitglied der American Phytopathological Society, der Deutschen Botanischen Gesellschaft in Berlin-Zehlendorf und der Australian Academy of Science in Canberra, geb. 16. XII 1897 in Berlin, 7500 Karslruhe, Schneidemühlerstraße 22a (13. VI. 1966).† 20. I. 1978.

Myrberg, Pekka Juhana, Dr. phil., Dr. techn. h. c. (Helsinki), Dr. phil. h. c. (Turku und Stockholm), em. o. Professor für Mathematik an der Universität Helsinki, ehem. Kanzler der Universität Helsinki, Mitglied der Suomen Tiedeseura in Helsinki, ausländ. Mitglied der Kongelige Danske Videnskabernes Selskap in Kopenhagen und der Norske Videnskaps-Akademi in Oslo, Ehrenmitglied der Suomalainen Tiedeakatemia in Helsinki, geb. 30. XII. 1892 in Wiipuri, Helsinki, Mannerheimintie 75A (5. XII. 1942).

Nissen, Rudolf, Dr. med., Dr. med. h. c. (Humboldt-Universität Berlin, Technische Universität München, Hacettepe Universität Ankara), em. oö. Professor für Chirurgie an der Universität Basel, 1956 Master Surgeon des International College of Surgeons, Inhaber der Rudolf-Virchow-Medaille in Gold der Virchow-Society in New York, der Vesaluis-Meaille der Akademie für ärztliche Fortbildung in Stuttgart, des Ordens Civil de Sanidad Medico, Categoria Europienda, der Cron of Academic Honor of the

Academic Council of the American International Academy, des Gimbernat-Preises der Asociacion de Cirurgia de Barcelona (1971), des Bayerischen Verdienstordens, der Paracelsus-Medaille der Deutschen Ärzteschaft und der Ernst von Bergmann-Gedenkmünze in Gold der Deutschen Gesellschaft für Chirurgie, Mitglied der Schweizerischen Akademie der Medizinischen Wissenschaften in Basel (1961—1967 Senatsmitglied), der Deutschen Akademie der Naturforscher Leopoldina in Halle, korresp. Mitglied der Van Swieten-Gesellschaft in Wien, Präsident der Rudolf-Virchow-Society of the City of New York, Mitglied der Bayerischen Chirurgen-Vereinigung, der Deutschen Gesellschaft für Chirurgie in Berlin, der Schweizerischen Gesellschaft für Angiologie und der Schweizerischen Gesellschaft für Chirurgie, ehemaliger Vorsitzender des Beirats der Fakultät für Medizin der Technischen Hochschule München, Ehrenmitglied und früherer Präsident des International College of Surgeons, Ehrenmitglied der Accademia Lancisiana in Rom, der International Mark Twain Society, St. Louis, der American International Academy, New York, des American College of Gastroenterology, der Physikalisch-medizinischen Sozietät Erlangen, der Schweizerischen Gesellschaft für Anaesthesiologie, der Société Hellénique de Chirurgie, der Società Piemontese di Chirurgia, der Nordwestdeutschen Chirurgen-Vereinigung, der Society of Thoracic Surgeons of Great Britain and Ireland, in London, der Deutschen Gesellschaft für Anaestesiologie in Freiburg (Br.), der Deutschen Gesellschaft für Verdauungs- und Stoffwechselkrankheiten, der Deutschen Gesellschaft für klinische Medizin, Sektion Chirurgie, der Deutschen Gesellschaft für Thorax-, Herz- und Gefäßchirurgie, der Österreichischen Gesellschaft für Chirurgie und Traumatologie in Wien, der Berliner Chirurgen-Gesellschaft, der Schweizerischen Gesellschaft für Gastroenterologie, der Società Italiana die Chirurgia in Rom, der Deutschen Röntgengesellschaft, des American College of Chest Physicians in Chicago, der International Society of University Colon and Rectal Surgeons, die Société Européenne de Chirurgie Cardio-Vasculaire, der Deutschen Gesellschaft für Angiologie, der Société Internationale de Chirurgie und des Asociacion de Cirurgia de Barcelona, geb. 9. IX. 1896 in Neisse (Schlesien), CH 4125 Riehen b. Basel, Höhenstraße 45, Tel. 49 23 23 (20. IV. 1963).

Răduleţ, B. Remus, Dr. phil., Professor für Grundlagen der Elektrotechnik an der Technischen Hochschule „Gh. Gheorgiu-Dej“ in Bukarest, Rektor e. h. der Universität Bukarest, Staatspreisträger, o. Mitglied der Rumänischen Akademie der Wissenschaften in Bukarest, Direktor e. h. des Forschungsinstituts ICPET in Bukarest, Mitglied der Académie du Monde Latin in Paris, Präsident des Comités d'Etudes Nr. 1 der Internationalen Elektrotechnischen Kommission in Genf, geb. 3. V. 1904 in Hendorf-Brădeni, Bucureşti, Strada Dimitrie Orbescu 11, Tel. 12-56-29 (24. X. 1966).

Schmid, Erich, Dr. phil., Dr. mont. h. c. (Montanistische Hochschule Leoben), Dr. rer. nat. h. c. (TU Clausthal), em. o. Professor für Physik an der Universität Wien, Träger des Österr. Ehrenzeichens für Wissenschaft und Kunst und der Moritz-Wilhelm-Drobisch-Medaille der Sächsischen Akademie, wirkliches Mitglied der Österreichischen Akademie der Wissenschaften in Wien, Präsident, seit 1. Okt. 1973 Vizepräsident dieser Akademie und Vorsitzender der mathematisch-naturwissenschaftlichen Klasse, Mitglied der Deutschen Akademie der Naturforscher Leopoldina in Halle und der Academy of Sciences in New York, auswärtiges Mitglied der Akademie der Wissenschaften der DDR, korresp. Mitglied der Accademia di Studi Economici e Sociali in Triest, auswärtiges wiss. Mitglied des Max-Planck-Instituts für Metallforschung in Stuttgart, geb. 4. V. 1896 in Bruck Mur (Österreich), A-1090 Wien, Universitätsstraße 10, Tel. 42 40 062 (12. XI. 1971).

Skrjabin, Georgij Konstantinowitsch, Dr. rer. nat., Professor, Generalsekretär der Akademie der Wissenschaften der UdSSR, Direktor des Akademie-Instituts für Biochemie und Physiologie der Mikroorganismen in Puschtschino, Staatspreisträger der UdSSR, korresp. Mitglied der Akademie der Wissenschaften der UdSSR und der AdW der DDR, Moskau V-71, Leninsky Prospekt 13 AN 117901, GSP (15. X. 1976).

Smiałowski, Michał, Dr.-Ing., em. o. Prof. für physikalische Chemie, Mitglied der polnischen Pugwash-Kommission, Staatspreisträger, Träger des Ordens Sztandar Pracy I. und II. Klasse und Inhaber des Kommandeurkreuzes des Ordens Polonia Restituta, o. Mitglied der Polnischen Akademie der Wissenschaften, Mitglied der Polnischen Chemischen Gesellschaft in Warschau, der Electrochemical Society in New York, der Faraday Society in London und der Société de Chimie Physique in Paris, geb. 14. XII. 1906 in Hordynia (Ost-Galizien), Warszawa, ul. Marszałkowska 73 m. 18, Tel. 283772 (12. XI. 1971).

Spitzin, Viktor Iwanowitsch, Dr. chem., Dr. h. c. (Leipzig und Wrocław), Professor für anorganische Chemie an der Lomonossow-Universität in Moskau, Held der Sozialistischen Arbeit der UdSSR, Inhaber von drei Leninorden, des Ordens der Oktoberrevolution und des Ordens des Roten Arbeitsbanners, o. Mitglied der Akademie der Wissenschaften der UdSSR in Moskau, Direktor des Instituts für Physikalische Chemie dieser Akademie, auswärt. Mitglied der AdW der DDR, geb. 25. IV. 1902 in Moskau, Moskau, Leninsky Prospekt 31 (24. X. 1966).

Staude, Herbert, Dr. phil., em. o. Professor für physikalische Chemie an der Johann-Wolfgang-Goethe-Universität Frankfurt (Main), Mitglied der Deutschen Bunsengesellschaft für Physikalische Chemie in Frankfurt (Main), der Gesellschaft Deutscher Chemiker in Frankfurt (Main), der Faraday Society in London und der Chemischen Gesellschaft in der DDR, geb. 20. III. 1901 in Schmölln, 6000 Frankfurt/M. 60, Ostpreußenstraße 13, Tel. (606194) 33636 (17. XI. 1956).

Ţiţeica, G. Şerban, Dr. phil., Professor für Physik an der Universität Bukarest, o. Mitglied der Rumänischen Akademie der Wissenschaften in Bukarest, Vizepräsident dieser Akademie, korresp. Mitglied der Akademie der Wissenschaften der UdSSR in Moskau, geb. 27. III. 1908 in Bukarest, Bucureşti, B-dul-Magheru 35, Tel. 15-81-99 (24. X. 1966).

Treibs, Wilhelm, Dr. phil., Dr. rer. nat. h. c. (Humboldt-Universität Berlin), Gastprofessor für organische Chemie an der Ruprecht-Karl-Universität Heidelberg, Nationalpreisträger, Hervorragender Wissenschaftler des Volkes, Träger des Vaterländischen Verdienstordens, Inhaber der August-Kekulé-Medaille der Chemischen Gesellschaft in der DDR, auswärt. Mitglied der Akademie der Wissenschaften der DDR, Mitglied der Deutschen Akademie der Naturforscher Leopoldina in Halle, der Gesellschaft Deutscher Chemiker in Frankfurt (Main), der Schweizerischen Chemischen Gesellschaft in Basel, der Chemical Society in London, der International Society for Fat Research in Hannover, Mitglied des Editorial Advisory Board des „Tetrahedron“ (International Journal of Organic Chemistry) und der „Tetrahedron Letters“, des Herausgeberstabes der „Chemischen Berichte“ und des Expertenbeirates von „Parfümerie und Kosmetik“ in Heidelberg, Ehrenmitglied der Chemischen Gesellschaft in der DDR, geb. 6. XI. 1890 in Oberstein (Nahe), 6900 Heidelberg-Neuenheim, Kastellweg 28 (14. III. 1955). † 20. IV. 1978.

Van der Waerden, Bartel L., Dr. phil., Dr. h. c. (Athen), em. o. Professor für Mathematik an der Universität Zürich, Mitglied des Ordens Pour le mérite für Wissenschaft und

Künste, Inhaber der Goldenen Cothenius-Medaille der Deutschen Akademie der Naturforscher Leopoldina, Mitglied der Deutschen Akademie der Naturforscher Leopoldina in Halle, korresp. Mitglied der Bayerischen Akademie der Wissenschaften in München, der Akademie der Wissenschaften in Göttingen und der Heidelberger Akademie der Wissenschaften, ausländ. Mitglied der Koninklijke Nederlandse Akademie van Wetenschappen in Amsterdam und der Académie Royale de Belgique, geb. 2. II. 1903 in Amsterdam, CH 8053 Zürich, Wiesliacher 5, Tel. 552179 (31. VIII. 1934).

Wagner, Carl, Dr. phil., Dr. rer. nat. h. c. (Darmstadt), Dr.-Ing. E. h. (Clausthal-Zellerfeld), Hon.-Professor für physikalische Chemie an der Georg-August-Universität Göttingen, Inhaber der Goldmedaille der American Society of Metals, der Cavallaro-Medaille der Europäischen Föderation für Korrosion, der Palladium Medal der Electrochemical Society, der Wilhelm-Exner-Medaille des Österreichischen Gewerbevereins, der Heyn-Denkmünze der Deutschen Gesellschaft für Metallkunde und der Carl-Friedrich-Gauß-Medaille der Braunschweigischen Wissenschaftlichen Gesellschaft. o. Mitglied der Akademie der Wissenschaften in Göttingen, Mitglied der Deutschen Akademie der Naturforscher Leopoldina in Halle, des Max-Planck-Instituts für Physikalische Chemie in Göttingen und American Academy of Arts and Sciences in Boston, auswärt. Mitglied der National Academy of Sciences in Washington, Mitglied der Deutschen Bunsengesellschaft für physikalische Chemie in Frankfurt (Main), der Deutschen Gesellschaft für Metallkunde in Stuttgart, der Gesellschaft Deutscher Chemiker in Frankfurt (Main), der Faraday Society in Washington, der American Physical Society in New York, der National Association of Corrosion Engineers in Houston (Texas) und des American Institute of Mining, Metallurgical and Petroleum Engineers in New York, Ehrenmitglied der Österreichischen Akademie der Wissenschaften in Wien und des American Institute of Mining, Metallurgical and Petroleum Engineers, geb. 25. V. 1901 in Leipzig, 3400 Göttingen-Geismar, Charlottenburger Straße 19, Wohnstift C 309 (9. III. 1959). † 10. XII. 1977.

Zhdanov, German Stepanowitsch, Dr. phys. math., Professor für Metallphysik an der Lomonossov-Universität Moskau, Verdienter Wissenschaftler und Techniker der UdSSR, Inhaber des A. N. Bach-Preises und des D. I. Mendelejew-Preises, Vorsitzender der Kommission für Röntgenographie der Akademie der Wissenschaften der UdSSR in Moskau, Mitglied des Nationalkomitees für Kristallographie in Moskau, geb. 11. VIII. 1906 in Petersburg, Moskau B-234, Moskauer Staatliche Universität, Block I, W. 52, Tel. 139-16-34 (13. VI. 1966).

Ordentliche Mitglieder der philologisch-historischen Klasse

Baetke, Walter, Dr. phil., Dr. theol. h. c. (Leipzig), em. Professor mit Lehrstuhl für nordische Philologie und Religionsgeschichte an der Karl-Marx-Universität Leipzig, Hervorragender Wissenschaftler des Volkes, Träger des Vaterländischen Verdienstordens und der Moritz-Wilhelm-Drobisch-Medaille der Sächsischen Akademie, geb. 28. III. 1884 in Sternberg (Neum.), 703 Leipzig, Turmweg 18, Tel. 383881 (19. VI. 1943). †15. II. 1978

Bahner, Werner, Dr. phil., Professor, Direktor des Zentralinstituts für Sprachwissenschaft bei der Akademie der Wissenschaften der DDR, Träger des Vaterländischen Verdienstordens, Inhaber des Friedrich-Engels-Preises der Akademie der Wissenschaften der

DDR, Mitglied der Sprachwissenschaftlichen Kommission der Sächsischen Akademie, o. Mitglied der Akademie der Wissenschaften der DDR, Vizepräsident des Comité International Permanent des Linguists, der Société de Linguistique Romane in Paris und Strasbourg, des Comité International der Internationalen Vereinigung für Südosteuropäische Studien (AIESEE) in Bukarest und der Asociación International de Hispanistas, geb. 18. VI. 1927 in Neuwiese/Erzgeb., 1138 Berlin-Kaulsdorf, Scharnauer Straße 23 (24. V. 1965).

Blumenthal, Lieselotte, Dr. phil., em. Professor an der Akademie der Wissenschaften der DDR, Inhaberin der Ehrenplakette des Wiener Goethe-Vereins, geb. 30. IX. 1906 in Bielefeld, 7027 Leipzig, Kommandant-Prendel-Allee 107, Tel. 8612336 (5. XII. 1960).

Brüning, Eberhard, Dr. phil., o. Professor für Amerikanistik an der Karl-Marx-Universität Leipzig, Verdienter Lehrer des Volkes, Inhaber der Johann-Heinrich-Pestalozzi-Medaille in Bronze, Silber und Gold und der Ehrennadel der Karl-Marx-Universität Leipzig, Mitglied der Deutschen Shakespeare-Gesellschaft in Weimar und der Association Internationale de Littérature Comparée, Vorsitzender der Zentralen Fachkommission Englisch der DDR, Vorstandsmitglied des Nationalkomitees für Literaturwissenschaft bei der Akademie der Wissenschaften der DDR, Mitglied des Rates für akademische Grade beim Ministerium für Hoch- und Fachschulwesen, geb. 4. VI. 1925 in Chemnitz, 703 Leipzig, Scheffelstraße 53, Tel. 384593 (28. VI. 1971).

Buchda, Gerhard, Dr. jur., em. Professor mit Lehrstuhl für deutsche Rechtsgeschichte und Handelsrecht an der Friedrich-Schiller-Universität Jena, Träger des Vaterländischen Verdienstordens, Inhaber der Dt. Friedensmedaille des Friedensrates der DDR, der Gedächtnisplakette der Humboldt-Universität Berlin und der Friedrich-Schiller-Medaille der Universität Jena, Leiter der Historischen Kommission der Akademie, Mitglied der Vereinigung der Deutschen Rechtshistoriker und der Société Jean Bodin pour l'histoire comparative des institutions in Brüssel, geb. 22. X. 1901 in Stadtroda (Thür.), 654 Stadtroda (Thür.), Straße der Jugend 5, Tel. Stadtroda 798 (15. IX. 1958). † 20. XII. 1977.

Coblenz, Werner, Dr. phil., Direktor des Landesmuseums für Vorgeschichte in Dresden, Träger des Vaterländischen Verdienstordens in Bronze, Inhaber der Verdienstmedaille der DDR, der Leibniz-Medaille der Akademie der Wissenschaften der DDR, der Johannes-R.-Becher-Medaille des Kulturbundes der DDR in Silber und Gold und der Ehrennadel für heimatkundliche Leistungen, Mitglied und Leiter der Historischen Kommission der Akademie, o. Mitglied des Deutschen Archäologischen Instituts in Berlin-Dahlem, Mitglied im Conseil Permanent der Union Internationale des Sciences Protohistoriques et Préhistoriques, des Nationalkomitees für Ur- und Frühgeschichte der DDR, des wissenschaftlichen Beirats für Heimatforschung beim Geographischen Institut der AdW, Vorsitzender des Wissenschaftlichen Beirats für Bodendenkmalpflege beim Ministerium für Hoch- und Fachschulwesen der DDR, Mitglied des Hoch- und Fachschulrates beim Minister für Hoch- und Fachschulwesen der DDR und des Wissenschaftlichen Rates für Archäeologie und Alte Geschichte bei der AdW, geb. 24. V. 1917 in Pirna/Elbe, 8020 Dresden, Geystraße 6, Tel. 40916 (18. XII. 1972).

Czok, Karl, Dr. phil., o. Professor für Deutsche Regionalgeschichte an der Karl-Marx-Universität Leipzig, Träger des Ordens „Banner der Arbeit", der Johann-Heinrich-Pestalozzi-Medaille in Silber, der Johannes-R.-Becher-Medaille in Silber und Gold und der Ehrennadel der Karl-Marx-Universität Leipzig, Mitglied der Commission internationale pour l'histoire des Villes, korresp. Mitglied des Österreichischen Arbeitskreises für Stadtgeschichte, Mitglied und stellvertr. Leiter der Historischen Kommission det Akademie, Mitglied des Zentralvorstandes der Gesellschaft für Heimatgeschichte im Kulturbund den DDR und des Nationalkomitees der Historiker der DDR, geb. 12. III. 1926 in Görlitz, 705 Leipzig, Theodor-Neubauer-Straße 21, Tel. 691311 (25. III. 1977).

Diesner, Hans-Joachim, Dr. phil., o. Professor für Alte Geschichte an der Martin-Luther-Universität Halle—Wittenberg i. R., Inhaber der Deutschen Friedensmedaille des Friedensrates der DDR in Berlin, der Johann-Heinrich-Pestalozzi-Medaille in Bronze und Silber und der Verdienstmedaille der DDR, Mitglied der Fachkommission Alte Geschichte und der Fachkommission Byzantinistik bei der Historiker-Gesellschaft der DDR, Mitglied der Association Internationale des Études Patristiques in Paris und der International Association for the History of Religions (IAHR), geb. 21. I. 1922 in Böhlitz-Ehrenberg bei Leipzig, 402 Halle (Saale), August-Bebel-Straße 69, Tel. 31788 (17. X. 1975).

Dietze, Walter, Dr. phil., Generaldirektor der Nationalen Forschungs- und Gedenkstätten der Klassischen Deutschen Literatur in Weimar, Honorar-Professor für Geschichte der deutschen Literatur an der Karl-Marx-Universität Leipzig, Nationalpreisträger, Kunstpreisträger der Stadt Leipzig, Inhaber der Johannes-R.-Becher-Medaille in Silber und Gold und der Johann-Heinrich-Pestalozzi-Medaille in Bronze und Silber, o. Mitglied der Akademie der Wissenschaften der DDR, Mitglied und Vorstandsmitglied der Goethe-Gesellschaft in Weimar, Mitglied der Modern Language Association of America (MLA), öer Internationalen Vereinigung für germanische Sprach- und Literaturwissenschaften (IVG) und der Association Internationale de la Litterature Comparée (ALLC), geb. 22. V. 1926 in Leipzig, 53 Weimar, Hermann-Löns-Straße 10, Tel. dienstl. 2945 (17. X. 1975).

Forberger, Rudolf, Dr. rer. pol., Dr. rer. oec., Honorarprofessor für Wirtschaftsgeschichte, Träger der Ehrennadel für heimatkundliche Leistungen in Gold des Kulturbundes der DDR, Mitglied der Historischen Kommission der Akademie, geb. 13. IV. 1910 in Carlsfeld (Kreis Aue), 8019 Dresden, Eibenstocker Straße 14, Tel. 31261 (17. X. 1975).

Große, Rudolf, Dr. phil., o. Professor für deutsche Philologie an der Karl-Marx-Universität Leipzig, Leiter der Sprachwissenschaftlichen Kommission und Mitglied der Historischen Kommission der Akademie, o. Mitglied der Akademie der Wissenschaften der DDR, Vorsitzender der Germanisten-Kommission der DDR und der VR Polen, Mitglied des Senats der Internationalen Vereinigung für Germanische Sprach- und Literaturwissenschaft, Mitglied des Comité International de Dialectologie in Louvain, geb. 28. VII. 1924 in Heldrungen, 703 Leipzig, Aschenbrödelweg 36, Tel. 383802 (24. V. 1965).

Hiebsch, Hans, Dr. phil., o. Professor für Psychologie an der Friedrich-Schiller-Universität Jena, Inhaber der Verdienstmedaille der DDR, der Verdienstmedaille der Nationalen Volksarmee der DDR in Silber und der Humboldt-Medaille in Silber, Mitglied der Sprachwissenschaftlichen Kommission der Akademie, der Gesellschaft für Psychologie in der DDR und Mitglied der European Association of Experimental Social Psychology in Hague, geb. 10. VIII. 1922 in Bodenbach/ČSR, 69 Jena, Professor-Ibrahim-Straße 35, Tel. 25935 (28. VI. 1971).

Kühnert, Friedmar, Dr. phil., o. Professor für Klassische Philologie mit besonderer Berücksichtigung der Lateinischen Sprachen und Literatur an der Friedrich-Schiller-Universität Jena, Inhaber der Theodor-Neubauer-Medaille in Silber, Mitglied der Winckelmann-Gesellschaft der DDR, geb. 16. XI. 1924 in Dreißigacker (Kr. Meinigen), 6905 Jena-Göschwitz, Artur-Becker-Straße 14, Tel. 32321 (18. VI. 1974).

Lehmann, Edgar, Dr. phil., Dr.-Ing. e. h. (Eidgenössische Technische Hochschule Zürich), em. Professor, em. Direktor des Geographischen Instituts der Akademie der Wissenschaften der DDR, Träger des Vaterländischen Verdienstordens in Silber, Inhaber der Alexander-von-Humboldt-Gedenkmedaille der DDR, der Hermann-Haack-Medaille der Geographischen Gesellschaft der DDR, der Gauss-Ehrenplakette, der Lajós-Loczy-Gedenkmedaille der Ungarischen Geographischen Gesellschaft und der Medaille für wissenschaftliche Verdienste der Polnischen Geographischen Gesellschaft, Mitglied der Historischen Kommission und der Kommission für spezielle Umweltprobleme der Akademie, o. Mitglied der Akademie der Wissenschaften der DDR, Vorsitzender der Klasse „Umweltschutz und Umweltgestaltung“, Vorsitzender der „Kommision zur Herausgabe des Atlas der DDR“, Vorsitzender des Wissenschaftlichen Beirates für Heimatforschung, Mitglied des Wissenschaftlichen Rates der Hauptforschungsrichtung, Geographie/Hydrologie/Meteorologie der Akademie der Wissenschaften der DDR, Mitglied der Working group „Environmental atlases“ der Internationalen Geographischen Union (IGU), Ehren- und Vorstandsmitglied der Geographischen Gesellschaft der DDR, Mitglied des Nationalkomitees für Geographie und Kartographie der DDR, Ehrenmitglied der Geographischen Gesellschaft der UdSSR, geb. 25. III. 1905 in Berlin, 703 Leipzig, Prinz-Eugen-Straße 44, Tel. 311219 (7. XII. 1959).

Lieberwirth, Rolf, Dr. jur., o. Professor für deutsche Rechtsgeschichte an der Martin-Luther-Universität Halle—Wittenberg, Inhaber des Vaterländischen Verdienstordens in Bronze, der Verdienstmedaille der DDR und der Wilhelm-Külz-Ehrennadel der LDPD, Mitglied der Historischen Kommission der Akademie, der Gesellschaft für Völkerrecht der DDR, der International Law Association in London, des Wissenschaftlichen Beirats für Rechtswissenschaft beim Ministerium für das Hoch- und Fachschulwesen der DDR, geb. 1. XII. 1920 in Halle (Saale), 402 Halle (Saale), Rainstraße 3b, Tel. 30465 (18. XII. 1972).

Markov, Walter, Dr. phil., Dr. phil. h. c. (Leipzig), em. o. Professor für mittelalterliche und neuere Geschichte an der Karl-Marx-Universität Leipzig, Nationalpreisträger, Träger des Vaterländischen Verdienstordens in Silber und Gold, Inhaber der Medaille für Kämpfer gegen den Faschismus 1933—1945, der Friedrich-Engels-Medaille der AdW, der Ehrenmedaille des Komitees der antifaschistischen Widerstandskämpfer der DDR, der Bronzenmedaille der Universität Helsinki und der Ehrennadel für Verdienste um die Freundschaft der Völker in Gold, Mitglied der Historischen Kommission der Akademie, o. Mitglied der Akademie der Wissenschaften der DDR, Ehrenvorsitzender des Interdisziplinären Zentrums für Revolutionsforschung an der Karl-Marx-Universität Leipzig, Vizepräsident der Commission Internationale für Geschichte der Französischen Revolution, des Comité International des Sciences Historiques in Paris, Vorstandsmitglied der Société des Études Robespierristes in Paris und der Association Europénne d'Histoire Contemporaine in Strasbourg, Vorstandsmitglied der Association des Etudes Napoléoniennes in Portoferraio, Mitglied der Société d'Histoire Moderne et Contemporaine in Paris und der Historical Society of Nigeria in Ibadan, Vorstandsmitglied des Nationalkomitees der Historiker der DDR, Ehrenmitglied der Historikergesellschaft der DDR, Ehrensenator der KMU, Verdienter Hochschullehrer der DDR, geb. 5. X. 1909 in Graz, 7124 Holzhausen (Sachsen), Weißdornweg 4, Tel. 61384 (7. XII. 1964)

Meyer, Rudolf, Dr. theol., D. theol. h. c. (Humboldt-Universität Berlin), em. o. Professor für Altes Testament und rabbinische Literatur an der Friedrich-Schiller-Universität Jena, Sektion Theologie, Inhaber der Schiller-Medaille der Friedrich-Schiller-Universität, em. Vorstand der Hilprecht-Sammlung Vorderasiatischer Altertümer, korresp. Mitglied der Heidelberger Akademie der Wissenschaften, geb. 8. IX. 1909 in Leipzig, 69 Jena, Hornstraße 1, Tel. 24382 (15. IX. 1958).

Möbius, Friedrich, Dr. phil., Diplomkunstwissenschaftler, o. Professor für Kunstwissenschaft an der Friedrich-Schiller-Universität Jena, Träger des Vaterländischen Verdienstordens in Bronze, Inhaber der Johann-Heinrich-Pestalozzi-Medaille in Bronze, Mitglied der Association internationale du critique del'art (AICA) und des Verbandes Bildender Künstler der DDR, geb. 24. V. 1928 in Dresden, 6901 Rothenstein 163, Postfach 523, Tel. Kahla 631 (25. III. 1977).

Müller, Joachim, Dr. phil., em. o. Professor für Deutsche Literatur an der Friedrich-Schiller-Universität Jena, Inhaber der Schiller-Plakette der Deutschen Schiller-Stiftung, der Schiller-Medaille in Silber und der Ehrennadel in Gold der Friedrich-Schiller-Universität sowie der Johann-Heinrich-Pestalozzi-Medaille in Bronze, korresp. Mitglied des Adalbert-Stifter-Institutes des Landes Oberösterreich in Linz, Mitglied des PEN-Clubs, geb. 12. VII. 1906 in Oberwiesenthal (Sachsen), 69 Jena, Schillbachstraße 39, Tel. 23808 (7. XII. 1959).

Neubert, Albrecht, Dr. phil., o. Professor an der Sektion Theoretische und angewandte Sprachwissenschaft an der Karl-Marx-Universität Leipzig, Inhaber der Ehrennadel der Karl-Marx-Universität Leipzig und der Johann-Heinrich-Pestalozzi-Medaille in Silber, Mitglied und stellvertretender Leiter der Sprachwissenschaftlichen Kommission der Akademie, o. Mitglied der Akademie der Wissenschaften der DDR, Vorsitzender des Wissenschaftlichen Rates für Sprachwissenschaft bei dieser Akademie, Mitglied der Deutschen Shakespeare-Gesellschaft in Weimar, Mitglied des Executivcomitees der International Association of Applied Linguistics, geb. 3. III. 1930 in Hartenstein (Sachsen), 7022 Leipzig, Poetenweg 5, Tel. 50131 (18. XII. 1972).

Neumann, Werner, Dr. phil., Professor, em. Direktor des Bach-Archivs Leipzig, Nationalpreisträger, Träger des Vaterländischen Verdienstordens und der Verdienstmedaille der DDR, Mitglied des Johann-Sebastian-Bach Komitees der DDR, des Verbandes der Komponisten und Musikwissenschaftler der DDR, des Musikrates der DDR, des Herausgeberkollegiums der Neuen Bach-Gesamtausgabe (Sitz Göttingen), der Internationalen Gesellschaft für Musikwissenschaft (Sitz Basel, Ländergruppe der DDR), des Kuratorium des Bachhauses Eisenach, des Beirates der Eterna-Edition Bach, Ehrenmitglied der Neuen Bachgesellschaft (Sitz Leipzig), geb. 21. I. 1905 in Königstein (Sachsen), 7113 Markkleeberg, Robert-Schumann-Straße 3, Tel. 314325 (18. VI. 1974).

Peek, Werner, Dr. phil., em. o. Professor für klassische Philologie an der Martin-Luther-Universität Halle—Wittenberg, Nationalpreisträger, Inhaber der Verdienstmedaille der Martin-Luther-Universität, o. Mitglied der Akademie der Wissenschaften der DDR, korresp. Mitglied der Heidelberger Akademie der Wissenschaften und des Deutschen Archäologischen Instituts in Berlin-Dahlem, auswärt. Mitglied der Akademie der Wissenschaften in Athen und der Kommission für die archäologische Erforschung Kleinasiens bei der Österreichischen Akademie der Wissenschaften in Wien, Ehrensenator der Griechischen Archäologischen Gesellschaft, geb. 6. VI. 1904 in Bielefeld, 403 Halle (Saale), Am Krähenberg 21, Tel. 32822 (7. XII. 1959).

Rathmann, Lothar, Dr. phil., o. Professor für Geschichte der arabischen Länder an der Karl-Marx-Universität Leipzig, Rektor dieser Universität, Nationalpreisträger, Träger des Ordens „Banner der Arbeit" und des Verdienstordens der VAR, Inhaber der Verdienstmedaille der DDR, der Verdienstmedaille der Nationalen Volksarmee der DDR in Gold, der Johann-Heinrich-Pestalozzi-Medaille in Silber und der Ehrennadel der Liga für Völkerfreundschaft der DDR, korresp. Mitglied der Akademie der Wissenschaften der DDR, geb. 16. II. 1927 in Werdau (Sachsen), 7124 Holzhausen (Sachsen), Rehwagenstraße 10, Tel. 2012441 (25. III. 1977).

Rudolph, Kurt, Dr. theol., Dr. phil., o. Professor für Religionsgeschichte an der Karl-Marx-Universität Leipzig, Inhaber der Johann-Heinrich-Pestalozzi-Medaille, auswärtiges Mitglied der Königlich-Dänischen Akademie der Wissenschaften in Kopenhagen (Det Kongelige Danske Videnskabernes Selskab), korresp. Mitglied des Institute for Antiquity and Christianity in Claremont/Californien (USA), Mitglied der Society for Mithraic-Studies in Manchester, der Union of Arab Historians in Bagdad, der Fachkommission Alte Geschichte der Deutschen Historiker Gesellschaft in Berlin, der Deutschen Morgenländischen Gesellschaft in Mainz und der Internationalen Association for the History of Religions (IAHR), geb. 3. IV. 1929 in Dresden, 701 Leipzig, Dufourstraße 38, Tel. 30057 (18. VI. 1974).

Růžička, Rudolf, Dr. phil., o. Professor für Slawistik und Allgemeine Sprachwissenschaft an der Karl-Marx-Universität Leipzig, o. Mitglied der Akademie der Wissenschaften der DDR, Mitglied des Wissenschaftlichen Rates für Sprachwissenschaften bei dieser Akademie, Mitglied des Nationalkomitees der Slawisten der DDR, der Internationalen Terminologischen Kommission und der Internationalen Grammatikkommission des Internationalen Slawistenkomitees, geb. 20. XII. 1920 in Löbau, 7022 Leipzig, Gohliser Straße 16, Tel. 592181 (18. XII. 1972).

Schubart-Fikentscher, Gertrud, Dr. jur., em. Professor mit Lehrstuhl für Rechtsgeschichte und Zivilrecht an der Martin-Luther-Universität Halle—Wittenberg, Trägerin des Vaterländischen Verdienstordens, Mitglied der Historischen Kommission der Akademie, korresp. Mitglied der Monumenta Germaniae Historica in München, geb. 23. XII. 1896 in Zwickau (Sachsen), 403 Halle (Saale), Marsstraße 10, Tel. 32710 (7. XII. 1959).

Straub, Werner, Dr. phil., em. Professor mit Lehrstuhl für Psychologie an der Technischen Universität Dresden, Träger des Vaterländischen Verdienstordens in Silber und Bronze, des Ordens „Banner der Arbeit" und der Verdienstmedaille der DDR, Ehrenmitglied der Gesellschaft für Psychologie in der DDR, geb. 14. VII. 1902 in Stuttgart, 8051 Dresden-Bad Weißer Hirsch, Collenbuschstraße 10, Tel. 36036 (16. V. 1949).

Träger, Claus, Dr. phil., o. Professor für Allgemeine Literaturwissenschaft an der Karl-Marx-Universität Leipzig, Inhaber des Lessingpreises der DDR, der Verdienstmedaille der DDR, der Goethe- und Schiller-Plakette in Gold der Nationalen Forschungs- und Gedenkstätten der klassischen deutschen Literatur in Weimar und der Ehrennadel der Karl-Marx-Universität Leipzig, Vorsitzender des Beirats für Kultur-, Kunst- und Sprachwissenschaften beim Ministerium für Hoch- und Fachschulwesen der DDR, Mitglied des Hoch- und Fachschulrates beim Ministerium für Hoch- und Fachschulwesen der DDR, des Rates für Kultur- und Kunstwissenschaften bei der Akademie für

Gesellschaftswissenschaften beim ZK der SED, des Nationalkomitees für Literaturwissenschaft bei der Akademie der Wissenschaften der DDR, der Association Internationale de Littérature Comparée (AILC) und Ausschußmitglied der Internationalen Vereinigung für germanische Sprach- und Literaturwissenschaft (IVG), geb. 4. II. 1927 in Leipzig, 7113 Markkleeberg-Ost, Heinrich-v.-Kleist-Straße 19, Tel. KMU 7193042 (17. X. 1975).

Weller, Friedrich, Dr. phil., em. Professor mit Lehrstuhl für Indologie an der Karl-Marx-Universität Leipzig, Nationalpreisträger, Hervorragender Wissenschaftler des Volkes, Mitglied der Deutschen Gesellschaft für Natur- und Völkerkunde Ostasiens in Tokio, korresp. Mitglied der School of Oriental and African Studies in London, Ehrenmitglied der Deutschen Morgenländischen Gesellschaft in Mainz und der Kőrösi-Csoma-Gesellschaft in Budapest, geb. 22. VII. 1889 in Markneukirchen, 701 Leipzig, Stephanstraße 12, Tel. 295801 (19. VI. 1943).

Werner, Ernst, Dr. phil., o. Professor für Geschichte des Mittelalters an der Karl-Marx-Universität Leipzig, Nationalpreisträger, Träger des Vaterländischen Verdienstordens in Bronze, Inhaber der Verdienstmedaille der DDR und der Erinnerungsmedaille zum 50. Jahrestag der Großen Sozialistischen Oktoberrevolution der Universität Kiew, Mitglied der Sprachwissenschaftlichen Kommission und der Historischen Kommission der Akademie, o. Mitglied der Akademie der Wissenschaften der DDR, geb. 20. XI. 1920 in Tyssa/ČSR, 7022 Leipzig, Braunschweiger Straße 19, Tel. 54390 (18. VI. 1971).

Auswärtige Mitglieder der philologisch-historischen Klasse

Aebischer, Paul, Dr. phil., em. Professor für romanische Philologie an der Universität Lausanne, auswärt. Mitglied der Akademie der Wissenschaften der DDR und der Accademia della Scienze in Turin, korresp. Mitglied der Academia espagñola in Madrid, der Academia de Buenas Letras in Barcelona, des Institut d'Estudis Catalans in Barcelona und der Accademia della Crusca in Florenz, geb. 8. XII. 1897 in Hauterive (Kanton Fribourg), CH 1680 Romont (Fribourg), route d'Arruffens, 573 (29. XI. 1943). † 9. III. 1977.

Aland, Kurt, D., D. theol. h. c. (Göttingen), D. D. h. c. (St. Andrews), D. Litt. h. c. (Wartburg College, Iowa), o. Professor für Geschichte der Alten Kirche und Neutestamentliche Textforschung im Fachbereich Evangelische Theologie der Westfälischen Wilhelms-Universität Münster, Direktor des Instituts für neutestamentliche Textforschung, Träger des Großen Verdienstkreuzes des Verdienstordens der Bundesrepublik Deutschland, Vizepräsident der Association Internationale d'Etudes Patristiques und Geschäftsführer der Stiftung zur Förderung der neutestamentlichen Textforschung, Leiter der Arbeitsstelle Münster der Patristischen Kommission, Träger des Athos-Kreuzes in Gold, verliehen vom Ökumenischen Patriarchen von Konstantinopel und der Burkitt-Medal for Biblical Studies der British Academy, korresp. Mitglied der British Academy und der Göttinger Akademie der Wissenschaften, auswärt. Mitglied der Niederländischen Akademie der Wissenschaften, Mitglied der Studiorum Novi Testamenti Societas (England), des Kuratoriums der Vetus Latina in Beuron (Hohenzollern), Ehrenmitglied auf Lebenszeit der American Bible Society und Ehrenmitglied der Society of Biblical Literature and Exegesis (USA), geb. 28. III. 1915 in Berlin, 44 Münster (Westf.), Roxeler Straße 12, Tel. 22409 (14. III. 1955).

Angelov, Dimiter Simeonov, Dr. phil., o. Professor für byzantinische Geschichte an der Universität Sofia, Nationalpreisträger der VR Bulgarien, korresp. Mitglied der Bulgarischen Akademie der Wissenschaften in Sofia und Direktor des Archäologischen Instituts dieser Akademie, Vizepräsident der Association Internationale des études byzantines und Vorsitzender des Bulgarischen Nationalkomitees für Byzantinistik, geb. 2. II. 1917 in Sofia, Sofia 11, bulv. Chr. cabakčiev 79g (15. X. 1976).

Beševliev, Veselin, Dr. phil., em. ao. Professor für Altgriechische Philologie an der Universität Sofia, Professor für Altgriechische Philologie am Institut für Balkanistik der Bulgarischen Akademie der Wissenschaften in Sofia, Inhaber des Gottfried-von-Herder-Preises der Universität Wien, Träger des Ordens für Wissenschaft „Kirill i Metodi", I. Stufe, korresp. Mitglied der Bulgarischen Akademie der Wissenschaften in Sofia, Mitglied des Bulgarischen Archäologischen Instituts in Sofia und der Ungarischen Orientalischen Gesellschaft in Budapest, geb. 25. III. 1900 in Sofia, 1142 Sofia, L. Karavelov 2^v, Tel. 87-96-08 (9. XI. 1974).

Bischoff, Karl, Dr. phil., em. o. Professor für deutsche Philologie und Volkskunde an der Johannes Gutenberg-Universität Mainz, Mitglied der Historischen Kommission der Akademie, o. Mitglied der Akademie der Wissenschaften und der Literatur in Mainz, korresp. Mitglied der Akademie der Wissenschaften in Göttingen und buitenlands erelid der Koninklijke Vlaamse Academie voor Taal- en Letterkunde in Gent, geb. 19. V. 1905 in Aken (Elbe), 65 Mainz, In der Meielache 15, Tel. 32174 (14. III. 1955).

Bruford, Walter Horace, M. A., LL. D. h. c. (Aberdeen), D. Litt. h. c. (Newcastle, Edinburg), em. Professor für Germanistik an der Universität Cambridge (England), Inhaber der Goethe-Medaille in Gold des Goethe-Instituts in München, Mitglied der British Academy in London, korresp. Mitglied der Deutschen Akademie für Sprache und Dichtung in Darmstadt, Mitglied der Modern Humanities Research Association in London, 1965 deren Präsident, Mitglied der Internationalen Vereinigung für germanische Sprach- und Literaturwissenschaft, 1955—1960 deren Vizepräsident, geb. 14. VII. 1894 in Manchester (England), 15 Strathfillan Road, Edinburgh EH9 2AG, Tel. 031/447/5935 (21. VI. 1965).

Droz, Jacques, Dr. phil., o. Professor für neuere Geschichte an der Sorbonne (Panthéon) in Paris, Direktor des Instituts für Geschichte der Gewerkschaftsbewegung, Träger des Bandes der Ehrenlegion, Mitglied der Gesellschaft Frankreich—DDR, geb. 12. III. 1909 in Paris, Université Paris I, Centre histoire du Syndicalisme, 16, Rue de la Sorbonne, 75005 Paris (9. XI. 1974).

Erben, Johannes, Dr. phil., o. Professor für deutsche Sprache und ältere deutsche Literatur an der Rheinischen Friedrich-Wilhelms-Universität Bonn, Nationalpreisträger, Inhaber des Konrad-Duden-Preises 1969 der Stadt Mannheim, auswärt. Mitglied der Akademie der Wissenschaften der DDR, Kuratoriumsmitglied des Instituts für deutsche Sprache in Mannheim, geb. 12. I. 1925 in Leipzig, 5300 Bonn-Beuel, Ringstraße 39 (11. III. 1961).

Gadamer, Hans-Georg, Dr. phil., Dr. phil. h. c. (Ottawa), em. o. Professor für Philosophie an der Ruprecht-Karl-Universität Heidelberg, Mitglied des Ordens Pour le mérite für Wissenschaft und Kunst, Träger des Großen Verdienstkreuzes mit Stern der Bundesrepublik Deutschland, Inhaber des Reuchlinpreises 1971 der Stadt Pforzheim und des Hegelpreises 1979 der Stadt Stuttgart, o. Mitglied der Heidelberger Akademie der Wissenschaften, Mitglied der Deutschen Akademie für Sprache und Dichtung in

Darmstadt, der Akademie der Wissenschaften in Athen, der Accademia Nazionale dei Lincei in Rom und der American Academy of Arts and Sciences in Boston, geb. 11. II. 1900 in Marburg, 69 Heidelberg, Am Büchsenackerhang 53, Tel. 802536 (15. VI. 1940).

Georgiev, Vladimir I., Dr. phil., Dr. phil. h. c. (Berlin und Prag), o. Professor für allgemeine und indoeuropäische Sprachwissenschaft, Slawistik und Balkanistik an der Universität Sofia, Inhaber des Nationalpreises für Wissenschaft, Mitglied und Vizepräsident (1959—1972), gegenwärtig Direktor des Zentrums für Sprache und Literatur der Bulgarischen Akademie der Wissenschaften in Sofia, korresp. Mitglied des Institut de France/Académie des Inscriptions et Belles-Lettres in Paris, der Societas Scientiarum Fennica-Finska Vetenskaps-Societeten-Souomen Tiedeseura in Helsinki, der Académie Royale des Sciences, des Lettres et des Beaux-Arts de Belgique in Brüssel und der Akademie der Wissenschaften in Athen, geb. 3. II. 1908 in Gabare (Bulg.), Sofia, ul. Čapaev, 52, Tel. 72-20-58, Privatanschrift: Sofia, Oboriste 11, Tel. 44-16-40 (19. II. 1968).

Havránek, Bohuslav, Dr. phil., Dr. phil. h. c. (Leipzig, Brno, Kraków und Olomouc), o. Professor für Slawistik an der Karls-Universität Prag, Träger des Ordens der Tschechoslowakischen Sozialistischen Republik, Inhaber der J. A. Comenius-Medaille, der Josef-Dobroský-Medaille und der Medaille für Verdienste um Wissenschaft und Menschheit, o. Mitglied der Tschechoslowakischen Akademie der Wissenschaften in Prag, auswärt. Mitglied der Akademie der Wissenschaften der DDR, korresp. Mitglied der philosophisch-historischen Klasse der Österreichischen Akademie der Wissenschaften in Wien, ausländ. Mitglied der Bulgarischen Akademie der Wissenschaften in Sofia, der Serbischen Akademie der Wissenschaften in Belgrad, der Jugoslawischen Akademie der Wissenschaften in Zagreb und des Comité International Permanent des Linguistes in Louvain, stellv. Vorsitzender des Internationalen Komitees der Slawisten, geb. 30. I. 1893 in Prag, 16000 Praha 6-Hradčany, Na Valech 8, Tel. 325-103 (10. XII. 1962). † 1. III. 1978.

Heimpel, Hermann, Dr. phil., Dr. jur. h. c. (Freiberg i. Br.), em. o. Professor für mittelalterliche und neuere Geschichte an der Georg-August-Universität Göttingen, ehemals Direktor des Max-Planck-Instituts für Geschichte in Göttingen, Inhaber des großen Verdienstkreuzes des Verdienstordens der Bundesrepublik Deutschland, des Kulturpreises der Stadt Goslar und der Ehrenmedaille der Stadt Göttingen, o. Mitglied der Akademie der Wissenschaften in Göttingen, korresp. Mitglied der Deutschen Akademie für Sprache und Dichtung in Darmstadt, der Bayerischen Akademie der Wissenschaften in München, der Heidelberger Akademie der Wissenschaften, der Akademie der Wissenschaften und der Literatur in Mainz, der Österreichischen Akademie der Wissenschaften in Wien und der Royal Historical Society in London, o. Mitglied der Zentraldirektion der Monumenta Germaniae Historica in München und der Historischen Kommission bei der Bayerischen Akademie der Wissenschaften in München, Ehrenmitglied des Instituts für Österreichische Geschichtsforschung in Wien und des Germanischen Nationalmuseums in Nürnberg, geb. 19. IX. 1901 in München, 34 Göttingen, Dahlmannstraße 14, Tel. 59382 (5. VI. 1935).

Jarceva, Victoria N., Dr. phil., Professor, korresp. Mitglied der Akademie der Wissenschaften der UdSSR und Direktorin des Instituts für Sprachwissenschaft dieser Akademie in Moskau, Moskau, ul. Marxa i Engelsa 1/14 (15. X. 1976).

Iordan, Iorgu, Dr. phil., Dr. phil. h. c. (Humboldt-Universität Berlin, Gent, Jassy, Montpellier, Rom, Budapest), em. o. Professor für romanische Philologie an der Universität

Bukarest, Verdienter Wissenschaftler, Staatspreisträger I. und II. Klasse, Inhaber des „Ordinul Muncii“ I. Klasse, des Ordens „Steaua Republicii Populare Române“ I. Klasse, des Ordens „Meritul Ştiintific“ I. Klasse, des Ordens „23. August“ II. Klasse, des Ordens „Tudor Vladimirescu“ II. Klasse, der Medaille „40 de ani de la întemeierea Partidului Comunist din România“, der Medaille „A XX-a aniversare a Eliberării Patriei“, der Medaille „A cincizecea aniversare a P.C.R.“, der Medaille „25 de ani de la proclamarea Republicii“ und der Medaille „30 de ani de la Eliberarea de sub dominatio fascistă“, Inhaber des Titels „Eron al Muncii Socialiste“, o. Mitglied der Rumänischen Akademie der Wissenschaften in Bukarest, früher Vizepräsident dieser Akademie und Präsident der Klasse für Sprache, Literatur und Kunst, auswärt. Mitglied der Akademie der Wissenschaften der DDR, der Bayerischen Akademie der Wissenschaften in München, der Österreichischen Akademie der Wissenschaften in Wien, der Real Academia Española, Präsident der Rumänischen Gesellschaft für romanische Sprachforschung und des Rumänischen Nationalkomitees für Volkskunst, Mitglied der Rumänischen Gesellschaft für Beziehungen mit der UdSSR, Ehrenpräsident der Société de Linguistique Romane in Paris und Strasbourg, Mitglied der Société de Linguistique in Paris, der Associación International de Hispanistas, der Junta directiva dieser Asociación, der Asociación de Lingüística y Filología Hispanoamericana, des Comité International des Sciences Onomastiques in Louvain und des Comité International Permanent des Linguistes (CIPL), korresp. Mitglied des Instituts Mexicano de Cultura in Mexico City und des Institut d'Estudis Catalans, geb. 29. IX. 1888 in Tecuči (Rumänien), Bucureşti, str. Sofia 12, Tel. 331886 (10. III. 1958).

Kumaniecki, Kazimierz, Dr. phil., Dr. phil. h. c. (Debrecen, Warszawa, Freiburg i. Br.), o. Professor für klassische Philologie an der Universität Warschau, Staatspreisträger, Inhaber des Kommandeur- und Kavalierkreuzes des Ordens Polonia Restituta, des Tapferkeitskreuzes und der goldenen Medaille „Urbs Roma cultori suo“, o. Mitglied der Polnischen Akademie der Wissenschaften in Warschau, auswärt. Mitglied der Koninklijke Vlaamse Academie voor Taal-en Letterkunde in Gent, o. Mitglied des Centro di Studi Ciceroniani in Rom, auswärt. Mitglied des Istituto Lombardo in Mailand, ehem. Präsident der Union Académique Internationale in Brüssel und Vizepräsident des Conseil International de la Philosophie et des Sciences Humaines in Paris, Präsident und Ehrenmitglied der Polnischen Philologischen Gesellschaft, geb. 18. V. 1905 in Krakau, Warszawa, Sewerynów 6/10, Tel. 269305 (21. VI. 1965). † 8. VI. 1977.

Ladendorf, Heinz, Dr. phil., em. o. Professor für Kunstgeschichte an der Universität Köln, Träger des Ordens Officier des Palmes Académiques, Commendatore dell'Ordine al Merito o. Mitglied des Deutschen Archäologischen Instituts in Berlin-Dahlem, geb. 29. VI. 1909 in Leipzig, 5000 Köln 41, Kunsthistorisches Institut, Albertus-Magnus-Platz, Tel. 4704476 und 5000 Köln-Lindenthal, Kerpener Straße 4, Tel. 449658 (4. III. 1955).

Ligeti, Lajos, Dr. phil., Dr. lit., em. Professor mit Lehrstuhl für innerasiatische Studien an der Eötvös-Loránd-Universität Budapest, Träger des Arbeitsordens, Inhaber des Kossuth-Preises, des Fahnenordens I. und II. Klasse der Ungarischen Volksrepublik, des mongolischen Nairamdalordens, der Goldmedaille der Ungarischen Akademie der Wissenschaften in Budapest, der Goldmedaille der Permanent International Altaistic Conference und des Ehrendiploms der Türkischen Republik, o. Mitglied der Ungarischen Akademie der Wissenschaften in Budapest, Präsident des Bibliotheksausschusses und des Ausschusses für Orientalistik dieser Akademie, auswärt. Mitglied der Akademie der Wissenschaften der Mongolischen Volksrepublik in Ulan-Bator, korresp. Mitglied des Institut de France/Académie des Inscriptions et Belles Lettres in Paris und der Suomalaisurgilainen Seura in Helsinki, Ehrenmitglied des Société Asiatique in Paris, der Royal Asiatic Society in London und der Türk Dil Kurumu in Ankara, Vizepräsident des Permanent Comittee of the International Congress of Mongolists, geb. 26. X. 1902 in Balassagyarmat, Budapest V., Belgrád-rkp. 26, Tel. 187-529 (18. I. 1965).

Lissa, Zofia, Dr. phil., Dr. d. Musikwissenschaft, o. Professor für Musikwissenschaft an der Universität Warschau, Staatspreisträgerin, Träger des Ordens Sztandar Pracy II. Klasse, des Goldenen Verdienstkreuzes, des Ordens Polonia Restituta IV. und V. Klasse, des Kavalier- und Offiziersordens, Inhaber von Verdienstmedaillen, korresp. Mitglied der Akademie der Wissenschaften und der Literatur in Mainz und der Akademie der Künste der DDR, Mitglied des Direktoriums der Internationalen Gesellschaft für Musikwissenschaft, der Gesellschaft für Musikforschung in Kiel, des Polnischen Komponisten-Verbandes und des Komitees für Theorie und Geschichte der Kunst der Polnischen Akademie der Wissenschaften in Warschau, Mitglied des Polnischen Nationalkomitees des Musikrates im Conseil International de Musique/UNESCO und Vizepräsident des Wissenschaftlichen Rates der Chopin-Gesellschaft, geb. 19. X. 1908 in Lwów, 02637 Warszawa 87, ul. Miaczyńska 37, Tel. 44-09-85 (21. VI. 1965).

Mayrhofer, Manfred, Dr. phil., o. Professor für Allgemeine und Indogermanische Sprachwissenschaft an der Universität Wien, wirkliches Mitglied der Österreichischen Akademie der Wissenschaften in Wien und Sekretär der philologisch-historischen Klasse dieser Akademie, Kommandeur des kaiserl. iranischen Humāyūn-Ordens, Träger des Ritterkreuzes I. Klasse des finnländischen Ordens der Weißen Rose, auswärtiges Mitglied der Accademia di Scienze e Lettere in Mailand, der Königl. Schwedischen Akademie für Literatur, Geschichte und Altertümer in Stockholm und der Suomalais-Ugrilainen Seura [Finnisch-ugrische Gesellschaft] in Helsinki, korresp. Mitglied des Institut de France/Académie des Inscriptions et Belles-Lettres in Paris, der Heidelberger Akademie der Wissenschaften, der Bayerischen Akademie der Wissenschaften in München und der Polnischen Akademie der Wissenschaften in Warschau, gewähltes Mitglied des Council of „Corpus Inscriptionum Iranicarum“ in London, Corresponding Member of the Staff of the School of Oriental and African Studies, Universität London, Ehrenmitglied der Ungarischen Akademie der Wissenschaften in Budapest und der Linguistic Society of India in Calcutta, geb. 26. IX. 1926 in Linz a. d. Donau (Österreich), A - 1190 Wien, Bauernfeldgasse 9/II/6, Tel. 3639354, Post: Institut für Allgemeine und Indogermanische Sprachwissenschaft der Universität Wien, A-1010 Wien, Dr.-Karl-Lueger-Ring 1, Tel. 427611/440 (12. XI. 1971).

Michałowski, Kazimierz, Dr. phil., Dr. phil. h. c. (Strasbourg, Cambridge, Uppsala), em. o. Professor für Mittelmeer-Archäologie an der Universität Warschau, stellv. Direktor des Nationalmuseums Warschau, Leiter des Polnischen Zentrums für Mittelmeer-Archäologie in Kairo und des Zentrums für Mittelmeer-Archäologie der Polnischen Akademie der Wissenschaften, Träger des Silbernen Kreuzes des Ordens Virtuti Militari, zweifacher Träger des Goldenen Verdienstkreuzes, der Fahne der Arbeit I. Klasse, des Kommandeurkreuzes Polonia Restituta, des Kommandeurkreuzes mit Stern Polonia Restituta, des Kommandeurkreuzes Corona d'Italia und des Offizierskreuzes der Ehrenlegion, Inhaber des Polnischen Nationalpreises I. und II. Klasse, der Medaille XXX-Jahre VR Polen und der Medaille George Perrot des Institut de France/Académie des Inscriptions et Belles-Lettres in Paris, Herder-Preisträger 1971 in Wien, o. Mitglied und Präsidiumsmitglied der Polnischen Akademie der Wissenschaften in Warschau,

Mitglied der Accademia Nazionale dei Lincei in Rom und der British Academy in London, auswärt. Mitglied der Akademie der Wissenschaften der DDR und der Heidelberger Akademie der Wissenschaften, o. Mitglied des Deutschen Archäologischen Instituts in Berlin-Dahlem, der Association International des Égyptologues und des Tschechoslowakischen Orientalischen Instituts, Ehrenmitglied des Institut d'Égypte in Kairo, des Archaeological Institute of America in Washington und des Archaeologiki Hetairia in Athen, stellv. Präsident der Association Internationale d'Epigraphie Latine und der International Association of Egyptologists, Präsident des Internationalen Komitees des Experten für Abu Simbel bei der UNESCO und der Society for Nubian Studies, geb. 14. XII. 1901 in Tarnopol, Warszawa, Sewerynów 6, Tel. 263979 (5. XII. 1960).

Németh, Julius, Dr. phil., em. o. Professor für Turkologie an der Eötvös-Loránd-Universität Budapest, o. Mitglied der Ungarischen Akademie der Wissenschaften in Budapest und em. Direktor des Sprachwissenschaftlichen Instituts dieser Akademie, Träger des Arbeitsordens, des Ordens „Kirill i Metodi" (Sofia), Inhaber des Kossuth-Preises und des Indiana University Prize for Altaic Studies, auswärt. Mitglied der Akademie der Wissenschaften der DDR und der Bulgarischen Akademie der Wissenschaften in Sofia, Ehrenmitglied der Royal Asiatic Society in London, der Suomalais-Ugrilainen Seura in Helsinki, der Societas Uralto-altaica in Göttingen, der Türk Dil Kurumu und der Türk Tarih Kurumu in Ankara und der Polnischen Orientalischen Gesellschaft in Warschau, geb. 2. XI. 1890 in Karcag (Ungarn), Budapest XI., Karinthy út. 24. III. 1., Tel. 650-982 (13. X. 1958). † 14. XII. 1976.

Orlandos, Anastasios K., Dr. philol. em. o. Professor für Baugeschichte an der Technischen Hochschule Athen, em. o. Professor für Byzantinische Archäologie an der Universität Athen, Inhaber des Preises „Zographos" de l'Association pour l'Ecouragement des Etudes Grecques en France und des Gottfried-von-Herder-Preises der Universität Wien, Träger der Verdienstmedaille der Stadt Athen, der Medaille d'Argent de la Ville de Paris, der Orden Commendatore della Corona d'Italia, Chevalier de la Légion d'Honneur, Stavros, Anotéron Taxiarchon tou Tágmatos tou Phoinikos, Cavaliere Ufficiale dell'Ordine all merito della Republica Italiana, Anótatos Taxiárches Geogiou und Jugoslovenske Zastave sa zlatnim vengem, o. Mitglied der Akademie der Wissenschaften in Athen, associé étranger de l'Académie des Inscriptions et Belles-Lettres in Paris und corresponding Fellow of the British Academy in London, auswärtiges Mitglied der königlich-belgischen Akademie der Wissenschaften in Brüssel und der Akademie der Wissenschaften in Palermo, socio straniero dell'Accademia Nazionale dei Lincei, membro corrispondente della Pontificia Accademia Romana di Archeologia, Mitglied und Generalsekretär der Archäologischen Gesellschaft in Athen, Ehrenmitglied des Deutschen Archäologischen Instituts in Berlin-Dahlem und der Historisch-Ethnologischen Gesellschaft in Athen, korresp. Mitglied des Österreichischen Archäologischen Instituts in Wien, Mitglied und Präsident der Christlichen Archäologischen Gesellschaft in Athen und der Gesellschaft für Byzantinische Studien in Athen, Präsident und Generalsekretär des Aufsichtskomitees des Istituto Hellenico di Studi Bizantini e Post-Bizantini in Venedig, Präsident des griechischen Komitees der Association des Etudes Byzantines, Ehrenmitglied des Society for the Promotion of Hellenic Studies, des Archaeological Institute of America, der Griechischen Architektonischen Gesellschaft und der griechischen Wissenschaftlichen Gesellschaft „Athena" in Athen, geb. 23. XII. 1887 in Athen, Athen 138, Koumbaristraße 2, Tel. 361 6296 (9. XI. 1974).

Pée, Willem, Dr. phil., em. Professor für Niederländische Linguistik, Dialektologie und Experimentelle Phonetik an der Universität Gent (Belgien), Großoffizier im belgischen Leopold II- und Kronorden, Kommandeur im Niederländischen Orden für Oranien-Nassau, Inhaber der deutschen Friedensmedaille der DDR, des Sterns der Völkerfreundschaft in Gold, der Ehrennadel der Liga für Völkerfreundschaft der DDR in Gold für Verdienste um Völkerfreundschaft und der goldenen Medaille des „Merite pour le développement de l'amitié et de la coopèration avec la République Socialiste Tchéscolovaque", Mitglied der Maatschappij der Nederlandse Letterkunde in Leiden, der Fryske Akademy in Leeuwarden, des Provinciaal Utrechts Genootschap van Kunsten en Wetenschappen, der Commissie belast met de voorbereiding van de Nederlandse tekst van de Grondwet, de wetboeken en van de voornaamste wetten en besluiten, der Centrale Commissie voor de Nederlandse rechtstaal en bestuurstaal in België, Vizepräsident dieser Kommission seit 1969, Mitglied der Niederländisch-Belgischen Stiftung für niederländische Lexikologie, der Belgische Spellingcommissie und der Belgische Woordenlijstcommissie, Präsident dieser Kommission, Mitglied der Belgische Vaste Commissie van Advies voor de Spelling van de Nederlandse taal, Präsident dieser Kommission seit 1970, Präsident der Terminologische Commissie bei het Ministerie van Binnenlandse Zaken, der Belgischen Abteilung der Belgisch-Nederlandse Commissie van Advies voor de Spelling van de Bastaardwoorden, Ehrenmitglied des Belgisch Centrum voor Neerlandistiek, Präsident der Gesellschaft Belgien—DDR in Brüssel, Ehrenmitglied der Koninklijke Commissie voor Toponymie & Dialectologie in Brüssel, geb. 9. IV. 1903 in Brügge (West-Flandern), 1170 Brüssel, Bosvoorde, Vuurkeienweg 3, Tel. 02/672 2649 (12. XI. 1971).

Petschow, Herbert, Dr. phil. et. jur., em. o. Professor für antike Rechtsgeschichte an der Ludwig-Maximilians-Universität in München, Gastprofessor für altorientalische Rechtsgeschichte an der Karl-Marx-Universität Leipzig, o. Mitglied der Bayerischen Akademie der Wissenschaften in München, Mitglied der Deutschen Morgenländischen Gesellschaft in Mainz und der Société Jean Bodin pour l'Histoire comparative des Institutions in Brüssel, geb. 26. XII. 1909 in Dresden, 8033 Planegg, Rudolfstraße 36, Tel. 089/ 8598796 (10. XII. 1962).

Peukert, Herbert, Dr. phil., em. o. Professor für slawische Sprachen an der Friedrich-Schiller-Universität Jena, Inhaber der Johann-Heinrich-Pestalozzi-Medaille in Bronze und Silber und der Johann-Gottfried-Herder-Medaille in Gold, Mitglied der Sprachwissenschaftlichen Kommission der Akademie, Mitglied des Nationalkomitees der Slawisten der DDR bei der Akademie der Wissenschaften der DDR, ausländ. Mitglied der Makedonischen Akademie der Wissenschaften und Künste zu Skopje, geb. 29. IV. 1907 in Reichenau, 8950 Kaufbeuren-Neugablonz, Antoniwalder Weg 20 Tel. 65728 (24. V. 1965).

Poulík, Josef, Dr. phil., o. Professor an der Universität J. E. Purkyně Brno, Direktor des Archäologischen Institutes der Tschechoslowakischen Akademie der Wissenschaften in Brno und Prag, Staatspreisträger, Ehrenbürger von Mikulčice, o. Mitglied und Vizepräsident der Tschechoslowakischen Akademie der Wissenschaften in Prag, auswärtiges Mitglied der Akademie der Wissenschaften der DDR, Präsident der Union Internationale d'Archeologie Slave, Mitglied des Conseil Permanent des Sciences Pré- et Protohistoriques, geb. 6. VIII. 1910 in Jiříkovice bei Brno, 60200 Brno, Mášova 10, ČSSR; Institutsanschrift: 66203 Brno, sady Osvobození 19, ČSSR (9. XI. 1974).

Préaux, Claire, Dr. phil., Dr. phil. h. c. (Strasbourg), Dr. jur. h. c. (Freiburg i. Br.), em. o. Professor für Klassische Altertumswissenschaft an der Universität Brüssel, Abteilungsleiter in der Fondation Égyptologique Reine Elisabeth, Inhaberin des Prix de la Société pour l'Encouragement des Études grecques en France und des Prix Francqui, Mitglied der Académie Royale des Sciences, des Lettres et des Beaux-Arts de Belgique in Brüssel, korresp. Mitglied des British Academy in London, des Institut de France/Académie des Inscriptions et Belles-Lettres in Paris, der Koninklijke Nederlandse Akademie van Wetenschappen in Amsterdam, geb. 21. XII. 1904 in Liège, 1050 Bruxelles, 109 rue de l'Abbaye, Tel. 3442753 (14. III. 1955). † 29. III. 1979.

Průšek, Jaroslav, Dr. phil., Dr. Sc., Dr. phil. h. c. (Berlin, Olmouc, Stockholm), Professor für Sinologie und Japanologie an der Karls-Universität Prag, zweifacher Träger des Staatspreises für Wissenschaft und Kunst, Inhaber der Medaille für Verdienste um Wissenschaft und Menschheit der Tschechoslowakischen Akademie der Wissenschaften, o. Mitglied der Tschechoslowakischen Akademie der Wissenschaften in Prag, auswärt. Mitglied der Akademie der Wissenschaften der DDR und der Bayerischen Akademie der Wissenschaften in München, Mitglied der Société Asiatique in Paris und der American Oriental Society in New Haven, geb. 14. IX. 1906 in Prag, Praha 1, Gogolova 2 (21. VI. 1965).

Schmidt, Eberhard, Dr. jur., Dr. med. h. c. (Göttingen), em. o. Professor der Rechte (Straf- und Strafprozeßrecht, Rechtsgeschichte) an der Ruprecht-Karl-Universität Heidelberg, Träger des Großen Verdienstkreuzes des Verdienstordens mit Stern der Bundesrepublik Deutschland, Inhaber des Ehrenzeichens der deutschen Ärzteschaft, o. Mitglied der Heidelberger Akademie der Wissenschaften, korresp. Mitglied der Österreichischen Akademie der Wissenschaften in Wien und der Deutschen Gesellschaft für Psychiatrie und Nervenheilkunde in Marburg (Lahn), geb. 16. III. 1891 in Jüterbog, 6900 Heidelberg 1, Jaspersstraße 2, Wohnstift Augustinum, App. 502 (14. VI. 1941). † 17. VI. 1977.

Tackenberg, Kurt, Dr. phil., em. o. Professor für Vor- und Frühgeschichte an der Westfälischen Wilhelms-Universität Münster, Träger des Großen Verdienstkreuzes des Niedersächsischen Verdienstordens 1974, Mitglied der Historischen Kommission für Niedersachsen in Hannover, der Archäologischen Kommission für Niedersachsen und des Deutschen Archäologischen Instituts in Berlin-Dahlem, Ehrenmitglied des Niedersächsischen Landesvereins für Urgeschichte in Hannover und der Archäologischen Kommission für Westfalen, geb. 30. VI. 1899 in Tschammendorf (Schlesien), 44 Münster/Westf., St. Mauritz, Parkallee 2, Tel. Münster 315158 (19. X. 1959).

Telegdi, Zsigmond, Dr. phil., o. Professor für allgemeine Sprachwissenschaften an der Eötvös-Loránd-Universität Budapest, Träger des Verdienstordens der Arbeit der VR Ungarn und Inhaber der Erinnerungsmedaille zum Jubiläum der Befreiung der VR Ungarn, Mitglied der Ungarischen Gesellschaft für Sprachwissenschaft und der Kőrösi-Csoma-Gesellschaft in Budapest, geb. 29. XII. 1909 in Enying (Ungarn), 1025 Budapest, Pusztaszeri út 49/I, em. 6 (15. X. 1976).

Thieme, Paul, Dr. phil., em. o. Professor für Indologie und vergleichende Religionswissenschaft an der Eberhard-Karls-Universität Tübingen, geb. 18. III. 1905 in Berlin, 7400 Tübingen, Spemannstraße 14 (12. XI. 1949).

Turner, Eric Gardner, M. A., Dr. phil. h. c. (Brüssel, Genf, Liverpool), em. o. Professor für Papyrologie an der Universität London, Präsident der Union Académique Internationale und der Internationale Association of Papyrologists, o. Mitglied der British Academy in London, auswärtiges Mitglied der Académie Royale des Sciences, des Lettres et des Beaux-Arts de Belgique in Brüssel, der Accademia delle Scienze di Napoli, der Österreichischen Akademie der Wissenschaften in Wien und der Kongelige Danske Videnskarbenes Selskap in Kopenhagen, Ehrenmitglied der Societas Scientiarium Fennica-Finsca Vetenskaps Societeten-Suomen Tiedeseura in Helsinki, der American Philosophical Society und des Deutschen Archäologischen Instituts in Berlin-Dahlem, geb. 26. II. 1911 in London, University College London, Gower Street, London WC1E 6BT/Großbritannien, Tel. 01-387-7050 (15. X. 1976).

Vossler, Otto, Dr. phil., em. o. Professor für mittlere und neuere Geschichte an der Johann-Wolfgang-Goethe-Universität Frankfurt am Main, Inhaber der Jusserand Medal der American Historical Association in Washington, geb. 14. II. 1902 in Heidelberg, 6000 Frankfurt (Main), Grüneburgweg 143, Tel. 726269 (20. VI. 1942).

von Weizsäcker, Carl Friedrich, Freiherr, Dr. phil., Dr. jur. h. c. Honorar-Professor für Philosophie an der Universität München, Direktor des Max-Planck-Instituts zur Erforschung der Lebensbedingungen der wissenschaftlich-technischen Welt in Starnberg (Obb.), Mitglied des Ordens Pour le mérite für Verdienste um die Wissenschaft und um die Künste, Träger des Großen Verdienstkreuzes mit Stern der Bundesrepublik Deutschland und des Österreichischen Ehrenzeichens für Wissenschaft und Kunst, Inhaber der Goldenen Wilhelm-Bölsche-Medaille der Kosmos-Gesellschaft der Naturfreunde in Stuttgart, der Max-Planck-Medaille des Verbandes Deutscher Physikalischer Gesellschaften in Braunschweig, der Hans-Thoma-Medaille der Hans-Thoma-Gesellschaft in Reutlingen, des Goethe-Preises der Stadt Frankfurt (Main), des Prix Arnold Reymond der Universität Lausanne, des Friedenspreises des Deutschen Buchhandels und des Erasmus-Preises der Stiftung „Prämium Erasmianum" der Niederlande, o. Mitglied der Akademie der Wissenschaften in Göttingen, Mitglied der Deutschen Akademie der Naturforscher Leopoldina in Halle, der Deutschen Akademie für Sprache und Dichtung in Darmstadt und der Joachim-Jungius-Gesellschaft der Wissenschaften in Hamburg, korresp. Mitglied der Bayerischen Akademie der Wissenschaften in München und der Österreichischen Akademie der Wissenschaften in Wien, associe étranger der Academie des Sciences morales et politiques in Paris, Senator der Max-Planck-Gesellschaft zur Förderung der Wissenschaft, Mitglied des Verwaltungsausschusses des Deutschen Museums in München und des PEN-Zentrums in Darmstadt, geb. 28. VI. 1912 in Kiel, 813 Starnberg/Obb., Riemerschmidstraße 7, Tel. 08151/149/1 und 8135 Söcking, Alpenstraße 15 (13. VI. 1966).

Wieacker, Franz, Dr. jur., Dr. phil. h. c. (Freiburg i. Br.), Dr. jur. h. c. (Uppsala), LL. D. h. c. (Glasgow), em. o. Professor für römisches und bürgerliches Recht an der Georg-August-Universität Göttingen, Mitglied des Ordens Pour le mérite für Verdienste um die Wissenschaft und um die Künste, o. Mitglied der Akademie der Wissenschaften in Göttingen, korresp. Mitglied der Bayerischen Akademie der Wissenschaften in München, der Heidelberger Akademie der Wissenschaften, der Accademia Nazionale dei Lincei in Rom und des Istituto Lombardo in Mailand, geb. 5. VIII. 1908 in Stargard (Pommern), 3400 Göttingen, Prinzenstraße 21 (14. VI. 1941).

TODESFÄLLE

Ordentliche Mitglieder
der mathematisch-naturwissenschaftlichen Klasse

Arland, Anton, Dr. phil., Dr. agr. h. c. (Leipzig), em. Professor mit Lehrstuhl für Acker- und Pflanzenbau an der Karl-Marx-Universität Leipzig, Träger des Vaterländischen Verdienstordens, der Ehrennadel der Karl-Marx-Universität Leipzig und der Goldenen Medaille der Fürstlich-Jablonowskischen Gesellschaft der Wissenschaften, Mitglied der Kommission für spezielle Umweltprobleme und der Poggendorff-Kommission der Akademie, em. o. Mitglied der Akademie der Landwirtschaftswissenschaften der DDR, Mitglied des Präsidiums der Deutschen Arabischen Gesellschaft in Berlin, des Wissenschaftlichen Rates der Internationalen Gesellschaft in Berlin, des Wissenschaftlichen Rates der Internationalen Gesellschaft für Nahrungs- und Vitalstoff-Forschung in Hannover, aktives Mitglied der Société Française des Physiologie Végétale in Paris, geb. 20. VII. 1895 in Eisenbrod, 705 Leipzig, Holsteinstraße 27 (1. VII. 1948). † 23. II. 1975.

Brednow, Walter, Dr. med., Dr. med. h. c. (Tübingen), em. Professor mit Lehrstuhl für Innere Medizin an der Friedrich-Schiller-Universität Jena, Obermedizinalrat, Mitglied der Deutschen Akademie der Naturforscher Leopoldina in Halle, der Gesellschaft Deutscher Naturforscher und Ärzte in Bonn und der Internationalen Gesellschaft für Innere Medizin, Ehrenmitglied der Gesellschaft für Innere Medizin an der Friedrich-Schiller-Universität Jena, der Deutschen Gesellschaft für Innere Medizin in Wiesbaden, der Nordwestdeutschen Gesellschaft für Innere Medizin in Hamburg, der Deutschen Gesellschaft für Klinische Medizin, Sektion Innere Medizin, in Leipzig und der Medizinisch-wissenschaftlichen Gesellschaft Eichsfelder Ärzte, geb. 13. II. 1896 in Berlin, 69 Jena, Dornbluthweg 1 (5. XII. 1960). † 11. IX. 1976.

Hein, Franz, Dr. phil., Dr. rer. nat. h. c. (Freiburg i. Br. und Rostock), em. Professor mit Lehrstuhl für anorganische Chemie an der Friedrich-Schiller-Universität Jena, Nationalpreisträger, Hervorragender Wissenschaftler des Volkes, Inhaber der Clemens-Winkler-Medaille der Chemischen Gesellschaft in der DDR und der Alexander-von-Humboldt-Gedenkmedaille der DDR, o. Mitglied der Akademie der Wissenschaften der DDR, em. Direktor der Forschungsstelle für Komplexchemie dieser Akademie, Mitglied der Deutschen Akademie der Naturforscher Leopoldina in Halle, korresp. Mitglied der Heidelberger Akademie der Wissenschaften, Ehrenmitglied der Chemischen Gesellschaft in der DDR und Ehrenmitglied auf Lebenszeit der New York Academy of Sciences, geb. 30. VI. 1892 in Grötzingen b. Karlsruhe (Baden), 69 Jena, Gutenbergstraße 5 (7. V. 1951). † 26. III. 1976.

Hertz, Gustav, Dr. phil., Dr. rer. nat. h. c. (Berlin und Leipzig), Dr.-Ing. E. h. (Dresden), em. Professor mit Lehrstuhl für Physik an der Karl-Marx-Universität Leipzig, Nobel-, Staats- (UdSSR) und Nationalpreisträger, Hervorragender Wissenschaftler des Volkes, Träger des Vaterländischen Verdienstordens und des Ordens „Banner der Arbeit", der Max-Planck-Medaille des Verbandes Deutscher Physikalischer Gesellschaften, der

Helmholtz-Medaille der Akademie der Wissenschaften der DDR, der Alexander-von-Humboldt-Gedenkmedaille der DDR und der Ernst-Moritz-Arndt-Medaille des Nationalrates der Nationalen Front des Demokratischen Deutschland, Ehrenmitglied des Forschungsrates der DDR, o. Mitglied der Akademie der Wissenschaften der DDR und der Tschechoslowakischen Akademie der Wissenschaften in Prag, korresp. Mitglied der Akademie der Wissenschaften in Göttingen, auswärt. Mitglied der Akademie der Wissenschaften der UdSSR in Moskau, Mitglied der Deutschen Akademie der Naturforscher Leopoldina in Halle, Ehrenmitglied der Ungarischen Akademie der Wissenschaften in Budapest und der Rumänischen Akademie der Wissenschaften in Bukarest, geb. 22. VII. 1887 in Hamburg, 117 Berlin, Lienhardweg 47 (24. I. 1955). † 30. X. 1975.

Schmalfuß, Karl, Dr. rer. nat., Dr. agr. h. c. (Leipzig), em. Professor mit Lehrstuhl für Pflanzenernährung und Bodenkunde an der Martin-Luther-Universität Halle—Wittenberg, Nationalpreisträger, Träger des Vaterländischen Verdienstordens, Inhaber der Erwin-Baur-Medaille der Akademie der Landwirtschaftswissenschaften der DDR, o. Mitglied der Akademie der Landwirtschaftswissenschaften der DDR, Mitglied der Deutschen Akademie der Naturforscher Leopoldina in Halle, geb. 5. XI. 1904 in Wedruschitz (Kr. Saaz), 4021 Halle (Saale), Weidenweg 7 (10. V. 1954). † 3. XII. 1976.

Auswärtige Mitglieder der mathematisch-naturwissenschaftlichen Klasse

Frumkin, Alexander Naumowitsch, Dr. chem., Dr. rer. nat. h. c. (Dresden, Brno), Professor für Elektrochemie an der Lomonossow-Universität Moskau, Held der sozialistischen Arbeit, Staats- und Leninpreisträger, Inhaber der Medaille „Sichel und Hammer", des Leninordens und der Palladium Medal der Electrochemical Society, o. Mitglied der Akademie der Wissenschaften der UdSSR in Moskau, der Deutschen Akademie der Naturforscher Leopoldina in Halle, ausländ. Mitglied der Polnischen Akademie der Wissenschaften in Warschau, der Bulgarischen Akademie der Wissenschaften in Sofia, der Koninklijke Nederlandse Akademie van Wetenschappen in Amsterdam und der Jugoslawischen Akademie der Wissenschaften und Künste in Zagreb, Ehrenmitglied der Ungarischen Akademie der Wissenschaften in Budapest, Foreign Honorary Member of the American Academy of Arts and Sciences, Boston, Foreign associate National Academy of Sciences, Washington, Ehrenmitglied der All-Union Mendelejew Chemischen Gesellschaft in Moskau, des Council of the National Institute of Sciences of India in New Delhi, der Société Chimique de France in Paris und der Société Chemique de Belgique in Brüssel, geb. 24. X. 1895 in Kischinev, Moskau W-97, Leninsky Prospekt 13 (24. X. 1966). † 25. V. 1976.

Heisenberg, Werner, Dr. phil., Dr.-Ing. E. h. (Karlsruhe), Dr. Sc. h. c. (Brüssel), Dr. rer. nat. h. c. (Budapest), Dr. phil. h. c. (Kopenhagen), Dr. h. c. (Athen), em. Direktor des Max-Planck-Instituts für Physik und Astrophysik in München, Hon.-Professor für theoretische Physik an der Ludwig-Maximilians-Universität München, Präsident der Alexander-von-Humboldt-Stiftung in Bad Godesberg, Mitglied des Vorstandsrates des Deutschen Museums in München, Nobelpreisträger, Träger des Ordens Pour le mérite für Verdienste um die Wissenschaft und um die Künste, des Großen Verdienstkreuzes mit Stern und Schulterband der Bundesrepublik Deutschland, Inhaber des Ordens der Aufgehenden Sonne II. Klasse der japanischen Regierung, des Komturkreuzes des Ordens Georg I., Griechenland, des Großkreuzes des Ordens „Alfonso X el Sabio", Spanien, des Kultur-Ehrenpreises und der goldenen Ehrenmünze der Stadt München, des Sigmund-Freud-Preises für wissenschaftliche Prosa der Deutschen Akademie für Sprache und Dichtung in Darmstandt, des Romano-Guardini-Preises 1973 der Katholischen Akademie in Bayern, Inhaber der Goldenen Niels-Bohr-Medaille, der Hugo-Grotius-Medaille der International Grotius Foundation for the Propagation of the Law of Nations in Genf, der Max-Planck-Medaille des Verbndes Deutscher Physikalischer Gesellschaften, der Bernard-Medaille der Columbia-University New York, der Matteucci-Medaille der Academia Nazionale dei Quaranta in Rom, der Goldenen Medaille der Medizinisch-naturwissenschaftlichen Gesellschaft in Jena und der Bronzemedaille der National Academy of Sciences in Washington, auswärt. Mitglied der Akademie der Wissenschaften der DDR, o. Mitglied der Bayerischen Akademie der Wissenschaften in München und der Akademie der Wissenschaften in Göttingen, Mitglied der Deutschen Akademie der Naturforscher Leopoldina in Halle, der Kongelike Danske Videnskabernes Selskab in Kopenhagen, der Suomaleinen Tiedeakatemia in Helsinki, der Koninklijke Nederlandse Akademie van Wetenschappen in Amsterdam, der Norske-Videnskaps Akademi in Oslo, der Royal Society in London, der Rumänischen Akademie der Wissenschaften in Bukarest, der Jugoslawischen Akademie der Wissenschaften und Künste in Zagreb, der Svenska Akademien in Stockholm, der Real Academie de Ciencias Exactas, Físicas y Naturales in Valverde, der Accademia Nazionale dei Lincei in Rom, der Pontificia Academia Scientiarum, Vatikanstadt, der American Academy of Arts und Sciences in Boston, der National Academy of Sciences in Washington, der American Philosophical Society in Philadelphia, der Société Philomatique in Paris, der Wissenschaftlichen Kommission des Institut International de Physique Solvay in Brüssel, der Kongelige Norske Videnskabers Selskab in Drontheim, der Kungl. Vetenskaps-Societeten in Uppsala, der Medizinisch-naturwissenschaftlichen Gesellschaft in Jena, Ehrenmitglied der New York Academy of Science, der Royal Irish Academy in Dublin und der Societas Scientiarum Fennica-Finska Vetenskaps Societeten-Suomen Tiedeseura in Helsinki, Ehrenrat des Consejo Superior de Investigaciones Científicas in Madrid, geb. 5. XII. 1901 in Würzburg, 8 München 40, Föhringer Ring 6 (1. VII. 1930). † 1. II. 1976.

Ordentliche Mitglieder
der philologisch-historischen Klasse

Jahn, Johannes, Dr. phil., Dr. phil. h. c. (Leipzig), em. Professor mit Lehrstuhl für Kunstgeschichte an der Karl-Marx-Universität Leipzig, Ehrenpräsident des Nationalen Museumrates, Träger des Vaterländischen Verdienstordens, des Ordens „Banner der Arbeit", der Moritz-Wilhelm-Drobisch-Medaille der Sächsischen Akademie und der Winckelmann-Medaille der Stadt Stendal, Ehrenmitglied des Verbandes Bildender Künstler in Berlin, geb. 22. XI. 1892 in Orlandshof (Krs. Wissek), 701 Leipzig, Auenstraße 13 (11. XII. 1961). † 17. II. 1976.

Krauss, Werner, Dr. phil., Dr. phil. h. c. (Aix-Marseille und Leipzig), em. Professor mit Lehrstuhl für romanische Philologie an der Karl-Marx-Universität Leipzig, Nationalpreisträger, Hervorragender Wissenschaftler des Volkes, Träger des Vaterländischen Verdienstordens, Inhaber des Friedrich-Engels-Preises der Akademie der Wissenschaften der DDR und der Medaille für Kämpfer gegen den Faschismus 1933—1945, o. Mitglied der Akademie der Wissenschaften der DDR und em. Direktor des Instituts für romanische Sprachen und Kultur dieser Akademie, korresp. Mitglied der Academia Nacional de Derecho y Ciencias Sociales in Buenos Aires, ausländ. korresp. Mitglied der Rumänischen Akademie der Wissenschaften in Bukarest, Vizepräsident der Asociacion Internacional de Hispanistas und Mitglied des Büros der Association Internationale de Littérature Comparée, geb. 7. VI. 1900 in Stuttgart, 1167 Berlin-Hessenwinkel, Kanalstraße 35 (14. II. 1949). † 28. VIII. 1976.

ZUWAHLEN

In der Plenarsitzung vom 25. März 1977 wurden gewählt:

Ordentliche Mitglieder
der mathematisch-naturwissenschaftlichen Klasse

Busch, Karl-Franz, Dr.-Ing., Dr.-Ing. E. h. (Freiberg) Diplom-Gewerbelehrer, o. Professor für Wasserversorgung und Abwasserbehandlung an der TU Dresden, Direktor der Sektion Wasserwesen der TU Dresden und Leiter des Wissenschaftsbereiches Wasserversorgung und Abwasserbehandlung, Träger des Vaterländischen Verdienstordens in Bronze, Held der sozialistischen Arbeit, Verdienter Techniker des Volkes, Verdienter Hochschullehrer der DDR, Träger der Silbernen und Goldenen Ehrennadel der Kammer der Technik, Mitglied der Deutschen Agrarwissenschaftlichen Gesellschaft, o. Mitglied des Forschungsrates der DDR, geb. 22. III. 1917 in Oberhausen, 8053 Dresden, Waldparkstraße 2, Tel. 31743.

Paetzold, Roland, Dr. rer. nat., o. Professor für anorganische Chemie an der Friedrich-Schiller-Universität Jena, Inhaber der Verdienstmedaillen der Deutschen Demokratischen Republik und der Friedrich-Schiller-Universität Jena in Silber, Mitglied des Präsidiums der Deutschen Akademie der Naturforscher Leopoldina in Halle, Mitglied der Chemischen Gesellschaft der DDR, geb. 13. VII. 1931 in Großhartmannsdorf, 69 Jena, Wilhelm-Stade-Straße 4, Tel. 23206.

Ries, Werner, Dr. med., o. Professor für Innere Medizin-Gerontologie an der Karl-Marx-Universität Leipzig, Obermedizinalrat, Träger der Medaille für treue Dienste im Gesundheits- und Sozialwesen in Silber und Gold, des Preises für Medizin „Dr. Margarete Blank“ der Stadt Leipzig, der Reimann-Medaille für präventive Medizin der Slowakischen Ärztegesellschaft in Bratislava und des Ehrenpreises der Gesellschaft für Gerontologie der DDR, Mitglied der Gesellschaft für Innere Medizin der DDR, der Gesellschaft für Gerontologie der DDR, der Gesellschaft für Ernährung der DDR und der Gesellschaft für Endokrinologie und Stoffwechselkrankheiten der DDR, Ehrenmitglied der Sektion Ernährung der Bulgarischen Wissenschaftlichen Gesellschaft, der Gesellschaft für Alternsforschung der DDR und Vorstandsmitglied dieser Gesellschaft, geb. 20. III. 1921 in Nürnberg, 703 Leipzig, Hermann-Schein-Straße 3, Tel. 311720.

Ordentliche Mitglieder
der philologisch-historischen Klasse

Czok, Karl, Dr. phil., o. Professor für Deutsche Regionalgeschichte an der Karl-Marx-Universität Leipzig, Träger des Ordens „Banner der Arbeit“, der Johann-Heinrich-Pestalozzi-Medaille in Silber, der Johannes-R.-Becher-Medaille in Silber und Gold und der Ehrennadel der Karl-Marx-Universität Leipzig, Mitglied der Commission internationale pour l'histoire des Villes, korresp. Mitglied des Österreichischen Arbeitskreises für Stadtgeschichte, Mitglied und stellvertr. Leiter der Historischen Kommission der Akademie, Mitglied des Zentralvorstandes der Gesellschaft für Heimatgeschichte im

Kulturbund der DDR und des Nationalkomitees der Historiker der DDR, geb. 12. III. 1926 in Görlitz, 705 Leipzig, Theodor-Neubauer-Straße 21, Tel. 691311.

Möbius, Friedrich, Dr. phil., Diplomkunstwissenschaftler, o. Professor für Kunstwissenschaft an der Friedrich-Schiller-Universität Jena, Träger des Vaterländischen Verdienstordens in Bronze, Inhaber der Johann-Heinrich-Pestalozzi-Medaille in Bronze, Mitglied der Association internationale du critique del'art (AICA) und des Verbandes Bildender Künstler der DDR, geb. 24. V. 1928 in Dresden, 6901 Rothenstein 163, Postfach 523, Tel. Kahla 631.

Rathmann, Lothar, Dr. phil., o. Professor für Geschichte der arabischen Länder an der Karl-Marx-Universität Leipzig, Rektor dieser Universität, Nationalpreisträger, Träger des Ordens „Banner der Arbeit" und des Verdienstordens der VAR, Inhaber der Verdienstmedaille der DDR, der Verdienstmedaille der Nationalen Volksarmee der DDR in Bronze, der Johann-Heinrich-Pestalozzi-Medaille in Silber und der Ehrennadel der Liga für Völkerfreundschaft der DDR, korresp. Mitglied der Akademie der Wissenschaften der DDR, geb. 16. II. 1927 in Werdau (Sachsen), 7124 Holzhausen (Sachsen), Rehwagenstraße 10, Tel. 2012442.

EHRUNGEN

Nobelpreisträger

Das ordentliche Mitglied

Hertz, Gustav †	1925	Physik

Auswärtige Mitglieder

Chadwick, James †	1935	Physik
Heisenberg, Werner †	1932	Physik
Hill, Archibald Vivian †	1922	Physiologie und Medizin

Nationalpreisträger der DDR für Wissenschaft und Technik

Ordentliche Mitglieder

Beckert, Herbert	1965
Bethge, Heinz	1967
Dietze, Walter	1973
Drischel, Hans	1967
Fück, Johann †	1956
Gersch, Manfred	1958
Görlich, Paul	1954
Hein, Franz †	1952
Hertz, Gustav †	1955
Keller, Ott-Heinrich	1966
Krauss, Werner †	1949
Lösche, Artur	1958
Markov, Walter	1961
Mothes, Kurt	1953
Neumann, Werner	1973
Obenaus, Fritz	1972
Peek, Werner	1961
Rammler, Erich	1951
Rathmann, Lothar	1972
Runge, Franz †	1959
Schmalfuß, Karl †	1953
Schulze, Gustav E. R. †	1967
Schwabe, Kurt	1954, 1961
Strack, Erich	1960
Stubbe, Hans	1949, 1960
Weller, Friedrich	1955
Werner, Ernst	1966
Wolf, Friedrich	1958, 1966
Wolf, Leopold †	1957

Auswärtige Mitglieder

Bredt, Heinrich	1954
Erben, Johannes	1961
Hertwig, Paula	1956
Hund, Friedrich	1949
Leutwein, Friedrich †	1956
Treibs, Wilhelm †	1954
Zucker, Friedrich †	1954

Träger des Vaterländischen Verdienstordens

Ordentliche Mitglieder

Arland, Anton †
Baetke, Walter †
Bahner, Werner
Buchda, Gerhard †
Busch, Karl-Franz
Eißfeldt, Otto †
Eßbach, Hasso
Görlich, Paul
Hertz, Gustav †
Jahn, Johannes †
Krauss, Werner †
Lehmann, Edgar
Lieberwirth, Rolf
Lösche, Artur
Markov, Walter
Möbius, Friedrich
Mothes, Kurt
Neumann, Werner
Oelßner Wilhelm
Obenaus, Fritz
Rammler, Erich
Schmalfuß, Karl †
Schubart-Fikentscher, Gertrud
Schwabe, Kurt
Simon, Arthur †
Strack, Erich
Straub, Werner
Stubbe, Hans
Werner, Ernst
Wolf, Leopold †

Auswärtige Mitglieder

Hertwig, Paula
Treibs, Wilhelm †

Träger des Ordens „Banner der Arbeit"

Czok, Karl
Eißfeld, Otto †
Hertz, Gustav †
Jahn, Johannes †
Mothes, Kurt
Rathmann, Lothar
Schwabe, Kurt
Straub, Werner
Stubbe, Hans
Wolf, Friedrich

Hervorragende Wissenschaftler des Volkes

Ordentliche Mitglieder

Baetke, Walter †
Hein, Franz †
Hertz, Gustav †
Krauss, Werner †
Mothes, Kurt
Rammler, Erich
Schwabe, Kurt
Stather, Fritz †
Stubbe, Hans
Weller, Friedrich
Watznauer, Adolf

Auswärtige Mitglieder

Hertwig, Paula
Treibs, Wilhelm †

Verdienter Bergmann der DDR

Das ordentliche Mitglied

Rammler, Erich

Verdienter Arzt des Volkes

Ordentliche Mitglieder

Matzen, Peter Friedrich
Oelßner, Wilhelm

Verdienter Techniker des Volkes

Ordentliche Mitglieder

Busch, Karl-Franz
Görlich, Paul
Obenaus, Fritz

Held der sozialistischen Arbeit

Ordentliche Mitglieder

Busch, Karl-Franz
Schwabe, Kurt

Medaille für Kämpfer gegen den Faschismus 1933—1945

Ordentliche Mitglieder

Krauss, Werner †
Markov, Walter

Verdienstmedaille der DDR

Ordentliche Mitglieder

Bethge, Heinz
Coblenz, Werner
Diesner, Hans-Joachim
Dörter, Klaus
Freimuth, Ulrich
Hentschel, Walter †
Hiebsch, Hans
Klinkowski, Maximilian †
Lieberwirth, Rolf
Neef, Ernst
Neumann, Werner
Paetzold, Roland
Rathmann, Lothar
Schulze, Gustav E. R. †
Straub, Werner
Träger, Claus
Werner, Ernst

Friedensmedaille des Friedensrates in der DDR

Ordentliche Mitglieder

Buchda, Gerhard †
Diesner, Hans-Joachim

Johann-Heinrich-Pestalozzi-Medaille

Ordentliche Mitglieder

Brüning, Eberhard
Czok, Karl
Dietze, Walter
Diesner, Hans-Joachim
Möbius, Friedrich
Müller, Joachim
Neubert, Albrecht
Rathmann, Lothar
Rudolph, Kurt

Das auswärtige Mitglied

Peukert, Herbert

GEDENKTAGE

100. Geburtstage

Ehrenmitglied der Gesamtakademie

1981	Meister, Richard	5. Februar

Mathematisch-naturwissenschaftliche Klasse

1979	Scheunert, Arthur	7. Juni
1980	Hoffmann, Gerhard	4. August
1981	Lagally, Max	7. Januar
	Scheumann, Karl Hermann	25. Februar
	Binder, Ludwig	26. Mai
	Beyer, Kurt	27. Dezember

Philologisch-historische Klasse

1979	Koschaker, Paul	19. April
	Schneider, Ferdinand Josef	6. Dezember
1980	Koch, Herbert	1. Juli
	Haenisch, Erich	27. August
	Leipoldt, Johannes	20. Dezember
1981	Worringer, Wilhelm	13. Januar
	Zucker, Friedrich	30. Juni

150. Geburtstage

Mathematisch-naturwissenschaftliche Klasse

1980	Schmitt, Rudolf Wilhelm	5. August
	Bruhns, Carl	22. November
1981	Braune, Christian Wilhelm	17. Juli

Philologisch-historische Klasse

1980	Köhler, Reinhold	24. Juni
	Bursian, Conrad	14. November
1981	Ruge, Sophus	26. März
	Stobbe, Johann Ernst Otto	28. Juni
	Gutschmid, Hermann Alfred von	1. Juli

200. Geburtstage

Mathematisch-naturwissenschaftliche Klasse

1979	Lindenau, Bernhard August von	11. Juni
1980	Döbereiner, Johann Wolfgang	13. Dezember

Philologisch-historische Klasse

1979	Seidler, August	16. April
1980	Ukert, Friedrich August	28. Oktober

50. Todestage

Mathematisch-naturwissenschaftliche Klasse

1979	Ellenberger, Wilhelm	5. Mai
	Meyer, Hans	5. Juli
	Flechsig, Paul	22. Juli
	Biedermann, Wilhelm	27. November
1981	Foerster, Fritz	14. September

Philologisch-historische Klasse

1979	Michels, Victor	4. Februar
	Heinze, Richard	22. August
	Studniczka, Franz	4. Dezember
1980	Volkelt, Johannes	8. Mai
	Ilberg, Johannes	20. August
	Bücher, Karl	13. November
1981	Zimmern, Heinrich	7. Februar

100. Todestage

Mathematisch-naturwissenschaftliche Klasse

1979	Funke, Otto	16. August

Philologisch-historische Klasse

1979	Stark, Carl Bernhard	12. Oktober
1980	Wächter, Carl Georg von	15. Januar

KOMMISSIONEN

Mathematisch-naturwissenschaftliche Klasse

Kommission für spezielle Umweltprobleme

701 Leipzig, Goethestraße 3–5, Tel. 292896

Leiter: Neef
Mitglieder: Buchheim, Dörter, Freimuth, Gersch, Görlich, Hanson †, Jordan, Lehmann, Schwabe, Strack, Uhlmann, Watznauer, Wolf

Die Kommission für spezielle Umweltprobleme faßt gemäß Statut vom 3. II. 1971 die wissenschaftlichen Einzelunternehmen der mathematisch-naturwissenschaftlichen Klasse zusammen, koordiniert ihre Tätigkeit und berät über deren weitere Entwicklung. Sie unterhält Verbindungen zu anderen wissenschaftlichen Institutionen und einzelnen Wissenschaftlern, die an Umweltproblemen arbeiten. Sie fördert die Programmgestaltung der Klassensitzungen und unterstützt die Öffentlichkeitsarbeit der Sächsischen Akademie der Wissenschaften. Die Leiter der nachstehend aufgeführten Arbeitsgruppen, die der Kommission zugehören, tragen für die Durchführung der Forschungsarbeiten die volle Verantwortung.

Dank der Bereitstellung weiterer finanzieller Mittel und Planstellen durch den Ministerrat der Deutschen Demokratischen Republik war es möglich, im Jahre 1976 zwei neue Unternehmen aufzubauen und zwar bearbeitet Herr Hanson ein physiologisch-chemisches Thema (Beeinflussung von in vivo Eiweißabbauvorgängen enzymatischer Art durch in der Umwelt eingesetzte Agenzien) und Herr Uhlmann ein hydrobiologisches Thema (Limnologie an Talsperren), das aus organisatorischen Gründen an die Arbeitsgruppe Naturhaushalt und Gebietscharakter angeschlossen ist.

Strukturprobleme und Umweltaspekte des Wassers, insbesondere der therapeutisch nutzbaren Wässer im Süden der DDR

92 Freiberg (Sachsen), Bernhard-von-Cotta-Straße 4, Tel. 512592

Leiter: Buchheim, Jordan, Watznauer
Wiss. Arbeitsleiter: Dr. Manfred Klose
Wiss. Assistenten: Dr. Gunter Kabisch, Dipl.-Geol. Matthias Ruchholz
Mitarbeiter: Dr. Ruth Zwicker, Herbert Pührer

Untersuchungen über die Wirkungsmechanismen von Neurohormonen

69 Jena, Erbertstraße 1, Tel. 27122, App. 316

Leiter: Gersch
Wiss. Arbeitsleiter: Dr. sc. Klaus Richter

Wiss. Assistenten: Dr. Eckehard Baumann, Dr. Gustav-Adolf Böhm, Dr. Heiner Birkenbeil, Dr. Hermann Eibisch
WTA: Rita Leser, Rosemarie Meißner, Gisela Radtke

Beeinflussung von in vivo Eiweißabbauvorgängen enzymatischer Art durch in der Umwelt eingesetzte Agenzien

(ab. 1. I. 1977)

402 Saale (Sachsen), Hollystraße 1, Tel. 29621

Leiter: Hanson†, Prof. Dr. Harald Aurich
Wiss. Oberassistentin: Dipl.-Pharmazeutin Susanne Riemann
Wiss. Assistentin: Chemie-Ing. Traudel Nötzel

Psychologische Untersuchungen zur Leitungstätigkeit als eines sozialen Umweltfaktors der psychischen Gesunderhaltung der Werktätigen

69 Jena, Schiller-Straße Universitätshochhaus, 19.OG, Tel. 834843/30

Leiter: Hiebsch
Wiss. Mitarbeiterin: Dr. Gudrun Winkler

Untersuchungen über Naturhaushalt und Gebietscharakter

8027 Dresden, Zellescher Weg 19, Tel. 4633275 und 493387

Leiter: Neef
Wiss. Arbeitsleiter: Dr. Arnd Bernhardt
Wiss. Oberassistent: Dr. Karl Mannsfeld
Wiss. Assistenten: Dr. Inge Hartsch, Dr. Klaus-Dieter Jäger
Ingenieur-Kartograph: Joachim Bieler
WTA: Karin Kießling
Mitarbeiter: Dipl.-Geograph Ernst Benedict, Dipl.-Forst-Ingenieur Felix Lampadius (bis 31. XII. 1975)

Limnologie an Talsperren

8027 Dresden, Zellescher Weg 40, Tel. 4634956

Leiter: Uhlmann
Wiss. Assistent: Dipl.-Biologin Heidemarie Horn

Reinigung von Abwässern mit Hilfe von Adsorbentien

402 Halle (Saale), Schloßberg 2, Tel. 21191

Leiter: Wolf
Wiss. Oberassistentin: Dr. Sabine Lindau
Wiss. Assistentinnen: Dipl.-Chemikerin Christine Frank, Dipl.-Chemikerin Magdalene Weise
WTA: Friedericke Frahm, Ingeborg Schwab
Mitarbeiterin: Bibliothekarin Bärbel Runge

Wirkung von Carnitinester auf den physiologischen und pathologischen Stoffwechsel sowie auf den Tumorstoffwechsel

701 Leipzig, Liebigstraße 16, Tel. 7164479

Leiter: Strack
Wiss. Oberassistent: Dr. Heinz Löster
Med.-technische Assistentin: Helga Landmann

Strukturprobleme und Umweltaspekte des Wassers, insbesondere der therapeutisch nutzbaren Wässer im Süden der DDR

Die bisher durchgeführten Untersuchungen lassen erkennen, daß die komplexe Bearbeitung der Hauptthematik (siehe auch [1]) sich bewährt hat. Strukturprobleme des Wassers (Strukturbildung durch hydratisierende Ionen) wurden aus gewissen Gründen (Nutzung von Laser-Raman-Spektroskopie und Neutronenstreuung) vorerst an konzentrierten Elektrolyten zu studieren versucht. Die flüssige Phase des „reinen" Wassers selbst und ihre physikalische Beeinflussung erscheint heute immer mehr als eines der schwierigsten Probleme der Fluidphasenphysik, das sich weithin u. a. auch mit dem Problemkreis der physikalischen Balneologie überschneidet.

a) Arbeiten zur Klärung der Struktur wässeriger Elektrolyte

Die bereits im vorangegangenen Jahrbuch [1] genannten experimentellen Ergebnisse der inelastischen und quasielastischen Neutronenstreuung (INS, QNS) an Wasser und wäßrigen $UO_2(ClO_4)_2$—Lösungen wurden weiter analysiert. Unter Zugrundelegung eines Bravais-Gitters für diese Flüssigkeiten wurden aus den bei Zimmertemperatur gemessenen INS-Spektren über die Ermittlung einer „Quasi"-Phononendichtefunktion die mittleren Frequenzen der Superpositionsbanden der intermolekularen behinderten Translationen und Librationen des Wassers bestimmt [2]. Die Abnahme der Librationsfrequenz und die Zunahme der Translationsfrequenz mit steigender Elektrolytkonzentration kann als Reduktion einer Vierfach-Koordinierung der H_2O-Moleküle bei gleichzeitig erhöhter intermolekularer Kopplung gedeutet werden. (Stärkung der H-Brücken-Kopplung, wobei aber nicht entschieden werden kann, ob und inwieweit der Perchloratsauerstoff in diese Kopplung eingeschlossen ist.) Die sich aus dieser modellmäßigen Deutung ergebenden Diffusionsparameter [3, 4] wie auch die mittlere Verweildauer der H_2O-Moleküle auf sogenannten „Pseudogitterplätzen", ihre mittleren Diffusionsstufenlängen und „Thermalcloud"-Amplituden stehen mit diesen Änderungen im Einklang. Mit zunehmender $UO_2(ClO_4)_2$-Konzentration steigt die Hydratation stetig an (Zunahme der H_2O-Verweilzeiten). Gurney-Überlappung der Hydratationssphären ist aber auszuschließen.
Die an diesen und anderen wäßrigen Perchloratlösungen (z. B. von $LiClO_4$, $Ba(ClO_4)_2$, $Mg(ClO_4)_2$ und $Al(ClO_4)_3$) durchgeführten ramanspektrometrischen Analysen zeigen, daß keine Kontaktionenpaare in ihnen auftreten, ganz im Gegensatz zu dem Verhalten der Perchlorate in organischen Lösungsmitteln.

Eine Erweiterung der Ramananalysen an TAA-Salzen in wäßriger Lösung stellen Schwingungs- und Diffusionsstrukturanalysen mittels INS und QNS von Pr_4NBr als Pulver und in der wäßrigen Lösung dar [5]. Ein Vergleich dieser Ergebnisse mit entsprechenden INS-QNS-Analysen von Pr_4NF ermöglicht, auch die besonderen elektro-chemischen Eigenschaften von konzentrierten wäßrigen Pr_4NF-Lösungen [6] zu deuten.

Im Rahmen einer von K. Schwabe veranlaßten und mitbetreuten Dissertation [7] wurden spektroskopische Untersuchungen (mittels Kernresonanz- und Laser-Ramanspektroskopie, Infrarot-Absorption) zur Aufklärung struktureller Besonderheiten von wäßrigen Tetraalkylammonium (TAA-) Salzlösungen durchgeführt. Die thermodynamischen und Transporteigenschaften dieser Lösungen unterscheiden sich stark von denen anorganischer Elektrolyte (Volumenverhalten, Wärmekapazitäten, Viskositäten [8—10]). Wegen der hydrophoben Eigenschaften der Alkylgruppen können die quarternären Ammoniumkationen ferner als Modellsysteme für die Hydratation unpolarer Gruppen angesehen werden [11].

Magnetische Protonen-Kernresonanz-Untersuchungen ermöglichen Aussagen sowohl über die Hydratation der R_4N^+-Ionen (anhand der molalen Verschiebungen der Wasserprotonenresonanz, vor allem deren Abhängigkeit von der Kationengröße und der Temperatur) als auch über Ionenassoziationen (anhand der Konzentrations- und Anionenabhängigkeit bestimmter Alkylprotonenresonanzen). Es zeigte sich, daß das Assoziationsverhalten von R_4N^+-Salzen in wäßriger Lösung sehr komplex ist. Kation-Kation-Paarbildung herrscht bei niedrigen und mittleren Konzentrationen vor; in sehr konzentrierten Lösungen kommt es zur Beteiligung größerer Aggregate unter Beteiligung von Anionen. In organischen Lösungsmitteln dominiert dagegen die übliche Kation-Anion-Assoziation.

Mittels Laser-Ramanspektroskopie wurde der Einfluß verschiedener TAA-Salze auf die OD-Valenzschwingungsbande von D_2O untersucht. Dabei ergaben sich bei allen Salzen signifikante Änderungen des Linienprofils. Die Peakmaxima verschieben sich bei R_4NX-Zusatz nach höheren Wellenzahlen, die Halbwertsbreiten der Bande nehmen ab und die Depolarisationsgrade erhöhen sich. Die Verteilung der H-Brückenenergien ist demnach in R_4NX-Lösungen schärfer als im reinen Wasser, ihr Maximum liegt jedoch bei etwas geringeren Energien. Dies wird auch durch einige IR-Untersuchungen der entkoppelten OH-Valenzbande in R_4NX—HDO—D_2O-Lösungen bestätigt.

Die Schwingungsspektren der R_4N^+-Ionen wurden in der Ramanstreuung und z. T. auch in der IR-Absorption gemessen. Die Schwingungsanalyse des Me_4N^+-Spektrums ergab, daß im CH-Valenzbereich Fermi-Resonanz zwischen der Grundschwingung $\nu_3(A_1)$ und drei Ober- bzw. Kombinationstönen auftritt. Die relativen Intensitäten der Fermiresonanz-Komponenten sind infolge von Ionenassoziationen konzentrationsabhängig. Eine deutliche Konzentrationsabhängigkeit der Schwingungsfrequenzen wurde bei allen R_4N^+-Ionen nur im CH-Valenzbereich gefunden.

Insgesamt deuten die Untersuchungen darauf hin, daß die strukturverstärkende Wirkung der TAA-Ionen weniger in einer Erhöhung der mittleren H-Brückenenergie als vielmehr in einer weitgehenden Parallelorientierung der angrenzenden Wasserdipole besteht.

b) Untersuchungen zum Fervor-Problem

In der Absicht, zur Klärung der empirisch nachweisbaren medizinischen Effekte der sog. „Wildwässer" (= Akratothermen) beizutragen, hat VOUK 1941 [12] Untersuchungen mit überhitztem Leitungswasser unter Überdruck in Autoklaven („fervorisiertes Wasser") begonnen und die Einflüsse eines derart behandelten Wassers auf biologische Objekte zu erfassen gesucht. Es war dies die Begründung eines eigenständigen Fachgebietes, der „Balneobiologie". [13] Nachprüfungen ergaben, daß insbesondere die Wachstumshemmungen von Keimlingen, die fervorisiertes Wasser hervorruft, offenbar eine Folge der weitgehenden Entgasung des Wassers durch den Fervorisierungsprozeß und damit eines Sauerstoffmangels seien. [14] Es war jedoch ebenso offensichtlich, daß auch andere Effekte z. B. Änderungen der Mineralisation (ungeachtet der Tatsache, daß Akratothermen nicht zu den „Mineralwässern" im balneologischen Sinne gehören), Elementspurenwirkungen oder verschiedentliche Umweltparameter hierbei eine Rolle spielen können [15], wohingegen physikalische Änderungen der molekularen Wasserstruktur — etwa in Form von Polymerisat- oder Clusterbildung — unter den Bedingungen der Fervorisation nicht nachgewiesen sind [16].

Die Arbeits-Gruppe befaßte sich daher mit folgenden Aufgaben:

- Reproduzierung der VOUKschen Versuche
- Abklärung evtl. Einflüsse eines Transportes auf das fervorisierte Wasser (ohne Luftzutritt)
- Studium unterschiedlicher Arten und Zeiträume des Quellungsvorganges von Keimlingen
- Ermittlung von Unterschieden in der Relation von Keimungswasser und Luftfläche bei bidestilliertem und fervorisiertem Wasser
- Wirksamwerden der Lichtqualität und der Licht-Dunkel-Relation auf die Keimhemmung der Pflanzen und Studium der sich jeweils in der Wachstumsnachfolge ergebenden Unterschiede (Wasserverbrauch in Relation zur Grünmasse)
- Einflüsse der Umgebungstemperatur auf die Keimungs- und Wachstumsprozesse
- Vorbereitung von Versuchen mit sauerstoffentgastem, argonbegastem bidestilliertem Wasser zur weiteren Klärung der O_2-Mangeleinflüsse.

Die bisherigen Ergebnisse lassen folgende Aussagen zu:

I. Keimversuche

1. Der Fervoreffekt als hemmender Faktor bei der Keimung der Wurzel nach JOB wird bestätigt. Da die Keimung nur im Licht normal verläuft, wobei der Senfsproß positiv fototrop, die Senfwurzel aber negativ fototrop reagiert, war der Einfluß des Lichtes (Intensität und Qualität) auf den Fervoreffekt weiter zu untersuchen.
2. Unter relativ hohem Blaulichtanteil der Leuchtstofflampen und hoher Lichtintensität war der Fervoreffekt überzeugend bei der Keimung des Sprosses, bei relativ hohem Rotlichtanteil (Tageslicht 10 Leuchtstofflampen) oder niedriger Intensität nur schwach fördernd ausgeprägt. Bei Blaulicht spielte die Substratfeuchtigkeit (Wassergehalt des Sandes) keine Rolle, wohl aber unter Rotlicht.

II. Wurzelwachstumsversuche

1. Das Wurzelwachstum der Senfpflanze und die Wirkung der Nährlösung sind vom Lichtgenuß des Sprosses abhängig.
2. Die CRONEsche Nährlösung erweist sich bei der Anzucht von Senf der Wopil-Lösung überlegen.
3. Der Fervoreffekt als Wurzelwachstumshemmung ist unter Blaulicht gegenüber relativ hohem Rotlichtanteil etwa um 25% zeitverkürzt.
4. Nach 24 Tagen tritt ein wachstumsfördernder Effekt auf, wobei die „Wurzelleistung" unter Blaulicht deutlich besser ist als unter Rotlicht.
5. In dieser wachstumsfördernden Phase ist der Wasserverbrauch der Senfpflanze bei fervorisiertem Wasser relativ niedriger als bei destilliertem Wasser. Dieser „Spareffekt" ist unter Blaulichteinwirkung größer als unter Rotlicht.
6. Die Fervorisierung der fertigen CRONE-Nährlösung erbringt gegenüber der Fervorbehandlung nur des Wassers keine Vorteile.

Die bisher durchgeführten Untersuchungen zeigen, daß der Fervoreffekt bislang nur ungenügend differenziert worden ist und daß das Studium des Wasserstoffwechsels der

Versuchspflanzen in Abhängigkeit von definierten relevanten Umweltbedingungen (z. B. Lichtqualität, Lichtwirkzeit, Temperatur) ein geeignetes Modell darstellt, hier zu weiterer Klärung zu gelangen. Von besonderer Bedeutung ist dabei das Problem, inwieweit die initiale Keimhemmung den späteren Wachstumsprozeß der Pflanzen beeinflußt.

c) Geowissenschaftliche Arbeiten im Raume der Staatsbäder Elster und Brambach

Bei Aufnahme der Tätigkeit von Dipl.-Geol. M. Ruchholz in Bad Brambach im September 1975 bestanden die wichtigsten Aufgaben zunächst in einer Zusammenfassung des bisherigen geowissenschaftlichen Kenntnisstandes über das Untersuchungsgebiet, der Auswertung der zuvor geleisteten geophysikalischen Arbeiten (siehe [1], Teil B u. C) und der Beschaffung weiterer Arbeitsunterlagen. Außerdem erfolgte eine Wiederaufnahme der Kontakte mit den Kooperationspartnern (SAAS, FBK, Staatsbäder Elster—Brambach) und anderen beteiligten Institutionen (GFE Betriebsteil Freiberg, Sektionen Geowissenschaft bzw. Physik der BA Freiberg, VEB Geodäsie und Kartographie Leipzig). Auf dieser Grundlage konnte mit Ende des Winters 1975/76 wieder eine planmäßige Geländearbeit einsetzen, die eine kritische Überprüfung und Erweiterung der geologischen Kenntnisse zum Gegenstand hat. Die bereits im Herbst des vorhergehenden Jahres begonnene Kartierung des Kartenblattes 154 (Bad Elster) und der angrenzenden Teile 155 (Landwüst) und 156 (Schönberg) wurde im Gebiet südlich der Linie Gürth—Kuhberg—Rohrbach fortgesetzt. Sie ergab die Notwendigkeit mehrfacher Veränderungen und Ergänzungen, insbesondere in bezug auf die Höhenlage der Schollen von Gneisen und Kontaktgesteinen, die den Graniten auflagern. Weiterhin wurden verschiedene Varietäten des Fichtelgebirgsgranites sowie die quarzitischen und granatführenden Partien der Gneisglimmerschiefer und Muscovitschiefer ausgehalten. Gleichzeitig wurde zunächst im Granitgebiet, später auch im Bereich der Metamorphite, das tektonische Inventar in etwa 25 Aufschlüssen aufgenommen. Durchgeführte Kluftmessungen wurden statistisch ausgewertet. Besondere Aufmerksamkeit wurde dem Auftreten der bis 1 m mächtigen Quarzgänge gewidmet. Im Verbreitungsgebiet der Metamorphite wurden zusätzlich die Raumlage der Schieferung, Mikro-Flexuren und Harnische eingemessen.

Zur Klärung der hydrologischen Verhältnisse im Bereich der Staatsbäder wurde mit der Erfassung hydrogeologischer Basisdaten begonnen. Dazu wurden alle natürlichen Wasserläufe, Niederungen mit stagnierender Drainage, Quellaustritte und Brunnen im o. g. Untersuchungsgebiet registriert. Die bislang bekannten Objekte wurden in einer Dokumentationskartei zusammengefaßt und durch Literaturdaten und eigene Meßwerte ergänzt. Von geophysikalischer Seite wurde im Zusammenhang mit dieser Dokumentation γ-Dosisleistungsmessungen an den Quellaustritten vorgenommen. Außerdem wurde dieser Methode zur kontinuierlichen Überwachung besonders interessanter Punkte wie z. B. der Radonquelle eingesetzt. Von Geomagnetik hingegen wurde nur Gebrauch gemacht, um eine Anomalie über einem vermuteten Basaltvorkommen am Süd-Hang der Hahnenpfalz nachzuweisen.

Das SAAS führte im Rahmen der geophysikalischen Arbeiten emanometrische Bestimmungen von ^{226}Ra an Quellsinterproben der Trink- und Badequellen des Staatsbades Brambach durch. Beim Isotopengeologischen Laboratorium der BA Freiberg wurden Proben aus dem gleichen Material zwecks massenspektroskopischen Nachweises anderer radioaktiver Elemente in Auftrag gegeben. Die bisher erzielten Ergebnisse der komplexen Bearbeitung lassen die Vermutung erhärten, daß Rn und CO_2 an unterschiedliche Spaltensysteme gebunden sind. Während das CO_2-führende Spaltennetz schon jetzt einigermaßen erkennbar ist, herrscht über das Rn-liefernde bis jetzt noch keine Klarheit, doch kann ein EW-System vermutet werden. Der Zusammenhang mit dem geochemisch durch eine Hg-Führung erkennbaren Spaltensystem ist noch weitestgehend unsicher.

Literatur

[1] Buchheim, W., und A. Watznauer, in: Jahrbuch Sächs. Akad, Wiss. *1973—1974*, S. 62. (Berlin 1976).

[2] Klose, M., und I. Natkaniec: Ber. Bunsen-Ges. Bd *80* (1976) Nr. 7, 614.

[3] Franks, F., J. Ravenhill, P. A. Egelstaff, and D. I. Page: Proc. Roy Soc. (London) Ser. *319* (1970) 189.

[4] Rahmann, A., K. S. Singwi, and A. Sjolander: Phys. Rev. Vol. *126* (1962) 986.

[5] Klose, M., I. Natkaniec und A. S. Kulczynski: Publikation in Vorbereitung.

[6] Schwabe, K.: Konzentrierte Elektrolytlösungen: Sitz.-Ber. Sächs. Akad. Wiss. Bd *109* (Berlin 1972) H. 6.

[7] Kabisch, G.: Dissertation, Freiberg 1976 (erscheint demnächst in den Abhandlungen der SAW).

[8] Wen, W. Y.: Water and aqueous solutions, edited by R. A. Horne, chapter 15, N.Y. 1972.

[9] Schwabe, K.: Z. Phys. Chemie *247* (1971) 113.

[10] Franks, F., H. T. Smith: Trans. Farad. Soc. *63* (1967) 2586.

[11] Hertz, H. G.: Ber. Bunsenges. phys. Chem. *68* (1964) 907.

[12] Vouk, V.: Der Balneologe *8* (1941) 3.

[13] Vouk, V.: Grundriß zu einer Balneobiologie der Thermalwässer. Basel 1950.

[14] Scheminsky, F.: Fund. baneobioclim. *8* (1964) 98.

[15] Dombrowski, H.: Arch. Physikal. Ther. *16* (1965) 183.

[16] Klose, M.: Beiträge zur D- und V-Struktur von Wasser und speziellen wäßrigen Lösungen, Inaug.-Diss. Bergakademie Freiberg 1972. Abhandl. d. Sächs. Akad. d. Wiss., math.-nat. Kl. Band *25* (Berlin 1974) H. 4.

Wolfgang Buchheim Herbert Jordan Adolf Watznauer

Untersuchungen über die Wirkungsmechanismen von Neurohormonen

Der Bericht über die Ergebnisse der Forschungsgruppe über den begrenzten Zeitabschnitt von zwei Jahren vermittelt zwar einen Überblick über die erzielten Einzelbefunde, ihr Zusammenhang und ihre Bewertung für die gesamte Forschungsaufgabe und deren Konzeption werden daraus aber nicht voll verständlich. Daher sollen hier die Forschungskonzeption und die daraus abgeleiteten Aufgabenstellungen kurz vorangestellt werden.

In dem Bestreben, für die Bekämpfung von Schadinsekten auf chemische Weise die herkömmlichen Kontaktinsektizide infolge ihrer mehr oder weniger toxischen Eigenschaften durch andere Mittel zu ersetzen und nach Möglichkeit „biologische Substanzen" zu verwenden, stehen seit geraumer Zeit die Insektenhormone im Mittelpunkt des Interesses. Obgleich hierbei — im internationalen Maßstab gesehen — in erster Linie die Verbindungen des Juvenilhormons und seiner Analoga (sog. Juvenoide) und zweitens zu einem wesentlich geringeren Teil auch das Häutungshormon Ecdyson und seine Analoga (sog. Ecdysteroide) in Betracht gezogen werden, erscheint die Suche nach weiteren Möglichkeiten in dieser Richtung zweckmäßig und sinnvoll. Denn ungeachtet umfassender und erfolgreicher Untersuchungen über Juvenoide und auch des bereits erfolgten praktischen Einsatzes einiger dieser Verbindungen ist heute festzustellen, daß sich die hochgespannten Erwartungen, die in diese Insektizide der dritten Generation gesetzt wurden, nicht in dem erhofften Maße erfüllt haben. Beziehungen zwischen der chemischen Struktur der Juvenoide und ihrer Wirkung konnten nicht aufgedeckt werden. Vielmehr wurden die meisten inzwischen geprüften Juvenoide durch chemische Syntheseschritte und anschließende Testung ihrer biologischen Aktivität nach der Screening-Methode erarbeitet. Auch die Erfahrungen mit dem Häutungshormon Ecdyson und mit den aus anderen Quellen stammenden Ecdysteroiden lassen bisher noch keine entscheidenden Erfolge für einen praktischen Einsatz erkennen.

Der dritte Weg einer Verwendung von Insektenhormonen zur Beeinflussung der Insektenentwicklung, den unsere Arbeitsgruppe eingeschlagen hat, bezieht sich auf das sog. „Gehirn-Hormon". Die damit verbundene Forschungskonzeption stützt sich auf folgende Tatsachen. Es ist ein Beispiel echter Erkundungsforschung zwecks Überprüfung einer neuartigen Prinziplösung. 1. Das „Gehirnhormon" stellt als Anteil des neuroendocrinen Systems das übergeordnete Hormon dar, das die Bildung und Ausschüttung des Häutungshormons erst bedingt. Ein Eingriff an dieser Stelle müßte die nachfolgenden Prozesse der Entwicklung entscheidend treffen. 2. Obgleich die beiden Komponenten des Gehirnhormons (Aktivationsfaktor I und II) in ihrer genauen chemischen Zusammensetzung noch unbekannt sind, steht immerhin fest, daß es sich um Proteine bzw. Polypeptide handelt.

Aus dem Vergleich der Steuerung der Insektenentwicklung mit der Entwicklung von Krebsen wurde die interessant erscheinende Prinziplösung abgeleitet. Sie geht von den Tatsachen aus, daß in beiden Tierklassen das Häutungshormon Crustecdyson (auch Ecdysteron genannt) vorkommt und die Bildung dieses Hormons von jeweils einem übergeordneten Neurohormon reguliert wird. Es ist ziemlich sicher, daß das Neurohormon in beiden Gruppen ein Protein bzw. Polypeptid darstellt. Der entscheidende Unterschied besteht darin, daß das Gehirnhormon der Insekten die Häutungsdrüse (Prothoracaldrüse) stimuliert und auf diese Weise Bildung und Ausschüttung des Häutungshormons Ecdyson bewirkt, während das übergeordnete Neurohormon der Krebse hemmend auf die Aktivität ihrer Häutungsdrüse einwirkt. Erst sein Wegfall bzw. seine Ausschaltung führen zur Stimulierung der Häutungsdrüse. Zur Untersuchung der hieraus abgeleiteten Prinziplösung muß geprüft werden, ob und in welcher Weise das Wirkungsprinzip des Neurohormons der Krebse auf die Verhältnisse der Insekten übertragen werden kann. In diese Zielstellung ordneten sich die Aufgaben der Berichtsperiode wie auch die der vorausgegangenen Arbeitsperioden ein (vergl. Jahresberichte 1969/70, 1971/72, 1973/74).

Die Forschung konzentriert sich in der Berichtsperiode auf zwei Schwerpunkte. Zur weiteren Aufklärung der Steuerung der Insektenentwicklung war vor allem die Wirkung des Aktivationsfaktors I auf die Prothoracaldrüse weiter zu klären. Der zweite Schwerpunkt bezog sich auf die Untersuchungen zur Wirkungsweise des Hemmfaktors der Krebsentwicklung. Dabei standen speziell die Wirkung und der Wirkungsmechanismus des häutungshemmenden Hormons von Krebsen auf die Häutungsdrüse im Mittelpunkt der experimentellen Arbeiten.

1. Die Steuerung der Tätigkeit der Prothoracaldrüse durch Aktivationsfaktor I auf zellulärer bzw. molekularer Ebene

Mit Hilfe des in früheren Untersuchungen entwickelten „Prothoracaldrüsentestes" konnte die Wirkungsspezifität von Aktivationsfaktor I noch genauer untersucht werden. Der Vergleich der RNS-Synthese verschiedener Gewebe und Organe der Schabe Periplaneta americana nach experimenteller Stimulierung durch Aktivationsfaktor I in vitro ergab lediglich für die Prothoracaldrüse eine signifikante Steigerung der RNS-Rate. Bei anderen Geweben wie z. B. Speicheldrüsen, Muskelgewebe, Gehirn, Corpora cardiaca,

Mitteldarm und Fettkörper zeigten sich dagegen keine Wirkungen. Hiermit ist die Spezifität der Wirkung des Aktivationsfaktors I erwiesen. Sie weist zusammen mit der schon in früheren Untersuchungen gefundenen Dosis-Wirkungsbeziehung und der durch Actinomycin erzielten Hemmung auf eine spezifische Stimulierung der RNS-Synthese in der Prothoracaldrüse hin. Diese Spezifität konnte durch einen weiteren Befund noch präzisiert werden. Es ließ sich an der Prothoracaldrüse von *Periplaneta americana* unter in-vitro-Bedingungen zeigen, daß nach Inkorporation von C^{14}-markiertem Cholesterin die Synthese von markiertem α-Ecdyson in der Prothoracaldrüse durch Aktivationsfaktor I spezifisch und signifikant gesteigert wird (Abb. 1). Dieser Befund kann als unmittelbarer Beweis

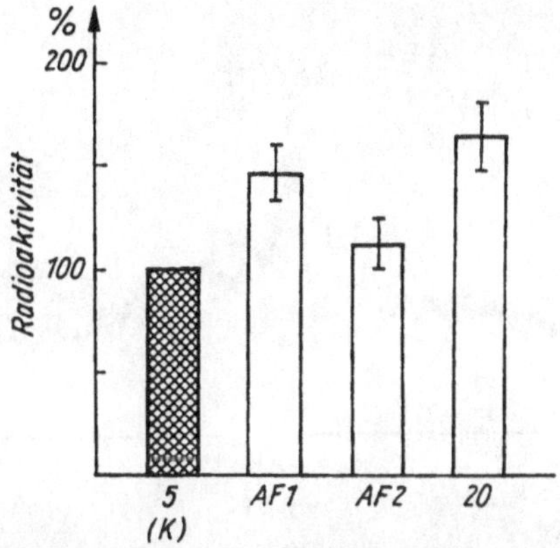

Abb. 1. Radioaktivität im Bereich von α-Ecdyson der 3. Rechromatogramme des Kulturmediums von isolierten Prothoracaldrüsen von *Periplaneta americana*. 50 Drüsen von Larven des letzten Stadiums wurden 72 h in vitro mit ^{3}H-Cholesterin kultiviert, das gesammelte Material extrahiert, dünnschichtchromatographisch getrennt und im Dünnschicht-Scanner ausgemessen. Die Werte entsprechen Prozentangaben im Vergleich zu 5 Tage alten (und daher inaktiven) Drüsen als Kontrollen;

5: 5 Tage alte Kontrolldrüsen (100%)

AF I: 5 Tage alte Drüsen + Aktivationsfaktor I. Die durch Aktivationsfaktor I erzielte Steigerung ist signifikant

AF II: 5 Tage alte Drüsen + Aktivationsfaktor II

20: 20 Tage alte Drüsen. Sie zeigen die normalerweise erfolgende Aktivitätssteigerung im Vergleich zu den Kontrollen (Nach Bräuer, Gersch, Böhm und Baumann 1976).

für die direkte Steuerung der Ecdysonproduktion in der Prothoracaldrüse durch Aktivationsfaktor I bewertet werden. Danach verfügt dieser Faktor über die entscheidenden Kriterien, die bisher dem sog. „brain hormone" im Rahmen der klassischen Vorstellung über die hormonale Steuerung der Insektenentwicklung zugeschrieben werden. Ungeklärt bleibt allerdings weiterhin die biologische Bedeutung von Aktivationsfaktor II, der entwicklungsphysiologisch ebenfalls aktiv ist.

Diesen generellen Feststellungen stehen jedoch auch Befunde gegenüber, die zeigen, daß Häutungen der Insekten nach Ausschaltung der Häutungsdrüse erfolgen können. Zur weiteren Klärung dieses Problems wurden in zwei umfangreichen Versuchsserien (in jeder Serie mehrere Hundert Tiere) den Larven von Periplaneta americana die Prothoracaldrüsen experimentell entfernt und der weitere Entwicklungsablauf sorgfältig registriert. Dabei zeigte sich in beiden Serien eindeutig, daß sich diese Tiere ohne Häutungsdrüse z. T. sogar mehrfach häuten.

Auf Grund dieser bemerkenswerten Feststellung wurde in weiteren Untersuchungen geprüft, ob sich bei diesen Tieren ohne Häutungsdrüse eine Produktion von Ecdyson nach vorausgegangener Applikation von C^{14}-markiertem Cholesterin nachweisen läßt. Die biochemische Aufarbeitung solcher Larven ohne Häutungsdrüse (40 Tage nach Exstirpation dieser Drüse) und die Radiodünnschichtchromatogramme nach mehreren Trennungen ergaben Cholesterinmetaboliten, die auf Grund ihrer Löslichkeit und ihres dünnschichtchromatographischen Verhaltens als die Häutungshormone Ecdyson und Ecdysteron anzusprechen sind. (Abb. 2) Parallel dazu konnte die biologische Aktivität der

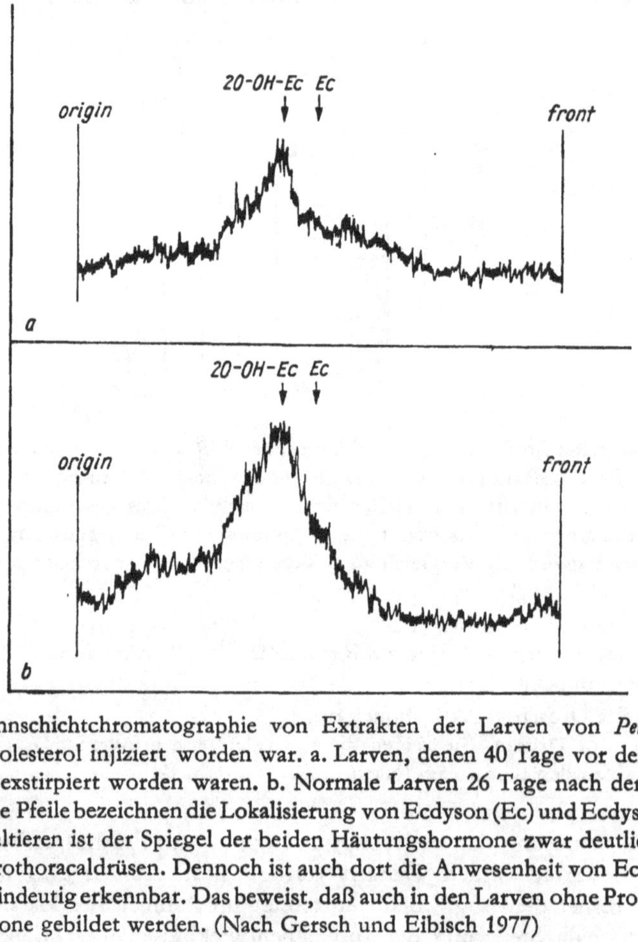

Abb. 2. Radio-Dünnschichtchromatographie von Extrakten der Larven von *Periplaneta americana*, denen ^{14}C-Cholesterol injiziert worden war. a. Larven, denen 40 Tage vor dem Versuch die Prothoracaldrüsen exstirpiert worden waren. b. Normale Larven 26 Tage nach der vorausgegangenen Häutung. Die Pfeile bezeichnen die Lokalisierung von Ecdyson (Ec) und Ecdysteron (20-OH-Ec). In den Normaltieren ist der Spiegel der beiden Häutungshormone zwar deutlich höher als in den Tieren ohne Prothoracaldrüsen. Dennoch ist auch dort die Anwesenheit von Ecdyson und vor allem Ecdysteron eindeutig erkennbar. Das beweist, daß auch in den Larven ohne Prothoracaldrüsen die Häutungshormone gebildet werden. (Nach Gersch und Eibisch 1977)

betreffenden Fraktion im *Musca*-Test bestätigt werden. Obgleich noch offen bleiben muß, in welchem Gewebe das Häutungshormon in solchen Larven produziert wird, sind die hier dargestellten Befunde von allgemeiner Bedeutung. Sie erscheinen auf den ersten Augenblick unvereinbar mit der hier ebenfalls festgestellten Tatsache, daß die Prothoracaldrüse durch Aktivationsfaktor I in spezifischer Weise zur Produktion von Ecdyson induziert wird. Beide sich antagonistisch gegenüberstehenden Ergebnisse lassen sich nur damit sinnvoll interpretieren, daß die bisherige klassische Auffassung von der hormonalen Regulation der Häutung der Insekten nicht mehr in der bisher angenommenen Weise aufrecht erhalten werden kann. Es muß vielmehr damit gerechnet werden, daß das Häutungshormon Ecdyson in verschiedenen Geweben des Insektes produziert wird. Diese Sachlage wirft zugleich neue grundsätzliche Fragen zur Steuerung der Produktion von Ecdyson auf. Ihre Klärung wiederum ist von entscheidender Bedeutung für die Frage des Eingriffs in die Steuerung der Insektenentwicklung. Die weitgehende Aufklärung des ursprünglichen Problems der Steuerung der Tätigkeit der Häutungsdrüse der Insekten durch das übergeordnete Neurohormon hat somit zu grundlegend neuen Problemstellungen der Insektenentwicklung und ihrer Steuerung geführt.

2. *Versuche zur experimentellen Erfassung, weiteren Charakterisierung und Biotestung des Häutungshemmhormons der Krebse*

Da sich die Literaturangaben, wie bereits früher berichtet, teilweise als sehr unzureichend erwiesen, mußten zunächst eigene Erfahrungen zur Frage der hormonalen Steuerung der Häutung von Krebsen gesammelt werden. Die Untersuchungen wurden aus Gründen des verfügbaren bzw. zu beschaffenden Materials einerseits an Asseln und andererseits an dem Flußkrebs *Orconectes limosus* durchgeführt.

Die im vorausgegangenen Berichtszeitraum begonnenen und sehr umfangreichen entwicklungsphysiologischen Untersuchungen zur Steuerung des Häutungszyklus von Asseln konnten abgeschlossen werden. Durch Exstirpation der neurohämalen Neurosekret-speichernden Sinusdrüsen und durch Kauterisierung des medianen Gehirnteils wurde der Einfluß des neuroendokrinen Systems Gehirn-Sinusdrüse auf die Häutungsprozesse der Rollassel *Armadillidium nasutum* überprüft. Dabei zeigte sich, daß die Ausschaltung des neuroendokrinen Systems zu einer deutlichen Verkürzung des Zwischenhäutungsstadiums um 20 bis 40 Prozent führt (Abb. 3). Da dieser Eingriff nur in den ersten 3 Tagen nach einer vorausgegangenen Häutung erfolgreich war, muß auf eine sensible Phase der Häutungsregulation zu Beginn des Zwischenhäutungsstadiums geschlossen werden. Diese Feststellung erklärt zugleich die negativen Resultate der umfangreichen früheren Versuche in bezug auf vorzeitige Auslösung der Häutungsprozesse durch Ausschaltung des übergeordneten neuroendokrinen Hemmzentrums. Bei Berücksichtigung der sensiblen Phase ließen sich nun auch erste Hinweise auf eine Fraktion des aufgetrennten Gehirn-Sinusdrüsen-Extraktes (Molekulargewicht <1000) finden, die die durch Exstirpation der Sinusdrüsen ausgelöste Verkürzung des Häutungszyklus wieder kompensierte. Diese Befunde an dieser Asselart berechtigen zu der Schlußfolgerung, daß die neurohormonale Regulation der Häutung bei Isopoden nach dem gleichen Grundschema wie bei Decapoden verläuft.

Außerdem wurden der Calciumstoffwechsel und der Blutzuckergehalt im Verlauf der verschiedenen Häutungsphasen bei der Assel untersucht, um zu prüfen, ob damit weitere Parameter zur Kennzeichnung der Häutungsphasen zur Verfügung stehen. In den Untersuchungen des Calciumstoffwechsels wurde der Calciumgehalt des Skeletts bei der Rollassel *Armadillidium* in der Vorhäutungs-, Häutungs- und Nachhäutungsphase fluorometrisch in jeweils einem Laufbein bestimmt. Da hier eine statistisch gesicherte Abnahme des Calciumgehaltes erst im späten Vorhäutungsstadium und unmittelbar vor der Exuviation einsetzt, eignet sich der Calciumgehalt nicht als geeigneter Parameter, um die Wirkung des Hemmfaktors im frühen Vorhäutungsstadium zu erfassen und zu charakterisieren.

Die Untersuchung des Blutzuckerspiegels der Assel *Armadillidium nasutum* im Verlaufe des Häutungszyklus galt der Klärung von zwei Fragen. Es sollte überprüft werden, ob der Blutzuckergehalt der Isopoden hormonal durch die Sinusdrüse gesteuert wird. Außerdem war festzustellen, ob ein von verschiedenen Autoren vermuteter Zusammenhang oder gar eine Identität zwischen häutungshemmendem und hyperglykämischem Hormon der Crustaceen besteht. Es zeigte sich, daß nach Exstirpation der Sinusdrüsen und des medianen Gehirnbereiches die Blutzuckerwerte stark erniedrigt sind. Dieser Befund deutet auf die Wirkung eines hyperglykämischen Neurohormons hin. Zugleich aber ließ sich zeigen, daß mit einer Beziehung zwischen dem glykämischen und dem häutungshemmenden Neurohormon der Sinusdrüse der Isotopen nicht zu rechnen ist, da der steigende Blutzuckergehalt beim Übergang vom Zwischenhäutungsstadium C zum Vorhäutungsstadium D auf eine

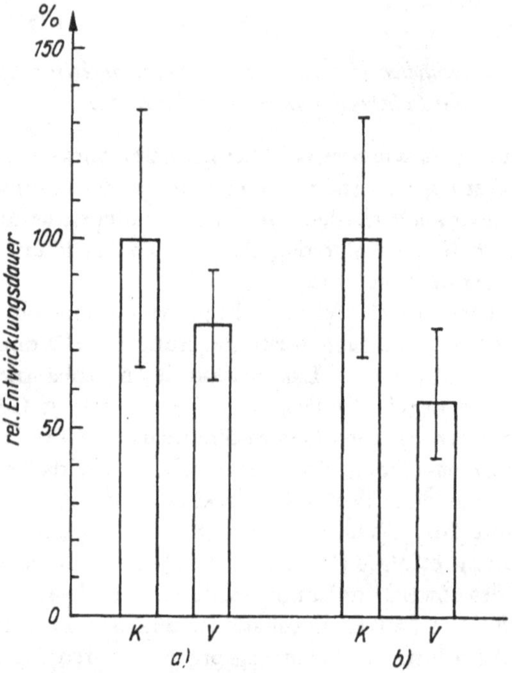

Abb. 3. Entwicklungsdauer von Asseln (*Armadillidium nasutum*), denen die Sinusdrüsen entfernt bzw. die medianen Gehirnpartien im Alter von 1—3 Tagen zerstört worden waren.
a) Sinusdrüsen exstirpiert, Gehirn kauterisiert. K Kontrolltiere (n = 29), V Versuchstiere (n = 27)
b) Nur Sinusdrüsen exstirpiert; K Kontrolltiere (n = 14); V Versuchstiere (n = 15)
In beiden Versuchsreihen wird die Entwicklungsdauer durch die Entfernung des neuroendocrinen Bereiches verkürzt, d. h. die Entwicklung beschleunigt. Das deutet auf den Ausfall eines vorher vorhandenen Hemmhormons hin. Der Unterschied in der Entwicklungsdauer zwischen Kontrolltieren und Versuchstieren ist in beiden Versuchsreihen signifikant. (Nach Böhm u. Gersch 1976).

Aktivitätssteigerung des hyperglykämischen Hormons hinweist, während die Aktivität des Hemmhormons der Häutung in dieser Phase nach allen bisherigen Kenntnissen abnimmt.

Weitere Untersuchungen betrafen die unmittelbare Wirkung des Hemmhormons auf die Häutungsdrüse. Sie wurden an dem Flußkrebs *Orconectes limosus* durchgeführt. Von der Voraussetzung ausgehend, daß die Häutungsdrüse der Ort der Produktion des Häutungshormons Ecdysteron ist, muß angenommen werden, daß die Wirkung des Hemmhormons der Sinusdrüse am Stoffwechselgeschehen der Häutungsdrüse nachweisbar ist. Hierzu lagen bisher noch keine Befunde in der Literatur vor. Die unklaren bzw. falschen Angaben über die Häutungsdrüse der Krebse führten allerdings auch in unserem Falle dazu, daß zunächst umfangreiche *in-vitro*-Experimente zur Inkorporationsrate von H^3-Leucin in das Protein und vom H^3-Uridin in die RNS des Mandibularorgans, das in der Literatur fälschlicherweise als Häutungsdrüse angesprochen worden war, unternommen wurden.

Erst im Verlauf der Arbeiten konnte die eigentliche Häutungsdrüse (Y-Organ) identifiziert und in unsere Versuche einbezogen werden. Grundlage und Ausgang bildete dabei die schon länger bestehende Erkenntnis, daß durch Entfernung der Augenstiele die Häutungsvorgänge angeregt werden, weil damit das ursprünglich wirkende Hemmhormon der Sinusdrüse ausgeschaltet wird. Infolge der Verwechslung des Mandibularorgans mit der Häutungsdrüse erscheint es nachträglich nicht sonderlich überraschend, daß der Proteinstoffwechsel und der RNS-Stoffwechsel des Mandibularorgans des Flußkrebses *Orconectes* nach Entfernung der Augenstiele keine signifikanten Unterschiede im Vergleich zu denen normaler Kontrolltiere ergaben. Jedoch war insgesamt eine Größenänderung des Organs festzustellen, die möglicherweise mit der Induktion der Häutungsvorgänge in Verbindung steht. Eine begründete Aussage ist jedoch nicht möglich, zumal die Funktion des Mandibularorgans nach wie vor völlig unbekannt ist.

Um so bemerkenswerter sind die bisherigen Ergebnisse an der Häutungsdrüse (Y-Organ) von *Orconectes*. Von der Feststellung ausgehend, daß der Eintritt in die Vorhäutungsphase an der Bildung der Gastrolithen indirekt erkannt werden kann, wurde die Wirkung, die den Ausfall des Hemmhormons nach Augenstielentfernung bedingt, direkt an den physiologischen Veränderungen der Häutungsdrüse *in vitro* untersucht. Das erste Anzeichen ist eine Hypertrophie der Häutungsdrüse. Sie prägt sich auch in einer Erhöhung des Proteingehaltes aus. Bestimmungen des Gehaltes an nicht säurelöslichen Proteinen ergeben bereits am dritten Tag nach Augenstielentfernung eine Erhöhung. Die Steigerung erreichte nach einer Woche bereits 90 Prozent. Parallel zum Anstieg des Proteingehaltes verläuft ein Anstieg des Einbaus von H^3-Leucin, der am vierten Tag nach Augenstielentfernung 25 Prozent erreicht. Der H^3-Uridineinbau steigt schon am ersten und zweiten Tag nach Entfernung der Augenstiele auf etwa 60 Prozent an und bleibt auch weiterhin auf diesem Niveau.

Von besonderem Wert für die weitere Aufklärung des Wirkungsprinzips des Hemmhormons sind die Ergebnisse, die mit Extrakten der Sinusdrüse und mit den davon aufgetrennten Fraktionen erzielt wurden. Durch Inkubation der Häutungsdrüsen in vitro mit Sinusdrüsenextrakt ist der Anstieg des H^3-Leucineinbaus der zwischen dem zweiten und achten Tag nach Augenstielentfernung an der Häutungsdrüse auftritt, völlig zu unterdrücken. Für den Uridineinbau ist die Unterdrückung ebenfalls nachweisbar. Er tritt zeitlich gegenüber dem H^3-Leucineinbau etwas verschoben, nämlich vom zweiten bis vierten Tag nach Augenstielentfernung auf.

Zur vorläufigen Charakterisierung des Hemmhormons aus den Sinusdrüsen vom Flußkrebs *Orconectes* wurden Essigsäure-Extrakte der Sinusdrüsen durch Gelfiltration in 0,01 M Ammoniak an Sephadex G 25 in 3 Fraktionen getrennt, die grob folgendermaßen zu kennzeichnen sind: Fraktion 1 Molekulargewicht > 5000, Fraktion 2 Molekulargewicht ca 5000—1000, Fraktion 3 unter 1000. Die Prüfung der drei Fraktionen auf den Protein- und RNS-Stoffwechsel der aktivierten Häutungsdrüse ergab, daß auf den Leucineinbau nur Fraktion 2, auf den Uridineinbau dagegen nur Fraktion 3 deutlich vermindert einwirkten (Abb. 4). Hieraus abgeleitete Schlußfolgerungen über möglicherweise getrennte Mechanismen für Protein- und RNS-Stoffwechsel wären sicherlich verfrüht, da auch die Elutionsvolumina der Auftrennungen noch zu umfangreich und daher ungenau sind. Das zeitlich differenzierte Ansprechen der Häutungsdrüsen läßt auf eine kritische Phase für den Übergang vom gehemmten zum aktivierten Funktionszustand des Y-Organs schließen, die maximal vier bis fünf Tage zu betragen scheint. Diese Feststellung steht in guter Übereinstimmung mit den Befunden einer sensiblen Phase der Häutungsauslösung, wie sie auf ganz anderen methodischem Wege bei Asseln beobachtet wurden.

Dem jetzt erreichten Stand der Arbeiten entsprechend, wird in nächster Zukunft der Hemmfaktor in erster Linie näher zu charakterisieren sein. Außerdem ist weiter zu untersuchen, welchen Wirkungsmechanismus der Hemmfaktor aus den Augenstielen der Krebse auf die Häutungsdrüse besitzt. Die bisherigen Ergebnisse haben prinzipiell die Richtigkeit der Konzeption bestätigt, die der gesamten Aufgabenstellung zugrunde liegt. Dabei zeigt sich von Schritt zu Schritt, daß es sich um Aufgaben einer echten Erkundungsforschung handelt, bei der letztlich eine neue Prinziplösung überprüft werden soll.

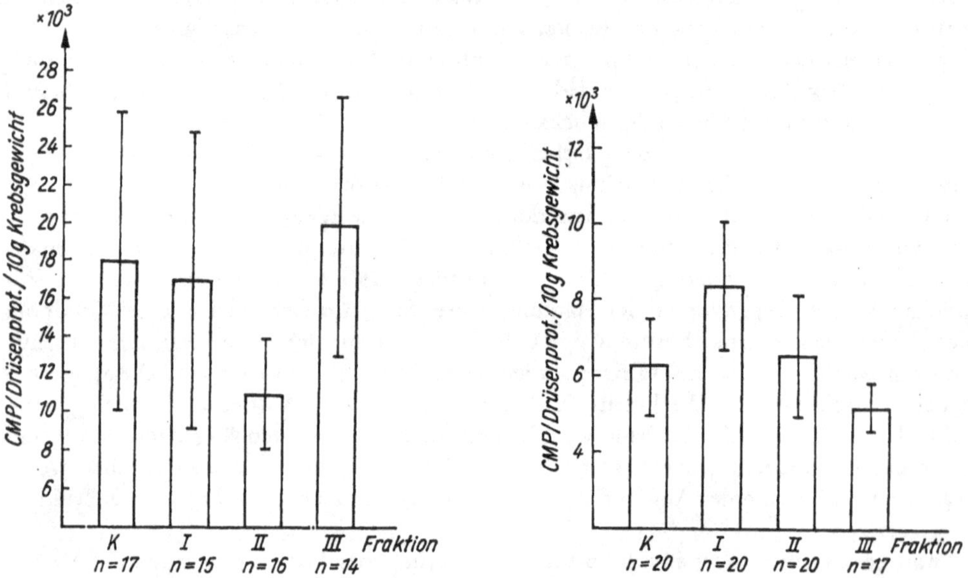

Abb. 4. Einbau von ³H-Leucin (a) und ³H-Uridin (b) in Y-Organe des Flußkrebses *Orconectes limosus* in vitro, denen 2 Tage vorher die Augenstiele entfernt worden waren. Die Kulturen wurden 4 Stunden mit den beiden radioaktiven Markern und gleichzeitig (zuzüglich einer Stunde Vorinkubation) mit je einer der aus Sinusdrüsenextrakt mittels Gelfiltration (Sephadex G-25) aufgetrennten Fraktionen inkubiert. Die Y-Organe von Kontrolltieren (unbehandelte C-Tiere) wurden lediglich mit den Markern 4 Stunden in vitro kultiviert. Fraktion I, M > 5000, Fraktion II M ~ 5000 bis 1000, Fraktion III M < 1000. Der Leucineinbau in die nach Augenstielentfernung bereits aktivierte Drüse wird durch Fraktion II deutlich gesenkt, der Einbau von Uridin besonders durch Fraktion III. In beiden Fällen ist ein direkter Einfluß des Hemmfaktors aus dem Extrakt der Sinusdrüsen auf Protein; bzw. RNS-Synthese erkennbar. (Nach Gersch, Richter u. Eibisch 1977).

3. Weitere Untersuchungen zur Reindarstellung und Isolierung von Neurohormon D

Da diese Untersuchungen nur mit einer geringen Kapazität fortgeführt werden konnten, ließen sich nur begrenzte Teilergebnisse erzielen. Aus der durch Präparation einer größeren Materialmenge gewonnenen Ausgangssubstanz wurde nach geeigneten Trennverfahren eine biologisch aktive Fraktion mittels Hochspannungselektrophorese weiter getrennt. Hierbei traten Schwierigkeiten bei der Identifizierung auf, die möglicherweise auf die uns bekannte Säureempfindlichkeit des Neurohormons D zurückzuführen sind.

Parallel zur Verarbeitung der „großen Materialmenge“ wurde auch weiterhin versucht, durch Anwendung von Mikromethoden weitere Informationen über die chemischen Eigenschaften des Neurohormons D zu gewinnen. Dünnschichtchromatographisch ließ sich nachweisen, daß unsere reinsten Fraktionen drei Peptide enthielten. Da die biologische Aktivität an Dowex 50 WX 8 in saurem Medium gebunden wird, liegt die Vermutung nahe, daß mindestens eine freie Aminosäure vorhanden ist. Dieses Verfahren ist gleichzeitig für eine Vorreinigung des Neurohormons D gut geeignet.

Veröffentlichungen

Böhm, G.-A. und H. Eibisch: Untersuchungen zum Mineralstoffwechsel der Crustaceen *Orconectes limosus* (Decapoda) und *Armadillidium nasutum* (Isopoda) in der Vorhäutungsphase. Zool. Jb. Physiol. *80* (1976) 175–183.

Böhm, G.-A. und M. Gersch: Experimentelle Untersuchungen zur stadienspezifischen hormonalen Regulation der Häutung von *Armadillidium nasutum* (Crustacea, Isopoda). Zool. Jb. Physiol. *80* (1976) 371–382.

Bräuer, R., M. Gersch, and E. Baumann: Specific Action of Activation Factor I on RNA Synthesis in Prothoracic Glands in Insects. J. Insect Physiol *22* (1976) 147–151.

Bräuer, R., M. Gersch, G.-A. Böhm und E. Bauman: In-vitro-Stimulierung der Synthese von α-Ecdyson in Prothoracaldrüsen von *Periplaneta americana* durch den Aktivationsfaktor I. Zool. Jb. Physiol. *81* (1977) 1–12.

Gersch, M.: Probleme der Insektizide aus heutiger Sicht. Sitzungsberichte der Sächsischen Akademie der Wissenschaften zu Leipzig, mathematisch-naturwissenschaftliche Klasse *111* (1975) H. 7, 1–36.

Gersch, M.: Biochemistry including mode of cellular action of neurohormones in arthropods. Actualités sur les hormones d'invertébrés. Colloques Internationaux du Centre National de la Recherche Scientifique No 251 (Paris 1976) 281–305.

Gersch, M.: Kontrolle der circadianen Rhythmik des Trehalosegehaltes der Haemolymphe von *Periplaneta americana.* Zool. Jb. Physiol. *80* (1976) 1–15.

Gersch, M.: Häutungen von Insekten ohne Häutungsdrüse: Befunde mit Larven von *Periplaneta americana*. Experientia *33* (1977) 228–230.

Gersch, M. u. Mitarbeiter: Prinzipien neurohormonaler und neurohumoraler Steuerung physiologischer Prozesse bei wirbellosen Tieren und Versuch einer ersten komplexen Charakterisierung. Wiss. Beiträge Friedrich-Schiller-Univ. Jena Jena. 1975. 1–151.

Gersch, M., H. Birkenbeil und G. Klare: Das Membranpotential der Prothorakaldrüsenzellen von *Galleria mellonella.* Zool. Jb. Physiol. *80* (1976) 16–23.

Gersch, M. und H. Eibisch: Der Blutzucker von *Armadillidium nasutum* (Crustacea, Isopoda). Zool. Jb. Physiol. *80* (1976) 267–273.

Gersch, M. und H. Eibisch: Synthesis of Ecdysone-^{14}C and Ecdysterone-^{14}C from Cholesterol-^{14}C in cockroaches (*Periplaneta americana*) without molting glands. Experientia *33* (1977) 468.

Gersch, M., K. Richter und H. Eibisch: Untersuchungen zur Kennzeichnung und zur Wirkung des Häutungs-Hemmhormons aus der Sinusdrüse (molt-inhibiting hormone – MIH) von *Orconectes limosus* RAFINESQUE (Crustacea-Decapoda). Zool. Jb. Physiol. *81* (1977) 133–152.

Manfred Gersch

Psychologische Untersuchungen zur Leitungstätigkeit als eines sozialen Umweltfaktors der psychischen Gesunderhaltung der Werktätigen

Die am 1. 9. 1975 mit zunächst einer wissenschaftlichen Mitarbeiterin gebildete Arbeitsstelle begann ihre Tätigkeit mit der gezielten Aufarbeitung von Fragestellungen, Methoden und Ergebnissen der in der DDR durchgeführten sozialpsychologischen Untersuchungen zur Leitungstätigkeit in der sozialistischen Gesellschaft. Dabei ging es um die Explikation des im Arbeitsthema formulierten Aspekts der „psychischen Gesundheit“ und des „sozialen Wohlbefindens“ (Bestandteile der Gesundheitsdefinition der WHO), die als abhängige Variable der Leitungstätigkeit, speziell des interpersonell orientierten Verhaltens von Leitern untersucht werden sollen. Bisherige psychologische Untersuchungen betrachteten zumeist den Zusammenhang zwischen der Leitung und der sachlichen Effektivität der Kollektive.

Nebenbefunde dieser Untersuchungen stützen die Annahme, daß es zwischen dem Leiterverhalten und der „psychischen Gesundheit“ bzw. dem „sozialen Wohlbefinden“ Abhängigkeitsbeziehungen gibt, die aber nicht als lineare aufgefaßt werden dürfen. In einer ersten und noch nicht abgeschlossenen Felduntersuchung in Industriebetrieben ergaben sich zwei Gruppen vermittelnder (intervenierender) Variablen: a) die Parameter des Zustands der Kollektive, die allgemein als „Gruppenklima“ bezeichnet werden, und b) die „durchschnittliche“ Bedürfnisstruktur der kooperierenden Individuen (in die das subjektive Wert- und Normsystem einbezogen ist). Wenn einige Randbedingungen des sicher noch komplexeren Zusammenhangs zunächst vernachlässigt werden, so werden diese beiden Gruppen intervenierender Variabler im positiven Sinne durch ein Leiterverhalten beeinflußt, das die Kooperation aller Kollektivmitglieder an der Entscheidungsvorbereitung des Leiters einschließt (und das „gruppenorientierter Leitungsstil“ genannt wird).

Interessanterweise läßt sich aus den Befunden die Annahme ableiten, daß die genannte Ausgangsbeziehung auch umkehrbar ist: die „psychische Gesundheit“ der Leiter kann durch diesen Leitungsstil ebenfalls positiv beeinflußt werden.

Zum Berichtstermin werden in der Arbeitsstelle weitere Untersuchungen vorbereitet; daneben ist in Zusammenarbeit mit der Sektion Psychologie der Friedrich-Schiller-Universität und einigen anderen Psychologen ein Autorenkollektiv gebildet worden, das sich vorgenommen hat, eine größere Publikation für Leiter zu erarbeiten.

Hans Hiebsch

Naturhaushalt und Gebietscharakter

Das im Jahrbuch 1973/74 dargelegte Forschungsprogramm der Dresdener Arbeitsgruppe wurde 1975/76 konsequent fortgesetzt, wobei große Teile desselben im Forschungsverband „Geoökologie/Landeskultur“ (Hauptauftragnehmer dieses Staatsplanthemas ist das Institut für Geographie und Geoökologie der Akad. d. Wiss.) integriert und im laufenden Fünfjahrplan terminlich fixiert sind.

Der Fortgang der Grundlagen- und Entwicklungsforschung in den einzelnen Teilbereichen läßt sich wie folgt referieren:

Geochorologische Erkundung

Mit dem Jahre 1976 wurde die Erkundung der Naturräume um Dresden vorläufig abgeschlossen und ein 725 km² großes repräsentatives, inhaltlich vielgestaltiges, zusammenhängendes und gut erkundetes Experimentierfeld geschaffen, das auf lange Frist für viele Richtungen der Grundlagen- und Entwicklungsforschung (wie Naturraum-Potentiale, Anforderungsstrukturen gesellschaftlicher Nutzung an das Naturdargebot, Haupt- und Nebenwirkungen gesellschaftlicher Aktivität im Naturraum, Entwicklung eines Landschaftskatasters, ökonomische Bewertung von Naturressourcen) zur Verfügung steht.

Das Testgebiet ist zu 60 Prozent (30 Mikrochoren) nach der Intensitätsstufe C (s. Jahrbuch 1973/74, S. 81) und zu 40 Prozent (24 Mikrochoren) nach der Intensitätsstufe B erkundet, wobei für den letztgenannten Teil neben dem topischen Inventar auch die Nanochoren (Elementargefüge der Tope) exakt ausgewiesen und komplett statistisch aufbereitet sind. Des weiteren ist jede Mikrochore auch verbal charakterisiert und das Untersuchungsgebiet kartographisch belegt (Mikrochorenumrißkarte 1:100000, Tope und Nanochoren des Nordteiles 1:25000 sowie Nanochorentypen und -typengruppen 1:50000).

Aus der sachlichen geochorologischen Erkundung des Testgebietes entsprangen des weiteren methodische Ausarbeitungen zur Aufnahme und Kennzeichnung chorischer Naturraumeinheiten. Hierzu zählen neben den vier Intensitätsstufen geochorologischer Erkundung (s. Jahrbuch 1973/74) Konzeptionen zur einheitlichen Kennzeichnung und Dokumentation von Mikrochoren und ihrer Inhalte sowie zur Typisierung der Mikrochoren des Berg- und Hügellandes (s. Forschungsberichte 1976). Damit wurden wesentliche Leistungen auf diesem Sachgebiet erbracht, die in den Forschungsverband „Geoökologie/Landeskultur“ eingingen und zu entsprechenden Rückkopplungen führten, unter denen die Mitarbeit der Arbeitsgruppe an dem geplanten Buchwerk „Monographie Landschaftsforschung“ besonders hervorzuheben ist.

Ausgehend von der Naturraumerkundung des Testgebietes ergaben sich zahlreiche Forschungssätze für die anderen Teilbereiche des Komplexes Naturhaushalt und Gebietscharakter.

Landeskultur und Landschaftsplanung

Stärker als bisher konnten im Berichtszeitraum die Untersuchungen zur landeskulturellen Ausstattung intensiviert werden.

Im Nachlauf zur Testung des topographischen Kartenwerkes 1:10000 auf seinen Informationswert wurde die davon abgeleitete Flächennutzungskarte hinsichtlich ihrer funktionalen Beziehungen zur Naturraumausstattung auf der Basis von Nanochoren im Bereich des nördlichen Testgebietes Dresden statistisch analysiert. Trotz der bestehenden Mängel des Quellenmaterials (s. Jahrbuch 1973/74) ergaben sich eine ganze Reihe wertvoller Erkenntnisse, die in spätere Arbeitsstufen eingehen werden. Zwei auf verschiedenen Auswertungsmethoden fußende Kartenblätter i. M. 1:50000 geben die Flächennutzungstypen auf Nanochorenebene wieder.

Zur Analyse der landeskulturellen Ausstattung wurde ein Ausschnitt im Süden des Dresdener Testgebietes gezielt untersucht. Als zusätzliche Erkundungsmethodik erfolgte die Geländebegehung sowie die Beschaffung wesentlicher landeskultureller Materialien aus Dienststellen und Einrichtungen. Auf diese Weise gelang es, die landeskulturelle Ausstattung vollständig in den Griff zu bekommen. Die Fülle des Materials ergab einen (zunächst für den Testausschnitt gültigen) Rahmenkatalog landeskultureller Inhalte, der in gemeinsamer Arbeit mit anderen Gremien zu vervollständigen und nach Wichtigkeitsstufen zu ordnen ist. Die vollständige Fixierung der Tatbestände (Stichjahr 1975/76) erbrachte eine aus sechs Blättern i. M. 1:10000 bestehende Analysenkarte der Flächennutzung mit landeskulturell relevanten Elementen der Naturausstattung, die als Neuentwicklung zugleich auch als Basiskarte für einen Landschaftskataster anzusehen ist und bis zu einem Autorenoriginal entwickelt wurde.

Die Beziehungen und Wechselbeziehungen zwischen Naturraum und Flächennutzung sind so vielseitig und zugleich von so grundlegender Bedeutung, daß als ein neuer Versuch der räumlichen Ordnung erstmals chorische Landschaftseinheiten der unteren Dimension unter der vorläufigen Arbeitsbezeichnung „landeskulturelle Behandlungseinheiten“

ausgegliedert wurden, die diese Wechselbeziehungen berücksichtigen. Sie wurden kartographisch fixiert und nach Substanz, Gefüge und Wirkungsfeldern verbal charakterisiert.

Im Testausschnitt werden erstmalig solche chorische Landschaftseinheiten der unteren Dimension (vorläufiger Arbeitsbegriff: „landeskulturelle Behandlungseinheiten“) kartographisch fixiert und deren Substanz, Gefüge und Wirkungsfelder in einer Verbalcharakteristik dargelegt. Bis auf die Flächenermittlungen sind hierzu auch die bekannten Daten belegt.

Im Maßstab 1:25000 konnten des weiteren alle wesentlichen gesellschaftlich determinierten Materialien des Landschaftsinventars zum gleichen Stichjahr geordnet zur Darstellung gebracht werden. Eine Siedlungsblattkartei informiert über die von den Siedlungsplätzen ausgehende unterschiedliche Beanspruchung und Belastung des Territoriums.

Aus dieser nahezu kompletten Studie zur komplexen Flächennutzungsstruktur konnte als eine neue Qualifikationsstufe noch 1976 eine erste Konzeption zur Entwicklung eines Landschaftskatasters geschaffen werden, für den besonders seitens der Territorialplanung ein großes Interesse besteht. Hieraus erwachsen für die Arbeitsgruppe in den nächsten Jahren konkrete Verpflichtungen im Rahmen der Staatsplanaufgabe und vielseitige Kooperationsbeziehungen.

Anforderungsbilder und Naturraumpotentiale

Die Ende 1974 aus der geoökologischen Erkundung entwickelte Methode zur Kartierung und Wertung chorischer Naturraumeinheiten hinsichtlich ihrer potentiellen Nutzungseignung wurde inhaltlich erweitert (Erfassung von vier partiellen Naturraumpotentialen in sechs Wertungsstufen sowie ihrer Summation) und zugleich auf 42 Prozent des nach Intensitätsstufe B erfaßten Raumes auf der Basis von Nanochoren ausgedehnt. Der methcdische Ansatz erwies sich dabei als praktizierbar und die Ermittlung der formalen potentiellen Nutzungseignung chorischer Naturräume wurde wegen ihrer Bedeutung für die praxisorientierte Planung auf Empfehlung bereits als RGW-Veröffentlichung mitgeteilt (Mansfeld, 1976).

Die Bearbeitung der sog. Anforderungsbilder partieller Naturraumpotentiale (s. Jahrbuch 1973/74) kam im Berichtszeitraum wegen unzureichender Partnerleistungen nicht wie geplant voran. Nach der Bearbeitung des Bebauungspotentials, dessen Ergebnisse bereits zu praxisrelevanten Kartierungen geführt haben (VEB Baugrund Berlin), konnte das Anforderungsbild des mineralischen Rohstoffpotentials im wesentlichen abgeschlossen werden.

Das biotische Ertragspotential und das Wasserdargebotspotential werden von z. T. neuen Partnern unter Regie der Arbeitsgruppe bearbeitet. Gezielte Vorbereitungen ermöglichen auch, das komplizierte Entsorgungspotential anzugehen.

Die Bearbeitung des Rekreationspotentials, das längere Zeit zur Diskussion gestellt war, dürfte nach geringfügigen Überarbeitungen des Anforderungsbildes zum Abschluß kommen.

Der derzeitige Stand der Erforschung von Wechselbeziehungen zwischen gesellschaftlichen Anforderungen und partiellen Naturraumpotentialen wird Mitte 1977 Gegenstand eines G2—F/E-Berichtes des Hauptauftragnehmers unter Federführung von Mitarbeitern der SAW-Gruppe sein.

„Nebenwirkungen“ als dynamische Erscheinung chorischer Strukturen

Die konzeptionellen Vorstellungen zur Frage der „Nebenwirkungen“ gesellschaftlicher Tätigkeit im geographischen Raum wurden in den letzten beiden Jahren weiterentwickelt und auch international (Internationaler Geographenkongreß in Moskau 1976) vorgetragen. Zwei Hauptlinien der Bearbeitung stellten sich dabei heraus: einerseits der Ausbau der wissenschaftstheoretischen Konzeption mit dem konkreten Ziel, eine Forschungslücke zu schließen, die in den nächsten Jahren zunehmend praktisch relevant wird, weil das ökonomische Gewicht von Nebenwirkungen mit der vielseitigen rasch wachsenden Inanspruchnahme des Natursystems stark zunimmt, und, wenn die Nebenwirkungen alle unkontrolliert ablaufen, dieselben nicht oder ungenügend prognostizierbar und entsprechend kaum planbar sind.

Die sogenannten Nebenwirkungen müssen daher als Ergebnis gesetzmäßig ablaufender Prozesse erkannt und so analysiert werden, daß sie vorhergesehen und dementsprechend in der Planung der Territorien berücksichtigt werden können.

Andererseits hat sich herausgestellt, daß die für die auftretenden Nebenwirkungen entscheidenden Prozesse im einzelnen nur erfaßt werden können, wenn durch induktive Studien an geeigneten, möglichst verschieden gearteten Beispielen konkrete Daten bereitgestellt werden, die die aus der Theorie gewonnenen Modelle hinreichend ergänzen. Damit weiteten sich die Untersuchungen auf Grundfragen der Prozeßforschung aus, die durch die Umweltorientierung vielfältige und bemerkenswerte theoretische und methodische Anregungen empfängt. Die Erarbeitung von Fallstudien (Flächennutzungswandel Ackerbau — Intensiv-Obstbau nahe Dresden, Nutzungsinterferenzen am Müggelsee) und die daraus abzuleitenden Schlußfolgerungen sind daher stark in den Mittelpunkt der Arbeit gerückt worden. Sie sollen Gegenstand einer Veröffentlichung der Sächsischen Akademie der Wissenschaften sein, deren Manuskript vor dem Abschluß steht.

Im Berichtszeitraum wurde der Arbeitsgruppe eine hydrobiologische Teilgruppe unter Leitung von Herrn Uhlmann angegliedert, über die anschließend berichtet wird.

Literatur

1. Forschungsberichte:

Bernhardt, A.: Verfahren zur Kennzeichnung chorischer Naturraumeinheiten. — Anlage 2 zum F/E-Bericht (G2) 5.06.01 IGG (AdW) 10.2 November 1976, 13 S. und 3 Tab.

Bernhardt, A. und Mannsfeld, K.: Erfassung, Kennzeichnung und Kartierung von chorischen Naturraumeinheiten (Mikrochoren, Elementargefüge) im Beispielsgebiet Dresden. — Anlage 5 zum F/E-Bericht (G 2) 5.06.01 IGG (AdW) 10.2 November 1976, 48 S., 15 Tab., 2 Karten.

Mannsfeld, K.: Beitrag zur Beurteilung potentialbezogener Nutzungseignung aus großmaßstäbiger Naturraumerkundung und ihre Interpretation für chorische Naturraumeinheiten. — Anlage 8 zum F/E-Bericht (G 2) 5.06.01 IGG (AdW) 10.2 November 1976, 19 S. und 5 Karten mit Erläuterungen.

Barsch, H., Haase, G. und Mannsfeld K.: Merkmale chorischer Naturraumeinheiten und Verfahren ihrer Kennzeichnung. — Anlage 1 zum F/E-Bericht (G2) 5.06.01 IGG (AdW) 10.2 November 1976, 24 S. und 4 Tab.

Bernhardt, A.: Erste Konzeption zur Ausarbeitung einer Rahmenmethodik für den Aufbau und die Laufendhaltung von Katasterunterlagen für Landschaftseinheiten sowie für die Dokumentation von Landschaftselementen. — G1-Pflichtleistung an den HAN IGG AdW für Staatsplan 14.08 vom 30. 6. 1976, 23 S. und 3 Abb.

Jäger, K.-D.: Bericht über die zusammenfassende Bearbeitung der Anforderungsbilder unter dem Aspekt einheitlicher Merkmalscharakteristiken. — Anlage zum Jahresabschlußbericht 1975 an den HAN IGG AdW 4 S. und 4 Tab.

2. Veröffentlichungen:

Bernhardt, A.: Zur Kennzeichnung von Gebietseinheiten des landeskulturellen Zustandes auf der Grundlage der Flächennutzungsanalyse. In: Mitteilungsblatt Nr. 13 d. Geogr. Ges. DDR, Leipzig, Mai 1976, S. 62—64.

Bernhardt, A.: Das Osterzgebirge. In: Sächs. Heimatblätter *22* (1976) H. 3, S. 130–144.
Jäger, K.-D., Marcinek, J. und Nitz, B. (1975): Eiszeitforschung in Verbundenheit mit Tradition und Praxis — 100 Jahre im Zeichen der Inlandeistheorie In: Wissenschaft und Fortschritt *25* (12), S. 560–565 (Berlin).
Jäger, K.-D.: Anforderungen der Umweltkartierung an die Holozänforschung. In: Newsletters on Stratigraphy *5* (Stuttgart 1976) S. 35–43,
Jäger, K.-D. und Hrabowski, K.: Zur Strukturanalyse von Anforderungen der Gesellschaft an den Naturraum, dargestellt am Beispiel des Bebauungspotentials. In: Petermanns Geogr. Mitt. *120* (1976) H. 1, S. 29–37.
Mannsfeld, K.: Zur Frage der potentialbezogenen Nutzungseignung chorischer Naturräume. In: Informations-Bulletin Nr. 9, Inst. f. Geogr., Brno Tschechoslowak. Akad. d. Wiss., Prag 1976, S. 82–117 [russ.].

Ernst Neef

Untersuchungen zur Limnologie von Talsperren

Talsperren vom Rinnensee-Typ besitzen eine im Vergleich zu den meisten Seen relativ einfache und übersichtliche biologische Struktur. Ihr Stoffhaushalt ist in vielen Fällen ein Abbild der Struktur und Nutzung des Einzugsgebiets. Höhenlage, Relief, geologischer Untergrund sind maßgebend für die thermischen Verhältnisse im Wasserkörper, für Elektrolytgehalt und Ionenkomposition. Anthropogene Änderungen im Einzugsgebiet führen infolge der stärkeren Wassererneuerung schneller als bei den meisten Seen zu eindeutig erfaßbaren Änderungen in der Wasserbeschaffenheit. Beispielsweise besteht im Erzgebirge eine lineare Beziehung zwischen dem prozentualen Anteil landwirtschaftlicher Nutzflächen an der Gesamt-Einzugsgebietsfläche und dem Nitratgehalt des Wasserkörpers zu Beginn der Frühjahrs-Vollzirkulation (Höhne, 1975). Bestimmte Parameter des Stoffhaushalts, die mit relativ geringem Aufwand erfaßt werden können, besitzen demnach eine hohe Aussagekraft im Hinblick auf ein großes, heterogenes, strukturell oft sehr komplexes Territorialsystem. Die Erfassung des Stoffhaushalts von Trinkwassertalsperren mit dem Endziel, eine hohe Sicherheit der Nichtüberschreitung bestimmter Belastungs-Grenzwerte im Einzugsgebiet (Einhaltung der Schutzzonenordnung) zu gewährleisten, ist ein verallgemeinerungsfähiger Teilbeitrag zum Aufbau eines Umwelt-Überwachungssystems. Die Ergebnisse sind in zweifacher Hinsicht nutzbar, da auch im Hinblick auf die Sicherheit der Trinkwasserversorgung, also eines nachgeordneten Systems, eine bestimmte Unterschreitungshäufigkeit kritischer Konzentrationen des Phytoplanktons und seiner Stoffwechselprodukte im Rohwasser zu gewährleisten ist.

Im Untersuchungsjahr 1976 wurde damit begonnen, die hydrodynamischen Voraussetzungen für Massenentwicklungen des Phytoplanktons zu erfassen. Diese Arbeiten wurden ab 1. 5. 1976 durch eine neu eingestellte wissenschaftliche Assistentin und mit Unterstützung des Mitarbeiterkollektivs des Hydrobiologischen Laboratoriums Neunzehnhain (Leiter: Dr. E. Höhne) durchgeführt. Die Grundlagen dafür bildeten wöchentliche Vertikalserien zur Messung der Phytoplanktonverteilung und der Temperatur in der Saidenbach-Talsperre (mittleres Erzgebirge).

Im Vergleich zu Seen mit ähnlichen Abmessungen führt in Talsperren die alleinige Abgabe von kaltem Tiefenwasser während des Sommers zu einer erheblichen Vergrößerung des Anteils der erwärmten, meistens gleichmäßig durchmischten oberen Wasserschicht (Epilimnion). Eine Vergrößerung der Durchmischungstiefe bei gleichbleibender Eindringtiefe des Lichts verringert die Wahrscheinlichkeit des Zustandekommens sommerlicher

Phytoplankton-Massenentwicklungen (Horn, 1975 a u. b). In der Saidenbach-Talsperre wurde in Übereinstimmung mit Ergebnissen aus vorhergehenden Untersuchungsjahren ein Frühjahrs-Maximum der planktischen Kieselalge *Asterionella formosa* bei einer Wassertemperatur $\leqq 10\,°C$ beobachtet. In dieser Jahreszeit ist offensichtlich der Temperaturhaushalt besonders stark „stochastisch gestört", und die jeweils herrschende Faktorenkonstellation (Erwärmung, Abkühlung, Windwirkung, turbulente Durchmischung) entscheidet maßgeblich darüber, ob (bei gleichen biologischen und biogeochemischen Anfangsbedingungen) eine *Asterionella*-Massenentwicklung zustandekommt oder nicht. Um zu genaueren Aussagen zu gelangen, müssen die Zeitabstände zwischen den Vertikalserien

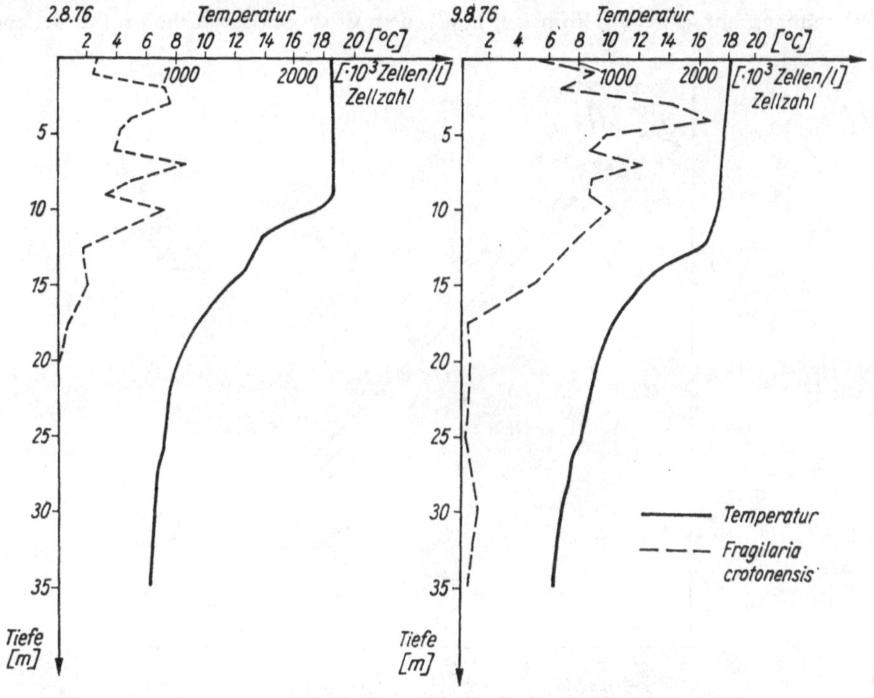

Abb. 1

der Temperatur und des Phytoplanktons erheblich verkürzt werden. Dafür ist die kontinuierliche Temperaturmessung vorgesehen. Für das Phytoplankton stehen zeitsparende Methoden, die eine starke Verkürzung der Abtastschrittweiten erlauben, noch nicht zur Verfügung.

Die bisher ausgewerteten kontinuierlichen Temperaturserien ergeben eindeutige Hinweise auf das Vorhandensein interner stehender Wellen (Seiches), die innerhalb weniger Stunden Amplituden bis 4 m erreichen können. Die Auswirkung auf den Transport und die Lichtexposition des Phytoplanktons bleibt noch zu untersuchen. Andererseits ist auch eine Homothermie des Epilimnions nicht gleichbedeutend mit einer vollständigen gleichmäßigen Durchmischung dieser Schicht. Abb. 1 zeigt, daß z. B. *Fragilaria crotonensis* eine offenbar über mehrere Tage beständige vertikale Zonierung mit alternierenden Horizonten unterschiedlicher Zellzahl aufweisen kann. Des weiteren ergeben sich deutliche Hinweise darauf, daß die verringerte Produktionsleistung von oberflächlich exponierten

Phytoplanktonproben keinesfalls ausschließlich einem „bottle-Effekt" zugeschrieben werden kann. Auch die natürliche Verteilung des Phytoplanktons in einem turbulent durchmischten Wasserkörper weist auf suboptimale Bedingungen im Bereich der Wasseroberfläche hin. Außer einer Lichthemmung (u. a. hoher UV-Anteil) könnte hierfür auch generell das extrem wechselhafte „Klima" der Oberflächenschicht verantwortlich gemacht werden.

Eine kausale Deutung des Phytoplankton-Massenwechsels ist nur möglich, wenn außerdem die chemischen und biologischen Komponenten berücksichtigt werden, die maßgeblich zum Zustandekommen von Phytoplankton-Massenentwicklungen beitragen. In der Saidenbach-Talsperre kommt unter den chemischen Größen, wie schon aus früheren Untersuchungen hervorgeht (Hofmann, 1972), dem Orthophosphat die größte Bedeutung

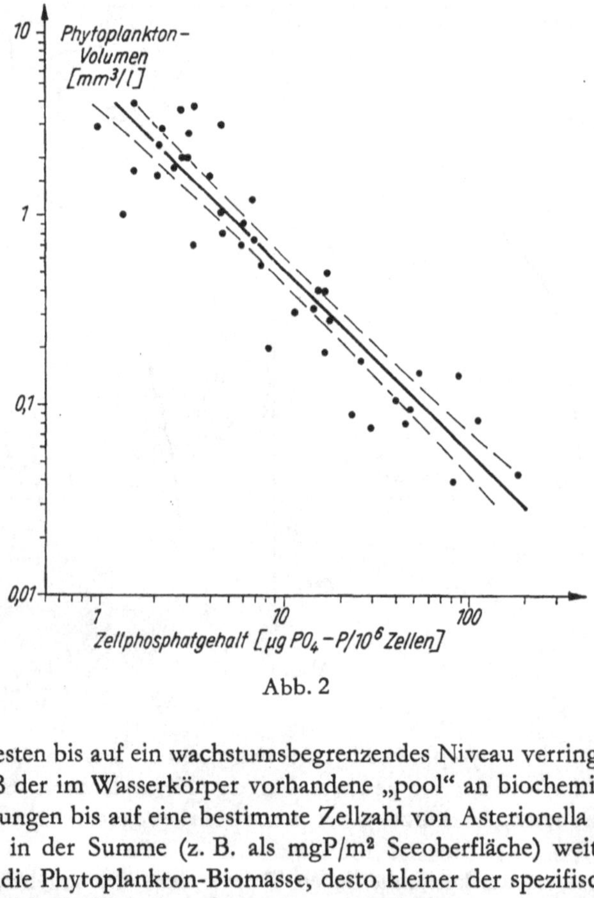

Abb. 2

zu, weil es am ehesten bis auf ein wachstumsbegrenzendes Niveau verringert werden kann. Es zeigt sich, daß der im Wasserkörper vorhandene „pool" an biochemisch verwertbaren Phosphorverbindungen bis auf eine bestimmte Zellzahl von Asterionella aufgeteilt werden kann, dabei aber in der Summe (z. B. als mgP/m^2 Seeoberfläche) weitgehend konstant bleibt. Je größer die Phytoplankton-Biomasse, desto kleiner der spezifische Zellphosphatgehalt (SZP) (s. Abb. 2). Sinkt bei einer Massenentwicklung von *Asterionella formosa* der SZP-Gehalt unter 2 µg PO_4—P pro 10^6 Zellen, kommt es zum Zusammenbruch der Population. Umgekehrt sind die Bedingungen von Seiten der Nährstoffe (d. h. des Phosphors) für das Einsetzen einer Massenvermehrung erfüllt, wenn der SZP-Gehalt auf Werte $\geqq$ 4 µg PO_4—P pro 10^6 Zellen ansteigt. Sehr kennzeichnend ist ein hoher SZP-Gehalt im Winter, unmittelbar vor Beginn der Frühjahrs-Vollzirkulation. Am Zusammenbruch einer Frühjahrs-Massenentwicklung kann andererseits auch der Fraßdruck seitens des Zooplanktons entscheidend beteiligt sein. Entgegen früheren Annahmen gilt das auch für

Asterionella formosa deren Massenentwicklung mit einem Populationsgipfel von *Cyclops vicinus* zusammenfiel und der in einem Abstand von rund 3 Wochen ein Maximum von *Daphnia hyalina* und *Eudiaptomus gracilis* folgte.

Die Untersuchungen sollen mit der Zielstellung weitergeführt werden, im Rahmen der Forschungsrichtung „Limnische Ökologie" zur Entwicklung eines ökologischen Vorhersage- und Planungsmodells für neu zu errichtende Trinkwassertalsperren beizutragen. Die Ergebnisse sollen ferner eine Aussage darüber ermöglichen, in welchem Ausmaß eine Überleitung von Wasser aus einem anderen Einzugsgebiet die Amplitude und die zeitliche Dauer von Phytoplankton-Massenentwicklungen verändern kann.

Literatur

Benndorf, J., Zesch, M., Wiesner, E.-M., 1975: Prognose der Phytoplanktonentwicklung in geplanten Talsperren durch Kombination von wachstumskinetischen Modellvorstellungen und Analogiebetrachtungen zu bestehenden Talsperren. Int. Rev. ges. Hydrobiol. *60* (6) 737–758.

Hofmann, R., 1972: Untersuchungen zum Phosphathaushalt der Talsperre Saidenbach. Diss. TU Dresden, Fak. für Bau-, Wasser- u. Forstwesen, 1972, 103 S.

Höhne, E., 1975: Untersuchungen über die Nitratbelastung von Talsperren. Wiss. Z. TU Dresden *24* (6) 1454–1455.

Horn, W., 1975a: Einfluß der natürlichen und künstlichen Durchmischung des Wasserkörpers auf Massenentwicklungen des Phytoplanktons. Acta hydrochim. hydrobiol. *3* (5/6) 445–453.

– 1975b: Eutrophierung und Steuerung der Phytoplanktonentwicklung. Wiss. Z. TU Dresden *24* (6) 1456–1458.

Uhlmann, D., 1972: Das Staugewässer als offenes System und als Reaktor. Verh. Internat. Vereinig. theor. angew. Limnol. *18*, 761–778.

– u. Benndorf, J., Gnauck, A., 1977: Entwicklung von Modellen zur Vorhersage der Phytoplanktonentwicklung und der Wasserbeschaffenheit in eutrophierten Staugewässern. Wiss. Z. TU Dresden *26* (1) 271–278.

Dietrich Uhlmann

Reinigung von Abwässern mit Hilfe von Adsorbentien

In den Jahren 1975—1976 führte die Arbeitsgruppe Halle der SAW wissenschaftliche Untersuchungen zu folgenden Problemen durch:

1. Adsorption organophiler Schadstoffe aus der Gas- und Flüssigphase an makroporösen nichtionischen Styrol-Divinylbenzol-(DVB)-Copolymerisaten
2. Synthese bipolarer Ionenaustauscherharze mit starksauren und starkbasischen funktionellen Gruppen in der Matrix
3. Trennverhalten von Ionenaustauscherpackungen mit und ohne Anwendung von Druck.

1. Adsorption organophiler Schadstoffe aus der Gas- und Flüssigphase an makroporösen nichtionischen Styrol-DVB-Copolymerisaten

Makroporöse nichtionische Styrol-DVB-Copolymerisate zeigen infolge des Fehlens ionogener Gruppen in ihrer Harzmatrix im Gegensatz zu den kommerziellen Ionenaustauscherharzen den Vorteil vollständiger Regenerierbarkeit. Sie weisen gute hydraulische und kinetische Eigenschaften auf. Diese Polymeradsorber sind hydrophob und in der Lage, mittels van der Waalsscher Wechselwirkungskräfte organische Moleküle an ihrer Oberfläche zu adsorbieren.

Aus der Literatur sind Ergebnisse der Adsorption an porösen Styrol-DVB-Copolymerisaten aus der Gasphase unter dem Gesichtspunkt der Schadstoffeliminierung nach unserer Kenntnis noch nicht publiziert worden. Im Rahmen unserer Untersuchungen dienten als Modellsubstanzen für lipophile Schadstoffe Schwefelkohlenstoff sowie die Chlorkohlenwasserstoffe Trichloräthylen, Chloroform und Tetrachlorkohlenstoff. Als geeignetstes Adsorbens für die genannten Noxen erwies sich das makroporöse Styrol-DVB-Copolymerisat Y 29/11 (spez. Oberfläche: 330 m^2/g; Gesamtporenvolumen: 0,062 cm^3/g; mittlerer Porenradius: 190 Å).

An ihm wurden unter dynamischen Bedingungen (Strömungsgeschwindigkeit: 51/h; unterschiedliche Partialdampfdrucke der Adsorbate im Gasgemisch; Gas: Stickstoff oder Luft) die Adsorptionsisothermen von CS_2, Trichloräthylen, Chloroform und Tetrachlorkohlenstoff bei 20 °C und 40 °C aufgenommen. Mit der Erhöhung der Temperatur wird, in Analogie zu anderen physikalischen Adsorptionsprozessen, eine Abnahme der adsorbierten Schadstoffmenge beobachtet. In Tabelle 1 sind die bei unterschiedlichen Partialdampfdrucken der Adsorbate im Gasgemisch ermittelten Beladungen des Harzes nach Einstellung des Sättigungsgleichgewichtes aufgeführt:

Tabelle 1

Adsorption von Schwefelkohlenstoff und Chlorkohlenwasserstoffen am makroporösen Styrol-DVB-Copolymerisat Y 29/11 unter dynamischen Bedingungen

Adsorbatmolekül	Partialdampfdruck des Adsorbates im Gasgemisch [mm Hg]	adsorbierte Schadstoffmenge [mg/g wasserfreies Copolymerisat]	
		20 °C	40 °C
Schwefelkohlenstoff	50	120	50
	100	200	90
	200	310	130
Chloroform	50	380	190
	100	210	100
Tetrachlorkohlenstoff	50	370	180
Trichloräthylen	50	500	200

Mit Luft bzw. überhitztem Wasserdampf, die als Regeneriermittel Einsatz fanden, konnten die so beladenen Adsorbentien jeweils 100prozentig regeneriert werden.

Als technisch besonders beachtenswert ist das Sorptionsverhalten des Schwefelkohlenstoffs hervorzuheben (Endgase der Sulfitzellstoffgewinnung).

Eine rein thermische Desorption der Schadstoffe ist ebenfalls möglich. Während des Adsorptions-Desorptionsprozesses treten keinerlei Volumenänderungen am Adsorbens auf.

Als ein Hauptanwendungsgebiet der neuen Klasse von Polymeradsorbern ist die Abwasserreinigung zu betrachten.

Wir setzten zwei makroporöse Styrol-DVB-Copolymerisate für unsere Adsorptionsuntersuchungen aus der Wasserphase ein:

Copolymerisat I: spez. Oberfläche 105 m^2/g
Copolymerisat II: spez. Oberfläche 330 m^2/g

Als Adsorbatmoleküle wählten wir oberflächenaktive Anlagerungsprodukte des Äthylenoxids (ÄO) an p-n-Nonylphenol mit unterschiedlichem ÄO-Grad aus, die als biologisch schwer abbaubare Detergentien die Abwässer der Erdölindustrie erheblich belasten:

p-n-Nonylphenol + 12 Mol ÄO (NP 12)
20 Mol ÄO (NP 20)
30 Mol ÄO (NP 30)
40 Mol ÄO (NP 40)

Durch Wechselwirkung der hydrophoben Polymermatrix mit dem lipophilen Molekülteil der Tenside sind Styrol-DVB-Copolymerisate in der Lage, diese Tenside aus der Wasserphase zu eliminieren.
Die Adsorptionsuntersuchungen erfolgten im Batch-Verfahren, sowie unter dynamischen Bedingungen (Aufnahme von Adsorptionsiosthermen und Durchbruchskurven).

Es konnten folgende Ergebnisse gewonnen werden:

1. Die Abhängigkeit der adsorbierten Tensidmenge, ausgedrückt in mMol/g wasserfreies Copolymerisat, vom Äthoxilierungsgrad ergibt, daß mit steigendem Molgewicht des Tensides bzw. mit zunehmender Micellbildungskonzentration eine Abnahme der adsorbierten Tensidmenge erfolgt.
Diese Ergebnisse stehen im Einklang mit Untersuchungen über die Adsorption nichtionischer ÄO-Addukte an Ruß und schwachsauren Carboxylgruppen enthaltenden Ionenaustauscherharzen.

2. Kinetische Untersuchungen der Adsorption dieser Tenside an makroporösen Styrol-DVB-Copolymerisaten zeigten, daß Adsorptionszeiten von mindestens 24 Stunden für die Einstellung des Adsorptionsgleichgewichtes erforderlich sind.

3. Bei einem Vergleich der Adsorptionsisothermen (24 Stunden Adsorptionszeit, Normaltemperatur, Tensidausgangskonzentration 100—1000 mg/l) der Tenside NP 12, NP 20, NP 30 und NP 40 an den Copolymerisaten I und II zeigte sich, daß das Copolymerisat I, trotz seiner geringeren spezifischen Oberfläche, die höheren Adsorptionskapazitäten aufweist. Eine bessere Zugänglichkeit des weiteren Porensystems im gewählten Zeitraum für die langkettigen Tensidmoleküle dürfte bei diesen diffusionskontrolliert ablaufenden Adsorptionsvorgängen die Ursache für dieses Verhalten sein.

4. Dynamische Untersuchungen in einer Kolonne, am Beispiel des NP 30 am Copolymerisat II aufgezeigt, (Versuchsbedingungen: Adsorptionsäule — innerer Durchmesser 2,4 cm; Höhe: 24 cm; Säulenfüllung: 45 g hydrophilisiertes Copolymerisat $\triangleq$ 120 ml; Konzentration der Tensidlösung: 500 mg/l; Durchflußgeschwindigkeit: 100 ml/h; Normaltemperatur) ergaben, daß nach 5maliger Beladung und Regenerierung (Regeneriermittel CH_3OH!) die völlige Adsorptionskapazität des Adsorbens erhalten bleibt. Nach einem Durchsatz von 18,5 l Tensidlösung werden insgesamt 7830 mg NP 30 auf der Säule fixiert, das sind 85 Prozent des insgesamt angebotenen Tensides.
Ein Regeneriereffekt von 99,6 Prozent wurde mit einer Regeneriermittelmenge von

300 ml Methanol erzielt. Das Verhältnis der Bettvolumina Tensidlösung zu Bettvolumina aufgewendeten Regeneriermittel (CH_3OH) beträgt folglich 6:1.

5. Durch zugesetzte Elektrolyte zur Tensidlösung, wie Versuche im dynamischen Verfahren ergaben, läßt sich, infolge eines Aussalzeffektes des Tensides aus der wäßrigen Phase, der Adsorptionseffekt noch verbessern, bzw. die Tensidkonzentration im Eluatvolumen herabsetzen, wie Tabelle 2 zeigt.

Tabelle 2

Adsorption des Tensides NP 12 aus wäßriger bzw. Elektrolytlösung am makroporösen nichtionischen Copolymeren Y 29/11 unter dynamischen Bedingungen*

Adsorbens	Tensid-konzentration der Lösung [mg/g]	Elektrolyt-zusatz	adsorbierte Tensidmenge [mg]	Tensid-konzentration im Eluatvolumen [mg/l]
Copolymerisat	300	–	1450	10
Y 29/11	300	0,1 M NaCl	1470	6
	300	0,1 M $CaCl_2$	1470	6

* *Versuchsbedingungen:*
Adsorptionssäule: 1,5 cm innerer Durchmesser
Säulenfüllung: 13 g hydrophilisiertes Copolymerisat
Durchflußgeschwindigkeit: 50 ml/h
Gesamtvolumen durchgesetzter Tensidlösung: 5 l

Die Eluatkonzentration (in mg Tensid/l Eluat) konnte durch Zusatz von 0,1 M NaCl (0,1 M $CaCl_2$) um 40 Prozent gesenkt werden.

6. Schwachsaure Kationenaustauscherharze auf Basis Acrylsäure-DVB in der H^+-Beladungsform wurden mit den nichtionischen Copolymeren hinsichtlich ihres Adsorptionsvermögens für ÄO-Addukte verglichen, wobei sich herausstellte, daß die Tensidadsorption an den nichtionischen porösen Copolymeren pH- unabhängig verläuft, während die Adsorptionskapazität der Ionenaustauscherharze mit steigendem pH-Wert deutlich absinkt.

Die im Rahmen dieser Untersuchungen erzielten Ergebnisse sind in einem Patent (CS_2-Adsorption an makroporösen Styrol-DVB-Copolymeren) und einer Veröffentlichung („Zur Adsorption nichtionogener ÄO-Addukte an porösen Styrol-DVB-Copolymeren") niedergelegt worden.

Im Verfahrenstechnischen Seminar der Sektion Umweltschutztechnik der TH Leuna-Merseburg (28. 10. 76) wurde ein Vortrag über „Einsatz makroporöser Styrol-DVB-Copolymerisate zur Entfernung organophiler Schadstoffe aus der Gas- und Flüssigphase" gehalten.

2. Synthese bipolarer Ionenaustauscherharze mit starksauren und starkbasischen funktionellen Gruppen in der Matrix

Analog zu bipolaren Ionenaustauscherharzen mit schwachsauren Carboxylgruppen wurden starksaure Sulfogruppen enthaltende Bipolarharze mit bestimmten Verhältnissen der funktionellen Gruppen zueinander synthetisiert.

Der erste Schritt zur Lösung genannter Aufgabe war zu prüfen, in welchem Umfang sich der Sulfonierungsgrad durch geeignete Wahl der Sulfonierungsbedingungen verändern läßt.

Als Ausgangsharze dienten starkbasische Anionenaustauscherharze mit Trimethylammoniumgruppen (Wofatit SBW und Wofatit EA 60). Umfangreiche Untersuchungen dienten der Optimierung der Sulfonierung dieser Harze.

Zur Charakterisierung der so synthetisierten Bipolarharze dienten einerseits die Werte für die Ionenaustauschkapazitäten der beiden aktiven Gruppenarten — nach Vorschrift von S. Eckert bestimmt — andererseits die Werte der Elementaranalyse im Vergleich zu den entsprechenden Daten der Ausgangsharze. Den Werten der Elementaranalyse ist zu entnehmen, daß

1. im Verlaufe der Sulfonierung kein so gravierender Abbau der Aminogruppen erfolgt, wie ursprünglich angenommen wurde, er nur bei scharfen Sulfonierungsbedingungen wie Verlängerung der Sulfonierungszeit auf 15 Stunden oder Verwendung von konz. Schwefelsäure als Sulfonierungsagens in geringem Umfang in Erscheinung tritt;

2. durch Änderung der Versuchsbedingungen keine prägnanten Unterschiede im Sulfonierungsgrad zu erzielen sind;

3. der optimale Sulfonierungsgrad bereits nach dreistündiger Sulfonierungszeit nahezu erreicht ist, was besonders deutlich wird bei dem makroporösen Wofatit EA 60-Ausgangsharz. Eine synthesebedingte Änderung in den Verhältnissen der beiden funktionellen Gruppenarten zueinander ist nur in relativ engen Grenzen möglich und zwar: basische Ammoniumgruppen zu sauren Sulfonsäuregruppen verhalten sich wie 50 bis 70 zu 50 bis 30. Eine Ausnahme bildet offensichtlich Wofatit EA 60. In diesem Falle kann man durch Verlängerung der Sulfonierungszeit (15 Stunden) das Verhältnis der funktionellen Gruppen zugunsten der Sulfogruppen (B:S = 35:65) verändern. Dies geschieht allerdings nicht infolge einer absoluten Erhöhung des Sulfonierungsgrades sondern durch eine teilweise Reduzierung der Zahl der Aminogruppen, wie oben erwähnt. Das Gleiche trifft für beide Austauscherharze zu, wenn sie mit konz. Schwefelsäure sulfoniert wurden.

Allgemein einschätzend ist festzustellen, daß es für die Synthese bipolarer Austauscherharze unter dem Aspekt der Realisierung bestimmter Verhältnisse der beiden austauschaktiven Gruppenarten zueinander vorteilhafter ist, der Zielsetzung entsprechende monofunktionelle Ausgangsharze für die weitere Modifizierung auszuwählen. In diesem Sinne bestätigen die vorliegenden Versuche die auf Grund früherer Arbeiten gemachte Beobachtung, daß der Charakter bipolarer starksaurer Austauscherharze durch die Reihenfolge der Modifizierungsreaktionen bestimmt wird. Wie schon im letzten Jahresbericht hingewiesen, zeigen bipolare Ionenaustauscherharze eine bevorzugte Fähigkeit zu Huminsäureadsorption und weisen hohe Metallionenselektivitäten auf.

3. Trennverhalten von Ionenaustauscherpackungen mit und ohne Anwendung von Druck

Der Grundgedanke der Untersuchungen ist, daß sich unter den Bedingungen des Quellungsgleichgewichtes ein mechanischer Druck auf das polymere Netzwerk eines Ionenaustauscherharzes genau so auf den Druck, unter dem die Porenflüssigkeit steht, auswirken muß, wie eine Erhöhung des Vernetzungsgrades des Ionenaustauschers.

Mit Hilfe isopiestischer Messungen wurden die Quelldrucke der Ionenaustauscherharze KPS (H^+-Form) und SBW (Cl^--Form) mit und ohne äußeren Druck bestimmt. Es zeigte sich, daß eine Erhöhung des von außen angewendeten Druckes zu einer Erhöhung des Quelldruckes des Austauschers führt und damit eine Erhöhung des Vernetzungsgrades simuliert. Die Quelldruckerhöhung wurde mit Hilfe der Gleichung von Boyd und Soldano berechnet.

Da die Ionenselektivität eines Ionenaustauschers bei gegebener Kapazität hauptsächlich eine Funktion des Vernetzungsgrades ist, läßt sich die Wirkung eines mechanischen Netzwerkdruckes auf die Ionenselektivität analog der Änderung der Ionenaustauschselektivität mit Änderung des Vernetzungsgrades von Ionenaustauscherharzen betrachten und deuten.

Es wurden Austauschisothermen für das Wofatit KPS ohne und unter Einfluß eines äußeren mechanischen Druckes nach der „progressive batch-Methode" aufgenommen. Als Gegenionen dienten dabei Li^+, Na^+, K^+, Rb^+, Cs^+. Da die Untersuchungen unter Druck sehr zeitaufwendig sind, können bisher nur abschätzende Aussagen gemacht werden. Es zeigt sich, daß die Harze eine erhöhte Ionenselektivität bei Anwendung eines äußeren Druckes aufweisen, auch im Falle von Alkaliionen.

Des weiteren werden zur Zeit Untersuchungen mit Erdalkalimetallionen als Gegenionen beim Austausch am Wofatit KPS und mit unterschiedlichen Anionen am Wofatit SBW gemacht. Hier liegen im Moment noch keine Ergebnisse vor.

Die Ergebnisse besitzen hohes Interesse für die Metallspurengewinnung aus Wässern.

Friedrich Wolf

Carnitinesterwirkung

Das Arbeitskollektiv „Wirkung von Carnitinester auf den physiologischen und pathologischen Stoffwechsel sowie auf den Tumorstoffwechsel" besteht aus Prof. Dr. Dr. Erich Strack als Leiter, Dr. rer. nat. Heinz Löster als Chemiker, MTA Helga Landmann sowie Dr. rer. nat. Hermann Seim als Biologe (Bereich Medizin der KMU Leipzig).

Beforscht werden die optischen Isomeren von Carnitin und Derivate von ihnen in drei Arbeitsrichtungen. 1. Chemische Darstellung der Substanzen, 2. Ihr biologisches Verhalten im Tierkörper bei hoher exogener Zufuhr, ihre Wirkungen auf das isolierte Froschherz und ihre Wirkungen auf Bakterien, 3. Die therapeutische Anwendung von L-Carnitin. Diese Forschungen sind Fortsetzung und Erweiterung von bereits früher begonnenen Arbeiten [1, 2, 3, 4].

Chemie: Die laufenden Darstellungen der optischen Carnitine und ihre Derivate gestalteten sich im Berichtsabschnitt erhöht arbeitsaufwendig. Sie mußten infolge personeller Abkommandierung unterbrochen und unreine käufliche Grundmaterialien umständlich gereinigt werden. Um den erhöhten Anforderungen an Substanz nachzukommen, wurden erneute Versuche unternommen DL-Camphersäure in ihre optischen Isomeren aufzutrennen. Ihr wechselweiser Einsatz ist das bisher lukrativste Trennungsverfahren für L-Carnitin [5]. Mit den uns verfügbaren Mitteln blieb die Auftrennung der DL-Camphersäure unergiebig. Rationelle Laboransätze im 2-kg-Bereich mußten deshalb in umständlichem Verfahren getrennt werden: Schnell und arbeitssparend ließ sich das käufliche DL-Carnitinhydrochlorid in die Betainform mit Kaliumbicarbonat in kleinem Volumen Methanol/Äthanol als schwer lösliches Kaliumchlorid umsetzen. Als erster Schritt wird dann aus DL-Carnitin etwa 60 Prozent D-Carnitin-D-camphorat abgetrennt, das erhaltene DL-Carnitingemisch in Methanol/Äthanol vielfach fraktioniert und reine L-Carnitinanteile gewonnen.

Größere Mengen an γ-Butyrobetain wurden nach bekanntem Verfahren durch Methylierung von γ-Aminobuttersäure und nach gleichem Verfahren das markierte Produkt mit ^{14}C-Methyljodid dargestellt. Zur Darstellung von γ-Butyrobetain wurden weitere Verfahren aus D-Carnitin studiert, das bei der Produktion von L-Carnitin als Nebenprodukt anfällt. Ihm wird ein Molekül Wasser entzogen und das entstandene Crotonsäurebetain hydriert. γ-Butyrobetain ist in der Therapie als ein billiger Ersatz für L-Carnitin einzusetzen, da der Tierkörper es mit seiner spezifischen Hydroxylase [6] in erheblicher Menge in L-Carnitin umwandeln kann. Eine Maus von 25 g vermag auf diese Weise 4 mg L-Carnitin im Tag zu bilden [4]. Vorarbeiten für die Messungen von Isotop-markierten Carnitinderivaten mit ^{3}H, ^{14}C und ^{15}N wurden vorangetrieben und sind nunmehr einsatzfähig. — Das Verfahren zur quantitativen Auftrennung von DL-Camphersulfonsäure mit L- und D-Carnitinnitril, bei dem auch die Trennbasen quantitativ zurückgewonnen werden, wurde publiziert [7]. — Verfahren zur Darstellung von reinem Acetoacetyl-L-carnitin werden studiert.

Biologie: L-Carnitin fördert das Wachstum bei Säugern im jugendlichen Alter mäßig. Mikroben werden durch L-Carnitin rasch vermehrt. Hierin liegt eine Vielzahl von möglichen Anwendungen. Wir haben an Mikroben L-Carnitin, D-Carnitin und viele ihrer Derivate geprüft. Ein Teil dieser Studien wurde in Zusammenarbeit mit dem Biochemischen Institut der Sektion Biologie der KMU durchgeführt (Prof. Dr. Aurich, Doz. Dr. Kleber). Als typisches Beispiel für diese Art von Untersuchungen soll das Verhalten unserer Stoffe bei Acinetobacter calcoaceticus = A. c. kurz beschrieben werden. A. c. vermehrt sich durch L-Carnitin rasch, zerlegt dabei das L-Carnitin in Trimethylamin und in die restliche C_4-Kohlenstoffkette. Da A. c. Trimethylamin als Stickstoffqelle nicht verwerten kann, wird bei allen Ansätzen mit den Carnitinen stets NH_4Cl zugesetzt. L-Carnitin ist für A. c. somit eine vollwertige Kohlenstoffquelle. In gleicher Weise wie das L-Carnitin verhalten sich O-Acyl-L-derivate und γ-Butyrobetain. Nicht ausnutzbar sind Carnitinderivate mit substituierter Carboxylgruppe und das D-Carnitin mitsamt seinen Derivaten, wenn sie alleinige Kohlenstoffquelle im Nährmedium sind. Jedoch treten bei Anwesenheit von D-Carnitin im Nährmedium einige unerwartete Reaktionen durch die Induzierung von Enzymsystemen auf, die für die Anpassungsfähigkeit der Bakterien neues Interesse hervorrufen. A. c. spaltet aus D-Carnitin als alleinige Kohlenstoffquelle kein Trimethylamin ab und nutzt die Kohlenstoffquelle nicht aus. Wird jedoch dem Bakterium DL-Carnitin als Nährstoff angeboten, so wird auch das D-Carnitin voll mit umgesetzt. Verfolgt man den Abbau des DL-Carnitins dünnschichtchromatographisch und bestimmt gleichzeitig die optische Drehung des Nährmediums, so ergibt sich, daß aus beiden Isomeren Trimethylamin abgespalten und für jedes Molekül L-Carnitin gleichzeitig auch ein Molekül D-Carnitin abgebaut wird. Wird A. c. auf L-Carnitin gezüchtet, so werden die abbauenden Enzyme induziert. Gibt man zu so vorinkubierten und gewaschenen Bakterien D-Carnitin als alleinigen Nährstoff, so wird D-Carnitin zerlegt, Trimethylamin entsteht, aber die abgespaltene Kohlenstoffkette wird nicht verwertet, A. c. wächst nicht. Neben L-Carnitin und DL-Carnitin fördert auch γ-Butyrobetain das Wachstum, wenn auch mit verlängerter lag-Phase. Wahrscheinlich wird, wie in Pseudomonaden oder Neurospora crassa bekannt ist, das γ-Butyrobetain durch eine Hydroxylase erst in Carnitin umgewandelt und als solches abgebaut. Weitere 50 Substanzen, die den aktiven Carnitinen strukturell nahe stehen, Derivate und Abbauprodukte von ihnen wurden an A. c. getestet. Diese Arbeit ist druckfertig. Weitere Arbeiten mit ähnlicher Anordnung, aber anderen Mikrobenspecies, sind angelaufen. Sie ergeben ein andersartiges Verhalten der Abbauwege der Carnitine und ihrer Derivate sowie in der Wachstumsförderung.

Die Verwertung großer Dosen von L- und D-Carnitin und ihren Derivaten hatte ergeben, daß wochenlang per os zugeführtes L-Carnitin zu zwei Drittel im Harn der Maus als γ-Butyrobetain ausgeschieden wird [4]. Die Darmflora dieser Tiere bildet in vitro ebenfalls γ-Butyrobetain. Somit ergeben sich Fragen nach der Wechselwirkung zwischen Darmflora und Tierkörper. Als Besonderheit ist zu vermerken, daß L-Carnitinzusatz die Bakterienflora aus dem Kot der Mäuse rasch vermehrt, das Carnitin jedoch nicht zerlegt, sondern zu γ-Butyrobetain reduziert wird. Somit können bestimmte Bakterien, die rasch vermehrt werden sollen, durch Carnitin oder γ-Butyrobetain günstig beeinflußt werden. Mischkulturen können z. B. dahin verändert werden, daß die auf die Carnitine ansprechenden Species rasch angereichert werden. Damit bieten sich Probleme von technischer Bedeutung an. Natürlich anfallende Bakteriengemische können nutzvoll gelenkt werden. Technisches DL-Carnitin ist heute billig darzustellen.

Werden große Dosen von L-Carnitin Mäusen subcutan injiziert, so erscheinen neben L-Carnitin erhebliche Anteile von ihm als Acetyl-L-carnitin in Blut und Harn. Das Verhältnis der beiden Stoffe Acetyl-L-carnitin/L-Carnitin liegt nach Einstellung eines Gleichgewichtes bei 0,8. Andere körpervertraute O-Acyl-L-carnitine werden unter diesen Bedingungen nicht so vermehrt, daß sie dünnschichtchromatographisch in Blut oder Harn nachweisbar sind. Dies deutet auf eine Sonderstellung des Acetyl-L-carnitins im Spektrum der tierischen O-Acyl-L-carnitine hin. Das Acetyl-L-carnitin wird vorwiegend in der Leber gebildet, und kann über das Blut die anderen Körpergewebe mit energiereichen Acetylgruppen versorgen, z. B. das Herz, wenn es in seinem Energiehaushalt zeitlich gestört ist. Weiterhin greift der Prozeß der Acetylcarnitinbildung in die Ketogenese derart ein, daß die Ketonurie vermindert wird. Geprüft wurden in der in Kürze erscheinenden Publikation langkettige O-Acylderivate und Carboxylderivate der isomeren Carnitine. Das Verhalten von injiziertem L- und D-Acetylcarnitin [4] läßt mehrere, noch unbekannte, etwa gleich rasch spaltende Hydrolasen erkennen.

Weiterhin wurden Toxicitäten von Derivaten der isomeren Carnitine bestimmt. O-Acylcarnitine, in denen die O-Acylgruppe aus gesättigten Fettsäuren bis zu 5 C-Atomen besteht, sind wenig toxisch und entfalten keine cholinomimetischen Wirkungen [8]. Langkettige O-Acylcarnitine mit über 10 C-Atomen sind durch ihre Oberflächenaktivität toxischer. Carnitine, deren Carboxylgruppe substituiert ist, wirken toxisch wie quaternären Basen mit typischen Erscheinungen, wie Salivation, Lakrimation, Krämpfen und verengten Pupillen.

Die langkettigen O-Acylcarnitine haben Sonderwirkungen auf das isolierte Froschherz. Sie haben wie die kurzkettigen O-Acylcarnitine eine positiv inotrope Wirkung. In höheren Konzentrationen stören sie die Herztätigkeit. Sie sind jedoch in dieser Beziehung weniger toxisch als die freien Fettsäuren, die in ihren Acylgruppen gebunden sind. Daraus ergeben sich Hinweise auf Probleme bei der Energieversorgung des Herzens mit Fettsäuren. Als freie Fettsäuren angeboten, rufen sie schon in geringer Konzentration chronotrope Störungen hervor. Langkettige O-Acylderivate unterdrücken schon in sehr kleiner Konzentration, die noch keine sichtbare Wirkung auf das Froschherz ausüben, die muskarinartige Reizwirkung von Acetylcholin weitgehend. Überalterte, nicht mehr schlagende Froschherzen, die viele Stunden in feuchter Kammer gehalten waren, bringt Palmitoylcarnitin wieder zu normaler Schlagfrequenz mit hoher Amplitude.

Therapeutische Einsätze, die lange Zeit mit Carnitin durchgeführt werden müssen, verlangen viel Substanz. Bei unserer begrenzten Kapazität konnten deshalb nur wenige Erkrankungen im Verlauf der vergangenen 20 Jahre studiert werden. Nach vielen tierexperimentellen Vorversuchen schien es aussichtsreich, die Hyperthyreose mit ihren vielfältigen Stoffwechselsymptomen zu behandeln. Ab 1959 wurden wechselnd große, aber stets günstige Erfolge erzielt. Besonders gut sprachen hyperthyreotische Jugendliche und solche Patienten an, bei denen nervöse Symptome das Erscheinungsbild beherrschen [9]. Weitere Anwendungen von L-Carnitin boten sich aus den Ergebnissen von Eigenversuchen an, die 1966 begonnen wurden. Erprobt wurden tägliche Dosen per os von 2 und 3 g L-Carnitin auf Verträglichkeit und allgemeine Wirkungen beim alten Menschen. Sie steigerten die Leistung des Altersherzens eindrucksvoll [10]. Extrasystolen und Arrhythmien bei hoher körperlicher Belastung traten nicht mehr auf, die Muskelkraft und die Leistungsfähigkeit des Organismus wurden verbessert. Bei diesen Studien wurde unerwartet eine Dupuytren'sche Kontraktur bis auf geringe narbige Reste sehr gebessert. Die Finger wurden und blieben frei beweglich. Andererseits wurden stark vernarbte Kontrakturen nicht beeinflußt. Aus diesem Befund entwickelten sich Behandlungen bindegewebiger Störungen. Sklerodermia progressiva wurde mit wechselndem Erfolg gebessert. Ältere, lange bestehende Fälle, sprachen wenig an. Aber alle wurden in ihrem Fortschreiten verzögert oder abgestoppt. Induratio penis plastica sprach bis auf einen Fall allgemein gut an. Mehrere der behandelten Fälle wurden funktionell geheilt. Eine Prostatahypertrophie wurde gebessert und jahrelang im Wachstum abgestoppt. Bei allen diesen Störungen sprechen frühzeitig der Behandlung zugeführte Fälle gut, alte mit schon narbenähnlichen Veränderungen schlecht an.

Die hier kurz dargelegte Entwicklung unserer Studien mit L-Carnitin läßt bei den bindegewebigen Störungen noch gesicherte Kenntnisse von ihren biochemischen Grundlagen vermissen. Wir unterstellten, daß exogen zugeführtes L-Carnitin zentrale, intermediäre Stoffwechselabläufe verändert, bei denen die örtlich entgleiste Enzymatik zurückgedrängt wird, und daß L-Carnitin durch seine engen Beziehungen zum Coenzym A physiologische Reaktionsweisen begünstigt. Exogene Zufuhren von L-Carnitin begünstigen auch allgemein die Abwehrbereitschaft des Organismus. Krankheitsprozesse werden gebessert und ihr Fortschreiten wird abgestoppt. Diese Vorgänge ließen sich mit kombinierter Therapie bei Hyperthyreosen verstärken und waren bei den bindegewebigen Störungen in Kombination mit „Hylase-Dessau" begünstigt. Jedoch ist diese Kombination noch nicht so optimal wie erwartet wurde.

Nebenwirkungen sind bei den langjährigen Behandlungen nicht beobachtet worden. Besonders aussichtsreich sind Einsätze von L-Carnitin bei verschiedenen Störungen im Bereich des Herz-Kreislauf-Systems, wobei eine vorbeugende Therapie das größte Interesse beansprucht. Sie entsprechen in ihrer Wirkungsweise weitgehend modernen Vorstellungen über die Leistungssteigerung des Altersherzens. Aus diesen Gründen sollte man, auch ehe die Zusammenhänge der Wirkungsweisen in vollem Umfange bekannt sind, schon das L-Carnitin als Therapeutikum einsetzen. Engere Zusammenarbeit bestand mit Kliniken der KMU Leipzig: Hautklinik, O. A. Dr. Nitzschner; Medizinische Klinik, Dr. Schneider; Chirurgische Klinik, Dr. Bellmann; Urologische Klinik, O. A. Dr. Feustel, Die klinischen Ergebnisse werden von ihnen publiziert.

Literatur

[1] Strack, E.: Jahrbuch *1966/68* der Sächsischen Akademie der Wissenschaften zu Leipzig, Akademie-Verlag Berlin, S. 181–184.
[2] Strack, E.: desgl. *1969/70*, S. 136–140.
[3] Strack, E.: desgl. *1971/72*, S. 78–84.
[4] Strack, E.: desgl. *1973/74*, S. 92–98.
[5] Müller, D. M. u. E. Strack (1972): Z. physiol. Chem. *353*, 618–622.
[6] Lindstedt, G. (1967): Biochemistry *6*, 1271–1282.
[7] Müller, D. M., E. Strack und I. Lorenz (1975): J. prakt. Chem. *317*, 689–693.
[8] Strack, E. u. H. Seim (1976): Acta biol. med. germ. *35*, 645–656.
[9] Strack, E. (1967): Dtsch. Ges. wesen *22*, 2055–2059.
[10] Strack, E.: Herz und Altern, Geriatrische Therapie, Intensivtherapie in Abhängigkeit vom Alter (2. Kongreß der Gesellschaft für Alternsforschung der DDR, März 1969 in Leipzig). Verlag Th. Steinkopff, Dresden 1971, S. 119–126.

Erich Strack

Kommission für J. C. Poggendorff, Biographisch-Literarisches Handwörterbuch der exakten Naturwissenschaften

701 Leipzig, Goethestr. 3—5, Tel. 296090

Vorsitzender: Neef

Mitglieder: Beckert, Drischel, Schwabe, Strack, Prof. Dr. Hans Saliét als außerakademisches Mitglied.

Leiter der Redaktion von Band VIIb: Dr. Lebrecht Weichsel

701 Leipzig, Beethovenstr. 6, Tel. 34391, App. 84, 88 und 89

Wiss. Arbeitsgruppenleiter: Dr. Lebrecht Weichsel

Wiss. Assistentinnen: Dipl.-Chem. Margot Köstler,
Dr. rer. nat. Erika Laqua
Dipl. phil. Winifred Schenk

Bibliothekarin: Gudrun Scheibe

Techn. Assistentin: Lona Meischner

Forschungs-Facharbeiterinnen: Gertraude Großkopf, Ruth Keitel, Annelies Körner, Margot Mohs, Gerda Rüprich, Christa Siedentopf, Ortrud Sperling (ab 1979)

Mitarbeiterin: Dipl.-Chem. Ursel Gerhardt

J. C. Poggendorff: Biographisch-Literarisches Handwörterbuch der exakten Naturwissenschaften

Herausgegeben von der Sächsischen Akademie der Wissenschaften zu Leipzig
Leitung der Redaktion: Prof. Dr. Hans Salié

In den Jahren 1975 und 1976 wurden die Arbeiten an Band VIIb des „Poggendorff“, der die in früheren Bänden begonnenen Biobibliographien ausländischer Wissenschaftler für den Berichtszeitraum 1932 bis zur Gegenwart weiterführt, planmäßig fortgesetzt. Der fünf Lieferungen umfassende Teilband, der die Gelehrten mit den Anfangsbuchstaben

L—M enthält, ist erschienen. Die erste Lieferung des Teilbandes 6 war am Ende des Jahres 1976 druckreif. Die Manuskripte des Buchstaben O sind fertiggestellt worden.

Herr Prof. Dr. Hans Salié, der 26 Jahre hindurch die Poggendorff-Redaktion geleitet hatte, der sich trotz angegriffenen Gesundheitszustandes zielstrebig und unermüdlich für eine zügige Herausgabe der Bände eingesetzt hat, sah sich aus Alters- und Gesundheitsgründen gezwungen, von der Leitung der Redaktion des Bandes VIIb mit Wirkung vom 30. 6. 1976 zurückzutreten. Als Nachfolger von Prof. Salié wurde Dr. Lebrecht Weichsel, der seit 1958 der Redaktion angehört, vom Präsidium der Akademie mit der Leitung des Bandes VIIb beauftragt. Bis zum Endes des Jahres 1976 bereitete Prof. Dr. Salié noch reichhaltiges Material für Biobibliographien von Mathematikern vor, das eine sehr wesentliche Hilfe für die spätere Weiterführung des „Poggendorff" sein wird.

Ernst Neef

Philologisch-historische Klasse

Historische Kommission

701 Leipzig, Goethestraße 3—5, Tel. 292886

I. Personalstand

Leiter: Buchda†, Coblenz (seit 20. X. 1978)
Stellvertretender Leiter: Coblenz, Czok (seit 20. X. 1978)
Beisitzer: Dr. phil. Hans Eberhardt

Mitglieder: die ordentlichen Mitglieder der Philologisch-historischen Klasse: Buchda, Coblenz, Czok, Diesner (seit 6. I. 1976), Eichler, Forberger (seit 6. I. 1976), Große, Lehmann, Lieberwirth, Markov, Schubart-Fikentscher, Werner; das auswärtige Mitglied: Bischoff; weitere Fachgelehrte (§ 3 der Arbeitsordnung vom 22. I. 1973): Dr. phil. Friedrich Beck, Dozent Dr. phil. habil. Karlheinz Blaschke, Dr. phil. Dietmar Debes, Dr. phil. Hans Eberhardt, Dr. phil. Hanns Gringmuth-Dallmer, Prof. Dr. phil. Gerhard Heitz, Dozent D. Dr. phil. Helmar Junghans (seit 1. XII. 1975), Prof. Dr. phil. Dr.-Ing. Hans-Joachim Mrusek, Prof. Dr. phil. Erich Neuß, Prof. Dr. phil. Paul Nowotny, Dr. phil. Horst Schlechte, Prof. Dr. phil. Max Steinmetz, Prof. Dr. Dr. h. c. Leo Stern, Dr. phil. Manfred Unger, Prof. Dr. phil. habil. Hans Walther, Prof. Dr. phil. Dr.-Ing. Hermann Weidhaas.

Verwaltung: Gerda Rüprich, Verwaltungsleiterin der Akademie; Hilde Sadlon, Friedrich-Schiller-Universität Jena, Sektion Staats- und Rechtswissenschaft (Sekretärin des Leiters).

II. Unternehmungen

1. Bibliographie der Sächsischen Geschichte

Leiter: Buchda†

a) Bibliographie zur Geschichte der Stadt Dresden (in Verbindung mit der Sächsischen Landesbibliothek)
Leiter: Dr. phil. Dietmar Debes
Bearbeiterin: Rosemarie Wünsche (bis 29. II. 1976)

b) Bibliographie zur Geschichte der Stadt Leipzig (in Verbindung mit dem Stadtarchiv)
Leiter: Dr. phil. Manfred Unger und Dr. phil. Dietmar Debes
Bearbeiterin: Hildegard Heilemann

2. Akten und Briefe zur Kirchenpolitik des Herzogs Georg von Sachsen
Leiter: Buchda †
Bearbeiterin: Dr. phil. Elisabeth Werl

3. Politische Korrespondenz des Herzogs und Kurfürsten Moritz von Sachsen
Leiter: Buchda †
Bearbeiter: Dr. Johannes Herrmann, Dr. phil. Günther Wartenberg, Dipl. theol. Wolfgang Rochler (bis 31. VII. 1975), Dipl. theol. Michael Bedbur (vom 1. IX. 1975—31. V. 1976), Ingeborg Herrmann (seit 1. IX. 1976)

4. Historischer Atlas von Sachsen
Leiter: Lehmann
Bearbeiter: Dozent Dr. phil. habil. Karlheinz Blaschke (unter Mitwirkung kartographischer Fachkräfte)

5. Quellen und Forschungen zur Sächsischen Geschichte
Leiter: Buchda † mit Dozent Dr. phil. habil. Karlheinz Blaschke und Prof. Dr. phil. habil. Hans Walther

6. Jahrbuch für Regionalgeschichte
Leiter: Buchda †
Redaktion: Czok (und Mitarbeiter)

7. Codex Diplomaticus Saxoniae
Hauptteil 1, Bd 3: Urkunden der Markgrafen von Meißen und Landgrafen von Thüringen. 1196—1234. Registerband
Leiter: Manfred Kobuch
Bearbeiter: Dr. phil. Elisabeth Boer und Manfred Kobuch

8. Erschließung der Handschriftenbestände im Archiv der Franckeschen Stiftungen in Halle
Leiter: Lieberwirth
Bearbeiter: Dipl. theol. Bernd Stephan.

III. Fortgang der Arbeiten

1. Sitzungen. Aus dem Bestreben, die Halbjahres- und Jahressitzungen nicht allein mit der Behandlung geschäftlicher Angelegenheiten zu füllen, sondern sie auch dem wissenschaftlichen Austausch unter den Kommissionsmitgliedern nutzbar zu machen, ist die Praxis erwachsen, die Sitzungen mit dem Referat eines Mitgliedes zu eröffnen und im Anschluß über den Gegenstand zu diskutieren. Seitdem dieser Weg beschritten wurde, haben folgende Themen zur Erörterung gestanden:

a) Die Regionalgeschichte in ihren Wechselbeziehungen zur Geschichte des deutschen Volkes und zur internationalen Geschichte. Referent: Czok, 17. Mai 1973.

b) Probleme und Möglichkeiten der Landesgeschichte in der Deutschen Demokratischen Republik. Referent: Dozent Dr. phil. habil. Karlheinz Blaschke, 17. Mai 1973.

c) Die regionalgeschichtliche Forschung in Thüringen nach 1945. Stand und Probleme. Referent: Dr. phil. Hans Eberhardt, 3. Oktober 1973.

d) Zu einigen Fragen der Belastung des bäuerlichen Besitzes im 15. Jahrhundert. Dargestellt an Hand der erzbischöflich-magdeburgischen Lehnbücher dieser Zeit. Referent: Prof. Dr. phil. Erich Neuß, 24. April 1974.

e) 450 Jahre Bauernkrieg. Forschungsleistungen und Forschungsaufgaben. Referent: Prof. Dr. phil. Max Steinmetz, 13. November 1975.

f) Zur Geschichte der Produktivkräfte und zu einigen neuen Problemen der sächsischen Industriegeschichte. Referent: Prof. Dr. phil. Rudolf Forberger, 20. Mai 1976.

g) Erforschung und Nutzung historischer Bausubstanz im mittleren Saale- und Elbegebiet (mit Lichtbildern). Referent: Prof. Dr. phil. Dr.- Ing. Hans-Joachim Mrusek, 12. November 1976.

2. *Sächsische Bibliographie*

a) Die Bibliographie zur Geschichte der Stadt Leipzig wurde nach mehr als zwanzigjähriger Arbeit abgeschlossen. In vier Sonderbänden und zwei Hauptbänden liegt sie nunmehr gedruckt vor. Ein Register zu den beiden Hauptbänden folgt in Kürze, während ein Register zu allen sechs Bänden sich erübrigte, da die Sonderbände ihre eigenen Register besitzen. Als Ganzes sei diese Bibliographie noch einmal vor Augen gestellt:

Sonderband I: Die Leipziger Messe. Leipzig 1957.

Sonderband II: Karl-Marx-Universität Leipzig. Bibliographie zur Universitätsgeschichte 1409—1959. Leipzig 1961.

Sonderband III: Die Kunst. Bibliographie zur Geschichte der bildenden Kunst, der Musik, der Literatur und des Theaters. Weimar 1964.

Sonderband IV: Das Buch. Bibliographie zur Geschichte des Buchdrucks, des Buchhandels und der Bibliotheken. Weimar 1967.

Erster Hauptband: Bibliographie zur Geschichte der Stadt Leipzig. Weimar 1971.

Zweiter Hauptband: Bibliographie zur Geschichte der Stadt Leipzig. Weimar 1975.

Register zu den beiden Hauptbänden (im Druck).

Die Bibliographie zur Geschichte der Stadt Leipzig ist aufzufassen als Ergänzung zu Rudolf Bemmann — Jakob Jatzwauk, Bibliographie der Sächsischen Geschichte, Band 3 Ortsgeschichte, Teil 1 (Leipzig 1928); sie tritt in die Lücke, die für die Stadt Leipzig dort ausgespart wurde.

b) Die zweite dieser ergänzenden Bibliographien, diejenige zur Geschichte der Stadt Dresden, ist so gut wie druckreif. Das Manuskript wurde im Herbst 1976 fachmännisch begutachtet und dem Verlag Hermann Böhlaus Nachfolger, Weimar zur weiteren Bearbeitung zugeleitet.

3. *Die Herausgabe der politischen Korrespondenz des Herzogs und Kurfürsten Moritz von Sachsen* ist soweit fortgeschritten, daß der Druck des III. Bandes bevorsteht, der die Zeit vom 1. I. 1547 bis zum 25. V. 1548 umspannt. Die Manuskripte der Bände IV und V konnten zum großen Teil geschrieben werden. Der Akademie-Verlag erwägt einen Nachdruck der von Erich Brandenburg bearbeiteten Bände I (1900) und II (1904) dieser Edition.

4. *Das Jahrbuch für Regionalgeschichte* erschien bei Hermann Böhlaus Nachfolger, Weimar Ende 1975 im fünften Band. Das Manuskript des VI. Bandes liegt seit Sommer 1976 beim Verlag.

5. Erschließung der Handschriftenbestände im Archiv der Franckeschen Stiftungen. Die Ausarbeitung der Kurzbiographien derjenigen Personen, deren Namen mit S beginnen (871), wurde beendet. Der Schwerpunkt der Arbeit lag auf dem Sammeln von Stoff für die Namensgruppen T–Z.

6. Sonstiges. In allen übrigen Unternehmungen lief die Arbeit weiter. Um den Druck zweier größerer Werke zu ermöglichen, leistete die Kommission beträchtliche Zuschüsse. Bei dem ersten Werk handelt es sich um einen Sammelband, den ein Kreis von Archivaren und Historikern dem scheidenden Direktor des Staatsarchivs Dresden, Dr. Horst Schlechte, zur Vollendung seines 65. Lebensjahres gewidmet hat (im Druck). Das zweite Werk ist eine von Horst Schlechte kommentierte und mit Registern ausgestattete Ausgabe des von dem Kurprinzen Friedrich Christian von Sachsen in französischer Sprache abgefaßten Tagebuchs (1751–1757), einer Quelle, die für die Geschichte der sächsisch-polnischen Union, insbesondere für die Zeit der Regierung Augusts III. von Polen bis zum Beginn des Siebenjährigen Krieges ganz besondere Bedeutung besitzt (in Vorbereitung). Auch die Veröffentlichung eines von Prof. Dr. Erich Neuß vorgelegten umfangreichen Manuskripts über die Besiedlungsgeschichte des Landes zwischen Harz und Mulde von der Völkerwanderungszeit bis zum 19. Jahrhundert hat sich die Kommission zu fördern bemüht.

Gerhard Buchda †

Sprachwissenschaftliche Kommission

701 Leipzig, Goethestr. 3–5, Tel. 281081

Leiter: Große
Stellv. Leiter: Neubert
Beisitzer: Eichler

Mitglieder: Prof. Dr. phil. Werner Bahner, Prof. Dr. phil. Wolfgang Fleischer, Prof. Dr. phil. Hans Hiebsch, Dr. phil. Gerhard Ising, Prof. Dr. phil. Gotthard Lerchner, Prof. Dr. phil. Heinz Mettke, Prof. Dr. phil. Albrecht Neubert, Prof. Dr. phil. Herbert Peukert, Prof. Dr. phil. Rudolf Růžička, Prof. Dr. phil. Heinz Schuster, Dr. phil. Hans Walther, Prof. Dr. phil. Ernst Werner

Wiss. Sekretär: Dr. Gunter Bergmann

Althochdeutsches Wörterbuch

701 Leipzig, Goethestr. 3–5, Tel. 7197, App. 326

Leiter: Große
Leiter der Arbeitsstelle: Dr. Heinrich Götz
Wiss. Arbeitsleiter: Dr. Siegfried Blum, Dr. Rolf Heller, Dr. Ingeborg Köppe, Dr. Getraud Müller (bis 30. 9. 1975), Dr. Ernst Otto, Dr. Gerhard Wolfrum (bis 31. 3. 1975)
Wiss. Oberassistenten: Dipl. phil. Sybille Blum, Dipl. phil. Bernhard Langer
Mitarbeiter: Dr. Walter Krug, Dr. Getraud Müller (seit 1. 10. 1975)

Brandenburg-Berlinisches Wörterbuch

108 Berlin, Zimmerstr. 94, Tel. 220216, App. 23 und 24

Bereichsleiter für das Brandenburg-Berlinische, das Mecklenburgische Wörterbuch und das Pommersche Wörterbucharchiv: Dr. Gerhard Ising†
Wiss. Arbeitsleiter: Dr. Joachim Wiese, Dr. Teodolius Witkowski
Wiss. Oberassistentin: Dipl. phil. Annemarie Wiese
Wiss.-techn. Assistentin: Ingelore Weise

Mecklenburgisches Wörterbuch

253 Rostock-Warnemünde, Seestr. 15, Tel. Rostock 5341, App. 344—347

Leiter der Arbeitsstelle: Dr. Jürgen Gundlach
Wiss. Arbeitsleiter: Dr. Eva-Sophie Dahl, Dr. Jürgen Gundlach, Dr. Christian Rothe
Wiss.-techn. Assistentin: Dipl. phil. Erika Krackow
Sekretärin u. Sachbearbeiterin: Liesel Eschenburg
Angestellte: Gertrud Fröhlich

Pommersches Wörterbucharchiv

22 Greifswald, R.-Petershagen-Allee 1

Verwaltung des Archivs: Dr. Renate Herrmann

Thüringisches Wörterbuch

69 Jena, Universitätshochhaus, 8. Etage, Tel. 8224138, 8224852

Leiter der Arbeitsstelle: Dr. Karl Spangenberg
Wiss. Arbeitsleiter: Dr. Karl Spangenberg, Dr. Heinz Rosenkranz
Sachbearbeiterin: Hertha Rädlein

Wörterbuch der obersächsischen Mundarten

701 Leipzig, Goethestr. 3—5, Tel. 7197, App. 325 u. 338

Leiter der Arbeitsstelle: Dr. Gunter Bergmann
Wiss. Arbeitsleiter: Dr. Gunter Bergmann
Wiss. Oberassistenten: Dr. Dagmar Helm, Dipl. phil. Lothar Wezel, Dipl. phil. Hartmut Wittkowski, Dipl. phil. Ingrid Wittkowski
Wiss. Assistentin: Dipl. phil. Ingrid Eichler
Wiss. Mitarbeiterin: Dr. Isolde Neumann

Mitarbeiter am Siebenbürgisch-Sächsischen Wörterbuch: Dr. Helmut Protze, wiss. Arbeitsleiter, 7126 Mölkau bei Leipzig, Dr. Wilhelm-Külz-Str. 4, Tel. 67552

Sprachwissenschaftliche Kommission

Regelmäßig im Frühjahr und Herbst trat die Sprachwissenschaftliche Kommission der Sächsischen Akademie der Wissenschaften zu Beratungen zusammen. Die Arbeitspläne aller ihr zugehörenden wissenschaftlichen Institutionen lagen ihr zur Begutachtung und Genehmigung vor. Die Kontrolle über ihre Einhaltung erfolgte jeweils am Jahresende. Um den Kontakt zwischen der Kommission und den Arbeitsstellen zu vertiefen, werden in Zukunft je zwei bis drei Kommissionsmitglieder jedes Wörterbuchunternehmen wenigstens zweimal im Jahr kontrollieren und für Arbeitsweise und -organisation mitverantwortlich sein.

Die Pläne wurden an allen Arbeitsstellen erfüllt oder übererfüllt. Auch die zusätzlich in den Plan aufgenommenen Arbeiten am I. Fragebuch zum Atlas Linguarum Europae, an denen alle Dialektwörterbücher der DDR beteiligt waren, wurden im März 1975 termingerecht abgeschlossen. Der sozialistische Wettbewerb zwischen den Wörterbuchunternehmen wurde weitergeführt. Er gab wesentliche Impulse zur Intensivierung der Arbeiten.

Am 21. 5. 1976 veranstaltete die Kommission ein wissenschaftliches Kolloquium zu ‚Fragen des „Übersetzens"', an dem Mitglieder beider Klassen der Akademie teilnahmen.

Althochdeutsches Wörterbuch

Die Arbeiten am Althochdeutschen Wörterbuch wurden am dritten Band mit den Buchstaben E und F fortgesetzt. Erschienen sind im Berichtszeitraum die fünfte Lieferung (entôst — êrhaft(i)) und die sechste Lieferung (êrhaftî — ezzo) dieses Bandes. Die siebente Lieferung des dritten Bandes, mit der der Buchstabe F einsetzt, ist im Druck, das Manuskript für die achte Lieferung ist fertiggestellt. Der Artikelvorlauf wurde so weit vergrößert, daß die Buchstabenfolge Fi- nahezu abgeschlossen ist und ausgearbeitetes Material für zwei weitere Lieferungen bereitliegt.

Mehr als 8000 neue Wortbelege und Korrekturen, vorwiegend aus Glossenhandschriften wurden verzettelt und in das Wörterbucharchiv eingearbeitet. Wiederum konnten wir eine Reihe von Auskünften an Fragesteller aus der DDR wie aus dem Ausland erteilen. Besucher aus Finnland, Großbritannien, Norwegen und Schweden suchten unsere Arbeitsstelle auf.

Brandenburg-Berlinisches Wörterbuch

Die Publikation des Brandenburg-Berlinischen Wörterbuchs wurde im Berichtszeitraum mit dem Erscheinen der 10. Lieferung fortgesetzt. Mit dieser Lieferung ist der erste Band des auf insgesamt vier Bände berechneten Werkes abgeschlossen; er umfaßt die Buchstaben A—E. Der Abschluß des I. Bandes, über den Presse und Fernsehen berichteten, hat zu einem regen Interesse der Öffentlichkeit an dem Werk und zu einem steigenden Absatz geführt. Die 11. Lieferung ist im Druck.

Von der Akademie unterstützte Arbeiten: Nach dem Abschluß der sechsbändigen Neuausgabe der Niederdeutschen Bibelfrühdrucke wurde mit der Bearbeitung eines lateinisch-mittelniederdeutschen Glossars zu dieser Textausgabe begonnen. Durch dieses Glossar wird die Auswertung des Textes für die sprachwissenschaftliche Forschung, insbesondere für die historische Wortgeographie, ermöglicht.

Mecklenburgisches Wörterbuch

Im Berichtszeitraum erschienen die 55., 56. und 57. Lieferung. Die 57. Lieferung beschließt den Buchstaben S und enthält das Vorwort zum 6. Band, der mit ihr abgeschlossen ist (sche bis sy).

Die Arbeit am Manuskript wurde planmäßig fortgeführt und die 58. Lieferung abgegeben. Das vorhandene Belegmaterial wurde kontinuierlich ergänzt durch die Übernahme weiteren Wortguts aus dem sprachlichen Nachlaß Richard Wossidlos und durch Exzerptionsarbeiten aus neu publizierter volkskundlicher Mundartliteratur.

Pommersches Wörterbucharchiv

Das Archiv wurde durch mundartliches Wortgut der Gegenwart sowie durch exzerpiertes historisches Material ergänzt. Die alphabetische Ordnung des Zettelarchivs ist abgeschlossen. Auf zahlreiche Anfragen aus dem In- und Ausland wurden Auskünfte erteilt.

Thüringisches Wörterbuch

Seit 1975 hat die Arbeitsstelle ihre Wörterbuchpublikation auf den doppelten Umfang gesteigert. Mit der Veröffentlichung der 11. Lieferung wurde 1975 der IV. Band des Thüringischen Wörterbuches abgeschlossen. 1976 erschienen die 1. Lieferung sowie die Lieferungen 2 und 3 (als Doppellieferung) des V. Bandes. Im Druck befinden sich die Lieferungen 4 und 5 (Doppellieferung), in Arbeit zur Manuskriptfassung die Lieferungen 6 und 7. Zur Vorbereitung künftiger Lieferungen wurden 173 Sprachkarten gezeichnet, aus Fragebogen und Mundartschrifttum ca. 35000 Belege exzerpiert.

Für 12 Orte des Arbeitsgebietes sind die Reinschriften der Fragebücher zum Europäischen Sprachatlas angefertigt worden. Unter Anleitung der Arbeitsstelle entstanden zwei fachbezogene Diplomarbeiten von Germanistikstudenten der FSU Jena, acht weitere befinden sich im Abschlußstadium.

Wörterbuch der obersächsischen Mundarten

Das Planziel wurde in beiden Berichtsjahren termingerecht erreicht. Es brachte den Abschluß der Material-Aufbereitungsarbeiten, so daß jetzt der gesamte volkssprachliche Wortschatz der sächsischen Landschaft in einem Fundus von etwa 1 Million Belegen vorliegt. Das Material ist alphabetisch geordnet und nach den Erkenntnissen moderner sprachwissenschaftlicher Forschung durchgearbeitet. Für das Jahr 1977 ist der Beginn der Artikelausarbeitung vorgesehen.

Die regelmäßigen Beratungen innerhalb des Kollektivs zu den neuesten Forschungen auf dem Gebiet der Lexikologie und Dialektologie wurden fortgeführt.

Für das Siebenbürgisch-Sächsische Wörterbuch wurden die Korrekturen des 5. Bandes (Buchstabe K, 420 Druckseiten) erledigt. Es erfolgte der Korrekturenvergleich, und auf einer abschließenden Besprechung mit den Mitarbeitern der Arbeitsstelle in Sibiu, Sozialistische Republik Rumänien, wurden die Buchstaben L und M konzeptionell durchgegliedert.

Schriftenreihen

Dialektologische Studien zur Sprachgeschichte und Sprachsoziologie, hrsg. von Rudolf Große, Akademie-Verlag Berlin (geplant als Fortführung der Mitteldeutschen Studien)

Deutsch-Slawische Forschungen zur Namenkunde und Siedlungsgeschichte, begründet von Theodor Frings und Rudolf Fischer, hrsg. von Rudolf Fischer und Rudolf Große bis Nr. 26, dann von: Ernst Eichler, Wolfgang Fleischer, Rudolf Große, Albrecht Neubert und Hans Walther

Nr. 28: Ernst Eichler und Hans Walther, Ortsnamenbuch der Oberlausitz, Band I (Namenbuch). Berlin 1975.

Veröffentlichungen

Althochdeutsches Wörterbuch

Auf Grund der von Elias von Steinmeyer hinterlassenen Sammlungen im Auftrag der Sächsischen Akademie der Wissenschaften zu Leipzig begründet von Elisabeth Karg-Gasterstädt und Theodor Frings, herausgegeben von Rudolf Große

Band II: C und D, zweite Lieferung, bearbeitet von Siegfried Blum, Sybille Blum, Heinrich Götz, Rolf Heller, Ingeborg Köppe, Bernhard Langer, Gertraud Müller, Ernst Otto, Gerhard Wolfram, Akademie-Verlag Berlin 1975

Band III: E und F, fünfte Lieferung, bearbeitet von Siegfried Blum, Sybille Blum, Heinrich Götz, Rolf Heller, Ingeborg Köppe, Bernhard Langer, Gertraud Müller, Ernst Otto, Elfriede Ulbricht, Gerhard Wolfrum, Akademie-Verlag Berlin 1975,
sechste Lieferung, bearbeitet von Siegfried Blum, Sybille Blum, Heinrich Götz, Rolf Heller, Ingeborg Köppe, Bernhard Langer, Gertraud Müller, Ernst Otto, Akademie-Verlag Berlin 1976.

R. Heller: Die Laxdœla saga. Die literarische Schöpfung eines Isländers des 13. Jahrhunderts. Abhandlungen der Sächsischen Akademie der Wissenschaften zu Leipzig, Phil.-hist. Klasse, Bd. 65, Heft 1, Berlin 1976.

(Aufsatz) Fóstbrœðra saga und Víga-Glúms saga. In: Acta philologica Scandinavica 31,1. Kopenhagen 1976, S. 44—57.

(Aufsatz) Fóstbrœðra saga und Laxdœla saga. In: Arkiv för nordisk filologi 91, Lund 1976, S. 102—122.

E. Otto: Zur historischen Wortforschung. Erstbelege und Frühbelege aus ostmitteldeutschen Handschriften des 16. Jh. In: Beiträge zur Geschichte der deutschen Sprache und Literatur (Halle) Bd 97, 1976.

Brandenburg—Berlinisches Wörterbuch

Begründet von Anneliese Bretschneider, unter Einschluß der Sammlungen von Hermann Teuchert, bearbeitet unter der Leitung von Gerhard Ising.

I. Band, 10. Lieferung (Dusel — Exzellenz)
bearbeitet von Gerhard Ising, Annemarie Wiese und Joachim Wiese.
Akademie-Verlag Berlin 1976.

G. Ising: Die Niederdeutschen Bibelfrühdrucke. (Deutsche Texte des Mittelalters, Band LIV/6), hrsg. von Gerhard Ising. Bd VI. Makkabäer — Apokalypse. VIII, 744 Seiten. Akademie-Verlag Berlin 1976.

T. Witkowski: (Aufsatz) Definitionen zur onomastischen Terminologie, in: Zborník Pedagogickej fakulty v Prešove Univerzity P. Šafárika v Košiciach. Roč. XII. Zväzok 3. Slavistika, Bratislava 1976, S. 117—140.

(Aufsatz) Zu einigen Problemen der Bedeutungserschließung bei Namen, in: VI. Slovenská onomastická konferencia. Nitra 4.—6. apríla 1974. Zborník materiálov, Bratislava 1976, S. 77—96.

Wossidlo-Teuchert: Mecklenburgisches Wörterbuch

Herausgegeben von der Sächsischen Akademie der Wissenschaften zu Leipzig aus den Sammlungen Richard Wossidlos und aus den Ergänzungen und nach der Anlage Hermann Teucherts.

Fünfundfünfzigste Lieferung (VI, 8), Stoekerabend bis Stuktin. Bearbeitet unter der Leitung von Jürgen Gundlach unter Mitarbeit von Eva-Sophie Dahl, Christian Rothe und Erika Krackow. Akademie-Verlag Berlin, in Arbeitsgemeinschaft mit Karl Wachholtz Verlag, Neumünster 1975.

Sechsundfünfzigste Lieferung (VI, 9), stukwis' bis swart. Bearbeitet unter der Leitung von Jürgen Gundlach unter Mitarbeit von Eva-Sophie Dahl, Christian Rothe und Erika Krackow. Akademie-Verlag Berlin, in Arbeitsgemeinschaft mit Karl Wachholtz Verlag, Neumünster 1976.

Siebenundfünfzigste Lieferung (VI, 10), Swartaal bis System. Bearbeitet unter der Leitung von Jürgen Gundlach unter Mitarbeit von Eva-Sophie Dahl, Christian Rothe und Erika Krackow. Akademie-Verlag Berlin, in Arbeitsgemeinschaft mit Karl Wachholtz Verlag, Neumünster 1976.

J. Gundlach: (Aufsatz) Die Ehrenpromotion Fritz Reuters. In: Fritz Reuter-Gedenkschrift: Hrsg. von Heinz C. Schristiansen. Amsterdam 1975 (= Amsterdamer Publikationen zur Sprache und Literatur 18) S. 9—28.

C. Rothe: (Aufsatz) Die Überlieferung der mecklenburgischen Vogelnamen bis 1900. In: Arch. Freunde Naturg. Mecklenb. XV, 1975, S. 100—108.

Pommersches Wörterbucharchiv

R. Herrmann-Winter: (Aufsatz) Substitutionsprozesse in Ortsnamen. Zur Aussprache der auf -itz, -vitz und -witz auslautenden slawischen Ortsnamen auf Rügen, in: Onomastica Slavogermanica XI, 1976, S. 85—95.

Thüringisches Wörterbuch

Auf Grund der von V. Michels begonnenen und H. Hucke fortgeführten Sammlungen bearbeitet unter Leitung von Karl Spangenberg an der Sektion Sprachwissenschaft der Friedrich-Schiller-Universität Jena, IV. Band, 11. Lieferung (plispern bis quutschern); bearbeitet von Heinz Rosenkranz, Rolf Schäftlein, Karl Spangenberg, Herbert Schrickel. Akademie-Verlag Berlin 1975. V. Band, 1. Lieferung (r bis Reisig); bearbeitet von Heinz Rosenkranz, Rolf Schäftlein, Herbert Schrickel, Karl Spangenberg. Akademie-Verlag Berlin 1976. V. Band, 2. und 3. Lieferung (Reisigagen bis Sauerampfer); bearbeitet von Heinz Rosenkranz, Rolf Schäftlein, Herbert Schrickel, Karl Spangenberg. Akademie-Verlag Berlin 1976.

K. Spangenberg: (Rezension) Beiträge zur Soziolinguistik, hrsg. von R. Große und A. Neubert, Halle/Saale 1974; in: DLZ 96 (1975) H. 4, Sp. 281—284.

H. Rosenkranz: (Aufsatz) Die Lautgruppe „tsch" im Thüringisch-Obersächsischen und das Problem deutsch-sorbischer Interferenz; in: Studien zur allgemeinen und vergleichenden Sprachwissenschaft. Wissenschaftliche Beiträge der Friedrich-Schiller-Universität Jena 1976, S. 166—193.

Wörterbuch der obersächsischen Mundarten

G. Bergmann: (Aufsatz) Zwanzig Jahre „Wörterbuch der obersächsischen Mundarten", in: Sprachpflege, 25. Jg., H. 10, S. 206f.

(Beitrag) Dialekt und Umgangssprache als Komponenten des soziolinguistischen Differentials, in: Theoretische Probleme der Sprachwissenschaft, von einem Autorenkollektiv unter Leitung von W. Neumann, Berlin 1976, S. 562ff.

Dagmar Helm: (Rezension) Gertrud Zandt, Die Sprache von „Karl und Galie". Eine Vorstudie. Diss. Amsterdam, Van Gorcum u. Comp. B. V., Assen 1973, 246 S.; in Tijdschrift voor Nederlandse Taal- en Letterkunde, Deel XCI, Aflevering 3/4, S. 288—293 Leiden 1975.

Siebenbürgisch-Sächsisches Wörterbuch

5. Band, Buchstabe K, 420 Seiten, 1975.

H. Protze: (Rezension) Müller, Karl-Ludwig, Übertragener Gebrauch von Ethnika in der Romania. Eine vergleichende Untersuchung unter Berücksichtigung der englischen und der deutschen Sprache. Untersuchungen zur romanischen Philologie Bd 8, Meisenheim am Glan 1973, 445 S.; in: Namenkundliche Informationen 27, 1975, S. 44—46.

(Rezension) Jechiel Bin-Nun, Jiddisch und die deutschen Mundarten. Unter besonderer Berücksichtigung des ostgalizischen Jiddisch. Tübingen 1973, 402 S.; in: DLZ 96 (1975) Sp. 466—469.

(Rezension) Friedrich Krauß, Treppener Wörterbuch. Ein Beitrag zum Nordsiebenbürgischen Wörterbuch. Marburg/L. 1970, 1206 Sp., in: DLZ 97 (1976) Sp. 129—131.

(Rezension) Frankfurter Wörterbuch. Auf Grund des von Joh. Jos. Oppel und Hans Ludw. Rauh gesammelten Materials hrsg. im Auftrag der Frankfurter Histor. Kommission in Verb. mit dem Inst. f. Volkskunde der Joh.-W.-Goethe-Universität Frankfurt a. M. von W. Brückner. 4. Lieferung, bearb. von Rosemarie Schanze (Evangelium bis Gedibber) Frankfurt a. M. 1974, Sp. 625—816; in: DLZ 97 (1976) Sp. 129—131.

ZUSCHÜSSE

Es werden Zuschüsse geleistet für die Veröffentlichung des

Thesaurus Linguae Latinae

Für die Unternehmungen innerhalb der *Union Académique Internationale* ist je ein Mitarbeiter eingesetzt:

für das Corpus Vasorum Antiquorum: Prof. Dr. phil. Eberhard Paul
für das Mittellateinische Wörterbuch: Dr. phil. Anneliese Grau

Das Corpus Vasorum Antiquorum Leipzig

Die Bearbeitung der attisch-rotfigurigen Keramik des Antikenmuseums der Karl-Marx-Universität Leipzig für den 3. Band des Corpus Vasorum Antiquorum wurde in den vergangenen Jahren weitergeführt

Bei dem größeren Teil der behandelten Gefäße standen des schlechten oder fragmentarischen Erhaltungszustandes bzw. der Notwendigkeit der Entfernung alter unvertretbarer Ergänzungen wegen wiederum restauratorische Fragen im Vordergrund.

Eine ungünstige Situation entstand dadurch, daß die Werkstatt des Museums für Ur- und Frühgeschichte in Weimar den Restaurierungsauftrag für die Leipziger Vasen im vergangenen Jahr aus innerbetrieblichen Gründen zurückgegeben hat. Eine neue Restaurierungswerkstatt konnte bisher noch nicht verpflichtet werden; Verhandlungen mit freiberuflichen Kräften sind im Gange. Bei den erforderlichen Arbeiten muß in jedem Falle garantiert werden, daß die in jahrelangen Versuchen am Antikenmuseum der Karl-Marx-Universität erprobten Methoden einer neutralen Ergänzung der Form beibehalten und möglichst verbessert werden.

Zur vollständigen Erfassung der rotfigurigen Gefäße des Leipziger Antikenmuseums, wurden auch Leihgaben an verschiedene Museumseinrichtungen der DDR mit herangezogen, die zur wissenschaftlichen und technischen Bearbeitung zurückgefordert werden mußten.

Die archäologisch-kunsthistorische Klassifizierung des Materials erstreckte sich entsprechend der vorgegebenen Anordnung der Vasen im Rahmen der Bände des CVA nach Gefäßtypen bisher auf die großen Vorratsgefäße, die sowohl durch vollständig erhaltene Vasen als auch durch Fragmente vertreten sind und in der Mehrzahl bedeutende Vasenmaler und Töpfer der frühklassischen und hochklassischen Zeit umfassen. Nur ein kleiner Teil der Gefäße und Fragmente hat sich bisher einer Künstlerzuschreibung entzogen.

Wie bereits bei den im 2. Band des CVA Leipzig vorliegenden schwarzfigurigen Vasen des Antikenmuseums konnten auch bei der rotfigurigen Keramik überraschende Ergebnisse durch die Verbindung von Einzelscherben und Scherbenkomplexen getrennter

Inventarisierung erzielt werden, wodurch einmal größere Restaurierung möglich und zum anderen überhaupt erst ikonographische Zusammenhänge der Darstellung erkennbar wurden.

Prof. Dr. Eberhard Paul

Die Arbeit für das Mittelateinische Wörterbuch

In der Berichtszeit 1975 und 1976 wurde in erster Linie die Lektüre und Exzerpierung von Zeitschriften fortgesetzt. Voran stand das Deutsche Archiv für Erforschung des Mittelalters, von dem die Bände 28 bis 31 (1972 bis 1975) sowie von Band 32 (1976) das erste Heft bearbeitet wurden. Von 60 hieraus gelesenen Aufsätzen konnten 37 exzerpiert werden, die 460 Exzerpte erbrachten. Dazu wurden in dieser Zeitschrift auch die Besprechungen durchgesehen, die weitere 142 Exzerpte lieferten.

Die Lektüre der Zeitschrift für Rechtsgeschichte wurde mit dem 89. Band (1972) sowohl der Germanistischen wie der Kanonistischen Abteilung, die der Mitteilungen des Instituts für österreichische Geschichtsforschung mit ihrem 80. Band (1972) weitergeführt. Von 22 gelesenen Aufsätzen wurden 17 exzerpiert und ergaben 174 Exzerpte.

Die so gewonnenen Exzerpte im engeren Sinne sind im wesentlichen auf die Bedeutung des einzelnen — in den Wörterbuchartikeln zu erfassenden — Wortes gerichtet. Zu ihnen kamen noch fast 80 Verweise hinzu, die auf Fragen der dem Wörterbuch zugrundeliegenden Quellen eingehen und daher nicht selten den Inhalt eines ganzen Aufsatzes wiederzugeben bestimmt sind.

Außer den Zeitschriftenbänden wurden fünf Monographien durchgearbeitet, von denen die „Geschichte der Franken bis zur Mitte des sechsten Jahrhunderts" von E. Zöllner (München o. J. (1970)) und die „Formen der Erziehung und Wissensvermittlung im frühen Mittelalter" von D. Illmer (München 1971) besonders ergiebig waren. Aber auch die Abhandlungen von G. Glauche über die „Schullektüre im Mittelalter" (München 1970), von I. Haselbach über „Aufstieg und Herrschaft der Karlinger in der Darstellung der sog. Annales Mettenses priores" (Berlin 1970) und von H.-J. Mrusek über „Gestalt und Entwicklung der feudalen Eigenbefestigung im Mittelalter" (Abh. SAW 60, 1973) brachten einen reichen Ertrag an Exzerpten. Diesen Einzelwerken zusammen wurden 458 Exzerpte entnommen.

Insgesamt konnten also aus den Zeitschriften und den Monographien rund 1235 Exzerpte und fast 80 Quellenverweise — sowie die für jede einzelne Arbeit nötigen Bibliographiezettel — für das Material jeder der beiden Arbeitsstellen des Wörterbuchs bereitgestellt werden.

Dr. Anneliese Grau

VERTRETER DER AKADEMIE

Internationale Thesaurus-Kommission
Friedmar Kühnert

Redaktionsausschuß der Deutschen Literaturzeitung

Gerhard Buchda†
Ernst Neef

Kommission für die Herausgabe einer Enzyklopädie der mathematischen Wissenschaften

Ernst Hölder

Unternehmungen der Akademien der Wissenschaften innerhalb der Union Académique Internationale

Corpus Vasorum Antiquorum

Werner Peek

Mittellateinisches Wörterbuch

Friedmar Kühnert

SITZUNGSKALENDER FÜR DIE JAHRE 1975 UND 1976

Die Vorträge werden nacheinander gehalten und vom Plenum entgegengenommen. Im Anschluß an die Vorträge finden getrennte Geschäftssitzungen der Klassen statt, an diese schließen Gesamtsitzungen an.

1975

		Mathematisch-naturwissenschaftliche Klasse	*Philologisch-historische Klasse*
Freitag,	17. Januar	Keller	Neubert
Freitag,	14. Februar	Lueken	Růžička
Montag,	24. März	Brednow	Coblenz
Freitag,	25. April	Öffentliche Gesamtsitzung	zur Erinnerung an den
		Geburtstag von Leibniz	Hiebsch
Freitag,	16. Mai	Berg	Bahner
Freitag,	13. Juni	Spitzin	Müller
Freitag,	17. Oktober	Jordan	Peukert
Freitag,	14. November	Öffentliche Gesamtsitzung	zur Erinnerung an den
		Todestag von Leibniz	Freimuth
Freitag,	12. Dezember	Dörter	Brüning

1976

Freitag,	23. Januar	Neef	Werner
Freitag,	13. Februar	Uhlmann	Rudolph
Freitag,	12. März	Lösche	Kühnert
Freitag,	2. April	Öffentliche Gesamtsitzung	zur Erinnerung an den
		Geburtstag von Leibniz	Růžička
Freitag,	21. Mai	Rammler	Müller
Freitag,	17. September	Schwabe	Blumenthal
Freitag,	15. Oktober	Wolf	Große
Freitag,	13. November	Öffentliche Gesamtsitzung	zur Erinnerung an den
		Todestag von Leibniz	Buchheim
Freitag,	17. Dezember	Hanson	Meyer

ANSPRACHE DES PRÄSIDENTEN, HERRN SCHWABE

bei der öffentlichen Gesamtsitzung am 25. April 1975

Die öffentliche Frühjahrssitzung unserer Akademie ist traditionsgemäß dem Gedanken an den Geburtstag von Gottfried Wilhelm Leibniz gewidmet und mit einem Bericht über die Tätigkeit der Sächsischen Akademie der Wissenschaften im abgelaufenen Jahr verbunden. Auf unserer öffentlichen Herbstsitzung im November 1974 war aus Anlaß des 25. Jahrestages der DDR eine ausführliche Berichterstattung über das Wirken der Akademie seit dem Bestehen unseres sozialistischen Staates gegeben worden; sie wird gedruckt erscheinen. Da in den wenigen Monaten bis zu unserer heutigen Veranstaltung wesentlich neue Arbeitsergebnisse nicht erzielt worden sind, haben wir darauf verzichtet, heute noch einmal einen Tätigkeitsbericht zu geben. Wir wollen aber versuchen, aus der Vergangenheit einige Schlußfolgerungen für unsere künftigen Aufgaben abzuleiten.

In diesen Tagen wird in einem großen Teil der Welt der 30. Jahrestag der Befreiung vom Faschismus feierlich begangen. Dabei wird mit Ehrfurcht und Dankbarkeit der unermeßlichen Opfer gedacht, die zur militärischen Überwindung dieses Systems des Terrors und der Gewalt in erster Linie von der Sowjetunion gebracht worden sind. Sie allein hat 20 Millionen wertvoller Menschen verloren; darüber hinaus sind die ungeheueren materiellen Verluste allein auf dem europäischen Kriegsschauplatz gar nicht abzuschätzen. Die ideologischen Grundlagen des Ungeistes, aus denen dieses unmenschliche System erwachsen ist, auszutilgen, hatte sich seitdem in unserem Staat Partei und Regierung unablässig und mit vollem Erfolg bemüht.

Viele Wissenschaftler, Professoren jener Tage des faschistischen Staates in Deutschland, fragen sich wohl heute noch, warum sie nicht einmütig ihrer Pflicht als Bekenner (professores) entsprochen und die „Stimme der Wahrheit, der nationalen Ehre, der Demokratie und der Freiheit, der Menschlichkeit und des gesellschaftlichen Fortschritts“ gemeinsam und unüberhörbar erhoben haben.

Angesichts des unsagbaren Leids, das faschistischer Terror und Krieg über einen großen Teil der Menschheit gebracht haben, bedrückt es jeden verantwortungsbewußten Menschen und erst recht jeden Wissenschaftler heute noch, daß er damals, wie es in *Albrecht Haushofers* Moabiter Sonett „Schuld“ heißt, „nicht hart und klar genug gewarnt und schärfer Unheil Unheil genannt hat“. Sicher war es in einem Staat der Rechtlosigkeit, der Bespitzelung und des politischen Terrors schwer, gegen Unrecht und Krieg in geschlossener Solidarität aufzutreten, um so schwerer, je stärker man der beruflichen wissenschaftlichen Arbeit verhaftet oder der Familie verbunden war. Mancher war wohl auch durch die Verlogenheit der „Führer“ lange Zeit getäuscht worden, wie gelegentlich in den Reihen der „Roten Kapelle“ gesagt wurde: „Das Furchtbarste ist, daß Hitler es fertig gebracht hat, eine unzählige Menge an sich rechtschaffener Menschen zu besudelten Komplicen seiner Verbrechen zu machen“. Viele Wissenschaftler sind in dem Gefühl des Hasses und des Ekels gegen die nazistischen Herrscher und ihren Staat in ihre wissenschaftliche Arbeit, in eine Art innerer Emigration geflüchtet, haben in ihrem kleinen Wirkungsbereich schlimmstes Unheil zu verhüten und dort wenigstens Rechtlichkeit und gegenseitiges Vertrauen zu bewahren versucht.

Damit war aber das schreckliche Unheil, das so viele Millionen Menschen betroffen hat, natürlich nicht aufzuhalten. Um so tiefer ist unser Dank und unsere Verehrung für die Menschen, die während dieser Zeit mit ihrer ganzen Persönlichkeit gegen dieses Regime und die von ihm drohenden Gefahren aufgetreten und dadurch Leben und Freiheit aufs Spiel gesetzt und geopfert haben. Die große Zahl der Widerstandskämpfer kam aus allen Bevölkerungsschichten, aus den verschiedensten politischen Richtungen, den verschiedensten religiösen Bekenntnissen. Wir gedenken der Opfer, die seit 1933 bis zur Befreiung vor allem Kommunisten und Sozialdemokraten gebracht haben. Zu ihnen zählen auch heutige Mitglieder unserer Akademie; ich nenne nur Herrn *Werner Krauss*, der 1942 verhaftet und zum Tode verurteilt, nur durch die Befreiung durch die Sowjetarmee gerettet wurde — er gehörte mit dem heutigen Vizepräsidenten der AdW der DDR, Herrn *Heinrich Scheel*, der gleichen Widerstandsgruppe an —, und Herr *Walter Markov*, der 10 Jahre seines Lebens wegen seiner aufrechten antifaschistischen Gesinnung vom faschistischen Staat eingekerkert wurde. Die Sächsische Akademie und ihre Mitglieder hatten während des Hitlerregimes unter dem Gesinnungsterror schwer zu leiden. Unser Mitglied *Carl Friedrich Bonhoeffer* wurde durch Nazischergen zweier seiner Brüder und mehrerer anderer Familienangehörigen beraubt und war selbst dauernd in Gefahr. Eine Reihe anderer Mitglieder wurde politisch gemaßregelt. Den Herren *Walter Baetke* und *Friedrich Weller* verweigerten die nazistischen Kontrollorgane die Bestätigung ihrer Zuwahl als unsere Mitglieder. Andere waren gezwungen, ihre wissenschaftliche Laufbahn während der zwölf Schreckensjahre aufzugeben. Die Akademie selbst versuchte ihren humanistischen und wissenschaftlichen Zielen treu zu bleiben. Am 100. Gründungstag 1946 schrieb ihr auswärtiges Mitglied *Walter von Wartburg* aus Basel an den Präsidenten: „Meine Gedanken werden an diesem Tage noch mehr als sonst bei den Kollegen sein, die durch all die Jahre unter den schwierigsten Bedingungen ohne Wanken und trotz aller Gefahren ganz ihrem geistigen Auftrag gelebt haben."

Die Sächsische Akademie hat in dieser furchtbaren Zeit jene Rechtlichkeit, Sauberkeit und Wahrhaftigkeit wenigstens in ihrem Kreis zu bewahren versucht, die Professor *Kurt Huber*, der Freund und Berater der Geschwister *Scholl* in München, für den deutschen Staat in aller Öffentlichkeit in seinem Schlußwort während seines Prozesses zurückgefordert hat, als er sagte: „Für mich selbst nehme ich in Anspruch, daß meine Mahnung zur Befreiung auf die allein dauerhaften Fundamente eines Rechtsstaates das oberste Gebot der Stunde ist, deren Überhören nur den Untergang des deutschen Geistes und zuletzt des deutschen Volkes nach sich zieht. Ich setze für diese Mahnung, für diese beschwörende Bitte mein Leben ein. Ich fordere die Freiheit für unser deutsches Volk zurück. Wir wollen nicht in Sklavenketten unser kurzes Leben dahinfristen, und wären es goldene Ketten eines materiellen Überflusses." (Aus „Deutsche Widerstandskämpfer 1933—1945, herausgegeben vom Institut für Marxismus-Leninismus beim ZK der SED Band 1, S. 431.) Er hat diese Mahnung mit der Hinrichtung büßen müssen. Diese unerschrockene Haltung vieler Widerstandskämpfer machte es uns, wenn auch mit Befangenheit, möglich, trotz der Schande, mit der der deutsche Name belastet wurde, denen, die einst erbittertste Feinde sein mußten, unsere Mitarbeit an einer besseren Zukunft anzubieten. Auch das verpflichtet uns zu Dank und Ehrfurcht gegenüber den Widerstandskämpfern in unserem Volk.

Die Sowjetunion, die unter dem Faschismus am schwersten gelitten hatte, schuf sofort nach ihrem Sieg Möglichkeiten für die Mitarbeit, indem sie durch ihre großzügige Hilfe unsere Wirtschaft und Industrie wieder in Gang gesetzt und uns zu einem leistungsfähigen Partner im Kreis der sozialistischen Länder gemacht hat.

Die Veranstaltungen, die in den nächsten Wochen anläßlich der Niederwerfung des Faschismus in unserem Land, in Städten und Dörfern durchgeführt werden, sind Kundgebungen des Dankes für die Befreiung von einem Joch, das wir aus eigener Kraft nicht mehr hätten abschütteln können, und der Verpflichtung, die großmütige Hilfe, trotz der Schuld, die wir auf uns geladen haben, durch doppelte Anstrengung für den gesellschaftlichen Fortschritt in der Welt zu entgelten.

Die Wissenschaftler, vor allem im faschistischen Deutschland, tragen zweifellos ihren Teil der Verantwortung für den zweiten Weltkrieg, weil sie nicht mit allen Mitteln gemeinsam eine politische Entwicklung, die zum Verhängnis führen mußte, zu verhindern versucht haben. Jetzt ist die politische Einsicht in der Welt wohl so weit gewachsen, daß ein durch politischen Ehrgeiz ausgelöster neuer Weltkrieg, der die Vernichtung der Menschheit bedeuten könnte, kaum noch zu befürchten ist. Trotzdem ist die Verantwortung der Wissenschaftler für die Zukunft der Menschen noch größer, so meine ich.

Die Zeit der wissenschaftlich-technischen Revolution, in der wir leben, könnte zwar nur durch Wahnsinnige in Richtung eines Messens der Kräfte mit militärischen Mitteln gelenkt werden. Sie kann aber trotzdem in eine Richtung geraten, die nicht der gesamten menschlichen Gesellschaft dient.

Die vielfältigen Bemühungen um politische Entspannung insbesondere von seiten der UdSSR und des sozialistischen Lagers haben die Möglichkeiten zur weltweiten wissenschaftlich-technischen und wirtschaftlichen Kooperation verbessert. Sie ist aber auch notwendig, wenn die Zukunftsprobleme der Menschheit erfolgreich gelöst werden sollen. Diese Probleme sind miteinander verkoppelt und weder auf einen Erdteil oder einen Staat noch eine Gesellschaftsordnung beschränkt. Die Verantwortung der Wissenschaftler unserer Zeit und Zukunft gebietet, darauf mit Nachdruck hinzuweisen. Denn nur in Erkenntnis dieser nicht mehr trennbaren und globalen Verknüpfung sind Wege zur Lösung dieser Proleme zu bahnen, und sie sind andererseits so dringlich geworden, weil über Jahrtausende bis in unser Jahrhundert der Blick durch nationalen Ehrgeiz und Machtgier bis hin zum Faschismus getrübt war. Zur Korrelation der Weltprobleme einige Bemerkungen:

Wir haben erst nach dem letzten unheilvollen Krieg in aller Deutlichkeit erkannt, daß der Bevölkerungszuwachs vor allem in den Entwicklungsländern exponentiell vor sich geht und im Jahre 2000, d. h. in 25 Jahren, mit mindestens 6 Milliarden Menschen auf unserem Globus zu rechnen ist. Dadurch werden, bei der Verdoppelung gegenüber der Bevölkerungszahl im Jahre 1970, sehr ernste Ernährungsprobleme ausgelöst, wenn man bedenkt, daß schon heute ein Drittel der Weltbevölkerung nicht ausreichend ernährt wird. Diese Lücke in der Versorgung mit Nahrungsmitteln zu schließen, ist eine politische Pflicht aller Staaten, insbesondere der Industriestaaten; es ist nicht nur ein sittliches Gebot, sondern die Vergrößerung des Hungers in der Welt würde bei dem heutigen hohen Wirkungsgrad der Massenmedien zu kriegerischen Auseinandersetzungen führen. Gerade sie müssen aber in Zukunft auch wegen der ungeheuren Vernichtung an Material vermieden werden. Die Weltbevölkerungskonferenz im vergangenen Jahr hat übrigens nicht erkennen lassen, daß die Zahl von 6 Milliarden Menschen im Jahre 2000 zu hoch geschätzt ist.

Die Nährstoff-Lücke läßt sich für 6 Milliarden Menschen nur schließen durch mindestens eine Verdoppelung der Produktion, besonders der Eiweißproduktion, auch aus Erdöl oder Erdgas. Die landwirtschaftlichen Erträge lassen sich nur um 100 Prozent und mehr steigern, wenn die Anlagen zur Herstellung von Düngemitteln, Landmaschinen, Schädlingsbekämpfungsmitteln usw. entsprechend vergrößert werden. Dazu werden aber die Ressourcen an nichtreproduzierbaren Rohstoffen für die Düngemittel selbst (Kalisalze, vor allem Phosphate), aber auch für die metallischen Werkstoffe sehr stark in Anspruch genommen.

Natürlich lassen sich mineralische Rohstoffe aus größeren Tiefen gewinnen, auch aus dem Meeresgrund, und wesentlich ärmere Erze verarbeiten, als es heute für ökonomisch vertretbar angesehen wird. Das wird ohnehin notwendig sein, wenn die Lebensbedingungen aller Menschen vor allem in den Entwicklungsländern in bezug auf Kleidung, Wohnungen und Verkehrsmittel verbessert werden sollen, was ebenfalls ein Gebot der Humanität und der internationalen sozialistischen Solidarität ist. Die zusätzliche Förderung von mineralischen Rohstoffen bedeutet aber eine weitere Umweltbelastung durch Halden und durch schädliche Abwässer ebenso wie die Verarbeitung ärmerer Erze. Generell läßt sich der Bedarf an allen Gütern der sich rasch vergrößernden Weltbevölkerung nur decken durch rasche Technisierung und Chemisierung der Weltwirtschaft, die gleichzeitig mit einer gewaltigen Steigerung des Energieverbrauchs verbunden sind. Sie führen zwangsläufig zu einer wesentlich verstärkten Umweltbelastung. Schon jetzt schafft die industrielle Produktion, die Mechanisierung der Landwirtschaft, die Urbanisierung der Bevölkerung auch in Entwicklungsländern eine Umweltverschmutzung, die zu Gesundheitsschäden und Störungen des biologischen Gleichgewichts führt. Sie auf ein vertretbares Maß zu reduzieren ist mit einem technischen Aufwand verbunden, der nach Ansicht vieler Experten die „Ökonomie der Produktionsverfahren in unverträglicher Weise“ belastet. Sicher muß hier ein grundlegender Wandel im ökonomischen Denken vor sich gehen; aber für diesen Prozeß bleibt uns wenig Zeit. Zweifellos ist im Prinzip ein kompletter Stoffkreislauf die wirksamste Methode für die Rohstofferhaltung und den Umweltschutz. Im einzelnen stößt er allerdings auf große technische Schwierigkeiten, die sich nur durch integrierte wissenschaftliche und wirtschaftliche Aktivität meistern lassen.

Wir sehen also, daß Weltbevölkerung, Rohstoffressourcen und Umwelt in einem unlösbaren Zusammenhang stehen und allein durch weltweite, vertrauensvolle Kooperation Wege gefunden werden können, die der gesamten Menschheit ein menschenwürdigeres Dasein sichert. Es gibt also nur eine einzige und eindeutige Entscheidung, sie heißt auf unserem Erdball Kooperation, nicht Konfrontation. Das wird in politischer Hinsicht aber auch vom Wissenschaftler und jedem Menschen Verzicht auf ehrgeizige, egoistische Pläne verlangen. Für Kriege im Großen und unsachlichen Streit aus kleinlicher Rivalität ist keine Zeit mehr; nur friedlicher, solidarischer, globaler Wettbewerb bietet noch Möglichkeiten, mit den Menschheitsproblemen, die heute vor uns stehen, fertigzuwerden.

Ich halte es für ebenso bedenklich, sie zu verniedlichen wie sie zur Panikmache zu benützen. Wenn heute gesagt wird, daß die Menschheit schon mehrfach vor ernsten Problemen gestanden hat, die scheinbar ihr Schicksal bedrohten und die dann doch relativ rasch gelöst wurden, dann ist dazu zu sagen: Die Situation ist durch die Verflechtung globaler Schwierigkeiten gekennzeichnet; sie ist nicht vergleichbar mit territorialen und auf bestimmte Gebiete der Gesellschaft beschränkten Problemen. Seuchen, Naturkatastrophen und Kriege vergangener Jahrhunderte waren immer lokal begrenzt und darum nie für alle Menschen bedrohlich wie die Probleme unserer Tage. Wenn man darauf hinweist, daß den Menschen schon immer wieder technische Lösungen eingefallen sind, die sie aus scheinbar unlösbaren Schwierigkeiten herausgeführt haben, so darf nicht übersehen werden, daß wir heute vor globalen Problemen stehen, die einerseits rasch gelöst werden müssen und andererseits technologisch und ökonomisch so kompliziert sind, daß ein Zeitraum von 25 Jahren schon für eine Aufgabe wie die Energieversorgung der Welt sehr kurz ist.

Das Ausmaß der dafür notwendigen komplexen Forschungs- und Entwicklungsarbeiten fordert äußerste Anstrengung aller geeigneten Kräfte.

Ich meine, daß es die Verantwortung der Wissenschaftler gebietet, mit Nachdruck darauf hinzuweisen, daß nur eine weltweite Wissenschafts- und Wirtschaftskooperation die Zukunft der Menschheit sichert und sie dementsprechend auch ihre eigene Forschung anlegen. Diese Aufgabe kommt natürlich auch den wissenschaftlichen Gesellschaften und Akademien zu. Bedeutung und Dringlichkeit aller Aufgaben, die den globalen Weltproblemen zuzuordnen sind, kann kaum von den anderen Aufgaben übertroffen werden.

Die Einstufung solcher Aufgaben innerhalb des Gesamtkonzeptes hinsichtlich des vertretbaren Aufwandes an Personen und Material ist besonders schwierig, sie erfordert einen guten Überblick, wie ihn nur ein Gremium erfahrener Wissenschaftler haben kann und trotzdem hohes Verantwortungsbewußtsein jedes Einzelnen. Gerade wenn ein erheblicher Prozentsatz des Sozialbruttoproduktes für die Forschung ausgegeben wird, muß der Gefahr begegnet werden, ihn für zwar interessante, aber für den gesellschaftlichen Fortschritt unerhebliche Arbeiten aufzuwenden, wenn dieser Fortschritt so dringend der Forschung bedarf, wie wir darzustellen versucht haben. Dadurch ist die Verantwortung der Forscher und ihrer Gremien so stark gewachsen, daß schon Ausbildung und Erziehung der jungen Wissenschaftler auf diese Verantwortung immer wieder hinzulenken sind. Vor allem in der kapitalistischen Welt wird darüber geklagt, daß die Wissenschaftler, in erster Linie die Naturwissenschaftler, an Ansehen eingebüßt haben, ja zum Teil in Mißkredit geraten sind. Die Zahl der Wissenschaftler, die mit hohem materiellen Aufwand Forschung betreibt, die nicht dem sozialen Wohlstand, sondern höchstens dem nationalen Prestige oder gar der militärischen Rüstung dient, wird zu hoch eingeschätzt. Hier kann nur die Verantwortung des Wissenschaftlers und seiner Gremien zu einer richtigen Einschätzung gelangen, frei von persönlichen Wünschen und Ambitionen.

Ein kleiner Staat wie die DDR wird immer nur Teilaufgaben der großen Forschungskomplexe in enger internationaler Kooperation bearbeiten können. Das verlangt vom Wissenschaftler sehr viel Einsicht in unsere und speziell seine Möglichkeiten im objektiven Vergleich mit seinen Partnern. Internationale Wissenschafts- und Wirtschaftsintegration im Rahmen der sozialistischen Länder ist die wichtigste Voraussetzung für die Konzentration unserer Kräfte und ihren optimalen Wirkungsgrad. Sie wird von der politischen Leitung unserer Länder immer wieder gefordert; sie konkret durchzusetzen, verlangt hohes Verantwortungsbewußtsein aller unserer Wissenschaftler und Experten.

Die Sächsische Akademie der Wissenschaften hat keine eigenen Forschungseinrichtungen. Sie wird aber ihre Forschungsaktivität und ihre internationalen Verbindungen noch stärker als bisher für eine sinnvolle und ihren Möglichkeiten angemessene Forschungsintegration einsetzen. Bedeutung und Dringlichkeit einzelner Probleme sind natürlich nicht konstant, sondern ändern sich mit der Entwicklung der Volkswirtschaft, der Handelspolitik und der Forschungsergebnisse bei uns selbst und in anderen Ländern. Die laufende intelligente Verfolgung dieser Entwicklungen ist der Schlüssel zum wirtschaftlichen Erfolg der wissenschaftlichen Arbeit. Dazu gehört ein leistungsfähiges Informationssystem, und es scheint mir eine der dringendsten Aufgaben, ein solches für alle wissenschaftlich-technischen Einrichtungen zugängliches System aufzubauen und dafür Mitarbeiter zu gewinnen, die Informationen für ihre Aufgabengebiete entweder mit Sachkunde und eigener Initiative zu verwerten oder auf ihre Berücksichtigung mit Nachdruck hinzuweisen in der Lage sind. Die gegenseitige offene Information über wissenschaftliche Arbeiten und ihre Ergebnisse ist der erste Schritt echter Forschungskooperation. Die in den sozialistischen Ländern mit großer Aktivität vor allem vom Rat für Gegenseitige

Wirtschaftshilfe angestrebte Integration wird danach durch eine sinnvolle Arbeitsteilung zwischen den Forschungseinrichtungen erzielt, die auf dem jeweiligen Teilgebiet die größten Erfahrungen und besten technischen Bedingungen haben. Nur so lassen sich komplexe Probleme, die dringlich der Lösung bedürfen, in kurzer Frist meistern; das muß auch für die künftige Arbeit unserer Akademie in Gemeinschaft mit unseren auswärtigen Mitgliedern in der Sowjetunion und anderen befreundeten Ländern die Richtung bestimmen. Die weltweite politische Entspannung — eine unabänderliche Notwendigkeit, von der Sowjetunion immer wieder gefordert — wird auch dazu führen, daß die globalen Aufgaben durch Integration der Forschung und Entwicklung aller Länder in der noch zur Verfügung stehenden Zeit gelöst werden. Dabei ist die durch den Bevölkerungszuwachs enorm ansteigende Arbeitskapazität zu berücksichtigen; sie gestattet, in vielen Produktionsbereichen auf die sehr materialaufwendige komplette Automation zu verzichten, und wir sollten nicht vergessen: friedlich Arbeit für die Gesellschaft auch an kleinen Aufgaben bleibt die Grundlage eines erfüllten Menschenlebens.

Die richtige Einschätzung des Wertes wissenschaftlicher Arbeit ist eine Aufgabe, die zur Verantwortung des Wissenschaftlers gehört. Die Grundlagenforschung, das Hauptanliegen der Akademien und Hochschulen, ist natürlich die Quelle des wissenschaftlich-technischen Fortschritts. Ihr Umfang muß aber im rechten Verhältnis zu den daraus ableitbaren wissenschaftlich-technischen Aufgaben stehen. Jede Überbewertung der Grundlagenforschung, worunter im übrigen beinahe jeder versteht, was er für richtig hält, die meistens aber keinen unmittelbaren wirtschaftlichen Bezug hat, muß zwangsläufig den Wirkungsgrad dieser Art Forschung selbst herabsetzen, weil für die technische und wirtschaftliche Verwertung ihrer Ergebnisse ein bis zwei Größenordnungen mehr wissenschaftlich-technische Kräfte benötigt werden als für die Grundlagenforschung selbst. Ein drastisches Beispiel ist die Kernspaltung, ein Erfolg einer kleinen Gruppe von hervorragenden Wissenschaftlern, und die Verwertung ihrer Ergebnisse für die großtechnische Kernenergieerzeugung, die viele Tausende von Ingenieuren, Physikern, Chemikern, Biologen und Medizinern beschäftigt hat und noch beschäftigt. Die Technologie ist auch nicht weniger intelligenzintensiv als die Grundlagenforschung und verlangt mindestens ebenso viel Intuition. Ich hatte das Glück, zwei Mitglieder unserer Akademie näher kennenzulernen, die durch ihre Forschung die Entwicklung der Industrie bis in unsere Tage maßgeblich beeinflußt haben, *Heinrich Barkhausen* die Schwachstrom- und Nachrichtentechnik und *Walter König* die Farben- und Photochemie. Beide haben die Bedeutung ihrer Arbeiten für die Volkswirtschaft realistisch und mit großer Bescheidenheit eingeschätzt, weil sie wußten, welche Leistungen noch nötig waren, um ihre Ergebnisse in die Produktion umzusetzen. Diese Einschätzung kam auch in den Ansprüchen an die staatliche Unterstützung ihrer Forschung zum Ausdruck. Ein kleines Land mit einer relativ geringen technischen Kapazität, ohne leistungsfähigen Gerätebau muß besonders sorgfältig und verantwortungsbewußt die richtigen Proportionen zwischen beiden Wissenschaftsbereichen abschätzen, wobei die technologische Forschung in erster Linie Aufgabe der Industrie sein sollte.

Die richtige Verteilung der Lehr- und Forschungskapazitäten in den Hochschulen und allen anderen Forschungseinrichtungen zwischen den einzelnen Disziplinen (Physik, Mathematik usw.) ist für die Zukunft der Wissenschaften und die Gesellschaft, aber vor allem für die Wissenschaftler selbst eine wichtige Frage, die wiederum in ihrer Verantwortung lag und liegt. Bei den heutigen riesigen Ausbildungszahlen hat eine Fehlentscheidung in dieser Hinsicht viel weittragendere Folgen als etwa vor 50 Jahren. Da unser Land nicht in jeder Disziplin oder gar in jedem Spezialgebiet einer solchen, über hervorragende Lehrkräfte und Forscher verfügt und daher entsprechende Schulen nicht aufbauen kann, sollte auch hier durch internationale Arbeitsteilung und Stärkung der Kapazitäten mit wirklich profilierten Kräften eine maximale wissenschaftlich-technische Leistung angestrebt werden. Dabei müssen die Gebiete, die für den Fortschritt der Gesellschaft am wichtigsten sind, im Vordergrund stehen. Die konkrete Durchführung solcher Maßnahmen ist sicher manchmal hart. Die Differenzierung der Wissenschaftsdisziplinen in eine ständig steigende Zahl von Teilgebieten hat die Beurteilung des Wertes solcher Spezialgebiete und erst recht die darin erzielten wissenschaftlichen Leistungen außerordentlich schwierig gemacht, wenn man nicht selbst auf dem gleichen Gebiet spezialisiert ist. Oft kann der Spezialist seine Arbeit nur wirklich selbst einschätzen. Das stellt besonders hohe Ansprüche an das Verantwortungsbewußtsein des Wissenschaftlers, vor allem, wenn von diesem Urteil materielle Vorteile, die berufliche Entwicklung usw. abhängen. Der Wissenschaftler muß wiederum lernen, in der Erfüllung seiner Aufgabe sein Glück zu finden.

So ist mit der Entwicklung der Wissenschaften, ihrer großen Bedeutung für den Fortschritt der menschlichen Gesellschaft und mit der Zahl der Wissenschaftler deren Verantwortung ständig gewachsen. Sie verlangt von ihnen ein hohes Maß von Einsicht in die gesellschaftlichen Notwendigkeiten und in die eigenen Grenzen. Aber nur, wenn sich die Wissenschaftler in Zukunft als professores bewähren, auch, wenn ihre Stellungnahme sich zunächst gegen ihre eigenen Interessen richtet, werden sie das hohe Ansehen verdienen, das ihnen unsere Gesellschaft zollt und bei der Lösung der Aufgaben, die für die Zukunft der Menschheit gestellt sind, mit Erfolgen rechnen können, die auch ihnen zugute kommen. Das gilt natürlich in besonderem Maße für die Wissenschaftler, die mit ihrer Arbeit das Jahr 2000 vorbereiten.

Inzwischen ist in unserem Staat eine junge Generation von Wissenschaftlern herangewachsen, die nicht mit der schmählichen Vergangenheit des „Dritten Reiches“ belastet ist. Was ihr nötig ist, um als Gelehrte und professores vor der Welt in Zukunft bestehen zu können, hat der Begründer unserer Akademie *Moritz Wilhelm Drobisch* mit diesen Worten gesagt: „Die Flamme der echten Wissenschaft entzündet sich an dem Funken der Begeisterung, nährt sich von dem Öl des Fleißes und brennt ungetrübt nur in der Lebensluft der Freiheit.“

Die junge Wissenschaftsgeneration ist bei uns frei von materiellen Sorgen, sie erhält großzügige Unterstützung mit modernen Forschungsmitteln; der heute unbedingt notwendige weltweite Erfahrungsaustausch wird nach der politischen Anerkennung der DDR durch die meisten Staaten der Welt immer besser werden, wenn wir mit international beachteten Leistungen aufwarten. Diese Leistungen erzielt man nur durch Begeisterung für die Aufgabe und durch zähen Fleiß in einer störungsarmen Arbeitsatmosphäre. Das Bewußtsein einer echten Leistung stärkt auch Willen und Mut, offen zu Fehlentwicklungen und Fehlleistungen Stellung zu nehmen.

Ich habe in erster Linie zu allgemeinen Problemen und Aufgaben der Naturwissenschaften und der Technik für unsere Zukunft Stellung genommen. Die Forderungen nach weltweiter Kooperation, nach beschleunigter Bearbeitung der Probleme, die aus der Bevölkerungsentwicklung resultieren und die erhöhte Verantwortung der Wissenschaftler implizieren aber ebenso wie die Erinnerung an das Versagen in der Vergangenheit das gesellschaftliche Anliegen, das für unseren Staat und im Grunde für die Menschheit entscheidend ist. Die Gesellschaftswissenschaften werden ihrer Aufgabe am ehesten gerecht, wenn sie allen Menschen aus den Lehren der Geschichte und ihrer großen Persönlichkeiten die Überzeugung vermitteln, daß nur das gemeinsame, undoktrinäre und unablässige Streben aller die menschenwürdige Zukunft sichert: Das Streben, die Güter unserer Erde nur für die Versorgung mit den lebensnotwendigen Produkten einzusetzen, gerecht zu verteilen und allen den Respekt vor den Leistungen der Vergangenheit, den Schätzen unserer Erde und dem Leben aufzuzeigen.

Das Thema unseres heutigen Vortrages handelt von einem großen Gelehrten unserer Akademie und einer Wissenschaft, die zutiefst mit dem menschlichen Dasein verbunden ist. Es ist das Verdienst *Wilhelm Wundts*, daß er, die traditionellen Bindungen an philosophische Spekulation und metaphysische Seelenauffassung aufgebend, eine exakte, auf Experiment und Beobachtung basierende naturwissenschaftliche Methodik der Psychologie begründet hat. Sicher waren kluge Aktivität, Mut und Ausdauer erforderlich, um Ende des 19. Jahrhunderts diesen Schritt in die moderne psychologische Forschung zu vollziehen. Das sind Eigenschaften, die alle Wissenschaftler unserer Tage brauchen, um gemeinsam die dringlichen Probleme der Menschheit in Angriff zu nehmen und zu lösen.

ANSPRACHE DES PRÄSIDENTEN, HERRN SCHWABE

bei der öffentlichen Gesamtsitzung am 14. November 1975

Ich habe heute die ehrenvolle Aufgabe, sieben neu zugewählte Mitglieder in unserer Mitte aufzunehmen und ihnen die Urkunde zu überreichen.

Lassen Sie mich vorher noch einige Gedanken zur Tätigkeit unserer Akademie in meiner nun zu Ende gehenden zehnjährigen Amtszeit und ihr Wirken in der Zukunft aussprechen.

Wir waren und sind der Meinung, daß unsere Akademie ihren Charakter als Gelehrte Gesellschaft behalten sollte; das kommt auch in unserem Statut zum Ausdruck, das wir 1971 erhalten haben.

Die Regierung hat bei der Akademie der Wissenschaften der DDR, den Universitäten und Hochschulen, sowie in der Industrie genügend Forschungsinstitute und -einrichtungen mit moderner Ausrüstung und hohem Personalstand geschaffen. Sie reichen sicher aus, um damit die Forschungsergebnisse zu liefern, die in unserer Republik in die Praxis überführt werden können, wenn durch intensive Kooperation in der DDR und auch mit den Forschungsinstituten des befreundeten Auslandes, insbesondere der Sowjetunion, alle Kapazitäten optimal für die vordringlichen Aufgaben von Wissenschaft und Technik genutzt werden.

Wir waren und sind bemüht, die Mitglieder unserer Akademie zu unterstützen, die wegen ihrer Emeritierung oder aus anderen Gründen nicht über ausreichende Möglichkeiten zur Bearbeitung wichtiger Forschungsaufgaben verfügen, um ihre reichen Erfahrungen zu nutzen und haben Forschungsgruppen gebildet, um den interdisziplinären Erfahrungsaustausch zu fördern. Dabei waren wir bestrebt, die Forschung unserer Mitglieder, ohne ihre eigenen wissenschaftlichen Interessen außer Acht zu lassen, auf vordringliche Aufgaben zu lenken, besondere Probleme des Umweltschutzes und die Erhaltung und Pflege des Kulturerbes unseres Volkes und anderer Völker durch sprachwissenschaftliche und historische Studien.

Ich bin sicher, daß alle unsere Mitglieder die ihnen anvertrauten Mittel für die Lösung volkswirtschaftlich und kulturwissenschaftlich wichtiger Aufgaben verantwortungsbewußt einsetzen, denn es ist eine alte Lehre: Knappe Mittel erziehen zur Sparsamkeit.

Die Aufgabe der Sächsischen Akademie als Ganzes haben wir darin gesehen, gemeinsam die Wissenschaftsentwicklung in der Welt und in der DDR im besonderen aufmerksam zu verfolgen und Hinweise zu geben, welche Richtungen neben den im Vordergrund stehenden Gebieten von Wissenschaft und Technik Beachtung vor allem für die Zukunft verdienen.

Ob diese Hinweise, die wir von hier aus und an verschiedenen anderen Stellen gegeben haben, berücksichtigt werden konnten, ist vom Standpunkt der Akademie aus nicht entscheidend, wohl aber, daß sie damit ihrer Verantwortung als Gelehrte Gesellschaft gerecht wird. Nachdem wir durch die großzügige Unterstützung der Karl-Marx-Universität würdige Räume zur Verfügung haben, halte ich es für wünschenswert, daß den Fragen der Wissenschaftsentwicklung in interdisziplinären Beratungen unserer Mitglieder und erfahrener Gäste intensiver, aber ohne Terminzwang nachgegangen wird. Dazu sind in erster Linie unsere Kommissionen aufgerufen.

Zentrale Wissenschaftsorganisationen, bei uns der Forschungsrat und die Akademie der Wissenschaften der DDR, legen fest, welche Richtungen in der naturwissenschaftlich-technischen Forschung vordringlich zu verfolgen sind und stellen Pläne auf, um die vor unserer Volkswirtschaft stehenden Aufgaben in enger Kooperation mit unseren sozialistischen Bruderländern möglichst rasch und optimal zu lösen.

Wer je in solchen Organisationen mitgearbeitet hat, weiß, wie unendlich komplex die Frage der Vordringlichkeit bestimmter Forschungsrichtungen ist und wie schwer dabei persönliche, betriebliche und nationale Vorstellungen und Ambitionen auszuschalten sind.

Die Aufstellung von termingebundenen Prognosen und Plänen kann sicher von einer Beratung durch erfahrene Wissenschaftler, die sich kontinuierlich, ohne strengen Zeitplan verantwortungsbewußt mit der Wissenschaftsentwicklung insgesamt befassen, profitieren. Ich meine auch deswegen, weil über terminisierten Planzielen allgemeine Aspekte nicht immer genügend beachtet werden können.

Die Naturwissenschaftler, Ingenieure und Techniker überschätzen leicht auf Grund ihrer ungeheuren Erfolge in der Erkenntnis der Natur und der technischen Verwertung der Naturkräfte und -schätze seit Beginn unseres Jahrhunderts die Bedeutung dieser und künftiger Leistungen für die menschliche Gemeinschaft und vergessen im Drange nach neuen Erfolgen zu leicht, daß der Wille zur optimalen Nutzung und Verwertung naturwissenschaftlich-technischer Forschung für das Wohl aller Menschen weder durch einen Computer gesteuert noch dekretiert werden kann. Dieser in die Tat umgesetzte Wille entscheidet aber, wie schnell und wie gut unsere Welt mit den vor ihr liegenden Problemen fertig wird. Oft werden auch die ökonomischen Probleme in ihrer Bedeutung für die technische Realisierbarkeit neuer wissenschaftlicher Ergebnisse unterschätzt. In der sozialistischen Gesellschaft müssen neue Verfahren oder neue Produkte für die Volkswirtschaft im Ganzen Vorteile bringen und nicht nur für einen Betrieb oder Industriezweig.

Die Entwicklung von Naturwissenschaften und Technik stellt alle, denen junge Wissenschaftler und Studenten anvertraut sind, und das trifft für die meisten unserer Mitglieder, auch der neuen zu, vor eine wichtige sozialethische Erziehungsaufgabe, die gemeinsamer Bemühungen von Natur- und Gesellschaftswissenschaftlern bedarf.

Wir sprechen oft von der großen Verantwortung der Wissenschaftler in unserer Zeit. Darunter wird in erster Linie verstanden, daß der Wissenschaftler den Mißbrauch seiner Ergebnisse für menschenfeindliche Ziele, Massenvernichtungsmittel usw. zu verhindern hat. Seine Verantwortung beginnt aber bereits bei der eigenen Aufgabenstellung und den dafür einzusetzenden Mitteln.

Die naturwissenschaftlich-technische Forschung wird von einer exponentiell wachsenden Anzahl von Menschen betrieben und erfordert einen im gleichen Maße steigenden technischen Aufwand. Die Fragen: Ist diese Zunahme des personellen und materiellen Aufwandes gerechtfertigt und sind die Mittel der Bedeutung der Forschung entsprechend verteilt, werden angesichts der gewaltigen Erfolge der letzten Jahrzehnte von den Wissenschaftlern selbst kaum gestellt; sie allein aber können sie sachkundig beantworten. Die Finanzminister entscheiden, ob die geforderten Mittel im richtigen Verhältnis zu dem erarbeiteten Nationaleinkommen und zu dem zur Befriedigung echter Bedürfnisse nötigen finanziellen Fonds stehen. Die naturwissenschaftlich-technische Forschung macht zur Begründung ihres Aufwandes geltend, daß sie ja gerade durch ihre Arbeit zur Befriedigung der Bedürfnisse maßgeblich beiträgt, indem sie neue Ressourcen erschließt, rationelle Produktionsmethoden entwickelt, die Menschen von körperlicher Arbeit immer mehr befreit usw.

Das ist natürlich unbestritten. Aber angesichts der explosiven Entwicklung der Forschung muß ihr Wirkungsgrad und ihre Ökonomie besonders sorgfältig und in jedem Einzelfall geprüft werden. Daher ist jedem Wissenschaftler die Verantwortung für die von ihm geforderten und verbrauchten Mittel übertragen.

Er muß den zu erwartenden Erkenntnisgewinn und die reale Aussicht, volkswirtschaftlich verwertbare Ergebnisse zu erzielen, mit dem Aufwand, den er für die Forschung braucht, vergleichen. Daß jede Forschung — vor allem die Erkundungsforschung — — mit einem hohen Risiko behaftet ist, befreit niemanden davon, die Höhe dieses Risikos verantwortungsbewußt einzuschätzen.

Es ist zum Beispiel nach meiner Meinung nicht vertretbar, wenn mit enormen Mitteln Forschungsthemen mit praktischer Fragestellung an Modellen oder mit Modellvorstellungen bearbeitet werden, die gegenüber dem eigentlichen Untersuchungsobjekt so verändert und vereinfacht sind, daß das reale Problem damit gar nicht geklärt werden kann. Beispiele dafür sind bei der Erforschung von Naturvorgängen, etwa der Korrosion, genügend bekannt.

Die Gefahr, daß bestimmte, sehr eng begrenzte Forschungsthemen beliebig lange ohne Erfolgsaussichten bearbeitet werden, wächst mit der Anzahl der Wissenschaftler und vor allem der Spezialisierung ständig an, weil kaum noch ein anderer als der Bearbeiter selbst die Erfolgsaussichten beurteilen kann und dieser naturgemäß leicht einem Zweckoptimismus unterliegt.

Nachdem der VIII. Parteitag der SED die Bedeutung der Grundlagenforschung für den Fortschritt von Wissenschaft und Technik nachdrücklich hervorgehoben hat und im Laufe des Fünfjahrplanes wirksame Maßnahmen zur Verstärkung ihrer Kapazität durchgeführt wurden, muß diese Kapazität durch arbeitsteilige internationale Kooperation und Konzentration auf dem Industriepotential der DDR gemäße Schwerpunkte so intensiv wie möglich genutzt werden.

Auch von unserer Akademie dafür konkrete Vorschläge zu erarbeiten, wird sicher als nützlicher Beitrag zur Vorbereitung des IX. Parteitages der SED gewertet werden.

Noch eine Bemerkung zur Spezialisierung und Integration der Wissenschaften:

Als eine Maßnahme zur Integration der Wissenschaften werden in letzter Zeit neue Wissenschaften entwickelt, die ganz allgemeine Aussagen zum Beispiel über Systeme, Strukturen usw. liefern. Die allgemein gültigen Axiome solcher Wissenschaften zeigen Korrelationen zwischen verschiedenen Wissensgebieten auf. Den bekannten Gefahren der Spezialisierung wird damit kaum begegnet. Die Differenzierung der Wissenschaften in immer schmalere Teilgebiete mit eigener Methodik und Nomenklatur wird auch in Zukunft weitergehen. Um Forschung und Entwicklung zu rationalisieren, wird es andererseits immer dringlicher, aus den verschiedensten Gebieten Informationen über neue Methoden für die eigene spezielle Arbeit zu nutzen. Dieses Problem läßt sich nicht durch die Metawissenschaften mit ihren allgemeinen und dadurch unkonkreten Aussagen lösen; man würde sie damit überfordern und überbewerten.

Wir können den Folgen dieser unausweichlichen Entwicklung nur entgegenwirken durch enge interdisziplinäre Kooperation auf allen Ebenen und zwar mit einem solchen Maß von Verständnis und Verständigungsbereitschaft, daß sich kein Partner durch seine „Dienstleistung“ mißbraucht fühlt.

ANSPRACHE DES PRÄSIDENTEN, HERRN SCHWABE

bei der öffentlichen Gesamtsitzung am 2. April 1976

Die öffentliche Frühjahrssitzung der Sächsischen Akademie, die des Geburtstages von *Gottfried Wilhelm Leibniz* vor nunmehr 330 Jahren gedenkt, findet inmitten von großen politischen Ereignissen im Lager der sozialistischen Länder statt. Der XXV. Parteitag der Kommunistischen Partei der Sowjetunion ist vor wenigen Wochen zu Ende gegangen und wir stehen vor dem IX. Parteitag der Sozialistischen Einheitspartei Deutschlands.

Noch vor nicht zu langer Zeit hätte man bei uns und in der gesamten gelehrten Welt wohl gefragt: Wozu wird bei einer öffentlichen wissenschaftlichen Veranstaltung auf ihre Koinzidenz mit politischen Tagungen hingewiesen, auch wenn diese von den führenden Parteien großer Länder durchgeführt werden? Heute spielen die Wissenschaften eine so offensichtliche Rolle für die politische und gesellschaftliche Entwicklung, daß die politischen Führungskräfte in ihren Programmen der Bedeutung der wissenschaftlichen Forschung vorrangig Rechnung tragen. Andererseits haben die wissenschaftlichen Organisationen und hat jeder einzelne Forscher die verantwortungsvolle Aufgabe, zu prüfen, welchen Beitrag er mit seiner Arbeit zur gesellschaftlichen Entwicklung seines Landes leistet. Diese Prüfung muß umso sorgfältiger und kritischer sein, gerade jetzt bei der Aufstellung der Forschungspläne für den nächsten Fünfjahrplan, je mehr Produktionsmittel und -kapazität für die Forschungsgeräte in Anspruch genommen werden.

Die politische Führung der sozialistischen Länder bemüht sich — und das ist auf dem XXV. Parteitag der KPdSU nachdrücklich gesagt worden — Kriegsgefahren durch eine weltweite Entspannungspolitik zu beseitigen. In früheren Jahrhunderten haben die Wissenschaften auf das politische Geschehen nur einen sehr geringen Einfluß ausgeübt. Die Potentaten haben vielleicht Philosophen und Theologen bemüht, um ihre Pläne und kriegerischen Auseinandersetzungen zu motivieren. Wenn heute den Naturwissenschaften und der Technik eine entscheidende Rolle für die Entwicklung der Gesellschaft zuerkannt wird, dann hängt es allerdings immer noch von der politischen Führung und der Gesellschaftsordnung ab, inwieweit die Ergebnisse von Wissenschaft und Technik für den gesellschaftlichen Fortschritt eingesetzt werden. Aber die politische Entscheidung kann sowohl von den Gesellschaftswissenschaftlern als auch von den Naturwissenschaftlern, Technikern und Medizinern im Sinne einer optimalen Nutzung der Forschungsarbeit und aller Ressourcen unserer Erde für das Wohl ihrer Bürger beeinflußt werden, vor allem, wo die politische Macht vom Volke ausgeübt wird.

Eine gelehrte Gesellschaft ohne eigene Forschungseinrichtungen hat wenig Möglichkeiten, an den großen Aufgaben wissenschaftlicher Arbeit, die in diesen Tagen hoher politischer Aktivität gestellt werden, unmittelbar mitzuwirken. Aber sie hat die Pflicht auf Grund ihrer Erfahrungen und der Erkenntnisse, die sie aus der Geschichte gewinnt, auf allgemeine Probleme hinzuweisen, die bei der Wissenschaftsentwicklung auftreten. Nach wie vor unbewältigt und auch von den Fachwissenschaftlern wenig beachtet, scheint mir die Integration der Wissenschaften bei ständig wachsender Spezialisierung mit allen

Konsequenzen zu sein. Diese Aufgabe zu lösen ist aber eine wesentliche Voraussetzung der von der politischen Führung unserer Länder mit berechtigtem Nachdruck geforderten Intensivierung der Forschung und der Steigerung ihres Wirkungsgrades. Denn die Integration ist allein möglich durch enge Kooperation und Verständigung der Wissenschaftler verschiedener Disziplinen und diesem Ziel kann man sich nur durch geduldiges Bemühen aller Mitglieder von Wissenschaftlergemeinschaften nähern. Feste Erfüllungstermine lassen sich dafür nicht angeben. Nur die permanente Arbeit an dieser Aufgabe gewährleistet den Erfolg wissenschaftlicher Tätigkeit, der den enormen materiellen und personellen Aufwand rechtfertigt, den heute die naturwissenschaftliche Forschung in Anspruch nimmt.

Dazu gehört aber auch, daß alle Wissenschaftler, vor allem der Nachwuchs, sich mit Einsatz ihrer ganzen Arbeitskapazität und aus innerer Überzeugung ständig bemühen, neue wissenschaftliche Erkenntnisse zu gewinnen und zu verwerten.

Karl Marx hat gesagt: „Es gibt keine Landstraße für die Wissenschaft, und nur diejenigen haben Aussicht, ihre lichten Höhen zu erreichen, die die Mühe nicht scheuen, ihre steilen Pfade zu erklimmen."

Dieses Wort gilt auch heute noch und in verstärktem Maße. Die Zahl der Wissenschaftler ist zwar außerordentlich viel größer geworden, aber auch die Zahl und Steilheit der Berge, um im Bild zu bleiben. Der Wissenschaftler von heute hat zwar vielfältige technische Hilfsmittel für die Forschung, die vor mehr als 100 Jahren noch völlig unbekannt waren. Aber damit kann man diese Höhen nicht etwa bequem erreichen, wie das Plateau eines Gebirges mit dem Flugzeug; und wenn auch diese Höhen nur noch im Kollektiv erklommen werden können, so muß doch jeder Einzelne ein erfahrener und trainierter Kletterer sein, wenn ein Ziel erreicht werden soll, das neue Ausblicke vermittelt und volkswirtschaftlichen Nutzen verspricht. Die Gefahr, auf einer „Landstraße" zu spazieren, ohne ein solches Ziel zu erreichen, wird um so größer, je mehr die wissenschaftliche Tätigkeit als bequemer Broterwerb und nicht als schöner Beruf angesehen wird, für den persönliche Opfer zu bringen sich lohnt. Die Zahl der Menschen, die wissenschaftliche Berufe ergreifen, ist — vor allem nach dem Kriege — überall in den entwickelten Ländern exponentiell angestiegen, sicher aber nicht im gleichen Maße ihr Berufsethos. Eine gelehrte Gesellschaft, die zu ihren Mitgliedern Wissenschaftler zählen durfte, die den Erkenntnisstand durch ihre entsagungsvolle Arbeit auf verschiedene Wissenschaftsgebieten entscheidend bereichert haben, hat das Recht und die Pflicht, auf die beiden Seiten der Forschungstätigkeit hinzuweisen, damit nicht zu viele unseres wissenschaftlichen Nachwuchses auf der Talsohle stehen bleiben.

Es wird gelegentlich behauptet, daß man wissenschaftliche Spitzenleistungen nur mit einem enormen materiellen Aufwand an Geräten und Mitarbeitern erzielen kann. Das trifft nicht einmal auf die Naturwissenschaften zu. Wenn man neue Ideen auf Gebieten entwickelt, die nicht zu den gerade aktuellen und deshalb mit riesigen Mitteln bearbeiteten Themen der Forschung gehören, aber in Zukunft Bedeutung erlangen können, ist es durchaus möglich, mit wenig Mitarbeitern und gut durchdachten, einfachen Experimenten internationales Interesse und Ansehen zu erlangen. Dann werden sich auch Kollegen für die Mitarbeit an einem solchen Thema interessieren, die über Großgeräte zur weiteren Prüfung und Vertiefung der Theorie und Erfahrungen in der optimalen Verwendung solcher Geräte verfügen.

Der heutige Vortrag wird zeigen, wie sich auf sprachwissenschaftlichem Gebiet vor 100 Jahren eines unsererMit glieder mit seinen tiefgründigen, gut fundierten Ideen hohes internationales Ansehen verschafft und eine sprachwissenschaftliche Forschungsrichtung von noch immer aktueller Bedeutung eingeleitet hat, sicher ohne daß dafür großer materieller Aufwand nötig war und ist.

Die Sächsische Akademie hat die ihr von der Regierung zur Verfügung gestellten Mittel sparsam zu verwenden gestrebt: Auf sprachwissenschaftlichem und historischem Gebiet, um das Kulturerbe zu pflegen und durch den Respekt vor den Leistungen großer Wissenschaftler die eigenen Anstrengungen zu fördern.

Auf naturwissenschaftlichem Gebiet werden Sondergebiete der Ökologie und der Umweltgestaltung von Kollegen bearbeitet, die auf den betreffenden Gebieten besondere Erfahrungen haben.

ANSPRACHE DES PRÄSIDENTEN, HERRN SCHWABE

bei der öffentlichen Gesamtsitzung am 13. November 1976

Am 14. November 1716, fast auf den Tag vor 260 Jahren starb *Gottfried Wilhelm Leibniz*, der hier in Leipzig seine wissenschaftliche Laufbahn begann und dann als Philosoph, Mathematiker und Staatsmann bis in unsere Tage fortwirkte. Seinen Ideen verdanken viele Akademien unseres Kontinents ihre Gründung. Der Erinnerung an seinen Todestag ist die öffentliche Herbstsitzung gewidmet.

Unter den Menschen in der ganzen Welt ist in der letzten Zeit die Einsicht gewachsen daß die großen Probleme, vor denen die Menschheit noch in diesem Jahrhundert und erst recht in der weiteren Zukunft steht, nur durch friedliche Kooperation zu lösen sind. In den Ländern der sozialistischen Staatengemeinschaft haben die Partei- und Staatsführungen auf den Parteitagen nach der Konferenz in Helsinki mit besonderem Nachdruck versichert, daß sie entschlossen sind, ihre Politik und Planung auf Entspannung und friedliche Koexistenz auch mit den Staaten anderer Gesellschaftsordnung zu orientieren. Die Sowjetunion hat dafür eine große Zahl konkreter Beispiele geliefert. Die großen Aufgaben für die Versorgung der Menschheit mit Nahrung, Kleidung und für die Gewährleistung einer gesunden Umwelt bei stark zunehmender Industrialisierung können Wissenschaft und Technik nur bei internationalen Erfahrungsaustausch und enger Kooperation lösen.

Die großen Forschungsakademien der sozialistischen Länder haben schon seit Jahren Vereinbarungen über ihre Zusammenarbeit abgeschlossen und richten ihre Arbeitspläne für die kommenden fünf Jahre auf die verstärkte sozialistische ökonomische Integration auch in der Wissenschaft aus.

Die Sächsische Akademie der Wissenschaften ist als Gelehrte Gesellschaft ohne eigene Forschungseinrichtungen nicht im gleichen Maße in die nationale und internationale Forschungsplanung einbezogen. Wenn ihr trotzdem aus dem Staatshaushalt Mittel zur Verfügung gestellt werden, so deshalb, weil sie ihre Aufgabe darin sieht, alle verfügbaren wissenschaftlichen Kapazitäten ihres Bereichs zur Bearbeitung von Problemen heranzuziehen, die zur Zeit zwar nicht so sehr im Brennpunkt volkswirtschaftlicher Interessen oder wissenschaftlicher Aktualität stehen, aber für die Zukunft bedeutsam werden können oder auch der Erhaltung des Kulturlebens dienen. Dabei betrachten wir es als Vorzug, solche Aufgaben ohne den strengen Terminzwang bearbeiten zu können, der den freien Gedankenflug leicht lähmt, wenn wir uns auch der Verantwortung für die sparsame Verwendung der aus der Arbeit unserer Werktätigen stammenden Mittel ständig bewußt sind.

Die Forschungstätigkeit unserer Mitglieder wird in den Räumen und zum großen Teil mit den Geräten und der Literatur der Universitäten und Hochschulen durchgeführt, an denen unsere Mitglieder tätig sind oder waren. Wir sind dem Minister für das Hoch- und Fachschulwesen, Professor Hans-Joachim *Böhme*, und den Rektoren der Universitäten und Hochschulen, die ich zum Teil heute hier begrüßen konnte, sehr dankbar, daß wir in unserer Tätigkeit so großzügig unterstützt werden.

Damit wird auch eines unserer Anliegen wesentlich gefördert, die Erfahrungen und das Forschungspotential unserer emeritierten Kollegen dadurch optimal zu verwerten, daß ihnen Gelegenheit zu eigener wissenschaftlicher Tätigkeit gegeben wird. Gestatten Sie mir dazu eine Bemerkung: Wie in aller Welt wurden in der DDR in den letzten Jahren außerordentlich viele junge Wissenschaftler aller Disziplinen ausgebildet. Zur Forschung gehören jedoch nicht nur Kenntnisse, Schöpferkraft und Enthusiasmus, sondern auch Erfahrungen und ein großer Überblick. Im Alter schwindet wohl die schöpferische Initiative; es mag sein, daß Angehörige der älteren Generation hier und da fortschrittliche wissenschaftliche Erkenntnisse gebremst haben. Beispiele dafür sind bekannt; doch die Wahrheit hat sich in der Wissenschaft noch immer durchgesetzt. Ist aber auch bekannt, was Wissenschaftler mit jahrzehntelanger Erfahrung dadurch geleistet haben, daß sie die Bearbeitung wissenschaftlicher Probleme in die richtigen Bahnen lenkten, nutzlosen Arbeitsaufwand und unnütze Investitionen verhüteten? Die große Zahl junger Wissenschaftler sagt noch nichts über die Tätigkeit und Bereitschaft aus, ihre schöpferische Aktivität auf die Aufgaben zu richten, die hohen Erkenntnisgewinn oder volkswirtschaftlichen Nutzen erwarten lassen und dabei optimale Lösungswege einzuschlagen. Dazu gehört auch heute noch große Erfahrung, die aus eigenen Erfolgen, und auch aus Mißerfolgen stammt. Daß Professoren nach ihrer Emeritierung mit 65 Jahren Gelegenheit gegeben wird, ihre Erfahrungen für eigene Forschung zu verwenden und sie an junge talentierte Wissenschaftler weiterzugeben, ohne sie mit streng termingebundenen Planaugaben zu belasten, dies ist uns ein besonderes wichtiges Anliegen für unsere älteren Mitglieder und unsere Volkswirtschaft, gerade jetzt, wo die jungen Wissenschaftler gegen solche mit großen Erfolgen und Erfahrungen so außerordentlich überwiegen. Staaten mit ungewöhnlich großen wissenschaftlich-technischen Erfolgen haben ihre verdienten Wissenschaftler bis ins hohe Alter an der Spitze junger Kollektive in die Forschung einbezogen. Professor *Alexander Frumkin* hat bis zu seinem Ableben mit über 80 Jahren das Institut für Elektrochemie der Akademie der Wissenschaften der UdSSR erfolgreich geleitet. Naturgemäß sind die Kollektive, mit denen unsere Mitglieder in den von den Universitäten und Hochschulen zur Verfügung gestellten Räumen arbeiten, klein; sie sind in unserer Akademie zu Kommissionen zusammengefaßt und werden von einem Mitglied und einem Stellvertreter geleitet. Dadurch wird der Erfahrungs- und Informationsaustausch schon vorbereitet, in noch stärkerem Maße aber durch die Zusammenarbeit mit den Einrichtungen der Akademie der Wissenschaften der DDR, ihren Klassen und Instituten. Das gilt vor allem für die sprachwissenschaftliche Kommission. Ihre Arbeit auf dem Gebiete der Mundartforschung hat in letzter Zeit internationale Anerkennung erfahren und erweist sich auch für die sozialgeschichtliche Forschung als fruchtbar.

Die Kommission für spezielle Probleme des Umweltschutzes wird verstärkt mit der Klasse für „Umweltschutz und Umweltgestaltung“ der Akademie der Wissenschaften der DDR, die von unserem Vizepräsidenten Herrn *Lehmann* geleitet wird, zusammenarbeiten.

Die Arbeiten der Historischen Kommission, wie zum Beispiel jetzt die Herausgabe der Korrespondenz des Herzogs Moritz von Sachsen, werden vor allem im Ausland mit größten Interesse erwartet und die Poggendorff-Redaktion für das Bibliographisch-literarische Handwörterbuch der exakten Naturwissenschaften hat langjährige literarische Verpflichtungen, nach deren Abschluß die Aufnahme wissenschaftshistorischer Studien erwogen wird, wobei der Charakter des „Poggendorff“ entsprechend verändert werden soll.

So hoffen wir mit bescheidenen Mitteln, aber mit der Erfahrung bewährter Wissenschaftler ohne Dirigismus unseren Beitrag zur Erfüllung der Aufgaben des neuen Fünfjahrplanes zu leisten. Wir sehen sie als e i n e n Weg an, auf dem eine Gelehrte Gesellschaft zur Steigerung der wissenschaftlichen Arbeitsproduktivität beitragen kann.

Die Ziele des Fünfjahrplans sind auf die ständige Verbesserung der Arbeits- und Lebensbedingungen aller Werktätigen in unserem sozialistischen Staat gerichtet. Um sie zu erreichen, muß die Forderung von Partei und Regierung, die Arbeitsproduktivität durch Rationalisierung und konsequente Anwendung neuer wissenschaftlich-technischer Erkenntnisse zu steigern, in allen Bereichen gesellschaftlicher Arbeit durchgesetzt werden. Die Leiter der Forschungseinrichtungen der Akademie der Wissenschaften, der Industrie und des Hochschulwesens werden sicher durch verstärkte Information und Kooperation auch im internationalen Maßstab dieser Forderung in vollem Umfang Rechnung tragen.

Für die wissenschaftliche Arbeit im ganzen, die ja bei uns wie in einem großen Teil der Welt heute von einer sehr hohen Personenzahl ausgeübt wird und erhebliche Summen unseres Sozialproduktes verbraucht, sehe ich eine fundamentale Aufgabe der Rationalisierung in der Verteilung der Kapazitäten und Mittel auf die verschiedenen Wissenschaftsbereiche entsprechend ihrer volkswirtschaftlichen Bedeutung und ihren Aussichten für einen der Menschheit dienlichen Erkenntnisgewinn. Die Herstellung der richtigen Proportionen wird um so bedeutsamer, je mehr der Aufwand für die Forschung wächst. Das Problem ist weltweit ungelöst, weil besonders im Hinblick auf die volkswirtschaftliche Bedeutung neuer Forschungsvorhaben eine unübersehbare Fülle zum Teil nicht prognostizierbarer Parameter zu berücksichtigen sind. Die naturwissenschaftlich-technische Forschung, deren Forschungsmittel immer kostspieliger werden, hat aber vor allem in unserer sozialistischen Gesellschaft die Pflicht und hier auch die besseren Möglichkeiten, mit größter Sorgfalt zu prüfen, ob auf ihrem Gesamtgebiet nach dem letzten Erkenntnisstand der Aufwand für bestimmte Forschungsrichtungen im richtigen Verhältnis zu den Nutzungsmöglichkeiten und -aussichten ihrer Ergebnisse steht. Immer wird eine neue naturwissenschaftliche Erkenntnis, die durch die Forschung eines kleinen Kollektivs von kaum 100 Wissenschaftlern gewonnen wurde, etwa die Kernspaltung oder die Eiweißgewinnung aus Erdöl, für ihre technische Realisierung eine um Größenordnung höhere Zahl von Physikern, Chemikern, Biologen, Ingenieuren und Technikern erfordern. Diese stets bewährte Feststellung muß maßgebend sein für die Verteilung der wissenschaftlich-technischen Kader auf die reine Forschung einerseits und die industrielle Forschung und Entwicklung andererseits, wo auch immer sie durchgeführt wird. Eine unzureichende Zahl oder Qualifikation der Arbeitskräfte in der Industrie verhindert oder verzögert die praktische Verwertung neuer Forschungsergebnisse und macht sie bei dem hohen Tempo der Forschung nach wenigen Jahren wertlos.

Entscheidungen über die Bedeutung der *eigenen* wissenschaftlichen Arbeit und über die daraus abzuleitenden Forderungen verlangen ein hohes Maß von Einsicht und Verantwortungsbewußtsein. Solche Entscheidungen sind aber in unserer sozialistischen Gesellschaftsordnung *das* Mittel zur Steuerung der Forschung im Sinne der optimalen Nutzung ihrer Ergebnisse. Eine Gelehrte Gesellschaft, mit Mitgliedern, die ohne Belastung mit eigenen großen Forschungseinrichtungen über viele Erfahrungen und Einblicke in Wissenschaft und Technik verfügen und eine erfolgreiche wissenschaftliche Laufbahn schon hinter sich haben, wird dazu beitragen können, die Proportionen zwischen den verschiedenen Bereichen der Forschung zu optimieren und sie durch interdisziplinäre und internationale Kooperation zu rationalisieren. Auch auf diese Weise wollen wir versuchen, zur Lösung der von Partei und Regierung gestellten Aufgaben beizutragen.

Ich halte diese Bemerkungen zu der künftigen Arbeit unserer Akademie, die auch Einfluß auf die Zuwahlpolitik haben wird, für angebracht, nachdem das Präsidium durch geheime Wahl in seiner bisherigen Zusammensetzung für vier Jahre wiedergewählt und durch das

Vertrauen von Partei und Regierung, für das wir auch von dieser Stelle aus herzlich danken, bestätigt wurde.

Wenn der Wirkungsgrad der wissenschaftlichen Arbeit für die industrielle Produktivität und die Qualität der Erzeugnisse noch nicht immer voll befriedigen kann, so mag das auch an der ungünstigen Verteilung der Kapazitäten für die reine Forschung einerseits und für die technologische Forschung und Entwicklung andererseits liegen. Dafür ist aber nicht nur die Wissenschaftsorganisation, sondern vor allem die Einstellung jedes Wissenschaftlers zu seiner Arbeit verantwortlich, die zu prägen auch noch heute das Anliegen einer Gelehrten Gesellschaft zu sein hat. Sie kann den Respekt vor den Leistungen anderer Wissenschaften vermitteln und vor Überbewertung der eigenen Disziplin schützen. Sie kann auch dazu beitragen, daß für den Wissenschaftler die Forderung von *Bertolt Brecht*, bei der Wahl seiner Aufgabe und ihrer Durchführung bestimmend wird:

„Nichts gelte als ehrenhaft mehr, als was diese Welt
endgültig ändert; sie braucht es".

Er wußte aber sehr wohl, daß dazu die Haltung des Menschen zur menschlichen Gesellschaft sich noch immer wandeln muß (auch bei manchen von uns und unseren Wissenschaftlern), wenn in aller Welt und in jeder Hinsicht die Zukunft unbeschwert und froh werden soll, denn im gleichen Werk sagt er:

„Erst muß, bevor die Welt sich ändern kann, der
Mensch sich ändern".

Dieses große Ziel steht noch vor uns.

BERICHT DES VIZEPRÄSIDENTEN, HERRN LEHMANN, ÜBER DEN STAND DER ARBEITEN DER AKADEMIE

Erstattet in der öffentlichen Gesamtsitzung am 2. April 1976

Der Weg, auf dem ein Einzelner auch nur einer der in großer Beschleunigung sich entwickelnden Wissenschaften folgen kann, ist sehr schmal geworden. Das wirkt sich auch auf einen Bericht über Arbeiten der SAW in der Zeit von Januar 1975 bis März 1976 aus. In anderer Weise als in einer Akademie mit großen Forschungszentren jedoch, anders als zum Beispiel in der AdW der DDR, zu der vor allem durch den Herrn Präsidenten als gleichzeitigem Vizepräsidenten der AdW der DDR enge Beziehungen bestehen, ist in der SAW, im Plenum wie in den Klassen, die Möglichkeit zur analogischen Verbindung verschiedenartiger wissenschaftlicher Einzelergebnisse gegeben. Hier, in der SAW, ist die zahlenmäßig kleine Gesamtheit der Akademiemitglieder noch unmittelbar persönliches Vermittlungsorgan. Hier wird die scheinbare, äußere Zusammenhanglosigkeit der Arbeiten zur durchschaubaren Vielheit. Die Akademie bietet in solcher Weise eine besonders günstige Basis, um im Fluß der Kontinuität markante Wandlungen, Diskontinuitäten, zu entdecken, von denen aus zu neuen Erkenntnissen und Vorstellungen zum Beispiel über den viel berufenen, aber praktisch wenig gelösten Problemkreis „Natur und Gesellschaft" vorgedrungen werden kann. Die wechselseitige Kenntnisnahme von Methoden, besonders die sich als höchst förderlich erweisende Einsicht der Gesellschaftswissenschaftler in die naturwissenschaftliche Arbeits- und Denkweise löst Impulse aus, die dadurch, daß sie im noch überschaubaren, persönlichen Kontaktrahmen der Akademie stattfinden, in ihrer Effektivität erhöht werden.

Wenden wir uns zunächst Arbeiten zu, die auf naturgesetzliche Entwicklungen bezogen sind, und unter ihnen zunächst solchen, die mit den Beweismethoden des Experiments auf bestimmte Phänomene und Vorgänge in der Natur ausgerichtet sind. Ihre Verbindung mit dem Ganzen von Gesellschaft und Natur ist offensichtlich, wenn sie sich in ihrer Zielrichtung auch meist auf einen Teilbereich unserer Umwelt oder auf Teilbereiche des komplizierten menschlichen Organismus oder auch auf spezielle biologische Probleme beziehen:

Ein Beispiel: im Entwicklungsprozeß von Insekten spielen vom Gehirn erzeugte, in das Blut der Insekten ausgeschüttete Hormone eine wichtige Rolle. Ihr komplizierter Wirkungsmechanismus steht im Mittelpunkt von Untersuchungen, mit denen Herr *Gersch* und seine Mitarbeiter auf allgemeine, grundlegende Erkenntnisse über die Steuerung der Insektenentwicklung zielen.

Wichtiges Untersuchungsobjekt dieser auf bisher nicht bekannte biologische Prinzipien gerichteten Forschungen sind im Brustsegment bestimmter Insekten liegende Drüsen, die sogenannten Häutungsdrüsen. Untersuchungen über das Membranpotential der Häutungsdrüse der Wachsmotte Galleria während der einzelnen Larvenstadien und im frühen Puppenstadium sowie submikroskopische Befunde an diesem Objekt erbrachten wertvolle Ergebnisse zur Struktur-Funktionsbeziehung der Häutungsdrüse. Die Gehirnhormone wirken, so schien es, nur über diese Drüse auf die Regulierung des Häutungsprozesses ein. Weitere entwicklungs-physiologische Untersuchungen der Heterogenität des Gehirnhormons ließen jedoch erkennen, daß in seiner Funktionsweise unterschiedliche zelluläre Mechanismen wirksam sind. Wenn auch im Einklang mit den Ergebnissen früherer Untersuchungen die Spezifität der Wirkung des in Frage kommenden Aktivationsfaktors auf die Häutungsdrüse eindeutig bestätigt werden konnte, so ergaben doch Extirpationsexperimente der Häutungsdrüse von Schaben, daß weitere Häutungen auch ohne diese Drüse erfolgen können. Diese Diskontinuität im Forschungsgang, die der bisherigen klassischen und allgemein angenommenen Auffassung widerspricht, führte unter anderem zur Untersuchung von verschiedenen Stoffwechselprozessen bei Krebsen und Asseln und bestätigte, daß die Vorstellungen über die Funktion der Häutungsdrüse nicht allgemeingültig sind.

Herr *Gersch* und seine Mitarbeiter haben mit dieser Feststellung nunmehr den Weg freigelegt für neue, durch das Experiment zu sichernde Erkenntnisse der biologischen Grundlagenwissenschaft als Voraussetzung für behutsame biologische Eingriffe in die Wechselbeziehungen innerhalb von Biozönosen, d. h. für die kombinierte Anwendung biologischer, chemischer und physikalischer Verfahren, bei denen die Sterilisierung schädlicher Insekten durch Eingriffe in das übergeordnete, neuroendokrine System mittels Hemmung bzw. Unterbrechung ihrer hormonalen Entwicklung eine große Hoffnung ist.

Mittelbar im Dienst der Umweltforschung stehen auch die kontinuierlich fortgesetzten Arbeiten über Strukturprobleme medizinisch nutzbarer Gewässer, die die Herrn *Buchheim* und *Watznauer* sowie Herr *Jordan* durchführen. Die Arbeiten erfuhren eine für den Forschungsgang wesentliche Förderung durch eine längere Zeit zurückliegende Beobachtung Herrn *Watznauers*, der vor einigen Jahren darauf hingewiesen hatte, daß die Lichtabsorption des Wassers der Heilquelle von Janské Lázně (Johannisbad) in der ČSSR im Ultraviolett ein „Fenster“ hat, das die einmalige (— nur Hot Springs zeigt etwas ähnliches —) medizinische Verwendung dieses Wassers erklärt. Die später auf Bad Brambach ausgedehnten Forschungen haben die Klärung des dortigen Quellregimes, die Abgrenzung eines Quellschutzbezirkes und die Steuerung der Quellschüttung unter dem Gesichtspunkt der Abwendung von gesundheitlichen Gefährdungen zum Inhalt. Der den medizinischen Kern der Forschungen berührende Aspekt bestimmt die Arbeiten von Herrn *Jordan*, die besonders der Aufrechterhaltung der Indikationsbreite dienen.

Die unter Einsatz geologischer und geophysikalischer Methoden durchgeführten Untersuchungen der radonhaltigen Quellen von Bad Brambach sowie die gleichzeitigen γ-Dosisleistungstests erbrachten den Beweis, daß eine Kontaminierung mit langlebigen Nachfolgeprodukten im Bereich des im übrigen strahlenmäßig gut abgeschirmten Staatsbades Bad Brambach sehr unwahrscheinlich ist. Andererseits führte die Kartierung zum Nachweis zweier zwar bekannter, aber als radioaktiv bisher nicht nachgewiesener Quellen.

Die Untersuchungen vermochten die Wasserstrukturbedingtheit äußerst schwach mineralisierter Heilwässer, wie sie in der medizinischen Literatur vielfach angeführt sind, nicht zu erweisen. Aber es zeigte sich etwas anderes: als für die lediglich als Orientierungstests gedachten Messungen bestimmter wäßriger Lösungen, u. a. von Uranylperchloratlösungen, die Streuung thermischer Neutronen — im übrigen wohl erstmals — herangezogen wurden, wurde im Rahmen einer Kooperation mit dem polnischen Instytut Fisyki Jadrowej in Kraków und dem sowjetischen Kernforschungszentrum Dubna eine deutliche Diskontinuität sichtbar, nämlich die Veränderung der Wasserstruktur unter dem Einfluß der gelösten Ionen wie auch der Ionen selbst.

An den beiden nun folgenden, dem Bereich der Physiologie und Chemie zugehörigen Themen, wird die immer häufiger zu beobachtende Erfahrung sichtbar, daß die Linien der Entwicklung einer Wissenschaft und der an sie gestellten Anforderungen der Praxis in einem Punkt zusammenlaufen können, an dem es kaum noch möglich ist, die Grenzen zwischen Grundlagenforschung, angewandter Forschung und Entwicklungsforschung klar zu scheiden.

Das gilt für den Forschungsauftrag des Herrn *Strack* und seiner Mitarbeiter über die Carnitinester-Wirkung auf den physiologischen und pathologischen Stoffwechsel sowie auf der Tumorstoffwechsel ebenso wie für die Arbeiten der von Herrn *Wolf* geleiteten Arbeitsstelle der Akademie in Halle über die Moleküladsorption der chlororganischen Pestizide Lindan und Toxaphen. Herr *Wolf* und seine Mitarbeiter konnten nachweisen, daß bestimmte Harze, wie z. B. makroporöse nichtionische Styrol-DVB-Copolymerisate, in Abhängigkeit von ihrer Polarität und Porosität zur Schadstoffeliminierung aus Wasser geeignet sind.

Der Regenerierung bedrohter lebendiger Strukturen dienen in einem verwandten, wenn auch ganz anders gerichteten Sinn die Forschungen von Herrn *Strack* über die Funktion des Carnitins im menschlichen Stoffwechselprozeß. Der Schwerpunkt lag im Berichtszeitraum auf der gründlichen Prüfung des Umfangs und der Tragweite bei der medizinischen Anwendung hoher, aber ungiftiger Dosierungen von L- bzw. D-Carnitin an Patienten, denen vielfach Arbeitsfähigkeit und Lebensfreude wiedergegeben werden konnten.

Diese, wie auch die vorher genannten Arbeiten enthüllen sich als Forschungen, die nicht zuletzt durch das Wachstumstempo der Produktivkräfte unserer sozialistischen Gesellschaft ausgelöst sind. Die Anwendung dieser Forschungsergebnisse vermag manchen schädlichen Eingriff in die natürliche Umwelt isoliert zu korrigieren. Dies darf aber nicht darüber täuschen, daß die wirksamen Faktoren im Rahmen eines Kräftegefüges in vielfältiger Wechselwirkung miteinander stehen. Nur eine die Gesetze der Natur und Gesellschaft befolgende, systematische Forschungsarbeit kann die Grundlagen liefern, um die Aktivitäten des Menschen in eine sich ständig ändernde und ständig neu zu gestaltende Umwelt einzufügen. Die unter Leitung von Herrn *Neef* bestehende Arbeitsgruppe „Naturhaushalt und Gebietscharakter" behandelt einen Teilabschnitt dieses Fragenkreises in einer scharfen, theoretisch höchst differenzierten wie gleichermaßen praktischen Durchdringung. Die Kontinuität dieser im wesentlichen als geoökologisch zu bezeichnenden, grundlegenden Arbeiten erfährt ihre Dynamik besonders an jenen Punkten des Forschungsganges, die sich, im Anschluß an die Dateninterpretation und ihre weitere ökonomische Aufbereitung nach dem Transformationsprinzip, als Diskontinuitäten zu erkennen geben. Die großen Ziele einer sozialistischen Gesellschaftsordnung können nur erreicht werden, wenn der Mensch als Ausgangspunkt und Mittelpunkt aller Umweltgestaltung diese Diskontinuitäten als Folgen ökonomischer und technischer Prozesse in das Kontinuum der landeskulturellen Entwicklung planmäßig steuernd einzufügen und schließlich aufzuheben weiß.

Es erklärt sich aus diesem Sachverhalt, daß Herr *Neef* und seine Mitarbeiter sich in Fortsetzung seit langem intensiv betriebener geoökologischer Arbeiten sich dem vordringlichen Problem der Beziehungen zwischen gesellschaftlichen Anforderungen und Naturraumdargebot in verstärktem Ausmaß, vor allem wesentlich konkretisiert durch Untersuchungen über die Wirkungen der menschlichen Tätigkeiten auf den Naturraum, widmeten. Es galt, die von einzelnen Impulsen ausgelösten Folgeprozesse und Reaktionsketten und die an sie anschließenden gesellschaftlichen Gegenmaßnahmen auf ein System zu beziehen, in das sich die einzelnen Umweltphänomene einordnen lassen und überdies eine höhere Stufe der Analyse sowie der Teilsynthesen ermöglichen. Es gelang, diese Konzeption durch geoökologische Untersuchungen im Gelände zu fundieren. Die so erarbeitete, alle Teile der geoökologischen Arbeit fördernde und wirksamer gestaltende Konzeption wurde begleitet und zugleich fundiert durch den konsequenten Ausbau von geoökologischen Untersuchungen in einem nunmehr 660 km^2 umfassenden Beispielsgebiet, dem Westteil des Bezirkes Dresden. Nach verschiedenen Methoden, die nach Aufwand, Voraussetzungen und Ergebnis später miteinander verglichen werden können, wurden Analysen der chorischen Strukturen, zum Teil auf der Basis von Elementargefügen und deren Potentialeigenschaften durchgeführt, mit den bestehenden Nutzungsformen in Beziehung gesetzt und durch die Kartierung landeskulturell wichtiger Ausstattungsmerkmale ergänzt. Kategorial ließen sich diese Arbeiten als Strukturforschungen auffassen, die in vielen Wissenschaften, insbesondere in der Mathematik, mit dem Begriff der Funktion eng zusammenhängen. Ein Forschungsauftrag an Frau Prof. Dr. *Maria Hasse*, den Herr *Keller* betreut, betrifft den Aufbau einer Theorie der n-stelligen Kategorien mit dem Ziel, eine Monographie über dieses Thema zu erarbeiten.

Kontinuität und Diskontinuität pflegen sich besonders scharf auf der gedanklichen Ebene des Räumlichen abzuzeichnen. Bei biographisch oder historisch gerichteten Arbeiten rückt hingegen der Faktor der Zeit in den Mittelpunkt der wissenschaftlichen Unternehmungen. Die verschiedenen Diskontinuitäten in einer mitunter langsam erscheinenden, im Zeichen der technisch-wissenschaftlichen Revolution sich aber häufig in Sprüngen vollziehenden Wissenschaftsentwicklung können sich im Gang eines Forscherlebens als Maßstab und Kriterium für seine Bedeutung erweisen. Das wäre gewiß bei der Analyse von Artikeln des „Poggendorff" nachweisbar. Die Zahl der gegenwärtig in dieses biographisch-lexikographische Werk aufzunehmenden Wissenschaftler nimmt lawinenartig zu und stellt seine Herausgeber und Bearbeiter vor eine schwierige, nur aus dem Geist großer Verantwortlichkeit zu lösende Aufgabe. Der Herr Präsident hat im Berichtszeitraum mehrfach auf die in diesem Sinne bestehende Problematik hingewiesen und dabei die mit anderen Arbeiten solchen Typus fast unvergleichliche Behandlung oft sehr schwierig zu erfassender biographischer und literarischer Angaben besonders gewürdigt. In den bisher, d. h. seit 1863 erschienenen Bänden I bis VIIa wird auf 12860 Seiten in 43022 Artikeln Auskunft über 28789 Wissenschaftler der von Poggendorff etwas eng gefaßten sogenannten exakten Naturwissenschaften gegeben. Wenn Herr Professor *Salié*, der seit 1949 bis zum 30. 6. 1975 in höchst verdienstvoller Weise die Poggendorff-Redaktion leitete, sich nunmehr ganz der Vorbereitung der Mathematiker-Bände zuwendete und zu diesem Zweck bereits für 13700 Persönlichkeiten die wichtigsten Angaben sammelte, so wird schon an dem bloßen Zahlenvergleich der Wandel, zugleich aber auch die editorische und redaktionelle Problematik deutlich, die mit dieser Diskontinuität in Form der Aufgliederung in disziplingebundene Einzelbände sowie generell mit der Bearbeitung von Poggendorffs „Biographisch-Literarischem Handwörterbuch der exakten Naturwissenschaften", wie der genaue Titel lautet, in Zukunft verbunden ist. Die Redaktionsleitung des Bandes VIIb wurde von dem Herrn Präsidenten dem bisherigen wissenschaftlichen Arbeitsleiter, Herrn Dr. *Weichsel*, übertragen. Der aus 5 Lieferungen bestehende 5. Teil dieses Bandes, der die Bibliographien der Gelehrten mit den Anfangsbuchstaben L und M enthält, ist redaktionell fertiggestellt; die Lieferungen 3 und 4 sind 1975 erschienen.

Vielleicht noch unmittelbarer als es im „Poggendorff" der Fall ist, sind die sprachwissenschaftlichen Arbeiten mit geschichtlichen Abläufen konfrontiert. Der Wandel kann hier mitunter nur auf dem Grunde der Kontinuität erfaßt werden. Jedermann wächst in seine Muttersprache hinein, die heute infolge der großen technischen und gesellschaftlichen Veränderungen einem beschleunigten Umformungsprozeß unterliegt. Aber auch vor unserer Zeit sind Zäsuren in der gesellschaftlichen Entwicklung festzustellen, die in ihrem Ausmaß und ihrer Wirkung nur weniger transparent sind. Die Linguistik vermag zu ihrer

Erkenntnis Wesentliches beizutragen, zum Beispiel durch die Untersuchung von Mundarten, die von der gesprochenen Hochsprache her ausgezeichnete Ansatzpunkte für das Verstehen sprachlicher Gesetzmäßigkeiten liefern. Die Wörterbücher, die die Sächsische Akademie herausgibt, können als eine Parallele zur naturwissenschaftlichen Erkundungsforschung angesehen werden. Das theoretische Interesse an der Sprache, die Philologie, die heute in sprachliche Systemstudien einmündet, zielt wie allezeit darauf ab, ganz bestimmte Inhalte eindeutig zu kennzeichnen, um vom Wort aus auf höhere Abstraktionsebenen vorzustoßen.

Das ist jedoch schwierig geworden. Die Ursprungsbedeutung eines Wortes, die in der Wörterbuchbearbeitung eine hervorragende Rolle spielt, kann sich völlig wandeln und zugleich an Anschaulichkeit verlieren. Wörter, gesprochen von Mensch zu Mensch, haben überdies nicht immer einen eindeutig zu definierenden Sinn. Gespräche zwischen Vertretern verschiedener Wissenschaften können mit den Mitteln der konventionellen Sprache überhaupt nur fruchtbar verlaufen, wenn die Begriffe, deren sich die Einzelwissenschaften bedienen, soweit vorher aufeinander abgestimmt sind, daß zwischen dem, was der eine Sprechende mit einem an sich haarscharf definierten Wort meint, nicht ein anderer aus seiner Wissenschaftsdisziplin heraus mit einer völlig mißverständlichen Vorstellung verbindet. Die immer erneut angestrebte, aber noch ganz in den Anfängen stehende Verbindung zwischen Natur- und Gesellschaftswissenschaften hat auch hier eine Hürde zu nehmen. Daher hat eine Arbeitsgruppe, unter Leitung von Herrn *Neubert*, eine Anregung des Herrn Präsidenten aufgegriffen, indem sie eine im Grunde alle wissenschaftlichen Disziplinen berührende Problematik behandelt: nämlich die Verständlichkeit, die Verstehbarkeit und die Übersetzbarkeit sprachlichen Ausdrucks.

Die in kritischer, mühevoller Quellenarbeit an den Wörterbüchern beteiligten Arbeitsgruppen stehen zum mindesten in Teilbereichen im Dienst der gleichen Aufgabe. Erlauben Sie mir lediglich den Hinweis darauf,

– daß die Arbeitsstelle des „Althochdeutschen Wörterbuches“ unter Leitung von Dr. *Götz* die 2. Lieferung des zweiten Bandes sowie die 4. und 5. Lieferung des 3. Bandes dieses großangelegten Werkes erscheinen lassen konnte,
– daß die Arbeitsstelle „Thüringisches Wörterbuch“ unter Leitung von Dr. *Spangenberg* 1975 die Lieferung 11 zum Band IV sowie die bis zum Stichwort Reisig reichende Lieferung 1 des Bandes V publizierte,
– daß die unter Leitung von Dr. *Bergmann* stehende Arbeitsgruppe „Wörterbuch der obersächsischen Mundarten“ die Voraussetzung für die Manuskriptausarbeitung so weit sichern konnte, daß sie sich ab Ende dieses Jahres auf etwa 700000 Belegzettel stützen kann,
– daß die Arbeitsstelle des „Brandenburg-Berlinischen Wörterbuches“ unter der Leitung von Dr. *Ising* mit der 10. Lieferung den die Buchstaben A–E und rund 60 Sprachkarten umfassenden Band I fertigstellte. Das bisher bearbeitete Material läßt die wechselseitigen Beziehungen erkennen, die zwischen der reich gegliederten märkischen Sprachlandschaft und der auf dieser Grundlage entstandenen eigenständigen Sprache der Großstadt Berlin bestehen. Die gleiche Arbeitsstelle wirkte auch bei der Neuausgabe der Niederdeutschen Bibel-Frühdrucke mit, von denen der VI. Band abgeschlossen werden konnte. Diese von der SAW unterstützte Edition trägt nicht nur zu einer besseren Kenntnis historischer Sprachzustände in Norddeutschland bei, sondern dient auch einer vertieften sprachgeschichtlichen Beurteilung der für die Herausbildung der deutschen Nationalsprache bedeutsamen Bibelübersetzung Luthers.

— daß die Arbeitsstelle „Mecklenburgisches Wörterbuch“ unter Leitung von Dr. *Gundlach* die 55. (1975) und (Anfang 1976) die 56. Lieferung des gleichnamigen Wörterbuches (bis zum Stichwort „schwarz = swart“) veröffentlichte.

— daß die unter der Leitung von Dr. *Protze* stehende Arbeitsstelle des „Siebenbürgisch-Sächsischen Wörterbuches“ 1975 den 5. Band eines entsprechenden, übrigens bereits von Gottfried Wilhelm Leibniz angeregten Werkes in Zusammenarbeit mit der Akademie der Sozialistischen Republik Rumänien der Öffentlichkeit übergeben konnte.

Der Bereich Mundartenbücher beendete überdies insgesamt die wortkundlichen Erhebungen für den Band I des internationalen Unternehmens „Atlas linguarum Europae“.

Jede der Arbeitsgruppen steht im sozialistischen Wettbewerb miteinander, über dessen Erfüllung an jedem Jahresende auf Grund einer detailliert aufgeschlüsselten, für jedes einzelne Kollektivmitglied nachweisbaren Leistung im Rahmen einer langfristigen Planung abgerechnet wird.

Alle diese Arbeiten germanistischer Sprachwissenschaft, für die in der SAW hervorragende Voraussetzungen geschaffen wurden, stehen im Dienst der sprachlich-kommunikativen Praxis unserer sozialistischen Gesellschaft. Die Arbeiten, über die zu berichten ist, sind gewiß eine wichtige Voraussetzung dafür, sprachlich-kulturelles Erbe mit den Mitteln systematischer Wortfindung und ihrer methodisch gesicherten Erfassung lebendig zu erhalten. Sie stellen darüber hinaus einen Beitrag zum Verstehen der komplizierten Beziehungen zwischen Sprachpflege, wissenschaftlicher Kommunikation und Gesellschaft dar. Es ist eine schwierige, zugleich sehr verantwortungsvolle Aufgabe, diese Arbeiten, die mit Ausnahme des Deutschen Wörterbuches der Brüder Grimm in der SAW konzentriert sind, als Basis einer gesellschafts-wissenschaftlich orientierten Sprachforschung weiter zu entwickeln.

Gewiß noch sinnfälliger als in der Sprache, in deren Form sich geistige Höhe oder Tiefe einer historischen Periode in einem bestimmten Grad ausdrücken können, lassen sich die Kategorien „Kontinuität und Wandel“ in der Geschichte selbst nachweisen, sofern man sich das historische Geschehen als ein nicht-geradliniges, inhomogenes Kontinuum vorstellt. Der Rückgriff auf die Quellen pflegt der erste, notwendige Schritt zu einem neuen Geschichtsbild zu sein. Die Analyse historischer Erfahrungen führte bekanntlich zu der Erkenntnis der Ursachen für grundstürzende Veränderungen, die im Gegensatz zu den Mächten eines engen Historismus und des Beharrungsvermögens zu stehen pflegen. Die vor 80 Jahren auf Initiative von Karl Lamprecht gegründete, gegenwärtig von Herrn *Buchda* geleitete „Historische Kommission“, die an der Erforschung des von dem ehemaligen wettinischen Territorialstaat eingenommenen obersächsischen und thüringischen Raumes großen Anteil hat, konnte einige Werke fördern, zum Teil zum Abschluß bringen, deren Fundamente in vieljähriger Vorarbeit gelegt wurden. Ihre Ergebnisse, die auch für die marxistische Geschichtsforschung von erheblicher Bedeutung sind, sind enthalten — unter anderem — in der Herausgabe und Bearbeitung der „Politischen Korrespondenz des Herzogs und Kurfürsten Moritz von Sachsen“, deren 3. Band satzfertig ist, während vom Akademie-Verlag ein Nachdruck der Bände 1 und 2 bereits erwogen wird. Von den „Quellen und Forschungen zur Sächsischen Geschichte“ befindet sich der 8. Band über die Zwickauer Frühdrucke in der Herstellung. Der Historische Atlas von Sachsen wird auf Schwarz-Weiß-Karten umgestellt. Bereits im Andruck vorliegende, mehrfarbige Karten zur Sächsischen Geschichte, als erste eine solche über den Bauernkrieg, werden mit Begleittexten in verschiedenen Heften der Abhandlungen der Sächsischen Akademie der Wissenschaften erscheinen. Ferner konnte der zweite Hauptband der Leipzig-Bibliographie mit Ausnahme des Registers und das Manuskript der Dresden-Bibliographie abgeschlossen werden.

Von den philologisch-historisch-archäologischen Arbeiten, auf die alle Akademien ursprünglich Kurs genommen hatten, sind im Rahmen der SAW nur zwei nicht ganz in den Hintergrund getreten: das von Dr. Anneliese *Grau* vorbereitete „Mittellateinische Wörterbuch", das mediävistische Studien wesentlich erleichtern wird, da ja im Mittelalter die Sprache der Bildung und Politik sich nicht auf das Lateinische in seiner ciceroianischen Klassizität, sondern auf seine, mit Germanismen stark durchsetzte Fortentwicklung stützte.

Auch ist die SAW an den Arbeiten für das Polybios-Lexikon beteiligt, dessen 4. Lieferung von Hannelore *Weißenow* betreut, 1975 erschienen ist, sowie am Unternehmen „Corpus Vasorum Antiquorum" des Antikenmuseums der Karl-Marx-Universität, wo durch Prof. Dr. Eberhard *Paul* insbesondere die Hydrien, d. h. als Wassergefäße verwendete, nach Zeitgeschmack und Landschaften unterschiedliche Vasen, nach ihrer konservatorischen Behandlung publikationsfähig gemacht wurden.

Auf hellenistische Ursprünge weist schließlich auch eine Wissenschaft zurück, die in ihrem Stammwort „Psyche" noch an die in der Antike in sehr verschiedener Bedeutung gebrauchte Vorstellung einer Seele erinnert, die Psychologie, die in der Gegenwart als allgemeine theoretische Psychologie, als Entwicklungspsychologie, als Persönlichkeitspsychologie, bis hin zur Arbeits- und klinischen Psychologie eine große Bedeutung für die Praxis fast aller Wissenschaften gewonnen hat. Die von Herrn *Hiebsch* eingerichtete neue, zunächst noch kleine „Arbeitsstelle Psychologie" der SAW wendete sich der Frage zu, wie „Kollektive unter dem Aspekt der Persönlichkeitsformung und der psychischen Gesunderhaltung der Werktätigen" geleitet werden können. Seit Anfang dieses Jahres konnte damit begonnen werden, einige diagnostische, für die Anwendung in der sozialistischen Industrie wichtige Verfahren zu entwickeln.

Im Bericht über die Arbeiten der Akademie, der auf die bloße Information, weit entfernt von einer Wertung, Einschätzung oder Rechenschaftslegung, begrenzt ist, wurde unter anderem auf die Kontinuität in der wissenschaftlichen Entwicklung der SAW gewiesen. Kontinuität erwies sich, zusammengefaßt, als dies: durch die immer auf die Zukunft gerichtete Forschung unter Nutzung der von der modernen Technik gegebenen Möglichkeiten zur vollen Entwicklung der menschlichen Persönlichkeit in einer sozialistischen Gesellschaft beizutragen, — ohne Vernachlässigung des Geschichtlichen, d. h., ohne die geistigen Kräfte zu unterschätzen, die wir aus der kritischen verantwortungsbewußten Sicht auf die Vergangenheit jeder einzelnen Wissenschaft wie auf die zukünftige politisch-gesellschaftliche Entwicklung ziehen können.

Die Grenzen dessen, was der Einzelne vermag, sind eng gezogen. Die Achtung vor den Leistungen der Anderen, — auch derer, die vor uns waren — erhöht die Urteilsfähigkeit und zugleich den Willen, die in bestimmten Arbeitsrichtungen gewonnenen Ergebnisse in den Dienst der Vernunft und Humanität zu stellen. Denn Kontinuität bedeutet auch: den höchsten ethischen Zielen beharrlich entgegenzugehen und aus Diskontinuitäten die Einsicht zu gewinnen, wie weitergegangen werden kann. Dies heißt auch: immer erneut jene Maximen zu respektieren, nach denen allein ein friedliches Zusammenleben der Menschen durch Ausrichtung an der Vernunft gewonnen werden kann.

KURZFASSUNGEN DER VORTRÄGE UND AUSZÜGE AUS DEN PROTOKOLLEN ÜBER DIE SITZUNGEN DER JAHRE 1975 UND 1976

Mathematisch-naturwissenschaftliche Klasse

1975

Sitzung am 17. Januar

Vortrag des Herrn Ott-Heinrich Keller: „Über das Unendliche in der Geometrie". — Das Unendliche zeigt sich in der Neuzeit als eine der bewegenden Ideen in allen Bereichen der abendländlichen Kultur. Das Unendliche in der Geometrie wird in diesem Rahmen betrachtet. Wir beschäftigen uns mit dem Gedanken, die Gerade mit einem unendlich fernen Punkt, die Ebene mit einer unendlich fernen Geraden auszustatten. Dieser Gedanke wurde zuerst von Nicolaus v. Cues in seiner Docta ignorantia ausgesprochen, und zwar dient ihm der unendlich ferne Punkt einer Geraden als Gleichnis für die Größe Gottes, die alle andern Größen überragt. Andrerseits legte die perspektivische Malerei diesen Gedanken nahe: Im Bild erscheint der Horizont; wenn man darauf besteht, daß alle Punkte des Bildes ein Urbild haben, so kommen als Urbilder tatsächlich nur die unendlich fernen Punkte des Cusanus in Betracht. Stattet man nun die Ebene mit unendlich fernen Punkten aus, so ergibt sich in der projektiven Geometrie ein Gebäude von wunderbarer Harmonie, Symmetrie und Geschlossenheit. So werden denn auch bei allen geometrischen Überlegungen der Neuzeit die unendlich fernen Elemente mit einbezogen. Bis ins 18. Jh. war eine andere Betrachtungsweise auch nicht möglich. Man faßte Punkte und Geraden als reale Dinge auf. Dann gab es auch nur einen realen Raum; wenn man in ihm projektive Geometrie treiben wollte, mußte man ihn mit unendlich fernen Punkten ausstatten. Die Wendung kam durch die Kantische Philosophie. Danach sind die geometrischen Gegenstände keine Dinge an sich, sondern Formen unserer Anschauung a priori. Dann gibt es keinen ontologischen Unterschied zwischen den Punkten der Urbild- und der Bildebene, und wir können uns damit abfinden, daß in der Bildebene Punkte erscheinen, nämlich auf dem Horizont, die kein Urbild haben.

So sehen wir heute die projektive Ebene als ein abstraktes, unanschauliches Gebilde an; es läßt verschiedene Konkretisierungen zu, die sich ineinander projizieren lassen. Aber jeder von ihnen fehlt eine Gerade, und nur der Atlas von wenigstens drei Konkretisierungen repräsentiert die ganze projektive Ebene. Die Einführung unendlich ferner Punkte ist dann nicht mehr nötig. Es stehen sich also zwei Möglichkeiten gegenüber: Die Auffassung der projektiven Ebene als abstraktes Gebilde und ihre Ausstattung mit unendlich fernen Punkten. Einen logischen Grund, die eine oder die andere Möglichkeit zu bevorzugen, gibt es nicht. Es ist eine Stilfrage. — Erscheint in den Sitzungsberichten.

Vorgelegt werden Veröffentlichungen von: Paul Görlich, Friedrich Leutwein, Artur Lösche, Pekka Juhana Myrberg, Ernst Neef, Hans Stubbe, Carl Wagner.

Sitzung am 14. Februar

Vortrag des Herrn Bernd Lüder Lueken: „Physiologische Aspekte der menschlichen Sprache". Der Vortrag bringt einen Überblick über Aspekte der medizinischen Sprachforschung der letzten zwei Jahrzehnte, die vom Standpunkt der Physiologie für das Verständnis der biologischen Seite der Sprache und der Rückwirkung der Sprache auf die funktionelle Organisation der Motorik, Sensorik, vegetativer Funktionen und der Aktivitätsregulation und damit für die Ausarbeitung einer artspezifischen Physiologie des Menschen überhaupt bedeutsam sind.

Einleitend wird zunächst die Sprache in den allgemeinen Rahmen der innerartlichen Kommunikation durch Signalsysteme bei Tieren gestellt. Außerdem wird darauf hingewiesen, daß beim Menschen nicht nur, wie bei vielen Tierarten, mehrere Signalsysteme von vorsprachlichem oder untersprachlichem Charakter mit Benutzung verschiedener Sinneskanäle wie emotionale Ausdruckslaute (Vokalisationen), Gesichtsmimik, Gestik, Manieren und vielleicht Geruchssignale für Zwecke der unmittelbaren Kommunikation in der Gruppe vorhanden sind, sondern auch neben der Wortsprache mehrere Sprachen im höheren oder engeren Sinne wie die Sprache der Dichtkunst, der Musik, der dramatischen Künste, des Tanzes, der Pantomime, der Riten und der bildenden Künste sowie die Sprachen der Wissenschaften und der Mathematik, die überindividuelle Gesamtsysteme zur Ausarbeitung und Darstellung von Wirklichkeitsbezügen des einzelnen und der Gemeinschaften mit der Möglichkeit zur ständigen, neuschöpferischen Erweiterung darstellen. Auf diesem Hintergrund wird nur die Wortsprache (Muttersprache) des Alltags näher behandelt unter Ausklammerung der Schrift und der periphersten Ebenen der expressiven und der rezeptorischen Seite, der Organisation der Sprachmuskelinnervationen auf den Ebenen der Medulla oblongata und des Rückenmarks und des peripheren Abschnitts des Hörsystems.

In einem ersten Abschnitt werden Grundzüge der Ontogenese der Sprachfunktion beim Kind aufgewiesen. Es besteht eine relativ feste Reihenfolge und ein Zeitplan der Ausbildung der Sprachmittel, insbesondere, wenn man nicht absolute Altersangaben, sondern einen mehr biologischen Zeitmaßstab wie das Verhältnis zu anderen Entwicklungsvorgängen, z. B. denen der Motorik, benutzt. Die Entwicklung der Sprach-Sensorik geht voran mit ersten Reaktionen auf menschliche Sprachlaute ab 16 bis 20 Wochen, der Unterscheidung des Sinnes von Worten nach Aussage von Reaktionen im Alter von etwa 10 Monaten, dem Verstehen einiger Befehle, erschlossen aus ihrer Befolgung, nach etwa 12 Monaten und raschem Fortschreiten zum Verständnis eines größeren Vokabulars und von Sätzen nach 18 Monaten. Die expressive Sprache erfordert das Sprachverständnis als Grundlage und laufende Kontrolle; sie setzt mit dem ersten verständlichen Wort bei 18 bis 20 Monaten nach einer früheren, nicht zur Sprachentwicklung gehörigen Lallperiode und über die allmähliche Ausbildung der Laute und einiger Silben, ein. Nach einer größeren Statistik verfügen 50 Prozent der Kinder nach 10 bis 12 Monaten über Ein-Wortphrasen, nach etwa 18 Monaten über Zwei-Wortsätze und nach 24 Monaten über Sätze von fünf und mehr Worten. 90 Prozent erfüllen nach 34 Monaten einen Standard mit spontanen Sprachäußerungen, gut verständlichen Worten und Sätzen mit mittelschweren Anforderungen an Grammatik und Syntax, der Fähigkeit zur Benennung der Mehrzahl der Personen und Gegenstände des häuslichen Milieus und vollem Verständnis verbaler Anweisungen ihres Lebensbereiches. Der Wortschatz wächst von 200 bis 300 Worten bei 2 bis $2^1/_2$ Jahren auf etwa 2500 Wörter bei 6 bis 7 Jahren.

Neben diesem, an groben Merkmalen ermittelten allgemeinen Zeitplan gibt es gesetzmäßige Reihenfolgen beim Erwerb der einzelnen Sprachmittel wie der Phonemklassen, der Kombinationstypen zu Silben und Worten und der morphologischen Bildungen höherer Ordnung sowie auch bei der Entwicklung der musischen Komponenten (Betonung, Stimmhöhen- und Timbrevariation, Rhythmus, Tempo und Fluß usw.). Die Zeitpläne der Entwicklung anderer Funktionskomplexe wie der Motorik, Sensorik, der Kognition, der Sozialisierung und auch die des Erwerbs der Mimik, Gestik und der Vokalisationen sind von denen der Sprache unterschieden. Es bestehen jedoch relativ konstante Beziehungen zwischen diesen Entwicklungen, Entwicklung der Sprachfunktionen und der Sozialisierung laufen weitgehend parallel (mit einem kleinen Vorsprung der Sozialisierung).

Nach Befunden über die Restitution und die Weiterentwicklung der Sprache bei Aphasiefällen treten zwischen 11 und 14 Jahren deutliche Aphasiereste auf, bei 15 bis 18 und über 18 Jahren unterscheidet sich die Restitution nicht mehr wesentlich von der älterer Erwachsener bei vergleichbaren Schädigungen. Das Ende des echten Erwerbs der Sprachfunktion liegt demnach zwischen 15 und 18 Jahren.

Der Vergleich mit Merkmalen der Hirnreifung zeigt, daß die Sprachentwicklung bei 60 bis 70 Prozent des endgültigen Hirngewichts und voller Ausbildung der Schichten, und der Dendritengenese in wichtigen Cortexarealen einsetzt, die feineren Merkmale wie die biochemische Zusammensetzung und die Reifung des EEG-Bildes werden bis zum 12—14ten bzw. 16ten Jahr noch weiter verbessert. Alle Hirnparameter zusammen haben bei 12 bis 16 Jahren, also etwa zum Zeitpunkt des Endes des Spracherwerbs die volle Reifung erreicht.

Die Befunde über den Einfluß der sprachlichen Umwelt auf die Sprachentwicklung sind nach den Untersuchungsverfahren stark unterschiedlich, neben der Unerläßlichkeit einer sprechenden Umwelt überhaupt scheint in frühen Phasen der Sprachentwicklung der Einfluß der Qualität der sprachlichen Umwelt geringfügig und in späteren Phasen der Erweiterung und Differenzierung der Sprachfunktion bedeutungsvoller. Die Kompensationsfähigkeit von Schäden der Entwicklung durch Mängel der Umwelt ist anfangs groß und nimmt jenseits von 6 bis 7 Jahren rasch ab.

In einem zweiten Abschnitt wird die Neurophysiologie der Sprache anhand der Erfahrungen bei elektrischer Hirnreizung und pathologischen und operativen Läsionen und unter Benutzung aller Arten von sprachlichen Symptomen besprochen. Die beiden Methoden sind problematisch, ihre Ergebnisse sind stark abhängig vom Gesamtzustand des Gehirns der Prüfsituation und Testmethode. Sie stimmen hinsichtlich der lokalisatorischen Ergebnisse nicht ganz überein. Beteiligt sind zahlreiche Hirngebiete, auf der Rinde hauptsächlich der Gyrus praecentralis einschließlich des Brocafeldes, die supplementäre motorische Area, Teile des Temporallappens einschließlich der Insel; aber auch im Parietal und Occipitallappen können wirksame Reiz- bzw. Läsionspunkte liegen. Subcortical spielen vornehmlich Teile des Caudatum und Pallidum, des Thalamus und des limbischen Systems sowie des Hypothalamus und vorderen Mittelhorns eine Rolle. Wie bei anderen komplexen Verhaltensweisen sind die Sprachleistungen durch viele „Hintergründe" herstellende Hirnteile unter Führung von Gebieten größerer Vertretungsdichte und Dignität mit bestimmten, definierten Rollen aufgebaut. Die Vielzahl der wirksamen Hirnorte könnte z. T. durch die Mitwirkung der sprachlichen Leistungen an der zentralen Organisation anderer Funktionskomplexe verständlicher und interpretierbarer gemacht werden. Bei Affen gehen z. B. verschiedene Vokalisationstypen bei elektrischer Reizung bestimmter Orte mit wiederum verschiedenen Emotionszeichen und/oder vegetativen Reaktionen einher und Ähnliches wird auch beim Menschen bei einigen Reizorten (besonders subkortikal) gefunden.

Nach den Befunden beim Spracherwerb, bei normalen oder pathologischen Sprachfehlleistungen und den verschiedenen Aphasieformen kann die Existenz von gesonderten zentralen Funktionsmustern für die einzelnen Sprachmittel von den Lauten bis zu den Mitteln des Satzbaues und größerer Abschnitte sowie für die musischen Mittel angenommen werden. Die Gebilde entstehen nicht durch mosaikartige Reihung abgerufener Speicherinhalte, sondern eher regulativ durch Ausdifferenzierungen der jeweils untergeordneten kleineren Ganzheiten unter einer elastischen Leitwirkung der höheren und komplexeren.

Für Ontogenese, Resistenz gegen Störungen und Form der Sprachleistungen ist ihr „Sitz im Leben" maßgebend, z. B. die Zugehörigkeit zur Emotionssprache, Motivationssprache oder Kategorialsprache und innerhalb dieser großen Klassen ihre Rolle bei Kommunikationsaufgaben im Einzelleben, in der Gruppe, in größeren gesellschaftlichen Zusammenhängen oder in abstrakten Bereichen. Ein wichtiger Zug der Neurophysiologie der Sprache ist die Dominanz der linken Hirnhälfte, die noch häufiger ist als die ihr entsprechende Rechtshändigkeit. Nach Befunden an Patienten mit Balkendurchtrennungen über visuelle und auditive Wahrnehmungen bei Reizangebot am rechten bzw. linken Sinnesorgan arbeitet die linke Hirnhälfte überwiegend analytisch und die rechte mehr holeistisch und das würde zu der führenden Rolle der linken Rinde bei der auf Unterscheidungen gerichteten Wortsprache passen.

In einem letzten Abschnitt werden die Einwirkungen der Sprache auf die Organisation anderer Funktionen erörtert. Bei den Wahrnehmungsleistungen der Sinnessysteme besteht der sprachliche Einschlag in der Ausbildung von Stufen und Klassen der Empfindungsqualitäten und Intensitäten sowie der Gestaltanteile, in der Erleichterung und Fixierung der Ding-Synthese und Ding-Permananz, in der Ausbildung und Festhaltung der räumlichen und zeitlichen Beziehungen, in der Möglichkeit zur bewußt gelenkten Analyse und der Zufügung von emotionalen und motivationalen Komponenten. Die weitgehend gelernte Motorik des Menschen wird außer durch Vormachen und Probieren vornehmlich durch verbale Beschreibungen und Kommandohilfen erworben und befestigt, außerdem liefert die Sprache wesentliche Anteile des Handlungsentwurfes und der Kontrolle seiner Einhaltung bei der Ausführung. Auf dem Gebiet der vegetativen Funktionen können zahlreiche Teilkomplexe und ganze Verhaltensweisen sprachlich evoziert oder modifiziert werden (z. B. Atmung, Herz-Kreislauf, äußere und innere Sekretionen bzw. Verhaltensweisen der Ernährungsfunktion, der Sexualfunktion und viele andere). Besonders hervorgehoben wird der Einfluß auf die Aktivitätsregulation und die Steuerung des Wachzustandes bzw. des Bewußtseins mit Einwirkungen auf die Bewußtseinshelligkeit, die Bewußtseinsbeweglichkeit und die Herstellung einer Bewußtseinsgliederung mit Richtung und Verteilung der Aufmerksamkeit entsprechend den Relevanzen in einer Situation sowie der Herstellung einer relativen Bewußtseinskontinuität, der Trennung von Ich und Umwelt und der Möglichkeit einer Ich-Bildung und einer Selbstreflektion. —

Vorgelegt werden Veröffentlichungen von: Hermann Berg, Ernst Neef, Erich Rammler, Erich Strack, Dietrich Uhlmann.

Sitzung am 24. März

Vortrag des Herrn Walter Brednow: „Spiegel, Doppelspiegel und Spiegelungen — eine wunderliche Symbolik Goethes". — Goethes Farbenlehre ist in ihrem experimentellen Teil maßgebend von dem Physiker Joh. Thomas Seebeck gefördert, dessen Doppelspatprisma Goethe schon 1813 vielfach benützt hat; aber auch seine Versuche zu den „entoptischen Farben“ sind entscheidend mitbestimmt durch Seebecks optische Versuche über Reflexion und Spiegelung polarisierten Lichts. Goethes optische Versuche mit einem Doppelspiegelapparätchen und einem Glaswürfel zwischen den Spiegeln als dem Element der „Trübe“ bestimmten maßgebend die Vorgänge der Spiegelung im physikalisch-mathematischen und ebenso im übertragenen Sinne einer „sittlichen, wiederholten Spiegelung“. Es wird eingehend den vielfältigen „Spiegelungen“ nachgegangen, wie sie sich sowohl in den entoptischen Versuchen als auch in der Dichtung manifestieren, so im Divan, in Hermann und Dorothea u. a. Aber als „Spiegelung“ ist auch die erlebnisreiche Rückerinnerung und Darstellung geliebter Personen zu verstehen, deren Wiedergestaltung im Symbolcharakter der „Spiegelung“ als Bildwirklichkeit geschaffen wird. Von hier aus leuchtet es ein, daß die sinnlichen Eindrücke physikalischer Versuche und die sinnlich-sittlichen Spiegelungen nicht aus getrennten geistigen Impulsen entstehen: etwa wissenschaftlich-intellektuell oder künstlerisch-dichterisch, sondern daß beide „gleichzeitig aus einem gewissen Mittelpunkt“ hervorgehen. — Erschienen in den Sitzungsberichten Bd 112 (1975) H. 1.

Vorgelegt werden Veröffentlichungen von: Herbert Jordan, Adolf Watznauer.

Sitzung am 16. Mai

Vortrag des Herrn Hermann Berg: „Metamorphosen der DNS-Doppelhelix“. — Seit der Aufstellung des Strukturmodells der Desoxyribonucleinsäure durch Watson und Crick vor 22 Jahren ist die „Erbsubstanz“ mit chemischen und physikalischen Methoden bearbeitet worden, um ihre Stabilität und Funktion kennenzulernen. Daher sind die molekularen Dimensionen ihrer Doppelhelix heute bis auf Bruchteile von Å bekannt. Weiterhin wurden sterische Modifikationen entdeckt, die sich in verschiedenen Lösungsmedien oder in Wechselwirkung mit Proteinen und Wirkstoffen herausbilden. Diese Formenvielfalt läßt sich erweitern durch lokale Störungen der Basenpaarungen in der Doppelhelix nach Einwirkung von Strahlungen und chemischen Agenzien. In der Zelle können diese Schäden repariert werden, aber auch Mutationen auslösen.

In diesem Rahmen werden die Grundzüge der Ergebnisse unseres Laboratoriums gestellt. Ausgehend von Interaktionen zwischen DNS und Antibiotika werden

a) die Kinetik der Komplexbildung und -zerfall unter Denaturierung der Doppelhelix,
b) die Lichtschädigung der Basen und
c) deren Elektronenaustausch

behandelt. — Erscheint in den Sitzungsberichten.

Vorgelegt werden Veröffentlichungen von: Kurt Schwabe.

Sitzung am 13. Juni

Vortrag des Herrn V. I. Spitzin und A. F. Kuzina, A. A. Oblowa, M. I. Glinkina, L. I. Stepowaja (Institut für Physikalische Chemie der Akademie der Wissenschaften der UdSSR, Moskau): „Über den Mechanismus der elektrochemischen Reduktion von Pertechnetat-Ionen“. — Im Vortrag wurde über Ergebnisse aus der Untersuchung der elektrochemischen Reduktion von Pertechnetat-Ionen in schwefelsaurer Lösung berichtet. Es wurde gezeigt, daß sich auf der Platinkathode ein Niederschlag von reinem metallischen

Technetium bildet. In der Lösung reichert sich eine Technetium-(IV)-Verbindung graubrauner Farbe an. Die spektrophotometrische Untersuchung dieser Verbindung bei verschiedenen pH-Werten sowie auch elektrophoretische Messungen haben gezeigt, daß die Verbindung der formelmäßigen Zusammensetzung $[Tc(OH)_2(SO_4)_2]^{2-}$ entspricht. Bei pH-Werten über 4 wird dieses Komplexion hydrolysiert und es entsteht in der Lösung ein Niederschlag von $TcO_2 \cdot 2H_2O$. Diese Vorgänge verringern die Ausbeute an metallischem Technetium während der Elektrolyse. — Erscheint in den Sitzungsberichten.

Sitzung am 17. Oktober

Vortrag des Herrn Herbert Jordan: „Kurorttherapie: Prinzip und Probleme". — Die Kurorttherapie spielt im System der medizinischen Betreuung in allen Ländern traditionsgemäß eine nicht unerhebliche Rolle. In der Konzeption eines sozialistischen Gesundheitswesens ist sie ein voll integrierter Bestandteil des Heilplanes. Die Anwendung der naturgegebenen Heilfaktoren — Heilwässer, Peloide, Bioklima — im Verein mit Maßnahmen der Physiotherapie und der Pharmakotherapie, die das Wesen der Kurorttherapie ausmacht, verkörpert praktisch das Maximum der ärztlichen Nutzung der Umweltfaktoren für den Menschen. Ihr zielstrebiger Einsatz unter Berücksichtigung der landschaftlichen, kulturellen und gesellschaftlichen Milieufaktoren des Kurortes ermöglicht eine komplexe Reaktionstherapie, die in typischen Phasen verläuft und spezifische mit unspezifischen Effekten vereinigt. Daraus leiten sich Besonderheiten ihres Aufbaues, ihrer Kontrolle und ihrer Effektivitätsbeurteilung her, die sowohl an die ärztliche Führung des Kranken als auch an die wissenschaftliche Ergebnisermittlung bestimmte Anforderungen stellt. Die sich aus der Komplexbeanspruchung der reaktiven Leistungsfähigkeit des Kranken im Kurort ergebenden Wirkungen bedeuten insgesamt einen umfassenderen therapeutischen Angriff, als er im Alltagsmilieu des Kranken oder in der Klinik möglich ist. Dieser Pluseffekt ist ein Charakteristikum der Kurorttherapie. Dem Kurort die volle Nutzung dieser Spezifität zu erhalten bedarf es eines wirksamen Schutzes der Heilmittel und der Totalität des Kurortes als ärztlicher Raum. Daraus ergeben sich konkrete Probleme für beispielsweise die Geohydrologie, der Bioklimatologie, der Balneotechnik, der Landschaftspflege, der Gesundheitsbildung, der Verkehrserschließung, des „Ballungsraumes" u. ä. m. Die innere Problematik der Kurorttherapie liegt in der zeitlichen Begrenzung der Kur und damit in den Fragen der Behandlungsdauer, der Kurwiederholung im Gesamtbehandlungsplan, ferner in der Indikationsprofilierung und der Unterschiedlichkeit der präventiven, therapeutischen und rehabilitativen Kurziele. Der Vergleich relevanter Parameter zu Beginn und am Ende der Kurortbehandlung ist nur unter Anwendung eines die Ausgangs-Endwert-Problematik berücksichtigenden biometrischen Konzeptes möglich, an dessen Beachtung durch die Spätauswirkung der Kurorttherapie (der „Kurerfolg") gebunden ist. Mit ihm, insbesondere der Methode der „Streuung der täglichen Änderungen" von repräsentativen Werten, lassen sich die kollektivtypischen Verhaltensweisen differenzierter therapeutischer Gruppen anschaulich darstellen, wobei die Kurablaufsphasen und die jahreszeitlich bedingten Einflüsse auf Kurverlauf, Kureffekt und Kurerfolg deutlich werden. In ihrer Komplexität ist die Kurorttherapie sowohl das bedeutendste Teilgebiet der Physiotherapie als auch eine ärztliche Disziplin, die dem Idealbild einer „Ganzheitstherapie" praktisch bemerkenswert nahezukommen vermag. — Erschienen in den Sitzungsberichten Bd 112 (1976) H. 3.

Vorgelegt werden Veröffentlichungen von: Werner Heisenberg, Herbert Jordan, Kurt Schwabe.

Sitzung am 12. Dezember

Vortrag des Herrn Klaus Dörter: „Probleme und Erfahrungen bei der Entwicklung einer intensiven landwirtschaftlichen Produktion im Landschaftsschutzgebiet des Harzes". — In den Jahren 1967/68 ist das gesamte Territorium des Harzes in der DDR auf Grund seiner hohen Bedeutung für das Erholungswesen zum Landschaftsschutzgebiet erklärt worden. Die polyfunktionale Landschaft hat jedoch auch für die Wasserwirtschaft, für den Bergbau, für die Fortstwirtschaft und in besonderem Maße für die sozialistische Landwirtschaft eine beachtliche Bedeutung. Eine sorgfältige und vorausschauende wissenschaftlich begründete Abstimmung dieser Funktionen ist eine Voraussetzung für eine schützende, aber hocheffektive Nutzung der natürlichen Ressourcen Boden und Wasser und damit zugleich auch die Grundlage, ästhetischen Belangen sowie der Erhaltung der Mannigfaltigkeit der Landschaft entsprechend den Landschaftspflegeplänen gerecht zu werden. Neutrale, korrespondierende und konkurrierende Einflüsse sowie Nebenwirkungen der verschiedenen Funktionen bedürfen einer Analyse der Landschaftsphänomene, ihrer kausalen Zusammenhänge, der funktionellen Bedeutung der Landschaftselemente, der gegenwärtigen und zukünftigen Prozeßabläufe sowie der Interferenzen der verschiedenen Funktionsfelder. Für die Landwirtschaftlichen Produktionsgenossenschaften und Volkseigenen Güter sowie ihre Kooperationen im Harz haben die Prinzipien des Entwicklungsprozesses der sozialistischen Landwirtschaft mit der stufenweisen Einführung industriemäßiger Produktionsmethoden ihre volle Gültigkeit; sie bedürfen jedoch für die künftige Gestaltung des Gebietes standortspezifischer, mit den übrigen Funktionsfeldern abgestimmter Lösungswege.

Die Entwicklung der intensiven landwirtschaftlichen Produktion im Harz im Zeitraum 1945 bis 1975 wird unter besonderer Berücksichtigung der Hauptproduktionsrichtungen Futterbau-Rinderproduktion, eines hohen Düngereinsatzes in Verbindung mit Fragen der Einschränkung der Eutrophierung in Fließgewässern des Trinkwasserschutzgebietes der Ostharztalsperren sowie der Flurneugestaltung mit der Schlagausformung und Schlagvergrößerung für den Einsatz großdimensionierter Technik dargestellt. Dabei werden Ergebnisse eigener Forschungsarbeiten der vergangenen 20 Jahre herangezogen.

Es wird nachgewiesen, daß eine derartige hochentwickelte Landwirtschaft mit ihrer ureigensten landeskulturellen Aufgabe, die Ernährung der Bevölkerung der DDR zu sichern, auch im Harz für die Erhaltung und weitere Entwicklung dieser polyfunktionalen Landschaft notwendig ist, wobei durch die industriemäßigen Produktionsverfahren Potenzen mobilisiert werden können, die dem Anliegen des Landschaftsschutzes zugute kommen dürften.

Im Zusammenhang mit einer Reihe von Schlußfolgerungen wird auf die Notwendigkeit der Regelung spezieller Probleme, wie z. B. der Bewirtschaftung der engen Täler und extremen Hänge, der Pflege einer vertretbaren Zahl von Naturschutzgebieten, der weiteren Überwachung der Eutrophierung und der Flurneugestaltung ohne eine unnötige Vereinfachung der Landschaft hingewiesen sowie entsprechende Lösungswege empfohlen, die einer möglichst optimalen Mehrfachnutzung des Landschaftsschutzgebietes dienen können. — Erschienen in den Sitzungsberichten Bd 113 (1978) H. 3.

1976

Sitzung am 23. Januar

Vortrag des Herrn Ernst Neef: „Analyse und Prognose von Nebenwirkungen gesellschaftlicher Tätigkeit im Naturraum". — Die Arbeitsgruppe „Naturhaushalt und Gebietscharakter" der SAW hat seit 1974 in verstärktem Maße Untersuchungen zum heutigen Thema angestellt. Sie fügen sich organisch in die Reihe der bisherigen Untersuchungen ein, über die zunächst einige Mitteilungen gegeben werden, um die Basis der hier vorzutragenden Konzeption zu verdeutlichen.

1. Beim Übergang von fachorientierten Untersuchungen zu Anwendungen auf Umweltprobleme ist zu beachten, daß eine neue Wichtung der Erkenntnisse eintritt. Aus vielen fachspezifisch wertvollen Aussagen müssen die umweltrelevanten herausgearbeitet werden. Wie in der Physischen Geographie dürfte auch in anderen Disziplinen eine solche Auslese unbedingt notwendig sein. Andernfalls wird die Umweltforschung mit einem ungeheuren Ballast „unfertiger" Zuarbeit belastet, was Verzögerungen und Mißverständnisse hervorrufen muß.

2. Gesellschaft und Natur sind Seinsbereiche mit unterschiedlichen Gesetzmäßigkeiten und Argumentationsverfahren. Die wissenschaftlich zulässige Verknüpfung gesellschaftlicher und natürlicher Vorgänge setzt ein Bindeglied voraus, das die Transformation von Größen aus dem einen Kausalbereich in einen anderen gestattet. Als das entscheidende und einzige mögliche Bindeglied werden die Arbeitsprozesse in Natur und Gesellschaft erkannt, die beide auf den gleichen Größen in Stoff- und Energiehaushalt beruhen.

3. Aus dieser Identität und der ja allerorts festzustellenden Einbeziehung physikalischer und chemischer Prozesse in die Maßnahmen der Gesellschaft ergibt sich, daß notwendigerweise die gesellschaftlich bestimmten Aktivitäten [in der Landschaft] auf Struktur und Dynamik der Naturräume einwirken, Nebenprozesse und Nebenwirkungen in der Landschaft also unvermeidbar sind.

4. Hauptwirkungen (als die geplanten Ziele der technischen Maßnahmen im Territorium) und Nebenwirkungen (als nicht geplante, oft nicht abrechenbare und vielfach nicht vorhergesehene Begleiterscheinungen) sind daher als eine Einheit zu betrachten. Dabei können die Hauptwirkungen als der positive oder direkte Zweig der Beziehung Gesellschaft — Natur aufgefaßt werden. Für diesen sind die sogenannten „Anforderungsbilder" (Forderungen der gesellschaftlichen Funktionen an die Naturraumpotentiale) erarbeitet worden. Zahlreiche in der technischen und ökonomischen Literatur festgelegten Untersuchungsergebnisse stützen diese gesellschaftliche Tätigkeit, die die von der Natur dargebotenen Reichtümer in Gebrauchswerte der verschiedensten Art umsetzt. Für die Nebenwirkungen als den oft negativen und indirekten Zweig der Beziehung Gesellschaft — Natur gibt es noch keine zureichenden analytischen Untersuchungen, sondern nur recht allgemeine Feststellungen in Form recht grober Input-Output-Beziehungen. Diese Beziehungen müssen so weit aufgeklärt werden, daß die Ergebnisse auch prognostisch verwertbar sind. Aus zahlreichen Teiluntersuchungen ist die folgende Konzeption erarbeitet worden:

— Nebenwirkungen beruhen auf meist meßbaren Veränderungen von Größen des Naturhaushaltes, indem der gesellschaftliche Arbeitsprozeß durch Zufuhr definierter Stoffe, durch Entnahme bestimmter Materialien, durch Zufuhr oder Verbrauch von Energie im Natursystem wirksam wird (Umlagerungsvorgänge eingeschlossen). Damit sind die *auslösenden Momente* gegeben.

- Jede einzelne dieser Einflußnahmen stofflicher oder energetischer Art wirkt als *Impuls*, der auf das Nervensystem ausgeübt wird.
- Sie verändern das Gleichgewicht des bestehenden Natursystems oder einzelner Teilsysteme.
- Damit werden *Folgeprozesse* ausgelöst, die mit naturgesetzlicher Notwendigkeit ablaufen.
- Diese Folgeprozesse sind die eigentliche *Impulsantwort* des Natursystems auf die gesellschaftlichen Innovationen.
- Die erste Serie spontaner Reaktionen verändert auch die Bedingheit für weitere im Naturraum ablaufende Prozesse, die nun ihrerseits eine Abwandlung erfahren. An diese sekundären Wirkungen schließen sich wiederum weitere an: es entsteht eine Wirkungskette oder *Reaktionskette*.
- Diese Vorgänge erfolgen in der *Zeit*. Daher sind Charakteristiken des zeitlichen Ablaufes (Beschleunigung, Verzögerung, Änderung von Andauerzeiten, Summationseffekte usw.) erforderlich.
- In entsprechender Weise muß die *räumliche Ordnung* beachtet werden (Bewegungs- und Diffusionsvorgänge, Migration von Stoffen, Interferenzfelder, Ort der maximalen Wirkung usw.).

An einem der von der Arbeitsgruppe erarbeiteten Beispiele wird diese Abfolge demonstriert und zu einem allgemeinen Grundschema verdichtet (Abb. 1), das für einen Impuls die Ablaufkette darstellt. Dieses allgemeine Schema wird jedoch nur fruchtbar, wenn es durch induktive Untersuchungen im Landschaftsraum unterbaut und damit konkretisiert wird. Die bisherigen Erfahrungen lassen vermuten, daß dieses Schema als allgemeines Modell für Folgeprozesses aller Art und die Entwicklung von Nebenwirkungen verschiedener Art im Naturraum Gültigkeit hat.

Um die Erkenntnisse prognostisch verwertbar zu machen, sind zwei Arbeitsschritte erforderlich, die es gestatten, die Erfahrungen ohne Verzug in planerische Überlegungen einzubauen.

Erstens müssen die Impulse und ihre auslösenden Momente systematisiert und nach den Reaktionsketten, die sie auslösen oder an denen sie mitbeteiligt sind, geordnet werden. Natur- und technische Wissenschaften stellen dafür eine Fülle nützlicher Informationen zur Verfügung. Für eine solche Zusammenfassung zu gesetzmäßigen Normabläufen, Reaktionsketten und dergleichen stehen bereits Beispiele aus verschiedenen Wissensgebieten zur weiteren Auswertung bereit. Allein durch gezielte Organisationen der Auswertung könnten für die Prognose wertvolle Grundlagen geschaffen werden.

Zweitens müssen die Impulsantworten, begründet in Struktur und Dynamik der Naturräume und deren Reaktionsweise, durch systematisierende Beschreibung und Ordnung der Ausstattungsmerkmale der Naturräume, überschaubar gemacht werden. In diesem Sinne arbeitet die Arbeitsgruppe an einer „Rahmenmethodik für Aufbau und Laufendhaltung von Katasterunterlagen für Landschaftseinheiten sowie für die Dokumentation von Landschaftselementen", die über die Forschungskooperation auch auf internationaler Ebene eingesetzt werden soll.

Die Zeitabläufe einzelner Folgeprozesse lassen sich an Hand eines Modells der kausalen Verknüpfung von Wandlungen der Kulturlandschaft (Neef 1952, 1967) genauer festlegen. Daraus kann man eine relativ genaue Einschätzung der im Zeitintervall eines solchen Prozesses eintretenden ökonomischen und landeskulturellen Schäden und die daraus erwachsenden Kosten gewinnen. Der Einbau der bisher für die Vorarbeiten und Durchführung von kompensierenden Gegenmaßnahmen bei Landschaftsschäden durchgeführten

Überlegungen und Maßnahmen in das Stadium der Planung würde beträchtliche Einsparungen mit sich bringen und zahlreiche Nachteile aus Nebenwirkungen von vornherein vermeiden helfen.

Insgesamt sollen die vorgetragene Konzeption und die bisherigen Erfahrungen aus den Beispielsuntersuchungen belegen, daß für die im Landeskulturgesetz geforderten Maßnahmen der Landschaftsplanung entscheidende wissenschaftliche Grundlagen zur Verfügung gestellt werden können.

Sitzung am 13. Februar

Vortrag des Herrn Dietrich Uhlmann: „Möglichkeiten und Grenzen einer Regenerierung geschädigter Ökosysteme". — Das Problem, daß die Belastbarkeitsgrenzen der natürlichen oder naturnahen Ökosysteme bereits erreicht oder überschritten werden, spielt heute im weltweiten Maßstab eine große Rolle. Deshalb müssen die großen Möglichkeiten, über welche die Technik verfügt, auch bewußt für die Erhaltung von Ökosystemen eingesetzt werden.

Bei der Regenerierung geschädigter Ökosysteme besteht meistens der verständliche Wunsch, daß der Erfolg der eingeleiteten Maßnahmen möglichst bald sichtbar werden soll. Dieser Erfolg hängt primär vor allem von den physikalischen, chemischen und biologischen Zeitkonstanten ab. In einem schnellfließenden Gewässer ist die Erneuerungsrate des Wasserkörpers so groß, daß ein Belastungsstoß (z. B. mit einer nichtabbaubaren toxischen Substanz) schon im Verlauf von Stunden oder Tagen auf wenige Prozent der Ausgangskonzentration reduziert wird. Hingegen beträgt die theoretische Verweilzeit des Wassers in vielen Seen mehrere Jahrzehnte, in manchen sogar Jahrhunderte. Die biologische Zeitkonstante „Verdopplungszeit" steht in direkter Beziehung zum durchschnittlichen Körpervolumen der betrachteten Art. Während bei den meisten höheren Organismen die Generationsdauer Monate, Jahre oder, wie z. B. bei der Flußperlmuschel, mehrere Jahrzehnte beträgt, sind Mikroorganismen organisch belasteter Gewässer so schnellwüchsig, daß sie sich binnen weniger Tage an eine erhöhte oder verringerte Belastung anpassen können. Man kann bei hohen Frequenzen der Belastung eines Ökosystems (z. B. zwei Überschreitungstage pro Jahr) mit toxischen Stoffen leicht ermessen, daß sich der Artenbestand der Tier- und Pflanzenwelt in relativ kurzer Zeit stark zugunsten weniger widerstandsfähiger „Pionier-Arten" verändern muß, deren wesentliche „Strategie" die Beibehaltung einer sehr hohen Wachstums- und Ausbreitungsrate ist. Solche Arten sind auch am ehesten in der Lage, einen „Totalverlust" zu ersetzen.

Je häufiger die Störungen eines Ökosystems z. B. auch in Form einer unbeabsichtigten „Mitbehandlung" durch Pflanzenschutz- und Schädlingsbekämpfungsmittel, desto geringer der Artenreichtum sowie die Farben- und Formenvielfalt des Organismenbestandes.

In vielen Seen ist infolge erhöhter Zufuhr von Pflanzennährstoffen die Phytoplanktonproduktion so stark angestiegen, daß die Belastung des Tiefenwassers mit abbaubarem organischem Material in den Stagnationsperioden zu vollständigem Sauerstoffschwund führt. Betrachtet man den zeitlichen Verlauf des Sauerstoffgehaltes im Tiefenwasser der Ostsee, so zeigt sich in den letzten Jahren eine O_2-Abnahme, deren Gradient immer steiler wird. Ein derartiger Degradierungsprozeß ist sehr schwer zu bremsen, sofern er erst im fortgeschrittenen Stadium erkannt wird.

Die Chancen, in relativ kurzer Zeit die „Generalreparatur" eines überlasteten Ökosystems abschließen zu können, sind groß, wenn die physikalische Erneuerungsrate des Systems im Vergleich zu den Zeitkonstanten der biologischen Umsetzungen groß ist. Dies gilt z. B. für die Verringerung von Immissionen und die Sanierung von Fließgewässern. Bei sehr langen Verweilzeiten des Wassers hingegen hat dessen Erneuerung nur einen geringen Einfluß auf den Stoffumsatz. Bestimmend sind jetzt vor allem die Geschwindigkeitsbeiwerte der biochemischen Reaktionen, die sich im wesentlichen nur bei Organismengruppen wie Bakterien, Phytoplankton und Protozoen in einer Größenordnung bewegen, welche zu raschen Änderungen führen kann, sowie jener chemischen und physikochemischen Prozesse, die ebenfalls zu einer Dekontamination beitragen.

Zweifellos gehört die Fähigkeit vieler Ökosysteme, schädliche Substanzen abbauen oder inaktivieren zu können, zu den wichtigsten Naturreichtümern. Bei Substanzen, die zwar in die feste Phase überführt, aber nicht mikrobiell abgebaut werden können, muß jedoch bedacht werden, daß eine 100%ige Ausnützung dieses Speichers den Verlust des Schadstoffbindungsvermögens bedeutet.

Die Rekultivierung von Bergbaufolgelandschaften sowie die Planung von Trinkwassertalsperren stellen Beispiele für künstliche Ökosysteme dar, die auch für anspruchsvolle Nutzungen geeignet sind und, in Übereinstimmung damit, sich durch einen bemerkenswerten Reichtum an Organismenarten auszeichnen.

Die zeitliche Zunahme des Artenbestandes in neu entstandenen Ökosystemen entspricht einer Sättigungskurve, deren theoretischer Höchstwert dem Arten-Fonds in den „Impf-Arealen“ gleichzusetzen ist. Durch zielgerichteten Einsatz der Möglichkeiten, welche die Technik bietet, kann die Entwicklung einer Vegetationsdecke wesentlich verkürzt werden. — Während in Restseen, denen schwefelsäurehaltiges Oberflächen- und Sickerwasser von sulfidreichen Tertiärkippen zufließt, noch nach mehr als 50 Jahren pH-Werte von weniger als 3,5 vorhanden sein können, ist bei weniger extremen Wasserchemismus bereits nach 10 bis 15 Jahren ein geschlossener Gürtel der für Seen kennzeichnenden Überwasserpflanzen ausgebildet. Da die meisten Tagebau-Restseen sowohl auf Grund ihrer Beckenform als auch ihres Grundchemismus primär oligotroph sind, verdient die Möglichkeit, in der Nähe dichtbesiedelter Industriegebiete neue Klarwasserseen zu schaffen, die u. a. der Erholungsnutzung dienen können, große Beachtung. Hingegen sind die meisten natürlichen Seen in der DDR auf Grund einer verhältnismäßig geringen Tiefe und eines nur schwachen Wasserdurchsatzes außerordentlich stark anfällig gegen eine erhöhte Belastung mit Pflanzennährstoffen. Sehr viele von ihnen weisen Symptome einer weit fortgeschrittenen Eutrophierung wie z. B. Sauerstoffschwund im Tiefenwasser und Massenentwicklungen von Planktonalgen auf. Die Erhaltung einer Wasserbeschaffenheit, die auch anspruchsvollen Nutzungen genügt, ist hier auf die Dauer nur durch erhebliche Aufwendungen für Sanierungsmaßnahmen möglich. Solche Seen, in deren Bodensediment sich große Phosphatvorräte akkumuliert haben, reagieren auf eine stufenförmige Verringerung der Nährstofflast so träge, daß der Übergang zu einer neuen Gleichgewichtseinstellung nicht selten Jahrzehnte beansprucht.

Damit der Nutzen von bereits im Einzugsgebiet getätigten Investitionen (z. B. Abwasserbehandlung mit Nährstoff-Rückhaltung) bald sichtbar wird, ist es daher erforderlich, durch geeignete großtechnische Maßnahmen auch die innere Kreislaufnutzung der bereits im Ökosystem vorhandenen Nährstoffvorräte zu unterbrechen.

Da die fortgeschrittenen Degradierungsprozesse unerwartet schnell verlaufen, erscheint es dringend erforderlich, auch die Entwicklung der naturwissenschaftlichen Grundlagen zu fördern, welche die Voraussetzungen für den Einsatz der im Regelfall erheblichen ökonomischen Mittel schaffen. — Erscheint in den Sitzungsberichten.

Sitzung am 12. März

Vortrag des Herrn Artur Lösche: „Kernspinresonanzuntersuchungen an Flüssigkristallen". — An einigen Beispielen wird gezeigt, wie man mit Hilfe moderner hochfrequenzspektroskopischer Methoden Informationen über die Struktur und über dynamische Prozesse in kondensierten Phasen erhalten kann.

Die Eigenschaften der Materie werden wesentlich durch die Anordnung der molekularen Bausteine bestimmt. Hierbei sind Möglichkeiten denkbar, die nicht den drei „klassischen" Aggregatzuständen, fest, flüssig und gasförmig, entsprechen; sie zeigen Ordnungen, die zwischen der des flüssigen und des kristallinen Zustandes liegen. Derartige Mesophasen wurden erstmals 1888 von Reinitzer und O. Lehmann entdeckt; sie werden als Flüssigkristalle bezeichnet. Heute sind über 5000 Verbindungen bekannt, die solche Erscheinungen zeigen. Das Interesse hieran ist besonders in den letzten 10 Jahren rasch angewachsen, da man zahlreiche technische Anwendungsmöglichkeiten gefunden hat; weiterhin sind bestimmte Phasen als Modellsubstanzen geeignet. All diese Eigenschaften hängen von den zwischenmolekularen Wechselwirkungen ab, deren Studium zum Verständnis vieler biologischer Phänomene wesentlich ist. Im folgenden werden thermotrope Phasen untersucht.

Mit der Kernspinresonanz (vielfach als NMR = nuclear magnetic resonance bezeichnet) läßt sich relativ leicht der Ordnungsgrad nematischer Phasen bestimmen. Dabei zeigte sich, daß man nicht nur die Orientierung von para-substituierten Benzolringen, sondern auch der anderen Teile der länglichen Moleküle bestimmen kann.

Smektische Phasen zeigen i. a. eine so hohe Viskosität, daß sie im Magnetfeld wie ein Einkristall gedreht werden können. Dabei findet man einen wesentlichen Unterschied zwischen der Winkelabhängigkeit der Protonen-Spektren der A- und der C-Phase. Dies führt zu einem neuen Modell der A-Phase und einem neuen Mechanismus des Überganges A—C.

Es ist schon längere Zeit bekannt, daß Phasenübergänge sich bei diesen molekularen Systemen bereits einige Grade vor der Umwandlungstemperatur andeuten. Bei der Kristallisation aus der nematischen Phase konnten aber im Übergangsbereich mit NMR, aber auch mit Brechungsänderungen noch isotrop-flüssige Anteile nachgewiesen werden, die sowohl im nematischen, als auch im kristallinen Bereich fehlen. Der Anteil ist zwar von der Konzentration an Verunreinigungen abhängig, besteht aber nur aus Molekülen der Grundsubstanz. Hieraus lassen sich Vorstellungen über den Kristallisationsvorgang schlechthin knüpfen.

Weitere Untersuchungen über die Selbstdiffusion, das Orientierungsverhalten nematischer Phasen werden kurz gestreift. — Erscheint in den Sitzungsberichten.

Vorgelegt werden Veröffentlichungen von: Ulrich Freimuth, Paul Görlich, Ernst Neef, Adolf Watznauer.

Sitzung am 21. Mai

Vortrag des Herrn Erich Rammler: „Zwei Jahrzehnte Entwicklung des Einsatzes der Energieträger Kohle und Erdöl im Weltmaßstab". — Die Problematik der Deckung des Energiebedarfes ist einer der wichtigsten Faktoren künftiger Menschheitsentwicklung. Schon in der kurzen Zeitspanne der letzten 25 Jahre traten dramatische Ereignisse ein. Es entbrannte der Kampf zwischen den fossilen Energieträgern Erdöl und Kohle. Betrug zur Jahrhundertwende der Anteil der Kohle am Energiebedarf der Welt noch 95 Prozent und lag 1950 die Erdölförderung erst bei 40 Prozent der Steinkohlenweltförderung, so brach in der zweiten Hälfte der fünfziger Jahre eine Woge von Erdöl und Erdgas in die Industriestaaten der Welt ein, begleitet von einem Rückgang der Ölpreise um 40 Prozent. Um 1960 wurde der Konkurrenzdruck des Erdöls so stark, daß die Entwicklungskurve der Steinkohlenförderung kraß abgeknickt wurde. Sie stieg zwischen 1960 und 1970 nur von 1,97 auf 2,13 Mrd. t, während die des Erdöls gleichzeitig auf 2,5 Mrd. t oder 35 Mrd. t SKE (Steinkohleneinheiten) wuchs. Der kalorische Gleichstand wurde 1964, der tonnenmäßige 1969 erreicht. Der Vortragende behandelte im einzelnen die Schrumpfungserscheinungen in der Steinkohlenförderung der westlichen Industriestaaten, die zur „Abdankung" Großbritanniens und der BRD als Kohlengroßmächte führte, während die VR Polen — hinter USA, UdSSR, China — sich zum viertwichtigsten Steinkohlenproduzenten der Welt entwickelte.

Hofmann und Rammler hatten schon 1966 darauf hingewiesen, daß in Ländern, wie denen des Nahen Ostens, für die das Erdöl Basis ihres nationalen Wohlstandes ist, Bestrebungen auftreten, die Erdölförderung zu kontingentieren, damit dieser Wohlstand nicht zu rasch verfliege. In der Tat sahen sich im Herbst 1973 die kapitalistiachen Länder einer ersten Erdölkrise durch Lieferkontingentierung der OPEC, des Erdölexportverbandes der arabischen Staaten, des Irans und der nordafrikanischen Länder gegenüber, wobei dieser das Erdöl als Waffe in der hohen Politik einsetzte. Der Vortragende behandelte die Entwicklung der Erdölförderung und ihre Verteilung auf die einzelnen Förderländer und zeigte u. a. auf, daß die OPEC 1972 über 50 Prozent der Welterdölförderung kontrollierte, ein Anteil der die Förderung der beiden Erdölgroßmächte USA und UdSSR zusammen übertraf. Im Jahre 1974 folgte das zweite dramatische Ereignis: die Erhöhung des Rohölpreises auf das 4fache.

Der Vortragende kennzeichnete die Prognosen des Primärenergiebedarfs der Welt für 1985, die vor der Ölkrise aufgestellt wurden und eine Steigerung der Ölförderung auf 5 Mrd. t/a erwarteten, als Illusion. Sie seien auch energiewirtschaftlich unvernünftig, weil sie eine Lebensdauer der Erdölvorräte nur bis 2045 erwarten ließen, während sie z. B. bei Begrenzung auf 3,5 Mrd. t/a bis auf das Jahr 2075 sich erhöhen würden. Er wies weiterhin auf das amerikanische Programm hin, Erdöl-Ersatz-Energiequellen durch Verarbeitung von Ölschiefern und Teersanden und durch chemische Veredlung von Steinkohle zu erschließen. Der Umfang des come back der Steinkohle — für Feuererungszwecke wie für die chemische Veredlung — wird beachtlich größer werden, als aus den vor der Ölkrise aufgestellten Prognosen erwartbar war. — Erschienen in den Sitzungsberichten Bd 112 (1977) H. 6.

Vorgelegt werden Veröffentlichungen von: Manfred Gersch, Herbert Jordan, Kurt Schwabe.

Sitzung am 17. September

Vortrag des Herrn Kurt Schwabe: „Über freie Überführungsenthalpien von Einzelionen beim Übergang von Wasser in organische Lösungsmittel". — Elektrolytlösungen in organischen Lösungsmitteln gewinnen in den letzten Jahren immer mehr praktische Bedeutung, einmal für die Elektrosynthese organischer Verbindungen und zum anderen in galvanischen Elementen. Dabei spielen auch die thermo-dynamischen und kinetischen Eigenschaften der Einzelionen eine wichtige Rolle. Die Aktivitätskoeffizienten der Einzelionen in den organischen Medien lassen sich ebenso wenig exakt bestimmen wie die in Wasser. Wenn es gelänge, die freie Überführungsenthalpie von Einzelionen zu berechnen oder zu bestimmen, wäre dieses Problem gelöst. Natürlich ist auch eine zuverlässige experimentelle Bestimmung der freien Überführungsenthalpie von Einzelionen nicht möglich. In der letzten Zeit haben sich in aller Welt etwa 20 verschiedene Forschungsgruppen mit dem Problem der Bestimmung dieser Größe auf theoretischem und experimentellem Wege befaßt.

Die theoretische Berechnung erfolgt meistens auf der Grundlage der Gleichung von *Born*; obwohl bekannt ist, daß die *Born*'sche Gleichung selbst bei der Berechnung der freien Überführungsenthalpie von Elektrolyten beim Übergang von Wasser in wasserfreien Medien versagt und obwohl andererseits aus solchen Messungen der freien Überführungsenthalpie von Elektrolyten, die exakt möglich sind, hervorgeht, daß die Werte für die freie Überführungsenthalpie der binären Elemente in der Größenordnung von 5 bis 6 kcal/mol liegt, wird immer wieder versucht, durch theoretische Annahme, die Solvatationsenergien zu berechnen. Wenn dies zu einer zuverlässigen Bestimmung der Überführungsenthalpie führen soll, dann muß die Berechnung der Solvatationsenergien mit einer Genauigkeit von 2 bis 3 kcal gelingen. Das bedeutet aber, daß eine theoretische Berechnung der Solvationsenergien von mindestens 2 bis 3% notwendig ist. Da die Wechselwirkungsenergien zwischen Ionen und Lösungsmittelmolekülen sehr verschiedener Art ist, gelingt eine solche theoretische Berechnung mit dieser Genauigkeit nicht. Insofern führen solche Rechnungen zu widerspruchsvollen Ergebnissen, die nicht einmal im Vorzeichen nach übereinstimmen. Es wird eine kritische Übersicht über die bisher auf diesem Wege erhaltenen Werte für verschiedene Ionen gegeben.

Im Anschluß werden einige experimentelle Methoden zur Bestimmung der freien Überführungsenthalpie beim Übergang von einem Lösungsmittel zum anderen und ausführlich die von uns verwendete Methode der Extrapolation auf die Ionenstärke 0 mit Hilfe einer Owen-Zelle beschrieben und über die Ergebnisse berichtet.

Es kann nachgewiesen werden, daß die auch nach Extrapolation auf die Ionenstärke 0 verbleibenden Phasengrenzpotentiale klein sein müssen im Verhältnis zur gemessenen Kettenspannung. Mithin liefert dieses Extrapolationsverfahren Werte für die freie Überführungsenthalpie mit größerer Zuverlässigkeit, als theoretische Berechnungen mit extrathermodynamischen Zusatzannahmen. Daraus folgt aber auch, daß die in nichtwäßrigen Lösungen gemessenen pH-Werte mit der Wasserstoffelektrode unter Verwendung von Ketten mit Überführung einigermaßen zuverlässig sind. Dasselbe gilt nach eingehenden Untersuchungen auch bei Verwendung von Glaselektroden aus Gläsern für den alkalischen Bereich, d. h. solchen Gläsern, die eine sehr dünne stabile Quellschicht haben. — Erscheint in den Sitzungsberichten.

Vorgelegt werden Veröffentlichungen von: Horst Hanson, Werner Heisenberg, Franz Runge.

Sitzung am 15. Oktober

Vortrag des Herrn Friedrich Wolf: „Zur Selektivität von Ionenaustauschprozessen". — In dem Vortrag wird auf die derzeitigen theoretischen Vorstellungen zur Selektivität von Ionenaustauschreaktionen eingegangen, wobei die Grenzen, aber auch die Möglichkeiten zu deren Erhöhung aufgezeigt werden.

Die Erhöhung der Selektivität von Ionenaustauschreaktionen an dazu geeigneten Austauschadsorbentien ist von besonderem anwendungstechnischen Interesse. Durch eigene Untersuchungen konnte erstmalig gezeigt werden, daß durch die Anwendung eines äußeren Druckes auf das polymere Adsorbens (Ionenaustauscherharz) Erhöhungen des

Ionenselektivitätskoeffizienten um den Faktor 10 und mehr möglich sind. Diese Selektivitätsänderungen sind für verschiedene Kationen unterschiedlich, so daß sich darauf auch selektive Ionentrennprozesse gestalten lassen. Die Untersuchungen wurden in der Zwischenzeit prinzipiell auch auf das Verhalten bei Anionenaustauschreaktionen ausgedehnt und bestätigt gefunden. — Erschienen in den Sitzungsberichten Bd 112 (1977) H. 4.

Vorgelegt werden Veröffentlichungen von: Hermann Berg, Wolfgang Buchheim, Klaus Dörter, Hans Drischel, Paul Görlich, Erich Rammler.

Sitzung am 17. Dezember

Vortrag des Herrn Horst Hanson: „Lysosomen und Proteinabbau". — Anknüpfend an die in den Abhandlungen der Sächsischen Akademie der Wissenschaften 1963 und 1974 veröffentlichten Vorträge zur Thematik des intrazellulären Eiweißumsatzes und der daran beteiligten proteolytischen Enzyme wird nun auf Grund der fortgesetzten Untersuchungen der eigenen Arbeitsgruppe die besondere Rolle der Lysosomen dargestellt, die diese mit den in ihnen angehäuften proteolytischen Enzymen, den Kathepsinen, für die intrazelluläre Proteolyse spielen. Die Gewinnung der Lysosomen und die Differenzierung und Charakterisierung der verschiedenen in ihnen enthaltenen Kathepsine wird dargestellt. Besprochen werden die Fähigkeiten der Lysosomen zur Autophagie und Heterographie. Es wird die Bedeutung dieser Organellen für die Auseinandersetzung der Zellen mit Stoffen ihrer Umwelt, also z. B. zellfremden Schadstoffen, und das Problem der Stabilisierung und Labilisierung der Lysosomen als Ausdruck von Permeabilitätsänderungen der Lysosomenmembranen diskutiert. Auf die Bedeutung der Leber und ihrer Lysosomen für den intrazellulären Eiweißumsatz wird hingewiesen und über Versuche berichtet, eine Trennung der verschiedenen Zellarten der Leber zu erreichen (Hepatocyten, Kupffer'sche Sternzellen). Erste Versuche zur Gewinnung von Hepatocyten werden beschrieben, desgleichen wird über die begonnenen Modelluntersuchungen berichtet, mikrobielle Kathepsininhibitoren (Pepstatin, Leupeptin) unter Zuhilfenahme eigens hergestellter Liposomen als Träger in die Lysosomen einzuschleusen, um dadurch den intrazellulären Eiweißumsatz zu hemmen. Auf die mögliche Nutzanwendung solcher Versuche für Fragen der Einschränkung der Tumorentwicklung durch Hemmung der Eiweißverwertung oder der Förderung des Eiweißansatzes in der Tierproduktion durch Einschränkung des intrazellulären Eiweißumsatzes sowie für das Problem einer evtl. besseren Konservierung von Transplantatmaterial wird kurz eingegangen. Die Untersuchungen sollen fortgeführt werden, vor allem in der Richtung des Einflusses von Inhibitoren des Proteinabbaues auf das Überleben der Zellen (Hepatocyten, Ehrlich-Ascites-Tumorzellen), auf die Änderung der Permeabilität der Lysosomenmembran, auf die unterschiedlichen Enzymmuster in Hepatocyten und Kupffer'schen Sternzellen sowie auf die Wirkung einer Kombination von Proteaseinhibitoren und Detergentien.

Vorgelegt werden Veröffentlichungen von: Horst Hanson, Werner Heisenberg, Franz Runge, Dietrich Uhlmann.

1975

Sitzung am 17. Januar

Vortrag des Herrn Albrecht Neubert: „Zum Problem des Übersetzens". — Die Geschichte des Übersetzens ist gekennzeichnet durch die Dichotomie: „Das Übersetzen ist im Grunde unmöglich, es bleibt immer hinter dem Original zurück; das Übersetzen ist außerordentlich notwendig und von großer Bedeutsamkeit."

Für eine Wissenschaft vom Übersetzen leitet sich daraus die Aufgabe ab, die linguistischen, gesellschaftlichen, natürlichen (Klima, Milieu etc.) und kommunikativen Bedingungen der Übersetzbarkeit aufzudecken. Dabei erkennt sie als Grundlage des Kodewechsels die objektive Existenz mikro- und makrotextueller Äquivalenzbeziehungen zwischen Quellen- und Zielsprache (QS, ZS). Erstere objektivieren sich als die grammatischen und lexikalischen Entsprechungen von QS-Einheiten und -Strukturen in ZS-Äquivalenten. Letztere bestehen in den Texttypenkorrelationen von Textklassen der QS und der ZS.

Die Übersetzungstheorie bemüht sich um eine Modellierung dieser Äquivalenzbeziehungen. Sie stellt Übersetzungsparadigmata auf, die in der Regel jeweils einer QS-Einheit mehrere äquivalente ZS-Einheiten (Diversifikation) und jeweils mehreren QS-Einheiten eine ZS-Einheit (Neutralisation) gegenüberstellen. (Die 1:1-Entsprechung ist dagegen die Ausnahme.) Durch die Angabe der Bedingungen, wann eine bestimmte und nur diese eine der Mehrfachkorrelationen anzusetzen ist, kann die Darstellung der Äquivalenzbeziehungen zur Eindeutigkeit optimiert werden. Dadurch wird eine Abbildung der QS auf die ZS erreicht. Diese Modellierung stößt bei der Erfassung der makrotextuellen Äquivalenzbeziehungen auf prinzipielle Schwierigkeiten. Ihnen ist Diversifikation bzw. Neutralisation wesenhaft eigen. Damit wird die Möglichkeit mehrerer Übersetzungen eines QS-Textes gerechtfertigt. Indes steuern aber auch die Funktionen der Textklasse bzw. des Texttyps die Aufbietung bestimmter und nur dieser grammatischen und lexikalischen Realisationen. Damit erweist sich die funktionelle Äquivalenz von Texten und ihren Konstituenten als die eigentliche Basis der bedingten Übersetzbarkeit. Ihre Kenntnis und Beherrschung, die translatorische Kompetenz, ist die Voraussetzung für den erfolgreichen Vollzug des Übersetzens durch den Sprachmittler. — Erscheint in den Sitzungsberichten.

Vorgelegt werden Veröffentlichungen von: Werner Bahner, Johannes Erben, Hermann Heimpel, Iorgu Iordan, Walter Markov, Ernst Werner.

Sitzung am 14. Februar

Vortrag des Herrn Rudolf Růžička: „Über Tiefe und Oberfläche natürlicher Sprachen". — Der Vortrag widmet sich zunächst einer durchgreifenden kritischen Diskussion der Geschichte und der theoretischen Relevanz der Begriffe „Tiefen-" und „Oberflächenstruktur" in der Grammatiktheorie. Im zweiten Teil werden Modifikationen und Prinzipien erörtert, die auf eine Wandlung der beiden Begriffe hinzielen, die im Einklang mit den sich für die Semantiktheorie ergebenden Konsequenzen steht. Im besonderen wird die semantische Triftigkeit der Oberflächenstrukturen und der kontextlichen Parameter berücksichtigt. Erscheint in den Sitzungsberichten.

Vorgelegt werden Veröffentlichungen von: Rudolf Große, Rudolf Růžička, Kurt Takkenberg, Franz Wieacker.

Sitzung am 24. März

Vortrag des Herrn Werner Coblenz: „Ein Beitrag der Burgenarchäologie in Sachsen zur Geschichte des frühen Mittelalters". — Mit und nach einer wesentlichen Abnahme der germanischen Besiedlung Sachsens wandern spätestens am Ende des 6. Jh. archäologisch nachweisbar in zwei kurz aufeinanderfolgenden Strömen Westslawen aus dem Südosten über Böhmen und das Osterzgebirge kommend ins Elb-Saalegebiet ein. Bald bilden sie in den fruchtbaren Gefilden Stämme, nach dem sogenannten Bayerischen Geographen (Mitte des 9. Jh.) in civitates untergliedert. Deren zentrale Orte wurden befestigt. Zum größten Teil befinden sie sich in unauffälligem Gelände, oft an mehreren Seiten durch Sumpfland schon natürlich geschützt. Ihr umgebender Wall bestand aus Holz-/Erdekonstruktionen, spätestens seit der Zeit des Großmährischen Reiches und offenbar von dort beeinflußt zu einem großen Teil mit vorderer steinerner Blendmauer. Auch nach der Eroberung des Landes (Zerstörung Ganas und Gründung Meißens 929) wird bei vielen deutschen Stützpunkten bis weit ins 11. Jh. die gleiche Konstruktion angewandt. Da auch die bewegliche materielle Kultur weiterhin von den Slawen produziert wurde, deutete man viele Jahrzehnte alle Befestigungen des 8./9. bis 11./12. Jh. als „slawisch". Durch systematische Burgengrabungen (besonders Meißen, Zehren I und II, Köllmichen, Groitzsch, Brohna), feinere Chronologie und strenge Analyse der Burgenfunktion (erst slawische befestigte Zentralorte; ab 929 strategische Anlagen zur Sicherung des eroberten Landes) war es möglich, die Anlagen zeitlich und ihrer Bedeutung nach zu trennen. So sind die slawischen Burgen von den Deutschen in der Regel nicht übernommen worden und stellen die Burgwarde meist Neugründungen dar. Damit zeigen sich regelrechte Burgenfolgen (Zehren I — Burgberg Zehren II — Zadel; Ziegenhain und Höfgen; Mettelwitz und Leuben, Gana — Burgward „ad Ganam"). Im hohen Mittelalter läßt sich dann eine burgenabhängige Stadtentwicklung auch in Sachsen vielerorts nachweisen (u. a. Bautzen, Görlitz, Pirna, Meißen, Strehla, Nossen, Döbeln, Nerchau, Wurzen, Leipzig, Taucha, Leisnig, Rochlitz; Kleinformen Döben, Mutzschen, Dohna).

Vorgelegt werden Veröffentlichungen von: Karl Bischoff, Friedhelm Kühnert, Walter Markov, Anasthasios K. Orlandos, Kurt Rudolph.

Sitzung am 16. Mai

Vortrag des Herrn Werner Bahner: „Der volkssprachliche Humanismus in den romanischen Ländern". — Die humanistische Bewegung in den romanischen Ländern erstreckte sich im 16. Jahrhundert nicht nur auf eine Erneuerung der klassischen Studien, sondern auch auf die volle Emanzipation der zur Nationalsprache erhobenen Volkssprache. Bei den praktischen wie auch theoretischen Bestrebungen, die Volkssprache als ein für alle Lebensbereiche geeignetes Kommunikationsmittel voll zu entwickeln und allgemein durchzusetzen, tat sich zwischen den Humanisten lateinischer Observanz und den Verfechtern der Volkssprache keine unüberbrückbare Kluft auf. Die Tatsache, daß es im 16. Jh. weiterhin einige hartnäckige Verächter der Volkssprache unter den Humanisten gab, darf nicht überbewertet werden. Es war vielmehr bezeichnend, daß im Gefolge des lateinischen Humanismus der volkssprachliche Humanismus aufkam und zahlreiche namhafte Humanisten Italiens, Spaniens, Portugals und Frankreichs gleichzeitig in beiden Richtungen tätig waren. Eine Reihe von Grundsätzen, die der lateinische Humanismus erstmals in

Italien entwickelt hatte, wurden nun auf die Volkssprache übertragen, deren Pflege als notwendige und verantwortungsvolle nationale Aufgabe begriffen wurde.

Das eigentliche Manifest des volkssprachlichen Humanismus stellte die 1525 veröffentlichte Schrift „Prose della volgare lingua“ von Pietro Bembo dar. Hier gelangte erstmals das humanistische Stilprinzip der „imitatio“ auf dem Boden der volkssprachlichen Literatur selbst zur Anwendung. Damit im Zusammenhang entwickelte Bembo einige Prinzipien, die auch im volkssprachlichen Humanismus anderer romanischer Länder aufgegriffen und teilweise heftig debattiert wurden. Bembos Grundsatz, daß eine Volkssprache erst dann als emanzipiert gelten könne, wenn sie durch hervorragende literarische Werke repräsentiert werde und so in sich selbst die erforderlichen Vorbilder besitze, setzte sich in Frankreich um die Mitte und in Spanien erst in den letzten zwei Jahrzehnten des 16. Jahrhunderts durch. Die volkssprachlichen Humanisten setzten sich zwar schlechthin für die allgemeine Geltung ihrer Volkssprache ein und förderten aktiv ihre Entwicklung, doch ihr wesentliches Ziel erblickten sie vor allem darin, die Muttersprache in eine anspruchsvolle dichterische Sprache zu verwandeln. Die volkssprachliche Dichtung sollte die ganze Ausdrucksfülle der jungen Nationalsprache in exemplarischer Weise zum Ausdruck bringen, hierbei die antiken Sprachen und Literaturen erreichen, ja übertreffen, und so vom Prestige der eigenen sich formierenden Nation künden. — Erscheint in den Sitzungsberichten.

Vorgelegt werden Veröffentlichungen von: Herbert Peukert.

Sitzung am 13. Juni

Vortrag des Herrn Joachim Müller: „Thomas Manns Künstlertum und Humanitätsgewissen“. — Der Name Zauberer, den Thomas Mann im Familienkreis führte und mit dem er sich häufig in Briefen an seine Kinder unterzeichnete, wird von Klaus Mann anders als von Katia Mann erklärt: nach Klaus Manns Erinnerung beschwört der Vater die nächtlichen Gespensterängste der Kinder weg; nach Katia Mann geht der Name zurück auf ein Maskenkostüm, das ihn als orientalischen Magier präsentiert. In diesem anekdotischen Widerspruch darf man ein Sinnbild für Thomas Manns Künstlertum sehen, das sich in der Spannung von Verzauberung und Entzauberung darstellt: Angefangen vom Zauberberg-Roman, in dem die hermetische Verzauberung Krankheit und Todesnähe erfahren läßt und eine Epochenkrise signifiziert, über die Novelle „Mario und der Zauberer“, worin die Pervertierung der künstlerischen Faszination dargestellt und eine menschenschänderische Hypnose als falscher, fauler Zauber entlarvt wird, zum epischen Märchenlustspiel „Königliche Hoheit“, zum tragischen Fall auflösender Verzauberung einer strengen Künstlerexistenz im „Tod in Venedig“, zum Josephsroman, dem Menschheitsspiel im mythischen Kostüm, und der bezaubernden Schelmenfigur des Krull. In der gegebenen Thematik ist auch die Problematik des bürgerlichen Künstlers angerührt: sie prägt sich früh in dem ins Künstlertum verirrten Bürger Tonio Kröger aus, der sich nach menschlichem Kontakt sehnt, und gipfelt im „Doktor Faustus“: Der Tonsetzer Adrian Leverkühn mit seinem Süd und Nord kontrastierenden Symbolnamen erleidet paradigmatisch und epochentypisch die Qual einer teuflischen Verführung zu genialer Hochleistung im Zeichen lebensfeindlicher Abstraktion, an deren Ende die Tragödie eines Zusammenbruchs steht, die nur eine Hoffnung jenseits der Hoffnungslosigkeit aufschimmern läßt. Gleichzeitig zu diesem epischen Riesenwerk hat Thomas Mann in mehreren Vorträgen die Frage nach den Ursachen für die deutsche Katastrophe von 1945 gestellt und in seinem empfindlichen Humanitätsgewissen sich selbst in die geschichtliche Vorantwortung mit eingeschlossen. Das Zauberspiel seiner in aller heiteren Ironie disziplinierten Kunst sollte insgesamt der Menschheit als stärkender Impuls dienen. — Erschienen in den Sitzungsberichten Bd 118 (1976) H. 3.

Vorgelegt werden Veröffentlichungen von: Veselin Beševliev, Walter Horace Bruford, Johannes Erben, Friedhelm Kühnert, Walter Markov, Joachim Müller, Herbert Peukert, Kurt Rudolph, Friedrich Weller, Carl Friedrich von Weizsäcker.

Sitzung am 17. Oktober

Vortrag des Herrn Herbert Peukert: „Positionen einer Linguostilistik". — Ihrer tatsächlichen Bedeutung entsprechend, ist die Linguostilistik bzw. Stillinguistik, eine der wesentlichen und zugleich komplizierten sprachwissenschaftlichen Teildisziplinen, konsequenter als bisher in allgemein sprachwissenschaftlichen und sprachtheoretischen Konzeptionen anzuerkennen und zu verankern. Sie hat sich aber auch von sich aus vor allem in reziproken Auseinandersetzungen zwischen anderen Linguistik*en*, wie z. B. der Grammatik, der Psycho- und nicht zuletzt der Soziolinguistik, und ihr zu profilieren und aufs neue ihre Existenzberechtigung nachzuweisen, wozu sie einer ständigen soliden theoretischen Grundlegung bedarf, die ebenso der Aufhellung des für sie relvanten dialektischen Wechselspiels von Stiltheorie und Stilpraxis nützlich ist. Die zahlreichen, in vielem repräsentativen Beiträge der sowjetischen Linguostilistik können dabei wertvolle anregende Hilfe leisten.

Für stiltheoretische Erwägungen empfiehlt es sich, von der Dichotomie Sprache und Rede auszugehen, denn auch der Stil ist sowohl systemhaft und kategorial in der „Sprache" vorgegeben wie in der „Rede" konkret materialisiert. Er erscheint hier jedoch neben der durch die „sprachliche", das heißt im weitesten Sinn inhaltliche und grammatische „Richtigkeit" bestimmten Rederealisierung als Redeaktualisierung (Stilgerechtigkeit, Stilrichtigkeit), ist als solche jeder organisierten sprachlichen Äußerung inhärent und als eine konstitutive Eigenschaft der Sprache/Rede, nicht dagegen als deren Variante oder Verwendungsweise, zu verstehen.

Die mit den traditionellen *und* mit den die subjektiv-instuitiven Stilbewertungen korrigierenden exakten Methoden als Prozeß, Ergebnis und Wirkung zu beschreibenden, zu analysierenden und zu charakterisierenden Funktionalstile bilden den Kernkomplex der Stilistik in einer auf das Funktionieren der Sprache in der menschlichen Gesellschaft ausgerichteten Linguistik. Dabei wird es vorteilhaft sein, nicht nur den Sprecher/Schreiber als Erzeuger und Sender sprachlicher Äußerungen, sondern auch den Hörer/Leser als den gleichrangigen Kommunikationspartner, den Adressaten und Rezipienten von „Texten", die somit in dieser Hinsicht prädiktablen Stil-Erwartungen nahekommen müssen, in Stilüberlegungen und Stilanalysen einzubeziehen. Die Funktionalstile werden freilich insgesamt und in ihren Arten durch Kommunikationsvarianten mitgeprägt, die — ähnlich den Funktionalstilen, jedoch anders determiniert — sowohl innersprachlich wie prä- und extralingual, z. B. durch die sozialen Gegebenheiten (Soziolekte), durch individuelle Voraussetzungen, Anlagen und Dispositionen, durch die historisch-gesellschaftliche Zeit- und Epochensituation, durch Mündlichkeit — Schriftlichkeit und manches andere mehr, bewirkt sind. In ihnen und mit ihrem Material entfalten sich unterschiedlich intensiv und differenziert die Funktionalstile. Das gilt insbesondere auch für die im sogenannten vertikalen Gefüge der schrift- bzw. literatursprachlichen Kommunikationsvarianten einen breiten Raum einnehmende „Umgangssprache" („Konversationsrede"), die ein gewisses Gegengewicht zu der in der Vergangenheit in bezug auf ihre normbildenden Potenzen und namentlich stilkundlich überschätzten Sprache des Wortkunstwerks bildet. Die Funktionalstile können jedoch weder durch die Individualstile, die einen Platz auf einer anderen Ebene des Stilsystems einnehmen, verdeckt noch durch die Kommunikationsvarianten (Soziolekte u. a.), die außerhalb dieses Systems stehen, überspielt werden. — Erschienen in den Sitzungsberichten Bd 119 (1977) H. 6.

Sitzung am 12. Dezember

Vortrag des Herrn Eberhard Brüning: „Der Beitrag von Richard Wülker, Max Förster und Levin L. Schücking zur Entwicklung der Leipziger Anglistik". — Datiert vom 24. Dezember 1875 wird in einem offiziellen Schreiben des königlichen Ministeriums des Cultus und öffentlichen Unterrichts zu Dresden an die Philosophische Fakultät der Universität Leipzig die Ernennung des Privatdozenten Dr. Richard Paul Wül(c)ker zum außerordentlichen Professor für englische Sprache und Literatur ausgesprochen. Damit war auch an der Leipziger Alma mater vor 100 Jahren die akademische Respektabilität einer neuphilologischen Wissenschaftsdisziplin erreicht, die in den folgenden Jahrzehnten sich rasch entfaltend zu einem essentiellen Bestandteil des geistes- bzw. gesellschaftswissenschaftlichen Potentials deutscher Universitäten geworden ist. Gerade an der Leipziger Universität aber wurde im Kontinuum der Besetzung des anglistischen Lehrstuhls durch die Professoren Dr. Richard Paul *Wülker* (1875—1910), Dr. Max *Förster* (1910—1925), Dr. Levin Ludwig *Schücking* (1925—1944) sowie durch ihre Mitarbeiter in den siebzig Jahren bis zum Ende des 2. Weltkrieges ein nicht unbedeutender Beitrag zur Entwicklung der anglistischen Forschung und Ausbildung auf nationaler wie internationaler Ebene geleistet. Als langjährige ordentliche Mitglieder der Sächsischen Akademie der Wissenschaften zu Leipzig haben alle drei Ordinarien zudem durch eine Reihe hervorragender wissenschaftlicher Beiträge zum Nutzen und steigenden Ansehen dieser Gelehrten-Gesellschaft gewirkt.

Zieht man die Bilanz des Wirkens von Richard Wülker, Max Förster und Levin L. Schücking als Ordinarien für Anglistik an der Leipziger Universität, so zeigt sich eine erstaunliche Kontinuität in Lehre und Forschung, eine organische Entfaltung der thematischen Schwerpunkte und methodologischen Auffassungen sowie eine aufsteigende Linie undogmatischen, demokratischen und progressiven Denkens und Handelns nicht nur im streng abgegrenzten fachwissenschaftlichen Bereich, sondern auch im allgemein gesellschaftlichen Bezugsfeld, in das sich die Gelehrtenpersönlichkeit gestellt sah.

Die Konsolidierung der Anglistik als akademische Wissenschaftsdisziplin, an der die drei Vorgenannten einen hervorragenden Anteil hatten, vollzog sich in einem langwährenden und hartnäckigen „Befreiungskampf" gegen die wissenschaftstheoretische und methodische Bevormundung durch solche Mutter- oder Nachbardisziplinen wie die Indogermanische und Vergleichende Sprachwissenschaft, die Klassische Philologie, die Romanistik und die Germanistik mit ihrer Vorliebe für die linguistische Seite und die älteren Perioden der nationalen Kulturentwicklung. Jedoch führte die prononcierte Frontstellung gegen den weithin vorherrschenden Historismus und Positivismus keineswegs zu extremen Alternativhaltungen. Die folgenden nüchternen Mahnworte Schückings hätten ebensogut aus dem Munde Wülkers oder Försters kommen können: „Vor allem aber wird es sich darum handeln, den an sich sympathischen Kampf gegen den Positivismus in den richtigen Grenzen zu halten. Es klingt sehr gut: Nicht Kenntnis, sondern Erkenntnis! Nicht Wissen, sondern Fähigkeit zur Fragestellung! Aber Erkenntnis setzt zunächst einmal eine gewisse Kenntnis, die Fähigkeit zur Fragestellung setzt auch Wissen voraus."

Diese Art von „common sense" bewahrte denn auch jene weltoffenen, pragmatisch-empirisch orientierten bürgerlich-humanistischen Forscher und Hochschullehrer vor den verführerischen Irrwegen und Fallgruben einer irrationalistischen Lebensphilosophie und idealistischen Geistesgeschichte *Dilthey*scher Prägung. Sie fanden den ihnen gemäßen Ausweg aus den zahlreichen Methoden- und Richtungskämpfen ihrer Zeit in einer betont kulturhistorisch-soziologischen Betrachtungsweise literarischer und zum Teil auch linguistischer Erscheinungen.

Signifikant für die frühe Entwicklung der Leipziger Anglistik ist ferner, daß sowohl Wülker, als auch Förster und Schücking sich in ihren sprachwissenschaftlichen Arbeiten fast ausschließlich auf das Angelsächsische bzw. Altenglische beschränken und das Terrain der englischen Gegenwartssprache kaum je betreten haben. Charakteristisch für die Leipziger Anglistik im Zeitraum 1875 bis 1945 waren eben die starke Hinwendung zum kulturgeschichtlich untermauerten literaturwissenschaftlichen Teilbereich der Disziplin, wobei sich als Schwerpunkte die angelsächsischen Literaturdenkmäler vor allem mit dem Beowulfepos und Shakespeare und seine Zeit herauskristallisierten.

In den rund siebzig Jahren ihrer Tätigkeit an der Leipziger Universität haben Wülker, Förster und Schücking als humanistische, demokratische und praxisverbundene Gelehrte und Menschenbildner ein solides und würdiges Fundament gelegt für die Entwicklung der Anglistik und Amerikanistik auch und besonders an den sozialistischen Hochschuleinrichtungen der DDR. Wissenschaftliche Leistung und persönlich-charakterliche Integrität dieser Männer dürfen im Sinne progressiver bürgerlicher Traditionen als vorbildhaft gelten. — Erschienen in den Abhandlungen Bd 67 (1977) H. 1.

1976

Sitzung am 23. Januar

Vortrag des Herrn Ernst Werner: „Stadtluft macht frei. Frühscholastik und bürgerliche Emanzipation im 12. Jahrhundert". — Ausgehend von den Kommunebildungen im nordwesteuropäischen Raum im 12. Jh. und ihrer Bedeutung für die soziale Differenzierung der Feudalgesellschaft wird die Frühscholastik an zwei Vertretern untersucht.

1. Anselm von Aosta (1033—1109): Der Glaube sucht den Verstand — die Vernunft den Glauben. Obwohl er noch in einer Klosterschule zu Bec lehrte, manifestierte sich doch in ihm schon der neue Zug zum rationalen Denken. Höchste Erkenntnis menschlichen Seins war ihm Gotteserkenntnis, zu dem man auf dem Wege der Ratio gelangen konnte. Der vernünftige Mensch war ihm der wahre Mensch. Wo die Bibel nichts festlegte, herrschten Freiheit der Meinung und der Forschung.

2. Petrus Abaelard (1079—1144?): Fides est aestimatio — verus homo est homo rationalis. Er zeigte sich als Erbe und Fortsetzer Anselms. Ihm kommt das Verdienst zu, die ersten nichtkirchlichen Schulen in Frankreich begründet zu haben. Er verdiente sich seinen Lebensunterhalt in Städten durch die Lehrtätigkeit. Mit ihm begann die Kommerzialisierung der Wissenschaft. Am Beginn der Forschung stand für ihn der Zweifel. Instrument zur Wahrheitssuche war ihm die Logik. Philosophisches und theologisches Denken stellte er auf eine Stufe. Die heidnischen Philosophen galten ihm in seiner „Theologie Christiana" als Vorläufer der christlichen Väter, als Träger natürlicher Vernunft. Christus betrachtete er als Weisheitslehrer, der den Menschen Wissen als Erlösung brachte. Gotteserkenntnis begann für ihn mit Selbsterkenntnis. Wie es eine natürliche Vernunft gab, so auch natürliche Tugenden. Die Intentionen des Individuums entschieden über gute und böse Hand-

lungen. Der vernünftige Mensch war demnach der moralische Mensch, der durch Leistung zur Tugend geführt wurde. Der vorgegebene christliche Glaube galt ihm nur noch als Meinung, als aestimatio.

3. Die Ratio führt in die Welt der Städte. In diesem Punkt werden die Schulen St. Viktor zu Paris und Chartres behandelt, die dem Praxisbedürfnis ihrer Hörer entgegenkamen, indem sie die verachtete mechanische Kunst rehabilitierten und den einzelnen Handwerkern und materiellen Tätigkeiten den Rang eines dritten Teils der Philosophie nach Dialektik und Logik verliehen. Der Satz „Mercatores sunt damnandi" verschwand aus dem Vokabular der Viktoriner.

4. Monastische Theologie: Ideologie der Reaktion? Als Pendant zur Scholastik wird die Theologie der Zisterzienser befragt, die sich ganz in patristischen Bahnen bewegte und einem ausgeprägten Symbolismus huldigte. Sie war nicht nur antischolastisch, sondern auch antistädtisch eingestellt und verfolgte Männer wie Abaelard oder verdächtigte sie wie Anselm. Dennoch darf man sie nach Meinung des Referenten nicht mit Dunkelmännertum gleichsetzen, denn sie ideologisierte letztlich nur den konservativen Weg des Fortschritts, der über die Agrikultur bei Ausklammerung der städtischen Wirtschaft verlief, wie er sich in den zisterziensischen Grundherrschaften realisierte. Zugleich sanktionierte diese Theologie die aufsteigende Ritterschicht und den bewaffneten Kreuzfahrer, welche die militärische Expansion nach dem Osten trugen.

5. Lateinisches Selbstverständnis: libertas et ratio. In dem Schlußkapitel wird die Abgrenzung der westlichen Oikumene von Byzanz und dem Islam auf geistigem Gebiet nachgezeichnet. Die Rezeption arabischer Philosophie diente nur der christlichen Apologetik und besaß keine konstituierende Funktion in der Entstehung der lateinischen Scholastik. Entscheidend war und blieb die ökonomische und soziale Renaissance Westeuropas im 12. Jh. Zugleich erfährt die Doppelfunktion der Frühscholastik eine Beleuchtung, die in der Orientierung auf das Bürgertum und das päpstliche Kirchensystem kulminierte. Letztlich diente sie dem Hochfeudalismus auf diesen beiden Ebenen, was sie von der Aufklärung des 18. Jh. deutlich unterscheidet. Sie war nicht antifeudal in dem Sinne, die vorgefundene Gesellschaftsordnung zu überwinden, sondern der neuen Struktur eine ihr adäquate, reformierte Ideologie zu geben. — Erschienen in den Sitzungsberichten Bd 118 (1976) H. 5.

Sitzung am 13. Februar

Vortrag des Herrn Kurt Rudolph: „Der Diwan der Flüsse und andere Probleme der Mandäer-Forschung". — Die noch heute im Irak und Iran mit ca. 15000 Vertretern existierende gnostische Taufsekte der Mandäer (arab. *Subba*) hat die Forschung wegen ihrer singulären Überlieferung seit dem 19. Jh. immer stärker beschäftigt. Die grundlegenden Beiträge gehen, was die philosophische Erschließung anbelangt, auf Th. Nöldeke und M. Lidzbarski zurück; die religionshistorische Untersuchung haben W. Brandt, M. Lidzbarski, R. Reitzenstein, W. Bousset u. a. gefördert. Unter den zahlreichen von den Mandäern überlieferten Schriften, die in eigener Sprache und Schrift (einem semitischen, ostaramäischen Dialekt) abgefaßt sind, finden sich noch eine ganze Reihe unpublizierte Handschriften (vorwiegend Rollen). Vielfach sind sie nur in einem Exemplar in europäische Sammlungen gelangt. Eigene Beobachtungen lehrten, daß in den mandäischen Priesterfamilien noch weitere, teilweise sogar unbekannte Texte zu finden sind. Die meisten mandäischen Manuskripte (54) sammelte Lady E. S. Drower (1879—1972) und edierte auch mehrere selbst. Ihre Sammlung ist heute Eigentum der Bodleian Library in Oxford („Drower-Collection"). Eine Handschrift daraus trägt den Titel „Diwan der Flüsse" (*diuan ḏnahrauata*). Die 2 m lange Rolle stammt nach der letzten Abschreibernotiz aus dem Jahre 1843 (1259 nach der Hidschra). Ein weiteres Exemplar dieses Diwans entdeckte ich 1969 in einer Bagdader Priesterbibliothek; sie trägt als Abschriftdatum 1917 (1336). Beide sind in Persien (Schuschtar und Ahwāz) überliefert worden. Ihre Abweichungen sind gering; beide ergänzen sich gegenseitig. Wie für mandäische Diwane charakteristisch, enthält auch dieser vor allem Zeichnungen, und zwar ein Flußsystem des Euphrat-Tigris und Kārūngebietes, also des alten Wohnsitzes der Mandäer. Allerdings sind hierbei mythologische Vorstellungen (z. B. vom „Licht-Euphrat" und dem Ursprung aus der Lichtwelt) mit topographischen Tatsachen verwoben, so daß der Einzelinterpretation mitunter erhebliche Schwierigkeiten entstehen. Die den Zeichnungen beigefügten Bemerkungen helfen nur stellenweise zur Identifizierung der topographischen Angaben (außer den Flüssen handelt es sich noch um Berge, Völker oder Länder). Anfang und Schluß des Diwans werden im wesentlichen von Bemerkungen der Abschreiber gebildet, die in einer recht kümmerlichen, nur schwer beherrschenden Sprache mythologische, religiöse und zeitgeschichtliche Ergebnisse zusammenfügen. Daraus ist zu entnehmen, daß zumindest diese Teile der jüngeren, nachislamischen Perioden entstammen, während die Zeichnungen auf ältereTraditionen zurückgehen können.

Aus der Tatsache, daß in dem gezeichnetem Flußsystem der „kleine Tigris" noch als Nebenfluß des Euphrat gilt, der im 10. Jh. versiegte, ist ein terminus ad quem für die Entstehung des Diwans gegeben. Als terminus a quo ist das 7. Jh. anzusetzen, in dem der Irak unter arabisch-islamische Herrschaft kam. Die Hinweise auf die islamische Zeit (z. B. Mekka) können allerdings auch sekundäre Ergänzungen sein. Man nimmt heute an, daß die ältesten Anzeichen für die Existenz der mandäischen Sekte in Mesopotamien-Babylonien in das 2./3. Jh. n. Chr. reichen, während ihre Vorgeschichte in den syrisch-palästinischen Raum gehört. Unser Diwan hat eindeutig die Wohnsitze im Zweistromland und in SW-Iran (Chūzistān) im Auge; hier ist er entstanden. Seine Überlieferung hat ihre Schicksale gehabt, die teilweise bis zur Vernichtung bei Pogromen (durch die Muslime) führte, darüber berichten die Abschreiber, die uns damit einen kleinen Blick in die uns fast unbekannte Überlieferungs- und spätere Sektengeschichte tun lassen. Abgesehen davon, liegt der Wert der Rolle vor allem darin, daß sie eine Art bildlicher Kommentar zum Weltbild der Mandäer darstellt, wie es sich bei ihnen in ihren östlichen Wohnsitzen herausgebildet hat (u. a. wird Jerusalem durch eine Translatio zwischen Euphrat und Tigris angesetzt; vom alten „Jordan", dem Namen für die Taufgewässer, ist keine Rede mehr). Eine ganze Reihe von topographischen Angaben, soweit sie sich bis jetzt identifizieren lassen, bereichern die Topographie und Ortsnamenforschung des Vorderen Orients. Auch Pflanzennamen werden angeführt. Sprachlich bietet die Rolle einen Einblick in das Endstadium des klassischen Mandäischen und das verändernde Eindringen des Umgangsmandäischen in die Überlieferung, das sonst nur selten literarisch (z. B. in Zaubertexten, Kolophonen und Legenden) greifbar wird. Diese Seite hat für die Interpretation und Übersetzung ihre Schwierigkeiten, ist aber auch reizvoll, da man dabei die Veränderung des altmandäischen Satzbaus durch den neupersischen, die Aufnahme arabischer und neupersischer Worte in den mandäischen Wortschatz mit gleichzeitiger Anpassung an die mandäische Wortbildung beobachten kann.

Die vorbereitete Edition des „Diwan der Flüsse" wird die Transliteration (nach Drower-Macuch) der beiden Versionen, eine Übersetzung und ein Faksimile von D.C.7 enthalten (von der Bagdader Handschrift aus technischen Gründen nur einige Teile). — Erscheint in den Sitzungsberichten.

Sitzung am 12. März

Vortrag des Herrn Friedhelm Kühnert: „Die Enzyklopädie in der römischen Literatur". — Das Wort Enzyklopädie, das erst in der Neuzeit als Titel für Nachschlagewerke über das gesamte Wissen oder das eines Fachgebietes verwendet wird, stammt aus der griechischen Sprache, die Enzyklopädie selbst aber aus der römischen Literatur. Der dem Wort Enzyklopädie zugrunde liegende griechische Ausdruck *ἐγκύκλιος παιδεία* bedeutet „die allgemeine Bildung, die sich der Freie an einem Kreis von Fächern erwirbt", und hatte die Bildung in den wichtigsten Fächern des von der griechischen Sophistik begründeten höheren Jugendunterrichts zum Inhalt, nämlich die drei „Wortfächer" Grammatik, Dialektik, Rhetorik und die vier „Zahlenfächer" Arithmetik, Geometrie, Astronomie und Musik (Harmonielehre). Diese sieben Unterrichtsfächer wurden im Laufe des 4. Jh. v. u. Z. zu jenem Bildungskanon zusammengefaßt, den die Römer später als artes liberales bezeichneten. Das Wort Enzyklopädie bedeutet also in seinem ursprünglichen Sinn eine zusammenfassende Darstellung der Fächer des (im 5. Jh. v. u. Z. in Griechenland entstandenen) allgemeinbildenden höheren Unterrichts. Erst die Römer haben derartige „Bildungsenzyklopädien" verfaßt, wie die Enzyklopädie überhaupt eine spezifisch römische Literaturgattung ist.

Die erste Enzyklopädie in der römischen Literatur waren die „Libri ad filium" des älteren Cato. In diesem ursprünglich für die Ausbildung seines Sohnes Marcus bestimmten Sammelwerk hatte Cato nicht die aus Griechenland stammenden artes liberales, sondern in deutlicher Frontstellung gegen den höheren Jugendunterricht griechischer Herkunft die für einen Römer besonders wichtigen Fächer Landwirtschaft, Heilkunst, Beredsamkeit und Kriegswesen behandelt. An diese nationalrömische Bildungsenzyklopädie des älteren Cato, die aus der Praxis entstanden und für die Praxis bestimmt war, hat reichlich zwei Jahrhunderte später (zur Zeit des Tiberius) Cornelius Celsus mit seiner „Artes" betitelten Enzyklopädie angeknüpft, in welcher die gleichen vier Fächer wie in Catos „Libri ad filium" behandelt waren und von der noch der Teil über Medizin in acht Büchern erhalten ist. Aber im Gegensatz zu Catos Bildungsenzyklopädie waren in den „Artes" des Celsus die einzelnen Disziplinen in ausführlichen wissenschaftlichen Monographien dargestellt. Das Werk des Celsus sollte also nicht der Allgemeinbildung, sondern gewissermaßen der Fachbildung dienen. Die erste Enzyklopädie der artes liberales hat in den letzten Jahren der römischen Republik M. Terentius Varro verfaßt. Sie trug den Titel „Disciplinae" und umfaßte neun Bücher, in denen die traditionellen sieben artes liberales (B. 1—7) und im Anschluß daran die beiden Fächer Medizin (B. 8) und Architektur (B. 9) behandelt waren, für die in Rom damals ein besonders praktisches Interesse bestand. Varro hat mit seiner Enzyklopädie nicht nur das erste Handbuch des in Griechenland ausgebildeten höheren Unterrichts geschaffen, sondern zugleich die Ergebnisse der griechischen Forschung zusammengefaßt und für breite Kreise der römischen Welt zugänglich und nutzbar gemacht. Vor allem sein Verdienst ist es gewesen, daß die griechische Bildung dem Mittelalter in Form der artes liberales vermittelt worden ist, da alle späteren Enzyklopädien der sieben artes liberales direkt oder indirekt an Varros „Disciplinae" angeknüpft haben. Das gilt ebenso für das noch erhaltene Werk „De nuptiis Philologiae et Mercurii" des Martianus Capella wie für die von Augustin begonnene, aber nicht vollendete Enzyklopädie, aber auch für die Behandlung der artes liberales innerhalb der „Institutiones" des Cassiodor und innerhalb der „Etymologiae" des Isidor von Sevilla. Die inhaltlich dürftige, in der Form aber gezierte und manirierte Enzyklopädie des Martianus Capella zeigte, daß in der Spätantike das Bildungssystem der *ἐγκύκλιος παιδεία* in einem trockenen Schematismus erstarrt und nicht mehr lebendig wirksam war. Augustin hat erstmalig die Beschäftigung mit den artes liberales in den Dienst der christlichen Gotteserkenntnis gestellt und dadurch die Übernahme der heidnischen antiken Bildung in das Christentum sanktioniert. Cassiodor und Isidor haben die artes liberales nicht mehr gesondert in selbständigen Enzyklopädien behandelt, sondern im Rahmen größerer Werke, in denen der ganze Umkreis des „göttlichen und menschlichen Wissens“ Berücksichtigung fand. Dadurch haben sie die „sieben freien Künste“ zu einem festen Bestandteil der geistlich-weltlichen Bildung des Mittelalters gemacht.

In der römischen Literatur begegnet neben der Enzyklopädie im eigentlichen und ursprünglichen Sinn („Kompendium der Fächer des allgemeinbildenden höherenUnterrichts“) auch erstmalig eine andere Form der Enzyklopädie, die nichts mit der ἐγκύκλιος παιδεία zu tun hat: Sammelwerke, in denen allgemein wissenswertes Material zusammengetragen und für einen breiteren Benutzerkreis aufbereitet wird. Neben der verlorenen kulturhistorischen Enzyklopädie des Varro „Antiquitates rerum humanorum et divinarum“ in 41 Büchern, die bis zum Ausgang der griechisch-römischen Antike als das grundlegende Standardwerk über römische Altertumskunde galten, ist hier vor allem die noch erhaltene „Naturalis historia“ in 37 Büchern des älteren Plinius hervorzuheben, die auch heute noch eindrucksvoll dokumentiert, was die Römer in der von ihnen begründeten Literaturgattung der Enzyklopädie zu leisten vermocht haben. — Erscheint in den Sitzungsberichten.

Vorgelegt werden Veröffentlichungen von: Kurt Aland, Liselotte Blumenthal, Eberhard Brüning, Hans-Joachim Diesner, Walter Markov, Joachim Müller, Kurt Rudolph, Friedrich Weller.

Sitzung am 21. Mai

Vortrag des Herrn Joachim Müller: „Shakespeare und ein deutscher Anfang: Die v. Borcksche Übersetzung des „Julius Cäsar“ von 1741 im Streitfeld von Gottsched und Johann Elias Schlegel“. — Die 1741 gedruckte Übersetzung des „Julius Cäsar“ von Shakespeare durch den preußischen Diplomaten Caspar Wilhelm von Borck (1704—1747) ist die erste vollständige Übertragung eines Shakespeareschen Stückes in die deutsche Sprache und zwar in gereimte Alexandriner, in die auch die Prosapartien des Originals umgewandelt wurden. Voran gingen entstellende Bearbeitungen Shakespearscher Themen, die auch in ihren englischen Versionen kaum je auf dem Originaltext basieren, durch die englischen Komödianten und ihre deutschen Nachfolgetruppen. Die wörtliche Übersetzung einiger Verse aus dem „Sommernachtstraum“ in einer Abhandlung von Johann Jacob Bodmer von 1741 blieb vereinzelt. Die v. Borcksche Übersetzung erregte den Zorn Gottscheds, der über das englische, d. h. im wesentlichen Elisabethanische Drama, soweit er das überhaupt kannte, längst den Stab gebrochen hatte, weil es seiner, am französischen Klassizismus gewonnenen Auffassung strenger Regelmäßigkeit, vor allem der dreieinheitlichen Struktur (der Einheit von Ort, Zeit und Handlung) diametral widersprach. Als der junge Literat Johann Elias Schlegel (1719—1749) in seiner Abhandlung „Vergleichung Shakespeares und Andreas Gryphs bey Gelegenheit des Versuchs einer gebundenen Übersetzung von dem Tode des Julius Cäsar, aus den englischen Werken des Shakespear Berlin 1941“ mit geschickter Argumentation und scharfsinnigen Analysen Shakespeare als „selbstwachsenden Geist“ pries und über den von Gottsched noch wohlwollend beurteilten Gryphius stellte, dessen Drama „Leo Armenius“ eine Reihe guter Vergleichspunkte bot, reagierte Gottsched, eine direkte Polemik gegen Schlegel vermeidend, mit einem Pamphlet, das

Shakespeare als ekelhaft und niederträchtig in Bausch und Bogen verwarf. Dennoch läßt sich in Gottscheds eigenen beiden, 1745 veröffentlichten Dramen: „Die parisische Bluthochzeit“ und „Agis“ nachweisen, wie sehr er tatsächlich schon shakespearisiert, indem er bedeutende Staatsaktionen auf die Bühne bringt und die regelstrenge Architektonik lockert durch das episierende Moment der großen Berichte von zuweilen geradezu simultanen Geschehnissen an anderen Schauplätzen sowie durch die Integration eines bis dahin als dramatisches Movens verpönten Wunderzeichens in Gestalt einer Sternenkonstellation in das Zentrum der szenischen Handlung. Einen Schritt weiter geht J. E. Schlegel mit seinem Drama „Canut“ (1847), das nicht nur den ruhmsüchtigen und machtgierigen Charakter-Ulfo beträchtlich differenziert, sondern den hartnäckigen Verbrecher an der Verweigerung der Menschenliebe scheitern läßt. Darin manifestiert sich im historischen Zusammenhang der deutschen Shakespeare-Rezeption das Canut-Drama als Dokument einer ersten Phase der deutschen Aufklärungshumanität, die hinausführt über ein bloß spektakuläres Shakespearisieren wie auch über Gottscheds einsträngige Moraldidaktik. In der zwischen Gottsched, dessen historische Verdienste um die Stabilisierung der deutschen Sprache und die Entwicklung des deutschen Theaters vor einem bürgerlichen Publikum heute unbestritten sind, und J. E. Schlegel in den vierziger Jahren des 18. Jh. sich abspielenden Kontroverse um eine Shakespeare-Verdeutschung wird implizit der elisabethanische Renaissancehumanismus zur deutschen bürgerlichen Aufklärungshumanität weiterentwickelt. In seiner letzten, erst postum gedruckten Arbeit „Gedanken zur Aufnahme des dänischen Theaters“ hat J. E. Schlegel, ohne den Namen Shakespears zu nennen, die Überlegenheit des englischen Dramas mit seiner größeren strukturellen Beweglichkeit gegenüber dem französischen Drama, das als solches seine nationale Berechtigung hat, demonstriert, ohne eine dramaturgische Geschlossenheit prinzipiell auszuschließen, so daß in seiner ästhetischen Theorie auch die Tektonik Lessings und der deutschen Klassik noch Platz hat. — Erschienen in den Sitzungsberichten Bd 119 (1977) H. 5.

Vorgelegt werden Veröffentlichungen von: Veselin Beševliev, Hans-Joachim Diesner, Walter Markov, Manfred Mayrhofer, Claus Träger, Ernst Werner.

Sitzung am 17. September

Vortrag der Frau Lieselotte Blumenthal: „Mozarts englisches Mädchen“. — In Mozarts Singspiel „Die Entführung aus dem Serail“ entpuppt sich im Originaltext Blonde, die Zofe der Spanierin Konstanze, als eine Engländerin. In modernen Aufführungen und Schallplattenaufnahmen wird diese Nationalität nie erwähnt, und auch sonst ist jede englische Anspielung im Text getilgt, weil das heutige Publikum die Bedeutung dieser Eigentümlichkeit nicht mehr versteht. Für Mozarts Zeitgenossen war das englische Mädchen eine bekannte Gestalt: Stolz auf ihre nationale Herkunft, selbstbewußt und selbstsicher, realistisch denkend und lebenstüchtig, mutwillig und heiter — nach diesem literarischen Bild stellte man sich im 18. Jahrhundert auch die lebenden Engländerinnen vor und beneidete sie um ihre Freiheit und Selbständigkeit. Solche Mädchen hatten sich nach der englischen Revolution von 1648 entwickelt; das Beispiel von Dorothy Osborne beweist es. Sie lassen sich aber nicht der englischen Frauenemanzipation der Bluestockings zurechnen, denn sie waren Einzelne, die ihre Opposition in der Familie durchführten und keine Verbindung mit Gefährtinnen in ähnlicher Lage suchten. Darum erhoben sie auch keine Forderungen für ihr ganzes Geschlecht und wurden erst allgemeiner bekannt und riefen Begeisterung hervor, als sie in die Literatur eingegangen waren. Diese Widerspiegelung wird bei einem englischen und einem deutschen Werk gezeigt.

Bei dem englischen Beispiel ist es in Samuel Richardsons „Clarissa Harlowe" nicht die Titelheldin, sondern eine Nebengestalt, ihre Freunding Anna Howe. Bei ihr finden sich alle Eigenschaften, die später Blonde auszeichnen, obwohl von einer direkten Übernahme nicht die Rede sein kann. Anna ist als Gegenbild der leidenden, tugendhaften Clarissa konzipiert. Beide sind sich nach ihrer Ansicht sehr ähnlich und darum innig zugetan. Sie unterscheiden sich nur durch das kleine Übermaß einer Tugend: Die Heldin ist allzu streng und die Freundin allzu munter. Richardsons Darstellung macht deutlich, warum beide Charaktere in ganz verschiedener Weise eine starke Nachwirkung gehabt haben.

Ein unmittelbarer Einfluß Richardsons liegt bei Lessings „Minna von Barnhelm" vor, und da die Forschung es bisher nicht bemerkt hat, wurde das Lustspiel als deutsches Beispiel eines englischen Mädchens gewählt. Das allgemeine Interesse gilt bisher fast ausschließlich dem schwierigen Charakter Tellheims und der Überwindung des preußisch-sächsischen Gegensatzes durch seine Verbindung mit Minna. Sieht man aber in dem sächsischen Fräulein ein englisches Mädchen und verfolgt ihr Wesen und Handeln im Verlauf des Lustspiels, erkennt man sie als die fortschrittlichere der beiden Hauptpersonen. Da Lessing die Rezeption der englischen Literatur unaufdringlich vollzogen hat, ist ihm in Minna von Barnhelm eine zugleich modern bezaubernde Frauengestalt des 18. Jahrhunderts gelungen. — Erscheint in den Sitzungsberichten.

Vorgelegt werden Veröffentlichungen von: Eberhard Brüning, Hans-Joachim Diesner, Hermann Heimpel, Rolf Lieberwirth, Kurt Rudolph, Friedrich Weller.

Sitzung am 15. Oktober

Vortrag des Herrn Rudolf Große: „Sprachliche Normen als soziale Normen". — Sprachkritik und Sprachpflege, wie sie seit den Bemühungen der Sprachmeister der Aufklärungszeit betrieben worden sind, beruhen auf Wertmaßstäben, die sich in der kommunikativen Tätigkeit für die Verwendung sprachlicher Mittel herausbilden. Wie bei anderen elementaren Verhaltensweisen der Menschen bleibt bei weitgehender Übereinstimmung in der Relation von Motiven, Zielen und Mitteln doch ein nicht geringer Spielraum für die konkrete Ausgestaltung der Handlungen. Trotz individueller Variationsbreite unterliegt auch dieser Bereich sozialer Determinierung. Es formen sich soziale Normen aus, die innerhalb bestimmter Gruppierungen als Handlungsmuster mit selektivem, präskriptivem und admonitivem Charakter wirksam werden.

Sprachliche Normen als soziale Normen machen das Regelwerk aus, das zwischen den im Sprachsystem angelegten Potenzen und den von der Kommunikationsabsicht, dem Kommunikationsgegenstand, der Kommunikationssituation und den Kommunikationspartnern beeinflußten aktuellen Äußerungen vermittelt. Die sprachlichen Normen nehmen unter den sozialen Normen eine gewisse Sonderstellung ein, weil einerseits die sprachliche Tätigkeit ihrem Wesen nach auf die Schaffung und Festigung sozialer Beziehungen gerichtet ist und weil andererseits auch das Mittel der sprachlichen Tätigkeit, die Sprache, eng an das gesellschaftliche Bewußtsein gebunden ist.

Die Herausbildung von Bewertungsmaßstäben und davon abgeleiteten Handlungsmustern in der sprachlichen Tätigkeit gestaltet sich aus folgenden Gründen sehr kompliziert:

1. Der einzelne wird in seinem Handeln von den Aufgaben und Zielen der Klasse, der Schichten und Gruppen, denen er angehört, entscheidend mitbestimmt. Heute ist aber jeder mehreren Gruppen eingeordnet.

2. Die ‚Interaktionsgemeinschaft' ist in der Regel auch Kommunikationsgemeinschaft. Kommunikationsgemeinschaft und Sprachgemeinschaft jedoch sind nicht identisch; es besteht keine automatische ‚Kovarianz', auch wenn eine Tendenz zum Ausgleich vorhanden ist.

3. Subjektive Faktoren beeinflussen innerhalb der Gruppen und im Wechselverhältnis der Gruppen untereinander die Herausbildung der Normen.

Sprachliche Normen wirken zumeist unbewußt. Der selektive und präskripte Charakter wird jedoch in relevanten Entscheidungssituationen für den einzelnen spürbar und für die Untersuchung faßbar. In solchen Entscheidungssituationen werden auch wesentliche Momente für die Herausbildung und Festigung der Axiome wirksam. Wichtige soziale Entwicklungslinien in diesen Prozessen sind:

1. das Hineinwachsen des einzelnen in die sozialen Gruppierungen (Sozialisationsfaktor);

2. die Berührungen, Überlagerungen, Spannungen und Kämpfe der sozialen Klassen, Schichten und Gruppen im Verlauf der Geschichte;

3. die Entwicklungen innerhalb der sozialen Gruppierungen auf allen Ebenen der materiellen und geistig-kulturellen Produktion und Organisation.

Die ersten beiden Aspekte werden am Beispiel der deutschen Sprache eingehender beschrieben. — Erscheint in den Sitzungsberichten.

Vorgelegt werden Veröffentlichungen von: Gerhard Buchda, Werner Coblenz, Hans-Joachim Diesner, Friedmar Kühnert, Joachim Müller, Herbert Peukert, Kurt Rudolph, Rudolf Růžička.

Sitzung am 17. Dezember

Vortrag des Herrn Rudolf Meyer: „Gegensinn und Mehrdeutigkeit in der althebräischen Wort- und Begriffsbildung". — In der arabischen Lexikographie begegnet der Begriff *ḍidd* „Wort mit Gegensinn" in einem sehr weiten Umfang; ihn auf ein wissenschaftlich vertretbares Maß zurückgeführt zu haben, ist das Verdienst von Th. Nöldeke (Neue Beiträge zur semitischen Sprachwissenschaft [1910] S. 67—108). Wie in anderen semitischen Idiomen, so besteht das Problem des Gegensinnes und der Mehrdeutigkeit auch im Althebräischen.

Die Ursache hierfür ist einmal darin zu suchen, daß es Wurzeln gibt, die mit ihrer begrifflichen breiten Basis eine Entfaltung im gegensätzlichen Sinne, je nach dem Aspekt, ermöglichen. So entwickelt sich aus arabischen *waliya* „nahe stehen" einerseits die Bedeutung „sich anschließen, folgen, Gefolgschaft leisten", andererseits der gegenteilige Sinn „führen, herrschen, Schutzherrschaft ausüben"; dementsprechend bedeutet *mawlan* „Herr, Schutzherr" und zugleich gegensinnig „Schutzbefohlener, Klient, Freigelassener". Ähnliche Polarität liegt im hebräischen *marẓēᵃḥ* vor; es begegnet im Alten Testament als „Festmahl, Jubel, Lustbarkeit" (Amos 6, 7) und zugleich als „Jammergeschrei" (Jeremia 16,5). Im Ugaritischen, wo die Form *marẓiḥu* lautet, sowie im Phönikisch-Punischen und Aramäischen liegt die Bedeutung „Verein, Thiasos, Kultmahlgenossenschaft" vor. Sowohl das Gegensatzpaar „Jubel—Jammer" als auch die Bedeutung „Verein, Thiasos" dürften letztlich auf eine gemeinsame Wurzel *rẓḥ* „Laut geben, lärmen" zurückgehen, wobei Lärm sowohl ein Charakteristikum der Freude und der antiken Trauer, zugleich aber auch der Vereinsveranstaltung ist; die Bedeutungsbreite des vorangestellten Bildungselementes *m-* läßt die unterschiedlichen Ableitungen aus der gleichen Wurzel ohne weiteres zu.

Primäre Ambivalenz liegt hingegen in den präfigierten Präpositionen **bi-* und **la-* vor.

Es gehört zu den epochemachenden Erkenntnissen, die aus den epischen Texten von Ugarit (1500—1200 v. Chr.) gewonnen wurden, daß *bi- nicht nur „in, durch, mit" sondern auch „von" und *la- entweder „zu, für" oder „von" bedeuten können. Erst am Rande taucht in der ugaritischen Prosa die Präposition *min* „von" auf, die in der Folgezeit an die Stelle von *bi- und *la- in der Bedeutung „von" trat. Doch ist eine volle Systematisierung nicht erreicht worden; so findet sich partitiver Gebrauch von *bi- und *la- in *lᵉkū laḥᵃmū bᵉlaḥmī* „kommt, genießt von meiner Speise" (Proverbien 9,5) und *hā' ōkᵉlīm lᵉma 'ᵃdānīm* „die Leckerbissen zu essen pflegen" (Threni 4,5).

Diese Polarität wirft auch neues Licht auf die Bildung des logischen Subjekts im Passivsatz: denn hier stehen *bi-, *la- und *min* ohne syntaktische Differenz nebeneinander: *bā'ādām dāmō yiššāfēk* „durch Menschen soll sein Blut vergossen werden" (Genesis 9,6), *wᵉ' im bᵉ'ēllæ lō tiwwāsᵉrū lī* „und wenn ihr euch hierdurch nicht von mir warnen laßt" (Leviticus 26, 23) und *lō yikkarēt ... mimmē hammabbūl* „nicht soll ... durch die Wasser der Flut ausgerottet werden" (Genesis 9,11). Während sich beim partitiven Gebrauch *min* durchgesetzt hat, herrscht im Passivsatz zur Einführung des logischen Subjekts *la- vor.

Echte Gegensinnigkeit läßt sich auch anderweit an entscheidenden Stellen beobachten; so etwa an der scheinbar eindeutigen sogenannten nota accusativi, die nach klassischer Auffassung das determinierte Akkusativobjekt einleitet (Alter Orient und Altes Testament 18 [1973] S. 137—142) oder im Bereich der verbalen Syntax, wo beispielsweise die präformative Grundform *yaktub sowohl punktuell/präteritale als auch jussivische Eigenschaften herausgebildet hat und je nach dem Aspekt „er schrieb" oder „er soll schreiben" bedeutet (Jahrbuch 1963—1965 [1967] S. 130).

Das Phänomen der Polarität und Mehrdeutigkeit im Hebräischen mit dem Fehlen einer festen Begrifflichkeit gerade an entscheidenden Punkten der Sprache dürfte darin seinen Grund haben, daß die Sprachträger über ein aspektbewegliches Denken und zugleich über eine wohl seelische bedingte Fähigkeit verfügten, Begriffe und kleinste Redeteile, ja sogar „Elementarteilchen" der Sprache in Gestalt von Hervorhebungselementen funktional zu variieren und damit Polares in einem zu begreifen, damit aber in Wörtern mit objektiven Gegensinn nichts „Unlogisches" zu sehen. Mit anderen Worten, durch die Funktion, die unter dem Aspekt des Redenden ein Begriff oder auch nur ein Element in einem bestimmten Zusammenhang ausübt, kann Gegensinn zur Eindeutigkeit werden, allerdings nur solange, wie dieser funktionale Zusammenhang besteht. — Erscheint in den Sitzungsberichten.

Vorgelegt werden Veröffentlichungen von: Eberhard Brüning, Hans-Joachim Diesner, Hermann Heimpel, Rolf Lieberwirth, Joachim Müller, Kurt Rudolph, Claus Träger, Friedrich Weller.

Öffentliche Gesamtsitzungen

25. April 1975

Ansprache des Präsidenten, Herrn Schwabe. — Vortrag des Herrn Hiebsch: „Wilhelm Wundt und die Anfänge der experimentellen Psychologie".

Fast genau 100 Jahre vor dieser Sitzung hatte sich der 43jährige Wilhelm Max Wundt, o. Prof. für induktive Philosophie seit 1874 in Zürich, nach Leipzig zu Berufungsverhandlungen begeben. Mit der im Herbst 1875 erfolgten Berufung auf das Ordinariat für Philosophie begann eine entscheidende Phase in der Geschichte der Psychologie, nämlich ihre

Verselbständigung zu einer Einzelwissenschaft, verbunden mit ihrer Lösung von der Philosophie, sowie ihre Institutionalisierung, die mit der Gründung des ersten Laboratoriums für Experimentalpsychologie in Leipzig (1879) ihren Anfang nahm.

Diese Entwicklung ist in erster Linie der Anwendung der experimentellen Methode auf psychische Tatbestände (sinnliche Erkenntnisprozesse), wie sie in den Naturwissenschaften besonders der Physiologie, ausgebildet worden war, zu verdanken. Das hat allerdings besondere historische Hintergründe und Wurzeln, an die gedacht werden muß, wenn das Phänomen der Entwicklung der Psychologie erklärt werden soll.

Zu diesen Wurzeln gehören zuerst einige dringliche gesellschaftliche Bedürfnisse, die mit der Entwicklung der kapitalistischen Produktionsweise im 19. Jahrhundert zusammenhängen, insbesondere das Bedürfnis nach Erkenntnis derjenigen Verlaufs- und Leistungsparameter der menschlichen perzeptiven und kognitiven Prozesse, die für die Regulation der sich verkomplizierenden Arbeitstätigkeiten ausschlaggebend sind. — Sodann ist des Erkenntnisvorlaufes der Physiologie, besonders der Sinnesphysiologie, zu gedenken, der im wesentlichen solchen Naturwissenschaftlern wie Johannes Müller (1801—1858), Hermann von Helmholtz (1821—1894), Ernst Heinrich Weber (1795—1878) und Gustav Theodor Fechner (1801—1887) zu verdanken ist, wobei — in diesem Zusammenhange — die technisch möglich gewordene Verbesserung apparativer Methodik als besonders wichtig erachtet werden muß. Und schließlich darf das allgemeine philosophische Interesse für erkenntnistheoretische Probleme, das von Kant belebt worden war, und für das sogenannte Leib—Seele—Problem keinesfalls außer Acht gelassen werden.

In der solcherart innerhalb der Wissenschaft jener Zeit entstandenen Situation hatte Wundt die ersten experimentellen Untersuchungen zu Sinnesleistungen durchgeführt, die von ihm explizit als psychologische deklariert worden waren (Beiträge zur Theorie der Sinneswahrnehmung, 1862), sowie die erste geschlossene Monographie zu psychologischen Themen unter dem Titel „Vorlesungen über die Menschen und Thierseele“ (1863) publiziert; 1874 aber erschien das Werk, das ihm in der Folgezeit den Beinamen „Vater der Psychologie“ einbrachte, die zunächst zweibändigen, später dreibändigen „Grundzüge der physiologischen Psychologie“.

Die „Grundzüge ...“, nur zum Teil eigene Ergebnisse und Gedanken enthaltend, sind ein Werk des großen Synthetikers Wundt; offensichtlich war gerade die Synthese der vielerorts gesammelten empirisch-experimentellen Ergebnisse der werdenden Wissenschaft Psychologie der „springende Punkt“ für ihre Weiterentwicklung. — Die Tatsache nämlich, daß darin das gesamte positive Wissen jener Zeit über psychologische Gegenstände verarbeitet und zusammengefaßt und darin auch die psychologische Methodik ausführlich dargestellt war, sicherte ihm weltweite Wirksamkeit. Es führte u. a. dazu, daß sein 1879 gegründetes Laboratorium (später Institut) für experimentelle Psychologie zum Mekka der Psychologen aus aller Welt, von den USA bis nach Japan, wurde. Die in den darauffolgenden Jahrzehnten erfolgende Gründung sehr vieler analoger Laboratorien ist wesentlich der enormen Ausstrahlung dieser Einrichtung und der Wissenschaftlerpersönlichkeit Wundts zu verdanken. — Erschienen in den Sitzungsberichten Bd 118 (1977) H. 4.

14. November 1975

Ansprache des Präsidenten, Herrn Schwabe — Vortrag des Herrn Freimuth: „Umweltprobleme in der Ernährung“.

Da der erwachsene Mensch täglich etwa 500 g feste Nahrungsstoffe zu sich nimmt, können infolge der täglichen und lebenslangen Zufuhr mit den Lebensmitteln genau wie durch verunreinigte Luft oder unreines Wasser Gesundheitsgefährdungen hervorgerufen werden, wenn man die Nahrung nicht von „fremden Stoffen" freihalten kann.

Während die Reinhaltung von Luft und Wasser durch das Landeskulturgesetz der DDR erreicht werden soll, wird die Beschaffenheit der Lebensmittel durch das Lebensmittelgesetz vom 30. 11. 1962 geregelt. Hier ist festgelegt, daß „Fremdstoffe", wie z. B. Rückstände von Agrochemikalien u. ä. „in technisch unvermeidbaren und gesundheitlich unbedenklichen Mengen" vorhanden sein dürfen. Trotzdem haben die Erhebungen der WHO ergeben, daß die im menschlichen Körper auftretenden Schadstoffe nur zu 10 Prozent aus dem Wasser, zu 20 Prozent aus der Luft, aber trotz aller strengen gesetzlichen Bestimmungen zu 70 Prozent mit der Nahrung zugeführt werden. Die Lebensmittel stehen daher in einer Reihe mit den bedenklichen Umweltfaktoren und ihre Reinhaltung besitzt sogar eine besondere gesundheitliche Bedeutung.

Als Beispiele für mögliche Gefährdungen werden folgende Probleme erörtert:

1. Die Emission cancerogener (3,4-Benzpyren) oder gesundheitsschädlicher Stoffe (Arsen, Blei, Quecksilber) durch Rauch- und Auspuffgase sowie durch Industriebetriebe.
2. Die Verwendung chlorierter Kohlenwasserstoffe als Pesticide.
3. Die Bildung von Mykotoxinen durch Schimmelpilze.
4. Die Entstehung von N-Nitrosaminen in Lebensmitteln.

An Hand dieser Beispiele und der analytischen Bestimmungsmethoden wird darauf hingewiesen, daß eine absolute Freiheit der Lebensmittel von „Fremdstoffen" nicht zu erreichen und zu fordern ist. Notwendig und vordringlich erscheint vielmehr eine verstärkte Forschung auf dem Gebiet der Lebensmitteltoxikologie, um die Aufklärung der Zusammenhänge zu beschleunigen und entsprechende gesetzgeberische Maßnahmen durchzuführen. Besondere Aufmerksamkeit verdient dabei die Entwicklung empfindlicher und spezifischer analytischer Methoden, da die zu erfassenden Mengen im Bereich von Mikro- oder Nanogramm liegen. Wegen der Vielfalt der noch zu lösenden Fragen ist eine internationale Zusammenarbeit und eine Koordinierung bei der Festlegung von Toleranzgrenzen oder anderer gesetzlicher Bestimmungen besonders erstrebenswert.

2. April 1976

Ansprache des Präsidenten, Herrn Schwabe, Bericht des Vizepräsidenten, Herrn Lehmann, über die Arbeiten beider Klassen, — Vortrag des Herrn Růžička: „Historie und Historizität der Junggrammatiker".

Um die Leitbegriffe der Geschicklichkeit und Vergleichung werden von den Anfängen der indoeuropäischen Hypothese bis zur generativ-phonologischen Behandlung der Sprache die Ideen der Leipziger Junggrammatiker als eine entscheidende Durchgangsphase linguistischen Denkens dargestellt. Das komparativistische Gedankengut und der Begriff der Historizität werden gesondert erörtert, um dann ihre Verschmelzung im Denken der Junggrammatiker zu zeigen. Philosophisch-ideologische wie methodologische Entwicklungslinien der Sprachwissenschaft werden im Detail verfolgt, um die Leistungen der Junggrammatiker als einen Höhepunkt in den Kontext des linguistischen Denkens des 19.,18. und auch 17. Jahrhunderts zu stellen. Die theoretische Relevanz des Gesetzesbegriffs in der Sprachwissenschaft wird besonders erörtert. Mit dem Übergang zu neuen sprachwissenschaftlichen Paradigmen wird gleichzeitig das Bleibende in den bestechenden Erfolgen der Junggrammatiker gewürdigt. — Erschienen in den Sitzungsberichten Bd 119 (1977) H. 3.

13. November 1976

Ansprache des Präsidenten, Herrn Schwabe. — Vortrag des Herrn Buchheim: „50 Jahre Wellenmechanik — der Beitrag Erwin Schrödingers zum quantenphysikalischen Naturverständnis".

1975 war für die physikalischen Wissenschaften ein Erinnerungsjahr in doppelter Hinsicht: Vor 75 Jahren entdeckte Max Planck das Wirkungsquantum, jene zunächst schwer verständliche Naturkonstante von der Dimension Wirkung oder Drehimpuls $h = 6.6256 \cdot 10^{-34}$ Watt $\times$ Sek^2. Sie stand im engsten Zusammenhang mit der bekannten „Quantenhypothese" ihres Entdeckers. Nach dieser wird elektromagnetischen Wellenstrahlung der Frequenz ν immer nur in Energieproportionen $E = h\nu$, die man „Energiequanten" nennt, durch Materie emittiert bzw. absorbiert. Die neue Größe h war als eine der beiden, das Normalspektrum des „schwarzen Strahlers" bestimmenden Konstanten aufgefunden, aber physikalisch noch keineswegs verstanden. 25 Jahre später leiteten W. Heisenberg, M. Born und P. Jordan die Aufstellung einer konsistenten, logisch widerspruchsfreien „Quantenmechanik" ein, in der h als Angelpunkt fungierte. Im Laufe der seitdem vergangenen 50 Jahre hat diese Naturgröße sich gleichsam als Universalschlüssel für viele Türen in der atomaren Welt erwiesen und damit ihre wahre Bedeutung enthüllt.

Diese „neue Quantenmechanik" knüpfte an das Teilchenmodell des Atoms nach E. Rutherford und N. Bohr an, das zwischen 1913 und 1925 besonders in der atomtheoretischen Schule A. Sommerfelds mathematisch bis in alle Konsequenzen durchgearbeitet worden war. Bezeichnend für diese „naive", interimistische Atommechanik war die Festlegung von Elektronenbahnen und Energiestufen in den Atomen durch ganze Zahlen („Quantenzahlen"), wie sie auch für Eigenschwingungen von Makrosystemen typisch sind, mittels des Wirkungsquantums. Die Sommerfeldschen Elektronenbahnen blieben gänzlich unbeobachtbar, die Energiestufen E_m aber waren nach J. Franck und G. Hertz direkt meßbar geworden. Sie bestimmen das „Termsystem" des Atoms oder Moleküls, dessen charakteristische Strahlungsfrequenzen, ν_{mn}, nach der o.g. Planckschen Grundgleichung, als „Bohr'sche Frequenzbedingung" $\nu_{mn} = |E_m - E_n| : h$ interpretiert, durch „Übergänge" zwischen je zwei Energiestufen (Termen) festgelegt sind. W. Heisenberg und M. Born fanden 1925 in Form der sog. „Matrizenmechanik" den einen Zugang zu einer neuartigen, über Sommerfeld hinausgehenden, wesentlich exakteren Atommechanik. Sie knüpften an das von N. Bohr formulierte „Korrespondenzprinzip" zwischen klassisch denkbaren und quantenphysikalisch sinnvollen Parametern des Atommodells an. Hiernach waren die bisher durch reelle Zahlen angebbaren Größen wie Energie, elektrisches Moment, Drehimpuls u. a. durch Operatoren von Matrixcharakter zu ersetzen. Die Algebra dieser (unendlichen) Matrizen erwies sich aber als notwendig nicht kommutativ und h gerade als bestimmend für die Nichtvertauschbarkeit der — nach W. R. Hamilton — „kanonisch konjugierten" Teilchengrößen p_k (Impuls) und q_k (Koordinate): $p_k q_k - q_k p_k = \frac{h}{2\pi i}$. Die Energiestufen E_m konnten nur mit den Methoden der transzendenten Algebra als Eigenwertspektrum der unendlichen Matrix H_{mn} für die Hamiltonfunktion H (Energiefunktion) des Teilchenmodells ermittelt werden, was sich nur in einfachsten Fällen als praktisch durchführbar erwies. Diese Matrizenmechanik, von W. Heisenberg aus einer extrem positivistischen Auffassung der Atomproblematik heraus konzipiert und von M. Born und P. Jordan weiter ausgearbeitet, vermittelte zwar noch kein eigentlich physikalisches Verständnis des Wirkungsquantums, zeigte aber, wie problematisch der Teilchenbegriff der klassischen Physik in atomaren Dimensionen (10^{-10} m) zu werden beginnt. Sie legte auch bereits solche der

Atomphysik adäquaten, neuen Begriffe wie „Diagonalisierung", „Eigenzustand", „Übergangselement", „Transformationsmatrix" u. a. weitgehend und wohl schon für alle Zukunft fest. Aber die Aufnahmefähigkeit der Naturwissenschaftler einschließlich der Physiker selbst für alle diese Gedanken mußte unter diesen Umständen verständlicherweise sehr gering bleiben.

In dieser Situation präsentiert 1926 E. Schrödinger, gewissermaßen als Außenseiter, der durch keine der drei großen Schulen der Atomphysik in Kopenhagen, Göttingen und München hindurchgegangen war, einen zweiten, ganz unabhängigen und scheinbar antithetischen Entwurf zur Quantenmechanik. Es knüpfte damit an die „Thesen" L. de Broglie's von 1924 und dessen Hypothese der „Materialwellen" an, deren Existenz er mittels der speziellen Relativitätstheorie aus der o. g. Planckschen Gleichung folgerte. A. Einstein hatte schon 1905 beschlossen, daß einem Energiequant $h\nu$ immer auch ein Impulsquant $\frac{h\nu}{c}$ entsprechen müsse, und damit den fundamentalen Begriff des gerichteten „Strahlungsquants" geschaffen. L. de Broglie folgerte umgekehrt aus der speziellen Relativitätstheorie, daß einem Teilchen mit dem Impuls $p = m\nu$ eine Materialwelle von der Wellenlänge $\lambda = \frac{h}{p}$ entsprechen müsse. Die „de-Broglie-Gleichung" tritt also der „Einstein-Gleichung" $h\nu = mc^2$ an die Seite (c die Lichtgeschwindigkeit). Die Phasengeschwindigkeit der „de-Broglie-Welle" ergibt sich zu $u = \frac{c^2}{v} > c$ in Richtung der Teilchenbewegung, ihre Gruppengeschwindigkeit zu $v_g = v$.

Es ist Schrödingers großes und bleibendes Verdienst um die Weiterbildung der Quantenmechanik seit 1926, das de Broglie'sche „Phasenwellen-Konzept" zu einer geschlossenen „Wellenmechanik", d. h. zu einer der Matrizenmechanik äquivalenten komplementären Form der Quantenmechanik ausgebaut zu haben, die primär vom „Wellenbild" statt vom Teilchenbild ausgeht. Den Ideen von W. R. Hamilton aus den dreißiger Jahren des vorigen Jahrhunderts folgend zeigte er nämlich, daß sich die Teilchenbahnen der klassischen Punktmechanik auf Grund der Extremalprinzipe von Fermat und Maupertuis als Näherung eines Wellenausbreitungsvorganges auffassen lassen, bei dem Beugungseffekte zu vernachlässigen sind, wie in der geometrischen Optik. Die Krümmung eines Lichtstrahls in einem Medium mit örtlich veränderlichen Brechungsindex hat zunächst ein nur mathematisches Analogon in der Krümmung einer Teilchenbahn in einem Potentialkraftfeld. Schrödinger zeigte, daß diese mathematische Analogie zur physikalischen Identität wird, wenn man nach der o. g. de Broglie-Gleichung Teilchenenergie E_0 und Kräftepotential U einem Brechungsindex $n = \sqrt{1 - U/E_0}$ für Materiewellen zuordnet. Die nach dem Maupertuis'schen Prinzip durch zwei feste Punkte bestimmte Teilchenbahn ist dann mit dem nach dem Fermat'schen Prinzip festgelegten Materiewellen-„Strahl" identisch. Teilchen- und Wellenaspekt geben in dieser („geometrischen") Näherung dasselbe. Der Übergang von der Strahlennäherung zum Wellenausbreitungsvorgang führt dann zur Schrödingerschen Differentialgleichung für den Feldskalar ψ

$$H\psi = E\psi \text{ oder } \left\{-\frac{h^2}{8\pi^2 m_0}\left(\frac{\partial^2}{\partial x^2} + \frac{\partial^2}{\partial y^2} + \frac{\partial^2}{\partial z^2}\right) + U(x, y, z)\right\}\psi + \frac{h}{2\pi i}\frac{\partial\psi}{\partial t} = 0$$

(x, y, z kartesische Koordinaten, t die Zeit).

Hierbei ist H der aus der Hamilton-Funktion des Teilchenmodells $H = \frac{1}{2m_0}(\vec{p} \cdot \vec{p}) + U$

mit $\vec{P} = \frac{h}{2\pi i} \overrightarrow{\text{grad}}$ gebildete „Hamilton-Operator", $E = -\frac{h}{2\pi i} \frac{\partial}{\partial t}$ der „Energie-Operator". Die „Schrödinger-Gleichung" gibt das Bewegungsgesetz von Mikrosystemen an, die sich auf Mehrteilchen-Systeme erweitern läßt. In „geometrischer" Näherung entspricht ihr stets die Hamilton-Jacobische Differentialgleichung des entsprechenden klassischen Teilchenmodells, die ja ebenfalls für dessen Bewegungsgesetze repräsentativ ist. Gemäß de Broglie korrespondiert also dem Impuls-Energie-Vierervektor eines Teilchens jetzt der „Gradient-Operator" im Raum—Zeit—Kontinuum für das Materiewellenfeld. Mit ψ führte Schrödinger eine völlig neuartige Größe ein, die in der klassischen Physik nicht ihresgleichen hat, aber auch in der Matrizenmechanik explizite nicht erscheint. Sie repräsentiert den „Zustand" eines Mikrosystems. Das Produkt $\bar{\psi} \cdot (O\psi)$ bedeutet[1]) die räumliche Dichte des Erwartungswertes für eine Meßgröße („Observable"), der nach Schrödinger der Differential-Operator O zuzuordnen ist, z. B. ein Impuls, eine Koordinate usw. Die Operation 1 führt dann zu $\bar{\psi}\psi$ und bedeutet die Wahrscheinlichkeit pro Raumeinheit, das Mikrosystem mit einer Messung seiner geometrischen Strukturparameter in der Konfiguration anzutreffen, die seine Teilchenmodell-Koordinaten bezeichnen. Mit dieser „statistischen Deutung" reduzierte M. Born die Wellenmechanik auf ihren wahren physikalischen Kern.

Schrödinger wies bereits 1926 nach, daß Wellen- und Matrizenmechanik mathematisch äquivalent sind. Zu jedem vollständigen orthonormierten Funktionensystem φ_m im Konfigurationsraume des Systems, dessen Volumenelement dV sei, für das $\int dV \bar{\varphi}_m \varphi_n = \delta_{mn}$ gilt, läßt sich eine dem hermite'schen Differential-Operator O entsprechende hermite'sche Matrix nach Heisenberg-Born-Jordan bilden:

$$O_{mn} = \int dV \bar{\varphi}_m \cdot (O\varphi_n) = \int dV \varphi_n \cdot (\bar{O}\bar{\varphi}_m) = \bar{O}_{nm}$$

Da das de Broglie'sche Konzept die Zuordnung von $\frac{h}{2\pi i} \frac{\partial}{\partial q^k}$ zu p_k als kanonisch konjugiertem Impuls zu q_k verlangt, reduzieren sich die fundamentalen Vertauschungsrelationen der Matrizenmechanik

$$\sum_{j=1}^{\infty} (p_{k,\,mj} \cdot q^l_{jn} - q^l_{mj} \cdot p_{k,\,jn}) = \frac{h}{2\pi i} \delta_k{}^l \cdot \delta_{mn}$$

auf die simple Identität der Differentialgleichung

$$\left(\frac{\partial}{\partial q^k} q^l - q^l \frac{\partial}{\partial q^k}\right) \varphi(q_1, q_2, \ldots) = \delta_k{}^l \varphi(q_1, q_2, \ldots)$$

In allen diesen Gleichungen bedeutet $\delta_k{}^l$ bzw. δ_{mn} das Kronecker-Symbol, nämlich 1 für gleiche und 0 für verschiedene Indizes. Alle Eigenwertprobleme der Matrixmechanik können damit auf solche hermitischer Differentialoperatoren unter physikalisch motivierten Randbedingungen vom Typ $O\varkappa_m = O_m\varkappa_m$ überführt werden, wobei die O_m die (reellen) Eigenwerte von O, φ_m die zugehörigen (orthogonalen) Eigenfunktionen bedeuten. Damit verlagerte Schrödinger das zentrale Problem der Quantenmechanik, die Bestimmung von meßbaren Größen in der Mikrophysik, von der Ebene der transzendenten Algebra hinweg in die der gewohnten analytischen Methoden der mathematischen Physik. Das

[1]) $\bar{\psi}$ ist die zu ψ konjugiert komplexe Zahl.

im Vordergrunde stehende Eigenwertsproblem der Energie für das Einzelteilchen im Zentralkraftfelde wurde so in ein Eigenschwingungsproblem im dreidimensionalen Raum (mit unendlichfernem Rand) transformiert. An die Stelle der unrealen Bohr'schen Bahnen treten Eigenschwingungen des ψ-Skalars, die sich durch wohlbekannte Funktionensysteme, z. B. Kugelfunktionen, Hermite'sche und Laguerre'sche Orthogonalfunktionen u. a. ausdrücken lassen. Damit wurde die „neue Quantenmechanik" erst eigentlich praktikabel und zugleich anschaulich gemacht, indem sie an die gewohnte, an der Makrophysik orientierte mathematische Bildersprache angeschlossen wurde. Dieses geniale Vorgehen machte verständlicherweise außerordentlichen Eindruck, erweckte aber in restaurativ eingestellten Kreisen der damaligen Physik die abwegige Hoffnung, man werde durch Schrödinger nun zu einem klassischen, kontinuumsphysikalischen Verständnis der Quantenphänomene geführt. In dieser Hinsicht bedeutet die o. g. Bornsche statistische Deutung einen wichtigen Schritt vorwärts, an dem sich die Weiterbildung der Wellenmechanik orientieren konnte. Diese Deutung sichert nämlich, daß auch in der Wellenmechanik das „Element der Diskontinuität", wie Heisenberg und Bohr es nannten, erhalten bleibt, also z. B. die Erhaltung von wohldefinierten Masse- und Ladungsquanten von zwar anonymer, aber doch deutlich diskreter Art.

Wie sich seitdem in zahlreichen Anwendungen der Wellenmechanik im ganzen Bereiche der Atomphysik herausstellte, hat Schrödinger mit seiner „Wellenfunktion" ψ einen neuen, höchst eigenartigen und in den Worten der konventionellen Umgangssprachen kaum zu beschreibenden Zustandsbegriff für physikalische Mikrosysteme eingeführt. Die Quantenphysik erhielt damit ein physikalisch-materialistisches Rückgrat und wurde damit aus der positivistischen Einengung herausgeführt, die ihr von der Matrizen-Fassung her drohte. Das Wesentliche dieses für das quantenphysikalische Naturverständnis äußerst wichtigen Zustandsbegriffes ist die „Mischung" von Eigenzuständen isolierter Teilsysteme z. B. von Atomen („Orbitale") im Atomverband (Molekül, Festkörper). Diese Mischung bringt neuartige Wechselwirkungen und energetische Effekte hervor, die in der klassischen Physik nicht ihresgleichen haben. Sie beruhen sämtlich darauf, daß in 1. Näherung eine „Durchdringung" von Orbitalen verschiedenen Zentrums stattfindet.

Das Schrödingersche Konzept löste in dem seit Aufstellung 1926 vergangenen halben Jahrhunderts eine fast unabsehbare Lawine fruchtbarster Anwendungen und Bestätigungen durch die Erfahrung aus. Nur die wichtigsten mögen hier stichwortartig aufgeführt werden:

1. Die wellenmechanische Theorie der Streuung freier Mikromaterie (Elektronen, Nukleonen, Atome) aneinander nach M. Born und an Kristallen, die zur experimentellen Bestätigung der Materiewellen durch Davisson und Germer 1928 führte.

2. Die Formulierung des sog. „Pauli-Prinzips" durch Antisymmetrisierung der Wellenfunktionen von Mehrteilchensystemen aus Partikeln halbzahligen Spins durch J. Slater.

3. Die relativistisch kovariante Fassung der Wellengleichung des Elektrons durch P. A. M. Dirac 1928, aus der sich die Existenz des Elektronenspins von selbst ergab.

4. Das Verständnis der homöopolaren chemischen Bildung nach W. Heitler und F. London 1928, womit das ungeheure Gebiet der sog. „Quantenchemie" eröffnet wurde.

5. Das quantenmechanische Verständnis des Ferro- und Antiferromagnetismus nach W. Heisenberg 1928 als eines elektrostatischen Wechselwirkungseffektes auf Grund des Pauli-Prinzips.

6. Die Theorie der Bandstruktur der Elektronenterme im Kristall nach F. Bloch u. a. seit 1930, die die Grundlage des Verständnis der elektrischen Leitung in Festkörpern bildet.

7. Das Verständnis weiterer „makroskopischer" Quanteneffekte (über Normalspektrum und Ferromagnetismus hinaus) wie Supraleitung und Suprafluidität mittels des Gebrauchs sog. „makroskopischer Wellenfunktionen" nach H. Fröhlich seit 1958.

8. Die künstliche Erzeugung von makroskopischen Quanteneffekten in der Laser- und Maser-Technik.

Besonders das unter 1. und 6. genannte Verhalten von Mikromaterie nach der Wellenmechanik hat wesentlich dazu beigetragen, den von N. Bohr eingeführten Begriff der „Komplementärität" von Teilchen- und Wellenbild zu verdeutlichen. Danach kann die Erhaltung von Energie und Impuls bei Streuvorgängen nach Schrödinger auch als Interferenzeffekt zwischen Materiewellen verstanden werden. Entsprechend zeigen die Bandstrukturen der Elektronenzustände in Kristallen uns eindringlich, daß das Verhalten der Elektronen nicht durch lokale Kräfte auf sie als Einzelteilchen, sondern durch die Beeinflussung ihrer Materiewellen durch das periodische Kraftfeld des ganzen Kristalls bestimmt wird.

Die Schrödingersche Wellenmechanik ist weder das Werk ihres Inaugurators noch die schroffe Antithese zur Matrizenmechanik von 1926 geblieben. Mit ihr wurde die Legierung beider Standpunkte angebahnt, die man heute schlechthin „Quantenphysik" nennt. In dieser sind Teilchen und Welle nur Metaphern für Dinge, die in der Makrowelt nicht auftreten und infolgedessen in der Umgangssprache nur schwer oder gar nicht beschrieben werden können. Damit sieht sich die Mikrophysik schon im engen Fachbereich mit jenem großen Problem der Verständigung konfrontiert, das G. W. Leibniz vor dreihundert Jahren den alten Gedanken der „Characteristica universalis", einer universellen symbolischen Zeichensprache der Wissenschaft, erneut ins Auge fassen ließ, um alle Disziplinen zu einem verständnisvollen Zusammenwirken zu bringen. Vielleicht hat die Physik zunächst für ihren Bereich mit der Schöpfung eines konsistenten widerspruchsfreien mathematischen Schemas der modernen Quantentheorie bereits ein konkretes Beispiel im Kleinen gegeben, was Leibniz im Großen vorschwebte.

VERÖFFENTLICHUNGEN DER AKADEMIE IN DEN BERICHTSJAHREN

Jahrbuch 1973—1974. Berlin 1976. 575 S., 25 Abb. auf 16 Taf.

Festschrift. Im Dienste produktiven Schaffens. Öffentliche Sitzung der Sächsischen Akademie der Wissenschaften zu Leipzig am 9. November 1974. Aus Anlaß des 25. Jahrestages der Deutschen Demokratischen Republik herausgegeben von Kurt Schwabe, Präsident der Akademie. Berlin 1977. 113 S., 1 Farbtaf. und 45 Abb.

Mathematisch-naturwissenschaftliche Klasse

Sitzungsberichte

Band 111

Heft 1: Wilhelm Maier: Vom Erbe Bernhard Riemanns. 1975. 16 S.

Heft 2: Hans Drischel: Organismus und geophysikalische Umwelt. 1975. 50 S., 25 Abb., 1 Tab.

Heft 3: Maria Hasse: Zum Begriff des allgemeinen Produkts von Kategorien. 1975. 32 S.

Heft 4: Kurt Schwabe: Analytische Probleme des Umweltschutzes. 1975. 28 S., 9 Abb., 2 Tab.

Heft 5: Wolfgang Buchheim: Die kopernikanische Wende und die Gravitation. 1975. 36 S., 2 Farbtaf.

Heft 6: Hermann Berg: Photopolarographie und Photodynamie. 1975. 19 S., 2 Abb., 2 Tab.

Heft 7: Manfred Gersch: Probleme der Insektizide aus heutiger Sicht. 1975. 36 S., 9 Abb., 2 Tab.

Band 112

Heft 1: Walter Brednow: Spiegel, Doppelspiegel und Spiegelungen — ein „wunderliche Symbolik" Goethes. 1975. 28 S., 4 Abb.

Heft 2: Artur Lösche: Über negative absolute Temperaturen. 1976. 26 S., 12 Abb.

Heft 3: Herbert Jordan: Kurorttherapie: Prinzip und Probleme. 1976. 31 S., 10 Abb.

Philologisch-historische Klasse

Abhandlungen

Band 65

Heft 1: Rolf Heller: Die Laxdoela Saga. Die literarische Schöpfung eines Isländers des 13. Jahrhunderts. 1976. 152 S.

Heft 2: Joachim Müller: Heines Prosakunst. 1975. 179 S., 2. Aufl. 1977.

Heft 4: Claus Wilcke: Kollationen zu den sumerischen literarischen Texten aus Nippur in der Hilprecht-Sammlung Jena. 1976. 92 S., 31 Autographien im Text, 8 Abb. auf 7 Taf.

Band 66

Heft 2: Ernst Walter: Lexikalisches Lehngut im Altwestnordischen. Untersuchungen zum Lehngut im ethisch-moralischen Wortschatz der frühen lateinisch-altwestnordischen Übersetzungsliteratur. 1976. 198 S.

Heft 3: Onomastica Slavogermanica XI. Herausgegeben von Ernst Eichler und Hans Walther. Redaktion: Johannes Schultheis. 1976. 164 S., 9 Ktn, 2 Tab.

Sitzungsberichte

Band 117

Heft 1: Johannes Jahn: Antike Tradition in der Landschaftsdarstellung bis zum 15. Jahrhundert. 1975. 26 S., 23 Abb. auf 21 Taf.

Heft 5: Ernst Werner: Häresie und Gesellschaft im 11. Jahrhundert, 1975. 83 S.

Band 118

Heft 3: Joachim Müller: Thomas Manns Künstlertum und Humanitätsgewissen. 1976. 27 S.

Heft 5: Ernst Werner: Stadtluft macht frei. Frühscholastik und bürgerliche Emanzipation in der ersten Hälfte des 12. Jahrhunderts. 1976. 96 S.

VERÖFFENTLICHUNGEN VON AKADEMIEMITGLIEDERN IN DEN JAHREN 1975 UND 1976

Mathematisch-naturwissenschaftliche Klasse

Beckert, Herbert: Zur ersten Randwertaufgabe in der nichtlinearen Elastizitätstheorie. In: Zeitschrift für angewandte Mathematik und Mechanik *55* (1975) S. 47—58.
— Über die Konstruktion Greenscher Tensoren und ihre Bedeutung für die numerische Mathematik. Ebda. S. 63—70.
— Die mathematische Beschreibung endlicher Deformationen bei der dritten Randwertaufgabe. In: Wiss. Z. KMU Leipzig *25* (1976) H. 1, S. 1—10.
— On the control of stability in nonlinear mechanics. In: Mathematical Control Theory, Banach Center Publications *1* (Warschau 1976) S. 17—23.

Berg, Hermann: Reduktionsmechanismus von Campherchinon an der Quecksilberelektrode und in Lösung. In: Wiss. Z. TU Dresden *24* (1975) S. 11.
— Photopolarographic aspects in photodynamic effects. In: J. electroanalyt. Chem. *65* (1975) S. 129—139.
— Photopolarographie und Photodynamie. Berlin 1975. (= Sitzungsber. Sächs. Akad. d. Wiss. zu Leipzig, math.-nat. Klasse Bd 111, Heft 6).
— u. J. Flemming, G. Horn: Models for DNA at electrode surfaces. In: Bioelectrochem. Bioenerg. *2* (1975) Heft 4, S. 287—292.
— Elektrochemische Sonden in der Biologie. In: URANIA *52* (1976) Heft 10, S. 68—71.
— Die Entdeckungen Johann Wilhelm Ritters. In: Spektrum *7* (1976) S. 32—33.
— Polarographic possibilities in protein- and nucleic acid research in Topics in Bioelectrochem. and Bioenergetics. In: Editor G. Milazzo *1* (1976) S. 39—104.
— Entdeckungen und Dialektik Johann Wilhelm Ritters, Licht und Elektrochemie in Jena der Romantik. In: Wiss. Z. Friedr.-Schiller-Univ. Jena *25* (1976) S. 71—75.
— VII. Jena Symposium „Kinetik mit Biopolymeren“, 9.—12. 3. 1976. In: Informationsblatt Ges. f. physik. u. math. Biologie *9* (1976) S. 10—12.
— Antibiotikawechselwirkung mit DNA. In: Exp. Erg. d. Medizin *24* (1976) S. 210.
— u. J. Flemming, G. Horn: Adsorption and reduction of native DNA. In: studia biophysica *55* (1976) S. 69—72.
— u. G. Horn, J. Flemming: Conformational transitions and associations of DNA in adsorption layers. In: studia biophysica *57* (1976) S. 87—92.
— J. Flemming u. H. Berg: On the adsorption of DNA at the mercury-electrolyte interface VI. The influence of adsorption on the reduction of DNA. In: Bioelectrochem. and Bioenergetics *3* (1976) S. 241—252.
— W. Förster, E. Bauer u. H. Berg: Association and dissociation kinetics of DNA-copper(II)-complexes. In: studia biophysica *57* (1976) S. 165—170.

Bethge, Heinz: Molekulare Vorgänge auf Kristalloberflächen. In: Sitzungsber. AdW der DDR *9/1* N (1975) S. 15—34.
— F. Appel, H. Bethge u. U. Messerschmidt: Distribution of point-obstacle distances during the motion of screw dislocations in MgO single crystals. In: Phys. Status Solidi a *38* (1976) S. 103 bis 108.

Bethge, Heinz: u. E. Pippel, J. Woltersdorf: Problems of epitaxial growth in systems of weak interaction observed in the case of Al on MgO. Ebda *37* (1976) S. 457–466.
– Bruchforschung. In: Sitzungsber. AdW der DDR *2* N (1976) S. 6–10.
– H. Höche u. H. Bethge: Morphological changes of the monatomic (100) NaCl cleavage structure due to edge self-diffusion I: In: J. Chrystal Growth *33* (1976) S. 246–254.
– K. Meinel, M. Klaua u. H. Bethge: Diffusion of Ag in Au thin films studied by Auger electron spectroscopy. In: Thin Solid Films *34* (1976) S. 157–160.
– H. Stenzel u. H. Bethge: An investigation of heterogeneous nucleation on point defects. Ebda *32* (1976) S. 267–270.

Buchheim, Wolfgang: Zur geophysikalischen Inversionsproblematik. In: Veröffentlichungen des Zentralinstituts Physik der Erde Nr. 31 (1975) S. 305–310.
– Funktionstheoretische Gesichtspunkte für die Verwirklichung von Seismometern mit vorgegebener Charakteristik. Ebda S. 489–494.
– Die kopernikanische Wende und die Gravitation. Berlin 1975. 36 S. (= Sitzungsber. Sächs. Akad. Wiss. zu Leipzig, math.-nat. Kl. Bd 111, H. 5).
– u. H. Gast, Chr. Oelsner: Erfahrungen beim Einsatz geophysikalischer Verfahren zur Lösung von Umweltschutzproblemen auf dem Gebiet des Wassers. In: Freiberger Forschungshefte C *318* (1976) S. 141–154.

Busch, Karl-Franz: Bautechnische Berechnungstafeln für Ingenieure. Hrsg. von H. Pörschmann. 12. Aufl. Leipzig 1975: Beitrag 15. Wasserwirtschaft, S. 511–537.
– u. K. Strzodka: Beeinflussung des Grund- und Oberflächenwassers durch den Bergbau und die Energiewirtschaft. In: Neue Bergbautechnik. Berlin 1975. H. 5.
– u. K. Strzodka: Beeinflussung des Grund- und Oberflächenwassers durch den Bergbau und die Energieerzeugung. In: Freiburger Forschungshefte C *318* (1976) S. 37–50.
– Untersuchungen zum Grundwasserverhalten in Bergbaugebieten. In: Die Technik *31* (Berlin 1976) H. 2, S. 118–121.
– Jugendobjekte der Sektion Wasserwesen helfen der Volkswirtschaft und ermöglichen eine schnelle Überführung von Forschungsergebnissen in die Praxis. In: Wiss. Z. TU Dresden *25* (1976) H. 1/2.
– u. Quast, Dybek: Erfahrungen bei der Nutzung von geohydraulischen Simulationssystemen bei der Meliorationsvorbereitung. In: Archiv für Acker- und Pflanzenbau und Bodenkunde *20* (Berlin 1976) H. 3, S. 209–220.
– [Mithrsg. u. Autor] E. Steiger u. K.-F. Busch: Meyers Taschenlexikon *Bautechnik*. Leipzig 1976. S. 376 S.

Dörter, Klaus: Wege von der extensiven Grünlandnutzung zur intensiven Futterproduktion im Harz unter besonderer Berücksichtigung von Forschungs- und Entwicklungsarbeiten im VEB Hasselfelde, Krs. Wernigerode. In: Hercynia NF *12* (1975) H. 1, S. 58–74.
– U. Wegener, K. Dörter, E. Beuschold: Der Einfluß der landwirtschaftlichen Nutzung von Talsperreneinzugsgebieten auf den Nährstoffeintrag in Trinkwassertalsperren. In: Acta hydrochim. hydrobiol. *3* (1975) H. 5/6, S. 553–561.

Drischel, Hans: Organismus und geophysikalische Umwelt. Berlin 1975. 50 S. (= Sitzungsbericht Sächsische Akademie der Wissenschaften zu Leipzig, math.-nat. Kl. Bd *111*, H. 2).
– u. P. Lässig, W. Kirmse: Perceptional and voluntary control of orientation and pursuit movements. In: Sensornaja organisazia dwischenii. Hrsg. von A. S. Batuev. Leningrad 1975. S. 102 bis 111 [russ].
– Einführung in die Biokybernetik. Warszawa 1976. 278 S. [polnische Ausgabe der Berliner von 1973].
– [Hrsg.] u. P. Dettmar: Biokybernetik. Materialien des IV. Internationalen Symposiums Biokybernetik in Leipzig 1973. Bd *V* (Jena 1975) 368 S.

Fejes Tóth, László: Five-Neighbour packing of Convex Discs. In: Period. Math. Hungar. *4* (1973) S. 221–229.
– G. Fejes Tóth u. L. Fejes Tóth: Remark on a Paper of C. H. Dowker. Ebda *3* (1973) S. 271 bis 274.
– Distribution of Points on Convex Polyhedra. Ebda *4* (1973) S. 29–38.
– Research Problems. Ebda S. 231–232.
– On the Density of a Connected Lattice of Convex Bodies. In: Acta Math. Acad. Sci. Hungar. *24* (1973) S. 373–376.
– G. Fejes Tóth u. L. Fejes Tóth: On Totally Separable Domains. Ebda S. 229–232.
– Exploring a Planet. In: American Mathematical Monthly *80* (1973) Nr. 9, S. 1043–1044.
– A Covering Problem. Ebda *81* (1974) Nr. 6, S. 632.
– u. E. Makai jr.: On the Thinnest Non-Separable Lattice of Convex Plates. In: Studia Sci. Math. Hungar. *9* (1974) S. 191–193.
– Research Problems. In: Period. Math. Hungar. *6* (1975) S. 197–199.
– Research Problems. Ebda. S. 277–278.
– Close packing and loose covering with balls. In: Publicationes Mathematicae *23* (Debercen 1976) fasc. 3–4, S. 323–326.

Freimuth, Ulrich: Neuere Methoden zur Kennzeichnung des Eiweißmoleküls und seiner funktionellen Gruppen. In: Nahrung *19* (1975) H. 9/10, S. 745–747.
– u. W. Krause, D. Hübner, A. Beier, R. Schwarzer, D. Grimm: Untersuchungen zur Proteinschädigung durch MAILLARD-Reaktion mittels enzymatischer Methoden. Ebda H. 1, S. 83–91.
– u. B. Schlegel, H. Nötzold: Amperiometrie und Polarographie zur Charakterisierung komplexer Eiweißgemische. In: Zeszyty Problemow Postepów Nauk Rolniczych *167* (Warschau 1975) S. 31–40.
– u. W. Krause, E. Ludwig: Die Elektrophorese in der Eiweißanalytik. Ebda. S. 63–74.
– u. W. Krause: Charakterisierung thermisch behandelter Milchproteine mittels enzymatischer Hydrolyse. In: Nahrung *19* (1975) H. 9/10, S. 835.
– E. Ludwig u. U. Freimuth: Der Nachweis der MAILLARD-Reaktion an Milchproteinen mittels Gel-Isoelektrofoccussierung. Ebda S. 837.
– K. D. Schwenke, L. Prahl, B. Ender, M. G. Besrukow, W. M. Belikow, U. Freimuth, S. G. Charatjan u. A. J. Wolnowa: Modifizierung von Proteinen durch Reaktion mit Carbonylverbindungen. Ebda. S. 921–927.

Gerasimov, Innokentij Petrovič und V. V. Annenkov: XXII Meždunarodnyj geografičeskij kongress v Kanade i učastie v nem sovetskich učenych [Der XXII. Internationale Kongreß für Geographie und die Teilnahme sowjetischer Wissenschaftler]. In: XXII Meždunarodnyj geografičeskij kongress v Kanade (Montreal', avgust 1972 g.) [XXII. Internationaler Kongreß für Geographie. (Montreal, August 1972)]. Moskva 1975. S. 5–18.
– Geomorfologičeskij profil' čerez Kanadskie Kordil'ery [Das geomorphologische Profil durch die Kanadischen Kordilleren]. Ebda S. 85–98.
– u. R. P. Zimina: Priroda Nacional'nogo parka Banff v Skalistych gorach Kanady i ee ochrana [Die Natur des Nationalparks Banff in den Rocky Montains und ihr Schutz]. Ebda S. 103–126.
– u. S. K. Gorelov: Karta poverchnostej vyravnivanija i kor vyvetrivanija SSSR masštaba 1:2500000: principy sostavlenija i značenie dlja ocenki prirodnych resursov [Karte der Oberflächen, des Ausgleichs und der Verwitterungsrinde der UdSSR im Maßstab 1:2500000: Grundsätze der Erarbeitung und die Bedeutung für die Einschätzung der Naturschätze]. In: Šestaja Vsesojuznaja konferencija po tematičeskomu kratografirovaniju „Zadači kartografičeskogo obespečenija ochrany prirody i okružajuščej sredy SSSR (g. Kiev, aprel' 1975 god)". (Tezisy dokladov). [Sechste Allunionskonferenz zur thematischen Kartographie „Aufgaben der kartographischen Sicherung von Natur- und Umweltschutz der UdSSR" (Kiev, April 1975). Thesen der Vorträge]. Moskva 1975. S. 46–49.

Gerasimov, Innokentij Petrovič, u. andere: Krupnomasštabnye naučnotechničeskie programmy po preobrazovaniju prirody našej strany i učastie geografov v ich osuščestvlenii [Großflächige wissenschaftlich-technische Programme der Umgestaltung der Natur unseres Landes und der Beitrag der Geographen zu ihrer Verwirklichung]. In: Materialy VI s'ezda Geografičeskogo obščestva SSSR. Doklady na plenarnach zasedanijach [Materialien des VI. Kongresses der Geographischen Gesellschaft der UdSSR. Vorträge auf den Plenarsitzungen]. Leningrad 1975. S. 3–18.

— u. F. F. Davitaja: Franko-sovetskij geografičeskij simposium „Al'py-Kavkaz" (1974). [Das französisch-sowjetische Symposium „Alpen-Kaukasus" (1974)]. In: Materialy VI s'ezda Geografičeskogo obščestva SSSR. Simpozium „Geografija v Gruzinskoj SSR". Sbornik dikladov, vyp. 2 [Materialien des VI. Kongresses der Geographischen Gesellschaft der UdSSR. Symposium „Die Geographie in der Grusinischen SSR". Sammelband der Vorträge, Heft 2]. Tbilisi 1975. S. 157–161.

— u. A. V. Živago, V. P. Čičagov: Pervyj Plenum Geomorfologičeskoj komissii AN SSSR, posvjaščennyj probleme izučenija kontinental'nych šel'fov [Erstes Plenum der Geomorphologischen Kommission der Akademie der Wissenschaften der UdSSR über das Problem der Erforschung der Kontinentalschelfe]. In: Geografija i geomorfologija šel'fa. Tezisy dokladov Vsesojuznogo soveščenija XII Plenuma Geomorfologičeskoj komissii. Vladivostok, 22–27 sentjabrja 1975 goda. [Geographie und Geomorphologie des Schelfes. Thesen der Vorträge der Allunionsberatung des XII. Plenums der Geomorphologischen Kommission. Vladivostok, 22.–27. September 1975]. Vladivostok 1975. S. 3–6.

— Geologičeskij vozrast glavnych typov sovremennogo rastitel'nogo pokrova i voprosy ich paleobiogeochimii [Das geologische Wachstum der Haupttypen der modernen Pflanzendecke und Fragen ihrer Paläobiogeochemie]. In: Tezisy dokladov, predstavlennych XII Meždunarodnomu botaničeskomu kongressu. 3–10 ijulja 1975 [Thesen der Vorträge auf dem XII. Internationalen Kongreß für Botanik. 3.–10. Juli 1975]. Bd *1* (Leningrad 1975) S. 24.

— u. M. I. Budyko: Problema ėkologičeskich krizisov [Das Problem der ökologischen Krisen]. In: Geografski problemi na obkrăžavaštata sreda [Geographische Probleme der Umwelt]. Sofija 1975. S. 9–23.

— u. R. P. Zimina: Priroda Nacional'nogo parka Banff v Skalistych gorach Kanady i ee ochrana [Die Natur des Nationalparks Banff in den Rocky Mountains von Kanada und ihr Schutz]. Ebda S. 169–181

— u. L. G. Kamanin, N. G. Fradkin: Geography in the USSR Academy of sciences. In: XIVth International congress of the history of science. Tokyo-Kyoto. Japan. 19–27. August 1974. Proceedings No. 3. Tokyo 1975. S. 88–92.

— u. R. P. Zimina: The nature of the Japanese island one hundred years ago according to Russian explorers. Ebda S. 93–96.

— L'homme dans la biosphère. — In: La science au 20ᵉ siècle. Bd *2*. Le cosmos. Paris-Moscou 1975. S. 308–313.

— La faciès de la Terre. Ebda S. 314–331.

— Morphostructures of mountain areas and their seismicity. In: International union of geodesy and geophysics. XVI General Assembly. Grenoble, 25 August — 6 September 1975. Abstracts of papers presented at the interdisciplinary symposia. [S. 1., s. ed., 1975] S. 35.

— Paleolimnologičeskie issledovanija japonskich učenych [Paläolimnologische Untersuchungen japanischer Wissenschaftler]. In: Izvestija AN SSR, Serija geograf., *1975*, No. 1, S. 107–118.

— Vstupitel'noe slovo na vtorych Grigor'evskich čtenijach [Einleitende Worte zu den zweiten Grigor'ev-Lesungen]. Ebda, No. 2, S. 5.

— u. andere: Naučnye itogi franko-sovetskogo geografičeskogo simpoziuma „Al'py-Kavkaz" [Die wissenschaftlichen Ergebnisse des französisch-sowjetischen Geographischen Symposiums „Alpen-Kaukasus"]. Ebda. S. 24–36.

— und andere: Gennadij Pavlovič Kalinin (1916–1975). Ebda S. 158–159 (Nekrolog).

— Naučnye osnovy sovremennogo monitoringa okružajuščej sredy [Wissenschaftliche Grundlagen des modernen Monitorings der Umwelt]. Ebda No. 3, S. 13–25.

Gerasimov, Innokentij Petrovic u. P. R. Zimina: XIV Meždunarodnyj kongress po isotorii nauki (Japonija, avgust 1974 g.) [XIV Internationaler Kongreß über Geschichte der Wissenschaft (Japan, August 1974)]. Ebda S. 141–147.
– Naučnaja programma XXIII Meždunarodnogo geografičeskogo kongressa (Moskva 1976) [Das wissenschaftliche Programm des XXIII. Internationalen Kongresses für Geographie (Moskau 1976)]. Ebda No 5, S. 5–13.
– u. M. B. Gornung, R. P. Zimina, Ė. M. Murzaev: K. semidesjatiletiju francuszkogo geografa Žana Drėša [Zum 70. Geburtstag des französischen Geographen Jean Dresch]. Ebda No. 6, S. 117–119.
– u. andere: Karl Troll' i ego vklad v geografiju [Karl Troll und sein Beitrag zur Geographie]. Ebda S. 125–127.
– u. D. A. Lilienberg, V. S. Preobraženskij, R. P. Zimina: Al'py-Kavkaz [Alpen-Kaukasus]. In: Vestnik AN SSSR 1975, No. 4, S. 92–99.
– Opyt genetičeskoj diagnostiki počv SSSR na osnove ėlementarnych počvennych processov [Versuch der genetischen Diagnostik der Böden der UdSSR auf der Grundlage der elementarén Bodenprozesse]. In: Počvovedenie 1975, No. 5, S. 3–9.
– Žizn', dejatel'nost' i vklad v nauku Sergeja Semenoviča Neustrueva [Leben, Wirken und wissenschaftliche Leistung Sergej Semenovič Neustruevs]. Ebda, No. 7, S. 5–11.
– Poverchnosti vyravnivanija v sovremennom i drevnem rel'efe Zemli i ich istoriko-geologičeskoe značenie [Die Oberflächen des Ausgleichs im modernen und früheren Relief der Erde und ihre historisch-geologische Bedeutung]. In: Geomorfologija 1975, No. 1, S. 3–13.
– u. andere: Radiouglerodnye issledovanija radiometričeskoj laboratorija Instituta geografii AN SSSR. Soobšč. 1 [Radioaktive Forschungen im Radiometrischen Laboratorium des Instituts für Geographie der Akademie der Wissenschaften der UdSSR. Mitteilung 1.]. Bjulleten' Kom. po izučenii četvert. perioda 1975, No. 44, S. 154–159.
– Naučnaja programma XXIII Meždunarodnogo geografičeskogo kongressa (Moskva, 1976 g.) [Das wissenschaftliche Programm des XXIII. Internationalen Kongresses für Geographie. (Moskau 1976)]. In: Vestnik Leningradskogo gos. univ. 1975, No. 18, Geologija, geografija, vyp. 3, S. 84–92.
– The contribution of geography to current knowledge. In Int. Soc. Sci. J. *27* (1975) No. 2, S. 250–258.
– L'apport de la géographie à l'univers actuel des connaissances. – Revue internationale Sci. soc. *27* (1975) No. 2, S. 264–272.
– Mensch, Gesellschaft und Umwelt. In: Z. Erdkundeunterricht *27* (1975) H. 11, S. 414–419.
– [Vorwort zu:] I. V. Komar, Racional'noe ispol'zovanie prirodnych resursov i resursnye cikly [Die rationelle Nutzung von Naturschätzen und ihre Zyklen]. Moskva 1975. S. 5–6.
– [Hrsg.:] Vlijanie mežbassejnovogo pereraspredelenija rečnogo stoka na prirodnye uslovija Evropejskoj territorii i Sredinnogo regiona SSSR. Tezisy dikladov soveščanija (aprel' 1975 g.) [Der Einfluß der Umverteilung von Abflüssen zwischen Flußbassins auf die natürlichen Bedingungen des Europäischen Gebietes und der Mittleren Region der UdSSR. Thesen der Vorträge auf der Beratung (April 1975)]. Moskva 1975, 107 S.
– Ot Orgkomiteta soveščanija [Das Organisationskomitee der Beratung an die Teilnehmer]. Ebda S. 3–4.
– [Hrsg.:] I. V. Zaboeva, Počvy i zemel'nye resursy Komi ASSR. [Böden und Bodenschätze der Komi ASSR]. Syktyvkar 1975. 344 S.
– Vvedenie [Einführung]. Ebda S. 5–26.
– [Hrsg.:] Teoretičeskie osnovy rekreacionnoj geografii [Theoretische Grundlagen der Rekrationsgeographie]. Moskva 1975, 224 S.
– [Hrsg.:] Uord B. und R. Djubo, Zemlja tol'ko odna. [Gekürzte Übers. aus dem Engl.: B. Word und R. Dubo] Moskva 1975. 319 S.
– [Vorwort zu:] Ebda, S. 5–10.

Gerasimov, Innokentij Petrovic: Novye puti v geomorfologii i paleogeografii [Neue Wege in der Geomorphologie und Paläogeographie] Moskva 1976. 400 S.
— Genetičeskie, geografičeskie i istoričeskie problemy sovremennovo počvovedenija [Genetische, geographische und historische Probleme der Bodenkunde] Moskva 1976. 298 S.
— Sovetskaja konstruktivnaja geografija. Zadači, podchody, rezul'taty [Die sowjetische konstruktive Geographie. Aufgaben, Ansätze und Ergebnisse] Moskva 1976. 208 S.
— Antropogennye preobrazovanija prirodnych ėkosistem i puti ich izučenima v biosfernych stancijach-zapovednikach [Anthropogene Umgestaltungen der natürlichen Ökosysteme und Wege ihrer Erforschung in biosphärischen Schutzstationen]. In: Materialy sovetsko-amerikanskogo simpoziuma po biosfernym zapovednikam [Materialien des sowjetisch-amerikanischen Symposiums über biosphärische Schutzanlagen]. 5—7 maja 1976 g. Doklady sovetskich učastnikov. Č. 1 [5.—7. Mai 1976. Vorträge der sowjetischen Teilnehmer. Teil 1.] Moskva 1976, S. 70—78.
— Environmental monitoring. In: General problems of geography and geosystems' modelling. Section 11. Moskva 1976. S. 30—33.
— u. P. Veyret, F. F. Davitaja: Einseignements généraux du symposium Alpes — Caucase tenu dans les Alpes (juin-juillet) et au Caucas (août) en 1974. In: Regional geography. Géographie régionale. Regional'naja geografia. Section 8. Moscou, s. ed. 1976, S. 223—225.
— u. A. M. Grin: Ėksperimental'nyj poligon dlja izučenija prirodnych i antropogennych geosistem central'noj časti lesostepi Russkoj ravniny (charakteristika, programma, pervye resul'taty) [Versuchsprüffeld für das Studium natürlicher und anthropogener Geosysteme des zentralen Teiles der Russischen Ebene (Charakteristik, Programm, erste Ergebnisse)]. In: Izvestija AN SSSR, Serija geograf. 1976, No. 1, S. 18—28.
— u. M. G. Gornung, M. I. Nejštadt, I. I. Olejnikov: Desjatiletie Senegal'skoj associacii po izučeniju četvertičnogo perioda Afriki (ASEQUA) [Das 10. Jubiläum der Senegalischen Vereinigung zur Erforschung der Quartärperiode Afrikas (ASEQUA)]. Ebda S. 143—147.
— Sovremennyj vklad botaniki [biocenologii] v teoriju fizičeskoj geografii [Der moderne Beitrag der Botanik (Biozönologie) zur Theorie der physischen Geographie]. Ebda No. 2, S. 115—120.
— Rol' geografii v poznanii sovremennogo mira [Die Rolle der Geographie beim Erkennen der modernen Welt.] In: Voprosy geografii 1976, No. 100, S. 6—15.
— Sovetskie geografy vstrečajut XXIII Meždunarodnyj geografičeskij kongress [Die sowjetischen Geographen grüßen den XIII. Internationalen Kongreß für Geographie]. In: Geografija v. škole 1976, No. 3, S. 13—17.
— u. A. Mints: Regional aspects of the transformation of the environment in the USSR. In: Social sciences *7* (1976). No. 2, S. 39—54.
— Not for the present generation alone. Moscow news 1976, No. 1, S. 10.
— [Mithrsg.:] Novye idei v geografii. 1. Problemy modellirovanija i informacii [Neue Ideen in der Geographie. 1. Probleme der Modellierung und Information]. Übersetzung aus dem Engl., Franz. und Tschech. Moskva 1976. 277 S.
— [Mithrsg.] Novye idei v geografii. 2. Gorodskie sistemy i informatika [Neue Ideen in der Geographie. 2. Städtische Systeme und Informatik]. Übersetzung aus dem Engl. Moskva 1976. 247 S.

Gersch, Manfred: Probleme der Insektizide aus heutiger Sicht. Berlin 1975. 36 S. (= Sitzungsbericht der Sächsischen Akademie der Wissenschaften zu Leipzig, math.-nat. Kl. Bd 111, H. 7).
— u. H. Birkenbeil, J. Ude: Ultrastructure of the Prothoracic Gland Cells of the Last Instar of Galleria mellonella in Relation to the State of Development. In: Cell Tiss. Res. *160* (1975) S. 389—397.
— R. Bräuer u. M. Gersch, E. Baumann: Specific Action of Activation Factor I on RNA Synthesis in Prothoracic Glands in Insects. J. Insect. Physiol. *22* (1976) S. 147—151.
— Biochemistry including mode of cellular action of neurohormones in arthropods. In: Actuallités sur les hormones d'invertébrés. Colloques Internationaux du Centre National de la Recherche Scientifique, Paris 1976. No 251, S. 281—305.

Gersch, Manfred: Insect neurohormones. In: Abstracts 10th Intern. Congress Biochemistry, Hamburg 1976, S. 643.

— Relation between nervous and neurohormonal control of blood trehalose circadian rhythm in the cockroach Periplaneta americana (INSECTA). In: Abstracts 7. International Symposium on Neurosecretion Leningrad 1976.

— M. Eckert u. M. Gersch: Immunochemical investigations on the neuroendocrine system. In: Abstracts 7. International Symposium on Neurosecretion Leningrad 1976.

— Untersuchungen über die Wirkungsmechanismen von Neurohormonen. In: Jahrbuch Sächs. Akad. Wiss. zu Leipzig *1973—1974* (Berlin 1976) S. 67—72.

— Beziehungen und Wechselbeziehungen zwischen dem Nervensystem und dem Hormonsystem. In: Wiss. Fortschr. *26* (1976) S. 483—488.

— [Hrsg.] Phyletisches Museum der Friedrich-Schiller-Universität Jena. Museumsführer, 4. Aufl. 1975.

— u. Mitarbeiter: Prinzipien neurohormonaler und neurohumoraler Steuerung physiologischer Prozesse bei wirbellosen Tieren und Versuch einer ersten komplexen Charakterisierung. In: Wiss. Beiträge Friedrich-Schiller-Univ. Jena. Jena 1975. S. 1—151.

— Kontrolle der circadianen Rhythmik des Trehalosegehaltes der Haemolymphe von Periplaneta americana. In: Zool. Jb. Physiol. *80* (1976) S. 1—15.

— u. H. Birkenbeil, Gerta Klare: Das Membranpotential der Prothorakaldrüsenzellen von Galleria mellonella. Ebda S. 16—23.

— u. H. Eibisch: Der Blutzucker von Armadillidium nasutum (Crustacea, Isopoda). Ebda S. 267 bis 273.

— G.-A. Böhm u. M. Gersch: Experimentelle Untersuchungen zur stadienspezifischen hormonalen Regulation der Häutung von Armadillidium nasutum (Crustaces, Isopoda). Ebda S. 371—382.

— [Rez.] Ernst Mayr: Grundlagen der zoologischen Systematik. Hamburg/(West-)Berlin 1975. 370 S., 78 Abb., 20 Tab. In: DLZ *97* (1976) H. 11, Sp. 1029—1030.

Görlich, Paul: Kepler's Optical Achievements. In: Vistas in Astronomy, vol. *18*, ed. by A. Beer and P. Beer, Pergamon Press, Oxford and New York 1975, p. 835—847.

— Einführung zum Komplex „Moderne physikalische Technologien". In: Physikalische Gesellschaft der DDR, Vorträge auf der Jahreshaupttagung der physikalischen Gesellschaft 1976. S. 10—15.

— Review of the recent results in the field of Photon-Detectors and their applications. In: Proceedings 7th Int. Symp. of the Technical Committee an Photon-Detectors, Braunschweig 1976. IMECO-Secretariat Budapest 1976. S. 1—23.

— Bedeutung der Physik für die Hochschulingenieure. In: Schriftenreihe der Ingenieur-Hochschule Dresden *6* (Dresden 1976) H. 4, S. 38—55.

— [Hrsg.] Zsolt Náray: Laser und ihre Anwendungen. Leipzig 1976. 311 S. (= Techn.-Phys. Monographien Bd *31*).

— [Hrsg.] Reinhard Bernst: Werkstoffe im wissenschaftlichen Gerätebau. Leipzig 1975. 252 S. (= Techn.-Phys. Monographien Bd *32*).

— [Hrsg.] Adolf Bauer, Dieter Bühling, Hans-Joachim Gesemann, Günter Helke und Wolfgang Schreckenbach: Technologie und Anwendungen von Ferroelektrika. Leipzig 1976. 548 S. (= Techn.-Phys. Monographien Bd *33*).

Hanson, Horst: Diabetesforschung am Bereich Medizin, Halle (Saale). In: Wiss. Z. Univ. Halle *XXIV* (1975) H. 5, S. 47—49.

— M. Ludewig, M. Frohne, I. Marquardt, H. Hanson: Photoinactivation and Carbethoxylation of Leucine Aminopeptidase. In: Eur. J. Biochem. *54* (1975) S. 155—162.

— R. Misselwitz, D. Zirwer, M. Frohne, H. Hanson: Bovine lens leucine aminopeptidase number and state of tryptophyl residues. In: FEBS-Letters *55* (1975) S. 233—236.

— G. Lassmann, W. Damerau, G. Sklenar, D. Schwarz, M. Frohne, M. Ludewig, H. Hanson:

Spin-Labelling studies of ureatreated Leucine Aminopeptidase. In: Eur. J. Biochem *54* (1975) S. 453–458.

Hanson, Horst: R. Koelsch, J. Lasch, L. Marquardt, H. Hanson: Application of Spectrophotometric Methods to the Determination of Protein Bound to Agarose Beads. In: Analytical Biochemistry *66* (1975) S. 556–567.
– D. Gläser, E. Weber, J. Frenzel, H. Hanson: Isolation of RNA-Containing Proteins from pig eye Lenses using a Zinc-Heat Procedure. IN: FEBS-Letters *56* (1975) S. 124–128.
– J. Lasch, R. Koelsch, H. Hanson: An inexpensive device for sample stirring in VSU-Zeiss spectrophotometers. Its use for kinetic measurements and active site titrations with immobilized Enzymes. In: Acta biol. med. germ. *34* (1975) S. 1137–1144.
– J. Lasch, R. Koelsch, P. Roth, A. Fabert, J. Marquardt, H. Hanson: Untersuchungen zur Hydrolyse von Proteinen durch immobilisierte Enzyme. Ebda *35* (1976) S. 735–743.
– B. Wiederanders, S. Ansorge, P. Bohley, H. Kirschke, J. Langner, H. Hanson: Zur Altersabhängigkeit in der intrazellulären Proteolyse. 1. Mitteilung: Veränderungen der Endopeptidasen. In: Z. Alternsforsch. *31* (1976) S. 175–183.
– u. M. Frohne: Crystalline leucine Aminopeptidase from Lens (α-Aminoacyl-Peptide Hydrolase, EC 3.4.11.1.). In: Methods in Enzymology vol. *XLV* Proteolytic Enzymes Part B ed. by L. Lorand Academic Press New York, San Francisco, London 1976. S. 504–521.

Hund, Friedrich: Geschichte der Quantentheorie. 2. Aufl. Mannheim 1975. 239 S. u. 33 Abb.
– Das Korrespondenzprinzip als Leitfaden zur Quantenmechanik von 1925. In: Physikal. Blätter *32* (1976) S. 71–77 und Nova Acta Leopoldina Supplementum Nr. 8, *44* (1976) S. 7–19.
– Die Rolle der Atomspektren beim Werden der Quantenmechanik. In: Der mathematische und naturwissenschaftliche Unterricht *29* (1976) S. 385–389.
– [Nachr.] Werner Heisenberg 1901–1976. Ebda. S. 193–195.
– Die physikalischen Rahmenbedingungen unseres Daseins. In: Georgia Augusta Nov. *1976*. S. 13–18.

Jordan, Herbert: Kurorttherapie. Jena 1975, 12 Abb.
– u. G. Hentschel: Balneotherapie (Kurortbehandlung). In: Physiotherapie. Hrsg. v. J. C. Cordes. Berlin 1975. S. 130–150.
– [Deutsche Bearbeitung des Buches:] V. Křížek, P. Stěpánek: Stoffwechselkrankheiten. Möglichkeiten ihrer Behandlung in Kureinrichtungen. Jena 1975, 21 Abb. [Titel der tschechoslowakischen Originalausgabe: Metabolické choroby. Léčebné postupy v Láznich. Praha 1970].
– Struktur und Funktion: Ein Ansatz der Physiotherapie. In: Z. Physiother. *27* (1975) H. 2, S. 91–95.
– u. J. C. Cordes: Gedanken zum 8. Mai 1975. Ebda S. 81–82.
– Physiotherapie als integrative Therapie. Ein Konzept. Ebda H. 3, S. 161–165.
– J. E. DANILOV – Ehrenmitglied der Gesellschaft für Physiotherapie der DDR. Ebda H. 5, S. 391.
– J. JANKOWIAK – Ehrenmitglied der Gesellschaft für Physiotherapie der DDR. Ebda S. 393.
– Bericht vom 16. Internationalen Kongreß für Thalassotherapie vom 8. bis 13. Mai 1975 in Opatija-Poreč (Jugoslawien). Ebda S. 469–471.
– Physikalische Therapie – Physiotherapie. Zum 100. Geburtstag v. J. GROBER. Ebda H. 6, S. 401–411.
– Kurorttherapie: Prinzip und Probleme. Berlin 1976. (= Sitzungsbericht Sächs. Akad. Wiss., math.-nat. Kl. Bd *112* (1976) H. 3).
– Kardiologisch-rhythmologische Beiträge zum Training. In: Z. Physiother. *28* (1976) H. 1, S. 11–14.
– u. G. Hentschel: Zum Entwicklungsstand der Balneologie und Klimatologie. Ebda H. 5, S. 321–334.

Kolotyrkin, Jakov M.: Modulationsspektroskopische Untersuchung der Adsorption von Jodidionen an Silber. In: Elektrochimija *11* (1975) 12, S. 1875–1878.

– Eine elektrochemische Methode zur quantitativen Bestimmung der Anfälligkeit nichtrostender Stähle gegenüber interkristalliner Korrosion. In: Zaščita metallov *11* (1975) 6, S. 699–705.

– Wissenschaftliche Probleme des Korrosionsschutzes von Metallkonstruktionen. In: Arbeiten der Koordinierungsberatungen über Hydrotechnik. Korrosionsschutz und Kavitationserosion von Konstruktionen und Einrichtungen in Wasserkraftwerken *100* (Leningrad 1975) S. 8–14.

– Elektrochemische Aspekte der Metallkorrosion. In: Zaščita metallov *11* (1975) 6, S. 675–686.

– Einige Besonderheiten des elektrochemischen Korrosionsverhaltens von Legierungen. In: J. Res. Inst. Catal., Hokkaido Univers. Sapporo/Japan *22* (1974) 2, S. 73–78.

– Der gegenwärtige Stand der elektrochemischen Theorie der Metallkorrosion (Übersicht). In: Journal VCHO im. Mendelejeva *20* (1975) 1, S. 59–70.

– Zusammenhänge des elektrochemischen Korrosionsverhaltens von Eisen, Chrom und Nickel sowie der betreffenden binären und ternären Legierungen (Übersicht). In: Ergebnisse aus Wissenschaft und Technik. Serie „Korrosion und Korrosionsschutz" *4* (1975) S. 5–11.

– Mechanismus der inhibierenden Wirkung von Phosphationen auf die anodische Auflösung einer aktiven Eisenelektrode. In: Bericht des IV. Europäischen Symposiums über Korrosionsinhibitoren. Ferrara 1975. S. 455–462.

– Kinetik der Elektrodenvorgänge an Mangan in DMSO-haltigen Elektrolytlösungen. I. Korrosion und anodischer Vorgang. In: Elektrochimija *11* (1975) 10, S. 1549–1555.

– Zur Theorie von Überführungsvorgängen in porösen Medien. In: Die Methode der natürlichen Koordinaten. Doklady Akademii nauk SSSR *225* (1975) 6, S. 1107–1110.

– Ein Doppelschicht-Modell mit Berücksichtigung der spezifischen Adsorption von Ionen. Anwendung des Modells für den Vorgang der Wasserstoffbildung an Blei. In: J. Electrochem. Soc. *62* (1975) S. 135–149.

– Die lokale Auflösung nichtrostender Stähle im Bereich nichtmetallischer Einschlüsse. In: Doklady AN SSSR *220* (1975) 1, S. 157–160.

– Der Einfluß nichtmetallischer Einschlüsse auf die Lokalkorrosion nichtrostender Stähle vom Typ Cr 17 und Cr 28 in Schwefelsäure. In: Zaščita metallov *11* (1975) 5, S. 553–557.

– Zum Mechanismus der interkristallinen Korrosion austenitischer CrNiMo-Stähle durch schwache und starke Oxydationsmittel. In: Zaščita metallov *11* (1975) 4, S. 410–419.

– Die Rolle der Sekundärphasen bei der Korrosionsbeständigkeit nichtrostender Stähle. In: Zaščita metallov *11* (1975) 5, S. 531–552.

– Der Einfluß von ...-Ionen auf den Ionisierungsvorgang von Wismut. In: Doklady AN SSSR *225* (1975) 4, S. 858–861.

– Lochbildung und lokale Auflösung im Bereich nichtmetallischer Einschlüsse. In: Sammelband der Vorträge zur II. Internationalen RGW-Konferenz „Ausarbeitung von Maßnahmen für den Korrosionsschutz von Metallen" Prag 1975. Sektion I, S. 440–463.

– Zur Rolle nichtmetallischer Einschlüsse bei einigen Korrosionsvorgängen. In: Sammelband der Vorträge zum Symposium „Spannungsrißkorrosion und Wasserstoffversprödung" Dresden 1975. S. 198–208.

– Der Einfluß von Chromkarbiden auf die Korrosionsbeständigkeit nichtrostender Stähle. In: RGW-Konferenz „Ausarbeitung von Maßnahmen für den Korrosionsschutz von Metallen" Prag 1975. Sektion I, S. 219–226.

– Das elektrochemische Korrosionsverhalten von Molybdänkarbid in sauren Medien. In: Sammelband „Hochtemperatur-Karbide", Izd. „Naukova dumka", Kiev 1975. S. 156–170.

– Elektrochemische Untersuchungen zum Oberflächenzustand. In: Sammelband „Titan in der Volkswirtschaft". 1975. S. 532–537.

– Elektrochemische Korrosionseigenschaften und Perspektiven für den Einsatz einiger Karbide als korrosionsbeständige Werkstoffe. In: Sammelband „Herstellungsmethoden, Eigenschaften und Anwendungsgebiete schwerschmelzbarer Karbide und deren Legierungen". 1975. S. 407 bis 414.

Kolotyrkin, Jakov M.: Ein Weg zur Erhöhung der Wirksamkeit der wissenschaftlichen Arbeit. In: Vestnik Akademii nauk SSSR *12* (1975) S. 76–83.

– Das Physikalisch-chemische Institut (Karpow-Institut) in den Kriegsjahren. In: Voprosy istorii estestvoznanija i techniki *2* (1975) S. 21–23.

– Der Einfluß des Doppelschicht-Feldes auf die spektroskopische Charakterisierung von adsorbierten Jodidionen an Silber. In: Doklady AN SSSR *223* (1975) 4, S. 896–899.

– Die anodische Auflösung von Platin in basischen gallathaltigen Elektrolyten. In: Zaščita metallov *12* (1976) 5, S. 532–537.

– Zur Rolle von Oxydationsmitteln bei der aktiven Auflösung und Passivierung von Metallen. In: Journal of Electrochemical Society *69* (1976) S. 407ff.

– Die Wirkungsweise von ...-Ionen auf den Ionisierungsvorgang Wismut. In: Zaščita metallov *12* (1976) 1, S. 35–38.

– Gesetzmäßigkeiten der selektiven Auflösung von Komponenten einiger korrisionsbeständiger Legierungen. In: Doklady AN SSSR *226* (1976) 2, S. 382–385.

– Kinetik der Elektrodenvorgänge an Mangan in DMSO-haltigen Elektrolytlösungen. II. Reaktionsmechanismus für die Entladung von Manganionen. Gleichgewichtsbeschichtung des Systems. In: Elektrochimija *12* (1976) S. 1582–1585.

– Über Möglichkeiten zur Verbesserung der Korrosionsbeständigkeit nichtrostender Stähle durch Herabsetzung des Mangan- und Schwefelgehaltes. In: Doklady Akademii nauk SSSR *226* (1976) 5, S, 1140–1143.

– Zur Passivierung des Eisens in Oxalatlösungen. In: Zaščita metallov *12* (1976) 2, S. 145–153.

– Ein verallgemeinertes Einschicht-Modell für den Vorgang der primären Passivierung einer Metallelektrode in Phosphatlösungen. In: Elektrochimija *12* (1976) 3, S. 406–411.

– Experimentelle Überprüfung des verallgemeinerten Einschicht-Modells für die Passivierung in Phosphatlösungen. In: Elektrochimija *12* (1976) 4, S. 527–535.

– Theorie der Elektrokapillarkurven unter Berücksichtigung der spezifischen Adsorption von Anionen. In: Elektrochimija *12* (1976) 6, S. 997–1000.

– Aufladungskurven für Doppelschicht-Modelle unter Berücksichtigung der spezifischen Adsorption von Ionen. In: Elektrochimija *12* (1976) 12, S. 1781–1785.

– Änderung der Elektrolytzusammenfassung bei Ausbildung der Doppelschicht unter Berücksichtigung der spezifischen Adsorption. In: Elektrochimija *12* (1976) 12, S. 1786–1789.

– Zur Kristallisationstheorie der Schutzschicht auf einem sich auflösenden Metall. Vergleich mit dem Elektrolyt. In: Elektrochimija *12* (1976) 8, S. 1298–1301.

– Zur Schutzdicke einer Salzschutzschicht auf der Oberfläche eines sich auflösenden Metalls. In: Elektrochimija *12* (1976) 8, S. 1302–1304.

– Das Doppelschicht-Modell unter Berücksichtigung der spezifischen Adsorption von Ionen. In: Elektrochimija *12* (1976) 6, S. 907–914.

– Berechnung der Änderung der Wasserstoffüberspannung von Blei bei der Adsorption von ... Das verallgemeinerte Modell der Doppelschicht. In: Elektrochimija *12* (1976) 6, S. 915–921.

– Berechnung der effektiven Überführungskoeffizienten in einem beliebig porösen Medium. In: Doklady Akademii nauk SSSR *226* (1976) 1, S. 129–132.

– Modulationsspektroskopische Untersuchung der Sauerstoffadsorption an Silber. In: Elektrochimija *12* (1976) 5, S. 702–709.

Lösche, Artur u. S. Grande, H. Schulze, St. Limmer: Some characteristic phenomena of the transition between the nematic and the crystalline phase. In: Molecular Spectroscopy of Dense Phases – Proc. 12th Europ. Congr. in Molec. Spectr., Strasbourg 1.–4. 7. 1975. S. 237–240.

– S. Grande, St. Limmer u. A. Lösche: Some new observations in the transition region between the nematic and the crystalline phase. In: Physics Letters *54 A* (1975) S. 69–70.

– u. S. Grande, P. M. Borodin, J. A. Ignatjew, J. B. Moltschanow: NMR-Methode zum Studium der Orientierung in nematischen Flüssigkeitskristallen [russ.]. In: Bote der Leningrader Universität *22* (1975) H. 4, S. 45–49.

Lösche, Arthur: Über negative absolute Temperaturen. Berlin 1976. 26 S., 2 Taf. (= Sitzungsbericht Sächs. Akad. Wiss. Leipzig, math.-nat. Kl. Bd 112, Heft 2).
— St. Limmer u. A. Lösche: Zum Verhalten einiger nematogener Substanzen am Phasenübergang kristallin-nematisch. In: Z. phys. Chemie *257* (Leipzig 1976) S. 107—112.
— Erinnerungen an Gustav Hertz und die Leipziger Zeit. In: Wiss. Z. KMU Leipzig, math.-nat. R. *25* (1976) S. 467—471.
— u. S. Grande, I. P. Kolomiez, J. B. Moltschanow: NMR-Fourier-Transform-Spektroskopie in Flüssigkristallen der homologen Reihe 4-Zyanphenyl 4'n-Alkoxybenzoat (ZPAB) [russ.]. In: Festkörperphysik *18* (1976) H. 6, S. 1609—1613.
— u. S. Grande: Molecular Dynamics in Liquid Crystals studied by NMR. In: Proc. *XIX*. Congr. Ampere. Heidelberg 1976.
— u. S. Grande: The study of phase transitions in liquid crystals by NMR. In: Proc. 4. Internat. Ampere-Summer-School, Pula 1976.
— S. Grande, E. Heinze u. A. Lösche: Nonexponential Nuclear Spin-Lattic Relaxation in the Isotropic Phase of Thermotropic Liquid Crystals. In: Phys. Letters *58 A* (1976) S. 102—104.
— Phasenstrukturen und -umwandlungen thermotroper Systeme aus dem Blickwinkel der magnetischen Kernspinresonanz (NMR) in acht Arbeiten über Flüssige Kristalle. In: Wiss. Beiträge der Martin-Luther-Univ. Halle—Wittenberg *20* (1976) H. 4, S. 17—30.
— Experimentelle Untersuchungen zur Phasenstruktur von Flüssigkristallen. In: Wiss. Z. KMU Leipzig, math.-nat. R. *25/b* (1976) S. 601—614.
— u. S. Grande, P. M. Borodin, J. B. Moltschanow: Untersuchung der Umorientierung von Molekülen nematischer Flüssigkeitskristalle in konstanten Magnetfeldern mit der Methode der NMR-Impuls-Fourier-Spektroskopie. In: Kristallographie *21* (1976) H. 4, S. 856—857 [russ.].

Maier, Wilhelm: Vom Erbe Bernhard Riemanns. Berlin 1975. 12 S. (= Sitzungsber. Sächsische Akademie der Wissenschaften, math.-nat. Kl. Bd 111, H. 1.)

Matzen, Peter Friedrich: Ergebnisse homologer Halbgelenktransplantation und der Knorpelklappenplastik des Hüftgelenks. In: P. F. Matzen: Callus. Nova acta Leopoldina. NF Nr. 223, Bd *44* (Halle/S. 1976) S. 581—593.
— u. Peter Felix Matzen: Orthopädie für Studierende. 3. Aufl. Leipzig 1975. 462 S.
— u. Peter Felix Matzen: Homologous cartilage grafts and hemiarthroplasty for prearthrosis and coxarthrosis. In: A. Rütt: Coxarthrosis. Stuttgart 1976. S. 93—107.
— u. Peter Felix Matzen: Operative Behandlungsmöglichkeiten bei Protrusio acetabuli. In: Beiträge Orthop. u. Traumatol. *23* (1976) S. 597—606.

Mothes, Kurt: Der rauschgiftfreie Arzneimohn Papaver bracteatum Halle III. Ein Beispiel chemischer Qualitätszüchtung. In: Sitzungsber. AdW der DDR *9/2* N (1975) S. 17—24.
— Ansprache des scheidenden Präsidenten. In: Nova Acta Leopoldina *43* (1975) Nr. 222, S. 12—24 (= Lauchstädt Heft).
— Über Papaver bracteatum Halle III. In: D. Apoth. Ztg *115* (1975) S. 1265—1266: Pharmazeut Ztg *120* (1975) S. 1377—1378.
— Präsidentialansprache. In: Nova Acta Leopoldina *42* (1975) Nr. 218, S. 52—57.
— Der rauschgiftfreie Arzneimohn Papaver bracteatum Halle III. In: Wissenschaft und Fortschritt *25* (1975) S. 300—304.
— Ein neuer Arzneimohn, Papaver bracteatum (Halle III). In: Leopoldina *20* (1976) S. 213—215.
— The storage excretion. In: Nova Acta Leopoldina Suppl. *7* (1976) S. 403—410.
— Secondary plant substances as materials for chemical high quality breeding in higher plants. In: Biochemical interaction between plants and insects. Hrsg. von J. W. Wallace and R. L. Mansell. Vol. *10* (New York, London 1976) S. 385—405.
— [Hrsg.] u. J. H. Scharf: Nova Acta Leopoldina Bd *41*: Pathologie heute (= Festschrift für G. Bruns). Nr. 217 (1975).

Mothes, Kurt: [Hrsg.] u. J. H. Scharf: Acta Historica Leopoldina Nr. 9, 1975: Beiträge zur Geschichte der Naturwissenschaften und der Medizin (= Festschrift für G. Uschmann).
– [Hrsg.] M. Luckner, K. Mothes u. L. Nover: Nova Acta Leopoldina Suppl. Nr. 7, 1976, Leopoldina Symposium: Secondary Metabolism and Coevolution. 614 S.

Neef, Ernst: Zu einigen aktuellen Fragen der Erforschung chorischer Strukturen. In: PGM *119* (1975) S. 166–172.
– u. E. Hartsch, G. Andreas: Erholungsfunktion und Interferenzproblem in der Sächsischen Schweiz. In: Abh. Geogr. Ges. DDR *11* (1975) S. 23–35.
– Dresden und Umgebung. In: Sächsische Heimatblätter *22* (1976) H. 3, S. 96–108.
– Riesa und Umgebung. In: Sächsische Heimatblätter. Ebda S. 111–113.
– Nebenwirkungen der gesellschaftlichen Tätigkeiten im Naturraum. In: PGM *120* (1976) S. 141 bis 144.
– Naturhaushalt und Gebietscharakter. Bericht über die Tätigkeit der Arbeitsgruppe. In: Jahrbuch Sächs. Akad. Wiss. zu Leipzig *1973–1974* (Berlin 1976) S. 72–89.

Paetzold, Roland: Schwache Elektronen-Donator-Akzeptor-Komplexe. Fortschritte und Probleme. In: Z. Chem. *15* (1975) 377–393.
– EPD-EPA-Properties of Oxo-Compounds of Selenium. In: Chemica Scripta *8 A* (1975) 64–74.
– u. K. Niendorf: Über Zusammenhänge zwischen der Komplexstabilität und der Blauverschiebung der Jodbande bei Molekülkomplexen von Phosphoryl- und Thiophosphorylverbindungen mit Jod. In: Z. physik. Chem. *265* (Leipzig 1975) 361–368.
– F. Lux, R. Paetzold, J. Danel, L. Sobszyk: Thermodynamik, spectroscopic and dielectric properties of molecular complexes of iodine with triphenylphosphinoxide, -sulfide and -selenide. In: J. Chem. Soc., Faraday Transactions II, *71* (1975) 1610–1617.
– I. Vona, S. N. Lopatin, R. Paetzold, F. I. Vilesov: Photoelektronenspektren und Elektronenstruktur von Phosphorylverbindungen. In: Chim. Vysokych Energii *9* (1975) 9–16 [russ.].
– u. H.-D. Ilge: Über die Photochromie der Fulgide. Mitteilung 1. In: J. Signal AM *3* (1975) 93–108.
– u. K. Appenroth, M. Reichenbächer: Thermochromie und Photochromie arylsubstituierter Azine. 1. Mitteilung: Benzophenonanthraldazin. In: Z. Chem. *16* (1976) 446–447.

Rammler, Erich und W. Naundorf: Auswertung der Belastungscharakteristik von Fliehkraftabscheidern. In: Neue Bergbautechnik *5* (1975) S. 638–642.
– M. Weber, H. Krug und E. Rammler: Sicherheitstechnische Aspekte des Leistungsintensiven Betriebes von Röhrentrocknern. In: Neue Bergbautechnik *5* (1975) S. 40–48.
– H. Krug, E. Rammler und W. Naundorf: Zur Zerkleinerung halmartiger landwirtschaftlicher Produkte in Schlagmühlen. In: Agrartechnik *25* (1975) S. 342–345.
– Zum Ehrenkolloquium für Oberstleutnant a. D. Prof. Dr. s. c. M. J. Osernoj, Ehrensenator der Bergakademie. In: Die Hochschulstadt *18* (1975) Nr. 12, S. 2.
– Als Vorsitzender des FA „Begriffsbestimmungen von Brikettfabriken" der KdT zusammen mit 11 Experten bearbeitet: Fachbereichsstandard – TGL 31280 – Braunkohlenbrikettfabriken – Sinnbilder für Operationen und Technische Einrichtungen, 1975, 14 S.
– RRSB-Verteilung und Weibull-Verteilung. In: Neue Bergbautechnik *6* (1976) S. 284–286.
– H. Härtig und E. Rammler: Zu Professor Kegels 100. Geburtstag am 19. Mai 1976. In: Neue Bergbautechnik *6* (1976) S. 227–286.
– Karl Kegels und seiner Schule Verdienste um die Entwicklung der Wissenschaft und Technologie der Braunkohlenbrigettierung. In: Freib. Forsch.-H. A *555* (1976) S. 49–84. (= Karl Kegel, 1876–1976 Festschrift aus Anlaß seines 100. Geburtstages).
– Verzeichnis der Veröffentlichungen Karl Kegels. In: Freib. Forsch.-H. A *555* (1976) S. 99–109.
– Zum Weltstand der Verwendung fossiler Brennstoffe. In: Neue Bergbautechnik *7* (1976) S. 763–773.

Rammler, Erich: D. Trommer und E. Rammler: Über die Bedeutung des Verhältnisses von Brikettdruckfestigkeit und Preßdruck bei der Verpressung von Kohlen verschiedenster Brikettierfähigkeit. In: Neue Bergbautechnik *6* (1976) S. 145–149.

— Als Vorsitzender des Fachausschusses „Begriffsbestimmungen für Braunkohlenbrikettfabriken" der KdT, zusammen mit 11 Experten: Standards für Braunkohlenbrikettfabriken (Begriffe, Sinnbilder). Taschenbuch. Hrsg. v. VEB Rationalisierung Braunkohle 1976, 135 S.

— W. Schellhas und E. Rammler: Karl Kegels Lehrveranstaltungen. In: Freib. Forsch.-H. A *555* (1976) S. 91–98.

— H. Krug, E. Rammler, M. Süß, W. Naundorf und D. Trommer: Bewertung der Einflußgrößen der bindermittellosen Brikettierung von Weichbraunkohlen: In: Neue Bergbautechnik *6* (1976) S. 922–926.

— P. Dietrich, P. Dittmann, P. Hauk und E. Rammler: Die Berechnung der Produktionskapazität von Braunkohlenbrikettfabriken. In: Neue Bergbautechnik *6* (1976) S. 927–928.

Ries, Werner: Das Altern des Menschen aus der Sicht des Klinikers. In: Verh. Anat. Ges. *69* (1975) S. 321–332.

— S. Eitner, E. Garreis, R. Lehmann, G. Brüschke, W. Ries, W. Rühland, U. J. Schmidt u. H. Siggelkow: Die Verwirklichung der Grundsätze und Maßnahmen zur Verbesserung der medizinischen, sozialen und kulturellen Betreuung der Bürger im höheren Lebensalter und zur Förderung ihrer stärkeren Teilnahme am gesellschaftlichen Leben. In: Wiss. Z. Humboldt-Univ. Berlin, math.-nat. R. *XXIV* (1975) S. 200–205.

— u. W. Reuter, I. Hunecke, I. Sauer: Über Besonderheiten der Stoffwechselkrankheiten im höheren Lebensalter. Ebda S. 168–172.

— I. Hunecke, W. Reuter u. W. Ries: Epidemiologische Zusammenhänge zwischen körperlicher Aktivität, Berufstätigkeit und Alter bei Adipösen. Ebda S. 231–232 u. Nachdruck: Z. Alternsforschung *29* (1975) S. 291–294.

— I. Raue, I. Sauer, K. Jahn u. W. Ries: Zum Einfluß des Übergewichtes auf die Belastbarkeit des Stütz- und Bewegungssystems von Frauen. In: Z. inn. Med. *30* (1975) S. 493–498.

— u. K. Jahn, I. Raue, I. Sauer: Zusammenhänge zwischen Bewegungsapparat, Altern und Körpergewicht. In: Beitr. Orthop. u. Traumatol. *22* (1975) S. 570–575.

— W. Reuter, W. Ries u. I. Hunecke: Beeinflussung von Serumlipidparametern bei primärer Hyperlipoproteinämie Typ IV. In: Ergebn. exp. Med. *19* (1975) S. 337–342.

— I. Hunecke, W. Reuter u. W. Ries: Zur Häufigkeit atherogener Risikofaktoren bei Adipösen. Ebda S. 325–329.

— W. Reuter, W. Ries, I. Sauer u. J. Wagner: Ergebnisse gaschromatographischer Fettsäureanalytik im Rahmen gerontologischer Longitudinaluntersuchungen. Ebda *20* (1975) S. 100–105.

— Zu den Beziehungen zwischen Altern und Krankheit. In: Z. inn. Med. *31* (1976) S. 85–89.

— u. I. Sauer, B. Junker, D. Pöthig, U. Schwerdtner: Methodische Probleme bei der Ermittlung des biologischen Alters. Ebda S. 109–113.

— W. Reuter, I. Hunecke, I. Sauer u. W. Ries: Probleme der Nahrungsaufnahme in Abhängigkeit von Alter und Übergewicht. Ebda S. 118–120.

— u. I. Hunecke, I. Sauer: Untersuchungen zum Grundumsatz bei Normalgewichtigen und Adipösen. In: Ernährungsforschung *21* (1976) S. 104–109.

— Prävention von Venenerkrankung aus ernährungsphysiologischer Sicht. In: Z. Alternsforschung *31* (1976) S. 383–388.

— W. Reuter, W. Herrmann, I. Starke u. W. Ries: Primäre Hyperlipoproteinämie und Erkrankungen des Herz-Kreislauf-Systems in der Altersabhängigkeit. In: Z. inn. Med. *31* (1976) S. 991–994.

Schwabe, Kurt: Werkstofferhaltung und Umweltschutz. Berlin 1974. S. 5–27 (= Sitzungsber. AdW Berlin 1973, H. 15).

— Analytische Probleme des Umweltschutzes. Berlin 1975. 27 S. (= Sitzungsber. Sächs. Akad. Wiss. Leipzig, math.-nat. Kl. Bd 111, H. 4).

Schwabe, Kurt: Galvanispannungen in organischen Lösungsmitteln. In: Vorträge der ersten Arbeitstagung „Probleme der flüssigen Phase" Rostock, 23.—25. 10. 1973, S. 115—129.
— u. H. Kelm, Chr. Queck: Zum Problem der Einzelionenaktivität in konzentrierten Elektrolytlösungen. In: Z. physik. Chem. *255* (Leipzig 1974) 6, S. 1149—1156.
— u. W. D. Arnold: Behaviour of low alloyed steel. In: 5. Korr.-Kongreß Tokyo 1972. Houston (Texas) S. 760—763.
— Diskussionsbeiträge zur Korrosionstagung in Japan 1972. Ebda S. 1124, 1129, 1134.
— u. Chr. Queck: Free energy of ion-transference and phase boundary potentials. In Glasnik. Chemiskog Društva Beograd Bulletin de la Société Chimique Beograd *39* (1974) S. 433—452.
— Corrosion and evironmental protection. In: Economic Commission for Europe. Seminar on Techno-Economic Aspects and results of anticorrosion measures in engineering industries. Genf (Schweiz) 27.—31. 1. 1975. S. 1—9.
— Probleme der Lochfraßkorrosion. The 47th Manifestation of the European Federation of Corrosion, Budapest 14.—20. 10. 1974. Corrosion Week, Bd *1* (1975) S. 409—430.
— u. F. Jungnickel: Potentialmessungen an anstrichbedecktem Stahl. In: Plaste und Kautschuk *22* (1975) S. 665—669.
— u. W. Hoffmann, R. Schnorr: Potentiometrische und polarographische Bestimmung der Aktivitätskoeffizienten von Cadmium- und Zink-Ionen in konzentrierten wäßrigen Perchloratlösungen bei 25 °C. In: J. Electroanal. Chem. *65* (1975) S. 199—204.
— Probleme der Lochfraßkorrosion. In: Wiss. Z. TH Leuna-Merseburg *17* (1975) S. 463—478.
— Korrosion und Umweltschutz. In: Neue Hütte *20* (1975) S. 711—715.
— u. G. Fuhrmann: Über das anodische Verhalten von Armcoeisen in trifluoressigsauren Lösungen. In: Z. physik. Chem. NF *98* (1975) S. 261—270.
— u. H. Worch: Über die anodische Auflösung von Legierungen des Molybdäns mit Eisen, Nickel und Chrom. In: Oberfläche surface *17* (1976) H. 2, S. 27—30.
— M. Jänchen u. K. Schwabe: Das anodische Verhalten von Eisen in nichtwäßrigen Lösungsmitteln unterschiedlichen Wassergehaltes. In: Z. Physik. Chem. *257* (Leipzig 1976) S. 129—144.
— R. Schnorr u. K. Schwabe: Polarographische Bestimmung der Spurendiffusionskoeffizienten von Tl^{+}-, Cd^{2+}- und Zn^{2+}-Ionen in konzentrierten wäßrigen Perchloratlösungen: In: AdW der DDR, Zentralinstitut für Kernforschung Rossendorf, 312. Jahresbericht 1976, S. 143—145.
— Chr. Günther u. K. Schwabe: Thermochemische Untersuchungen des ternären Systems Wasser/Perchlorsäure/Lithiumperchlorat. Ebda S. 145—148.
— J. Tutschku u. K. Schwabe: Leitfähigkeit von Lithiumperchlorat in Acetonitril-Wasser-Gemischen. Ebda. S. 151—152.
— J. Tutschku u. K. Schwabe: Viskositäten und Dichten von $LiClO_4$ in Acetonitrile (an)-Wasser-Gemischen. Ebda S. 153—154.
— H. Kelm u. K. Schwabe, A. Mehlhorn, H.-J. Köhler: Berechnung höherer Hydrate der Kationen Li^{+}, Na^{+}, Mg^{++} und Al^{+++} nach der CNDO/2-Methode. Ebda S. 157—159; Berechnung höherer Hydrate der Anionen F^{-} und Cl^{-} nach der CNDO/2-Methode. Ebda S. 159—161.

Smiałowski, Michał: E. Lunarska, Z. Szklarska-Śmiałowska u. M. Śmiałowski: Deposits formed on iron during cathodic polarization in the presence of arsenic and their effect on hydrogen permeation. In: Werkstoffe und Korrosion *26* (1975) H. 8, S. 624—628.
— T. Zakroczymski, Z. Szklarska-Śmiałowska u. M. Śmiałowski: Effect of arsenic on permeation of hydrogen through steel membranes polarized cathodically in aqueous solution. Ebda S. 617—624.
— T. Zakroczymski, Z. Szklarska-Śmiałowska u. M. Śmiałowski: Effect of Promoters on the permeation of Electrolytic Hydrogen Through Steel. Ebda *27* (1976) S. 625—630.

Strack, Erich: Carnitinesterwirkung. In: Jahrbuch Sächsische Akademie der Wiss. zu Leipzig *1973—1974* (Berlin 1976) S. 92—98.
— u. H. Seim: L-Karnitin als Basis cholinomimetischer Substanzen. In: Acta biol. med. germ. *35* (1976) S. 645—656, 3 Abb.

Uhlmann, Dietrich: Hydrobiologie. Ein Grundriß für Ingenieure und Naturwissenschaftler. Jena 1975. 345 S., 141 Abb., 16 T. und 12 Tab.

— u. F. Cramer: Equilibrium and stability in laboratory models of sewage ponds and polluted rivers. In: Int. Revue ges. Hydrobiologie *60* (1975) 1, S. 1—16.

— u. F. Cramer: Stability and regulation in micro-ecosystems. In: Verh. Internat. Vereinig. Limnol. *19* (1975) 3, S. 2050—2051.

— u. G. Schellenberger, V. Sladeček: Tagungsbericht: Umschau der Limnologie 1974 — SIL-Kongreß in Winnipeg. In: Acta hydrochim. hydrobiol. *4* (1975) S. 385—397.

— H. Klapper u. D. Uhlmann: The management of drinking water reservoirs in the German Democratic Republic. In: Envi. Protect. Engng. *1* (Wrocław 1975) 2, S. 119—136.

— E. Höhne, R. Hofmann u. D. Uhlmann: Die wichtigsen Stoffumsatz- und Stofftransportprozesse in Trinkwassertalsperren. In: Acta hydrochim. hydrobiol. *3* (1975) 516, S. 433—44.

— u. J. Hrbaček: Kriterien der Eutrophie stehender Gewässer. In: Limnologica *10* (1976) 2, S. 245—253.

— u. J. Benndorf: Prognose der Wassergüte hydrischer Ökosysteme. In: Die Technik *31* (1976) 8, S. 486—493.

— u. J. Benndorf, A. Gnauck: Entwicklung von Modellen zur Vorhersage der Phytoplanktonentwicklung und Wasserbeschaffenheit in eutrophierten Staugewässern. In: Materialien Internat. Sympos. Eutroph. Sanierg. Oberfl.-gewässer 20.—25. 9. 76 Karl-Marx-Stadt *3* (1976) S. 403—430.

— E. A. Arndt, M. Schubert u. D. Uhlmann: Das Eutrophierungsproblem in den Lehrplänen für die Aus- und Weiterbildung an den Hoch- und Fachschulen sowie in der Arbeit der nichtstaatlichen Organisationen der DDR. In: Materialien Internat. Sympos. Eutroph. Sanierg. Oberfl.-gewäss. 20.—25. 9. 76 Karl-Marx-Stadt *5* (1976) S. 174—182.

— Biologische Probleme und Möglichkeiten bei der optimalen Gestaltung des Umweltfaktors Wasser. In: Freiberger Forschungshefte *C 318* (1976) S. 83—92 (— „Wasser und Umweltschutz").

Wagner, Carl: The Evaluation of the Equilibria of Displacement Reactions Involving Slags. In: Metallurgical Transactions *6 B* (1975) S. 395—398.

— The Concept of the Basicity of Slags. Ebda S. 405—409.

— J. Paul Pemsler u. Carl Wagner: Thermodynamic Investigations on Chalcopyrite. Ebda S. 311 bis 320.

— Equations for transport in solid oxides and sulfides of transition metals. In: Progress in Solid-State Chemistry *10* (1975) 1, S. 3—16.

— Thermodynamics of Adsorption. In: The Physical Basis for Heterogeneous Catalysis. Ed. by E. Dragulis and R. I. Jaffee (Plenum Press 1975) S. 35—50 [mit Diskussion S. 50—51].

— Nilo Valverde u. Carl Wagner: Considerations on the Kinetics and the Mechanism of the Dissolution of Metal Oxides in Acidic Solutions. In: Ber. Bunsenges. physikalische Chemie *80* (1976) Nr. 4, S. 330—333.

— Thermodynamic Analysis of the Liquidus in Ternary Systems Involving Small Contents of One Component. In: Metallurgical Transactions *7 B* (1976) S. 485—488.

— Contribution to the thermodynamics of emulsions. In: Colloid & Polymer. Sci. *254* (1976) S. 400—408.

— Application of the Gibbs-Duhem Equation to CU-Fe-S-O Mattes. In: Metallurgical Transactions *7 B* (1976) S. 339—342.

Wolf, Friedrich u. P. König: Untersuchungen zur Trennung von N_2 und O_2 an synthetischen Zeolithen. Teil I. In: Chem. Techn. *26* (1975) H. 12, S. 761—763.

— u. S. Eckert: Korrelationen zwischen Kernstruktur und Grenzflächenspannung bei den Suspensionspolymerisaten von Vinylchlorid. In: Plaste u. Kautschuk *21* (1974) H. 12, S. 906.

— u. K.-H. Bergk: Adsorption von höhersiedenden Alkylmercaptanen. In: Erdöl und Kohle *27* (1974) H. 10, S. 629.

Wolf, Friedrich: Zur Stabilisierung von Kaolin-Wirkstoff-Suspensionen durch Tenside und Polymerelektrolytkomplexe. In: Wiss. Z. Univ. Halle *24* (1975) S. 15–25.

— u. P. Frölich: Zur Druckabhängigkeit von Ionenaustauschreaktionen. In: Wasser *43* (1975) S. 74.

— u. P. König: Zur Trennwirksamkeit zeolithischer Molekularsiebe gegenüber N_2/O_2-Mischungen. In: Z. Chem. *15* (1975) H. 1.

— u. H. Schmidt: Äthylenaddukte von 2:1 Metallkomplexfarbstoffen. In: Z. Chem. *15* (1975) H. 1.

— u. K. Pilchowski, J. Jung: Zur Sorption polarer Verbindungen an Kaliumionenausgetauschten Molekularsieben der Typen A und X. In: Z. Chem. *15* (1975) H. 2, S. 75–76.

— u. R. Schnelle: Über den Zusammenhang zwischen Konstitution und insektizider Wirkung einiger Acetylphenylester der Carbaminsäure. In: Wiss. Z. Chem. Univ. Halle *24* (1975) H. 2, S. 113–120.

— u. H. Fischer: Katalytische Reduktion von m-Nitrobenzolsulfonsäure und 4,4-Dinitrostillen-2,2-disulfonsäure. In: J. f. prakt. Chemie *317* (1975) H. 1, S. 103–113.

— u. K.-H. Bergk: Zum Zerfall von Cumolhydroperoxid an Molekularsieben. In: Z. Chem. *15* (1975) H. 4, S. 152–153.

— u. J. Pollandt, R. Helmer: Zum Diffusionsverhalten von Hydrazin durch Molekularsieb-Membranen. In: Z. Chem. *15* (1975) H. 4, S. 160–161.

— Zur Polymerisation von Styrol in Gegenwart von zeol. Molekularsieben. In: Plaste und Kautschuk *22* (1975) H. 4, S. 320–322.

— u. Fischer: Katalytische Reduktion von unterschiedlich substituierten aromatischen Nitroverbindungen. Phase II. In: J. prakt. Chemie *317* (1975) H. 2, S. 241–246.

— u. H. Fischer: Katalytische Reduktion von halogensusbtituierten aromatischen Nitroverbindungen. Phase III. In: J. prakt. Chemie *317* (1975) H. 2, S. 247–251.

— u. D. Krüger: Zur katalytischen Isomerisation vom m-Xylol an H^+Y-Zeolithen. In: Z. Chem. *15* (1975) H. 6, S. 227–228.

— u. W. Höse, H. Fürtig: Zur Sorption von Schwefelwasserstoff und Methylmercaptan an zeol. Molekularsieben. In: Chem. Techn. *27* (1976) H. 6, S. 362–366.

— u. P. Frölich: Zur Moleküladsorption an amphophiben Ionenaustauscherharzen. In: acta hydrochim. hydrobiol. *3* (1975) 3, S. 299–301.

— u. O. Kononowa: Zur Trennwirksamkeit von Kationenaustauscher-Membranen bei der reversen Osmose. Teil II. Ebda S. 295–297.

— u. O. Kononowa: dto. Teil I. Ebda S. 289–294.

— u. P. Renger: Zur Bindung von Phosgen an Ionenaustauscherharzen. In: Z. Chem. *15* (1975) H. 7, S. 284–285.

— u. P. König: Zur bevorzugten Adsorption des Sauerstoffs aus Sauerstoff-Stickstoff-Mischungen an synthetischen zeolith. Molekularsieben. In: Z. Chem. *15* (1975) H. 9, S. 371–372.

— u. K.-H. Bergk, B. Kluge: Zur Filtration von Kulturlösungen der Antibiotikaherstellung. In: Pharmazie *30* (1975) H. 6.

— u. K.-H. Bergk, B. Kluge: Zur Sorption von Makrolidantibiotica an Ionenaustauscherharzen. In: Pharmazie *30* (1975) H. 6, S. 366.

— u. G. Mallon: Kaltquellfähige Kartoffelstärke-Derivate. In: Die Stärke *27* (1975) H. 9, S. 293 bis 295.

— u. C. Diallo, K. Jamil: Zur Anwendung von Polymerelektrolyten auf der Basis von Natriumchlorvinylsulfonat als Flockungs- und Filtrationsmittel. In: Chem. Techn. *27* (1975) H. 10, S. 612–614.

— u. R. Kuhnt: Eignung von Vinylchloridcopolymerisaten als Matrizes für Ionenaustauscherharze. In: Plaste und Kautschuk *22* (1975) H. 10, S. 789–790.

— u. W. Höse, H. Fürtig: Zur Sorption von Schwefelwasserstoff und Methylmercaptan an zeol. Molekularsieben. In: Chem. Techn. *27* (1975) H. 9, S. 541–543.

— u. H. Jahn, K. Bischof: Kinetische Untersuchungen zur Synthese von ungesättigten Polyesterharzen auf der Basis von Dikarbonsäureanhydriden und Propylenoxid. In: Plaste und Kautschuk *22* (1975) H. 11, S. 849–854.

Wolf, Friedrich u. K. Pilchowski, K.-H. Mohrmann, E. Hause: Zur adsorptiven Trennung von o/p-Xylolgemischen mit zeol. Molekularsieben der Typen X und Y. In: Chem. Techn. *27* (1975) H. 12.

— u. E. Sabrowski, R. Hauptmann: Zum Einfluß der chemischen Struktur schwachbasischer Anionenaustauschharze auf ihr Ionenselektivitätsverhalten. In: Wasser *45* (1975).

— u. E. Taeger: Zur Synthese und Anwendung von p-Phenylen-di-β-Chlorvinylketon. In: Z. Chem. *16* (1976) H. 1, S. 18.

— u. K.-H. Bergk: Zur Sorption von L-Lysin an Ionenaustauscherharzen. In: Pharmazie *30* (1975) H. 11.

— u. C. Diallo: Zur Synthese von Polymerelektrolyten auf der Basis von Natriumchlorvinylsulfonat. In: Plaste und Kautschuk *23* (1976) H. 2, S. 98–100.

— u. W. Hentschel, E. Krell: Zur Trennung von Methan und niederen Olefinen durch Molekularsiebmembranen. In Z. Chem. *16* (1976) H. 3, S. 107–108.

— u. E. Hause, K.-H. Mohrmann, K. Pilchowski: Zur Adsorption von leichten Pyridinbasen an zeol. Molekularsieben. In: Z. Chem. *16* (1976) H. 4, S. 156–157.

— u. K. M. Jamil: Zur selektiven Entfernung von Hydrogencarbonationen aus wäßrigen Chlorid- und Hydrogencarbonationen enthaltenden Lösungen mittels Ionenaustauscherharzen. In: acta hydrochim. *4* (1976) 2, S. 173–178.

— K. M. Jamil u. F. Wolf: Decolorization of Nagi Date Juices Special Molecul-Adsorber-Ion-Exchange Resins. In: Second Scientific Conferences Baghdad, 1975.

— u. U. Koch: Zur Stabilisierung von Farbstoffdispersionen mit partiell verseiftem Polyakrylsäureäthylester als Dispergator In: Plaste und Kautschuk *23* (1976) H. 6, S. 416.

— u. K.-H. Bergk: Chemische Technologie und Umweltschutz. In: Hercynia *13* (1976) 2, S. 178–180.

— u. F. Janowski, W. Heyer: Zur thermischen Beeinflussung der Porenverteilungen poröser Gläser. In: Chem. Techn. *28* (1976) H. 8, S. 491–492.

— u. P. Frölich: Zur Kinetik des Ionenaustausches in Ionenaustauschersäuren. In: acta hydrochim. hydrobiol. *4* (1976) 4, S. 387–393.

— u. U. Koch: Untersuchungen über den Einfluß von N,N-Dimethylformamid auf die Dispersionsstabilität äthoxylierter Azofarbstoffe. In: Faserforschung und Textiltechnik *27* (1976) H. 7, Z. f. Polymerforschung 371–374.

— u. U. Koch: Zur Stabilisierung von Farbstoffdispersionen mit partiell verseiften Kopolymeren auf der Basis von Methakrylsäuremethylester und Akrylsäureäthylenester. In: Plaste und Kautschuk *23* (1976) H. 9, S. 651–652.

— u. F. Janowski: Über katalytische Eigenschaften des Systems SiO_2-Platin. In: Z. Chem. *16* (1976) H. 9, S. 348–354.

— u. E. Taeger, U. Koch: Zur Herstellung z. Reaktivität der β-Chlorvinylsulfonsäure und deren Derivate. In. Z. Chem. *16* (1976) H. 10, S. 395.

— F. Janowski, W. Heyer: Die Struktureigenschaften mikroporöser Gläser und ihr Einfluß auf die katalytische Aktivität von Katalysatoren des Systems poröser Glas-Platin. In: Chem. Techn. *28* (1976) H. 10, S. 610–613.

— u. H. Hahn: Zur säulenchromatographischen Trennung organischer Verbindungen an synthetischen Faujasiten in der Protonenform. In: Z. Chem. *16* (1976) H. 10, S. 409–410.

— u. W. Hentschel: Zur Druckabhängigkeit der Permeation. In: Plaste und Kautschuk *23* (1976) H. 11, S. 812–814.

Philologisch-historische Klasse

Aland, Kurt: Der Rotas-Sator Rebus. Seine Diskussion in der Korrespondenz Franz Cumont/Hans Litzmann und der Zeit danach. In: Corona gartiarum. Festschrift Dekkers. *II* (Brügge/'s Gravenhage 1975) S. 285–343.

Aland, Kurt: Ecclesia Plantanda. Die ersten brieflichen Dokumente zur Wirksamkeit H. M. Mühlenbergs in den Vereinigten Staaten. In: Der Pietismus in Gestalten und Wirkungen. Festschrift M. Schmidt, Arbeiten zur Geschichte des Pietismus Bd *14* (Bielefeld 1975) S. 9–49.
– Philipp Jacob Spener. In: Die Großen der Weltgeschichte Bd *VI* (1975) S. 80–95.
– u. S. Bader, G. Boner, W. Müller: Zum 200. Geburtstag von Ignaz Heinrich v. Wessenberg, Konstanz 1975.
– [Art.] Reformation. I. Kirchengeschichtliches. In: Evangelisches Staatslexikon, 2. neu bearbeitete Aufl. Stuttgart/Berlin 1975. Sp. 2089–2119.
– [Hrsg.] H. Lietzmann: Geschichte der alten Kirche. 4./5. Aufl. in einem Band. Berlin/New York 1975.
– Vollständige Konkordanz zum Griechischen Neuen Testament, Lfg 1, S. 1–96, Berlin/New York 1975. Lfg 2, S. 97–192, ebda 1976.
– Repertorium der griechischen christlichen Papyri. I. Biblische Papyri: Altes Testament, Neues Testament, Varia, Apokryphen, Berlin–New York 1976.
– Die Reformatoren: Luther, Melanchthon, Zwingli, Calvin. Gütersloh 1976.
– [Hrsg.] Preuschen: Griechisch-deutsches Taschenwörterbuch zum Neuen Testament. 6. Aufl. 1976.
– Neue Neutestamentliche Pypyri III, 3–4. In: New Testament Studies *22* (1976) S: 375–396.
– Kaiser und Kirche von Konstantin bis Byzanz. In: Die Kirche angesichts der Konstantinischen Wende. (= Wege der Forschung 306). Darmstadt 1976. S. 42–73.
– Synopsis Quattour Evangeliorum. Editio nona et cognita. Stuttgart 1976.
– Synopsis of the Four Gospels, Second edition, completely revised USB 1976.
– Ad. Jülicher, Itala, Bd III Lucasevangelium, 2. verb. Aufl. Berlin-New York 1976.
– The Greek Testament, Third Edition (mit M. Black, C. M. Martini, B. M. Metzger, A. Wikgren) New York/Stuttgart 1976.
– Über die Möglichkeit der Identifikation kleiner Fragmente neutestamentlicher Handschriften mit Hilfe des Computers. In: Studies in New Testament Language and Text. Leiden 1976. S. 14–38.
– Ein neuer „Standard-Text" des griechischen Neuen Testaments. In: Die Bibel in der Welt *16* (1976) S. 157–165.

Angelov, Dimiter: Der Bogomilismus in Bulgarien. In: Historical Review *III* (1976) H. 2, S. 34 bis 54.
– Po văprosa za săštinata i roljata na religijata. [Zur Frage des Wesens und der Rolle der Religion]. In: Filosofska misăl *XXXI* (1976) H. 7, S. 97–106.
– Bălgarija do kraja na XIV v. Kulturno-istoričeski pregled [Bulgarien bis zum Ende des 14. Jh. Kulturhistorische Übersicht]. In: Architektura v sredovekovna Bălgarija. Sofia 1975. S. 37–43, 85–93.
– O nekotorych charakternych čertach razvitija vizantijskogo obščestva po puti feodalizma [Über einige charakteristische Merkmale der Entwicklung der byzantinischen Gesellschaft auf dem Weg zum Feudalismus]. In: Vizamtijskij vremennik *37* (1975) S. 3–7.
– Istorija na Vizantija [Geschichte von Byzanz]. Bd *I* (Sofia 1976) S. 1–380. 6. Auflage.
– Istorija na Vizantija [Geschichte von Byzanz]. Bd *III* (Sofia 1976) S. 1–189, 5. Auflage.
– Zusammensetzung und Bewegung der Bevölkerung in der byzantinischen Welt. In: XVe Congrès internationales d'études byzantines. Rapports et Co-Rapports. Athen 1976. S. 3–15.
– Ursprung und Wesen des Bogomilentums. In: The Concept of Heresy in the Middle Ages. Mediaevalia Lovanensia. Series *I* (Studia IV). Leuven 1976, S. 144–154
Zur Frage des Agrargesetzes und der Herausbildung der Feudalverhältnisse in Byzanz. – In: Studien zum 7. Jahrhundert in Byzanz. Probleme der Herausbildung des Feudalismus. Hrsg. von H. Köpstein. Berlin 1976. S. 3–9.
– Patriotisme in Mediaeval Bulgaria (9–14th Centuries). In: Bulgarian Historical Review *IV* (1976) H. 2, S. 22–45.
– Fundation del estado bulgaro. Sofia 1976. S. 1–55.

Bahner, Werner: Dimitrie Cantemir: ein bedeutender Schriftsteller und Gelehrter an der Schwelle zur Frühaufklärung. In: Beiträge zur romanischen Philologie *12* (1973) S. 221–242.
— La philologie romane et les problèmes linguistiques de la Renaissance. In: Beiträge zur romanischen Philologie *13* (1974). S. 211–216.
— La Celestina en el teatro de la República Democrática Alemana. Ebda S. 319–322.
— Notizen zur spanischen Literatur des 16. und 17. Jahrhunderts. Werner Krauss zum 75. Geburtstag. In: Weimarer Beiträge *21* (1974) H. 8, S. 5–17.
— Petru Maiors Auffassung von der romanischen Sprachgeschichte und ihr wissenschaftsgeschichtlicher Kontext. In: Studii şi cercetări lingvistice *26* (1975) S. 325–330.
— Martin Lehnert zum 65. Geburtstag. In: Aspekte der anglistischen Forschung in der DDR. Berlin 1976. S. 7–12 (= Sitzungsberichte des Plenums und der Klassen der Akademie der Wissenschaften der DDR *1976*, Nr. 1).
— Problema poesii na narodnom jasyke v italkanskich, francuskich, ispanskich i portugalskich poetikach XVI v. In: Sravnitel'noe isučenie literatur. Sbornik statej k 80-letiju akademika M. P. Alekseeva. Leningrad 1976. S. 341–352.
— La revendication de la dignité du français et l'exemple italien au XVIe siècle. In: Kwartalnik neofilologiczny *23* (1976) S. 11–18.
— Zu einigen Entwicklungslinien der Renaissance in Italien. In: Renaissanceliteratur und frühbürgerliche Revolution. Studien zu den sozial- und ideologiegeschichtlichen Grundlagen europäischer Nationalliteraturen. Berlin, Weimar 1976, S. 47–57.
— [Hrsg.] Renaissance, Barock, Aufklärung. Epochen-und Periodisierungsfragen. Berlin 1976.
— Einleitende Bemerkungen zu einigen methodologischen Aspekten. Ebda S. 9–23.
— Zur Einordnung der „Aufklärung" in die literarhistorische Periodisierung. Ebda S. 60–71.
— Ein Dilemma literarhistorischer Periodisierung: Barock-Manierismus. Ebda S. 129–142.
— „Aufklärung" als Periodenbegriff der Ideologiegeschichte. Ebda S. 149–169.
— [Bespr.] Joseph Moreau: Jean-Jacques Rousseau. Paris 1973. In: DLZ *96* (1975) Sp. 270–272.
— [Bespr.] István Sötér: The Dilemma of Literary Science. Budapest 1973. Ebda Sp. 548–550.
— [Bespr.] Martin Franzbach: Untersuchungen zum Theater Calderóns in der europäischen Literatur vor der Romantik. München 1974. Ebda Sp. 697–698.
— [Bespr.] Historizität in Sprach- und Literaturwissenschaft. Vorträge und Berichte der Stuttgarter Germanistentagung 1972. München 1974. In: DLZ *97* (1976) Sp. 12–16.
— [Bespr.] René Garguilo: La genèse des Thibault de Roger Martin du Gard. Le probleme de la rupture de construction entre „La Mort du Père" et „L'Été 1914". Paris 1974. Ebda Sp. 636–638.
— [Anz.] Wolfram Krömer: Kurzerzählungen und Novellen in den romanischen Literaturen bis 1700. (West-)Berlin 1973. In: Referatedienst zur Literaturwissenschaft *6* (1974) H. 4, S. 453 bis 455.
— [Anz.] Kurt Baldinger: La formación de los dominios lingüisticos en la península ibérica. Madrid 1972. In: BrP *12* (1973) S. 403.
— [Anz.] Alberto Porqueras Mayo: Temas y formas de la literatura española. Madrid 1972. Ebda S. 403–404.
— [Anz.] Gramática Castellana por el Licenciado Villalón. Facsimilar y estudio do Constantino Carcía. Madrid 1971. Ebda S. 404.
— [Anz.] Jürgen von Stackelberg: Literarische Rezeptionsformen. Übersetzung, Supplement, Parodie. Frankfurt a. M. 1972. In: Referatedienst zur Literaturwissenschaft *7* (1975) S. 47–48.
— [Anz.] Winfried Engler: Lexikon der französischen Literatur. Stuttgart 1974. Ebda S. 235 bis 236.
— [Anz.] Herbert Dieckmann. Studien zur europäischen Aufklärung. München 1974. Ebda S. 425–426.
— [Anz.] Peter Bürger: Studien zur französischen Frühaufklärung. Frankfurt a. M. 1972. Ebda S. 477–478.
— [Anz.] Spanische Literatur im Goldenen Zeitalter. Fritz Schalk zum 70. Geburtstag. Frankfurt a. M. 1973. Ebda *8* (1976) S. 423–424.

Beševliev, Veselin: *καμπαγάνοσ* = qap(a) γ an. In: Acta Orientalia Hungarica *XXIX* (1975) S. 93–97.
– Eine wenig bekannte neugriechische Gedichtsammlung, Serta Neograeca. In: Amsterdamer Beiträge zur neugriechischen Literatur, Geschichte und Kunst. Hrsg. von K. Th. Dimaras und P. Wirth. 1975. S. 1–11.
– Novi starohristianski nadpisi ot Varna (Neue altchristliche Inschriften aus Varna-Odessos). In: Izvestija na narodnija musei Varna (Bulletin du musée national de Varna) *XI* (XXVI), 1975, S. 148–150.
– Părvobălgarski i kăsni grăcki i latinski nadpisi (Inscriptions protobulgares, grecques et latines tardives). In: Arheologie *XVII* (1975) 1, S. 15–24.
– Ein Rästel der antiken Geographie Thrakiens. In: Studia Balcanica *10*, Recherches de Geographie historique (1975) S. 339–342.
– Nachrichten über den Aufstand Thomas des Slawen aus protobulgarischen Inschriften. In: Byzantina *8* (1976) S. 339–342.
– Za mjastoto na latinskija ezik v Dolna Mizia prez kăsnata antičnost (A propos de la place de la lanque latine en Mésie inferieure pendant la Basse (Antiquité). In: Arheologie *XVIII* (1976) 2, S. 49–51.
– Etničeskata prinadležnost na runnite nadpisi pri Murfatlar [Die ethnische Zugehörigkeit der Ruineninschriften bei Murfatlar]. In: Vekove *5* (1976) 3, 12–22.

Bischoff, Karl: Germ. +haugaz ‚Hügel, Grabhügel' im Deutschen. Eine Flurnamenstudie. Mainz und Wiesbaden 1975. 73 S., 2 Ktn (= Mainzer Akademie der Wissenschaften und der Literatur, Abhandlungen der Geistes- und Sozialwissenschaftlichen Klasse 1975, Nr. 4).
– Klint im Deutschen. In: Festschrift für Gerhard Cordes zum 65. Geburtstag. Bd *2* (Neumünster 1976) S. 20–41 und 1 Kte.

Blumenthal, Lieselotte: Das glückliche Jahr 1790. Zwei unveröffentlichte Briefe Schillers an Göschen. In: Jahrbuch der deutschen Schillergesellschaft *19* (Stuttgart 1975) S. 1–24, 1 Abb.
– Verse aus Schillers „Die Braut von Messina“ als Anweisung für ein Maskenkostüm. Ebda S. 25–29.
– [Hrsg.] Schillers Werke. Nationalausgabe. Begründet von Julius Petersen. Herausgegeben im Auftrag der Nationalen Forschungs- und Gedenkstätten der klassischen deutschen Literatur in Weimar (Goethe- und Schiller-Archiv) und des Schiller-Nationalmuseums in Marbach von L. B. und Benno von Wiese. Band *38*I: Briefe an Schiller 1. 11. 1798–31. 12. 1800 (Text). Weimar 1975. 397 S., 4 Abb.
– [Hrsg.] Schillers Werke. Nationalausgabe. Begründet von Julius Petersen. Herausgegeben [...] von L. B. und Benno von Wiese. Band *18*: Historische Schriften. Zweiter Teil. Bearbeiter: Karl-Heinz Hahn. Weimar 1976. 385 S. u. 3 Faksimilia.
– [Hrsg.] Schillers Werke. Nationalausgabe. Begründet von Julius Petersen. Herausgegeben [...] von L. B. und Benno von Wiese. Band *36*II: Briefe an Schiller 1795–1797 (Anmerkungen). Bearbeiter: Norbert Oellers. Weimar 1976. 553 S.

Brüning, Eberhard: Nordamerikanische Schriftsteller. Biographisches und bibliographisches Handbuch (unter Mitarbeit von Dr. Heinz Förster und Dr. Eva Manske). Lehrmaterial zur Ausbildung von Diplomlehrern Englisch. Potsdam 1976. 236 S.
– Progressive American Writers' Organizations and their Impact on Literature during the Nineteen Thirties. In: ZAA *23* (1975) S. 208–216.
– Wissenschaftliche Allunionskonferenz „Literatur und Journalistik der USA“. Ebda S. 205–207.
– Psychologisch lotende Kritik des Inhumanen. Albees „Zoogeschichte“ im Studententheater Leipzig. In: Neues Deutschland vom 22. Dez. 1975, S. 4.

Brüning, Eberhard: Zur Geschichte der sozialistischen Literatur in den Vereinigten Staaten von Amerika (ungar.). In: Vár egy uj világ [Eine neue Welt erwartet dich]. Budapest 1975. S. 272–299.
– Zur Geschichte des Lehrstuhls für englische Sprache und Literatur an der Karl-Marx-Universität Leipzig. In: Aspekte der anglistischen Forschung in der DDR. Martin Lehnert zum 65. Geburtstag. (= Sitzungsberichte der Akademie der Wissenschaften der DDR. Gesellschaftswissenschaften. Jg. 1976, Nr. 1). Berlin 1976. S. 40–60.
– [Nekrolog:] Walther Martin. In: Shakespeare Jahrbuch. Hrsg. im Auftrage der Deutschen Shakespeare-Gesellschaft von Anselm Schlösser und Armin-Gerd Kuckhoff. Bd *112* (Weimar 1976) S. 226–227.
– Probleme der Wechselbeziehungen zwischen der amerikanischen und der deutschen sozialistischen und proletarisch-revolutionären Literatur. In: Literatur der Arbeiterklasse. Aufsätze über die Herausbildung der deutschen sozialistischen Literatur (1918–1933). 3. Aufl. Berlin und Weimar 1976. S. 420–441.
– Sämtliche Artikel zur Nordamerikanischen Literatur für Meyers Neues Lexikon, 2. völlig neu erarbeitete Auflage in 18 Bdn, Bde *11*, *12* (Leipzig 1975); Bde *13*, *14* (Leipzig 1976).
– [Hrsg.] Lehrprogramme für die Ausbildung von Diplomlehrern der allgemeinbildenden polytechnischen Oberschule im Fach Englisch an Universitäten und Hochschulen der DDR. Berlin 1975. 85 S.
– [Hrsg., Einl. u. Kommentar] Anspruch und Wirklichkeit. Zweihundert Jahre Kampf um Demokratie in den USA: Dokumente und Aussagen. Berlin 1976. 822 S., 41 Abbildungen.
– [Nachw. u. Hrsg.] Lorraine Hansberry: Stücke. Leipzig 1976. S. 439–455.
– [Nachw.] Washington Irving: Rip van Winkle. Ausgewählte Kurzgeschichten. Mit 37 Holzstichen von Hans-Joachim Walch. Leipzig 1976. S. 153–160.
– [Bespr.] Nordamerikanische Literatur im deutschen Sprachraum seit 1945. Beiträge zu ihrer Rezeption. Hrsg. von Horst Frenz und Hans-Joachim Lang. München 1973. In: Weimarer Beiträge *22* (1975) S. 165–175.
– [Bespr.] Amerikanische Literatur der Gegenwart in Einzeldarstellungen. Hrsg. von Martin Christadler. Stuttgart 1973. In: ZAA *23* (1975) S. 253–255.
– [Bespr.] Dieter Herms: Agitprop USA. Zur Theorie und Strategie des politisch-emanzipatorischen Theaters in Amerika seit 1960. Kronberg Ts. 1973. Ebda S. 368–370.
– [Bespr.] Malcolm Goldstein: The Political Stage. American Drama and Theater of the Great Depression. New York 1974. Ebda *24* (1976) S. 271–273.
– [Übers.] Lorraine Hansberry: Jung, begabt und schwarz. In: Lorraine Hansberry: Stücke. Leipzig 1976. S. 235–323.

Bruford, Walter Horace: The German Tradition of Self-Cultivation. ‚Bildung' from Humboldt to Thomas Mann. Cambridge 1975. 290 S.
– Die gesellschaftlichen Grundlagen der Goethezeit. Neudruck der deutschen Ausgabe, Weimar (1936) von Germany in the Eighteenth Century, übersetzt von Fritz Wölcken. Mit Literaturhinweisen von Reinhard Habel. Ullstein Buch Nr. 3142, 1975.
– Some early Cambridge links with German Scholarship and Literature, II. In: German Life and Letters, New Series *28* (1975) Nr. 3, S. 233–245.
– Some Centenary Reflections on Matthew Arnold's Higher Schools and Universities in Germany. In: German Life and Letters, New Series *29* (1975) Nr. 1, S. 27–37.
– [Bespr.] Heinz Otto Burger: Begriffsbestimmung der Klassik und des Klassischen. In: German Life and Letters, New Series *29* (1976) Nr. 2, S. 240–242.
– [Bespr.] Derek Van Abbé: Goethe. New Perspectives on a Writer and his Time. In: German Life and Letters. New Series *29* (1976) Nr. 2, S. 263.
– [Bespr.] Andrew Jaszi: Entzweiung und Vereinigung. Goethes symbolische Weltanschauung. In: German Life and Letters, New Series *29* (1976) Nr. 4, S. 428–430.
– [Bespr.] Paul Böckmann: Schillers Don Carlos. Edition der ursprünglichen Fassung und entstehungsgeschichtlicher Kommentar. In: Erasmus *27* (1975) Nr. 19–20, Sp. 740–742.

Bruford, Walter Horace: [Bespr.] Wolfgang Paulsen: Christoph Martin Wieland. Der Mensch und sein Werk in psychologischen Perspektiven. In: Erasmus *28* (1976) Nr. 23–24, Sp. 868 bis 870.

– [Bespr.] Herbert Scurla: Wilhelm von Humboldt. In: The Times Literary Supplement, Nov. 5, 1976, S. 1402.

Buchda, Gerhard: Reichsstände und Landstände in Deutschland im 16. und 17. Jahrhundert. In: Die geschichtlichen Grundlagen der modernen Volksvertretung. Die Entwicklung von den mittelalterlichen Korporationen zu den modernen Parlamenten. Zwei Bände. Hrsg. von Heinz Rausch. 2. Bd: Reichsstände und Landstände. Darmstadt 1974. S. 211–241 (= Wege der Forschung 469). Wiederabdruck aus: Recueils de la Société Jean Bodin pour l'Histoire comparative des Institutions *XXV* (1965) p. 193–226 (= Gouvernés et Gouvernants, 4 e partie).

– Über die Vorrede im sächsischen Prozeß des 15. Jahrhunderts. In: ZRG (GA) *91* (1974) S. 90 bis 116.

– Zur Geschichte des Strafrechts in den sächsisch-thüringischen Ländern. In: Études d'histoire du droit pénal sous la Rédaction zu Lesław Pauli. Warszawa-Kraków 1976. S. 27–29 (= Zeszyty Naukowe Uniwersytetu Jagiellonskiego CCCCXI = Prace Prawnicze Zeszyt LXXIII).

– [Diskussionsbeitrag] Zur Frage der Kabinettsjustiz. Ebda S. 151.

– Zum 200. Geburtstag von Christian Friedrich Schwägerichen. In: Jahrbuch Sächs. Akad. Wiss. zu Leipzig *1973–1974* (Berlin 1976) S. 555–562.

– Testament und Nachlaß des Naturforschers Alfred Edmund Brehm (Brem-Studien IX). In: Rechtsgeschichte als Kulturgeschichte. Festschrift für Adalbert Erler zum 70. Geburtstag. Aalen 1976. S. 591–610.

– Kinder und Jugendliche im deutschen Recht (Mittelalter und neuere Zeit). Ihre Fähigkeit zu Rechtsgeschäften und der Einfluß unehelicher Geburt auf ihre Rechtsstellung. In: L'Enfant. 2e partie: Europe médiévale et moderne. Recueils de la Société Jean Bodin pour l'Histoire comparative des Institutions. Tom. *XXXVI* (Bruxelles 1976) p. 381–415.

– [Art.] Kummer. In: Handwörterbuch zur deutschen Rechtsgeschichte, hrsg. von Adalbert Erler und Ekkehard Kaufmann unter philolog. Mitarbeit von Ruth Schmidt-Wiegand, mitbegr. von Wolfgang Stammler. 13 Lfg Berlin 1975. Sp. 1257–1263.

– [Art.] Kursächsische Konstitutionen. Ebda 14. Lfg, Berlin 1976, Sp. 1304–1310.

– [Art.] Landfriedensgericht. Ebda Sp. 1486–1487.

– [Art.] Landgemeinde. Ebda Sp. 1490–1495.

– [Art.] Landrechtsbücher. Ebda Sp. 1536.

– [Autorreferat] Das Grundgesetz über die Landständische Verfassung des Großherzogstums Sachsen–Weimar–Eisenach vom 5. Mai 1816 und Okens „Isis". In: Jahrbuch Sächs. Akad. Wiss. zu Leipzig *1973–1974* (Berlin 1976) S. 173–175.

– [Bespr.] Johannes Bauermann: Von der Elbe bis zum Rhein. Aus der Landesgeschichte Ostsachsens und Westfalens. Gesammelte Studien (Neue Münstersche Beiträge zur Geschichtsforschung 11). Münster 1968. In: ZRG (GA) *91* (1974) S. 264–265.

– [Bespr.] Hans Schlosser: Spätmittelalterlicher Zivilprozeß nach bayerischen Quellen. Gerichtsverfassung und Rechtsgang (Forschungen zur deutschen Rechtsgeschichte 8). Köln–Wien 1971. In: ZRG (GA) *91* (1974) S. 329–332.

– [Bespr.] Hans Hattenhauer: Die Entdeckung der Verfügungsmacht. Studien zur Geschichte der Grundstücksverfügung im deutschen Recht des Mittelalters (Kieler Rechtswissenschaftliche Abhandlungen 9). Hamburg 1969. In: ZRG (GA) *91* (1974) S. 332–336.

– [Bespr.] Karl Siegfried Bader: Studien zur Rechtsgeschichte des mittelalterlichen Dorfes. Dritter Teil. Rechtsformen und Schichten der Liegenschaftsnutzung im mittelalterlichen Dorf. Mit Ergänzungen und Nachträgen zu den Teilen I und II der Studien zur Rechtsgeschichte des mittelalterlichen Dorfes. Wien-Köln-Graz 1973. In: ZRG (GA) *92* (1975) S. 217–221.

– [Ber.] Historische Kommission [1973–1974]. In: Jahrbuch Sächs. Akad. Wiss. zu Leipzig *1973–1974* (Berlin 1976) S. 100–102.

Coblenz, Werner: Eine Bronzefibel aus Laubach, Kr. Großenhain. In: Ausgrabungen und Funde *20* (1975) S. 77–80, 1 Abb.
– Wikingerzeitliches Ortband in einer slawischen Siedlung von Nimschütz, Kr. Bautzen. Ebda *20* (1975) S. 91–97, 2 Taf., 2 Abb.
– Kunst und Kunstgewerbe aus der Ur- und Frühgeschichte Sachsens. Berlin 1975. 71 S., 56 Textabb., 58 Taf., 8 Farbtafeln.
– Ein bronzener Trinkhornendbeschlag aus dem 8. Jh. v. Z. In: Blick ins Museum *13* (1975) S. 3–5, 2 Abb.
– Ein Schwertortband des Wikingerstils aus Nimschütz bei Bautzen. Ebda *14* (1975) S. 16–19, 2 Abb.
– Bemerkungen zur „urbs Gana". In: Ethnographisch-Archäologische Zeitschrift *16* (1975) S. 423–428.
– Die sächsische Münzforschung und Walther Haupt. In: W. Haupt, Sächsische Münzkunde. Berlin 1974 [1975]. S. 289–301 (mit einer auszugsweisen Bibliographie der münzkundlichen Arbeiten von W. Haupt).
– Die Burgwälle und das Ausklingen der westlichen Lausitzer Kultur. In: Symposium zu Problemen der jüngeren Hallstattzeit in Mitteleuropa, Smolenice 25.–29. September 1970. Bratislava 1975. S. 85–99, 9 Abb.
– u. A. Dietzel: Bronzezeitliche Gräber im Vorgelände des Burgwalles auf dem Göhrisch, Kr. Meißen. In: Ausgrabungen und Funde *20* (1975) S. 67–77, 6 Abb.
– Tagungsbericht: Die sozialökonomische Entwicklung der Slawen vom 6. Jahrhundert bis zum Ende des 9. Jahrhunderts. Internationales Symposium Mikulčice 1974. In: Ethnographisch-Archäologische Zeitschrift *16* (1975) S. 691–693.
– u. R. Kux-Jülg: Die Lausitzer Kultur der Bronze- und frühen Eisenzeit. Aus dem Stadtmuseum Linz 50/1975. 8 S., 5 Abb.
– Zur Ur- und Frühgeschichte des Bezirkes (Dresden). In: Sächsische Heimatblätter *22* (1976) S. 89–92, 4 Abb.
– u. V. Weber: Zur Oberlausitzer Gruppe der Schnurkeramik. In: Jahresschrift für mitteldeutsche Vorgeschichte *60* (1976) S. 253–261, 3 Abb.
– Ein Trinkhornendbeschlag aus Hahnefeld, Kreis Oschatz. In: Festschrift für Richard Pittioni zum Siebzigsten Geburtstag. Wien 1976. S. 349–361.
– 20 Jahre selbständige wissenschaftliche Publikationen des Landesmuseums in Dresden. In: Arbeits- und Forschungsberichte zur sächsischen Bodendenkmalpflege *29/21* (1976) S. 7–14.
– Weitere Baalberger Gräber in Zauschwitz, Kr. Borna. Ebda *20/21* (1976) S. 27–49, 19 Abb.
– Zur Bibliographie der Ur- und Frühgeschichte Sachsens. Ebda *20/21* (1976) S. 629–637.
– Die Schwertscheiden und die zugehörigen Schwerter von La Tène, Liebau und Groitzsch. Ebda *20/21* (1976) S. 639–642.
– Reallexikon der Germanischen Altertumskunde. Ebda *20/21* (1976) S. 643–648.
– Organisation und Ergebnisse der Bodendenkmalpflege. In: Ausgrabungen und Funde *21* (1976) S. 10–17.
– Gräber der Baalberger Gruppe aus Zauschwitz. Ebda *21* (1976) S. 53.
– Gräberfeld Niederkaina, Kr. Bautzen. Ebda *21* (1976) S. 70f.
– Burgen und befestigte Siedlungen der Bronze- und frühen Eisenzeit. Ebda *21* (1976) S. 76–80, 2 Abb.
– Der Burgberg Meißen. Ebda *21* (1976) S. 163–165.
– Ur- und Frühgeschichte (Überschau und Einzelbeschreibungen). In: Dresdner Heide, Pillnitz, Radeberger Land (= Werte unserer Heimat, Bd *27*). Berlin 1976. S. 7ff.
– Albert Egges van Giffen (14. 3. 1884–31. 5. 1973). In: Jahrbuch der Sächs. Akademie der Wissenschaften zu Leipzig *1973–1974* (Berlin 1976) S. 454–472 (mit Bibliographie).
– Martin Jahn 20. 9. 1888–11. 9. 1974. Ebda S. 472–489 (mit Bibliographie/Erweiterung der Bibl. von F. Schlette 1963).

Coblenz, Werner: [Hrsg.] Arbeits- und Forschungsberichte zur sächsischen Bodendenkmalpflege *20/21* (Berlin 1976) 656 S. m. 393 Abb.
– [Hrsg.] Veröffentlichungen des Landesmuseums für Vorgeschichte Dresden Bd *13*: G. Krug, Die meißnisch-sächsischen Groschen 1338–1500. Berlin 1974. 216 S., 69 Taf.
– [Hrsg.] Veröffentlichungen des Landesmuseums für Vorgeschichte Dresden Bd *14*: H. Küas, Das alte Leipzig in archäologischer Sicht. Berlin 1976. 642 S., 12 Farbtaf., 98 Taf., 262 Abb.
– [Hrsg.] Arbeits- und Forschungsberichte zur sächsischen Bodendenkmalpflege, Beiheft 10: W. Haupt, Sächsische Münzkunde. Text- und Tafelband. Berlin 1974 (1975). 301 S., 45 Abb., 3 Wappen, 141 Taf.

Czok, Karl: Zur sozialökonomischen Struktur und politischen Rolle der Vorstädte in Sachsen und Thüringen im Zeitalter der deutschen frühbürgerlichen Revolution. In: Wiss. Z. KMU Leipzig, ges.- u. sprachwiss. R. *24* (1975) H. 1, S. 53–68; auch in: Stadtgemeinde und Stadtbürgertum im Feudalismus. Protokoll der 1. Tagung der Fachkommission Stadtgeschichte. Magdeburg 1976. S. 104–123.
– u. M. Steinmetz: Leipziger Land im Bauernkrieg. Leipzig 1975.
– Leipzig im „Atlas zur Geschichte". In: Jahrbuch zur Geschichte der Stadt Leipzig *1975* (Leipzig 1975) S. 153–155.
– Bauernkriegsereignisse im Leipziger Land. In: Jahrbuch für Regionalgeschichte *V* (1975) S. 9–34.
– Der Widerhall des Bauernkrieges in Leipzig 1524/25. In: Der Bauer im Klassenkampf. Berlin 1975. S. 111–128.
– Ausgangspositionen und Anfänge revolutionärer Kommunalpolitik in der zweiten Hälfte des 19. Jahrhunderts bis 1891. In: Evolution und Revolution in der Weltgeschichte *II* (Berlin 1976) S. 595–610.
– [Ber.] Hartmut Zwahr: Zur Konstituierung des Proletariats als Klasse. Diss. zur Promotion B, KMU Leipzig 1974. In: Jahrbuch zur Geschichte der Stadt Leipzig *1975* (Leipzig 1975) S. 156 bis 158.
– [Rez.] Der deutsche Territorialstaat im 14. Jahrhundert. 2 Bde, Siegmaringen 1970/71. In: Jahrbuch für Regionalgeschichte *V* (1975) S. 272–276.
– [Rez.] Quellen zur neueren Privatrechtsgeschichte Deutschlands. Bd 2: Polizei- und Landesordnungen. 2 Halbbände, Weimar 1968/69. Ebda S. 276–277.
– [Rez.] Die Stadt des Mittelalters. 2 Bände. Darmstadt 1969 und 1972 (= Wege der Forschung) Ebda S. 277–279.
– [Rez.] Reformation oder Revolution? Hrsg. v. R. Wohlfeil. München 1972. Ebda S. 287–290.

Diesner, Hans-Joachim: Die Völkerwanderung. Leipzig 1976. 255 S., 150 Abb.
– Lexikographie und Enzyklopädie in der Antike. In: Lexika gestern und heute. Hrsg. v. H.-J. Diesner und G. Gurst. Leipzig 1976. S. 11–60.
– Zur Rolle der Religion unter besonderer Berücksichtigung des Christentums. In: Die Römer an Rhein und Donau. Hrsg. von einem Autorenkollektiv unter Leitung von R. Günther u. H. Köpstein. Berlin 1975. S. 358–390.
– Fulgentius von Ruspe als Theologe und Kirchenpolitiker. [Teilwiederabdruck, in:] Die Kirche angesichts der konstantinischen Wende. Hrsg. von G. Ruhbach. Darmstadt 1976. S. 362–406 (= Wege der Forschung, Bd 306).
– Braulios „Vita S. Emiliani" und die frühchristliche Biographie. In: Mittellateinisches Jahrbuch *11* (1976) S. 7–12.
– Zeitgeschichte und Gegenwartsbezug bei Isidor von Sevilla. In: Philologus *119* (1975) S. 92 bis 97.
– Bemerkungen zur schriftlichen Kultur der Langobarden in Italien. Ebda S. 264–266.
– Feudale Elemente im byzantinischen Italien. In: Studien zum 7. Jh. in Byzanz. Berlin 1976. S. 43–49.

Diesner, Hans-Joachim: Zur langobardischen Sozialstruktur: Gasindii und Verwandtes. In: Klio *58/1* (1976) S. 141–144.
– Zum langobardischen Gastaldat. In: WZ Halle *XXV* (1976) ges.- u. sprachwiss. R., H. 1, S. 91–95.
– Byzanz, Rom und die Langobarden. In: Jb. der Österreichischen Byzantinistik *25* (1976) S. 31–45.
– Der Untergang der Römerherrschaft in Nordafrika [Lichtbildervortrag]. In: Mitteilungen der Gesellschaft der Freunde Carnuntums. Wien 1976. H. 2, S. 3–16.

Erben, Johannes: Zur Normierung der neuhochdeutschen Schriftsprache. In: Festschrift für Karl Bischoff. Köln 1975. S. 117–129.
– Einführung in die deutsche Wortbildungslehre (= Grundlagen der Germanistik 17). Berlin (West) 1975. 160 S.
– [Rez.] H. Bach: Handbuch der Luthersprache. Laut- und Formenlehre in Luthers Wittenberger Drucken bis 1545. Teil 1: Volkalismus. Kopenhagen 1974 und Hermann Fränkel: Grammatik und Sprachwirklichkeit. München 1974. In: Beiträge zur Namenforschung *1975*, Heft 4, S. 398–401.
– Zur deutschen Wortbildung. In: Probleme der Lexikologie und Lexikographie. In: Jahrbuch des Instituts für deutsche Sprache 1975. *39* (Düsseldorf 1976) S. 301–312.
– Quali-tas/Welch-heit. Zur Wortbildung der Pronomina im Deutschen. In: Wirkendes Wort *26* (1976) S. 227–234.

Forberger, Rudolf: Zur Wirtschaftsgeschichte des sächsischen Glases. In: Sächsisches Glas vom 17. bis zum Anfang des 19. Jahrhunderts. Staatliche Kunstsammlungen Dresden. Museum für Kunsthandwerk Schloß Pillnitz. Hrsg. Generaldirektion der Staatlichen Kunstsammlungen Dresden. Katalog von Gisela Haase. O. O., o. J. [1975], S. 6–9.
– [Katalog, Zwischentexte in:] Der Bauer und seine Befreiung. Kunst vom 15. Jh. bis zur Gegenwart. Ausstellung aus Anlaß des 450. Jahrestages des deutschen Bauernkrieges und des 30. Jahrestages der Bodenreform. Hrsg. v. Min. für Kultur. Staatliche Kunstsammlungen Dresden. Dresden 1975. I. Die Zeit der frühbürgerlichen Revolution in Deutschland. S. 37–38; II. Die Zeit der Refeudalisierung in Deutschland, der Herausbildung des Feudalabsolutismus und des Manufakturkapitalismus bis zum Verfall des Feudalismus. S. 91–92; III. Die Zeit der Festigung des Kapitalismus, der Industriellen Revolution, der bürgerliich-demokratischen Revolution und der Entwicklung des Kapitalismus der freien Konkurrenz zum Monopolkapitalismus. S. 153–154; IV. Die Zeit der allgemeinen Krise des Kapitalismus seit der Großen Sozialistischen Oktoberrevolution, der Entwicklung der sozialistischen Gesellschaftsordnung und des sozialistischen Weltsystems. S. 185–187.

Gadamer, Hans-Georg: Kant und die philosophische Hermeneutik. In: Kant-Studien *66* (1975) 395–403.
– Kunst als Spiel, Symbol und Fest. In: Kunst heute. Vorlesungen der Salzburger Hochschulwochen 1974 vom 29. 7.–10. 8. Hrsg. von A. Paus. Graz 1975. S. 25–84.
– Epilog zu: Nikolaus von Kues in der Geschichte des Erkenntnisproblems. In: Mitteilungen und Forschungsbeiträge der Cusanus-Gesellschaft *11* (1975) 275–280.
– Schlußbericht. In: Neue Anthropologie. Bd 7, 2: Philosophische Anthropologie. Hrsg. von H.-G. Gadamer und P. Vogler. Stuttgart 1975. S. 374–392.
– Kant e la filosofia ermeneutica. In: Rassegna di Teologia *16* (1975) 215–224.
– Martin Heidegger zum 85. Geburtstag. In: Ruperto Carola *27* (Bd 54, 1975) 79–83.
– La mort comme question. In: Sens et existence (Festschrift Paul Ricoeur). Hrsg. von G.-B. Madison. Paris 1975. S. 9–22.
– L'herméneutique philosophique. In: Studies in Religion – Sciences Religieuses *5* (Totonto 1975) 3–13.

Gadamer, Hans-Georg: Der Tod muß unbegreiflich sein. In: Wir wissen, daß wir sterben müssen. Hrsg. von H. Nitschke. Gütersloh 1975. S. 99–100.
– Sinn und Sinnverhüllung. Dargestellt an Paul Celans Gedicht Tenebrae. In: Zeitwende *46* (1975) 321–329.
– Truth an Method. London-New York 1975 (= Continuum Books).
– Vérité et Méthode. Paris 1976.
– Hegel's Dialectic. Yale Press 1976.
– Philosophical Hermeneutics. California Press 1976.
– Vernunft im Zeitalter der Wissenschaft. Aufsätze. Frankfurt/M. 1976. 151 S.
– Rhetorik und Hermeneutik. Als öffentlicher Vortrag der Jungius-Gesellschaft der Wissenschaften gehalten am 22. Juni 1976 in Hamburg. Göttingen 1976. 19 S.
– Philosophische Lehrjahre. Eine Rückschau. Frankfurt/M. 1977. 244 S.
– Max Scheler – der Verschwender. In: Max Scheler im Gegenwartsgeschehen der Philosophie. Hrsg. von P. Good im Auftrage der Deutschen Gesellschaft für phänomenol. Forschung. Bern 1975. S. 11–18.
– Plato und Heidegger. In: Der Idealismus und seine Gegenwart. Festschrift für Werner Marx zum 65. Geburtstag. Hrsg. von U. Guzzoni, B. Rang u. L. Siep. Hamburg 1976. S. 166–175.
– Philosophie und Hermeneutik: Hans Georg Gadamer. In: Philosophische Selbstbetrachtungen Vol. 2. Hrsg. von A. Mercier und Maja Svilar (Fédération Internationale des Sociétés de Philosophie). Bern 1976. S. 33–67.
– Das Vaterbild im griechischen Denken. In: Das Vaterbild in Mythos und Geschichte. Hrsg. von H. Tellenbach. Stuttgart 1976. S. 102–115.
– Einführung zu: Hans Lipps. Werke *I* (Frankfurt/M. 1976) S. VII–XI.
– Rilke nach 50 Jahren. In: Insel-Almanach auf das Jahr *1977*. Frankfurt/M. 1976. S. 61–78.
– Introduction to: The Problem of Historical Consciousness. New School for Social Research. New York 1976.
– Das hermeneutische Problem der Anwendung. In: Seminar: Philosophische Hermeneutik. Hrsg. von Hans-Georg Gadamer und Gottfried Boehm. Frankfurt/M. 1976. S. 327–332 (= Suhrkamp Taschenbuch Wissenschaft).
– Logik oder Rhetorik? Nochmals zur Frühgeschichte der Hermeneutik. In: Archiv für Begriffsgeschichte *XX* (1976) 7–16.
– [Mithrsg.] u. P. Vogler: Neue Anthropologie. Bd *6*: Philosophische Anthropologie. T. 1. Stuttgart 1975. VIII, 456 S.; Bd *7*: Philosophische Anthropologie. T. 2. Stuttgart 1975. 415 S.
– [Mithrsg.] Seminar: Philosophische Hermeneutik. Hrsg. von Hans-Georg Gadamer und Gottfried Boehm. Frankfurt/M. 1976. 339 S. (= Suhrkamp Taschenbuch Wissenschaft).
– [Mithrsg.] Archiv für Begriffsgeschichte.
– [Mithrsg.] Hegel-Studien.
– [Mithrsg.] Heidelberger Forschungen.
– [Mithersg.] Kant-Studien.

Große, Rudolf: Zum Referat von A. Neubert. Diskussionsbeitrag. In: A. Neubert, R. Růžička: Verständlichkeit, Verstehbarkeit, Übersetzbarkeit. Sprachwissenschaft und Wissenschaftssprache (= Sitzungsberichte der Akademie der Wissenschaften der DDR, Jg. 1973, Nr. 18) Berlin 1975, S. 40–42.
– Vorbemerkungen. Diskussionsbeiträge. In: Sprachwissenschaft und Fremdsprachenunterricht. Referrate und Diskussionen der Arbeitstagung der Sektionen Grammatik und Methodik der Germanistenkommission DDR–VR Polen vom 2. 5. bis 3. 5. 1973 in Dresden. Sprachwissenschaftliche Arbeiten der Germanistenkommission Deutsche Demokratische Republik –Volksrepublik Polen 1 = Linguistische Studien, Reihe A, Nr. 20, Akademie der Wissenschaften der DDR. Zentralinstitut für Sprachwissenschaft, Berlin 1975, S. 30, 72–75, 148–152.
– Vorbemerkungen. Diskussionsbeitrag. In: Zur Entwicklung der Sprache unter den Bedingungen der Kommunikationsbedürfnisse und -inhalte in der sozialistischen Gesellschaft. Referate

und Diskussionen der Arbeitstagung zur Soziolinguistik vom 4. 10. bis 5. 10. 1974 in Heiligendamm bei Rostock. Sprachwissenschaftliche Arbeiten der Germanistenkommission Deutsche Demokratische Republik — Volksrepublik Polen 2 = Linguistische Studien, Reihe A, Nr. 28, Akademie der Wissenschaften der DDR, Zentralinstitut für Sprachwissenschaft, Berlin 1975. S. 82—85.

Große, Rudolf: Die Brüder Grimm in der Akademie. Reihe „Wissenschaftler über Wissenschaftler". Berliner Zeitung vom 12. März 1975.
— u. P. Porsch, Ingrid Wiese: Soziolinguistische Bemerkungen zur Frage des Spracherwerbs und zur Problematik der sprachlichen Normen. In: Wiss. Z. Universität Greifswald, ges.- u. sprachwiss. R. 24 (1975) Nr. 1/2, S. 31—34.
— Zur Bedeutung der Dialektgeographie und zum Wirken von Theodor Frings. In: Linguistische Arbeits-Berichte der Sektion Theoretische und angewandte Sprachwissenschaft der KMU Leipzig *15* (Leipzig 1976) S. 24—33.
— [Hrsg.] Althochdeutsches Wörterbuch, Band II, 2. Lfg, Band III, 5. und 6. Lfg, Berlin 1975 und 1976.
— [Hrsg.] Beiträge zur Geschichte der deutschen Sprache und Literatur, 96. 97. Band, hrsg. von G. Schieb, W. Fleischer, R. Grosse und G. Lerchner. Halle (Saale) 1976.
— [Hrsg.] Deutsch-slawische Forschungen zur Namenkunde und Siedlungsgeschichte, Nr. 28, hrsg. von E. Eichler, W. Fleischer, R. Große, A. Neubert und H. Walther, Berlin 1975.
— [Hrsg.] Linguistische Arbeitsberichte, Nr. 11, 12 und 13, hrsg. von R. Eckert, R. Große, A. Neubert und R. Růžička, Sektion Theoretische und Angewandte Sprachwissenschaft der Karl-Marx-Universität Leipzig, 1975 und 1976.

Heimpel, Hermann. Der Mensch in seiner Gegenwart. Acht historische Essais. 2., erw. Aufl. Göttingen 1957. 231 S. Japanische Übersetzung von Kinya Abe. Tokio 1975.
— Kaiser Friedrich Barbarossa und die Wende der staufischen Zeit. In: Friedrich Barbarossa. Darmstadt 1975. S. 1—25 (= Wege der Forschung *390*); Erstveröffentlichung: Straßburger Universitätsreden *1942*, H. 3, S. 4—32.
— Die Geschichtlichkeit des Menschen und der Stadt. In: Zeitschrift für Stadtgeschichte, Stadtsoziologie und Denkmalpflege *3* (1976) S. 1—9.

Iordan, Iorgu: Note de lexicologie românească. In: Studii şi cercetări lingvistice *26* (1975) S. 53 bis 59.
— Quelques cas de tabou phonétique. In: Mélanges Benveniste. Paris 1975. S. 277—281.
— Lingvistica românească in perioda 1918—1944. In: Istoria Ştiinţelor in România. Lingvistica. Bucureşti 1975. S. 85—119.
— Stilistica limbii române. 2. Aufl. Bucureşti 1975. 406 S.
— Observaţii cu privire la raporturile dintre toponimie şi antroponimie. In: Limbă română *24* (1975) S. 233—237.
— Sărbătoare academică (în R.D.G.). In: Cronica vom 1. Aug. 1975.
— [Nachr.] Nina Façon (1909—1974). In: Studii şi cercetări lingvistice *26* (1975) S. 635.
— Aspects dialectiques en lingvistique. In: Revue roumaine de lingvistique *20* (1975) S. 363—365.
— Breve noticia sobre la enseñanza del español en Rumania. In: Actas del Simposio de Montevideo (Enero del 1966). México 1975. S. 210—214 [in Zusammenarbeit mit Olga Tudorică].
— „Eseu" despre obiectivitate. In: România literară vom 20. Nov. 1975, S. 4.
— Şlagăre lexicale. In: Limbă şi literatură *21* (1975) S. 240—249.
— Notes de syntax roumaine. In: Revue roumaine de linguistique *20* (1975) S. 509—511.
— Note de lexicologie românească (Ş). In: Studii şi cercetări lingvistice *27* (1976) S. 53—58.
— C. Stere, profesor la Universitatea din Jasi. In: Manuscriptum *VII* (1976) Nr. 2, S. 135—139.
— Dioscurii „Vieţii româneşti". In: România literară vom 11. März 1976, S. 6.
— Amintiri despre şi de la „Viaţa românească". In: Cronica vom 12. März 1976.
— La a XXX-a aniversare a „Vieţii româneşti". In: Viaţa românească, März 1976, S. 24—26.

Iordan, Iorgu: Note de lexicologie românească (II). In: Studii și cercetări lingvistice *27* (1976) S. 163–169.
– Note sintactice. In: Limba română *25* (1976) S. 69–71.
– Pentru cultivarea limbii. Ebda S. 225–227.
– Stil „savant" și stil „poetic". Ebda S. 335–337.
– Un problème de phonétique historique roman. In: Kwartalnik Neofilologiczny *23* (1976) S. 139–141.
– Limba română, idiom romanic. In: România literară vom 17. Juni 1976, S. 4–5.
– Răspuns la o recenzie. In: Studii și cercetări lingvistice *27* (1976) S. 311–312.
– Du bilinguisme dans le domaine roman. In: Actes du XIII-e Congrès International de Linguistique et Philologie romanes, Québec 1971, *I* (Québec 1976) S. 5–15.
– Șitoturu un răspuns. In: Convorbiri literare, Juli-Nr. 1976, S. 13.
– Topica adjectivului atributiv. In: Româna literară vom 26. Aug. 1976, S. 8.
– Vasile Bogrea (1881–1926). Ebda 18. Nov. 1976, S. 8.
– Amintiri ... teatrale. In: Cronica vom 10. Dez. 1976, S. 1 u. 7.
– Note de lexicologie românească. In: Studii și cercetări lingvistice *27* (1976) S. 399–407.
– Memorii. *I* (București 1976) 310 S.
– [Rez.] D. Macrea: Limbă și linguistică română. In: Convorbiri literare *6* (Juni 1975) S. 13.
– [Rez.] N. Mihăescu: Norme gramaticale și valori stilistice. Ebda *6* (Dez. 1976) S. 11.
– Rez]. Alf Lombard: La langue roumaine. Une présentation. In: Limba română *25* (1976) S. 215 bis 216.

Jarceva, Viktoria Nikolaevna: Vzaimodejstvie vnešnich i vnutrennich faktorov razvitija jazyka [Das Zusammenwirken äußerer und innerer Faktoren der Sprachentwicklung]. In: Proceedings of the eleventh International Congress of Linguists. Bd *II* (Bologna 1975) S. 139–142.
– Sopostavitel'no-tipologičeskoe issledovanie sintaksisa i ego rol' v izučenii jazykov [Die vergleichend-typologische Untersuchung der Syntax und ihre Rolle im Sprachstudium]. In: Modern linguistics and language teaching. Budapest 1975. S. 61–75.
– Naučno-techničeskaja revoljucija i razvitie jazyka [Die wissenschaftlich-technische Revolution und die Entwicklung der Sprache]. In: Vestnik Akademii nauk SSSR. Moskau 1975. Nr. 3, S. 71–77.
– Razvitie jazyka nauki [Die Entwicklung der Sprache der Wissenschaft]. In: Nauka i čelovečestvo. Moskva 1975. S. 86–94.
– Ierarchija grammatičeskich kategorij i tipologičeskaja charakteristika jazykov [Die Hierarchie grammatischer Kategorien und die typologische Charakteristik der Sprachen]. In: Tipologija grammatičeskich kategorij. Moskva 1975. S. 5–23.
– Universalien als Grundlage der Sprachklassifikation. In: Gesellschaftswissenschaften. Akad. d. Wiss. d. UdSSR 1975, Nr. 2, S. 115–132.
– Tipologija jazykov i problema universalij [Die Typologie der Sprachen und das Problem der Universalien]. In: Vorprosy jazykoznanija 1976. Nr. 2, S. 6–16.
– Grammatičeskie osnovy opisaniija jazykov [Grammatische Grundlagen der Sprachbeschreibung]. In: Principy opisanija jazykov mira. Moskva 1976. S. 64–104.
– Glagol'nye kategorii v infinitive indoevropejskich jazykov [Die verbalen Kategorien im Infinitiv indeuropäischer Sprachen]. In: Iranskoe jazykoznanie. Istorija, ėtimologija, tipologija. [Festschrift für V. I. Abaev zum 75. Geburtstag]. Moskva 1976. S. 54–65.
– Morfologizovannye i nemorfologizovannye značenija r raznostrukturnych jazykach [Morphologisierte und nichtmorphologisierte Bedeutungen in Sprachen verschiedener Strukturen]. In: Turcologica [Festschrift für Akad. A. N. Kononov zum 70. Geburtstag]. Leningrad 1976. S. 191–199.
– The range of expansion of syntactical structures in relation to the volume of information. In: Soviet studies in language and language behavior. Hrsg. von J. Průcha. North-Holland Linguistic Series Bd *24* (Amsterdam 1976) S. 13–24.

Jarceva, Viktoria Nikolaevna: Rol' tradicii i innovacij v tipologičeskoj chrakteristike anglijskogo literaturnogo jazyka [Die Rolle der Tradition und der Neuerungen in der typologischen Charakteristik der englischen Schriftsprache]. In: Tipologija germanskich literaturnych jazykov. Moskva 1976. S. 42—60.

Kühnert, Friedmar: Individualität und Rationalität in der augusteischen Elegie. In: Die Antike in der sozialistischen Kultur. Wissenschaftliche Beiträge der Friedrich-Schiller-Universität. Jena 1974, S. 155—164.
— Der Deklamationsunterricht der frühen Kaiserzeit als Mittel zur literatur-ästhetischen Bildung. In: Kongreßakten des IV. Allunionskongresses für Klassische Philologie in der UdSSR, Tbilissi 1969. Tbilissi 1975. S. 113—120.
— XIII. Internationaler Eirene-Kongreß 1974. In: Das Altertum *21* (1975) S. 58—59.
— Die Bildungskonzeption des Isokrates. In Sammelband: „Der Mensch als Maß der Dinge". Berlin 1976. S. 323—336.
— Zur Entstehung des Ideals der allseitig entwickelten Persönlichkeit im griechisch-römischen Altertum. In: Schriften der Winckelmann-Gesellschaft *2* (Berlin 1976) S. 9—15.
— [Nachr.] Wolfgang Schadewald. In: Jahrbuch der Sächsischen Akademie der Wissenschaften zu Leipzig *1973—1974* (Berlin 1976) S. 489—491.

Lehmann, Edgar: Kartographie im Dienst der Umweltforschung. In: wissenschaft und fortschritt *24* (1974) H. 4, S. 178—183.
— Der Wirtschaftsraum als regionales Phänomen. In: Geographische Zeitschrift, Beihefte: Der Wirtschaftsraum (= Festschrift für Erich Otremba zu seinem 65. Geburtstag). Wiesbaden 1975. S. 285—294.
— Stadtstrukturkarten in National- und Regional-Atlanten. Berliner Geographische Arbeiten Nr. 60. In: WZ Humboldt-Universität Berlin, math.-nat. R. *24* (1975) S. 9—12.
— Bemerkungen zur Stadt-Umland-Beziehungen. In: Sitzungsberichte der AdW *2 N* (Berlin 1975) S. 5—14.
— Die Rolle der thematischen Kartographie für Umweltforschungen. In: Entwicklung der Kartographie (= Festschrift anläßlich des 70. Geburtstages von Prof. K. A. Salichtchev). Moskau 1975. S. 132—139 [russ.].
— Gruß an Walter Markov. In: Sitzungsberichte der AdW *13 G* (Berlin 1975) S. 13—14.
— Die kartographische Darstellung von Entwicklungsländern in National- und Regional-Atlanten. In: PGM *120* (1976) H. 2, S. 166—170.
— Der historische Aspekt in der Umweltforschung. Hans Mottek zum 65. Geburtstag. In: Sitzungsberichte der AdW *2 G* (Berlin 1976) S. 19—26.
— Kommission für National- und Regional-Atlanten, Berichte der IGU-Kommissionen 1972—1975. Ed. by International Geographical Union. In: IGU-Bulletin *XXVII* (1976) Nr. 1, S. 1—7 [engl.].
— Bericht des Vizepräsidenten über den Stand der Arbeiten der SAW am 14. 4. 1973. In: Jahrbuch Sächsische Akademie der Wissenschaften zu Leipzig *1973—1974* (Berlin 1976) S. 124—132.
— Bericht des Vizepräsidenten über den Stand der Arbeiten der SAW am 20. 4. 1974. Ebda S. 133 bis 142.
— [Vortr.] Die Kartographie als Hilfsmittel der Umwelforschung, gehalten am 4. 12. 1973. Ebda S. 166—167.

Lissa, Zofia: Nowe szhice z estetyki muzycznej. Kraków 1975. 169 S.
— Neue Aufsätze zur Musikästhetik. Berlin 1975. 261 S. und Wilhelmshaven 1975. 261 S. und vier Seiten Vorwort.
— Max Regers Methamorphosen der „Berseuse" op. 57 von Frédéric Chopin. In: Max-Reger-Festschrift. Meiningen 1974. S. 22—27.

Markov, Walter u. Albert Soboul: 1789 – Die Große Revolution der Franzosen. Berlin 1975. 2. unveränderte Aufl. 480 S. mit 4 Farbtaf., 16 Abb. u. 2 Karten.
– O kontaktach historyków powszechnych PRL a NDR. In: Kwartalnyk *LXXXI* (1974) 3, S. 498–500.
– S. Kimbara, W. Markov u. a.: Traditions and Innovations in Asia and Africa. In: XIV International Congress of Historical Sciences. San Francisco 1975 [S. 2, 10–12, 52–57].
– Illirijskie provincii Napoleona. In: Francuszskij Ežegodnik *1973* (Moskva 1975) S. 163–175.
– „Afrika, Sahara-inan ni okeru Dentō to Kakushin" [Tradition und Innovation im subsaharischen Afrika]. In: Shisu (Tokyo 1975) H. 8, S. 127–154.
– Aufklärung und Revolution. In: Beiträge zur Marx-Engels-Forschung. Dem Wirken Auguste Cornus gewidmet. Berlin 1975. S. 131–143 (= Sitzungsberichte der Akademie der Wissenschaften der DDR, 1973, H. 20).
– Tradition und Innovation in Tropisch-Afrika (1869–1914). Thesen. In: ZfG *23* (Berlin 1975) S. 879–896.
– Gesellschaft, Nation und Kultur in Mittel- und Osteuropa (Diskussionsbeitrag). Budapest 1975. S. 45–47. In: Les Lumières en Hongrie, en Europe Centrale et en Europe Orientale. Actes Du Deuxième Colloque de Mátrafüred 2–5 Octobre 1972. Budapest 1975. S. 45–47.
– 1789: Bürgertum zwischen Aufklärung und Revolution. In: Fürst, Bürger, Mensch (= Österr. Jahrbuch f. Geschichte, Bd II). Wien 1975. S. 215–237.
– Dalmazia e Illiria. In: Annuario dell' Istituto Storico Italiano *23/24* (Rom, 1975) S. 309–314.
– Sansculotten und Jakobiner. In: Die Debatte um die Französische Revolution. München 1975. S. 230–241. Hrsg. Walter Grab (= Nymphenburger Texte zur Wissenschaft. 22).
– Die Jakobinerfrage heute. Ebda S. 249–257.
– Erfahrungen in Siegburg. In: Die Weltbühne *70* (1975) H. 18, S. 552–554.
– Historiker in San Francisco. Ebda H. 37, S. 1160–1161.
– Des Kaisers zweite Insel. Ebda H. 43, S. 1363–1364.
– Eine Geschichte der Sorben. Ebda H. 36, S. 1128–1129.
– Nach einem Monat kam der Krieg. Ebda H. 30, S. 938–940.
– Aufklärung in Matrafüred. Ebda H. 47, S. 1481–1483.
– [Vorw. zu:] François Auguste Mignet: Geschichte der Französischen Revolution von 1789 bis 1814. Leipzig 1975. S. 5–11.
– [Vorw. zu:] François Auguste Mignet: Geschichte der Französischen Revolution von 1789 bis 1814. Frankfurt/M. 1975. S. 5–11.
– [Rez.] Istorija Francii v treh tomach, Bd II (1789–1870). Hrsg. A. Z. Manfred u. a., Moskau 1973. In: ZfG *23* (1975) S. 328.
– [Rez.] Romuald Szramkiewicz: Les régents et censeurs de la Banque de France nommés sous le Consulat et l'Empire (Die Direktoren und Kontrolleure der Bank von Frankreich insbesondere unter dem Konsulat und im Kaiserreich). Hautes Etudes médiévales et modernes. Genève 1974. 424 S. In: ZfG *23* (1975) H. 7, S. 835–836.
– [Anz.] David Chandler: Napoleon. München 1974. 192 S. In: ZfG *23* (1975) H. 7, S. 835–836.
– [Anz.] Paul Guth: Mazarin. Frankreichs Aufstieg zur Weltmacht. Frankfurt/M. 1974. 750 S. In: ZfG *23* (1975) H. 8, S. 974–975.
– Volksbewegungen der Französischen Revolution. Hrsg. Manfred Hahn. Frankfurt/New York 1976. 248 S.
– u. A. Soboul: 1789 – Die Große Revolution der Franzosen. 3. Aufl. Berlin 1976.
– Laudatio für Heinrich Scheel. In: Universalhistorische Aspekte und Dimensionen des Jakobinismus. Sitzungsberichte der AdW der DDR, Gesellschaftswissenschaften 10 G 1976, Berlin 1976.
– Von einigen Dimensionen der Jakobinerfrage. In: Evolution und Revolution in der Weltgeschichte. 2 Bde. Berlin 1976, Bd I, S. 157–167.
– 1789. Die politische Linke und die Theologie der Revolution. In: Festschrift Eduard Winter. Graz–Wien 1976.

Markov, Walter: Schlußwort. In: Rolle und Formen der Volksbewegung im bürgerlichen Revolutionszyklus (= Studie zur Revolutionsgeschichte. Bd III). Berlin 1976, S. 345–351.
– Der Vorgriff des Jacques Roux. In: Spektrum 1976, H. 10, S. 13–17.
– u. a.: Der XIV. Internationale Historikerkongreß in San Francisco. In: ZfG *24* (1976) H. 4, S. 442–467.
– Erwiderung. In: Nachdenken über Geschichte in unserer Zeit. Sitzungsberichte der AdW der DDR, Gesellschaftswissenschaften *13* G 1975 (Berlin 1976) S. 18–22.
– 1789: Die politische Linke und die Theologie der Revolution (Resümee). In: Jahrbuch Sächs. Akad. Wiss. *1973–1974* (Berlin 1976) S. 170–171.
– Das Attentat des Ferdinand May. In: Die Weltbühne *71* (1976) Nr. 2, S. 57–58.
– Was tut ein Emeritus? In: Forum 1976, Nr. 6, S. 15.
– Was tut ein Emeritus? [Nachdruck in:] Die Weltbühne *71* (1976) Nr. 18, S. 573–574.
– Ein Blatt für Werner Krauss. In: Die Weltbühne *71* (1976) Nr. 38, S. 1208–1209.
– Das Grabmal des Tamerlan. In: Die Weltbühne *71* (1976) Nr. 42, S. 1318–1320.
– [Bespr.] Die Mainzer Republik. Hrsg. Heinrich Scheel. Berlin 1975. In: ZfG *24* (1976) H. 2, S. 229–231.
– [Bespr.] Französische Aufklärung. Hrsg. W. Schröder. Leipzig 1975. In: ZfG *24* (1976) H. 6, S. 724–725.
– [Bespr.] Francuzskij eżegodnik 1972, 1973. Moskau 1974, 1975. In: ZfG *24* (1976) H. 7, S. 813 bis 815.
– [Bespr.] J. Höppner, W. Seidel-Höppner: Von Babeuf bis Blanqui, 2 Bde, Leipzig 1975. In: ZfG *24* (1976) H. 8, S. 942–944.
– [Bespr.] Vooružennaja bor'ba narodov Afriki. Moskau 1974. In: ZfG *24* (1976) H. 9, S. 1045 bis 1046.
– [Bespr.] Grakch Babef: Sočinenija, Bd I Moskau 1975. In: ZfG *24* (1976) H. 11, S. 1227.
– [Bespr.] Die Französische Revolution im Spiegel der deutschen Literatur. Hrsg. Claus Träger. Leipzig 1975. In: ZfG *24* (1976) H. 12, S. 1452–1453.
– [Anz.] Armando Saitta: Costituenti e costituzioni 1789–1875. Milano 1973. In: ZfG *24* (1976) H. 5, S. 488.
– [Anz.] E. Schulin: Universalgeschichte. Köln 1974. In: ZfG *24* (1976) H. 6, S. 727.
– [Anz.] H.-O. Sieburg: Geschichte Frankreichs. Stuttgart 1975. In: ZfG *24* (1976) H. 7, S. 826.
– [Anz.] Heinz-Gerhard Haupt: Nationalismus und Demokratie. Frankfurt 1974. In: ZfG *24* (1976) H. 8, S. 958.
– [Anz.] Helmut Pemsel: Von Salamis bis Okinawa. Eine Chronik zur Seekriegsgeschichte. München 1975. In: ZfG *24* (1976) H. 11, S. 1334.
– [Anz.] Thomas Hodgkin: Nigerian Perspektives, 2. Aufl. London 1975. In: ZfG *24* (1976) H. 12, S. 1462.
– 30 Jahre Karl-Marx-Universität (Erklärung). In: Universitäts-Reden NF 41 Leipzig 1976.
– Erklärug von Nationalpreisträgern und Akademiemitgliedern. In: KMU-Universitätszeitung 1976, Nr. 5, S. 1.
– Gespräch zwischen Nationalpreisträgern und Beststudenten. In: KMU-Universitätszeitung 1976, Nr. 19, S. 4.
– Eine Frage – viele Antworten. In: Die Weltbühne *71* (1976) Nr. 51, S. 1628.
– [Hrsg.] Studien zur Revolutionsgeschichte, Bd III: Rolle und Formen der Volksbewegung im bürgerlichen Revolutionszyklus. Mithrsg. W. Markov, Berlin 1976.

Mayrhofer, Manfred: Namen aus Persepolis und Susa. Mélanges linguistiques offerts à Émile Benveniste. Paris 1975. S. 415–418.
– Ein altes Problem: „Guštāsp" im achten vorchristlichen Jahrhundert? In: Monumentum H. S. Nyberg *II* (Teheran-Lüttich 1975) S. 53–57.
– Kleinasien zwischen Agonie des Perserreiches und hellenistischem Frühling. Ein Inschriftenfund des Jahres 1973. In: Anzeiger österr. Akad. d. Wiss., phil.-hist. Klasse *112* (1975) S. 274–282.

Mayrhofer, Manfred: Giacomo Devoto. In: Almanach österr. Akad. d. Wiss. *125* (1975) S. 173 bis 178.
- Kurzgefaßtes etymologisches Wörterbuch des Altindischen. Band III: Y–H, Nachträge und Berichtigungen. Heidelberg 1976. XXIII und 808 Seiten [in 9 Lieferungen erschienen 1964 bis 1976].
- N. S. Trubetzkoy und die Österreichische Akademie der Wissenschaften. In: Festschrift für A. Issatschenko. Klagenfurt 1976. 235–238.
- Herders Persepolis-Schriften. Ein Hinweis. In: Festgabe für Otto Höfler. Wien 1976. 479–485.
- Zum Namengut des Avesta. Wien 1977. 68 Seiten (= Sitzungsber. d. österr. Akademie d. Wiss., phil.-hist. Kl. Bd 308, Abh. 5).

Meyer, Rudolf: Otto Eißfeldt. In: Jahrbuch der Sächs. Akad. Wiss. zu Leipzig *1973–1974* (Berlin 1976) S. 324–329.
- Der gegenwärtige Stand der Erforschung der in Palästina neu gefundenen Handschriften 51. Ein Rückblick. In: ThLZ *101* (1976) Sp. 815–825.
- [Bespr.] Manfred Dietrich: Neue palästinisch punktierte Bibelfragmente. Leiden 1968. In: ThLZ *100* (1975) Sp. 187–190.
- [Bespr.] Edmundus Castellus: Lexicon Heptaglotten. Graz 1970. In: OLZ *70* (1975) Sp. 366 bis 367.
- [Bespr.] Ernst Jenni: Das hebräische Pi'el. Zürich 1968. In: OLZ *70* (1975) Sp. 367–371.
- [Bespr.] Petrus Alfonsi: Die Kunst, vernünftig zu leben. Zürich-Stuttgart 1970. In: OLZ *70* (1975) Sp. 371–372.
- [Bespr.] Jacob Neusner: A History of the Jews in Babylonia II–V. Leiden 1966–1970. In: OLZ *71* (1976) Sp. 45–51.
- [Bespr.] Joseph Henninger: Über Lebensraum und Lebensformen der Frühsemiten (= Arbeitsgemeinschaft für Forschung des Landes Nordrhein-Westfalen, Geisteswissenschaften 151). Köln und Opladen 1968. In: OLZ *71* (1976) Sp. 474–476.
- [Anz.] A. Malamat and H. Reviv: A Bibliography of the Biblical Period. Jerusalem 1968. In: OLZ *70* (1975) Sp. 372–373.
- [Mithrsg.] in Verbindung mit Fr. Kühnert: Texte und Materialien der Frau Professor Hilprecht-Sammlung Vorderasiatischer Altertümer der Fridrich-Schiller-Universität Jena, Neue Folge V: Inez Bernhardt, Sozialökonomische Texte und Rechtsurkunden aus Nippur zur Kassitenzeit. Berlin 1976. 26 S. und 134 Tafeln.
- [Vortrag] Kultur und Sprache im frühantiken Syrien. In: Jahrbuch der Sächs. Akad. Wiss. zu Leipzig *1973–1974* (Berlin 1976) S. 175–177.

Michałowski, Kazimierz: Faras. The Mural Paintings in the Collection of National Museum in Warsaw. Warszawa 1974. 344 S., 102 Abb.
- Cum şi-au creat graci arta. Bucureşti 1975. 232 S., 115 Abb.
- Teby [Serie: Mała Encyklopedia Sztuki, Heft 26] Warszawa 1976. 12 S., 46 Abb.; Thèbes [Art égyptien, Petit Encyclopédie de l'Art, 117]. Paris ed. F. Hazan 1976. Ibid.
- Karnak [Serie: Mała Encyklopedia Sztuki, Heft 24]. Warszawa 1976. 12 S., 44 Abb.; Karnak [Art égyptien, Petit Encyclopédie de l'Art, 115]. Paris ed. F. Hazan 1976. Ibid.
- Luksor [Serie: Mała Enyklopedia Sztuki, Heft 25]. Warszawa 1976. 11 S., 40 Abb.; Louqsor [Art égyptien, Petit Encyclopédie de l'Art, 116]. Paris ed. F. Hazan 1976. Ibid.
- Introduction. In: Recherches récentes. Actes du Colloque Nubiologique International, Varsovie, Musée National de Varsovie 1975. S. 7–8.
- Nouvelles recherches sur la topographie de Palmyre. In: Mélanges d'Histoire Ancienne et d'Archéologie offerts à Paul Collart. Cahiers d'Archéologie Romande 5. Lausanne 1976. S. 305–306.
- Słowo wstępnel. In: Biuletyn Informacyjny Pracowni Konserwacji Zabytków, Heft 27, Warszawa 1976. 1 S.

Michałowski, Kazimierz: Przedmowa. In: W. Korabiewicz, Krzyż koptyjski i jege naśladownictwa. Warszawa, Muzeum Narodowe 1976. S. 5–6.
– Wzór przyjacielskiej współpracy: Muzeum Narodowe-Ermitaż. In: Nowe Drogi *9* (1976) S. 146–148.
– Pierwsze kroki professorów w Polsce Ludowej. In: Miesięcznik Literacki *3* (1976) S. 118–122.
– Tajemnica grobu Aleksandra Wielskiego. Anhänge zu: M. Druon, Aleksander Wielki. Kraków 1976. S. 340–346.
– [Vorwort in:] Z. Sztetyłło: Mirmeki III. Wykopaloska odcinke polskiego w r. 1957. Warszawa 1976. S. 5–6.
– [Vorwort in:] J. E. Manchip-White: Starożytny Egipt. Ossolineum 1976. S. 5–6.

Möbius, Friedrich: Malerei mit dem Gesicht zur Welt. Persönliche Bemerkungen zur Ausstellung ‚Junge Kunst 74'. In: Bildende Kunst *23* (1975) H. 5, S. 253–256.
– Zum Beitrag ‚Wegwerfen' von Jürgen Kuczynski. In: form + zweck. Fachzeitschrift für industrielle Formgestaltung *1975*, H. 6, S. 34–35.
– Aspekte der Wirkungsforschung I. Über den Dialogcharakter des Kunstwerkes. In: Bildende Kunst *23* (1975) H. 12, S. 610–611.
– Aspekte der Wirkungsforschung II. ‚Werk' und ‚Denkmal' – ein methodologisches Problem. Ebda *24* (1976) H. 1, S. 38–39.
– Aspekte der Wirkungsforschung III. Künstlerischer Schaffensprozeß und Traditionsbezug. Ebda H. 10, S. 506–507.
– Künstlerischer Schaffensprozeß und Traditionsbezug. Positionen unserer Erbetheorie. In: 30 Jahre Kunst und Kunstpolitik der DDR. 1. Jahrestagung der Sektion Kunstwissenschaft des VBK-DDR. Berlin 1976. S. 48–57 [= gekürztes Protokoll].
– Zu kulturellen Aspekten unserer Erbediskussion. In: Sozialistische Lebensweise und kulturelles Erbe. Auszüge aus einer Diskussion. Berlin 1976. S. 71–78.
– Erbetheorie und Wirkungsforschung, ein Problemspiegel. Studien- und Diskussionsmaterial zur internen Verwendung an der Bezirksakademie Rudolstadt. 45 S. [= hekt. Manuskript].
– Das ‚Denkmal' als Produkt der Rezeption. Beobachtungen und Hypothesen zur Wirkungsgeschichte. In: Weimarer Beiträge *22* (1976) H. 9, S. 43–66.
– Figur und Raum, Persönlichkeit und Umwelt. Thesen zur Diskussion. In: Bildende Kunst *24* (1976) H. 3, S. 142–144.
– Die Eichen in Caspar David Friedrichs Gemälde ‚Abtei im Eichenwald' (1809). Dichtungsgeschichtliche Voraussetzungen und assoziativer Gehalt. In: Wiss. Z. Ernst-Moritz-Arndt-Universität. Sonderband der 1. Greifswalder Romantik-Konferenz anläßlich der C. D. Friedrich-Ehrung in der DDR 1974. Greifswald 1976. S. 37–44.
– [Rez.] Ernst Barlach – Werk und Wirkung. Hrsg. von Elmar Jansen. Berlin 1972. In: DLZ *96* (1975) H. 8/9, Sp. 774–777.

Müller, Joachim. Heines Prosakunst. Berlin 1975. 180 S. (= Abhandlungen der sächsischen Akademie der Wissenschaften zu Leipzig, phil.-hist. Kl. Bd 65, H. 2). 2. Aufl. Berlin 1977.
– Rezeption und Metamorphose der Medea-Figur von Euripides bis Anouilh und Matthias Braun. In: Grillparzer-Forum. Eisenstadt 1975. 44 S.
– Frank Kafkas Kriefe – Zu neuen Veröffentlichungen seines Briefwechsels. In: Universitas *30* (1975) S. 581–594.
– Goethe und Herder – Die Problematik ihrer Freundschaft. In: Wiss. Z. Univ. Jena, ges.- u. sprachwiss. R. *24* (1975) S. 673–696.
– Die Kulturtradition in Erfurt vom Humanismus bis zu Goethe. Ebda S. 697–712.
– Tiecks Novelle ‚Der Alte vom Berge'. In: Ludwig Tieck. Darmstadt 1975. S. 303–321.
– Eduard Mörike, Erinna an Sappho. Eine Interpretation. In: Eduard Mörike. Darmstadt 1975. S. 303–319.

Müller, Joachim: [Nachwort zu:] Gottfried Keller, Der Grüne Heinrich. Neue Epikon-Reihe. 2. Aufl. Leipzig 1975. S. 972—998.
— Thomas Manns Künstlertum und Humanitätsgewissen. Berlin 1976. 27 S. (=Sitzungsberichte der Sächsischen Akademie der Wissenschaften zu Leipzig, phil.-hist. Kl. Bd 118, H. 3).
— Brechts ‚Gedichte aus dem Messingkauf'. In: Sprachkunst *7* (1976) 1. Halbband, S. 90—116.
— Die Aufzeichnungen des Bertolt Brecht. In: Universitas *31* (1976) S. 799—809.
— Spiel- und Sprachebenen in Grillparzers Trauerspiel ‚Ein treuer Diener seines Herrn'. In: Jahrbuch der Grillparzer-Gesellschaft. Dritte Folge, *12* (Wien 1976) S. 205—233.
— Goethes Roman ‚Die Wahlverwandtschaften'. Ehekonflikt und Liebestragik — Naturgesetz und Gesellschaftsmoral. In: Jahrbuch des Wiener Goethe-Vereins *80*. Band 1976. S. 14—35.
— [Einleitung und Anmerkungen zu:] Schillers Werke in fünf Bänden. 14. Aufl. Berlin u. Weimar 1976. (= Bibliothek deutscher Klassiker).
— [Bespr.] Albert Fuchs: Le Faust de Goethe. Paris 1973. In: DLZ *96* (1975) Sp. 127—130.
— [Bespr.] Michael Kaiser: Adalbert Stifter. Bonn 1971. Ebda Sp. 307—308.
— [Bespr.] Gerhard Buhr: Hölderlins Mythenbegriff. Frankfurt/M. 1972. Ebda Sp. 389—392.
— [Bespr.] Wolfgang Ritter: Hebbels Psychologie und dramatische Charaktergestaltung. Marburg 1973. Ebda Sp. 475—477.
— [Bespr.] Hans Wysling: Dokumente und Untersuchungen. Beiträge zur Thomas-Mann-Forschung. Bern, München 1974. Ebda Sp. 587—591.
— [Bespr.] Ilse Graham: Schiller, ein Meister der tragischen Form. Darmstadt 1974; dies.: Schiller's Drama. Talent and Integrity. London 1974. Ebda S. 719—724.
— [Bespr.] Margaret Gump: Adalbert Stifter. New Yoek 1974. Ebda Sp. 947—949.
— [Bespr.] John M. Ellis: Narration in the German ‚Novelle'. London 1974. Ebda *97* (1976) Sp. 34—36.
— Bespr.] Lieselotte Voss: Die Entstehung von Thomas Manns Roman ‚Doktor Faustus'; Michael Zeller: Väter und Söhne bei Thomas Mann. Bonn 1974. Ebda Sp. 138—142.
— [Bespr.] Wilhelm Raabe: Sämtliche Werke. Ergänzungsband 2: Briefe. Göttingen 1975. Ebda Sp. 321—323.
— [Bespr.] Peter de Mendelssohn: Der Zauberer. Das Leben des deutschen Schriftstellers Thomas Mann. Frankfurt/M. 1975. Ebda Sp. 429—432.
— [Bespr.] Franz H. Mautner: Nestroy. Heidelberg 1974. Ebda Sp. 650—653.
— [Bespr.] Thomas Mann: Briefe an Otto Grautoff und Ida Boy-Ed. Hrsg. v. Peter de Mendellsohn. Frankfurt/M. 1975. Ebda Sp. 874—876.
Ferner: 20 Kurzreferate in: Germanistik Jgg. *16/17* (1975/1976).

Neubert, Albrecht: Verständlichkeit, Verstehbarkeit, Übersetzbarkeit. Sitzungsberichte der Akademie der Wissenschaften der DDR *18* (1973) S. 5—17.
— u. Ulrich Ricken, Ulrich Wurzel: Das Sprachsystem und seine Entwicklungsgesetzmäßigkeiten (Sprachtheoretische Beiträge; Abschnitt 4.3.). In: Linguistische Studien, Sonderheft 4/2, Berlin 1974, S. 1—109.
— Sprache und Geschichte — Sprache in geschichtlicher Sicht und historischer Wandel im Lichte der Sprache. Sitzungsberichte der Akademie der Wissenschaften der DDR *3* G (1975) S. 15—28.
— [Rez.] Helmut Liedloff, Steinbeck in German Translation. In: SPhSK 28 (1975) 1, S. 117—119.
— Perevodovedenie s točki zrenija sociolingvistika, Teorija perevoda i naučnye osnovy podgotovki perevodčikov. Materialy vsesojuznoj naučni konferencii. Čast' *I* (Moskva 1975) S. 52—57.
— Sprache, Erkenntnis, Handlungsanweisung. In: Linguistische Arbeitsberichte. Leipzig 1975. S. 3—9.
— Die soziolinguistische Perspektive in der Sprachwissenschaft. In: Aspekte der anglistischen Forschung in der DDR. Sitzungsberichte der Akademie der Wissenschaften der DDR *1* G (1976) S. 113—128.
— An der Wiege der Leipziger sprachwissenschaftlichen Anglistik. In: ZAA *24* (1976) 4, S. 299 bis 312.

Neubert, Albrecht: Ist amerikanisches Englisch archaisches Englisch? In: Sitzungsberichte der Akademie der Wissenschaften der DDR *7* G (1976) S. 80—82.
— What is sociolinguistics. Three postulates for sociolinguistic research. In: Archivum Linguisticum *7* (1976) S. 152—160.
— Zur Kritik der bürgerlichen Soziolinguistik. In: ZPhSK *29* (1976) 5/6, S. 566—570.
— Sprache und Geschichte — Sprache in geschichtlicher Sicht und historischer Wandel im Lichte der Sprache. In: Jahrbuch Akademie der Wissenschaften der DDR *1975* (Berlin 1976) S. 157 bis 167.
— 20 Jahre VEB Enzyklopädie Leipzig. In: ZAA *24* (1976) S. 353—356.
— Autorenkollektiv unter Leitung von Werner Neumann: Theoretische Probleme der Sprachwissenschaft. Berlin 1976. 777 S.
— [Rez.] W. Abraham. Terminologie zur neueren Linguistik: Th. Lewandowski: Linguistisches Wörterbuch. In: DLZ *97* (1976) 1, Sp. 9—12.
— [Rez.] W. Viereck: Regionale und soziale Erscheinungsformen des britischen und amerikanischen Englisch. In: ZAA *24* (1976) 1, S. 86—87.
— [Rez.] S. I. Hayakawa: Modern Quide to Synonyms and related words. In: ZAA *24* (1976) 2, S. 183—184.

Neumann, Werner: Das Leipziger Bosehaus als Bach-Gedenkstätte. In: Bach-Jahrbuch *60* (Berlin 1974 [1975]) S. 131.
— [Hrsg.] Bach-Jahrbuch 1974. Im Auftrage der Neuen Bachgesellschaft herausgegeben von Alfred Dürr und Werner Neumann. *60* (Berlin 1974 [1975]) 144 S.
— [Hrsg.] Sämtliche von Johann Sebastian Bach vertonte Texte. 1. Aufl. Leipzig 1974. 512 S. u. 215 S. Faksimilia; Vorwort: S. 14—18.
— [Hrsg.] Johann Sebastian Bach. Neue Ausgabe sämtlicher Werke. Serie I, Bd *39*: Festmusik für Leipziger Rats- und Schulfeiern — Huldigungsmusiken für Adlige und Bürger. Leipzig 1975 und Kassel, Basel, Tour, London 1975. 195 S. u. 6 S. Faksimilia.
— [Hrsg. u. Kommentar] Les écrits de Jean-Sébastian Bach. Présentés et commentés par Werner Neumann et Hans Joachim Schulze. Tradition française par Simone Wallon et Édith Weber. Paris 1976. 302 S. (= Bach-Dokumente, hrsg. vom Bach-Archiv Leipzig, Bd *I*: Schriftstücke von der Hand Johann Sebastian Bachs. Leipzig 1963 und Kassel, Basel, Paris, London, New York 1963).

Orlandos, Anastasios K.: Die Architektur des Parthenon. Band *A*. Herausgegeben von der Griechischen Archäologischen Gesellschaft zu Athen. Athen 1976. 103 Tafeln mit Beschreibung [griech.].
— Zusätzliche Bemerkungen zu den Paläologischen Häusern von Mistra. In: Lakonische Studien Bd *B'* (Athen 1975) S. 77—84.
— Nichtveröffentlichte Inschriften, die während der Restaurierungsarbeiten in der Kirche Katapoliani von Paros gefunden worden. In: Archäologiki Ephemeris *1975* (Athen 1975) Anhang S. 3—36.

Pée, Willem: Herman Louis Cesar Teirlinck. In: Jaarboek van de Maatschappij der Nederlandse Letterkunde te Leiden *1972—1973* (Leiden 1974) S. 208—221.
— Julius Pée, Gent 19 April 1871 — Staakte (Lokeren) 12 maart 1951. Ebda *1973—1974* (Leiden 1975) S. 107—119.
— Le phonème [R] dans les dialectes Neerlandais. In: World papers in Phonetics-Festschrift für Dr. Onishis Kiju. The Phonetic Society of Japan. Tokyo 1974. S. 421—443.
— Vlaams Dichter en Jurist. In: Nico Gunzburg. Rockox-Uitgaven, Antwerpen 1975. S. 46—58.
— Germaanse en romaanse dubbelnamen van gemeenten in belgië en noord-frankrijk. In: Ons Erfdeel *18* (1975) Nr. 2, S. 210—220.
— De Taaltoestand in Frans-Vlaanderen. In: Taaltoestanden, mede in Europees Verband, Vers-

lagboek van het Colloquium van zaterdag, 24. november 1973, ingericht door de studiegroep Mens en Ruimte. Brussel 1975. S. 43–66.

Pée, Wilhelm: A. B. N.-Dialekt: Een tegenstelling? In: Taal en Tongval *27* (1975) afl. 1–3, S. 76–81.
– Bilabiale [w] – Labiodentale [v]. In: Spel van Zinnen. Album A van Loey. Editions de l'Université de Bruxelles. Bruxelles 1975. S. 231–239.
– Zenden-sturen-schicken: een dialektgeografisch onderzoek. In: Taal-en letterkundig Gastenboek voor Prof. dr. G. A. van Es. Groningen 1975. S. 107–111.
– Herman Teirlinck. In: Twintig Euwen Vlaanderen dl. 14, ‚Vlaamse Figuren' dl. 2. Hasselt, Heideland-Orbis 1976, S. 129–132.
– Edgard Blancquaert. Ebda S. 341–344.
– Dr. Jozef Leenen (Opgrimbie, 18 mei 1891 – Sint-Truiden, 29. Juli 1976. In: Nu Nog *24* (1976) S. 97–100.

Peek, Werner: Artemis Eulalia. In: Mélanges Helléniques offerts à G. Daux. Paris 1975. S. 295 bis 302.
– Drei griechische Epigramme von der Westküste des Pontos Euxeinos. In: Le monde Grec. Hommages à Claire Preaux. Bruxelles 1975. S. 457–463.
– Kretische Vers-Inschriften. In: Archeologia Class *25/26* (1973–75) S. 502–528 (= Festschrift M. Guarducci).
– Vier griechische Epigramme aus Rom. In: Maia *27* (1975) S. 295–297.
– Drei Epigramme aus der Pelagonia. In: Z. f. Papyrologie u. Epigraphik *16* (1975) S. 149–150.
– Grabinschrift aus der Epidauria. Ebda S. 100.
– Verkannte Verse. Ebda S. 171–173.
– Firmenschild eines Steinmetzen in Euleusis. Ebda S. 174–176.
– Wohlschmeckendes Wasser. Zu einer Brunneninschrift von der Akropolis. Ebda S. 177–178.
– Steinkopie eines Theokritepigramms aus der Renaissance. Ebda *18* (1975) S. 26.
– Hedytion, Tochter des Sosikrates von Marathon. Ebda S. 292.
– Das Akrostichon des Paccius. Ebda *19* (1975) S. 135–138.
– Grabepigramm aus Aegypten. Ebda *21* (1976) S. 133–134.
– Zitat eines Orakels für Smyrna. Ebda S. 145.
– Zum Hasenjäger-Epigramm aus Smyrna. Ebda S. 146.
– Weihepigramm aus Phrygien. Ebda S. 151.
– Mosaik-Inschrift aus Heliopolis. Ebda S. 188.
– Grabgedichte auf einen Arzt. Ebda S. 244.
– Zwei metrische Inschriften aus der Troas. Ebda S. 259.
– Zu einem Orakel aus Bithynien. Ebda S. 260.
– Fragment eines Grabgedichtes aus Aegypten. Ebda S. 273–274.
– Sarapis und der Adler. Ebda S. 281.
– Grabepigramm von Amorgos. Ebda S. 282.
– Zu einem Grabepigramm aus Bithynien. Ebda S. 288.
– Zwei Grabepigramme aus Ilion. Ebda *22* (1976) S. 76–78.
– Zum Arrian-Epigramm aus Cordoba. Ebda S. 87–88.
– Zu einem Grabgedicht aus Saloniki. Ebda S. 92.
– GV 1020. Ebda S. 184.
– Olympisches Epigramm bei Pausanias. Ebda S. 226–227.
– Agonistisches Epigramm aus Hierapolis. Ebda S. 246–247.
– [Rez.] Ch. W. Clairmont: Gravestone and Epigram. In: DLZ *96* (1975) Sp. 497–500.
– [Rez.] A. Bernand: Les inscriptions grecques de Philae. Tome I; E. Bernand: Les inscriptions grecques et latines de Philae. Tome II. Ebda Sp. 778–782.
– [Rez.] A. Bernand: De Koptos à Kosseir. Ebda Sp. 929–931.
– [Rez.] A. Bernand: Le Paneion d'El-Kanaïs: Les inscriptions grecques. Ebda Sp. 1026–1028.

Petschow, Herbert: [Art.] Hehlerei. In: Reallexikon der Assyriologie und vorderasiatischen Archäologie *IV* (1975) S. 247–251.
– [Art.] u. Jean Bottéro: Homosexualität. Ebda S. 459–468.
– [Art.] imittu. Ebda *V* (1976) S. 68–73.
– [Art]. Inzest. Ebda S. 144–150.
– [Rez.] B. Porten: Jews of Elephantine and Arameans of Syene (5th C.B.C.E.). Jerusalem 1974. In: ZRG (RA) *92* (1975) S. 473–475
– [Rez.] A. Finet: Le code de Hammurapi. Paris 1973. In: BO *33* (1976) S. 40–42.

Peukert, Herbert: [Bespr.] A. Schmaus: Gesammelte slavistische und balkanologische Abhandlungen, Teil 1–3. München 1971–1973. In : DLZ *95* (1974) Sp. 874–879.
– [Bespr.] Poetyka i stylistika słowiańska. Wrocław, Warszawa, Kraków, Gdańsk 1973. In: Referatedienst zur Literaturwissenschaft. Berlin 1975. S. 155–158.
– [Bespr]. J. Hrabák: Poetika. Prag 1973. Ebda S. 151–152.
– [Bespr.] M. L. Gasparov: Sovremennyj russkij stich. Metrika i ritmika. Moskau 1974. Ebda S. 169–170.
– [Bespr.] V. P. Gončarov: Zvukovaja organizacija sticha i problemy rifmy. Moskau 1973. In: ZfSl *20* (Berlin 1975) S. 431–437.
– [Bespr.] J. Mistrík: Exakte Typologie von Texten. München 1973. Ebda S. 846–848.
– [Bespr.] K. Hartmann: Volksepik am Weißen Meer. A. M. Krjukova. Eine Sängermonographie München 1974. In: DLZ *97* (Berlin 1976) Sp. 42–45.
– [Bespr.] Jugoslawische folkloristische Periodica. In: ZfSl *21* (Berlin 1976) S. 267–271.
– [Bespr.] W. Potthoff: Die Dramen des Junije Palmotić. Ein Beitrag zur Geschichte des Theaters in Dubrovnik im 17. Jahrhundert. Wiesbaden 1973. Ebda S. 430–431.
– [Bespr.] H. Röhling: Studien zur Geschichte der balkanslavischen Volkspoesie in deutschen Übersetzungen. Köln, Wien 1975. In: DLZ *97* (Berlin 1976) Sp. 978–981.

Poulík, Josef: Mikulčice – pevnost a sídlo velkmoravských knížat. Praha 1975. 320 str., 93 tab., 34 obr.
– Brány poznania [Einleitung zu:] J. Dekan: Velká Morava. Doba a umenie. Bratislava, Tatran 1976. S. 11–25.

Préaux, Claire: Sur le naufrage de la littérature historique de l'âge hellénistique. In: Miscellanea in honorem Joseph Vergote, Orientalia Lovaniensia Periodica. Leuven 1975, pp. 455–462.
– L'image du roi de l'époque hellénistique. In: Images of Man in Ancient and Medieval Thought. Studia Gerardo Verbeke ab amicis et collegis dicata. Leuven 1976, pp. 53–75.
– Grandeur et limites de la science hellénistique. In: Chronique d'Egypte, tome *L* (janvier-juillet 1975) nos 99–100, pp. 215–238.
– Rapport sur la 49e session de l'Union Académique internationale (Munich, 15–21 juin, 1975). In: Bulletin de la Classe des Lettres et des sciences morales et politiques de l'Académie Royal de Belgique, 5e série, tome *LXI* (1975) 10, pp. 315–328.

Rudolph, Kurt: Stand und Aufgaben in der Erforschung des Gnostizismus. In: Gnosis und Gnostizismus. Hrsg. v. K. Rudolph. Darmstadt 1975. (= Wege der Forschung 162). S. 510–553.
– Randerscheinungen des Judentums und das Problem der Entstehung des Gnostizismus. In: Gnosis und Gnostizismus. Hrsg. v. K. Rudolph. Darmstadt 1975. (= Wege der Forschung 162). S. 768–797.
– [Hrsg.] Gnosis und Gnostizismus. Darmstadt 1975. 862 S. (= Wege der Forschung, Bd 162).
– Quellenprobleme zum Ursprung und Alter der Mandäer. In: J. Neusner (Ed.), Christianity, Judaism and other Greco-Roman Cults. Studies for Morton Smith at Sixty. Part IV: Judaism after 70; Other Greco-Roman Cults. Leiden 1975. S. 112–142. (= Studies in Judaism in Late Antiquity XII).

Rudolph, Kurt: Coptica-Mandaica. Zu einigen Übereinstimmungen zwischen koptisch-gnostischen und mandäischen Texten. In: Essays on the Nag Hammdai Texts. In Honour of Pahor Labib. Ed. by Martin Krause. Leiden 1975. S. 191–216.

— Die mandäische Literatur. In: R. Macuch, Zur Sprache und Literatur der Mandäer. Mit Beiträgen von K. Rudolph u. E. Segelberg. Berlin 1976. S. 147–170. (= Studia Mandaica I).

— Jesus nach dem Koran. In: W. Trilling/I. Berndt: Was haltet ihr von Jesus? Beiträge zum Gespräch über Jesus von Nazareth. Leipzig 1976. S. 260–287.

— [Rez.] S. Arai, Early Christianity and Gnosticism. Tokyo 1971 (jap.). In: ThLZ *99* (1974) 494–495.

— [Rez.] A.F.J. Klijn-G. J. Reinink: Patristic Evidence for Jewish-Christian Sects. Leiden 1973. In: ThLZ *100* (1975) S. 131–134.

— [Rez.] M. M. Mazzaoui: The Origins of the Ṣafawids. Wiesbaden 1972. In: DLZ *96* (1975) 142–144.

— [Rez.] H. W. Haussig (Hrsg.): Wörterbuch der Mythologie. Bd II: Götter und Mythen im alten Europa. Stuttgart 1974. In: ThLZ *100* (1975) 658–662.

— [Ber.] History of Religions, Vol. 12. In: OLZ *70* (1975) 97–99.

— [Ber.] Religion, Vol. 1, 1971. Ebda 100–101.

— [Ber.] Religion, Vol. 2, 1972. Ebda 429–430.

— [Ber.] Revue de l'histoire des religions t. 181. Ebda 317–318.

— [Ber.] Revue de l'histoire des religions t. 182. Ebda 525–526.

— [Ber.] Religione e civilta I 1972. Ebda 524–525.

— [Rez.] A. Geiger: Judaism and Islam. New York 1970. Ebda *71* (1976) 51–54.

— [Rez.] Baljon, I. M. S.: A Mystical Interpretation of Prophetics Tales by an Indian Muslim. Leiden 1973. In: ThLZ *101* (1976) 17–18.

— [Rez.] Berndt, Australian aboriginal Religion; Hooykaas, Religion in Bali; Hultkrantz, Prairie and Plain Indians; Kuban, Muslim religious architecture; Zahan, The Bambara (= Iconography of Religion Sect. V; XIII fasc. 10; X f. 2; XXII f. 2; VII f. 2). Ebda 339–343.

— [Rez.] Ibn Kammūna's Examination of the Three Faiths. Transl. by M. Perlmann. Berkeley-Los Angeles 1971. In: OLZ *71* (1976) 584–585.

— [Ber.] History of Religions, Vol. 13. Ebda 308–309.

— [Ber.] Religion, Vol. 3, 1973. Ebda 617–618.

— [Ber.] Revue de l'histoire des Religions t. 183. Ebda 221–222.

Růžička, Rudolf: Das Sprachsystem und seine Entwicklungsmäßigkeiten (Sprachtheoretische Beiträge) Teil 1: Linguist. Studien, hrsg. v. d. AdW der DDR, Zentralinstitut für Sprachwissenschaft, Reihe A, Sonderheft, Berlin 1975, S. 1–186 [Mitautor].

— u. A. Neubert: Verständlichkeit, Verstehbarkeit, Übersetzbarkeit. Sprachwissenschaft und Wissenschaftssprache = Sitzungsbericht der AdW der DDR, Jahrgang *1973* (Berlin 1975) Nr. 18.

— O sootnošenii sintaksisa i značenija predloženija. In: ZSl *20* (1975) H.5/6, S. 746–751.

— u. G. Walther: Beziehungen zwischen Bedeutung und Syntax. In: Linguist. Arb.-Berichte der KMU Leipzig. Sektion Theoret. u. angewandte Sprachwiss. Leipzig 1975. H. 11, S. 66–84.

— Taschenwörterbuch Deutsch-Russisch, 5. Aufl. Leipzig 1975; 6. Aufl. Leipzig 1976. 388 S.

— Taschenwörterbuch Russisch-Deutsch. 2. durchgesehene Aufl. Leipzig 1975; 3. durchgesehene Aufl. Leipzig 1976. 259 S.

— Theoretische Probleme der Sprachwissenschaft. [Mitautor]. Berlin 1976. 777 S.

— Über vergleichende und konfrontierende Sprachwissenschaft. In: Beiträge zur konfrontierenden Sprachwissenschaft. Halle/Saale 1976, S. 9–22. Hrsg. v. E. Eichler, B. Havránek, J. Filipec R. Růžička.

— u. A. Steube, G. Walther: Syntaktische und semantische Reflexibilität (Eine theoretische und – anhand des Russischen und Deutschen – kontrastive Studie). In: Studia grammatica XIII „Satzstruktur und Genus verbi". Hrsg. v. R. Lötzsch und R. Růžička. Berlin 1976. S. 95–112.

Růžička, Rudolf: Kondensacija — isključenie v semantike? In: Materialien der Jahrestagung der Internationalen Kommission zum Studium der Struktur der slavischen Sprachen in Skopje *1975* (Skopje 1976).
— Historie und Historizität der Junggrammatiker. In: Linguistische Arbeits-Berichte der Sektion Theoretische und angewandte Sprachwissenschaft der KMU Leipzig *15* (Leipzig 1976) S. 3—23.
— [Hrsg.] studia grammatica XIII „Satzstruktur und Genus verbi". Hrsg. zusammen mit R. Lötzsch. Berlin 1976. 211 S.
— [Hrsg.] Beiträge zur konfrontierenden Sprachwissenschaft. Hrsg. zusammen mit E. Eichler, B. Havránek, J. Filipec. Halle/Saale 1976. 211 S.
— [Hrsg.] Theoretische Probleme der Sprachwissenschaft. Mitglied des Redaktionsgremiums. Berlin 1976. 777 S.

Telegdi, Zsigmond: Die Äußerung als Anzeichen. In: Általános Nyelvészeti Tanulmányok *11* (1976) S. 279—298 [ungar.].
— [Rez.] E. Hildebrandt: Versuch einer ktitischen Analyse des Cours de linguistique générale von Ferdinand de Saussure. Marburg 1972. In: Historiographia Linguistica *3* (1976) H. 1, S. 108 bis 115.
— [Hrsg.] Általános Nyelvészeti Tanulmányok *11* (Budapest 1976) 380 S.
— [Hrsg.] Modern Linguistics and Language Teaching. International Conference Budapest 1.—5. April 1971. Budapest 1975. 439 S.

Träger, Claus: Ursprünge und Stellung der Romantik. In: Weimarer Beiträge *21* (1975) H. 2, S. 37—73.
— [Rez.] Die europäische Romantik. Mit Beiträgen von Ernst Behler, Heinrich Fauteck, Clemens Heselhaus, Wolfram Krömer, Wilhelm Lettenbauer, Hans Sckommodau, Helmut Viebrock und Kurt Wais. Frankfurt a. M. 1972. In: DLZ *96* (1975) Sp. 551—554.
— Georg Forster und die Verwirklichung der Philosophie. In: Manfred Buhr/Manfred Hahn/ Helmut Reichelt/Peter Ruben/Hans Jörg Sandkühler/Winfried Schröder/Robert Steigerwald/ Joachim Streisand/Claus Träger: Theoretische Quellen des wissenschaftlichen Sozialismus. Frankfurt a. M. 1975. S. 218—241. (= Fischer Athenäum Taschenbücher 4062).
— [Rez.] Karol Sauerland: Diltheys Erlebnisbegriff. Berlin-New York 1872. — Norbert Mecklenburg/Harro Müller: Erkenntnisinteresse und Literaturwissenschaft. Stuttgart 1974. In: Weimarer Beiträge *21* (1975) H. 11, S. 169—180.
— [Hrsg.] Novalis: Dichtungen und Prosa. Leipzig 1975 (RUB 394). 671 S., Einl. S. 5—61, Erl. S. 647—667.
— [Rez.] Samuel Lublinski: Die Bilanz der Moderne. Mit einem Nachwort neu hrsg. von Gotthart Wunberg. Tübingen 1974. In: DLZ *96* (1975) Sp. 1015—1017.
— [Hrsg.] Friedrich Schiller: Über Kunst und Wirklichkeit. Schriften und Briefe zur Ästhetik. 2. Aufl. Leipzig 1975 (RUB 595). 559 S., Einl. S. 5—50.
— [Hrsg.] Die Französische Revolution im Spiegel der deutschen Literatur. Leipzig 1975 (RUB 597). 1135 S., Einl. S. 7—23, Erl. S. 1023—1117. [Unter Mitarbeit von Frauke Schaefer].
— Geniale Dichtungen an geschichtlicher Wende. Zum Erbe des romantischen Dichters Novalis. In: Neues Deutschland vom 25. März 1976, S. 4.
— Lessingsches Erbe. In: Weimarer Beiträge *22* (1976) H. 5, S. 80—96.
— Hamlet — Julien Sorel — Grigori Melechow. In: Weimarer Beiträge *22* (1976) H. 7, S. 44—55.
— Kultur- und Kunstpolitik in der ersten Revolutionsetappe 1945 bis 1949. In: Partei — Tradition — Wissenschaft. Beiträge von Gesellschaftswissenschaftlern der Karl-Marx-Universität Leipzig. Berlin 1976, S. 77—93.

Turner, Eric Gardner: I libri nell'Atene del 5 e 4 secolo a.c. In: Libri, editori e pubblico nel mondo antico. Hrsg. von G. Cavallo. Rom 1975. S. 5—24.
— Early papyrus codices of large size, and the Greek papyri from Saqqâra. In: Proceedings of the

XIV International Congress of Papyrologists. Oxford *1974* (London: Egypt Exploration Society 1975) S. 250–251, 309–312.

Turner, Eric Gardner: A commander-in-chief's order from Saqqâra. In: Journal of Egyptian Archaeology *60* (1974) S. 239–242.
– Oxyrhynchus and Rome. In: Harvard Studies in Classical Philology *79* (1975) S. 1–24.
– The Marrow of Hermes. In: Images of Man in Ancient and Medieval Thought: Studia Gerardo Verbeke ab amicis et collegis dicata. Hrsg. von C. Laga. Leuven 1976. S. 169–173.
– List of titles and incipits for Hyperides' speeches: Hyperides in Oxyrhynchus. In: Collectanea Papyrologica: text published in honor of H. C. Youtie. Hrsg. von A. E. Hanson. I (Bonn 1976) S. 53–60.
– Four obols a day men at Saqqâra. In: Le Monde Grec: Hommages à Claire Préaux. Hrsg. von J. Bingen. Bruxelles 1976. S. 573–577.
– Papyrus Bodmer 28: a satyr-play on the confrontation of Heracles and Atlas. In: Museum Helveticum 33 (1976) S. 1–23.
– A fragment of Epicharmus? (or 'Pseudoepicharmea). In: Wiener Studien NF *10* (1976) S. 48 bis 57.
– [Anmerkung zu:] J. W. B. Barns: Greek and Coptic Papyri from the covers of the Nag Hammadi codices. Essays on the Nag Hammadi texts in honour of Pahor Labib. Hrsg. von M. Krause. Leiden 1975. S. 17–18.

Vossler, Otto: [Nachr.] Friedrich Hermann Schubert. In: Sitzungsberichte der Wissenschaftlichen Gesellschaft an der Johann-Wolfgang-Goethe-Universität Frankfurt/M. 12 (1975) Nr. 4, S. 144–149.

Weizsäcker, Carl Friedrich von: Fragen zur Weltpolitik. München 1975. 162 S. (= Reihe Hanser 186.)
– Wege in der Gefahr. Eine Studie über Wirtschaft, Gesellschaft und Kriegsverhütung. München 1976. 265 S.
– Abschreckung und Kriegsverhinderung. (Für den Wiederabdruck eingerichteter Ausschnitt aus der Einleitung, Teil 3, zu ‚Kriegsfolgen und Kriegsverhütung'. München 1971.) In: Friedensforschung – Entscheidungshilfe gegen Gewalt. Hrsg. von Manfred Funke. München 1975. S. 87–96.
– Bergpredigt, Altes Testament und modernes Bewußtsein. In: Sie werden lachen – die Bibel. Überraschungen mit dem Buch. Hrsg. von Hans Jürgen Schultz. Stuttgart 1975. S. 13–20.
– Das Friedensproblem. In: Forschung für den Frieden. Fünf Jahre DGFK. Eine Zwischenbilanz. Boppard/Rh. 1975. S. 61–68 (= Veröffentlichung der Deutschen Gesellschaft für Friedens- und Konfliktforschung e.V. Bd 1.).
– The philosophy of alternatives. Paper presented at a conference held in Feldafing, July 1974. In: Quantum theory and the structures of time an space. Ed. by L. Castell, M. Drieschner u. a. München 1975. S. 213–230.
– [Rede zum Veranstaltungsthema], gehalten anläßlich des 16. Deutschen Evangelischen Kirchentages vom 11.–15. 6. 1975 in Frankfurt/M. unter der Losung: In Ängsten und siehe wir leben (2. Kor. 6, 4, 9). In: Dokumente. Deutscher Evangelischer Kirchentag 1975. Stuttgart 1975. S. 151–159.
– Selbstdarstellung. In: Philosophie in Selbstdarstellungen. Hrsg. von Ludwig J. Pongratz. Bd *2* (Hamburg 1975) S. 342–390.
– Gedanken eines Nichttheologen zur theologischen Entwicklung Dietrich Bonhoeffers. Mit Diskussion. In: Bonhoeffer Studien, Genf 76. Vorträge, Voten, Diskussionen. Hrsg. von Hans Pfeifer. München 1976. S. 29–67.
– Der Tod. In: Grenzerfahrung Tod. Im Auftrage des Direktoriums der Salzburger Hochschulwochen (18. 7.–9. 8. 75), hrsg. von Ansgar Paus. Graz 1976. S. 319–338.
– Can we plan for peace? Lecture delivered at the 40th Anniversary Conference of the New School for

Social Research. Panel D, Bad Godesberg, 21. 6. 1974. In: Social Research *42* (1975) S. 88–100.
— Ohne Atomkraft leben? Eine Serie. T. 1–3. In: Die Zeit (Hamburg 1975) Nr. 27–29. — 1. Die Entwicklung und Deckung unseres Energiebedarfs. 1: Fossile Energieträger. 2: Kernspaltung (Nr. 27 v. 27. 6. 1975, S. 32). — 2. Kernfusion und Sonnenenergie — die neuen Alternativen. 3: Andere Primärenergieträger (Nr. 28 v. 4. 7. 75, S. 9–10). — 3. Energieersparnis muß nicht zwangsläufig Verzicht bedeuten. 4: Energieersparnis. 5: Persönliche Schlußbemerkung (Nr. 29 v. 11. 7. 75, S. 9–10).
— ‚Wenn aber der Tröster kommen wird ...'. Predigt, gehalten in Starnberg am 26. 5. 74. In: Wissenschaft und Praxis in Kirche und Gesellschaft v. Okt. 1974; Freies Christentum *27* (1975) H. 5, S. 64–65.
— Wie Wissenschaftler sich politische Wirkung vorstellen und wie sie herauskommt. Referat, gehalten auf der Mitgliederversammlung der Vereinigung Deutscher Wissenschaftler im Oktober 1974. In: VDW intern *38* (Febr. 1975) S. 2–17.
— Wissenschaftsgeschichte als Wissenschaftstheorie. Zur Frage nach der Rolle der Gesellschaft in der Wissenschaft. In: Merkur *29* (1975) S. 99–111.
— Gedanken eines Nichttheologen zur theologischen Entwicklung Dietrich Bonhoeffers. In: Reformatio. Zeitschrift für Kultur und Politik *25* (1976) H. 7/8, S. 390–410; Zeichen der Zeit 1976. H. 10, S. 361–373.
— Macht und Friede. Vortrag, gehalten am 10. 5. 1976 auf dem Konvent der evangelischen Militärgeistlichen des Wehrbereiches VI in Tutzing. In: Beiträge aus der evangelischen Militärseelsorge *20* (1976) S. 5–25.
— Der Naturwissenschaftler. Mittler zwischen Kultur und Natur. Vortrag gehalten anläßlich des 60. Deutschen Geodätentages am 1. 9. 1976 in München. In: Zeitschrift für Vermessungswesen *101* (1976) H. 12, S. 507–515.
— Das Schöne. Vortrag, gehalten anläßlich der Salzburger Festspiele. In: Universitas *31* (1976) H. 1, S. 19–28.
— Über Wissenschaftspolitik und die begreifliche Angst des Bürgertums. Stellungsnahme zum ‚Finalisierungskonzept'. In: Neue Zürcher Zeitung vom 6. Mai 1976. S. 27.
— Werner Heisenberg, 5. Dez. 1901 — 1. Febr. 1976. Eine Gedenkrede gehalten anläßlich der Gedenkfeier des Max-Planck-Instituts am 12. 5. 1976 in München. In: Universitas *31* (1976) H. 7, S. 681–691.
— [Nachr.] Werner Heisenberg. In: Berichte und Mitteilungen der Max-Planck-Gesellschaft, Sonderheft: Nachrichten, Personalien, Würdigungen 1975/76. S. 7–11; Frankfurter Allgemeine Ztg vom 3. 2. 1976. S. 15 [unter dem Titel ‚In memoriam W. H.'].
— [Nachr.] In memoriam Werner Heisenberg. In: Mitteilungen der Alexander von Humboldt Stiftung *32* (Okt. 1976) S. 1–3.
— [Vorw.] Horst Afheldt: Verteidigung ohne Frieden. Politik mit militärischen Mitteln. München 1976. S. 11–13.
— [Einleitung] Emil Spannocchi u. Guy Brossollet: Verteidigung ohne Schlacht. [Darin:] Spannocchi. Verteidigung ohne Selbstzerstörung. — Brossollet: Das Ende der Schlacht. München 1976. S. 9–14.
— [Rez.] Erhard Eppler: Ende oder Wende. Von der Machbarkeit des Notwendigen. Stuttgart 1975. 128 S. In: Die Zeit Nr. 30 vom 18. 7. 1975, S. 9.
— [Gespr.] C. F. von Weizsäcker und die Herrlichkeit Gottes. In: Eike Christian Hirsch: Das Ende aller Gottesbeweise? Naturwissenschaftler antworten auf die religiöse Frage. Hamburg 1975. S. 53–64 (= Stundenbücher, 121).
— [Gespr.] Meditation in dieser Zeit — ihr Wesen und ihre Bedeutung. Udo Reiter im Gespräch mit C. F. von Weizsäcker. München 1976. S. 169–187.

Weller, Friedrich: Besuch eines Indologen im Halberstädter Dome. In: OLZ *71* (1976) Sp. 5–11.
— [Bespr.] Akira Yuyama: A Bibliography of the Sanskrit Texts of the Saddharmapuṇḍarīkasūtra. Canberra 1970. In: OLZ *70* (1975) Sp. 180–181.

Weller Friedrich: [Bespr.] Hermann Jacobi: Kleine Schriften, hrsg. v. B. Kölver, 1 und 2. Wiesbaden 1970. Ebda Sp. 293–297.
– [Bespr.] R. E. Emmerick: Tibetan Texts Concerning Khotan. London–New York–Toronto 1967 = London Oriental Series 19. In: OLZ *71* (1976) Sp. 199–204.
– [Ber.] Wiener Zeitschrift für die Kunde Südasiens und Archiv für Indische Philosophie 16 (1972). In: OLZ *70* (1975) Sp. 106–107.
– [Ber.] East and West N. S. 19 (1969). Ebda Sp. 213–216.
– [Ber.] Indo-Iranian Journal 14 (1972). Ebda Sp. 418–420.
– [Ber.] East and West N. S. 20 (1970). Ebda Sp. 518–522.
– [Ber.] Indo-Iranian Journal 15 (1973). In: OLZ *71* (1976) Sp. 100–102.
– [Ber.] East and West N. S. 21 (1971). Ebda Sp. 215–219.
– [Ber.] Wiener Zeitschrift für die Kunde Südasiens und Archiv für Indische Philosophie 17 (1973). Ebda Sp. 621–622.

Werner, Ernst: Zwischen Canossa und Worms. Staat und Kirche 1077–1122. Mit 1 Farbtafel, 15 Abbildungen und 2 Karten. 2., unveränderte Aufl. Berlin 1975.
– Häresie und Gesellschaft im 11. Jahrhundert. Berlin 1975. (= Sitzungsbericht der Sächsischen Akademie der Wissenschaften zu Leipzig, phil.-hist. Kl. Bd 117, H. 5.).
– Stadtluft macht frei. Frühscholastik und bürgerliche Emanzipation in der ersten Hälfte des 12. Jahrhunderts. Berlin 1976. (= Sitzungsbericht der Sächsischen Akademie der Wissenschaften zu Leipzig, phil.-hist. Kl. Bd 118, H. 5.).
– Geschichte des mittelalterlichen Dualismus: neue Fakten und alte Konzeptionen. In: ZfG *23* (1975) S. 538–551.
– Anselm von Besate und die neue Dialektik im 11. Jahrhundert. In: Wiss. Z. der Pädag. Hochschule „Karl Liebknecht" Potsdam *19* (Potsdam 1975) H. 2, S. 209–214.
– Spiritualismus und heterodoxe Dialektik im 11. Jahrhundert. In: Jahrb. f. Geschichte *13* (Berlin 1975) S. 7–30.
– Die Türkeipolitik Österreich-Ungarns 1915–1918. In: Études balkaniques *XI* (Sofia 1975) H. 2, S. 54–59.
– Pietro Damiani ed il movimento popolare del suo tempo. In: Studi gregoriani *X* (Roma 1975) S. 289–316.
– Vizantijskij gorod e epochy feodalizma: Tipologija i specifika. In: Vizantijskij vremennik *37* (Moskva 1976) S. 8–12.
– Visione marxista dell'economia monastica. In: Dizionario degli istituti di perfezione. *III* (Roma 1976) Sp. 1027–1031.
– Zwei Bemerkungen zum Nomadenwesen. In: Ethnographisch-archäologische Zschr. *17* Berlin (1976) H. 1, S. 295–302.
– [Bespr.] W. Ullmann: A short history of the Papacy in the Middle Ages. London 1974. In: ZfG *23* (1975) S. 466–467.
– [Bespr.] A. Lazzarino del Grosso: Armut und Reichtum im Denken Gerhohs von Reichersberg. München 1973. Ebda S. 591–592.
– [Bespr.] Peter Abelard: Proceedings of the International Conference Louvain May 10–12. 1971. Leuven 1974. Ebda *24* (1976) S. 114–115.
– [Bespr.] Studi su S. Bernardo di Chiaravalle nell'ottavo centenario della canonizzazione. Roma 1975. Ebda S. 114–115.
– [Bespr.] D. Claude: Geschichte des Erzbistums Magdeburg bis in das 12. Jahrhundert. T. II. Köln-Wien 1975. Ebda S. 1135–1336.
– [Bespr.] H. Zimmermann: Der Canossagang von 1077. Wirkungen und Wirklichkeit. Mainz 1975. Ebda *25* (1977) S. 104–105.

NACHRUFE
UND
SCHRIFTENVERZEICHNISSE

Anton Arland

20. 7. 1895—23. 2. 1975

„Ich werde nicht müde zu helfen. Ich werde nicht müde zu dienen. Lieber Tod als Müdigkeit", das waren die letzten Worte, die Anton Arland mit seiner Neujahrsgrafik 1975 an Freunde und Fachkollegen richtete. Nachdem eine gute Gesundheit ihn bis ins hohe Alter begleitet hatte, erlitt er am 26. Dezember 1974 in unmittelbarer Nähe seiner Wirkungsstätte am Leipziger Ostplatz einen Verkehrsunfall, an dessen Folgen er am 23. Februar 1975 verstarb. Mit ihm verlieren wir einen Forscher und Hochschullehrer, dessen Ruf weit über die Grenzen der Deutschen Demokratischen Republik hinausgedrungen ist.

Geboren am 20. Juli 1895 in Eisenbrod im Isertal, kam er mit seinen Eltern ein Jahr später nach Zwickau im damaligen Nordböhmen, wo der Vater das Amt eines Bürgerschuldirektors übernahm. In den Jahren 1909 bis 1914 besuchte er die Realschule in Böhmisch Leipa und beendete seine Schulzeit mit der Reifeprüfung als Primus. Nach seinem Militärdienst in den Kriegsjahren 1914 bis 1918 widmete er sich dem Studium der Landwirtschaft an der Hochschule für Bodenkultur in Wien und bestand seine erste Staatsprüfung mit Auszeichnung. Nach einem Einsatz in der landwirtschaftlichen Praxis setzte er das Studium an der Universität Leipzig fort, wo er die Diplomprüfung und zusätzlich die Prüfung zum Saatzucht-Inspektor und zur Kulturtechnik sowie das Pädagogische Staatsexamen ablegte. Im Jahre 1923 promovierte er an der Philosophischen Fakultät in Leipzig mit einer Dissertation über den Haferflugbrand — Ustilago avenae — unter besonderer Berücksichtigung der Infektions- und Anfälligkeitsfrage. Nach einer weiteren praktischen Tätigkeit in der Landwirtschaft und im besonderen in der Pflanzenzüchtung arbeitete er vier Jahre lang als Assistent an dem von Adolf Zade geleiteten Leipziger Institut für Pflanzenbau und Pflanzenzüchtung und konnte sich im Jahre 1928 für das Fachgebiet „Landwirtschaft" habilitieren. Als Privatdozent hatte er dann vielseitige Möglichkeiten, seine Kenntnisse auf dem weiten Gebiet des Pflanzenbaues zu vertiefen und sie den Studenten weiterzugeben.

Die im Anschluß an seine Promotion von ihm sowie gemeinsam mit Zade über den Haferflugbrand durchgeführten Arbeiten kamen in den Jahren 1932 und 1933 zur Veröffentlichung. Auch in der Folgezeit widmete er sich phytopathologischen Fragen u. a. zu Problemen der Saatgutbeize und der Abwehr von Bodenschädlingen bakterieller, pilzlicher und tierischer Art. Angeregt durch seine Lehrer Pfeffer, Buder, Ruhland, Czygan und vor allem auch durch Adolf Zade, ist seine Betrachtungsweise der acker- und pflanzenbaulichen Probleme stark physiologisch betont. Bereits eine im Jahre 1924 vorgelegte Arbeit zur Azidität von Pflanzensäften und eine im Jahre 1932 verfaßte weitere Publikation über „Das bioelektrische Verhalten der Pflanzen und seine Verwertung im Pflanzenbau unter besonderer Berücksichtigung der Kartoffel" lassen diesen Trend erkennen. In mehreren Veröffentlichungen widmete er sich aber auch landwirtschaftlich-technischen Problemen, wie der Kartoffelstärkebestimmung. Dabei entwickelte er eine Apparatur zur Bestimmung des Stärkegehaltes der Kartoffel auf volumetrischem Wege. Des weiteren befaßte er sich mit der Anzucht von Frühgemüsepflanzen in Erdtöpfen. Ein von ihm im Jahre 1926 beschriebenes Gerät zur Selbstherstellung von Erdtöpfen fand im In- und Ausland weite Verbreitung.

Von grundlegender Bedeutung für sein erfolgreiches Wirken auf dem Gebiet des Pflanzenbaus darf jedoch seine Habilitationsschrift angesehen werden, deren Drucklegung im Jahre 1929 erfolgte. In Verbindung mit der Thematik „Das Problem des Wasserhaushaltes bei landwirtschaftlichen Kulturpflanzen in kritisch-experimenteller Betrachtung" nahm Anton Arland mit dieser Arbeit Stellung zur einschlägigen Literatur und entwickelte ein neues Verfahren zur Transpirationsbestimmung der Pflanzen am Standort, die Anwelkmethode, mit der sein Name von dieser Zeit an verbunden bleiben sollte. Bereits im Jahre 1929 schrieb Zade über diese Methode „Das Verfahren als solches ist, wenn auch in technischer Hinsicht noch einige Verbesserungen angebracht sein dürften, als fertig zu bezeichnen. Sein Nutzen erstreckt sich auf das pflanzenzüchterische Gebiet (zeitiges und leichtes Erkennen des Wasserverbrauches von Zuchtstämmen und seiner Verteilung über die einzelnen Teile der Pflanze), das pflanzenbauliche Gebiet (Erleichterung der Sortenwahl, Sortenunterscheidung bzw. Feststellung von Sortenübereinstimmung), wichtige Fragen aus dem Gebiete der Pflanzenernährung (Einfluß des Wassers auf die Nährstoffaufnahme und auf das Verhalten von Düngemitteln) sowie das pathologische Gebiet (Zusammenhang des Wasserverbrauches von Pflanzen und Pflanzenteilen mit Krankheiten). Es besteht unsererseits die Absicht, das Anwelkverfahren nach allen Richtungen auszunutzen, nicht nur Getreide und Hackfrüchte, sondern auch Leinsorten, Gräser und Kleearten und gegebenenfalls auch Obstsorten zu untersuchen". Damit waren die Ziele seiner künftigen wissenschaftlich so bedeutenden Arbeit sichtbar geworden.

Die erfolgversprechenden Leipziger Arbeiten erfuhren jedoch durch die unheilvollen politischen Ereignisse in Deutschland nach 1933 einen jähen Abbruch. Adolf Zade wurde entlassen und emigrierte nach Schweden. Anton Arland, inzwischen zum Professor ernannt, lehnte es ab, die Nachfolge seines Lehrers unter solchen Umständen anzutreten und verließ ebenfalls Leipzig im Jahre 1935, indem er in die ČSR auswanderte. Dort wirkte er an der Prager Deutschen Technischen Hochschule als Professor und als Direktor des Institutes für Pflanzenbau, Gemüse und Obstbau der landwirtschaftlichen Abteilung in Tetschen-Liebwerd. Bald entfaltete er neben seinen umfangreichen Lehrverpflichtungen und seiner Forschungsarbeit eine reiche Vortrags- und Publikationstätigkeit. Er widmete sich in diesem Rahmen dem Gesamtgebiet des Acker- und Pflanzenbaues, angefangen von der Bodenbearbeitung bis zur Ernte der Kulturpflanzen und ihrer Aufbewahrung. Anläßlich eines Lehrganges für praktische Landwirte in Leitmeritz behandelte er das Vortragsthema „Getreide- und Futterbau in Trockengebieten und Dürrejahren". In dem darin gebotenen Stoff zeigte er gewissermaßen das Programm für eine große Reihe weiterer Veröffentlichungen auf. Mit seiner richtungsweisenden Publikation über „Ziele und Aufgaben der Forschung auf dem Gebiete des Pflanzenbaues" hob er die zukunftsträchtige Bedeutung des Wassers hervor und unterbreitete unter anderem den Vorschlag, in Dürregebieten Stationen zu gründen, die sich dort mit den standortspezifischen Fragen des Pflanzenbaues befassen sollten. Und wiederum auf physiologische Probleme des Acker- und Pflanzenbaues orientierten seine Ausführungen über „Die Bedeutung der Tageslänge für den Pflanzenbau" sowie „Standort und Düngung". In die Zeit seiner Tätigkeit an der Prager Deutschen Technischen Hochschule fallen als größere Arbeit auch seine Abhandlungen über „Den experimentellen Nachweis der Beziehungen zwischen Wasserverbrauch und Ernährung bei Getreide". Hierfür erhielt er die Goldene Medaille der Fürstlich-Jablonowskischen Gesellschaft der Wissenschaften, die er 1972 der Universitätsbibliothek Leipzig übereignete. Er war der Letzte, dem diese hohe Auszeichnung zuteil wurde und er war ihr letzter lebender

Träger. In einer Reihe weiterer Veröffentlichungen behandelte er rein praktische Fragen, wie zum Beispiel „Gedanken zur Herbstbestellung“, „Gedanken zur Kartoffelernte“, „Gedanken zum bevorstehenden Weizenanbau“, „Bodenkultur im Frühjahr“ und „Zur Frage des Anbaues von Futterpflanzen im Rahmen des Ersatzfruchtbaues“.

Im Frühjahr des Jahres 1946 kehrte Anton Arland an die Universität Leipzig zurück, wo er zum Ordinarius und Direktor des Instituts für Pflanzenbau und Pflanzenzüchtung des späteren Adolf-Zade-Instituts für Acker- und Pflanzenbau berufen wurde. Zunächst lag ihm daran, seine ganze Kraft für den Wiederaufbau des zerstörten Institutes einzusetzen. Aus seinem engsten Mitarbeiterkreis schilderte Ruth Zwicker, der im übrigen dieser Nachruf viele wertvolle Hinweise über das Wirken Anton Arlands verdankt, die damaligen Erlebnisse mit folgenden Worten: „Tatkräftig beteiligte er sich an der Beseitigung der Trümmer seiner alten Wirkungsstätte und schuf bald die Voraussetzungen für die Aufnahme des planmäßigen Lehr- und Forschungsbetriebes. Wer die Stunden des schweren Anfangs miterlebt und geholfen hat, einen Teil seiner in Verlust geratenen wissenschaftlichen Befunde zu reproduzieren, sah im wahrsten Sinne neue Saat aus den Ruinen wachsen und erblühen. Wie kaum ein Zweiter widmete Arland sein Leben der alma mater lipsiensis. Sehr bald erfolgte seine Berufung zum Geschäftsführenden Direktor der Vereinigten Landwirtschaftlichen Institute der Universität, aus denen später die Landwirtschaftliche Fakultät hervorging. Im Jahre 1949 wurde er zum Dekan der Philosophischen Fakultät gewählt, zu der damals neben der Mathematik und den Naturwissenschaften die Landwirtschaftswissenschaften gehörten. Als Dekan hatte er zeitweise die mühsame Aufgabe zu lösen, gleichzeitig die kommissarische Leitung von acht Instituten wahrzunehmen. Als kommissarischer Leiter des Botanischen Institutes war er bestrebt, physiologisch interessierten Studenten landwirtschaftliche Probleme nahezubringen. Er gründete mit ihnen eine „Arbeitsgemeinschaft für angewandte Botanik“, in der die Studenten Referate übernahmen. Einige Studenten beteiligte er schon im Jahre 1949 an seinen experimentellen Forschungsarbeiten, die im Rahmen von Forschungsvorhaben der Sächsischen Akademie der Wissenschaften zu Leipzig zur Durchführung gelangten. Als Hochschullehrer war Anton Arland ständig bemüht, progressive Traditionen zu pflegen. Durch seinen hohen persönlichen Einsatz wirkte er stets als Vorbild für seine Mitarbeiter und Studenten und hatte so erzieherisch großen Erfolg. Er liebte keine harten Auseinandersetzungen. Durch seine Ruhe und seine Beharrlichkeit erreichte er das, was er für wesentlich hielt. Er erzog zur Exaktheit ohne Rücksicht auf die Person. Mit seiner Bescheidenheit, seinem Fleiß und seiner Treue stattete er seinem Lehrer Zade den Dank ab, dessen Vermächtnis zu erfüllen ihm Verpflichtung, Ehre und Freude war. Im Jahre 1951 wurde er zum Prorektor für Forschung ernannt, ein Amt, das er bis zu seiner im Jahre 1961 erfolgten Emeritierung innehatte.“

Im Jahre 1948, dem Jahr der Wiedereröffnung der Sächsischen Akademie der Wissenschaften zu Leipzig wurde Anton Arland zum Ordentlichen Mitglied der Akademie gewählt. Bereits im Jahre 1949 wurde ihm das Amt des Sekretärs der mathematisch-naturwissenschaftlichen Klasse übertragen, das er zehn Jahre ausgeübt hat. In den Jahren 1960 bis 1965 oblag ihm das Amt des Vizepräsidenten. Dem mühevollen Wiederaufbau der Akademie nach dem zweiten Weltkrieg hat er von Anfang an seine volle Unterstützung zuteil werden lassen, alte Traditionen mit den Forderungen einer neuen Zeit verbindend. So wirkte er auch mit in der Kommission der Akademie für J. C. Poggendorf, Biographisch-literarisches Handwörterbuch der exakten Naturwissenschaften und war längere Zeit deren Vorsitzender. Ebenso gehörte er zu den ständigen Mitgliedern der Kommission für spezielle Umweltprobleme und leitete ferner eine von der Akademie geförderte Forschungsgruppe zur Thematik „Düngung der Pflanzen“.

Während dieser Zeit sind dem rastlosen Forscher weitere ehrenvolle Berufungen und Auszeichnungen zuteil geworden. Im Jahre 1951 wurde er zum ordentlichen Mitglied der Akademie der Landwirtschaftswissenschaften der DDR gewählt. Danach folgten im Jahre 1956 die Mitgliedschaft der Internationalen Bodenkundlichen Gesellschaft, im Jahre 1957 die Mitgliedschaft der Société Francaise de Physiologie Végétale, Paris und im Jahre 1958 die Berufung zum ordentlichen Mitglied des Wissenschaftlichen Rates der Internationalen Gesellschaft für Nahrungs- und Vitalstoff-Forschung, Hannover. Im Jahre 1958 wurde Anton Arland Mitglied des Präsidiums der Deutsch-Arabischen Gesellschaft der DDR. Bis zu seinem Tode war er Mitherausgeber der Zeitschrift für Acker- und Pflanzenbau und Mitglied des Redaktionsausschusses des Landwirtschaftlichen Zentralblattes der DDR.

Im Jahre 1959 erhielt er in Anerkennung seiner außerordentlichen Verdienste im Hochschulwesen den Vaterländischen Verdienstorden in Silber. Auf Grund seiner hervorragenden wissenschaftlichen Leistungen auf dem Gebiet des Acker- und Pflanzenbaues verlieh ihm die Landwirtschaftliche Fakultät der Karl-Marx-Universität Leipzig im gleichen Jahr die Würde eines Ehrendoktors.

In diesem Lebensabschnitt erreichten nicht zuletzt aber auch seine vielseitigen Forschungsarbeiten durch die Förderung, die ihnen von seiten der Sächsischen Akademie der Wissenschaften zu Leipzig und der Karl-Marx-Universität Leipzig zuteil wurde, einen beachtlichen Aufschwung. So konnten die bereits im Jahre 1929 von Zade aufgezeigten Grundlagen der Anwelkmethode bei landwirtschaftlichen Kulturpflanzen auf breiter Basis weiter bearbeitet werden. Anläßlich des VIII. Internationalen Botanischen Kongresses 1954 in Paris wurden von Anton Arland wesentliche Voraussetzungen für eine progressive Entwicklung dieser Arbeiten vorgetragen. Ebenso wurden von ihm die schon in den zwanziger Jahren von Zade gepflegten persönlichen Beziehungen zu sowjetischen Wissenschaftlern wieder aufgenommen. Im Laufe weniger Jahre ergab sich eine enge Kooperation zwischen dem K. A. Timirjasew-Institut für Pflanzenphysiologie der Akademie der Wissenschaften der UdSSR in Moskau und dem Institut für Acker- und Pflanzenbau der Karl-Marx-Universität Leipzig. Worte Timirjasews waren daher auch das Leitmotiv seiner im Jahre 1960 erschienenen Denkschrift „Tyrannei der Erde". Überschaut man das Erreichte, so ist festzustellen, daß durch ihn in Leipzig ein wesentlicher Beitrag zur experimentellen Ökologie, für die er Pionierarbeit leistete, vollbracht worden ist.

Mit großer Freude stimmte er zu, als im Jahre 1973 das vorbereitende Komitee für den XII. Internationalen Botanischen Kongreß 1975 in Moskau an ihn die Bitte herantrug, in einem von der Sektion „Plantwater relationship and plant resistance" geplanten Symposium über Fragen der Transpirationsregulation den Vorsitz zu übernehmen. Der Tod hinderte ihn daran, dieses Amt anzutreten.

„Ein feinsinniger und guter Mensch ist von uns gegangen", schrieben seine sowjetischen Freunde und Fachkollegen. „... seine wissenschaftlichen Arbeiten, Entdeckungen und Ideen werden noch lange weiterleben. Diese Ideen eignen sich heute unsere jungen Menschen, unsere Studenten und Aspiranten an und werden es noch lange tun. Wir selbst werden seine wissenschaftlichen Leistungen immer wieder in unseren Arbeiten auswerten".

Jederzeit und in allen Ämtern, die Anton Arland bekleidete, stellte er seine ganze Kraft in den Dienst der Wissenschaft, nie auf das eigene Wohl bedacht und nie nach persönlichem Ruhm strebend. Er stellte hohe Anforderungen an sich und andere, hatte aber auch Verständnis und Geduld, wenn objektive Schwierigkeiten zu überwinden waren. Bis zu seinem Lebensende half er vielen Menschen durch sein umfangreiches Wissen, seinen fürsorglichen Rat und seine große Lebensweisheit. Ruhe, Herzensfröhlichkeit, Lauterkeit der Gesinnung,

Bescheidenheit und selbstlose Hilfsbereitschaft zeichneten seine als Lehrer, Forscher und Mensch gleichermaßen hoch angesehene Persönlichkeit aus, der wir stets ein ehrendes Gedenken bewahren.

Klaus Dörter

Bibliographie Anton Arland

1. Der Hafer-Flugbrand, Ustilago avenae (Pers.) Jens. Biologische Untersuchungen mit besonderer Berücksichtigung der Infektions- und Anfälligkeitsfrage. Botanisches Archiv *7* (1924) 70–111.
2. Über die Azidität von Pflanzensäften und Methoden zu ihrer Bestimmung. Zeitschrift für Pflanzenernährung und Düngung A *3* (1924) 152–164.
3. Einführung in die landwirtschaftliche Rassekunde auf bodenkundlicher und klimatischer Grundlage. Leipzig, Jänecke 1925.
4. Über Kartoffelstärkebestimmung und einen neuen Kartoffelstärkemesser. Pflanzenbau *3* (1926/27) 92–93.
5. Gegen die Auslandskonkurrenz in Frühgemüse unter besonderer Berücksichtigung eines neuen praktischen Verfahrens. Möllers Deutsche Gärtner-Zeitung *41* (1926) 385–386.
6. Ein Apparat zur Selbstherstellung von Anzuchtstöpfen. Die Gartenwelt *30* (1926) 742–743.
7. Über Kartoffelstärke und ihre Bestimmung mit einem neuen Apparat. Der Kartoffelbau *10* (1926) 173–175.
8. Der Wert der Kartoffelstärkebestimmung und ihre praktische Ausführung mit Hilfe eines neuen Apparates. Die Kartoffel *7* (1927) 205–207.
9. Aufbewahrung der Kartoffeln. Der praktische Ratgeber im Obst- und Gartenbau *42* (1927) 384–385.
10. Zur Frage der Bestimmung des 1000-Korngewichtes zur Sortencharakteristik bei Hafer. Pflanzenbau *4* (1927/28) 361–362.
11. Kartoffelstärkebestimmung und Temperatur. I. Illustrierte Landwirtschaftliche Zeitung *48* (1928) 519–520.
12. Kartoffelstärkebestimmung und Temperatur. Illustrierte Landwirtschaftliche Zeitung *48* (1928) 561–562.
13. Praktische Erfahrungen mit der Saatgutbeize. Illustrierte Landwirtschaftliche Zeitung *49* (1929) 190–191, 201–202.
14. Müssen Kartoffeln naß oder trocken auf Stärkegehalt untersucht werden? Illustrierte Landwirtschaftliche Zeitung *49* (1929) 253.
15. Mutation oder Ausfallpflanze. Fortschritte der Landwirtschaft *4* (1929) 359–360.
16. Das Problem des Wasserhaushaltes bei landwirtschaftlichen Kulturpflanzen in kritisch-experimenteller Betrachtung. Wissenschaftliches Archiv für Landwirtschaft (Abt. A Pflanzenbau) *1* (1929) 1–160.
17. Das Wasserhaushaltproblem bei landwirtschaftlichen Kulturpflanzen in kritisch-experimenteller Betrachtung. Wissenschaftliches Archiv für Landwirtschaft (Abt. A Pflanzenbau) *2* (1929) 423–433.
18. Zur Methodik der Transpirationsbestimmung am Standort. Berichte der Deutschen Botanischen Gesellschaft *47* (1929) 474–479.
19. Ein neues Verfahren zur Bestimmung des Wasserverbrauchs bei Sorten und Zuchtstämmen. Mitteilungen der Deutschen Landwirtschafts-Gesellschaft *44* (1929) 471–474.
20. Mittel und Wege zum Ziehen von Frühgemüse unter Anwendung eines neuen, einfachen Verfahrens. Blätter für die Deutsche Hausfrau *1929*, 176–177.

21. Neuere Erfahrungen mit der Saatgutbeize. Arbeiten der Leipziger ökonomischen Sozietät, Vorträge für praktische Landwirte vom 3.—5. Januar 1929 in Leipzig, *1929*, 107—115.

22. Ein neues Verfahren zur Abwehr von Bodenschädlingen bakterieller, pilzlicher und tierischer Art. Die Gartenbauwissenschaft *3* (1930) 391—394.

23. Einiges zur Kartoffelstärkebestimmung. Die Kartoffel *10* (1930) 187—189.

24. Selbstentzündung oder Brandstiftung? Sächsische Landwirtschaftliche Zeitschrift *78* (1930) 574—576.

25. Krankheitsbefall, Anfälligkeit, Pflanzenernährung und Winterfestigkeit in ihren Beziehungen untereinander und zur Transpiration. Wissenschaftliches Archiv für Landwirtschaft (Abt. A Archiv für Pflanzenbau) *7* (1931) 79—125.

26. Die Düngung und Pflege der Topfgewächse und Zimmerpflanzen. Sächsische Landwirtschaftliche Zeitschrift *79* (1931) Nr. 22, Beilage „Die Landfrau", 31—32.

27. Produktionssteigerung durch Stoppelfruchtbau. Sächsische Landwirtschaftliche Zeitschrift *79* (1931) 404—405.

28. Düngung und Winterfestigkeit. Sächsische Landwirtschaftliche Zeitschrift *79* (1931) 531 bis 532.

29. Über das Aufblühen und die Befruchtungsvorgänge der Getreidearten. Scholle und Kraft *10* (1931) 43—45.

30. Ein neues Prinzip der Beurteilung von Versuchsflächen auf Brauchbarkeit. Zeitschrift für Züchtung, A Pflanzenzüchtung *16* (1931) 638—645.

31. Kalidüngung und Wasserverbrauch. Die Ernährung der Pflanze *27* (1931) 445—449.

32. Kalidüngung und Anfälligkeit. Die Ernährung der Pflanze *27* (1931) 470—474.

33. Kalidüngung und Frostschutzwirkung. Die Ernährung der Pflanze *28* (1932) 61—64.

34. Masseninfektionen und Massenbefall mit Haferflugbrand. Nachrichten über Schädlingsbekämpfung, Ausgabe A *7* (1932) 10—14.

35. Anfälligkeit Ernährung und Winterfestigkeit in ihren Beziehungen untereinander und zur Transpiration. Pflanzenbau, Pflanzenschutz und Pflanzenzucht *8* (1931/32) 218—223.

36. Mittel und Wege zum Ziehen von gesunden Pflanzen unter Anwendung eines neuen einfachen Verfahrens. Nachrichten über Schädlingsbekämpfung, Ausgabe A *7* (1932) 66—71.

37. Die Beurteilung des Düngerbedürfnisses des Bodens nach dem Transpirationsvermögen der Pflanzen. Die Ernährung der Pflanze *28* (1932) 377—381.

38. Das bioelektrische Verhalten der Pflanzen und seine Verwertung im Pflanzenbau unter besonderer Berücksichtung der Kartoffel. Angewandte Botanik *14* (1932) 440—459.

39. Anzucht gesunder Jungpflanzen. Der Blumen- und Pflanzenbau *48* (1933) 20—21.

40. Zade, A., and A. Arland: The relation of host and pathogen in Ustilago Avenae: a reply. Bulletin of the Torrey Botanical Club *60* (1933) 77—87.

41. Die Beurteilung des Düngerbedürfnisses des Bodens nach dem Transpirationsvermögen der Pflanzen. Zeitschrift für Pflanzenernährung, Düngung und Bodenkunde A *28* (1933) 172 bis 206.

42. Die Bestimmung des Düngerbedürfnisses des Bodens. Arbeiten der Leipziger ökonomischen Sozietät, Vorträge für praktische Landwirte vom 9.—11. Januar *1933* (1933) 69—73.

43. Handbuch für das gesamte deutsche Schrifttum der Landwirtschaft, Forstwirtschaft, des Garten- und Weinbaues, des Kleingarten- und Siedlungswesens und der Tierheilkunde mit Einschluß der Grenzgebiete, Jahrgang *1932*. Leipzig, Jänecke 1933.

44. Handbuch für das gesamte deutsche Schrifttum der Landwirtschaft, Forstwirtschaft, des Garten- und Weinbaues, des Kleingarten- und Siedlungswesens und der Tierheilkunde mit Einschluß der Grenzgebiete, Jahrgang *1933*. Leipzig, Jänecke 1934.

ANTON ARLAND

20. 7. 1895–23. 2. 1975

GUSTAV HERTZ

22. 7. 1887—30. 10. 1975

45. Getreide- und Futterbau in Trockengebieten und Dürrejahren. — 1. Der Wasserhaushalt des Bodens, eine Frage sachgemäßer Bodenbearbeitung. Der deutsche Landwirt (Verbandsblatt des „Deutschen land- und forstwirtschaftlichen Zentralverbandes für Böhmen" *54* (1935) 77—80. — 2. Die Bedeutung einer sachgemäßen Pflanzenernährung für den Wasserhaushalt. Ebda 91—93.—3. Das Wasserbedürfnis verschiedener Pflanzenarten und Sorten. Ebda 105 bis 106.

46. Die Bedeutung der Tageslänge für den Pflanzenbau. Der deutsche Landwirt (Verbandsblatt des „Deutschen land- und forstwirtschaftlichen Zentralverbandes für Böhmen") *54* (1935) 143.

47. Die richtige Lagerung der Heu- und Getreidevorräte. Der deutsche Landwirt (Verbandsblatt des „Deutschen land- und forstwirtschaftlichen Zentralverbandes für Böhmen") *54* (1935) 187—188.

48. Saatfragen des Gebirgsbauern. Der deutsche Landwirt (Verbandsblatt des „Deutschen land- und forstwirtschaftlichen Zentralverbandes für Böhmen") *54* (1935) 202—203.

49. Gedanken zur Herbstbestellung (Nach einem Vortrag im D. 1. Rundfunk zu Prag). Der deutsche Landwirt (Verbandsblatt des „Deutschen land- und forstwirtschaftlichen Zentralverbandes für Böhmen") *54* (1935) 228—230.

50. Handbuch für das gesamte deutsche Schrifttum der Landwirtschaft, Forstwirtschaft, des Garten- und Weinbaues, des Kleingarten- und Siedlungswesens und der Tierheilkunde mit Einschluß der Grenzgebiete, Jahrgang *1934*. Leipzig, Jänecke 1935.

51. Ziele und Aufgaben der Forschung auf dem Gebiete des Pflanzenbaues. Sudetendeutsche Akademiker-Zeitung *7* (1935) Folge 15/16, 8—10.

52. Zur Frage des Anbaues von Futterpflanzen im Rahmen des Ersatzfruchtbaues. Landwirtschaftliche Fachpresse für die Tschechoslowakei *14* (1936) 49—50.

53. Der experimentelle Nachweis der Beziehungen zwischen Wasserverbrauch und Ernährung bei Getreide. Preisschrift, gekrönt und herausgegeben von der Fürstlich Jablonowskischen Gesellschaft zu Leipzig. Berlin, Parey 1936.

54. Handbuch für das gesamte deutsche Schrifttum der Landwirtschaft, Forstwirtschaft, des Garten- und Weinbaues, des Kleingarten- und Siedlungswesens und der Tierheilkunde mit Einschluß der Grenzgebiete, Jahrgang *1935*. Tetschen, Henckel 1936.

55. Landwirtschaft. Sudetendeutsche Akademiker-Zeitung *8* (1936) 342—343.

56. Selbstentzündung oder Brandstiftung? Der deutsche Landwirt (Verbandsblatt des „Deutschen land- und forstwirtschaftlichen Zentralverbandes für Böhmen") *56* (1937) 165—166.

57. Gedanken zur bevorstehenden Herbstsaat. Der deutsche Landwirt (Verbandsblatt des „Deutschen land- und forstwirtschaftlichen Zentralverbandes für Böhmen") *56* (1937) 224—25.

58. Gedanken zur Kartoffelernte. Der deutsche Landwirt (Verbandsblatt des „Deutschen land- und forstwirtschaftlichen Zentralverbandes für Böhmen") *56* (1937) 234—235.

59. Gedanken zur Futterrübenernte. Der deutschen Landwirt (Verbandsblatt des „Deutschen land- und forstwirtschaftlichen Zentralverbandes für Böhmen") *56* (1937) 235—246.

60. Standort und Düngung. Landwirtschaftliche Fachpresse für die Tschechoslowakei *16* (1938) 48—49.

61. Tagesfragen auf dem Gebiete des Ackerbaues in den Trockenlagen der Slowakei. Vortrag, gehalten im Februar des Jahres 1938 bei einer Tagung in Bratislava [Manuskript in unbekannter Zeitung im Druck erschienen].

62. Der Pflanzenbau im Sudetenland. Sudetendeutsche Landwirtschaftliche Fachpresse *17* (1939) 89—91, 95—97.

63. Gedanken zum bevorstehenden Weizenanbau. Sudetendeutsche Landwirtschaftliche Fachpresse *17* (1939) 221—222.

64. Die praktische Ausbildung des Diplomlandwirts. Der Diplomlandwirt *23* (1942) 35—36.

65. Handbuch des deutschen Schrifttums für Landwirtschaft, Forstwirtschaft, Garten- und Weinbau, Siedlungswesen und Tierheilkunde, Jahrgang *1940*. Prag, Heimatverlag 1943.

66. Bodenkultur im Herbst. Deutsches Landwirtschaftliches Wochenblatt für Böhmen und Mähren *5* (1944) 707—708.

67. Bodenkultur im Frühjahr. Deutsches Landwirtschaftliches Wochenblatt für Böhmen und Mähren *6* (1945) 133—134.

68. Winterraps. Karteikurzberichte für die Landwirtschaft Blatt 60, 1946.

69. Wintergerste. Karteikurzberichte für die Landwirtschaft Blatt 78, 1946.

70. Winterroggen. Karteikurzberichte für die Landwirtschaft Blatt 105, 1946.

71. Winterweizen. Karteikurzberichte für die Landwirtschaft Blatt 106, 1946.

72. Der Sommerweizen. Karteikurzberichte für die Landwirtschaft Blatt 128, 1946.

73. Der Hafer. Kateikurzberichte für die Landwirtschaft Blatt 127, 1946.

74. Die Sommergerste. Karteikurzberichte für die Landwirtschaft Blatt 151, 1946.

75. Der Körnermais. Karteikurzberichte für die Landwirtschaft Blatt 152, 1946.

76. Die Erbse. Karteikurzberichte für die Landwirtschaft Blatt 174, 1946.

77. Die Ackerbohne. Karteikurzberichte für die Landwirtschaft Blatt 175, 1946.

78. Die Luzerne. Karteikurzberichte für die Landwirtschaft *2* (1947) Blatt 8.

79. Der Rotklee. Karteikurzberichte für die Landwirtschaft *2* (1947) Blatt 9.

80. Der Senf. Karteikurzberichte für die Landwirtschaft *2* (1947) Blatt 36.

81. Der Mohn. Karteikurzberichte für die Landwirtschaft *2* (1947) Blatt 37.

82. Die Kartoffel. Karteikurzberichte für die Landwirtschaft *2* (1947) Blatt 58.

83. Die Zuckerrübe. Karteikurzberichte für die Landwirtschaft *2* (1947) Blatt 59.

84. Die Runkel- oder Futterrübe. Karteikurzberichte für die Landwirtschaft *2* (1947) Blatt 83.

85. Die Kohlrübe, Steckrübe oder Wrucke. Karteikurzberichte für die Landwirtschaft *2* (1937) Blatt 84.

86. Die Stoppel- oder Wasserrübe. Karteikurzberichte für die Landwirtschaft *2* (1947) Blatt 110.

87. Die Zichorie. Karteikurzberichte für die Landwirtschaft *2* (1947) Blatt 138.

88. Die Gartenbohne. Karteikurzberichte für die Landwirtschaft *2* (1947) Blatt 162.

89. Die Lupine. Karteikurzberichte für die Landwirtschaft *2* (1947) Blatt 193.

90. Die Hirse. Karteikurzberichte für die Landwirtschaft *2* (1947) Blatt 242.

91. Der Buchweizen. Karteikurzberichte für die Landwirtschaft *2* (1947) Blatt 270.

92. Die Topinambur. Karteikurzberichte für die Landwirtschaft *2* (1947) Blatt 297.

93. Flußschlamm als Düngemittel. Die Deutsche Landwirtschaft *1* (1947) 70—72.

94. Acker- und pflanzenbauliche Kulturmaßnahmen im neuen Blickfelde. Die Deutsche Landwirtschaft *1* (1947) 145—152.

95. Die Linse. Karteikurzberichte für die Landwirtschaft *3* (1948) Blatt 9.

96. Die Saatwicke. Karteikurzberichte für die Landwirtschaft *3* (1948) Blatt 53.

97. Die Sand- oder Zottelwicke. Karteikurzberichte für die Landwirtschaft *3* (1948) Blatt 95.

98. Der Lein. Karteikurzberichte für die Landwirtschaft *3* (1948) Blatt 140.

99. Die Sojabohne. Karteikurzberichte für die Landwirtschaft *3* (1948) Blatt 162.

100. Der Hanf. Karteikurzzberichte für die Landwirtschaft *3* (1948) Blatt 185.

101. Lehre und Forschung an den Vereinigten Landwirtschaftlichen Instituten der Universität Leipzig. Forum *2* (1948) H. 1, 15—17.

102. Der Futterbau im bäuerlichen Betriebe. Vortrag, gehalten im Mai des Jahres 1948 anläßlich der Hauptversammlung der Deutschen Landwirtschafts-Gesellschaft in Berlin. Arbeiten der

Deutschen Landwirtschafts-Gesellschaft Berlin NF *4*: Gegenwartsfragen der Landwirtschaft in der Ostzone, 105—115 [1948].

103. Pflanzenbau im neuen Blickfeld. Ein Weg zur Steigerung der Erträge der Kulturpflanzen (Autorreferat). Neue Berliner Gärtner-Börse *2* (1948) Nr. 10, 34.

104. Müll, Klärschlamm, Fluß- und Teichschlamm als Düngemittel. Karteikurzberichte-Fachschriftensammlung *7* (1948) 44—50.

105. Die Aufgaben der Agrarforschung im Zeichen des Zweijahrplanes. Die Deutsche Landwirtschaft *3* (1949) 22—30.

106. Acker- und pflanzenbauliche Kulturmaßnahmen im neuen Blickfelde. Ein Weg zur Steigerung der Erträge der Kulturpflanzen (Autorreferat). Die Pharmazie *4* (1949) 190—192.

107. Der Tabak. Karteikurzberichte für die Landwirtschaft *4* (1949) Blatt 99.

108. Kurzfristige Vorprüfung von Kulturmaßnahmen nach neuem Verfahren. Die Deutsche Landwirtschaft *3* (1949) 81—85.

109. Ein halbes Jahrhundert der Landwirtschaft gewidmet. Zum 70. Geburtstag Prof. Dr. Hans Holldacks am 22. August 1949. Deutsche Bauerntechnik *3* (1949) H. 8, 11—12.

110. Adolf Zade, Stockholm †. Zeitschrift für Pflanzenzüchtung *28* (1949) 400—401.

111. Entgegnung auf Dr. N. Atanasiu: „Die ‚Anwelkmethode', kritisch betrachtet". Die Deutsche Landschaft *4* (1950) 13—16.

112. Die Pastinake. Karteikurzberichte für die Landwirtschaft *5* (1950) 266.

113. Saat- und Pflanzengutbeurteilung, Saat- und Pflegemaßnahmen im Blickfelde der Anwelkmethode. Die Deutsche Landwirtschaft *1* (1950) 66—69.

114. Die Transpirationsintensität der Pflanzen als Grundlage bei der Ermittlung optimaler acker- und pflanzenbaulicher Kulturmaßnahmen. Wissenschaftliche Zeitschrift der Universität Leipzig, math.-nat. Reihe *1* (1951/52) H. 2, S. 1—4.

115. Die Anwendung von Mineraldünger im Blickfelde der „Anwelkmethode". Die Deutsche Landwirtschaft *3* (1952) 409—412.

116. Bodenuntersuchung auf neuem Wege. In: Magnesium — ein Pflanzennährstoff, 9—26. Berlin, Deutscher Innen- und Außenhandel Bergbau 1952 [ins Englische übertragen].

117. Bodenuntersuchung auf neuem Wege. In: Deutscher Export, Fachausgabe Düngemittel und Schädlingsbekämpfungsmittel, 6—14. Berlin, Verlag „Die Wirtschaft" 1952.

118. Kalidüngung und Wasserverbrauch. Die Ernährung der Pflanze *1952*, Nr. 1, 27—34.

119. Die Transpirationsintensität der Pflanzen als Grundlage bei der Ermittlung optimaler acker- und pflanzenbaulicher Kulturmaßnahmen. Abhandlungen der Sächsischen Akademie der Wissenschaften zu Leipzig, math.-nat. Klasse *44* (Berlin 1952) H. 2 [erschienen auch unter dem Titel: „Fiebernde" Pflanzen — mehr Brot? Akademie-Verlag, Berlin 1953].

120. Transpirationsintensität, Mineraldüngung, Ertragshöhe und Ergragssicherheit. Die Ernährung der Pflanze *1953*, Nr. 1/2, 2—21.

121. „Die fiebernde" Pflanze in ihrer Beziehung zur Gesundheit und zum Altern. Zeitschrift für Altersforschung *8* (1954) 19—30.

122. Die Transpirationsintensität der Pflanzen als Grundlage bei der Ermittlung optimaler acker- und pflanzenbaulicher Kulturmaßnahmen unter besonderer Berücksichtigung von Pflanzenanalysen. In: Analyse des Plantes et Problèmes des Engrais minéraux, 1—8. Colloque organisé par l'Institut de Recherches pour les Huiles et Oléagineux, sous la présidence de H. Lundegårdh. VIIIe Congrès International de Bonanique Paris, 1954.

123. Einleitende Darlegungen zur Transpirationsforschung. In: Die Anwelkmethode im Dienste des Landbaues. Bericht von der wissenschaftlichen Tagung des Institutes für Acker- und Pflanzenbau der Karl-Marx-Universität vom 10. bis 12. Dezember 1953 in Leipzig, Berlin 1955, 9—11.

124. u. J. Enzmann: Ein Beitrag zur Technik der „Anwelkmethode". (Über die Beziehungen zwischen Nährstoffversorgung und Transpirationsintensität bei Sommerraps.) Zeitschrift für Acker- und Pflanzenbau *101* (1956) 5—21.

125. Bodenkunde im Blickfeld der Transpirationsintensität der Kulturpflanzen. In: Rapports du VIe Congrès International de la Science du Sol *D*, Commission IV, 81—84. Paris 1956.

126. Ein Beitrag zur Anwelkmethode. Sitzungsberichte der Deutschen Akademie der Landwirtschaftswissenschaften zu Berlin *5* (1956) H. 6.

127. Magnesium im Landbau. Berichte über die Verhandlungen der Sächsischen Akademie der Wissenschaften zu Leipzig, math.-nat. Klasse *103* (1958) H. 1, 21—35.

128. Düngung der Pflanzen. In: Jahrbuch der Sächsischen Akademie der Wissenschaften zu Leipzig *1954—1956* (Berlin 1958) 110—111.

129. „Tyrannei der Erde". Ein Problem des modernen Landbaues. Abhandlungen der Sächsischen Akademie der Wissenschaften zu Leipzig, math.-nat. Klasse *46* (Berlin 1959) H. 3.

130. u. E. Röhlig (Ref.): Ein Beitrag zum Problem der Sortenberatung auf transpirationsphysiologischer Grundlage. Zeitschrift für Acker- und Pflanzenbau *108* (1959) 20—30.

131. u. R. Zwicker (Ref.): Anwelktranspiration und Hydratur verschieden mit Kalium ernährten Haferpflanzen unter besonderer Berücksichtigung des Jahresrhythmus. Zeitschrift für Acker- und Pflanzenbau *108* (1959) 449—472.

132. Die Landwirtschaftliche Fakultät der Karl-Marx-Universität Leipzig im Studienjahre 1956/57. Wissenschaftliche Zeitschrift der Karl-Marx-Universität Leipzig, math.-nat. Reihe *8* (1958/59) 623—628.

133. u. J. Christoph, E. Röhlig: Adolf Zade. Direktor des Institutes für Pflanzenbau und Pflanzenzüchtung der Universität Leipzig (1919—1933). In: Karl-Marx-Universität Leipzig — 1409 bis 1959. Beiträge zur Universitätsgeschichte *II* (Leipzig 1959) 249—261.

134. Die staatliche Förderung der Forschungsarbeit. In: Festschrift zur 550-Jahr-Feier der Karl-Marx-Universität. Leipzig 1959. 45—47.

135. Der Transpirationstest. Hodowla Rośin, Aklimatyzacja i nasiennictwo *3* (1959) 569—595.

136. u. J. Enzmann: Pflanzenbauer reisen nach China. In memoriam Eduard Erkes. Wissenschaftliche Zeitschrift der Karl-Marx-Universität Leipzig, math.-nat. Reihe *9* (1959/60) 241—245.

137. Ispol'zovanie fiziologičeskich pokazatelej v sel'skom chozjajstve. Fiziologija rastenij *7* (1960) 160—169.

138. Düngung der Pflanzen. In: Jahrbuch der Sächsischen Akademie der Wissenschaften zu Leipzig *1957—1959* (Berlin 1961) 182—183.

139. Düngung der Pflanzen. In: Jahrbuch der Sächsischen Akademie der Wissenschaften zu Leipzig *1960—1962* (Berlin 1964) 229—230.

140. Adolf Zade (1880—1949). In: Bedeutende Gelehrte in Leipzig. Zur 800-Jahr-Feier der Stadt Leipzig im Auftrag von Rektor und Senat der Karl-Marx-Universität, hrsg. von G. Harig *II* (Leipzig 1965) 165—178.

141. Gedenkworte für Julius Lips. In: Eva Lips, Zwischen Lehrstuhl und Indianerzelt. Berlin, Rütten u. Loening 1965, 261—262.

142. u. R. Zwicker (Ref.): Anwelktranspiration und Wurzelatmung von *Avena satira L.* unter besonderer Berücksichtigung der Stickstoffdüngung. Wissenschaftliche Zeitschrift der Karl-Marx-Universität Leipzig, math.-nat. Reihe *16* (1967) 163—168.

143. u. R. Cviker: Issledovanija transpiracii pri zavjadanii rastenij. In: Tezisy dokladov naučnoi konferencii, posvjaščennoi 50-letiju Oktjabrja, 74—76. Baškirskii gosudarstvennyj universitet, Ufa 1967.

144. Düngung der Pflanzen. In: Jahrbuch der Sächsischen Akademie der Wissenschaften zu Leipzig *1963—1965* (Berlin 1967) 144—145.

145. u. R. Zwicker: Wachstum und Ertragsbildung von *Avena sativa L.* und *Betav vulgaris L.* unter besonderer Berücksichtigung der Stickstoff- und Wasserversorgung. Wissenschaftliche Zeitschrift der Karl-Marx-Universität Leipzig, math.-nat. Reihe *17* (1968) 379—383.

146. u. R. Zwicker (Ref.): Wasserhaushalt und Ertragsbildung bei Hafer auf organogenetischer Grundlage. In: Aktuelle Fragen der Pflanzen- und Tierphysiologie, hrsg. vom Ministerium für Hoch- und Fachschulwesen, Zentralabt. f. d. Hochschulfernstudium der Landwirtschaftswissenschaften (Kolloquium der Landwirtsch. Fakultät anläßlich des 50. Jahrestages der Großen Sozialistischen Oktoberrevolution am 26. Sept. 1967), Karl-Marx-Univ. Leipzig 1969, 55—63.

147. Düngung der Pflanzen. In: Jahrbuch der Sächsischen Akademie der Wissenschaften zu Leipzig *1966—1968* (Berlin 1970) 142—143.

148. Düngung der Pflanzen. In: Jahrbuch der Sächsischen Akademie der Wissenschaften zu Leipzig *1969—1970* (Berlin 1972) 112—113.

149. Düngung der Pflanzen. In: Jahrbuch der Sächsischen Akademie der Wissenschaften zu Leipzig *1971—1972* (Berlin 1974) 57—58.

G. W.

Gustav Hertz

22. 7. 1887—30. 10. 1975

Mit Gustav Hertz ist einer der letzten Gestalter der modernen Physik dahingegangen. Geboren in einer Zeit, in der die Zweifel an der Allgemeingültigkeit anschaulicher physikalischer Modelle immer stärker wurden und zu neuen Ideen anregten, hat er mit neuartigen experimentellen Fragestellungen diese Situation überwinden helfen, indem er einerseits die offenen Probleme noch schärfer herausstellte, aber gleichzeitig Wege zu deren Lösung aufzeigte. Dieses Gefühl für das Grundsätzliche, das Wesentliche war eng verbunden mit dem Sinn für das Praktische; sein scharfer Blick für Realitäten, für das „Machbare" bewahrte ihn, was in einer Zeit ungestümer Entwicklung durchaus entschuldbar wäre, vor übertriebenen Spekulationen.

Als Sohn des Rechtsanwaltes Dr. H. Hertz und Neffe von Heinrich Hertz, der 1888 erstmals die von J. C. Maxwell theoretisch vorausgesagten elektromagnetischen Wellen im Laboratorium erzeugte und nachwies, wuchs Gustav Hertz in Hamburg in einer weltoffenen Atmosphäre auf. 1906 legte er das Abitur am Johanneum, einem Realgymnasium, ab und studierte zunächst in Göttingen zwei Semester Mathematik, wozu er bei Hilbert, Runge und Carathéodory und im Göttinger Mathematischen Verein viele Anregungen fand. In München verschob ein Seminar bei A. Sommerfeld, P. Debye war dort Assistent, sein Interesse mehr zur Physik, der er sich nach Ableistung der einjährigen Militärdienstzeit ab 1909 an der Berliner Universität immer mehr verschrieb. Im Wehneltschen Praktikum lernte er die Assistenten J. Franck und R. Pohl kennen. 1911 promovierte er mit einer Arbeit über das IR-Absorptionsspektrum von Kohlendioxid bei H. Rubens. Zum Berliner Kreis gehörten damals u. a. noch Wilhelm Westphal, Max Planck, Max von Laue, Walter Nernst, Emil Warburg, Eugen Goldschmidt, Otto Hahn. Liese Meitner und ab 1914 Albert Einstein. Der gute Klang, den diese Namen auch heute noch haben, bürgt für das Niveau der wissenschaftlichen Aktivitäten jener Jahre.

Entscheidend für die weitere Entwicklung war das Angebot J. Francks, mit ihm zusammen eine der Grundannahmen der Townsendschen Theorie des elektrischen Durchbruchs in Gasen zu überprüfen, nach der zwischen Elektronen und Gasmolekülen immer nur unelastische Stöße auftreten sollten. Man konnte zeigen, daß dies nicht richtig war und Energieübertragungen vom Elektron auf das Atom besonders stark sei bestimmten Elektronenenergien stattfand. Hierüber berichteten sie erstmals 1911 in den Verhandlungen der Deutschen Physikalischen Gesellschaft. Diese Franck-Hertz-Versuche fanden etwa zur gleichen Zeit statt, als N. Bohr Postulate aufstellte, um die nach den klassischen Vorstellungen nicht verständlichen Spektrallinien von angeregten Gasen zu erklären; sie lieferten nachträglich eine glänzende Bestätigung der sich langsam entwickelten Theorie der Wechselwirkung von Strahlung und Atom und bilden somit einen der Grundpfeiler der modernen Atomtheorie.

In den folgenden Jahren wurden diese Erkenntnisse durch eine Reihe schöner Arbeiten, die durch Kriegsdienste und Verwundung allerdings 1914/15 unterbrochen werden mußte, erhärtet. G. Hertz und J. Franck berichteten hierüber in zwei größeren Aufsätzen in der Physikalischen Zeitschrift (1916 und 1920); Untersuchungen über Zusammenstöße zwischen Elektronen und Gasmolekülen waren Gegenstand der Habilitationsschrift, die G. Hertz 1917 an der Berliner Universität einreichte. Die Resultate dieser gemeinsamen Arbeit wurden mit der Verleihung des Nobel-Preises für Physik 1925 gewürdigt.

Gegen Ende des ersten Weltkrieges beschäftigte sich G. Hertz, die relativ bescheidenen experimentellen Möglichkeiten ausnutzend, mit Röntgenspektren und entdeckte dabei die sogenannten Abschirmdubletts an einer Aufspaltung der L-Serie, die unabhängig von der Kernladungszahl ist.

Äußere Umstände, aber vielleicht auch der Hang zur angewandten Physik, führten ihn 1920 nach Eindhoven, wo er bis 1925 in dem neu errichteten Forschungslabor der Philips-Glühlampenfabrik arbeitete. Hier hatte er Gelegenheit, die besseren technichen Voraussetzungen zur Erweiterung der Franck-Hertz-Experimente zu nutzen; es gelang ihm, die stufenweise Anregung von Spektrallinien mit zunehmender Elektronenenergie nachzuweisen. Scharfe Beobachtungsgabe und die kritische Analyse aller mit einem Experiment verbundenen Umstände führten in dieser Zeit zu einer Reihe weiterer wertvoller Entdeckungen, die z. T. von großem praktischen Nutzen waren. Die Tatsache, daß das Quecksilberspektrum bei Gegenwart von Argon bereits bei äußerst niedrigem Quecksilberpartialdruck beobachtbar ist, nutzte er zur Herstellung von Leuchtröhren mit Ar—Hg-Füllung; erst später erkannte man, daß metastabile Zustände des Argons die Anregung der Quecksilberatome erleichtern. Experimente zur Herstellung einer energiehomogenen Elektronenquelle konstanter Emissionsfähigkeit führten zur Kupfer-Barium-Oxidkathode, mit der anfangs gute Erfolge erzielt wurden.

Von nachhaltiger Bedeutung erwies sich die Lösung eines anderen Problems, nämlich der Abtrennung von Edelgasen, wozu G. Hertz die massenabhängige Diffusion ausnutzte. Es gelang ihm, durch wiederholte Anwendung die Trennwirkung erheblich zu steigern, so daß man je nach Aufwand beliebig „massenreine" Gase, also auch Isotope, erhielt. Die so entstandene Diffusionskaskade schien zunächst mehr eine Demonstration physikalischer Möglichkeiten zu sein. Doch als es später gelang, auch Uran-Isotope damit in großtechnischem Maßstab zu trennen, erlangte sie geschichtliche Bedeutung.

G. Hertz berichtete hierüber bereits 1922 in der Physikalischen Zeitschrift. Doch dieses Problem beschäftigte ihn auch später in Halle und Berlin und wurde von ihm mit der ihm eigenen Gründlichkeit analysiert.

1925 zog es G. Hertz wieder zur akademischen Tätigkeit. Zunächst folgte er einem Ruf als ordentlicher Professor für Experimentalphysik nach Halle; 1927 übernahm er den Lehrstuhl für Experimentalphysik an der Technischen Universität Berlin-Charlottenburg. Hier konnte er seine Ideen zur Physikerausbildung in die Tat umsetzen: Er leitete den Neubau des Physikalischen Instituts, das bald bespielhaft für Deutschland wurde. Zusammen mit Richard Becker organisierte er das Physik-Studium an der Technischen Hochschule neu und machte aus dem Hilfsfach für technische Disziplinen eine Studienrichtung, die Vermittler zwischen Grundlagenforschung und Anwendung wurde. Das wissenschaftliche Leben erhielt u. a. durch ein Kolloquium Auftrieb, in dem sich bekannte Physiker aus Wissenschaft und Industrie regelmäßig zu Aussprachen trafen. Der Charakter dieser Veranstaltungen wurde durch die Unerbittlichkeit geprägt, mit der G. Hertz jeder Unklarheit und Halbheit auf den Grund ging, eine Eigenschaft, die ihn bis zuletzt zu einem allseitig geachteten Lehrer und Kollegen machte, zumal er mit seinen strengen Maßstäben sich selbst am wenigsten schonte.

Auf diese Weise bildete er eine Generation von Physikern heran, die Wesentliches zur gerade beginnenden wissenschaftlich-technischen Revolution beitrug. Trotz der Lehrverpflichtungen und vieler wissenschaftlich-organisatoricher Aufgaben setzte er die Untersuchungen der Gastrennung fort; es gelang ihm, die Wasserstoff- und die Neonisotope zu trennen. Er fragte sich damals allerdings, ob die Beschäftigung mit diesen Problemen an einer technischen Hochschule gerechtfertigt werden könne; auch die Leitung der T. H. stellte ihm diese Frage. Sie konnte erst zehn Jahre später mit Ja beantwortet werden.

Diese äußerst fruchtbringende Zeit wurde durch die Ereignisse um 1933 jäh unterbrochen. Als sich G. Hertz 1934 weigerte, eine Loyalitätserklärung für den Nationalsozialismus zu unterschreiben, mußte er sein Hochschullehramt aufgeben. Als Direktor eines Forschungslaboratoriums der Siemens-Werke versuchte er 1935 bis 1945 seine wissenschaftlichen Pläne weiter zu entwickeln. Sehr gute technische Hilfsmittel und eine Anzahl ausgezeichneter Mitarbeiter, die er z. T. selbst erst an der T. H. ausgebildet hatte, bildeten den Grundstock für seine Erfolge. Die vielseitigen Themen kamen meistens aus dem Produktionsbereich des Betriebes; G. Hertz verstand es aber immer, diese Fragen mit Grundproblemen in Verbindung zu bringen und auf diese Weise interessante physikalische Aufgaben daraus zu machen; dadurch nur kam er oft zu echten neuen Lösungen. Das gilt für das Löten von Aluminium-Drähten mit Ultraschall wie für das Feldelektronenmikroskop, das E. W. Müller 1950, auf Hertz Ideen aufbauend, erfand; das Röntgenblitzverfahren wurde von Schaafs entwickelt und Mikrowellensenderöhren gebaut.

Nach Kriegsende, 1945, folgte G. Hertz mit zahlreichen Mitarbeitern einer Einladung der UdSSR zum Aufbau und zur Leitung eines wissenschaftlich-technischen Forschungsinstitutes, in dem er seine Arbeiten zur Isotopentrennung und zu deren Nachweis fortsetzen konnte. Für die erfolgreiche Durchführung dieser Aufgaben wurde er 1951 mit dem Lenin-Preis ausgezeichnet.

Bei der Rückkehr entschied sich G. Hertz für die DDR. Hier begann für ihn, den bereits 67jährigen, ein neuer Lebensabschnitt. Er übernahm im Herbst 1954 eines der beiden Direktorate des Physkalischen Instituts der Karl-Marx-Universität Leipzig, das er bis zur Emeritierung 1961 leitete. Er fand hier eine Gruppe junger Wissenschaftler, die sich mit Fragen aus seinem früheren Gedankenkreis, Feldelektronenemission, Photohalbleiter u. ä., beschäftigten. Diese und andere sammelten sich bald um ihn, um sich immer mehr bestimmten Halbleiterfragen zuzuwenden. Seiner ganzen Auffassung vom Sinn der naturwissenschaftlichen Forschung entsprechend suchte er auch hier den Kontakt zum Industriepartner und schloß 1960 einen beispielgebenden Rahmenvertrag über Zusammenarbeit mit einer VVB ab. In ähnlicher Weise unterstützte er aber auch andere Forschungsrichtungen, die er in Leipzig vorfand, und es war bezeichnend, wie er selbst auf für ihn fremden Arbeitsgebieten mit wenigen Fragen immer zum Kern der Problematik vordrang.

Als Vorsitzender des neu gebildeten Wissenschaftlichen Rates für die friedliche Anwendung der Atomenergie beim Ministerrat der DDR setzte er viel Kraft für den Neuaufbau der Kernphysik ein. Er förderte den Aufbau neuer Forschungsinstitute, der Institute für angewandte Radioaktivität und für stabile Isotope in Leipzig und des Zentralinstituts für Kernphysik in Rossendorf, er organisierte in Leipzig das kernphysikalische Kolloquium und fand Zeit, ein dreibändiges Lehrbuch der Kernphysik herauszugeben. G. Hertz nahm an der Gründungsversammlung des Vereinigten Instituts für Kernphysik in Dubna teil und vertrat die DDR im Gelehrtenrat dieses internationalen Institutes.

Es sollen hier nicht alle Ämter genannt werden; wichtig ist nicht die Zahl, sondern wie er in angemessener Bescheidenheit, aber mit einer durch fachliches Wissen bestimmten Überzeugungskraft diese Aufgaben in Lehre, Forschung und Organisation wahrnahm. Er wirkte lange Jahre als Sekretär der Klasse Physik der Akademie der Wissenschaften der DDR. Seine Lehr- und Forschungstätigkeit in Leipzig verband ihn eng mit der Sächsischen Akademie der Wissenschaften, zu deren Mitglied er am 24. 1. 1955 gewählt wurde. In einem Vortrag über „Die Wahrscheinlichkeit in der Physik" stellt er sich 1956 der Leipziger Öffentlichkeit vor; in einem Plenarvortrag berichtete er 1960 über das physikalische Verhalten von Teilchen sehr hoher Energien. Aber auch nach seiner Emeritierung und seiner Übersiedelung nach Berlin ließ er den Kontakt mit der Leipziger Wirkungsstätte nicht abreißen. Höhepunkte waren seine Vorträge 1973 über die Grundlagen der Quantentheorie und 1974 über Methoden der Isotopentrennung, für die ihm überfüllten Hörsäle dankten. Bei der Arbeit an einem weiteren Vortrag hat ihm der Tod die Feder aus der Hand genommen.

Die Regierung der DDR und viele wissenschaftliche Akademien und Gesellschaften ehrten G. Hertz durch hohe Auszeichnungen.

G. Hertz hat oft betont, daß er das Glück gehabt habe, immer die geeignetsten Arbeitsbedingungen gefunden zu haben. Das ist nur zum Teil richtig, das Wesentliche hat er stets selbst beigetragen. Die Schärfe, mit der er Wichtiges vom Unwichtigen trennte, der klare Sinn für Realitäten formulierten die Aufgaben, die er sich stellte und machten ihn unabhängig von komplizierten, unübersichtlichen Apparaturen, gegenüber denen er immer skeptisch blieb. Er zeigte, daß auch in der Experimentalphysik die Idee den Vorrang vor der technischen Ausführung hat. Das Suchen nach Erkenntnis, die wissenschaftliche Denkart und die humanistische Zielsetzung waren bestimmende Teile seines Wesens, sie hielten ihn jung bis an sein Ende. So wird er allen Kollegen und Schülern immer in dankbarer Erinnerung blieben.

Artur Lösche

Bibliographie Gustav Hertz

Selbständig erschienene Schriften

1911

Über das ultrarote Absorptionsspektrum der Kohlensäure in seiner Abhängigkeit vom Druck und Partialdruck. Braunschweig 1911. 39 S. (= Diss. Berlin).

1927

Ergebnisse der Elektronenstoßversuche im Lichte der Bohrschen Theorie des Atoms. Prix Nobel en 1926. 19 S.

1957

[Hrsg.] Grundlagen und Arbeitsmethoden der Kernphysik. Berlin 1957. VIII, 279 S.

1958

[Hrsg.] Lehrbuch der Kernphysik. Bd *I*: Experimentelle Verfahren. Leipzig 1958. 227 S., 139 Abb.; 2., wesentlich erweiterte Aufl. Leipzig 1966. 778 S., 518 Abb.

1960

[Hrsg.] Lehrbuch der Kernphysik. Bd *II*: Physik der Atomkerne. Leipzig 1960. 914 S., 328 Abb.

1962

[Hrsg.] Lehrbuch der Kernphysik. Bd *III*: Angewandte Kernphysik. Leipzig 1962. 319 S., 72 Abb.

Aufsätze in Zeitschriften

1913

u. J. Franck: Messungen der Ionisierungsspannungen in verschiedenen Gasen. Verh. Dtsch. physik. Ges. *15* (1913) 34–44.

u. J. Franck: Zusammenstöße zwischen langsamen Elektronen und Gasmolekülen. Ebda 373–390, 613–620.

1914

u. J. Franck: Zusammenstöße zwischen Elektronen und den Molekülen des Quecksilberdampfes und der Ionisierungsspannung desselben. Ebda *16* (1914) 457–468.

u. J. Franck: Erregung der Quecksilberresonanzlinie 253,6 durch Elektronenstöße. Ebda 512–518.

1919

Die Bestätigung der BOHRschen Atomtheorie im optischen Spektrum durch Untersuchung der unelastischen Zusammenstöße langsamer Elektronen mit Gasmolekülen. Physik. Z. *20* (1919) 132–143.

1920

Über die Absorptionsgrenzen in Röntgenspektrum. Ebda *21* (1920) 630–632.

Über die Absorptionsgrenzen in der L-Serie. Z. Physik *3* (1920) 19–25.

1922

Rubens und die MAXWELLsche Theorie. Naturwiss. *10* (1922) 1021–1024.

Mittlere und freie Weglänge von langsamen Elektronen in Neon und Argon. Physica *2* (1922) 87–89; Proc. Amsterdam *25* (1922) 90–98.

Die Leitung von Elektronen in Gasen (zusammenfassende Übersicht). Physica *2* (1922) 15–26, 61–73, 93–107, 148–153.

Über die Trennung von Gasgemischen durch Diffusion in einem strömenden Gas. Proc. Amsterdam *25* (1922) 434–441.

Ein neues Verfahren zur Trennung von Gasgemischen durch Diffusion. Physik Z. *23* (1922) 433 bis 434.

Eine neue Methode zur Messung von Anregungsspannungen. Proc. Amsterdam *25* (1922) 179 bis 187.

1923

Invloed van de samenstelling van het rantsoen op de calciumafgifte. Kgl. Akad. Wet. Amsterdam, Versl. Afd. Nat *31* (1923) 1 S.

Opwekken van spectrallijnen door botsingen van electronen. Ebda *32* (1923); Physica *3* (1923) 302—304.

Ergebnisse der Elektronenstoßversuche im Lichte der BOHRschen Theorie des Atoms. Naturwiss. *11* (1923) 564—567; FuF *3* (1927).

Über die Anregung von Spektrallinien durch Elektronenstoß. Naturwiss. *11* (1923) 778—779.

Über die Trennung von Gasgemischen durch Diffusion in einem strömenden Gase. Z. Physik *19* (1923) 35—42.

Anregungs- und Ionisierungsspannungen von Neon und Argon und ihr Zusammenhang mit den Spektren dieser Gase. Z. Physik *18* (1923) 307—316.

1924

u. R. K. Kloppers: Anregungs- und Ionisierungsspannungen der Edelgase. Naturwiss. *12* (1924) 1 S.; Z. Physik *31* (1925) 7 S.

Über die Anregung von Spektrallinien durch Elektronenstoß, 1. Ebda *22* (1924) 18—26.

1925

u. J. C. Scharp de Visser: Über die Anregung von Spektrallinien durch Elektronenstoß, 2. Ebda *31* (1925) 470—474.

Das Spektrum des Neon im kurzwelligen Ultraviolett. Naturwiss. *13* (1925) 489; Physica *5* (1925) 6 S.

Über die Diffusion langsamer Elektronen im elektrischen Felde. Z. Physik *32* (1925) 298—306; Physik. Z. *26* (1925) 868—870.

Die Resonanzlinien des Neon (Konstruktion eines Vakuum-Gitterspektrographen). Z. Physik. *32* (1925) 933—939.

Excitat. of spectr. lines by collisions of electrons. Proc. Amsterdam *28* (1925) 767—774.

1926

u. J. H. Abbink: Die Resonanzlinien der Edelgase. Naturwiss. *14* (1926) 648.

1927

u. W. Harries: Über die Zahl der Zusammenstöße bei der Diffusion langsamer Elektronen im elektrischen Felde. Z. Physik *46* (1927) 177—187.

1929

Die Bedeutung der PLANCKschen Quantentheorie für die Experimentalphysik. Naturwiss. *17* (1929) 496—498.

1932

Die elektrische Anlage des neuen physikalischen Institutes der TH Berlin. Elektrotechn. Z. *53* (1932) 49—53; AEG-Mitteilungen *1932*, Nr. 2, 37—43.

Ein Verfahren zur Trennung von gasförmigen Isotopengemischen. Naturwiss. *20* (1932) 493—494.

Verfahren zur Trennung von gasförmigen Isotopengemischen und seinen Anwendung auf die Isotopen des Neons. Z. Physik *79* (1932) 108—131, 700.

1933

Reindarstellung des schweren Wasserstoffisotops durch Diffusion. Naturwiss. *21* (1933) 884—885.

1934

u. W. Schütze, H. Harmsen: Weitere Versuche zur Isotopentrennung. Z. Physik *90* (1934) 703 bis 711.

Verfahren zur Trennung von Isotopengemischen durch Diffusion in strömendem Quecksilberdampf. Ebda *91* (1934) 810—815; Verh. Dtsch. physik. Ges. *15* (1934) 26.

1936

General Electric Co., übertragen von G. HERTZ, Eindhoven: Entladungsröhre. A. P. 2030521 vom 18. Okt. 1924, ausgegeben 11. Dez. 1936.

1937

Zur Frage der Spannungsabhängigkeit des Zündverzuges. Z. Physik *106* (1937) 102—107.

1939

u. H. Mende: Schallstrahlungsdruck in Flüssigkeiten. Ebda *114* (1939) 354—367; Verh. Dtsch. physik. Ges. *20* (1939) 154.

1940

Schallstrahlungsdruck in Flüssigkeiten und Gasen im Zusammenhang mit der Zustandsgleichung. Physik. Z. *41* (1940) 546—549; Z. techn, Physik *21* (1940) 298—301.

1958

Einführung, in: Lehrbuch der Kernphysik. Bd *I*: Experimentelle Verfahren. Leipzig 1958. 7—32.

1959

Das Physikalische Institut. II. Der gegenwärtige Stand der wissenschaftlichen Arbeit im Physikalischen Institut. In: Festschrift zur 550-Jahrfeier der KMU. Berlin 1959. S. 111—115.

1960

Vorwort, in: Lehrbuch der Kernphysik. Bd *II*: Physik der Atomkerne. Leipzig 1960. S. 3—4.

Die Bedeutung der PLANCKschen Quantentheorie für die experimentelle Physik. In: Max Planck zu Gedenken. 1960. S. 29—41.

Max von Laue — ein genialer Wissenschaftler. LVZ Nr. 121 v. 1. Mai 1960, S. 4.

[Bespr.] Beiträge zur Physik und Chemie des 20. Jahrhunderts. Braunschweig 1959. In: DLZ *81* (1960) Sp. 556—559.

1961

[Nachr.] Walter Bothe 8. 1. 1891—8. 2. 1957. In: Jahrbuch Sächs. Akad. Wiss. zu Leipzig *1957* bis *1959* (Berlin 1961) 335.

[Nachr.] Frédéric Joliot-Curie. In: Hochschulwesen *8* (1961) 105—106.

1963

[Nachr.] Max von Laue. In: Jahrbuch Deutsche Akademie der Wiss. zu Berlin *1962* (Berlin 1963) 145–147.

[Bespr.] Walther Gerlach: Humanität und naturwissenschaftliche Forschung. Braunschweig 1962. 205 S. In: DLZ *84* (1963) Sp. 385–386.

1964

[Nachr.] Niels Bohr 7. 10. 1885–18. 11. 1962. In: Jahrbuch Deutsche Akademie der Wiss. zu Berlin *1963* (Berlin 1964) 214–215.

1965

Stabile Isotope. In: 10 Jahre Jenaer Rundschau *10* (1965) 248–251.

[Vortr.] Die 15. Tagung der Nobelpreisträger in Lindau: Von der Struktur der Isotopen. Vortrag, gehalten am 26. Juli 1965 im Hess. Rundfunk II.

[Nachr.] James Franck 26. 8. 1882–21. 5. 1964. In: Ann. Phys. Leipzig *15* (1965) 1–4.

1973

Nützlich für den Fortschritt der Wissenschaft. In: Spektrum *4* (1973) H. 6, S. 31.

1975

[Gespräch] Wissen und Wirken. Fruchtbare Jahrzehnte für die Physik. Ebda *6* (1975) H. 2, 8–11.
Aus den Anfangsjahren der Quantenphysik. Ebda H. 12, 6–15.

1976

Grundlagenforschung und technische Entwicklung. Ebda *7* (1976) H. 2, 28–31.

Walter Brednow

13. 2. 1896–11. 9. 1976

Am 11. 9. 1976 verstarb der emer. Ordinarius für Innere Medizin an der Friedrich-Schiller-Universität Jena, OMR Prof. Dr. med., Dr. med. h. c. Walter Brednow im 81. Lebensjahr. Wer seine geistige Frische und persönliche Ausstrahlungskraft noch bis in die letzten Wochen vor seinem Tode erlebt hat, konnte nicht ahnen, mit welcher Energie und Selbstdisziplin Brednow den schon versagenden „Bruder Leib" immer wieder bezwang. So ist er den Weg, wie er ihn selbst in seinen tiefschürfenden Gedanken um Krankheit, Altern und Reifen vorgezeichnet hat, bis zum „vollen, das heißt erfüllten Ende" gegangen.

Der wissenschaftliche Werdegang und die Leistungen Walter Brednow's sind aus Anlaß seines 70. und seines 80. Geburtstages wiederholt dargestellt und gewürdigt worden. Brednow, am 13. 2. 1896 in Berlin geboren, verdankt seiner Vaterstadt auch die wesentlichen Impulse seiner schulischen wie akademischen Bildung und Ausbildung. Schon nach dem Abitur 1914 wird bei ihm die eigentümliche Doppelbegabung sichtbar, die sein gesamtes späteres Wirken und Denken prägen und befruchten sollte. Während anfangs sein Interesse vorwiegend der deutschen Literatur und den Sprachwissenschaften galt und er deshalb zunächst Germanistik studieren wollte, entstand in ihm unter dem unmittelbaren Eindruck menschlicher Krankheit und menschlichen Leidens, den er als Sanitäter im ersten Weltkrieg empfing, der Wunsch und Entschluß, Medizin zu studieren.

Nach dem Staatsexamen 1922 arbeitete Brednow mehrere Jahre an verschiedenen Berliner Krankenhäusern und Kliniken, u. a. bei Schlayer und Bonhoeffer, bei dem er auch 1923 promovierte. Sein eigentlicher Lehrer wurde der Greifswalder Internist Straub, der ihm Spezialausbildungen in Röntgendiagnostik und -therapie bei Holfelder und bei H. H. Berg ermöglichte und ihn schließlich nach Göttingen mitnahm. Schon 1930 konnte sich Brednow für die Fächer Innere Medizin und Röntgenologie habilitieren, wurde 1934 Oberarzt und leitete nach dem Tode Straubs kommissarisch die Göttinger Medizinische Univ.-Klinik bis zum April 1939. Seine kompromißlose politische Einstellung verzögerte die Ernennung zum a. o. Professor bis 1936 und beeinflußte auch seinen späteren Lebensweg. 1939 übernahm er die Innere Abteilung des Städtischen Krankenhauses Cottbus und mußte 1945 erleben, wie das von ihm bis dahin Geschaffene durch Bomben zerstört wurde. Seinem großen persönlichen Einsatz war es zu danken, daß Krankenhaus und Gesundheitswesen in der von Verwundeten und Flüchtlingen überfüllten Stadt reorganisiert und rasch funktionsfähig wurden.

Im Februar 1947 erreichte Brednow die Berufung als Nachfolger von W. H. Veil auf den Lehrstuhl für Innere Medizin an der Friedrich-Schiller-Universität Jena, den er 1963 als Emeritus wieder verließ.

Unter den gewaltigen Aufgaben dieser Jahre nach dem Zusammenbruch waren ihm die Ausbildung der Studenten und die Heranbildung junger Ärzte und Wissenschaftler die wichtigsten.

Es gehörte zu den wenigen Großen seines Faches, die das Gesamtgebiet der inneren Medizin noch überschauen und lehren konnten. In der Festigung eines breiten und tragfähigen Fundamentes der inneren Medizin sah er seine besondere Verantwortung. Nur damit kann trotz der von ihm als notwendig erkannten und geförderten Spezialisierung eine den Menschen als Einheit erfassende Medizin als „tragender Grund ärztlich-menschlichen Seins“ bewahrt bleiben.

Brednow hat keine Schule entstehen lassen, eingeschworen auf seine Lehrmeinung — im Gegenteil, solches schien diesem unbestechlich kritischen Geist stets verdächtig. Er forderte eigenständiges Denken, gegründet auf sorgfältige Detailarbeit und klare Formulierung der eigenen Ergebnisse in der klinischen wie wissenschaftlichen Arbeit.

Unter Brednow's Leitung erreichte die Medizinische Universitätsklinik, seit 1951 um die Univ.-Tuberkulose-Klinik erweitert, einen international anerkannten modernen Entwicklungsstand. Die über 150 wissenschaftlichen Publikationen, darunter mehrere Monographien, umfassen Forschungen auf dem Gebiet des Mineralstoffwechsels, der Kreislaufregulation, der Infektionskrankheiten, der Leberfunktion und vor allem der klinischen Röntgenologie. Die im letzten Jahrzehnt der medizinischen Tätigkeit entstandenen Arbeiten weisen Brednow als einen international anerkannten Fachmann auf dem Gebiet der Lungengerüsterkrankungen aus.

Die klinisch-naturwissenschaftliche Forschung und die Kliniksleitung sind nur Teilaspekte. „Der volle Akkord Ihres persönlichen Arzttums erklingt auf den vielen Saiten Ihres Wesens. Man hört den Arzt und den Gelehrten, den Kunstsachverständigen und den profund humanistisch Gebildeten heraus ...“ schreibt H. E. Bock in seiner Laudatio zum 80. Geburtstag. Die schon eingangs erwähnte Doppelbegabung führte die gleichermaßen analytische wie synthetische Veranlagung zu einer glücklichen Einheit. Brednow hat dies nie als statistische Gegebenheit, sondern stets als Prozeß der Selbstwerdung, der Reifung betrachtet. Es sagt: „Letztlich ist die personale Entwicklung des Menschen auf einer seelisch-geistigen Grundlage, die einerseits den inneren Anlagen und andererseits den Umweltgegebenheiten gemäß ist, der Vorgang, an dem die Reifung abzulesen ist". Ihm war Bildung noch ein Ziel, ein Weg der bewußten Arbeit zum eigentlichen Menschsein, das nach Herder „mit Mühe und Fleiß erst angebildet werden muß". Der extremen Einseitigkeit des heutigen Spezialwissens setzt er immer wieder das humanistische Bildungsideal der Weimar-Jenaer Klassik entgegen.

Von dem tiefen Eindringen in diese Geisteswelt, auch hier begleitet von seiner verständnisvollen, klugen Frau, zeugen seine zahlreichen Arbeiten über Hufeland, Kieser, Lavater, Oken und immer wieder Goethe. Und wie im Schlangensymbol, das Brednow gleich Goethe sehr geliebt hat, schließt sich auch hier der Kreis: Naturwissenschaftliche Betrachtungsweise und ärztliche Erfahrung vereinen sich mit geisteswissenschaftlich-historischen Aspekten und philosophischen Gedanken. Aus einer profunden Kenntnis der abendländischen und fernöstlichen Kultur schöpfend, nutzt er die Aussagen und Zeugnisse genialer Menschen und kommt so, behutsam jedes Wort wägend und prüfend, zu allgemeingültigen Aussagen über den leidenden Menschen, seine Krankheit und seine Hoffnung, über Schmerz, Altern und Tod.

Zahlreiche Ehrungen sind Brednow zuteil geworden: 1959 hatte er das ehrenvolle Amt des 1. Vorsitzenden der Deutschen Gesellschaft für Innere Medizin inne und wurde 1963 deren Ehrenmitglied, weitere Ehrenmitgliedschaften folgten 1963 in der Medizinisch-wissenschaftlichen Gesellschaft für Innere Medizin an der Friedrich-Schiller-Universität Jena, 1964 in der Nordwestdeutschen Gesellschaft für Innere Medizin, 1965 in der Gesellschaft für Innere Medizin der DDR. 1966 verlieh ihm die Universität Tübingen die Ehrendoktorwürde. 1958 wurde er zum Ordentlichen Mitglied der Deutschen Akademie der Naturforscher Leopoldina, 1960 der Sächsischen Akademie der Wissenschaften zu Leipzig berufen. Seinen letzten Vortrag, über Spiegel, Doppelspiegel und Spiegelungen — eine „wunderliche Symbolik" Goethes, hielt er am 24. März 1975 vor dem Plenum dieser Akademie. Aus der Fülle seines Wissens und seiner Erfahrung hat Brednow das geistige Leben der Sächsischen Akademie mitgeprägt. Zur 125-Jahrfeier sprach er über das Humanum im Spannungsfeld von Natur und Technik und gab damit der Reihe der Festvorträge einen krönenden Abschluß, den Überlegungen zur Erziehung zwischen Mensch und Umwelt, die das innere Leben der Sächsischen Akademie seit dem Jahre 1965 vornehmlich bestimmen, einen tiefen Sinn. Die Mitglieder der Sächsischen Akademie gedenken seines Wirkens mit höchstem Respekt und größter Dankbarkeit.

Die tiefen Einsichten Brednow's in die Lebensbezüge des heutigen Menschen sind nicht nur Ergebnis einer umfassenden Bildung, sondern auch Frucht eigenen Erlebens und Erleidens. Bis zuletzt ist er den Weg „der wahrhaft menschlichen Selbstfindung" gegangen, uns Nachfolgenden das „Humanum als Zeichen und Auftrag in der Gegenwart" und als Mahnung hinterlassend.

Prof. Dr. sc. med. Dietfried Jorke

Bibliographie Walter Brednow

I. Bücher

1. Röntgenatlas der Lungenerkrankungen; ein Leitfaden für Ärzte.
   1. Aufl. Berlin-Wien 1931. II + 166 S. (m. Erich Hofmann).
   2. Aufl. Berlin-Wien 1933. 206 S. (m. Erich Hofmann).
   3. Aufl. Berlin-Wien 1938. VIII + 254 S. (m. Erich Hofmann).
   4. Aufl. Berlin-Wien 1941. VIII + 260 S. (m. Erich Hofmann).
   5. Aufl. Berlin-Wien 1942. VIII + 262 S. (m. Erich Hofmann).
   6. Aufl. Berlin 1948. VII + 187 S.
   7. Aufl. München-Berlin 1959. 318 S.
   Japanische Übersetzung 1942.
2. Röntgenatlas der Erkrankungen des Herzens und der Gefäße; ein Leitfaden für Ärzte.
   1. Aufl. Berlin-Wien 1936. 155 S.
   2. Aufl. Berlin-Wien 1939. 161 S.
   3. Aufl. Berlin-Wien 1942. IV + 195 S.
   4. Aufl. Berlin 1951. 223 S. [Lizenzausgabe].
   5. Aufl. München-Berlin 1951. 223 S.
3. Jena und Göttingen; medizinische Beziehungen im 18. und 19. Jahrhundert. Jena 1949. 40 S.
4. Dietrich Georg Kieser; sein Leben und Werk. Wiesbaden 1970. 176 S. (Sudhoffs Archiv, Beiheft 12).
5. Das Humanum und die Wissenschaft. Hrsg. Prof. Dr. R. Scharf. Stuttgart-New York 1971. 304 S.
6. „Sei allem Abschied voran ...“. Eine Anthologie von Briefen zum Tode. Hamburg 1976. 100 S. [Im Selbstdruck].
7. Lebensgeschichtliche Rückblicke des alten Goethe. Eigenvervielfältigung 1976. [Nachlaß].

II. Aufsätze in Zeitschriften und Sammelwerken

1. Reproduktionsversuche an pseudologischen Kindern. Z. Kinderforschg. *29* (1924) S. 416 bis 442.
2. Diuresewirkung von Brei-Obsttagen. Dtsch. med. Wschr. *51* (1925) S. 821–823.
3. Zur Alkalitherapie des Ulkus. Med. Klin. *22* (1926) S. 921–923.
4. Klinischer Beitrag zur Pathogenese von Erkrankungen der Gallen- und Harnwege. Z. klin. Med. *105* (1927) S. 426–439.
5. Serumkalkstudien beim Asthma bronchiale. Wiener Arch. klin. Med. *14* (1927) S. 257–272.
6. Der Einfluß des warmen Vollbades auf den Mineralstoffwechsel unter besonderer Berücksichtigung der Indifferenzzone. Z. klin. Med. *109* (1928) S. 293–301.
7. Der Einfluß des künstlichen Kohlensäurebades indifferenter Temperatur auf den Mineralstoffwechsel. Z. klin. Med. *110* (1929) S. 216–223.
8. Über die Eignung des Umbrathors zur Pyelographie. Fortschr. Röntgen-Strahlen *39* (1929) S. 684–687.
9. Strahlentherapeutische Erfahrungen beim Morbus Basedowii. Münchener med. Wschr. *77* (1930) S. 96–97.

10. Über Pneumonokoniosen in klinischer Beziehung und in ihrer Bedeutung als Berufskrankheiten. Klin. Wschr. *9* (1930) S. 1363—1366.

11. Gegensinnige Regulierung von Plasma- und Erythrozytenmenge. Verh. Dtsch. Ges. inn. Med. 42. Kongreß, Wiesbaden *1930* (1930) S. 238—239 [Aussprache S. 240—241].

12. Beeinflussung der zirkulierenden Blutmenge und der Blutverteilung durch physikalische und pharmakologische Maßnahmen. I. Mitt.: Einfluß der Kohlensäureeinatmung. Z. exp. Med. *73* (1930) S. 557—572.

13. Beeinflussung der zirkulierenden Blutmenge und der Blutverteilung durch physikalische und pharmakologische Maßnahmen. II. Mitt.: Einfluß der Überventilation. Z. exp. Med. *74* (1930) S. 224—231.

14. Beeinflussung der zirkulierenden Blutmenge und der Blutverteilung durch physikalische und pharmakologische Maßnahmen. III. Mitt.: Einfluß von Adrenalin, Pituitrin und Histamin. Z. exp. Med. *78* (1931) S. 177—192.

15. Zur Autoplastik der Magenschleimhaut. Fortschr. Röntgen-Strahlen *43* (1931) S. 91—94.

16. Lage- und Gestaltveränderungen des Kolons und ihre klinische Bedeutung. Z. klin. Med. *119* (1932) S. 508—519.

17. Ein Deckenhängegerät für diagnostische Zwecke. Röntgenpraxis *4* (1932) S. 142—143.

18. Klinische Bedeutung der Blutmengenbestimmung und Kritik der Methoden. Zbl. inn. Med. *53* (1932) S. 984—998.

19. Plastische Darstellung des Herzens. Verh. Dtsch. Ges. inn. Med. 44. Kongreß, Wiesbaden *1932* (1932) S. 254—255.

20. Plastische Darstellung des Herzens. Z. klin. Med. *122* (1932) S. 382—389.

21. Polycythaemia vera im Röntgenbild, zugleich ein Beitrag zur röntgenologischen Darstellung der Stauungslunge. Röntgenpraxis *5* (1933) S. 732—735.

22. Untersuchungen über die Leistungsfähigkeit der Röntgendurchleuchtung der Lungen. Z. f. Tbc. *68* (1933) S. 399—404 (m. U. Schaare).

23. Kymographische Untersuchungen des normalen Herzens. Z. klin. Med. *125* (1933) S. 480 bis 492 (m. U. Schaare).

24. Kymographische und elektrokardiographische Untersuchungen bei Rhythmusstörungen des Herzens. Z. klin. Med. *128* (1935) S. 223—237 (m. B. Deppe).

25. Die Formveränderungen des schlagenden Herzens. Z. Kreislaufforschg. *27* (1935) S. 401—409.

26. Einfluß hoher Atropindosen auf das morphologische und motorische Verhalten des Magens beim Enzephalitiker. Röntgenpraxis *7* (1935) S. 183—184.

27. Der Wert der röntgenologischen Schichtdarstellung für die Lungendiagnostik. Zbl. inn. Med. *57* (1936) S. 898—899.

28. Die Bedeutung der röntgenologischen Schichtdarstellung der Lungen. Beitr. z. Klin. d. Tbc. *89* (1937) S. 109—122.

29. Die ersten Mediziner der Göttinger Universität. Umschau *41* (1937) S. 586—589.

30. Die Entwicklung medizinisch-naturwissenschaftlichen Denkens an der Göttinger Universität in den ersten 120 Jahren ihres Bestehens. Med. Welt *11* (1937) S. 881—892.

31. Hermann Straub †. Med. Klin. *34* (1938) S. 955—956.

32. Aussprache über die Behandlung der kruppösen Pneumonie. Med. Klin *36* (1940) S. 539.

33. Aussprache über die Kennzeichen der Aktivität einer tuberkulösen Infektion. Med. Klin. *36* (1940) S. 1071—1072.

34. Georg Wilhelm Steller, ein deutscher Arzt, Ernährungsforscher und Naturwissenschaftler. Wiener med. Wschr. *91* (1941) S. 383—385.

35. Herzschäden als Spätfolgen akuter Infektionskrankheiten, ihre Verhütung und Behandlung. Therapie der Gegenwart *82* (1941) S. 273—278.

36. Ergebnisse einer Parallelbehandlung der kruppösen Pneumonie mit Chinin und Eubasinum. Münchener med. Wschr. *89* (1942) S. 955–956.

37. Hermann Straub zum Gedächtnis. Göttinger Nachrichten v. 18. 11. 1942, 1 S.

38. Aussprache: Die Hypotonie, Krankheitsbild und Behandlung. Med. Klin. *39* (1943) S. 671.

39. Seltene Komplikationen und ungewöhnliche Beobachtungen während der letzten Typhusepidemie. Das dtsch. Gesundheitswesen *1* (1946) S. 10–12.

40. Zur Frage der Insulinersparnis durch Haematoporphyrin. Das dtsch. Gesundheitswesen *1* (1946) S. 83–85 (m. H. Weichbrodt-Herbst).

41. Noma als Komplikation beim Typhus abdominalis. Z. Haut- u. Geschlechtskrankh. u. d. Grenzgeb. [*1*] (1946) S. 10–12.

42. Eosinophile und plasmocytäre Reaktion des Knochenmarks beim Typhus abdominalis. Das dtsch. Gesundheitswesen *2* (1947) S. 215–219.

43. Knochenmarkreaktionen im Verlaufe des Typhus abdominalis. Dtsch. med. Wschr. *72* (1947) S. 632–635.

44. Zur Urethanbehandlung der Leukaemien. Z. ges. inn. Med. *4* (1949) S. 65–69.

45. Göttingen und Jena. Beziehungen ihrer medizinischen Fakultäten im 18. und 19. Jahrhundert. Göttinger Universitätszeitung *4* (1949) Nr. 12, S. 6–8.

46. Goethe und naturwissenschaftliche Gesellschaften. Z. ges. inn. Med. *4* (1949) S. 449–454.

47. Klinische Betrachtungen zur Endocarditis. Das dtsch. Gesundheitswesen *4* (1949) S. 970–974.

48. Die Überforderung der Schwester. Die Diakonieschwester (1950) Juni-Nr., 8 S.

49. Provozierte Hypocalcaemie als diagnostische Methode. Das dtsch. Gesundheitswesen *6* (1951) S. 8–12 (m. R. Pankalla).

50. Leberfunktion und Leberfunktionsproben in der Klinik. Z. ärztl. Fortbildg. *45* (1951) S. 296 bis 304.

51. Diskussionsbemerkung [Über den klinischen Wert der Testacidprobe]. Internisten-Tagung. Leipzig 23.–25. 11. 1950. Berlin 1951. S. 98.

52. Über den Wert des Hippursäuretests als Leberfunktionsprobe. Das dtsch. Gesundheitswesen *6* (1951) S. 1405–1412 (m. H.-G. Mielke).

53. Lorenz Oken. Zu seinem 100. Todestage. Z. ges. inn. Med. *7* (1952) S. 305–315.

54. Endocarditis lenta, ihre Behandlung und Behandlungsergebnisse. Das dtsch. Gesundheitswesen *7* (1952) S. 329–333.

55. Lorenz Oken. Zu seinem 100. Todestage. Ber. d. Naturforschenden Ges. zu Freiburg i. Br. *42* (1952) S. 115–141.

56. Lymphogranulomatose und Tuberkulose. Zbl. allg. Pathol. u. pathol. Anatomie *89* (1952/53) S. 319–327.

57. Mineralhaushalt und neuro-hormonales System. Z. ärztl. Fortbildg. *47* (1953) S. 218–221.

58. Hufeland als Arzt und Erzieher. Wiss. Z. d. Friedr.-Schiller-Univ. Jena, gesellschaftswiss. Reihe *2* (1952/53) Nr. 4, S. 83–89.

59. Oken und Thiersch als Gegner in der Schulreform. Eine historische Erinnerung. Die Naturwissenschaften *41* (1954) S. 80–82.

60. Roderich Stintzing zu seinem 100. Geburtstage am 12. 2. 1954. Wiss. Z. d. Friedr.-Schiller-Univ. Jena, math.-nat. Reihe *3* (1953/54) S. 307–308.

61. Bronchitis und Bronchiektasien. Dtsch. med. Journal *5* (1954) S. 292–296.

62. Cavernenheilung. Herrn Prof. Hämel zum 60. Geburtstag. Wiss. Z. d. Friedr.-Schiller-Univ. Jena, math.-nat. Reihe *4* (1954/55) S. 15–18.

63. Der Mensch und die Hoffnung. Die Sammlung *9* (1954) S. 529–539 u. S. 596–608.

64. Wirkungen der Tuberkulostatica und der Kombinationstherapie bei der Lungentuberkulose. Z. ärztl. Fortbildg. *49* (1955) S. 73–81.

65. Wolfgang H. Veil und die Weimarer Klassik. Wiss. Z. d. Friedr.-Schiller-Univ. Jena, math.-nat. Reihe *4* (1954/55) S. 313–315.

66. Zum Gestalt- und Funktionsproblem in der Röntgendiagnostik des Herzens. Abh. d. Dtsch. Akad. d. Wiss. zu Berlin, Kl. f. med. Wiss. *1954* (1955) Nr. 1, S. 87–96.

67. Neue Gesichtspunkte der Heilung tuberkulöser Cavernen. Med. Klin. *51* (1956) S. 562–564 u. S. 586–588.

68. Goethes Geburtstage, Symbole seines Zeiterlebnisses. Die Sammlung *11* (1956) S. 341–356.

69. Kritisches zur Gastritisdiagnose. Z. ges. inn. Med. u. Grenzgeb. *11* (1956) S. 501–504.

70. Klinische Erfahrungen in der Diabetesbehandlung mit hypoglykämisierenden Sulfonamidkörpern. Münchener med. Wschr. *99* (1957) S. 101–105 (m. D. Jorke).

71. Maskierte Bronchialcarcinome. Med. Klin. *52* (1957) S. 698–700.

72. Bronchitis und Bronchiektasien. Klinik der Gegenwart. Handbuch der praktischen Medizin. Hrsg. R. Cobet u. K. Gutzeit. Bd *5* (München-Berlin 1957) S. 619–638. Italien.: Bronchite e bronchiectasie, in: Clinica d'oggi, vol. *5* (Torino 1959) S. 621–644. Span.: Bronquitis y bronquiectasias, in: La clínica del presente, vol. *5* (Madrid 1962) S. 624–642.

73. Festrede zum 75. Jubiläum der Deutschen Gesellschaft für innere Medizin. Verh. Dtsch. Ges. inn. Med. 63. Kongreß, *1957* (1957) S. 5–21.

74. Zur Klinik chronisch-sklerosierender, nichttuberkulöser Lungenkrankheiten. Münchener med. Wschr. *99* (1957) S. 1933–1936.

75. Die Medizinische und Nervenklinik der Friedrich-Schiller-Universität Jena. Z. ärztl. Fortbildg. *52* (1958) S. 125–126.

76. Rundherde der Lungen. Dtsch. med. Journal *9* (1958) S. 205–209.

77. Zur Klinik der Lungenmykosen. Med. Klin. *53* (1958) S. 622–627.

78. In memoriam Walter Wolff (1878–1958). Med. Klin. *53* (1958) S. 1347.

79. Restschäden bei Magenresezierten aus internistischer Sicht. Med. Klin. *53* (1958) S. 1436 bis 1441.

80. Digitalis oder Strophantin? Z. ärztl. Fortbildg. *52* (1958) S. 713–717.

81. Spätschäden bei Magenresezierten aus internistischer Sicht. Zbl. Chirurgie *83* (1958) S. 2257.

82. Das Rheumaproblem im Spiegel der Kongreßverhandlungen der Deutschen Gesellschaft für Innere Medizin. Med. Klin. *54* (1959) S. 621–624.

83. Zur Eröffnung der 65. Tagung der Deutschen Gesellschaft für Innere Medizin. Ansprache des Präsidenten der Gesellschaft, Prof. Dr. Brednow. Med. Klin. *54* (1959) S. 881–883.

84. [65. Kongreß der Deutschen Gesellschaft für Innere Medizin] Eröffnungsansprache des Vorsitzenden. Verh. Dtsch. Ges. inn. Med. 65. Kongreß, *1959* (1959) S. 1–8.

85. Die Therapie der chronischen Bronchitis und der Bronchiektasien. Österreichische Ärztezeitung *15* (1960) Nr. 3, S. 2–6.

86. Die Problematik des Alterns bei Wilhelm von Humboldt. Die Sammlung *15* (1960) S. 137 bis 149.

87. Lupus erythematodes visceralis. Vorträge des 12. Ärztetreffens in Kärnten. 6.–8. 5. 1960 (= Paracelsus-Beihefte, Sonderheft). Wien 1960. 12 S.

88. Klinische Problematik der Cavernenheilung. Med. Klin. *55* (1960) S. 684–688.

89. Die Problematik des Alterns bei Wilhelm von Humboldt. Z. Alternsforschg. *14* (1960) S. 89 bis 93.

90. Zur Klinik und Therapie fibrosierender Lungenerkrankungen. Schweizer med. Wschr. *91* (1961) S. 23–24.

91. Der Kranke und seine Krankheit. Verh. Ges. dtsch. Naturforscher u. Ärzte *101.* 1960 (1961) S. 199–205.

92. Die Kollagenkrankheiten der Lunge. Beitr. z. Klin. d. Tbc. *124* (1961) S. 3–20.

93. Lungenveränderungen bei akutem und primär-chronischem Gelenkrheumatismus. Der Internist *2* (1961) S. 420–425.

94. Der Kranke und seine Krankheit. Nova Acta Leopoldina, NF *24* (1961) S. 1–16 (= Nr. 152).

95. Der Kranke und seine Krankheit. Ärztl. Praxis *13* (1961) S. 2289–2292.

96. Der Kranke und seine Krankheit. Der dtsch. Apotheker *14* (1962) S. 556–559.

97. Zur Klinik der Lungenadenomatose. Med. Klin. *57* (1962) S. 128–131.

98. Die Problematik des Alterns bei Wilhelm von Humboldt. II. Internistentagung Jena–Halle–Leipzig, 9. u. 10. Okt. 1959 in Weimar. Leipzig 1962. S. 12–26.

99. Zur klinisch-röntgenologischen Differentialdiagnose seltener Lungengerüsterkrankungen. Der Internist *3* (1962) S. 339–346.

100. Der Kranke und seine Krankheit. Neue Sammlung *2* (1962) S. 289–296.

101. Chr. W. Hufeland, Arzt und Erzieher im Lichte der Aufklärung. FuF *37* (1963) S. 104–106.

102. Christoph Wilhelm Hufeland. Lebensbilder deutscher Ärzte. Hrsg. E. Koch, H. Schüler, I. Winter. Leipzig 1963. S. 37–42. 2. unveränd. Aufl. Leipzig 1964.

103. Über 30 Jahre Arzt. Therapie der Gegenwart *102* (1963) S. 570–574 [m. Foto d. Autors].

104. Das kleine Examen. Med. Klin. *58* (1963) vor S. 1109 (Antworten vor S. 1129) u. vor S. 1419 (Antworten vor S. 1431).

105. Zur klinisch-röntgenologischen Differentialdiagnostik von Lungenrundherden. Med. Klin. *58* (1963) S. 1454–1457.

106. Christoph Wilhelm Hufeland, Arzt und Erzieher im Lichte der Aufklärung. Sitzungsber. d. Sächs. Akad. d. Wiss. zu Leipzig, math.-nat. Kl. *105* (1964) Nr. 6, 25 S.

107. Goethe und die Langeweile. Neue Sammlung *4* (1964) S. 1–9.

108. Los problemas de la senectud en Guillermo de Humboldt. Humboldt [Hamburg] (Span. Ausg.) Nr. 17 (1964) S. 54–62.

109. Tier und Mensch in Goethes naturwissenschaftlicher Sicht. FuF *39* (1965) S. 170–173.

110. Tier und Mensch in Goethes naturwissenschaftlicher Sicht. Sitzungsber. d. Sächs. Akad. d. Wiss. zu Leipzig, math.-nat. Kl. *106* (1965) Nr. 6, 44 S. + 12 Tafeln.

111. Zur Problematik der Lungengerüsterkrankungen. Nova Acta Leopoldina, NF *30* (1965) S. 277–294 (= Nr. 173).

112. Goethes Studien zur Natur von Tier und Mensch. Neue Sammlung *5* (1965) S. 425–439.

113. Christoph Wilhelm Hufeland (1762–1836). Deutsche Forscher aus 6 Jahrhunderten. Lebensbilder von Ärzten, Naturwissenschaftlern und Technikern. Leipzig 1965. S. 85–90. 2. unveränderte Aufl. Leipzig 1966.

114. Symbol und Symbolik in der Biologie Goethes. Goethe. NF des Jahrbuchs d. Goethe-Ges. *28* (1966) S. 236–262.

115. Beinamen in wissenschaftlichen Gesellschaften und Zirkeln. Ein Beitrag zur anthropologischen Bedeutung der cognomina. Archiv f. Kulturgeschichte *48* (1966) S. 242–261.

116. Wandlungen im Denken und Handeln des Arztes. Zum 75. Geburtstag Prof. Schoen. Ges. d. Freunde d. Med. Hochschule Hannover e. V. Nr. 3 (1967) S. 12–16.

117. Una carta inédita de Alejandro de Humboldt. Humboldt [Hamburg] (Span. Ausgabe) Nr. 31 (1967) S. 95

118. Der Arzt und die „Forderung der Menschlichkeit“ in der Gegenwart. Verstehen und Vertrauen. Otto Friedrich Bollnow zum 65. Geburtstag. Stuttgart-Berlin-Mainz-Köln 1968. S. 10–21.

119. D. G. Kieser als Balneologe. Dtsch. med. Journal *19* (1968) S. 479—482.

120. D. G. Kieser, ein Balneologe der Goethezeit. Der Kur- u. Badearzt Nr. 11 (1968) S. 90; Nr. 12, S. 96—97.

121. Ein Brief Alexander von Humboldts. Clio medica *3* (1968) S. 371—372.

122. Wandlungen der Wissenschaftslehre im Leben des Jenaer Professors D. G. Kieser. Dtsch. med. Journal *20* (1969) S. 95—102.

123. Wilhelm von Humboldt und die Physiognomik. Clio medica *4* (1969) S. 33—42.

124. Altern und Reifen — ein anthropologisches Problem. Z. Gerontol. *2* (1969) S. 140—150.

125. Von Lavater zu Darwin. Sitzungsber. d. Sächs. Akad. d. Wiss. zu Leipzig, math.-nat. Kl. *108* (1969) Nr. 6, 31 S. + 6 Tafeln.

126. Guillermo de Humboldt y la ciencia fisionómica. Humboldt [Hamburg] (Span. Ausgabe) Nr. 40 (1969) S. 32—36.

127. Maturidade e velhice — um problema antropológico. Humboldt [Hamburg] (Portugies. Ausgabe) Nr. 21 (1970) S. 13—17.

128. Die „Wehmut" bei Wilhelm von Humboldt. Z. philosoph. Forschg. *24* (1970) S. 499—515.

129. Der XII. Präsident (1858—62): Dietrich Georg Kieser (1779—1862). Nova Acta Leopoldina, NF *36* (1970) S. 169—197 (= Nr. 198).

130. Wesen und Bedeutung der „Physiognomischen Fragmente" J. C. Lavaters. Physiognomische Fragmente, zur Beförderung der Menschenkenntnis und Menschenliebe von J. C. Lavater, 4. Versuch. 1778. Neudruck, *IV*. Band. Leipzig 1969. Anhang, S. 1—47.

131. Zur Problematik der Anorexia senilis. Actuelle Gerontologie *1* (1971) S. 447—454.

132. Das Humanum — Zeichen und Auftrag in der Gegenwart. Therapiewoche *22* (1972) S. 3469 bis 3474.

133. Julius Grober. (27. 11. 1875 bis 10. 4. 1971). Verh. Dtsch. Ges. Pathol. [Stuttgarter Ausgabe] *56* (1972) S. 671—675.

134. Die „Wehmut" bei Wilhelm von Humboldt. Archiv f. Begriffsgeschichte *16* (1972) Nr. 1, S. 98.

135. Zur Anthropologie des Schwindels. Sitzungsber. d. Sächs. Akad, d. Wiss. zu Leipzig, math.-nat. Kl. *110* (1973) Nr. 6, 17 S.

136. Zum Begriff des „Pathologischen" bei Goethe. Medizinhistorisches Journal *8* (1973) S. 257 bis 289.

137. Das Humanum im Spannungsfeld von Natur und Technik. Festschrift zur Feier des 125jährigen Bestehens der Sächsischen Akademie der Wissenschaften zu Leipzig. Berlin 1974. S. 187 bis 195.

138. Spiegel, Doppelspiegel und Spiegelungen — eine „wunderliche Symbolik" Goethes. Sitzungsber. d. Sächs. Akad. d. Wiss. zu Leipzig, math.-nat. Kl. *112* (1976) Nr. 1, 28 S.

139. Der Mensch und die Hoffnung in ärztlicher Sicht. Universitas *31* (1976) S. 293—297.

140. Die Basalte — zu einem Gedicht Goethes. Leopoldina. Mitt. d. Dtsch. Akad. d. Naturforscher Leopoldina *20* (1977) S. 227—244.

141. Vom „guten" Humor zum „reinen" Humor bei Goethe. Jahrbuch d. Freien Dtsch. Hochstifts *1977*, S.111—128.

III. Besprechungen und Herausgabe

[Rez.] K. M. Bykow: Großhirnrinde und innere Organe. DLZ *74* (1953) Sp. 366—370.

[Rez.] I. M. Setschenow, I. P. Pawlow, N. E. Wwedenskij: Physiologie des Nervensystems. DLZ *74* (1953) Sp. 557—560.

[Rez.] Th. Regau: Medizin auf Abwegen. Med. Monatsschr. *15* (1961) S. 551–552.
[Rez.] J. Bernard: Die Medizin zwischen heute und morgen. DLZ *86* (1965) Sp. 61–63.
[Hrsg.] II. Internistentagung Jena–Halle–Leipzig, 9. u. 10. Oktober 1959 in Weimar. Leipzig 1962.

Dr. Lebrecht Weichsel

Franz Hein

30. 6. 1892–26. 3. 1976

Am 26. März 1976 verstarb in seinem 84. Lebensjahr das ordentliche Mitglied der SAW zu Leipzig Prof. Dr. phil., Dr. rer. nat. h. c. Franz Hein, ehemaliger Direktor des Institutes für Anorganische Chemie der Friedrich-Schiller-Universität Jena und Leiter der Forschungsstelle für Komplexchemie (Jena) der Akademie der Wissenschaften der DDR.

Franz Hein wurde am 30. Juni 1892 in Grötzingen/Baden als Sohn des Kunstmalers Hein und seiner Ehefrau Ida, geb. Necker, geboren. Er besuchte von 1898 bis 1901 die Dorfschule seines Heimatortes und anschließend das Gymnasium in Durlach-Karlsruhe/Baden. 1912 legte er am Realgymnasium in Leipzig das Abitur ab. Nach Abschluß der Reifeprüfung entschloß sich F. Hein für ein Studium der Chemie in Leipzig, das er noch im selben Jahr begann. Im Herbst 1914 wurde er bereits als Assistent am Chemischen Labor der Universität Leipzig, dessen damaliger Direktor Prof. A. Hantsch war, eingesetzt. Im Jahre 1917 beendete er sein Studium mit der Promotion (Dr. phil.) bei den Professoren A. Hantsch und K. Schäfer zu den Themen: „Untersuchungen über Triphenylmethanderivate“ und „Optische Untersuchungen über die Konstitution von Wismutverbindungen“. Ab 1920 arbeitete F. Hein als Oberassistent im Laboratorium für Angewandte Chemie in Leipzig bei Prof. C. Paal und habilitierte sich 1921 mit dem Thema „Über die Polyphenylchrombasen und ihre Salze“.

Im Jahre 1923 erfolgte seine Ernennung zum planmäßigen a. o. Ordinarius und Abteilungsvorstand der analytisch-anorganischen Abteilung des Chemischen Laboratoriums der Universität Leipzig.

Die zahlreichen wissenschaftlichen Arbeiten der Leipziger Zeit zeigen, daß F. Hein die anorganische Chemie in ihrer ganzen Vielfalt beherrschte. Am Anfang steht das Jahr 1919 mit der Synthese der „Phenylchromverbindungen“. Es dauerte jedoch bis zum Jahre 1954, ehe die wahre Natur dieser Verbindungsklasse, die für die Entwicklung der Metallorganochemie eine fundamentale Bedeutung besitzt, als Aromatenkomplexe des Chroms von ihm identifiziert werden konnte. Die Koordinations- und Elementorganochemie wurde zum Hauptarbeitsgebiet für F. Hein, und er gewann auf diesem Gebiet im Laufe seiner wissenschaftlichen Tätigkeit herausragende neue Erkenntnisse. Seine theoretischen und experimentellen Untersuchungen sind gekennzeichnet durch die Vielseitigkeit der angewendeten Methoden und eine hohe Experimentierkunst und haben sehr zur Bereicherung der analytischen Chemie beigetragen.

In den Leipziger Jahren sind es besonders die Arbeiten über die Chemie der Chromphenyle, Darstellungsmöglichkeiten von Quecksilberalkylen sowie Untersuchungen von Chrom-I-Komplexen und über elektronenreiche Komplexverbindungen, die Erwähnung finden sollen. Seine in den dreißiger Jahren entwickelte Wasserstoffbestimmungsmethode mit Silbersalzen in Gegenwart von Kaliumpermanganat ist zu einer Standardmethode der Gasanalyse geworden. Die Methoden zur Darstellung von α, α'-Dipyridyl unter Druck im Autoklaven machten dieses für die analytische und Eisenchemie wichtige Hilfsmittel wesentlich leichter herstellbar. Ultrafiltration, Analysenquarzlampen, elektrometrische und konduktometrische Titrationen, wie auch die Methode der Dipolmomentmessungen und der Magnetochemie, sowie Verfahren zur quantitativen Bestimmung von Halogenen und Schwefel in kleinsten Mengen beleuchten in anschaulicher Weise die Vielfalt der von ihm untersuchten Probleme.

Im Jahre 1942 folgte F. Hein einer Berufung als Direktor des Institutes für Anorganische Chemie der Universität Jena. Im März 1945 wurden die Chemischen Institute in Jena zerstört und Prof. Hein und seine Mitarbeiter fanden ein vorübergehendes Unterkommen in anderen Instituten.

Nach Evakuierung kehrte er, trotz seines Lehrstuhlangebotes in Marburg, im März 1946 mit Familie unter großen Schwierigkeiten nach Jena zurück, und im selben Jahr erhielt er die Ernennung zum ordentlichen Professor mit Lehrstuhl der Universität Jena.

In den schweren Nachkriegsjahren bedurfte es seines ganz persönlichen Einsatzes und seiner Erfahrungen, um aus einem Nichts heraus eine Forschung von internationalem Rang aufzubauen und (außerdem) eine stetig ansteigende Zahl junger Menschen zu Wissenschaftlern heranzubilden, die fähig war, die großen Aufgaben beim Neuaufbau der chemischen Industrie und des Hochschulwesens in ihre Hände zu nehmen. Er wurde „ihr Vater Hein", den sie verehrten und in dessen menschlicher und wissenschaftlicher Haltung sie ihr Vorbild sahen.

Franz Hein hat sich um den Aufbau eines Anorganisch-Chemischen-Institutes in hohem Maße verdient gemacht.

Eine 1948 vorgeschlagene Berufung nach Leipzig auf den Lehrstuhl seines früheren Lehrers A. Hantsch lehnte er nach reiflicher Überlegung zugunsten Jenas ab.

Seine umfassenden Erfahrungen und Literaturkenntnisse ermöglichten ihm, mit der „Chemischen Koordinationslehre", deren 1. Auflage im Jahre 1950 erschien, eine Monographie zu verfassen, die für viele Jahre als Standardwerk auf dem Gebiet der Koordinationschemie galt.

In den fünfziger Jahren gelang Franz Hein und seinen Mitarbeitern die Darstellung echter Metallorganokomplexe, die die Eigenschaft aufweisen, bei Zimmertemperatur mit molekularem Wasserstoff unter Bildung von Hydridkomplexen zu reagieren. Breite Anerkennung fanden auch die von ihm und seinen Schülern durchgeführten diffiziellen Untersuchungen zum Isometrieproblem der sogenannten Lifschitzkomplexe.

Die Regierung der DDR ehrte die wissenschaftlichen Leistungen Franz Heins und seinen hohen persönlichen Einsatz in den Jahren des Neuaufbaus durch die Verleihung des Nationalpreises und des Titels „Hervorragender Wissenschaftler des Volkes" in den Jahren 1952 bzw. 1958.

1954 erhielt F. Hein die Clemens-Winkler-Medaille. 1955 unternahm er auf Einladung des Präsidenten der Akademie der Wissenschaften der UdSSR eine Studien- und Vortragsreise nach Leningrad, Kiew und Moskau und erhielt die Tschugajew-Medaille der Akademie der Wissenschaften der UdSSR. 1956 wurde die Forschungsstelle für Komplexchemie der Deutschen Akademie der Wissenschaften zu Berlin in Jena gegründet, mit deren Leitung man Prof. Hein betraute.

Im Jahre 1957 emeritierte Prof. F. Hein, blieb jedoch weiterhin kommisarisch als Direktor des Institutes für Anorganische Chemie tätig. Seine vollständige Emeritierung erfolgte auf eigenen Wunsch ab 1. September 1959.

Im selben Jahr erhielt Prof. Hein in Würdigung seiner wissenschaftlichen Verdienste die Alexander-von-Humboldt-Medaille.

Prof. Hein war Mitglied zahlreicher in- und ausländischer wissenschaftlicher Gesellschaften, wie der Sächsischen Akademie der Wissenschaften zu Leipzig, der Akademie der Wissenschaften der DDR, der Deutschen Akademie der Naturforscher Leopoldina zu Halle, der Heidelberger Akademie der Wissenschaften und der New York Academy of Sciences.

Die Universitäten Freiburg/Br. und Rostock verliehen ihm in den Jahren 1957 bzw. 1969 die Ehrendoktorwürde.

Trotz seines zunehmend schlechter werdenden Gesundheitszustandes arbeitete F. Hein an der ständigen Aktualisierung seiner „Chemischen Koordinationslehre" und im November 1971 erschien die wesentlich veränderte Neuauflage der „Chemischen Koordinationslehre" mit dem Titel „Chemie der Komplexverbindungen — Chemische Koordinationslehre", Band I.

Im Verlauf von mehr als 60 Jahren Forschertätigkeit hat er auf dem Gebiet der Organometallkomplexchemie, dem Grenzgebiet zwischen anorganischer und organischer Chemie, einen entscheidenden Beitrag zur Aufklärung der Struktur von Metallkomplexen und Metallorganylen geleistet. In 180 Publikationen hat er seine wissenschaftlichen Arbeiten der Fachwelt zugänglich gemacht.

Als Mensch und Wissenschaftler zeichnete sich Professor Hein durch ein hohes Maß an Pflichtgefühl aus. Darüber hinaus war er als Hochschullehrer Vorbild für den wissenschaftlichen und studentischen Nachwuchs.

Friedrich Wolf

Bibliographie Franz Hein

1. Dissertation: Optische Untersuchungen über die Konstitution von Wismutverbindungen. II. Untersuchungen über Triphenylmethanderivate. Leipzig Phil.-Diss. v. 19. Juli 1917. Halle/S. 1917. 116 S.

2. Habilitationsschrift: Über die Polyphenylchrombasen und ihre Salze [liegt nur das Manuskript vor; der Inhalt ist aber so gut wie vollständig in den Berichten der Deutschen Chem. Gesellschaft veröffentlicht]. Leipzig 1921.

3. A. Hantzsch u. Fr. Hein: Absorption und Konstitution der farbigen Alkalisalze aus Nitrotriphenylmethanen und verwandten Verbindungen. Ber. d. Deutsch. Chem. Ges. *52* (1919) 493—509.

3a. Notiz über Chromorganverbindungen. Ber. d. Deutsch. Chem. Ges. *52* (1919) 195—196.

4. Über das Pentaphenyl-chromhydroxyd. Ber. d. Deutsch. Chem. Ges. *54* (1921) 1905—1938.

5. Abnorme Salzbildung des Pentaphenyl-chromhydroxyds; Tetraphenyl-chromsalze (Abstoßung einer Phenylgruppe). Ebda *54* (1921) 2708.

6. Triphenyl-chromhydroxyd und seine Salze. Ebda *54* (1921) 2727—2744.

7. u. O. Schwartzkopff: Tetraphenyl-chromhydroxyd. Ebda *57* (1924) 8—14.

8. u. R. Spaete: Tolylchromverbindungen. Ebda *57* (1924) 899—908.

9. u. K. Wagler: Neue Methoden zur Darstellung symmetr. Organoquecksilberverbindungen. Ebda *58* (1925) 1499—1509.

10. Über die Salznatur des Natriumäthyls; indirekte Elektrolyse des Zinkäthyls. Z. f. Elektrochem. *28* (1922) 469—471.

11. [Nachr.] K. Schaefer, Z. angew. Chemie *35* (1922) 444.

12. u. K. Wagler, Fr. A. Segitz, E. Petzschner: Über das salzartige Verhalten der Alkalialkyle in Metallalkylen als Lösungsmittel. Z. f. anorg. allg. Chem. *141* (1924) 161.

13. u. H. Meininger: Über metallorganische Basen. Ebda *145* (1925) 95—116.

14. u. Fr. A. Segitz: Weitere Beiträge zur Kenntnis der Metallalkyle. Ebda *158* (1926) 153—174.

15. u. W. Eißner: Über das Tetraphenylchrom [$(C_6H_5)_4$]Cr. Ber. d. Deutsch. Chem. Ges. *59* (1926) 362—366.

16. u. R. Spaete: Produkte der Einwirkung von p-Bromphenyl-magnesiumbromid auf subl. Chromchlorid. Ebda *59* (1926) 571—756.

17. u. J. Reschke, Fr. Pintus: Beziehung zwischen Komplexkonstitution und Bildung metallorganischer Derivate bei Chromsalzen. Ebda *60* (1927) 679—687.

18. u. J. Reschke, Fr. Pintus: Mechanismus der Reaktion zwischen Chrom(III)- bzw. Chrom(II)-chlorid und Phenylmagnesiumbromid; 1-wertiges Chrom. Ebda *60* (1927) 749—753.

19. u. Fr. Pintus: Umsetzung von komplexen Chromsalzen mit Phenylmagnesiumbromid. Ebda *60* (1927) 2388—2390.

20. u. R. Spaete: Ultrafiltration kolloider Lösungen von Organochromverbindungen in Äthylenbromid. Kolloid. Zeitschr. *39* (1926) 236—237.

21. u. A. Meyer: Eine Methode zur quantitativen Bestimmung von Phenylacethylen. Z. f. analyt. Chem. *72* (1927) 30—31.

22. u. Fr. A. Segitz: Quantitative Bestimmung des Tetrapropyl-Ammonium-Ions als Tetrapropylammonium-Tetrarhodanatodiamminchrominat. Ebda *71* (1927) 119—121.

23. u. O. Schwartzkopff, W. Eißner, J. Hoyer, K. Klar, W. Clauss: Über die Salzbildung des Pentaphenyl-chromhydroxyds $(C_6H_5)_5Cr \cdot OH$. Ber. d. Deutsch. Chem. Ges. *61* (1928) 730 bis 753.

24. u. W. Retter: Eine neue Methode zur Darstellung von α,α'-Dipyridyl. Ebda *61* (1928) 1790 bis 1791.

25. u. E. Markert: Triphenylchrom, Tetraphenylchrom und Diäthylthallium. Ebda *61* (1928) 2255—2267.

26. u. K. Hoyer, K. Klar: Eine Methode zur quantitativen Bestimmung von Halogenen oder Schwefel in geringen Mengen organischer, speziell chromhaltiger Substanzen. Z. f. analyt. Chem. *75* (1928) 161—164.

27. u. W. Retter: Über die Anwendbarkeit der Analysenquarzlampe bei Gemischen fester Substanzen. J. f. prakt. Chem. *119* (1928) 368—370.

28. Svante Arrhenius. Deutsche Medizinische Wochenschr. *1928*. S. 1—3.

29. u. O. Schwartzkopff, W. Eißner, K. Hoyer, K. Klar, W. Clauss, W. Just: Mechanismus der abnormen Salzbildung des Pentaphenylchromhydroxyds und eine eigenartige Wasserstoffbindung an Tetraphenylchromsalze. Ber. d. dtsch. chem. Ges. *62* (1929) 1151—1167.

30. u. W. Daniel: Über rasche Absorption von Wasserstoff durch silberhaltige Permanganatlösungen. Z. anorg. allg. Chem. *181* (1929) 78—82.

31. u. H. Farl, H. Bär: Über die Einwirkung der Chromhalogenide auf Äthyläther und über Komplexderivate der Chromdihalogenäthylate. Ber. d. dtsch. chem. Ges. *63* (1930) 1418—1429.

32. u. H. Schramm: Zur Kenntnis des Zinkäthyls. Phys. Chem. A *149* (1930) 408—416.

33. u. H. Schramm: Neue Untersuchungen über Alkalialkyle. Ebda *151* (1930) 234—256.

34. u. H. Bär: Über die neue Methode zur Darstellung von Chromoxydhydrat-Gallerten. Kolloid-Zeitschr. *57* (1931) 47—49.

35. u. W. Daniel: Absorption und Abtrennung von Wasserstoff mittels Silberpermanganatlösungen. Chem. Fabrik *4* (1931) 381—383.

36. u. W. Retter: Über die Hydrate des Pentaphenyl-chromhydroxyds. Z. Physik. Chem. (A) *156* (1931) 81—85.

37. Über die Organochromverbindungen und ihre Beziehung zur Komplexchemie des Chroms. J. f. prakt. Chem *132* (1931) 59—71.

38. u. I. Wintner-Hölder: Studien an den Chromhaloiden I. Z. anorg. Chem. *201* (1931) 314—322.

39. u. I. Wintner-Hölder: Studien an den Chromhaloiden. II. Untersuchungen über das System Chrom-Jod. Ebda *202* (1931) 81—98.

40. u. H. Pauling: Konduktometrische Titration einer Tetra-I-Amylammoniumjodid-Lösung in Zinkäthyl mit Natrium-äthyl-Zinkäthyl. Z. Elektrochem. *38* (1932) 25—27.

41. Absolut sicher wirkende Rückschlag- und Sicherheitsventile. Z. angew. Chem. *40* (1927) 864—865.

42. u. M. E. Spaght, H. Pauling: Dipolmomente von $SnCl_4$ und einiger Derivate. Physik. Zeitschr. *34* (1933) 212—214.

43. Beiträge zum physikalisch-chemischen Taschenbuch. *2* (Leipzig 1933): u. E. Proskauer: I., Atomgewicht, Periodisches System, Valenz. S. 423—432. — u. E. Proskauer: II., Systematik der anorganischen Chemie S. 431—435. — III., Koordinationslehre, Isomerie anorganischer Verbindungen. S. 436—441.

44. u. H. Pauling: Leitfähigkeit und Zustand von Elektrolyten in Metallalkylen. Physik. Chem. A *165* (1933) 338—366. Waldenheft.

45. u. J. Burawoy: Zur Bestimmung von Wasserstoff mittels Silberpermanganat-Lösungen. Z. f. analyt. Chem. *99* (1934) 385—390; Elektrochem. *39* (1933) 537—538 (= Vortrag mit Diskussion).

46. u. H. Regler: Optisch aktive Silberkomplexe. Naturwiss. *23* (1935) 320; Angew. Chem. *48* (1935) 705 (= Vortragsreferat).

47. u. Fr. Wagner: Die Gewinnung von 2,4,6-Triaminotoluol-Chlorhydrat. J. f. prakt. Chem. *142* (1935) 201—204.

48. u. H. Schwedler: Zur α,α'-Dipyridyl-Synthese aus Pyridin und Eisen(III)-chlorid, sowie über einige Dipyridylkomplexsalze. Ber. d. dtsch. chem. Ges. *68* (1935) 681—684.

49. u. Fr. Wagner: Darstellung des 2,4,6-Triaminotoluols und verwandte Amine durch katalytische Hydrierung. Ebda *68* (1935) 856—864.

50. u. Fr. Wagner: Über Komplexverbindungen des 2,4,6-Triaminotoluols. Ebda *68* (1935) 1116—1122.

51. u. J. Burawoy, H. Schwedler: Zur Kenntnis des Molybdänblaus. Kolloid-Zeitschr. *74* (1935) 35—45.

52. u. H. Regler: Optisch aktive Silber-oxychinolin-Komplexe. Ber. d. deutsch. chem. Ges. *69* (1936) 1692—1702.

53. [Nachr.] A. Hantzsch. Elektrochem. *42* (1936) 1—4.

54. u. H. Regler: Nachtrag zu unserer Arbeit über optisch aktive Silber-oxychinolin-Komplexe. Ber. d. dtsch. chem. Ges. *74* (1941) 1926.

55. u. O. Stumm: Beitrag zur Autoxydation von Chromitlösungen. J. f. prakt. Chem. *147* (1936) 53—59.

56. Magnetisches Verhalten der Chrom-Phenylverbindungen. Bemerkungen zu der Abhandlung von W. Klemm und A. Neubert. Z. anorg. allg. Chem. *227* (1936) 272.

57. u. W. Daniel, H. Schwedler: Umsetzung des Silberpermanganates mit Wasserstoff. Ebda *233* (1937) 161—177.

58. u. W. Daniel: Über die Löslichkeit des Silberpermanganates in Wasser und in wäßrigen Lösungen von Silbernitrat bzw. Silberperchlorat. Ebda *234* (1937) 155—160.

59. Abbau und Reduktionsprodukt des Silberpermanganates. Ebda *235* (1937) 25—32.

60. u. G. Bähr: Über die Löslichkeit und die Farbe von Silberpermanganat in Deuteriumoxyd. Physik Chem. (B) *38* (1937) 270—274.

61. u. H. Regler: Eine Reindarstellung der α-Brom-d-campher-π-sulfonsäure. J. f. prakt. Chem. *138* (1937) 1—4.

62. Neuere Erkenntnisse auf dem Gebiet der metallorganischen Verbindungen. Angew. Chem. *51* (1938) 503—508.

63. u. W. Retter: Weitere Beiträge zur Chemie der Organochrom-Verbindungen: Reaktionsprodukte aus m-Chlor-phenylmagnesiumbromid und Chrom(III)-chlorid. Ber. d. dtsch. chem. Ges. *71* (1938) 1966—1972.

64. u. A. Klein: Eine verbesserte Darstellung von Triäthylblei und Trimethylblei. Ebda *71* (1938) 2381—2384.

65. u. H. J. Mesée: Zur thermischen Zersetzung des Toluols, ausschl. Bildung und Benzylradikalen. Naturwiss. *26* (1938) 710.

66. u. A. Klein, H. J. Mesée: Zur titrimetrischen Bestimmung von Bleiorgano-Verbindungen. Z. analyt. Chem. *115* (1939) 177—183.

67. u. H. Kraft: Umsetzung von Äthern mit Chrom(II)-Haloiden. J. f. prakt. Chem. *154* (1940) 285—308.

68. u. E. Nebe: Wolframorganische Verbindungen. Naturwiss. *28* (1940) 93.

69. Zur Bildung von Chromorgano-Verbindungen aus Chromkomplexsalzen. J. f. prakt. Chem. *153* (1939) 160—176.

70. u. H. Kraft: Über das Verhalten von aktivem Chrom(III)-bromid zu Äther. Z. anorg. allg. Chem. *245* (1940) 334—340.

71. u. H. Holzapfel: Über basische Wismutpermanganate. Ebda *248* (1941) 77-83.

72. u. H. Pobloth: Umsetzung von Metallorgano-Verbindungen mit Eisenpentacarbonyl und Eisencarbonylwasserstoff. Ebda *248* (1941) 84—104.

73. Zur Bemerkung von Herrn Hieber betr. Organometall-carbonyle. Ebda *248* (1941) 404.

74. [Nachr.] A. Hantzsch. Chem. Berichte *74* A (1941) 147—163.

75. u. E. Heuser: Über Methylquecksilbereisentetracarbonyl. Z. anorg. allg. Chem. 249 (1942) 293—298.

76. u. E. Nebe: Umsetzung des Tricyclohexylbleis mit Natrium. Ber. d. dtsch. chem. Ges. *75* (1942) 1744—1750.

77. u. H. J. Mesée: Radikalbildung bei der thermischen Spaltung von Benzol und Toluol und ihr Nachweis mit Metalldämpfen. Ebda *76* (1943) 430—447.

78. u. G. Bähr: Beiträge zur Kenntnis der Chrom(II)-jodids. Z. anorg. allg. Chem. *251* (1943) 241—250.

79. u. E. Nebe, W. Reimann: Über die Autoxydation des Tricyclohexylbleis und sein Verhalten zu Tetrachlorkohlenstoff. Ebda *251* (1943) 125—160.

80. u. G. Bähr: Über Hydrazinkomplexverbindungen des Chrom(II)-jodids. Ebda *252* (1943) 55—62.

81. u. E. Heuser: Über Organoblei-Eisentetracarbonyle. Ebda *254* (1947) 138—150.

82. u. E. Heuser: Über den Reaktionsmechanismus der Umsetzung von Organobleibasen mit Eisencarbonylwasserstoff. Ebda *255* (1947) 125—140.

83. Versuche zur fällungsanalytischen Abscheidung bzw. Bestimmung des Mangans als Triwismutoxypermanganat $Bi_3O_5H_2MnO_4$. Z. f. angew. Chem. *60* (1948) 157—158.

84. Beiträge zur Phosphinchemie. FuF *24* (1938) 1.

85. Löslichkeit von Innerkomplexen in Neutralsalzlösungen. Ebda 22.

86. u. H. Scheiter: Umsetzung von Bis-Triphenylblei-Eisentetracarbonyl mit Quecksilber und anderen Metallhalogeniden. Z. anorg. allg. Chem. *259* (1949) 183—196.

87. Die Salznatur der Alkalimetall-Organo-Verbindungen. Vortrag, gehalten in den Chem. Werken Buna am 16. 3. 1949. Manuskript, vervielfältigt, 15 Seiten.

88. Paul Pfeiffer-Festheft: Komplexverbindungen in der anorganischen Chemie. Z. angew. Chem. *62* (1950) 205—212.

89. Chemische Koordinationslehre. Leipzig 1950. 17 u. 683 S.; Unveränd. Nachdruck Leipzig 1954 u. 1957. — Chemie der Komplexverbindungen. Bd I: Chemische Koordinationslehre. Leipzig 1971. 602 S., 89 Abb. [= vollständig neubearbeitete Aufl. der „Chemischen Koordinationslehre"].

90. u. G. Bähr: Handbuch d. analyt. Chemie, Fresenius-Jander, (Berlin, Göttingen, Heidelberg 1950) 3. Teil, Bd VIIIa, Wasserstoff, S. 1—68, und Quant. Best. d. Wassers, S. 69—131.

91. u. S. Herzog: Über eine Verbindung des 1-wertigen Chroms: $[Dipy_3Cr]ClO_4$. Z. anorg. allg. Chem. *267* (1952) 337—339.

92. u. R. Burkhardt: Über den Triäthanolaminoborsäureester und sein komplex-chemisches Verhalten. Ebda *268* (1952) 159—168.

93. u. P.-W. Albert: Das Aluminium-triäthanolaminat $Al(OC_2H_4)_3N$ und seine koordinativen Verhältnisse. Ebda *269* (1952) 67—75.

94. u. H. Lilie: Zur Darstellung von Komplexsäuren nach der Austauscher-Methode. Ebda *270* (1952) 45—48.

95. u. G. Plust, H. Pohlemann: Alkalimetall-Verbindungen aromatischer Phosphinoxyde. Ebda *272* (1952) 25—31.

96. u. J. Griefahn-Osswald: Über das Auftreten der Ninhydrinreaktion bei Aminosäurekomplexen. Pharmazeut. Zentralhalle *91* (1952) 270—272.

97. Methoden der organ. Chemie (Houben-Weyl). 4. Aufl. Stuttgart 1953. Bd *II*; u. G. Bähr: Halbmikro- und Makrobestimmung von Metallen in metallorganischen Verbindungen. S. 70 bis 90.

98. u. H. Pauling: Über die thermische Zersetzung von Tetraarylchromhalogeniden. Z. anorg. allg. Chem. *273* (1953) 209—214.

99. u. G. Bähr: Zum thermischen Abbau des Tetraphenylchromjodids im Hochvakuum. Chem. Berichte *86* (1953) 1171—1182.

100. Handbuch der präparativen anorg. Chem., hrsg. v. Georg Brauer, Stuttgart 1954; u. J. Dehnert: Chrom, Molybdän, Wolfram, Uran. S. 1001—1084; 2. Aufl. 1962 mit S. Herzog. S. 1168 bis 1269.

101. Beiträge zur Valenzchemie des Chroms. [Nach Arbeiten mit Reschke, Pintus, Paulin, Bähr und Herzog]. Wissenschaftl. Zeitschr. der Martin-Luther-Univ. Halle—Wittenberg *II* (1952/53) 567—568.

102. u. F. Melichar: Synthese des 2,5-Di-(α-pyridyl)-pyrrols und einiger Komplexverbindungen des zugehörigen 2,5-Di(α-pyridyl)-3,4-dicarbäthoxypyrrols. Pharmazie *9* (1954) 455—460.

103. Verbindungen höherer Ordnung und ihre Bedeutung für Wissenschaft und Technik. Wiss. Ann. *3* (1954) 541—556.

104. Wechselbeziehungen zwischen Komplexchemie und der Chemie metallorganischer Verbindungen. Tagungsberichte der Chem. Ges. i. d. DDR, Hauptjahrestagung 1954. Berlin 1955, S. 1—13.

105. u. W. Beerstecher: Über N,N'-disubstituierte Aminoäthanol-Kupfer-Komplexe. Z. anorg. allg. Chem. *282* (1955) 93—109.

106. u. H. Müller: Weitere Beiträge zum Koordinationsvermögen des Stilbendiamins und seiner Substitutionsprodukte gegenüber Nickel. Ebda *283* (1956) 172—187.

107. Zur Frage der Struktur der Chromphenyl-Verbindungen. Bemerkungen zur Abhandlung von E. O. Fischer und D. Seus. Chem. Ber. *89* (1956) 1818—1821.

108. u. K. Ißleib, H. Rabold: Über die Reduktion von tertiären Phosphinoxyden bzw. -sulfiden mit Lithium- bzw. Calciumalanat zu den entsprechenden Phosphinen. Z. anorg. allg, Chem. *287* (1956) 208—213.

109. u. M. Zimmermann: Über Komplexe von Benzimidazolen mit Nickelsalzen. Naturwiss. *43* (1956) 468–469.

110. u. H. Hecker: Zur Einwirkung von Alkalimetallen auf arylierte Oxyde. Z. f. Naturforschung *11* b (1956) 677–678.

111. u. H. Müller: Papierchromatische Untersuchungen an Organochromverbindungen: Nachweis des Dibenzolchroms in den Reaktionsprodukten der Einwirkung von Phenylmagnesiumbromid auf sublimiertes Chromchlorid. Chem. Ber. *89* (1956) 2722–2727.

112. u. K. W. Fischer: Chromatographische Untersuchungen an Organochromverbindungen. Z. anorg. allg. Chem. *288* (1956) 279–287.

113. Neue Beispiele isomerer Normal- und Durchdringungskomplexe. Ebda *289* (1957) 90–102.

114. u. H. Schade: Koordinationsverbindungen des l-Amino-l-oxymethylcyclohexans. Ebda *289* (1957) 103–117.

115. u. P. Kleinert, E. Kurras: Neue Beiträge zur Kenntnis des „Triphenylchroms" bzw. Benzoldiphenylchroms. Ebda *289* (1957) 229–243.

116. u. P. Kleinert, W. Jehn: Mitteilung über gemischte Metallorganocarbonyle. Naturwiss. *44* (1957) 34–35.

117. Mitteilung über eine Silberperchloratexplosion. Chem. Technik *9* (1957) 97.

118. Metallorganische Verbindungen. Ebda *9* (1957) 198–202.

119. u. R. Burkhardt: Über Komplexverbindungen des 1,1,1-Tris(-hydroxymethyl)propans. Chem. Ber. *90* (1957) 921–927.

120. u. R. Burkhardt: Über Komplexverbindungen des 1,1,1-Tris-(Aminomethyl)-propans. Ebda *90* (1957) 928–935.

121. u. U. Beierlein: Weitere Beiträge zur Darstellung und Komplexchemie des 2,5-Di-(α-Pyridyl-pyrrols). Pharmaz. Zentralhalle *96* (1957) 401–421 (= O.-Keller-Festheft).

122. u. K. Eißfeld: Darstellung von Benzol-diphenyl-chrom(I)-jodid mittels der reduzierenden Friedel-Crafts-Reaktion. Z. anorg. allg. Chem. *292* (1957) 162–166.

123. u. E. Kurras: Thermischer Abbau des „Triphenylchrom"-quecksilberjodides. Ebda *290* (1957) 179–183.

124. Zum 100. Geburtstag von A. Hantzsch am 7. 3. 1957. Chem. Technik *9* (1957) 448.

125. u. R. Weiß: Zur Existenz echter Organochromverbindungen. Z. anorg. allg. Chem. *295* (1958) 145–152.

126. u. W. Daniel, G. Bähr: Über die Umsetzung von wäßrigen $AgMnO_4$-Lösungen mit Silber bzw. Silber-Gold-Legierungen. Ebda *296* (1958) 73–96.

127. Wesen und Bedeutung der Komplexchemie. Wiss. Zeitschr. d. Friedr. Schiller-Univ. Jena *8* (1959) 175–191.

128. u. R. Weiß: Über das Verhalten des $Li_3Cr(C_6H_5)_6 \cdot 2{,}5(C_2H_5)_2O$ zu molekularem Wasserstoff. Naturwiss. *46* (1959) 321–322.

129. u. R. Weiß, B. Heyn, K. H. Barth, D. Tille: Über das Verhalten von Chromhalogeniden und Chromkomplexen zu Lithiumarylen. Monatsber. d. Dtsch. Akad. d. Wiss. Berlin *1* (1959) 541–545.

130. u. R. Weiß: Das komplexchemische Verhalten von Pyrimidinabkömmlingen. II. Die komplexchemischen Eigenschaften von 4,5-diamino-6-substituierten Pyrimidinen gegenüber Kupfer, Kobalt und Nickel. Hoppe-Seyler's. Z. f. physiol. Chem. *317* (1959) 95–107.

131. Neue Beiträge zur Chemie der Chromorganoverbindungen (Vortragsreferat). Angew. Chem. 72 (1960) 499.

132. u. H. Hecker: Zur Chemie der Kaliumaddukte des Triphenylphosphinoxydes. Monatsber. d. Dtsch. Akad. d. Wiss. Berlin *2* (1960) 189–192.

133. u. B. Heyn, K. Schmiedeknecht: Ein neuer Typ von Chromorganokomplexen $Me_2^I[Cr(C_6H_5)_5 \cdot Ae] \cdot 2\,Ae$. Ebda *2* (1960) 552—553.

134. u. Kl. Kartte: Untersuchung der Reaktion des Bisdiphenyl- und Benzoldiphenylchrom(0)-Komplexes mit gasförmigem Chlorwasserstoff. Ebda *2* (1960) 185—189.

135. u. K. H. Vogt: Komplexsalze des einwertigen Silbers und Kupfers mit einigen 8-Alkylmercyptochinolinen. Ebda *2* (1960) 355—356.

136. u. Kl. Kartte: Verdrängungsreaktionen am Benzoldiphenylchrom. Z. anorg. allg. Chem. *307* (1960) 22—37.

137. u. Kl. Kartte: Untersuchung der Rolle des Aluminiumchlorides als Aktivator bei den Verdrängungsreaktionen an Aromatenkomplexen. Ebda *307* (1960) 52—69.

138. u. Kl. Kartte: Umsetzung von Bisdiphenylchrom(0) bzw. Benzoldiphenylchrom(0) mit Borhalogeniden und Phosphortrichlorid. Ebda *307* (1960) 89—96.

139. u. H. Reinert: Verhalten von Bisdiphenylchrom(0) zu Eisenpentacarbonyl bei An- und Abwesenheit von Aktivatoren ($AlCl_3$, BF_3). Chem. Ber. *93* (1960) 2089—2097.

140. u. H. Hecker: Ketonanaloge Reaktionen aliphatischer Phosphinoxyde. Ebda *93* (1960) 1339 bis 1345.

141. u. H. Hecker: Über einige Farbreaktionen phosphororganischer Verbindungen. Z. analyt. Chem. *74* (1960) 354—359.

142. Vom Wesen und der neueren Entwicklung der Komplexchemie. Z. Chem. *1* (1961) 105—119.

143. u. W. Kleinwächter: Chromorganoverbindungen mit kondensierten aromatischen Systemen. Monatsber. d. Akad. d. Wiss. Berlin *2* (1960) 607—610.

144. u. W. Kleinwächter: Zur Existenz und Bildungsweise von Chromorganoverbindungen mit halogensubstituierten aromatischen Liganden. Ebda 610—615.

145. u. Huang Dsu-en, Wu Wu-ling: Über die Neigung der Chromaromatenkomplexbasen zur spontanen Disproportionierung. Ebda 693—694.

146. u. W. Rittersdorf: Zur Komplexbildung von N-alkylaminoalkoholen und verwandten Liganden. Z. anorg. allg. Chem. *308* (1961) 133—142.

147. u. A. Schleede, H. Kallmeyer: Untersuchungen über den strukturellen Bau von metallorganischen Verbindungen mittels Dipolmessungen. Z. anorg. allg. Chem. *311* (1961) 260 bis 269.

148. u. H. Scheel: Disproportionierung von Bis-diphenyl-chrom(I)-Verbindungen. Ebda *312* (1961) 264—276.

149. u. H. L. Prüfer: Additionsverbindungen von Triarylphosphinen mit Borhalogeniden. Monatsber. Dtsch. Akad. Wiss. Berlin *3* (1961) 381—382.

150. u. H. P. Schröer: Vorl. Mitteilung über die Existenz und Bildungsweise eines Chromaromatenkomplexes mit fluorsubstituiertem aromatischen Liganden. Ebda *3* (1961) 639.

151. u. E. Brink: Über die Reaktion von $3LiC_6H_5 \cdot Cr(C_6H_5)_3 \cdot 2{,}5Ae$ mit $LiAlH_4$. Ebda *4* (1962) 209—213.

152. u. B. Heyn: Umsetzung von Lithium-Chrom-Phenyl mit „aciden" Kohlenwasserstoffen. Ebda *4* (1962) 220—223.

153. u. B. Heyn: Bildung komplexer Chromhydride aus $Li_2Cr(C_6H_5)_5$. Ebda *4* (1962) 223—224.

154. u. D. Tille: Zur Existenz einiger weiterer substituierter Chromphenylverbindungen. Ebda *4* (1962) 414—416.

155. u. D. Tille: Über weitere substituierte Chrom-Phenyl-Verbindungen. Ebda *4* (1962) 725—726.

156. u. J. Hähle, G. Stolze: Halogensubstituierte Phenylchromverbindungen des Typs R_3CrL_3 Monatsber. Dtsch. Akad. Wiss. Berlin *5* (1963) 528—530.

157. u. J. Hähle, G. Stolze: Halogensubstituierte Lithiumphenylchromverbindungen des Typs Li_3CrR_6. Ebda *5* (1963) 530—532.

158. u. B. Heyn. Über neue Chromorganoverbindungen. Z. Chem. *3* (1963) 275.

159. u. D. Tille: Über substituierte Chromphenylverbindungen. Ebda.

160. Über Aromaten-Schwermetall-Komplex und neue Arylmetall-Komplexe, ein Kapitel der modernen Komplexchemie. Wiss. u. Fortschr. *13* (1963) 81—85.

161. u. E. Stegmann: Untersuchungen über das komplexchemische Verhalten des l-Oxy-l-amino-methylcyclohexans. I. Z. anorg. allg. Chem. *327* (1964) 191—198.

162. u. E. Stegmann: Über das komplexchemische Verhalten des l-Hydroxy-l-Aminomethyl-cyclohexans. II. Liebigs Ann. Chem. *675* (1964) 42—46.

163. u. D. Tille: Zur Existenz substituierter Chromphenylverbindungen. Z. anorg. allg. Chem. *329* (1964) 72—82.

164. u. W. Jehn: Über Organometall-Eisen- und Kobaltcarbonyle. Liebigs Ann. Chem. *684* (1965) 4—9.

165. u. W. Ludwig: Neue Beispiele N,N-disubstituierter Aminoäthanol-Kupfer-Kupfer-Komplexe. Z. anorg. allg. Chem. *338* (1965) 63—68.

166. u. W. Ludwig: Über das komplexchemische Verhalten N,N-disubstituierter Aminoalkohole zu Kupferperchlorat,-tetrafluoroborat und hexafluorarsenat. Ebda *338* (1965) 245—249.

167. Zur Komplexbildung von Kupfersulfinaten und Kupferphosphinaten mit N,N-disubstituierten Aminoalkoholen. Ebda *341* (1965) 61—69.

168. u. K. H. Vogt: Notiz über die Ursachen der verschiedenen optischen Aktivität des Bis-[8-hydroxy-chinolin]-silber(I)-α-brom-d-campher-π-sulfonats. Chem. Ber. *98* (1965) 1691—1694.

169. u. K. H. Vogt: Über Kupfer(I)-Komplexe mit 8-Methyl- und 8-Benzylmercaptochinolin. Liebigs Ann. Chem. *689* (1965) 202—206.

170. u. K. H. Vogt: Über Silber(I)-Komplexe mit 8-Alkylmercaptochinolinen. Z. anorg. allg. Chem. *340* (1965) 46—61.

171. Walter Hieber zum 70. Geburtstag. FuF *39* (1965) 381—382.

172. u. W. Jehn: Komplexverbindungen des 2,2′-Diaminodiphenyls mit einigen Übergangsmetallen der 3d-Reihe. Z. anorg. allg. Chem. *341* (1965) 244—251.

173. u. H. L. Prüfer: Zur Einwirkung des Triäthylphosphin-Schwefelkohlenstoff-Adduktes auf verschiedene Salze. Festschrift. Frau Prof. Raluca Ripan, Bucureşti 1966. S. 285—286.

174. u. K. Schmiedeknecht: Über Natriumpentaphenylochromat(III) und Natriumhexaphenyl-chromat(III)[1,2,3]. J. organomet. Chem. *5* (1966) 454—462.

175. u. K. Schmiedeknecht: Umsetzungen von Natriumpentaphenylochromat(III) und Lithium-hexaphenylchromat(III) mit Chromtrichloridtristetrahydrofuranat in Diäthyläther: Darstellung von $Na_2Cr_2(C_6H_5)_5 \cdot 3O(C_2H_5)_2$, $Li_2Cr_2(C_6H_5)_6 \cdot 3O(C_2H_5)_2$ und Chromaromatenkomplexen. Ebda *6* (1966) 45—51.

176. u. K. H. Vogt: Darstellung und Eigenschaften der 8-Mercaptochinolin-5-sulfonsäure sowie einiger ihrer Abkömmlinge. J. prakt. Chem. (4) *31* (1966) 240—261.

177. u. K. H. Vogt: Darstellung der 2-Methyl-1.10-phenantrolin-6-sulfonsäure. Ebda *32* (1966) 173—174.

178. u. K. H. Vogt: Darstellung und Eigenschaften der 8-Chinolylmercapto-methansulfonsäure. Ebda *32* (1966) 175—177.

179. Alfred Werner, dem Schöpfer der Koordinationslehre zum 100. Geburtstag. Z. anorg. allg. Chem. *348* (1966) 225—228.

180. u. H.-P. Schröer: Zur Kenntnis des Bis-diphenyl-chrom(I)-borhydrides. Monatsber. Dtsch. Akad. Wiss. Berlin *9* (1967) 196—197.

181. u. K. Schmiedeknecht: Über die Darstellung von Natrium- und Lithiumtetraphenylochromaten(III). J. organomet. Chem. *8* (1967) 503—509.

182. u. K. Schmiedeknecht: Über die Darstellung von σ-Phenylchromchloriden. Z. anorg. allg. Chem. *352* (1967) 138–144.
183. u. F. Meier: Zur Kenntnis der isomeren C-Phenyl-Äthanolamine und ihrer N,N-Diäthyl-Derivate. Ebda *376* (1970) 296–302.
184. u. F. Meier: Wechselwirkung der C-Phenyl-äthanolamine mit Kupfer(II)-Salzen. Ebda *377* (1970) 205–220.

G. W.

Karl Schmalfuß

5. 11. 1904–3. 12. 1976

Gelassen ziehn die Pflüge übers Land,
Altweibersommer fliegt in Silbersträhnen,
verhängt sich schimmernd in den Pferdemähnen
und spinnt den Acker in ein Brautgewand.

Wenige aus dem großen Kreis von Menschen, die Karl Schmalfuß kannten, wußten davon, daß eine solche Lyrik — einem 14 Gedichte umfassenden Sonettenkranz „Der Ackermann aus Böhmen" entnommen — aus der Feder dieses Gelehrten von Weltgeltung stammt, der zugleich mit eindrucksvoller Konzentration der Worte sowie mit einer bestechend klaren Interpretation in nüchterner Logik und Sachlichkeit ein Lehrbuch der Pflanzenernährung und Bodenkunde geschrieben hat, das seit dem Jahre 1947 bis zur Gegenwart auf nur 274 Seiten vielen Jahrgängen von Studenten der Landwirtschaftswissenschaften grundlegende Kenntnisse über diese Wissenschaftsgebiete vermittelte. Gerade diese zwei Wesenszüge von Karl Schmalfuß, als einer Persönlichkeit von hohem Verantwortungsbewußtsein, großer Korrektheit und Güte deuten sein ständiges Bemühen um einen harmonischen Zusammenklang von Denken, Fühlen und Wollen an. Er fühlte sich gleichermaßen dem lebendigen Geschehen in der Natur, den abstrahierenden Denkprozessen im Bereich der Forschung, aber auch zur Dichtkunst, Malerei und Musik hingezogen, dabei stets bemüht, selbst aktiv zu sein. So werden Erinnerungen an den Verstorbenen lebendig, wie er liebevoll in seinem Garten Bienen betreute sowie Rosen und Weinreben pflegte; ebenso traf man ihn mit scharf prüfendem Blick bei einem sonntäglichen Besuch seiner exakt angelegten Gefäß- und Feldversuche oder erfuhr von ihm, daß er sich, wie so oft, bis spät in die Nacht in wissenschaftliche Arbeiten, aber auch in die Werke großer Meister der Schriftkunst und Malerei vertieft hatte. Nicht zuletzt aber mag hierdurch das vielseitige, ideenreiche schöpferische Wirken von Karl Schmalfuß als Forscher und Hochschullehrer begründet sein, aus dem sowohl, bedeutsame wissenschaftliche Erkenntnisse, als auch Lösungen volkswirtschaftlich relevanter Probleme auf der Grundlage exakter naturwissenschaftlicher Ergebnisse geboren worden sind.

Am 5. November 1904 wurde Karl Schmalfuß im böhmischen Wedruschitz, Bezirk Saaz geboren. Seine Eltern hatten einen landwirtschaftlichen Hof, auf dem er mit vier Geschwistern aufwuchs. Seine Kindheit war überschattet von dem frühen Tod seiner Mutter, während ein ihm besonders nahestehender Bruder aus dem zweiten Weltkrieg nicht wieder zurückkehrte.

Karl Schmalfuß besuchte in Saaz das humanistische Gymnasium und legte dort im Jahre 1924 das Abitur ab. Neben seinen Interessen für Naturwissenschaften wurde schon hier seine Neigung zu den klassischen Sprachen Griechisch und Latein gefördert. Nach der Landwirtschaftslehre auf einem Gut in Stronzkau studierte er in Halle an der Saale Landwirtschafts- und Naturwissenschaften, war zwischenzeitlich nochmals ein Jahr als praktischer Landwirt tätig und legte im Jahre 1929 an der Universität in Halle die landwirtschaftliche Diplomprüfung ab. Bereits im gleichen Jahre konnte er an der Naturwissenschaftlichen Fakultät unter der Anleitung von K. Mothes mit einer Arbeit „Untersuchungen über die interkalare Wachstumszone an Glumifloren und dikotylen Blütenschäften“ zum Dr. rer. nat. promovieren. Während seiner Assistententätigkeit in Halle, Marburg und Berlin bearbeitete er Themen der zunehmend an Aktualität gewinnenden und zeitlebens seine Forschungen bestimmenden Biochemie und Physiologie, wozu u. a. zunächst gemeinsame Arbeiten mit Mothes über die fermentative Desamidierung durch Aspergillus niger und seine Untersuchungen zur Bedeutung des Kaliums in der Pflanze zu nennen sind. Im Jahre 1935 habilitierte er sich in Berlin mit einer Arbeit über „Das Kalium als Pflanzennährstoff“ und wurde im Jahre 1936 ebenfalls dort zum Dozenten ernannt.

Im Jahre 1942 folgte er einer Berufung als a. o. Professor nach Posen, wurde dort im Jahre 1943 zum o. ö. Professor ernannt und mit der Leitung des Institutes für Pflanzenernährung und Bodenbiologie betraut. In den Jahren 1935/36 begann er die Öffentlichkeit über seine umfangreichen speziellen Untersuchungen zur Physiologie und Ernährung des Leins im Hinblick auf die Ausbildung von Faser und Öl und über langjährige experimentelle physiologisch-chemische Arbeiten mit verschiedenen Kulturpflanzen zu informieren, deren zahlreiche, im Laufe der folgenden zehn Jahre erschienenen Publikationen u. a. zum Eiweißhaushalt der Pflanze, über die Bedeutung der Phosphorsäure für die Pflanze, über Phosphorverbindungen in der Pflanze und über die Stickstoffernährung der Runkelrüben nur angedeutet werden können. Seinem beachtlichen Weitblick entsprechend nimmt er in dieser Zeit aber auch Forschungsarbeiten zum Nutzen der gewonnenen physiologischen Erkenntnisse für die praktische Düngung in Angriff, die bis zu seiner Emeritierung zu einem Schwerpunkt seiner wissenschaftlichen Arbeit werden sollten. Im Jahre 1944 veröffentlichte er im Rahmen einer Schriftenreihe den Band „Grundlagen der allgemeinen Botanik“, dessen 2. Auflage im Jahre 1948 erschienen ist. —

Im Oktober des Jahres 1945 kehrte Karl Schmalfuß an die Ausgangsstätte seiner wissenschaftlichen Tätigkeit, nach Halle, zurück. Er setzte sich sofort mit seiner ganzen Persönlichkeit als Forscher und Hochschullehrer, aber auch mit umsichtigem Organisationstalent für den Neubeginn einer zukunftsträchtigen Agrarforschung sowie der Erziehung und Ausbildung der Studenten an der alma mater Hallensis ein, an der mit dem Jahre 1946, hervorgegangen aus den Landwirtschaftlichen Instituten der Mathematisch-Naturwissenschaftlichen Fakultät, eine selbständige Landwirtschaftliche Fakultät gegründet wurde, die sich in der weiteren Folge zu einer bedeutsamen sozialistischen Bildungsstätte entwickelte. 23 Jahre hindurch hat Karl Schmalfuß der Martin-Luther-Universität Halle—Wittenberg als ordentlicher Professor angehört. Er wurde sehr bald Direktor des Institutes für Pflanzenernährung und Bodenkunde, das er bis zu seiner Emeritierung im Jahre 1969 leitete und zu einer profilierten Forschungseinrichtung entwickeln konnte. Hier setzte er sein wissenschaftliches Werk fort, indem er physiologische Untersuchungen der Nährstoffwirkung in der Pflanze mit einer Vielzahl von Kulturpflanzen prüfte. Insbesondere aber folgten nun die unter seiner Leitung durchgeführten umfangreichen Versuche zur Wirkung verschiedener Mineraldünger und organischer Dünger auf Boden und Pflanze, die in Verbindung mit den vorausschauenden Untersuchungen über höchste Nährstoffgaben, über Strohdüngung im Vergleich zum Stallmisteinsatz und zu Problemen der Bodenfruchtbarkeit bis in die Gegenwart richtungweisend für die Agrochemie und für den praktischen Düngereinsatz im Rahmen industriemäßiger Produktionsmethoden in der sozialistischen Landwirtschaft der DDR geworden sind. Neben 22 Dissertationen seiner Schüler geben darüber zahlreiche Publikationen Auskunft, zu denen z. B. Abhandlungen über „Die wirtschaftliche Bedeu-

WALTER BREDNOW

13. 2. 1896—11. 9. 1976

FRANZ HEIN
30. 6. 1892–26. 3. 1976

KARL SCHMALFUSS
5. 11. 1904–3. 12. 1976

tung der Pflanzenfette und Fettpflanzen“ und „Die geochemische Bedeutung des Stickstoffs unter besonderer Berücksichtigung der landwirtschaftlichen Produktion und der Dünger“, über „Kondensationsprodukte von Harnstoff und Formaldehyd als Stickstoffquelle für die Ernährung der Pflanzen“ oder zu grundsätzlichen Zusammenhängen Mitteilungen über „Fragen der organischen Düngung“ und „Mineraldüngung, Pflanzenertrag und organische Bodensubstanz“ zählen. In der langjährigen Obhut und sorgfältigen wissenschaftlichen Betreuung des Gelehrten lag ferner das Hallenser Versuchsfeld mit dem weltbekannten, 1878 von Julius Kühn angelegten statischen Versuch „Ewiger Roggenbau“. Doch immer wieder standen für ihn seine Verpflichtungen als Hochschullehrer an vorderster Stelle. Es gab bis zu dem Tag, an dem sein schweres körperliches Leiden ihn dazu zwang, sich aus dem Hörsaal zurückzuziehen, über 20 Jahre hindurch wohl kaum eine Vorlesungsstunde, die er nicht selbst gehalten hätte und nicht eine Prüfung, in der er sich vertreten ließ.

Das bereits erwähnte Lehrbuch „Pflanzenernährung und Bodenkunde“ erlebte im Jahre 1969 die 11. Auflage in der DDR und erschien im Jahre 1964 auch in polnischer Sprache.

Wesentliche Entwicklungsphasen der Landwirtschaftlichen Fakultät in Halle, deren Dekan er in den Jahren 1948 bis 1953 war, sind eng mit seinem Namen verknüpft. Kritisch mit sich selbst, mit seinen Mitarbeitern und den in seinem Verantwortungsbereich Tätigen war er eine Persönlichkeit, die allseitig Vertrauen und Sicherheit ausstrahlte.

Sein umfassendes Wirken spiegelt sich in zahlreichen Ehrungen wider. So war Karl Schmalfuß seit Gründung der Akademie der Landwirtschaftswissenschaften zu Berlin im Jahre 1951 Ordentliches Mitglied und über 12 Jahre lang Sekretär der Sektion Bodenkunde und Pflanzenernährung dieser Akademie. Im Jahre 1953 wurde er in die Deutsche Akademie der Naturforscher (Leopoldina) gewählt.

Am 10. Mai 1954 wurde Karl Schmalfuß in die Sächsische Akademie der Wissenschaften zu Leipzig berufen, deren Mathematisch-Naturwissenschaftlicher Klasse er seitdem angehörte. Auch hier fanden seine wissenschaftlichen Arbeiten auf dem Gebiet der Pflanzenernährung und Bodenkunde große Beachtung, wobei die von ihm vor dem Plenum der Akademie gehaltenen Vorträge über „Einige systematische Untersuchungen zum Problem der Bodenfruchtbarkeit“, „Über das Ausmaß der biologischen Bindung des elementaren Stickstoffs“ und „Zur Kenntnis der Bodenbildung“ lebhafte Diskussionen auslösten. Trotz seiner vielseitigen anderweitigen Verpflichtungen und seiner zunehmend geschwächten Gesundheit war es für ihn, als einer Pesönlichkeit von äußerster Gewissenhaftigkeit und Disziplin, eine Selbstverständlichkeit, mit konsequenter Kontinuität an den Klassen- und Plenarsitzungen der Akademie teilzunehmen, die er neben den angeführten Vorträgen durch seine exakt formulierten Diskussionsbeiträge maßgeblich bereicherte. Es bedrückte ihn sehr, in den letzten Lebensjahren nicht mehr aktiv an den Zusammenkünften in Leipzig mitwirken zu können.

Karl Schmalfuß erhielt den Nationalpreis II. Klasse für Wissenschaft und Technik (1953), den Vaterländischen Verdienstorden in Silber (1960) und die Erwin-Baur-Medaille der Akademie der Landwirtschaftswissenschaften (1964). Die Landwirtschaftliche Fakultät der Karl-Marx-Universität Leipzig verlieh ihm im Jahre 1959 anläßlich ihres 550-jährigen Bestehens die Ehrendoktorwürde.

Seine so hoch anerkannten wissenschaftlichen Verdienste haben letztlich aber ihren Ursprung in dem Charakter seiner Persönlichleit, indem er immer bemüht war, die Wahrheit zu suchen, ihr uneingeschränkt zu dienen und stets im humanistischen Sinne gegenüber seinen Mitmenschen zu handeln.

Klaus Dörter

Bibliographie Karl Schmalfuß

5. 12. 1902—1. 2. 1976

1. Untersuchungen über die interkalare Wachstumszone an Glumifloren und dikotylen Blütenschäften. Flora *24* (1930) S. 333—366.
2. Über die fermentative Desamidierung durch *Aspergillus niger* (zus. mit K. Mothes). Biochem. Z. *221* (1930) S. 134—153.
3. Über die Rolle des Kaliums im Stoffwechsel der Pflanze. Fortschr. d. Landwirtsch. *6* (1931) S. 526—528.
4. Untersuchungen über den Eiweißstoffwechsel von Kalimangelpflanzen. Phytopath. Z. *5* (1932) S. 207—249.
5. Zur Kalifrage. Z. Pflanzenernähr. A *28* (1933) S. 330—335.
6. Einige Beobachtungen über Salzwirkungen in Wasserkulturen. Flora *28* (1933) S. 197—210.
7. Beobachtungen über Wasserhaushalt und Wasserverbrauch von kalimangelndem Hafer. Z. Pflanzenernähr. A *33* (1934) S. 28—38.
8. Unkrautflora und Bodenreaktion. Angew. Bot. *17* (1935) S. 191—199.
9. Über die Abhängigkeit der Beschaffenheit des Leinöls von der Mineralsalzernährung der Pflanzen (zus. mit H. Micheel). Angew. Bot. *17* (1935) S. 199—206.
10. Über die Rolle der klassischen Elemente im Stoffwechsel der Pflanze. Forschungsdienst *1* (1936) S. 97—101.
11. Über die Kationen im Stoffwechsel der Pflanze. Erg. Agrikulturchemie *4* (1935—36) S. 14—22.
12. Ein Extraktionsapparat, insbesondere für kleinere Substanzmengen. Chem. Fabrik *9* (1936) S. 161—162.
13. Das Kalium. Eine Studie zum Kationenproblem im Stoffwechsel und bei der Ernährung der Pflanze. Naturwiss. u. Landwirtsch. Freising—München *1936*, H. 19. 98 S.
14. Kalium. Naturwiss. *24* (1936) S. 81—84.
15. Experimentelle Studien zur Physiologie und Ernährung des Leins im Hinblick auf die Ausbildung von Faser und Öl. 1. Teil: Gefäßversuche. Bodenkd. u. Pflanzenernähr. *1* (1936) S. 1—39.
16. Über den Einfluß der Ernährung der Pflanzen auf die Beschaffenheit des Mohnöls. Angew. Bot. *18* (1936) S. 345—347.
17. Über die Wirkung des Kalkstickstoffs im Vergleich zu anderen Stickstoffdüngern auf den Pflanzenertrag und über die Umsetzung des Stickstoffs in leichtem Boden (zus. mit F. Giesecke). Bodenkd. u. Pflanzenernähr. *1* (1936) S. 348—355.
18. Über die Wirkung des Kalkstickstoffs und anderer Stickstoffdünger auf die biologische Tätigkeit des Bodens. Bodenkd. u. Pflanzenernähr. *2* (1936—27) S. 110—120.
19. Umwelt und Ernährung der Leinpflanze in ihrer Beziehung zum Sättigungsgrad des Leinöls. Fette u. Seifen *44* (1937) S. 31—33.
20. Der Einfluß der Ernährung auf den Eiweißhaushalt der Pflanze. Forschungsdienst Sonder-H. *6* (1937) S. 167—172.
21. Zusammennänge zwischen der Mineralsalzernährung und der Faser- und Ölbeschaffenheit beim Lein. Forschungsdienst Sonder-H. *6* (1937) S. 173—180.
22. Der Einfluß von organischer Düngung und Mineraldüngung auf den Fruchtbarkeitszustand und die biologische Tätigkeit des Bodens. Bodenkd. u. Pflanzenernähr. *3* (1937) S. 202—210.
23. Experimentelle Studien zur Physiologie und Ernährung des Leins im Hinblick auf die Ausbildung von Faser und Öl. 2. Teil: Feldversuche (zus. mit F. Giesecke u. E. Gerdum). Bodenkd. u. Pflanzenernähr. *4* (1937) S. 340—357.

24. Weitere Studien zur Fettbildung im Leinsamen unter dem Einfluß von Umwelt und Ernährung der Pflanze. Bodenkd. u. Pflanzenernähr. *5* (1937) S. 37—46.

25. Über die Wirkung von Stickstoff- und Kalkdüngung zu Winterraps. Bodenkd. u. Pflanzenernähr. *6* (1938) S. 254—258.

26. Über den Einfluß des Kaliums und der Kalisalzionen auf die Ausbildung der Faserzellen des Leins. Ernähr. d. Pflanze *34* (1938) S. 100—103.

27. Einige Untersuchungen über Kunstmist (zus. mit W. Hesse). Bodenkd, u. Pflanzenernähr. *8* (1938) S. 355—373.

28. Der Abbau des Zyanamids. Bodenkd. u. Pflanzenernähr. *9/10* (1938) S. 273—305.

29. Versuche über die Spurenelementwirkung des Chilesalpeters in Gefäßkulturen (zus. mit F. Giesecke u. W. Rathje). Bodenkd. u. Pflanzenernähr. *9/10* (1938) S. 580—587.

30. Einige Untersuchungen über den Eiweißhaushalt des Getreidekorns in Abhängigkeit von der Ernährung der Pflanzen (zus. mit H. Micheel). Bodenkd. u. Pflanzenernähr. *11* (1938) S. 270 bis 277.

31. Beobachtungen an „durchgewachsenen" Kartoffeln. Angew. Bot. *20* (1938) S. 430—433.

32. Beeinflussung des Wasserhaushalts der Pflanzen durch Düngung in Beziehung zur Qualitätsveränderung. Forschungsdienst Sonder-H. *11* (1938) S. 199—203.

33. Gemeinschaftsarbeit: Vergleichende Untersuchungen zur Beurteilung der Güte der Fasern im Leinstengel. Schmalfuß, K.: Teil II. Mikroskopisch-anatomische Untersuchungen der drei Leinstrohproben am Institut für Pflanzenernährungslehre und Bodenbiologie der Universität Berlin. Forschungsdienst *7* (1939) S. 65—70.

34. Düngung und Qualität der Fett- und Ölpflanzen. C.R. 4me Congr. int. techn. chim. Ind. agric. Budapest *2* (Budapest 1939) S. 581—583.

35. Die Wirkung des Kaliums und der Kalisalzanionen auf die Ausbildung des Leinöls im Felddüngungsversuch. Ernähr. d. Pflanze *35* (1939) S. 65—66.

36. Über die Reaktionsabhängigkeit von *Chenopodium album* (zus. mit D. Klauss). Angew. Bot. *21* (1939) S. 91—95.

37. Über die Wirkung verschiedener Stickstoffdünger in einmaliger und geteilter Gabe im Freilanddüngungsversuch zu Winterweizen auf leichtem Boden (zus. mit F. Giesecke). Bodenkd. u. Pflanzenernähr. *12* (1939) S. 280—288.

38. Die von Bakterien durchgeführten Stickstoffumwandlungen im Boden. Med. Klinik *35* (1939) S. 611—612.

39. Mineraldüngung und Kohlenstoffhaushalt des Bodens. Bodenkd. u. Pflanzenernähr. *17* (1940) S. 28—32.

40. Der Einfluß der Bodendüngung auf die Zusammensetzung und Verwertbarkeit der Nahrungsmittel. Med. Klinik *36* (1940) S. 677—679.

41. Über die Bedeutung der Phosphorsäure in den vegetativen Organen der Pflanze. Phosphorsäure *8/9* (1940) S. 404—412.

42. Über Bodenatmung. Bodenkd. u. Pflanzenernähr. *21/22* (1940) S. 442—454.

43. Über die Wandlungen der Phosphorverbindungen in der reifenden Maisfrucht, insbesondere bei verschiedener Ernährung der Pflanze. Bodenkd. u. Pflanzenernähr. *20* (1941) S. 151—177.

44. Erwiderung auf die Mitteilung von O. Rotini: Die Faktoren der Kalkstickstoff-Umsetzung im Boden. Bodenkd. u. Pflanzenernähr. *20* (1941) S. 362—363.

45. Düngung und Qualität bei Ölfrüchten. Forschungsdienst Sonder-H. *12* (1941) S. 69—72.

46. Über Nährhumus. Forschungsdienst Sonder-H. *17* (1941) S. 15—18.

47. Die Phosphatide in pflanzlichen Speicherorganen und ihre Beeinflussung durch die Ernährung der Pflanze. Fette u. Seifen *47* (1941) S. 306—307.

48. Zur Kenntnis der Fettbildung in Pflanzensamen. Bodenkd. u. Pflanzenernähr. *24* (1941) S. 321–341.

49. Über den Einfluß der Stickstoffdüngung auf den Kohlenhydrat- und Eiweißhaushalt von Weidelgras (zus. mit F. Giesecke). Bodenkd. u. Pflanzenernähr. *26* (1942) S. 195–197.

50. Düngung und Qualität bei Öl- und Fettpflanzen. Forschungsdienst Sonder-H. *16* (1942) S. 169–171.

51. Über das Schicksal der Phosphorsäureverbindungen in reifenden Maisfrüchten und in Wurzeln und Blättern der Petersilie in verschiedenen Entwicklungszuständen und zugleich unter dem Einfluß der Düngung. Forschungsdienst Sonder-H. *16* (1942) S. 303–305.

52. Vermehrung des Humusgehaltes des Bodens durch steigende Stickstoffgaben. Landbau u. Technik *18* (1942) Nr. 7/9, S. 5–6.

53. Die Veränderung des Öls während der Keimung von Leinsamen. Fette u. Seifen *49* (1942) S. 773–774.

54. Grundlagen der allgemeinen Botanik. 110 Sammelbd. d. Schrf.-R. „Soldatenbriefe zur Berufsförderung". Frankfurt/Oder 1943. 154 S. u. 60 Abb.; 2. Aufl. unter dem Titel: Grundlagen der Botanik. London 1945. 191 S.

55. Zur Kenntnis der Umsetzung des Dizyandiamids im Boden und seiner Wirkung auf die Pflanze (zus. mit F. Giesecke). Bodenkd. u. Pflanzenernähr. *33* (1944) S. 360–366.

56. Zur Kenntnis der Stickstoffernährung der Runkelrübe. Bodenkd. u. Pflanzenernähr. *36* (1945) S. 10–26.

57. Pflanzenernährung und Bodenkunde. 1. Aufl. Leipzig 1947. 12 u. 274 S.

58. Über Versuche zur Spurenelementwirkung des Chilesalpeters in Zylinderversuchen aus den Jahren 1937 und 1938. Z. Pflanzenernähr. *A 40* (1948) S. 35–39.

59. Grundlagen der Botanik. 2. Aufl. Stuttgart 1948. 188 S.

60. Pflanzenernährung und Bodenkunde. 2. Aufl. Leipzig 1949.

61. Zur Bedeutung des Chlors als Pflanzennährstoff. Z. Pflanzenernähr. *A 49* (1950) S. 218–223.

62. Siebzig Jahre „Ewiger Roggenbau". Kühn-Arch. *63* (1950) S. 1–14.

63. Pflanzenernährung und Bodenkunde. 3. Aufl. Leipzig 1950.

64. Über die Wirkung der Phosphatdüngung auf die Bildung phosphathaltiger Verbindungen im Getreidekorn. Z. Pflanzenernähr. *A 53* (1951) S. 155–159.

65. Pflanzenernährung und Bodenkunde. 4. Aufl. Leipzig 1951.

66. Pflanzenernährung und Bodenkunde. 5. Aufl. Leipzig 1952.

67. Gefäßversuche mit granuliertem Superphosphat (zus. mit G. Michael, K. Lenz, E. Willberg). Z. Pflanzenernähr. *A 62* (1953) S. 41–50.

68. Otto Lemmermann zum Gedächtnis. Dt. Landwirtsch. *4* (1953) S. 565.

69. Pflanzenernährung und Bodenkunde. 6. Aufl. Leipzig 1953.

70. Über Fettbildung in Pflanzensamen. Sitz.-Ber. Dt. Akad. Landwirtsch.-Wiss. Berlin *3* (1954) H. 15, 20 S.

71. Zur Stickstoffernährung der Zuckerrübe. Wiss. Z. Martin-Luther-Univ. Halle–Wittenberg, math.-nat. R. *4* (1954) H. 1, S. 37–40.

72. Pflanzenernährung und Bodenkunde. 7. Aufl. Leipzig u. Stuttgart 1955. 12 u. 304 S.

73. Über eine Verwendung von Leichtmetallkrätzemehl als Düngemittel (zus. mit W. Schulze). Z. landwirtsch. Versuchs- u. Untersuchungswes. *2* (1956) S. 549–552.

74. Pflanzenernährung und Düngung in ihrem Einfluß auf die Qualität der Ernten. Ber. u. Vortr. *II* (1955) Dt. Akad. Landwirtsch.-Wiss. Berlin 1956, S. 99–112.

75. Kondensationsprodukte von Harnstoff und Formaldehyd als Stickstoffquelle für die Ernährung der Pflanzen (zus. mit G. Michael). Z. Pflanzenernähr. *A 72* (1956) S. 193–200.

76. Einige systematische Untersuchungen zum Problem der Bodenfruchtbarkeit. Abh. Sächs. Akad. Wiss. Leipzig, math.-nat. Kl. *45* (1956) H. 5, S. 1—31.

77. Die wirtschaftliche Bedeutung der Pflanzenfette und Fettpflanzen. Handbuch der Pflanzenphysiologie. *7* (Berlin—Göttingen—Heidelberg 1957) S. 354—375.

78. Der Feldversuch „Ewiger Roggenbau" in Halle. Phosphorsäure *17* (1957) S. 133—143.

79. Die geochemische Bedeutung des Stickstoffs unter besonderer Berücksichtigung der landwirtschaftlichen Produktion und der Dünger. Handbuch der Pflanzenbiologie. *8* (Berlin-Göttingen-Heidelberg 1958) S. 1128—1146.

80. Fragen der organischen Düngung. Sitz.-Ber. Dt. Akad. Landwirtsch.-Wiss. Berlin *7* (1958) H. 3, 24 S.

81. Pflanzenernährung und Bodenkunde. 8. Aufl. Stuttgart 1958. 10 u. 306 S.

82. Feldversuche mit Strohdüngung (zus. mit G. Kolbe). Dt. Landwirtsch. *10* (1959) S. 343—347.

83. Mineraldüngung, Pflanzenertrag und organische Bodensubstanz. Z. Pflanzenernähr. *A 90* (1960) S. 50—58.

84. Über das Ausmaß der biologischen Bindung des elementaren Stickstoffs. Der Einfluß assimilierbarer Stickstoffverbindungen. Ber. Sächs. Akad. Wiss. Leipzig, math.-nat. Kl. *104* (1960) H. 1, S. 1—19.

85. Über die Wirkung gestaffelter K-Gaben als KCl und K_2SO_4 auf Ertrag und Gehalt an Wasser, N-Verbindungen, K, Cl und S-Fraktionen von Spinatpflanzen im Gefäßversuch (zus. mit I. Reinicke). Z. Pflanzenernähr. *A 91* (1960) S. 21—29.

86. Über die Zusammenhänge zwischen Phosphatdüngung, Pflanzenertrag und organischer Bodensubstanz. Phosphorsäure *21* (1961) S. 33—38.

87. Über Nährstoffverlagerungen in Holzgewächsen (zus. mit W. Schulze). Flora *150* (1961) S. 353—371.

88. Der „Ewige Roggenbau" in Halle nach 80 Jahren (zus. mit G. Kolbe). Wiss. Z. Martin-Luther-Univ. Halle—Wittenberg, math.-nat. R. *10* (1961) S. 425—430.

89. Über die Düngewirkung von Stallmist und Stroh in langjährigen Feldversuchen (zus. mit G. Kolbe u. G. Ziegler). Zeszyty Naukow Wyzszej Szkoły Rolniczej w Szcecinie *7* (1962) S. 45—54.

90. Der Dünger Stallmist (zus. mit G. Kolbe). Thaer-Arch. *7* (1963) S. 199—213.

91. Pflanzenernährung und Bodenkunde. 9. Aufl. Leipzig 1963. 10 u. 270 S.

92. Zur Kenntnis der Schwefelernährung der Pflanze. Z. Pflanzenernähr. *A 106* (1964) S. 116 bis 127.

93. Pflanzenernährung und Bodenkunde. Poln. Aufl., Staatl. Verl. Landwirtsch.- u. Forstliteratur, Warschau 1964.

94. Über Bodenbildung. Thaer-Arch. *9* (1965) S. 3—7.

95. Zur Kenntnis der Ernährung der *Beta*-Rüben. Thaer-Arch. *9* (1965) S. 805—812.

96. Über die Wirkung der Strohdüngung (zus. mit G. Kolbe). Wiss.-techn. Fortschr. *6* (1965) S. 461—463.

97. Die Produktion pflanzlicher Nahrungsstoffe. Stand der Forschung und Ausblicke. Nova Acta Leopoldina NF *30* (1965) Nr. 173, S. 189—198 (= Festschrift Kurt Mothes).

98. Pflanzenernährung und Bodenkunde. 10. Aufl. Leipzig 1966. 10 u. 270 S.

99. Einige Bemerkungen zu den Ergebnissen des „Ewigen Roggenbaus" in Halle (zus. mit G. Kolbe). Thaer-Arch. *10* (1966) S. 35—41.

100. Zur Kenntnis der Bodenbildung. Sitz.-Ber. Sächs. Akad. Wiss. Leipzig, math.-nat. Kl. *107* (1966) H. 3, S. 1—13.

101. Pflanzenernährung und Bodenkunde. 11. Aufl. Leipzig 1969. 10. u. 270 S.

G. W.

Werner Heisenberg

5. 12. 1901—1. 2. 1976

Heisenbergs Leben fiel in eine Zeit, die einem begabten Physiker theoretischer Prägung große Aufgaben stellte, auch noch in die Zeit, in der ein Forscher auf allen zentralen Gebieten seines Faches mitarbeiten konnte. So wurde Heisenberg nicht nur der Finder der ersten gültigen Fassung der Quantenmechanik, also der von der klassischen abweichenden Dynamik für atomare Dimensionen, die ja heute die Grundlage einer Theorie aller Erscheinungsformen der Materie ist. Er gab auch eine Art physikalischer Deutung dieses Formalismus, die von widersprüchlich erscheinenden Begriffen ausgehend, diese widerspruchsfrei benutzte und so die alten Antinomien des Atombegriffs aufhob. Er half mit, die Theorie zu einer Quantenfeldtheorie weiterzubilden, begründete eine Theorie der Atomkerne und wirkte wesentlich mit, den heutigen Begriff des Elementarteilchens zu schaffen.

Als Leitfaden seiner Forschungen erscheint so ein zentrales Problem, das Aufsuchen der Grundsätze für eine Theorie des Aufbaues der Materie; dazu gehörte (1) die neue Dynamik für die atomaren Dimensionen, (2) ihre Weiterbildung für höhere Energiebereiche, (3) die Anwendung auf die Atomkerne und (4) die Bemühungen um eine Theorie der Materie schlechthin. Das Ergebnis reichte weit über die Physik hinaus; es gab ein Beispiel dafür, wie grundlegende Begriffe der Naturbeschreibung unter dem Zwang empirischer Befunde geändert oder eingeschränkt werden mußten. In die Zeit, da Heisenberg in Leipzig tätig war (1927—1942), fielen die unter (2) und (3) genannten Gebiete und die Anfänge von (4).

Vorher lag die große Leistung (1), die ihm den Nobelpreis eintrug. Sie war eine folgerichtige Weiterführung eines von Niels Bohr eröffneten Zuganges zu einer im Atom gültigen Dynamik. Bohr war von dem Widerspruch ausgegangen zwischen der Vorstellung der Bewegung von Elektronen in einem Atom und einem allgemeinen empirischen Gesetz für die dabei aus dem Atom kommende Strahlung. Die noch zu suchende Atomdynamik mußte dieses Gesetz der Spektren enthalten und im Grenzfall eines immer größer werdend gedachten Atoms in die bekannte, Bewegung beschreibende Mechanik übergehen. Anwendungen dieses Programms, des „Korrespondenzprinzips“, hatten Erfolg, zeigten aber auch Ungereimtheiten. Heisenbergs Schritt zu einer gültigen Quantenmechanik war im Grunde eine noch umfassende Ausnutzung jenes Spektralgesetzes. Sie machte die notwendige Abänderung der klassischen Mechanik so gut wie eindeutig. Die physikalischen Größen konnten dabei nicht mehr durch Zahlen wiedergegeben werden, sondern durch andere mathematische Gebilde; für Impulskomponente und Ortskoordinate galt die „Vertauschungsregel“ (von M. Born) $i(pq - qp) = h/2\pi$. Die Unteilbarkeit des Wirkungsquantums h, von M. Planck an einem Spezialfall entdeckt, war so nun präzisiert.

Zu dieser unter Mitwirkung von M. Born, P. Jordan und P. Dirac ausgearbeiteten Quantenmechanik kam bald durch E. Schrödinger eine neue Fassung, die von L. de Broglies Vorstellung einer Materiewelle ausging. Mit ihr konnte Heisenberg einen anderen neben der Unteilbarkeit des Wirkungsquantums wichtigen Zug der Natur, die Ununterscheidbarkeit gleicher Elementarteilchen, durch eine bestimmte Forderung an die Wellenfunktionen begrifflich fassen.

Im Anschluß an die beiden genannten Fassungen der Quantenmechanik unter Benutzung von Borns Deutung bestimmter Ausdrücke als Wahrscheinlichkeiten entstand nun durch Dirac und Jordan ein mathematischer Formalismus, der eine vollständige Beschreibung der Vorgänge versprach, die man als mechanische Vorgänge bezeichnen konnte. Er definierte die Begriffe der neuen Mechanik, und Heisenberg holte aus ihm eine Art physikalischer

Deutung heraus. Die Grundbegriffe der Mechanik, Ort, Geschwindigkeit, Impuls, Zeit und Energie konnten übernommen werden, aber ihnen konnten nicht immer gleichzeitig feste Werte zugeschrieben werden; es galten „quantentheoretische Unbestimmtheitsbeziehungen", wie etwa $\Delta p \cdot \Delta x \approx h$ für Impulskomponente p und Ortskoordinate x. Diese gegenseitige Einschränkung der Bestimmbarkeit führte zu einer Einschränkung der Determiniertheit des Ablaufes eines mechanischen Systems durch dessen Zustand.

Als Heisenberg 1927 nach Leipzig kam, lag das hinter ihm. Es boten sich ihm Anwendungen auf das elektrische und magnetische Verhalten der Metalle. Sie sind auch mit dem Namen seines damaligen Mitarbeiters F. Bloch verbunden. Heisenberg selbst lockten allgemeinere Ziele. Die Quantenmechanik war Mechanik für niedrige (nicht relativistische) Geschwindigkeiten; eine nach ihrem Vorbild aufgebaute, dem Dualismus Teilchen-Feld enthaltende „Quantenfeldtheorie" versprach umfassendere (auf den relativistischen Bereich ausdehnbare) Gültigkeit. Heisenberg und W. Pauli legten damals die Grundlagen dafür. Diracs Ansätze einer Quantenelektrodynamik enthielten die Möglichkeit des Entstehens von Elektronen und Positronen, allgemeiner von Teilchen und Antiteilchen. Heisenberg fand eine in Teilchen und Antiteilchen völlig symmetrische Fassung.

Die 1932 erfolgte Entdeckung des Neutrons als eines Grundbausteins der Materie löste Schwierigkeiten, die Heisenberg bei der Vorstellung des Baues des Atomkerns aus Protonen und Elektronen sah. Er begann sogleich eine Theorie des Baues der Kerne aus Protonen und Neutronen. Dabei führte er schon eine Beschreibung ein, die Proton und Neutron in symmetrischer Weise als Zustände ein und derselben Teilchenart auffaßte, den ersten Schritt zum „Isospin" als einer Eigenschaft von Elementarteilchen. Der Bau des Atomkernes aus Protonen und Neutronen und der Bau der Atomhülle aus Elektronen zeigte folgende Analogie. Die in der Atomhülle zwischen den Elektronen wirkenden elektrischen Kräfte entsprachen den gelegentlich von der Atomhülle emittierten und absorbierten Lichtquanten, die im Kern zwischen Protonen und Neutronen wirkenden andersartigen und viel stärkeren Kräfte sollten den gelegentlich aus dem Kern kommenden Elektronen entsprechen. Der Sachverhalt erwies sich später als komplizierter; aber die Auffassung ebnete den Weg zum Begriff der Kopplung zwischen Elementarteilchen. Zu jener Zeit führten in Amerika angestellte Messungen über die Kräfte zwischen Neutron und Proton und zwischen Proton und Proton zu einer tieferen Fassung des Begriffs Isospin durch Heisenberg.

Regeln für die Kernkräfte wurden in Leipzig aus den empirischen Eigenschaften der sehr leichten Kerne und der sehr schweren Kerne (bei beiden war es am einfachsten) herausgeholt. Zahlreiche Mitarbeiter halfen dabei. Besonders C. F. von Weizsäcker hatte bleibende Erfolge, von ihm stammt auch eine Erklärung der Energieproduktion der Fixsterne aus Kernumwandlungen.

Die 1932 experimentell gefundenen neuen Teilchen Neutron und Positron und das erschlossene Teilchen Neutrino, die zu den bisherigen „Elementarteilchen" Proton, Elektron und Photon (Lichtquant) hinzugekommen waren, stellten die Frage neu, was ein Elementarteilchen sei. Mit chemischen Mitteln waren die Atome unteilbar, mit stärkeren Mitteln konnten Atome zertrümmert werden. Konnten vielleicht mit noch höheren Energien die alten und neuen Elementarteilchen in noch elementarere Bausteine der Materie zerlegt werden. Die großen Maschinen, mit denen man heute die experimentelle „Hochenergiephysik" betreibt, gab es damals noch nicht. Aber mit der „kosmischen Strahlung" wurden aus dem Weltraum allerhand Teilchen mit sehr großer Geschwindigkeit der Erde zugeführt. Die Strahlung erweckte darum Heisenbergs besonderes Interesse. Ihrer Analyse widmete sich der Leipziger Forschungskreis. Die Vorgänge deuteten an, daß bei Zusammenstößen mit hoher Energie viele Teilchen und deren Antiteilchen, auch neuartige, entstehen, aber keine, die leichter oder elementarer sind, als die schon bekannten. Bei Heisenberg entstand so die Meinung, daß es keine Urbausteine der bekannten Teilchen gäbe, sondern daß man einer größeren Zahl von Teilchenarten die Bezeichnung Elementarteilchen zusprechen muß, daß bei Stößen Teilchen und Antiteilchen aus kinetischer Energie entstehen, in um so höherer Zahl, je höher die Energie ist, daß alle Umwandlungen von Teilchen vorkommen, die mit Energie- und Impulssatz und mit den Symmetrieeigenschaften der „Kopplungen" von Teilchenarten verträglich sind.

Heisenbergs Leipziger Arbeitskreis umfaßte zahlreiche junge Physiker, die später sehr bekannt wurden. In der Zeit vor 1933 begründete F. Bloch die Theorie der Elektronen in den periodischen Kristallgittern der Metalle und half E. Teller Erscheinungen an Molekeln aufklären. E. Hückel nutzte die Quantenmechanik zur Deutung von Regeln der organischen Chemie. Das Verhalten der Elektronen in festen Körpern wurde untersucht, auch Ferromagnetismus und Supraleitung. Nach 1933 mit sehr reduziertem Bestand kamen Kernphysik und kosmische Strahlung; v. Weizsäcker wurde schon erwähnt, S. Flügges Anfänge fielen in jene Zeit, H. Euler, der zu großen Hoffnungen berechtigte, hat der Krieg verschlungen. Fruchtbar waren die gegenseitigen Anregungen zwischen dem Heisenbergschen Kreis, dem Physikochemiker K. F. Bonhoeffer und dem Mathematiker B. L. van der Waerden.

Nach dem zweiten Weltkrieg dehnte sich die experimentelle Hochenergiephysik gewaltig aus, viele neue Elementarteilchen wurden entdeckt, aber keine kleineren Bruchstücke. Heisenberg präzisierte nun seinen Begriff von den Elementarteilchen durch die Vorstellung, sie seien spezielle Zustände eines einheitlichen Substrats „Materie". Eine für dieses Substrat erdachte Gleichung sollte als Lösung die Verhältnisse der Massen der Elementarteilchen, die Symmetrieeigenschaften und die Stärken der Kopplungen ergeben. Die mathematischen Schwierigkeiten waren sehr hoch; die Verfahren, mit denen die Forderungen der Quantentheorie zu berücksichtigen waren, erwiesen sich als nicht eindeutig. Es gab Teilerfolge, aber die wirklichen Verhältnisse kamen nicht heraus. So einleuchtend der Heisenbergsche Grundgedanke war und so plausibel die Grundgleichung schien, eine Bestätigung der Richtigkeit blieb aus. Vielleicht wissen wir noch nicht genug. Man kann hoffen, daß das Heisenbergsche Programm auf einer tieferen Grundlage einmal zum Erfolg führen wird.

Heisenberg brachte günstige Voraussetzungen mit. Er wuchs in einem hochgebildeten Elternhaus auf. Dieses und die Schule erschlossen ihm die Welt der Antike, die ihm zeitlebens viel bedeutet hat. Die Stadt München machte ihn mit der Kunst bekannt, im Klavierspiel brachte er es sehr weit. An der Universität stellte ihm A. Sommerfeld zeitnahe Aufgaben. Bald traf er mit N. Bohr und M. Born zusammen, lernte in Göttingen die Forderung konsistenter mathematischer Fassung der physikalischen Gedanken, in Kopenhagen umfassendes intuitives Denken, philosophische und sprachliche Verantwortung. Er war von 1925 bis 1927 „Lektor" für theoretische Physik in Kopenhagen, von 1927 ab ordentlicher Professor der theoretischen Physik in Leipzig, seit 1941 Leiter des damaligen Instituts für Physik der Kaiser-Wilhelm-Gesellschaft in Berlin-Dahlem, das er dann nach dem Kriege als Institut für Physik und Astrophysik der Max-Planck-Gesellschaft zunächst in Göttingen, dann seit 1958 in München weiterführte.

Die Leipziger Zeit war seit 1933 überschattet durch die politischen Verhältnisse; den Ansprüchen der Machthaber mußte er sich widersetzen. Mit Klugheit und Anstand hat er die Kämpfe durchgestanden. Die Berliner Zeit mit der Arbeit an der Ausnutzung der Atomenergie brachte schmerzendes Mißverstehen der Freunde im Ausland, diente aber auch zur Rettung fähiger junger Physiker über den Krieg hinweg. Am späteren Neuaufbau der westdeutschen Forschungsinstitutionen hat er mitgewirkt. Er hat Erfahrungen über das Verhältnis von Macht- und Sachinteressen sammeln können und viele junge Forscher angeleitet.

Heisenbergs wissenschaftlicher Stil war Intuition, Erfassung des für eine Erscheinung typischen. Die mathematische Präzisierung war dem nachgeordnet; mit der mathematischen Strenge ging er großzügig um; immer war es ihm wichtig, das Gefundene auch in ungewöhnlicher Sprache auszudrücken, und er nahm dies sehr ernst.

Daß Wissenschaft im Gespräch entsteht, war eine seiner Überzeugungen. Er hat das Gespräch gesucht, auch mit Andersdenkenden, mit Vertretern anderer Wissenschaften, mit religiösen Menschen und mit Philosophen, und er hat würdige Gesprächspartner gefunden. Das drohende Auseinanderfallen des geistigen Lebens war eine seiner Sorgen, er suchte eine gemeinsame Sprache, die Natur- und Geisteswissenschaften, Kunst und Religion verbinden könnte. Zugute kam ihm die Erfahrung, daß man auch in der exaktesten der Naturwissenschaften beim Betreten von Neuland oft nur in Bildern und in Gleichnissen sprechen muß.

Friedrich Hund

Bibliographie Werner Heisenberg

Zusammengestellt von Annemarie Giese,
Max-Planck-Institut für Physik und Astrophysik, München

1922

1. W. Heisenberg, Zur Quantentheorie der Linienstruktur und der anomalen Zeeman-Effekte. Z. f. Phys. *8* (1922) 273–297.
2. W. Heisenberg, Die absoluten Dimensionen der Karmanschen Wirbelbewegung. Phys. Z. *23* (1922) 363–366.
3. A. Sommerfeld u. W. Heisenberg, Eine Bemerkung über relativistische Röntgendubletts und Linienschärfe. Z. f. Phys. *10* (1922) 393–398.
4. A. Sommerfeld u. W. Heisenberg, Die Intensität der Mehrfachlinien und ihrer Zeeman-Komponenten. Z. f. Phys. *11* (1922) 131–154.

1923

5. M. Born u. W. Heisenberg, Über Phasenbeziehungen bei den Bohrschen Modellen von Atomen und Molekeln. Z. f. Phys. *14* (1923) 44–55.
6. M. Born u. W. Heisenberg, Die Elektronenbahnen im angeregten Heliumatom. Z. f. Phys. *16* (1923) 229–243.

1924

7. M. Born u. W. Heisenberg, Zur Quantentheorie der Molekeln. Ann. d. Physik (4) *74* (1924) 1–31.
8. W. Heisenberg, Über Stabilität und Turbulenz von Flüssigkeitsströmen (Diss.). Ann. d. Physik (4) *74* (1924) 577–627.
9. W. Heisenberg, Quantitatives über die Deformierbarkeit edelgasähnlicher Ionen. Verh. d. D. Phys. Ges. (3) *5* (1924) 7–8.
10. M. Born u. W. Heisenberg, Über den Einfluß der Deformierbarkeit der Ionen auf optische und chemische Konstanten. I. Z. f. Physik *23* (1924) 388–410.

11. W. Heisenberg, Bemerkung zu einer Arbeit von F. v. Wisniewski, „Zur Theorie des Heliums" Z. f. Phys. *25* (1924) 175.

12. A. Landé u. W. Heisenberg, Termstruktur der Multipletts höherer Stufe. Z. f. Phys. *25* (1924) 279–286.

13. W. Heisenberg, Über den Einfluß der Deformierbarkeit der Ionen auf optische und chemische Konstanten. II. Stabilität und Bildungswärme dreiatomiger Molekeln und Ionen. Z. f. Phys. *26* (1924) 196–204.

14. W. Heisenberg, Über eine Abänderung der formalen Regeln der Quantentheorie beim Problem der anomalen Zeeman-Effekte. Z. f. Phys. *26* (1924) 291–307.

1925

15. W. Heisenberg, Über eine Anwendung des Korrespondenzprinzips auf die Frage nach der Polarisation des Fluoreszenzlichtes. Z. f. Phys. *31* (1925) 617–626.

16. W. Heisenberg u. H. K. Kramers, Über die Streuung von Strahlung durch Atome. Z. f. Phys. *31* (1925) 681–708.

17. W. Heisenberg, Zur Quantentheorie der Multiplettstruktur und der anomalen Zeeman-Effekte. Z. f. Phys. *32* (1925) 841–860.

18. W. Heisenberg, Über quantentheoretische Umdeutung kinematischer und mechanischer Beziehungen. Z. f. Phys. *33* (1925) 879–983.

19. W. Heisenberg, Über quantentheoretische Kinematik und Mechanik. Math. Annalen *95* (1925/26) 683–705.

1926

20. M. Born, W. Heisenberg u. P. Jordan, Zur Quantenmechanik. II. Z. f. Physik *35* (1926) 557–615.

21. W. Heisenberg u. P. Jordan, Anwendung der Quantenmechanik auf das Problem der anomalen Zeeman-Effekte. Z. f. Phys. *37* (1926) 263–277.

22. W. Heisenberg, Mehrkörperproblem und Resonanz in der Quantenmechanik. Z. f. Phys. *38* (1926) 411–426.

23. W. Heisenberg, Über die Spektra von Atomsystemen mit zwei Elektronen. Z. f. Phys. *39* (1926) 499–518.

24. W. Heisenberg, Quantenmechanik. Naturwiss. *14* (1926) 989–994.

25. W. Heisenberg, Schwankungserscheinungen und Quantenmechanik. Z. f. Phys. *40* (1926) 501–506.

1927

26. W. Heisenberg, Mehrkörperproblem und Resonanz in der Quantenmechanik. II. Z. f. Phys. *41* (1927) 239–267.

27. W. Heisenberg, Über den anschaulichen Inhalt der quantentheoretischen Kinematik und Mechanik. Z. f. Phys. *43* (1927) 172–198.

1928

28. W. Heisenberg, Zur Theorie des Ferromagnetismus. Z. f. Phys. *49* (1928) 619–636.

29. W. Heisenberg, Zur Quantentheorie des Ferromagnetismus. In: Probleme der modernen Physik. Festschrift zum 60. Geburtstag A. Sommerfelds, S. 114–122, Verlag Hirzel, Leipzig 1928.

1929

30. W. Heisenberg, Die Entwicklung der Quantentheorie 1918–1928. Naturwiss. *17* (1929) 490–496.
31. W. Heisenberg u. W. Pauli, Zur Quantendynamik der Wellenfelder. Z. f. Phys. *56* (1929) 1–61.

1930

32. W. Heisenberg u. W. Pauli, Zur Quantentheorie der Wellenfelder. II. Z. f. Phys. *59* (1930) 168–190.
33. W. Heisenberg, Die Selbstenergie des Elektrons. Z. f. Phys. *65* (1930) 4–13.

1931

34. W. Heisenberg, Kausalgesetz und Quantenmechanik. Ann. Philos., Leipzig *2* (1931) 172 bis 182.
35. W. Heisenberg, Bemerkungen zur Strahlungstheorie. Ann. Physik *9* (1931) 338–346.
36. W. Heisenberg, Zum Paulischen Ausschließungsprinzip. Ann. Physik *10* (1931) 888–904.
37. W. Heisenberg, Über Energieschwankungen in einem Strahlungsfeld. Ber. Sächs. Akad. Wiss. *83* (1931) 3–9.
38. W. Heisenberg, Die Rolle der Unbestimmtheitsrelationen in der modernen Physik. Monatsh. Math. u. Physik *38* (1931) 365–372.
38. W. Heisenberg, Über die inkohärente Streuung von Röntgenstrahlen. Physik Z. *32* (1931) 737–740.
40. W. Heisenberg, Zur Theorie der Magnetostriktion und der Magnetisierungskurve. Z. f. Phys. *69* (1931) 287–297.

1932

41. W. Heisenberg, Theoretische Überlegungen zur Höhenstrahlung. Ann. Physik *13* (1932) 430–452.
42. W. Heisenberg, Über die durch Ultrastrahlung hervorgerufenen Zertrümmerungsprozesse. Naturwiss. *20* (1932) 364–366.
43. W. Heisenberg, Über den Bau der Atomkerne. I. Z. f. Phys. *77* (1932) 1–11.
44. W. Heisenberg, Über den Bau der Atomkerne. II. Z. f. Phys. *78* (1932) 156–164.

1933

45. W. Heisenberg, Über den Bau der Atomkerne. III. Z. f. Phys. *80* (1933) 587–596.
46. W. Heisenberg, Zur Geschichte der physikalischen Naturerklärung. Ber. Sächs. Akad. Wiss. *85* (1933) 29–40.
47. W. Heisenberg, Über die Streuung von Röntgenstrahlen an Molekülen und Kristallen. Ergebn. techn. Röntgenkunde *3* (1933) 26–31.

1934

48. W. Heisenberg, Die Entwicklung der Quantenmechanik. In: Les Prix Nobel 1933, Kungl. Boktryckeriet, P. A. Norstedt & Söner, Stockholm 1934, S. 1–13. – Englisch: Nobel Lectures, Physics 1922–1941, Elsevier Publ. Co. 1964, S. 290–301.
49. W. Heisenberg, Über die mit der Entstehung von Materie aus Strahlung verknüpften Ladungsschwankungen. Ber. Sächs. Akad. Wiss. *86* (1934) 317–322.

50. W. Heisenberg, Wandlungen der Grundlagen der exakten Naturwissenschaften in jüngster Zeit. Naturwissenschaften *22* (1934) 669–675. – Dänisch: Aendringer i Grundlaget for de eksakte Naturvidenskaber i den nyeste tid. Fysisk T. *33* (1935) 1.

51. W. Heisenberg, Bemerkungen zur Diracschen Theorie des Positrons. Z. f. Phys. *90* (1934) 209–231.

52. W. Heisenberg, Berichtigung zu vorstehender Arbeit. Z. f. Phys. *92* (1934) 692.

1935

53. W. Heisenberg, Udviklingen af Kwanteteoriens principielle Grundlag efter 1925. Fysisk T. *33* (1935) 96.

54. W. Heisenberg, Niels Bohr zum 50. Geburtstag. Naturwissenschaften *23* (1935) 679.

55. W. Heisenberg, Die Struktur der leichten Atomkerne. Z. f. Phys. *96* (1935) 473–484.

1936

56. W. Heisenberg, Über die „Schauer" in der kosmischen Strahlung. FuF *12* (1936) 341–342.

57. W. Heisenberg u. H. Euler, Folgerungen aus der Diracschen Theorie des Positrons. Z. f. Phys. *98* (1936) 714–732.

58. W. Heisenberg, Zur Theorie der „Schauer" in der Höhenstrahlung. Z. f. Phys. *101* (1936) 533–540.

1937

59. W. Heisenberg, Der Durchgang sehr energiereicher Korpuskeln durch den Atomkern. Ber. Sächs. Akad. Wiss. *89* (1937) 369; Naturwissenschaften *25* (1937) 749–750.

60. W. Heisenberg, Theoretische Untersuchungen zur Ultrastrahlung. Verh. Dtsch. physikal. Ges. *18* (1937) 50.

1938

61. W. Heisenberg, Über die in der Theorie der Elementarteilchen auftretende universelle Länge. Ann. Phys. *32* (1938) 20–33.

62. W. Heisenberg, Die Absorption der durchdringenden Komponente der Höhenstrahlung. Ann. Phys. *33* (1938) 594–599.

63. W. Heisenberg, Der Durchgang sehr energiereicher Korpuskeln durch den Atomkern. Nuovo Cimento *15* (1938) 31–34; Verh. Dtsch. physik. Ges. *19* (1938) 2.

64. W. Heisenberg, Die gegenwärtigen Aufgaben der theoretischen Physik. Scientia (Sér. phys.-math.) *67* (1938) 61–69.

65. W. Heisenberg, Die Grenzen der Anwendbarkeit der bisherigen Quantentheorie. Z. f. Phys. *110* (1938) 251–266.

1939

66. W. Heisenberg, Die Entwicklung der jüngsten Zweige der Atomphysik in Deutschland. FuF *15* (1939) 241–244.

67. W. Heisenberg, De Atoomkern en hare samenstelling. Nederl. Tijdschr. Natuurk. *6* (1939) 89–98.

68. W. Heisenberg, Produktion of secondary Radiation. On the theory of explosion showers in cosmic rays. Rev. Mod. Physics *11* (1939) 241.

69. W. Heisenberg, Zur Theorie der explosionsartigen Schauer in der kosmischen Strahlung. II. Z. f. Physik *113* (1939) 61–86.

1941

70. W. Heisenberg, Die Newtonsche und Goethesche Farbenlehre. Mat. és. fiz. Lapok (ungar.) *48* (1941) 543–561.

1943

71. W. Heisenberg, Zum Andenken an David Hilbert †. Physik. Z. *44* (1943) 277.
72. W. Heisenberg, Die beobachtbaren Größen in der Theorie der Elementarteilchen. I. Z. f. Phys. *120* (1943) 513–538.
73. W. Heisenberg, Die beobachtbaren Größen in der Theorie der Elementarteilchen. II. Z. f. Phys. *120* (1943) 673–702.

1944

74. W. Heisenberg, Die beobachtbaren Größen in der Theorie der Elementarteilchen. III. Z. f. Phys. *123* (1944) 93–112.

1946

75. W. Heisenberg, Über die Arbeiten zur technischen Ausnutzung der Atomkernenergie in Deutschland. Naturwiss. *33* (1946) 325–329. – Englisch: Research in Germany on the technical application of Atomic Energy. Nature *160* (London 1947) 211–221.
76. W. Heisenberg, Der unanschauliche Quantensprung. Physik. Blätter *2* (1946) 4–6.
77. W. Heisenberg, Der mathematische Rahmen der Quantentheorie der Wellenfelder. Z. Naturf. *1* (1946) 608–622.

1947

78. W. Heisenberg, H. Kopfermann, M. v. Laue u. R. W. Pohl: Friedrich Paschen †. Ann. Physik *1* (1948) 137–138.
79. W. Heisenberg, Zur Theorie der Supraleitung. FuF *21/23* (1947) 243–244; Z. Naturf. *2a* (1947) 185–201.
80. H. Heisenberg, Die Übertragung elektromagnetischer Kräfte im Supraleiter. Nachr. Akad. Wiss. Göttingen *1947*, 23–26.

1948

81. W. Heisenberg, Der Begriff „Abgeschlossene Theorie" in der modernen Naturwissenschaft. Dialectica *6* (1948) 331–336.
82. W. Heisenberg, Zur statistischen Theorie der Turbulenz. Z. f. Phys. *124* (1948) 628–657.
83. W. Heisenberg, On the Theory of Statistical and Isotropic Turbulence. Proc. Roy. Soc. London (1) *195* (1948) 402–406.
84. W. Heisenberg, Das elektrodynamische Verhalten der Supraleiter. Z. Naturf. *3a* (1948) 65 bis 75.
85. W. Heisenberg, Arnold Sommerfeld zum 5. Dezember 1948. Z. Naturf. *3a* (1948) 429.
86. W. Heisenberg, Bemerkungen zum Turbulenzproblem. Z. Naturf. *3a* (1948) 434–437.
87. W. Heisenberg, u. M. v. Laue, Das Barlowsche Rad aus supraleitendem Material. Z. f. Phys. *124* (1948) 514–518.

1949

88. W. Heisenberg, Die Auswirkungen des Lebenswerkes Max Plancks. Angew. Chemie *61* (1949) 115–117.
89. W. Heisenberg, Production of Meson Showers. Nature *164* (London 1949) 65–67.

90. W. Heisenberg, Die Erzeugung von Mesonen in Vielfachprozessen. Nuovo Cimento *6* (Suppl., 1949) 493–497.

91. W. Heisenberg, Die Notwendigkeit wissenschaftlicher Forschung. Physik.Blätter *5* (1949) 1–3.

92. W. Heisenberg, Über die Entstehung von Mesonen in Vielfachprozessen. Z. f. Physik *12* (1949) 569–582.

1950

93. W. Heisenberg, On the Stability of Laminar Flow. Proc. Internat. Congress Mathematicians, Vol. *II* (1950) 292–296.

94. W. Heisenberg, The Yukawa Theory of Nuclear Forces in the Light of Present Quantum Theory of Wave Fields. Progr. Theor. Phys. *5* (1950) 523–525.

95. W. Heisenberg, Stationäre Zustände in der relativistischen Quantentheorie der Wellenfelder. Z. Naturf. *5a* (1950) 367–373.

1951

96. W. Heisenberg, On the Mathematical Frame of the Theory of Elementary Particles. Comm. on Pure and Appl. Mathematics *4* (1951) 15–22.

97. W. Heisenberg, 50 Jahre Quantentheorie. Naturwiss. *38* (1951) 49–55.

98. W. Heisenberg, Arnold Sommerfeld. Naturwiss. *38* (1951) 337–338.

99. W. Heisenberg, Zur Frage der Kausalität in der Quantentheorie der Elementarteilchen. Z. Naturf. *6a* (1951) 281–284.

100. W. Heisenberg, Paradoxien des Zeitbegriffs in der Theorie der Elementarteilchen. Festschr. z. Feier d. 200jährigen Bestehens d. Akad. d. Wiss. in Göttingen, Math.-Physikal. Kl. *1951*, 50–64.

101. W. Heisenberg, La ciencia como medio de un entendimiento mejor entre los pueblos. Anuario del Instituto Tropical de Investigaciones cientificas, Universidad de San Salvador *1951*, 13.

102. W. Heisenberg, La ciencia y la comprension entre los pueblos. ARBOR Nr. 203 (1962) 217–229.

1952

103. W. Heisenberg, Bemerkungen zur Theorie der Vielfacherzeugung von Mesonen. Naturwiss. *38* (1952) 69.

104. W. Heisenberg, Mesonenerzeugung als Stoßwellenproblem. Z. f. Phys. *133* (1952) 65–79.

1953

105. W. Heisenberg, Zur Quantisierung nichtlinearer Gleichungen. Nachr. Akad. Wiss. Göttingen *IIa* (1953) 111–127.

106. W. Heisenberg, Die Beziehungen zwischen Physik und Chemie in den letzten 75 Jahren. Naturwiss. Rundschau *6* (1953) 1–7. — Italienisch: La Chimica e l'Industria *35* (1953) 3–20.

107. W. Heisenberg, Doubts and Hopes in Quantum-Electrodynamics. Physica *19* (1953) 897–908.

108. W. Heisenberg, Das Naturbild der heutigen Physik. Vortr. im Rahmen d. Münchner Tagung d. Bayer. Akad. d. schönen Künste 1953, Jahrb. Max-Planck-Gesellschaft *1953*, S. 32–54; Universitas *9* (1954) 1153–1169.

1954

109. W. Heisenberg, Zur Quantentheorie nichtrenormierbarer Wellengleichungen. Z. Naturf. *9a* (1954) 292–303.

1955

110. W. Heisenberg, F. Kortel u. H. Mitter, Zur Quantentheorie nichtlinearer Wellengleichungen. III. Z. Naturf. *10a* (1955) 425–446.

111. W. Heisenberg, The Production of Mesons in Very High Energy Collisions. Nuovo Cimento *2* (Suppl., 1955) 96–103.

112. W. Heisenberg, The Development of the Interpretation of the Quantum Theory. In: Niels Bohr and the Development of Physics, Pergamon Press, London 1955, p. 12–29. – Deutsch: Die Entwicklung der Deutung der Quantentheorie. Physik. Blätter *12* (1956) 289–304.

113. W. Heisenberg, Albert Einsteins wissenschaftliches Werk. Universitas *10* (1955) 897–902. – Englisch: The scientific work of Albert Einstein. Universitas *5* (1962/63) 321–326.

114. W. Heisenberg, Theory of Elementary Particles. Science *122* (1955) 1215–1220.

115. W. Heisenberg, Der gegenwärtige Stand der Theorie der Elementarteilchen. Naturwiss. *42* (1955) 637–641.

1956

116. W. Heisenberg, Die europäische Zusammenarbeit auf dem Gebiet der Atomphysik. Vortrag am 6. 7. 1955 im Rahmen der Europäischen Woche des ISSF, Göttingen. Deutsches Atomenergierecht *1956*, 1–7.

117. W. Heisenberg, Grundlagenforschung und angewandte Forschung in der Atomphysik. Festschrift der Metallgesellschaft, Frankfurt. Wissenschaft und Wirtschaft *1956*, 3–12. – Englisch und Französisch: Ebenda.

118. W. Heisenberg, Erweiterungen des Hilbert-Raums in der Quantentheorie der Wellenfelder. Z. f. Phys. *144* (1956) 1–8.

119. W. Heisenberg, Bemerkungen zur „neuen Tamm-Dancoff-Methode" in der Quantentheorie der Wellenfelder. Nachr. d. Akad. Wiss. Göttingen *IIa* (1956) 27–36.

120. W. Heisenberg, Die Wechselwirkung der Elementarteilchen. FuF *30* (1956) 193–194.

121. W. Heisenberg, Hilbert-Space II and the „Ghost" States of Pauli and Källén. Nuovo Cimento *4* (Suppl., 1956) 743–747.

1957

122. W. Heisenberg, Quantum Theory of Fields and Elementary Particles. Rev. Modern Physics *29* (1957) 269–278.

123. W. Heisenberg, Lee-Model and Quantisation of Nonlinear Field Equations. Nucl. Physics *4* (1957) 532–563.

124. R. Ascoli u. W. Heisenberg, Zur Quantentheorie nichtlinearer Wellengleichungen. IV. Z. Naturf. *12a* (1957) 177–187.

1958

125. W. Heisenberg, Application of the Tamm-Dancoff-Method to the Lee-Model. Nucl. Physics *5* (1958) 195–201.

126. W. Heisenberg, Die Plancksche Entdeckung und die philosophischen Grundfragen der Atomlehre. Naturwiss. *45* (1958) 227–234; Jahrbuch der Max-Planck-Gesellschaft *1948*, S. 26–52; Mitt. Max-Planck-Gesellschaft *1958*, S. 140–162.

127. W. Heisenberg, Research on the Nonlinear Spinor Theory with Indefinite Metric in Hilbert Space. Proc. Ann. Internat. Conf. on High Energy Physics at CERN *1958*, p. 119–126.

128. W. Heisenberg, u. W. Pauli, On the Isospingroup in the Theory of the Elementary Particles. Preprint Max-Planck-Institut für Physik u. Astrophysik, 1958 [unveröffentlicht].

1959

129. W. Heisenberg, From Plato to Max Planck. The Atlantic Monthly *204* (1959) 109–113.
130. W. Heisenberg, Die Plancksche Entdeckung und die philosophischen Probleme der Atomphysik. Universitas *14* (1959) 135–148.
131. H. P. Dürr, W. Heisenberg, H. Mitter, S. Schlieder u. K. Yamazaki, Zur Theorie der Elementarteilchen. Z. Naturf. *14a* (1959) 441–485.
132. W. Heisenberg, Wolfgang Paulis philosophische Auffassungen. Naturwiss. *26* (1959) 661 bis 663. – Englisch: Main Currents *17* (1961) 51–55.

1960

133. W. Heisenberg, Recent Research on the Nonlinear Spinor Theory of Elementary Particles. Proc. of the 1960 Annual Intern. Conf. on High Energy Physics, Rochester 1960, p. 851–858.
134. W. Heisenberg, Erinnerungen an die Zeit der Entwicklung der Quantenmechanik. In: Theoretical Physics in the Twentieth Century, Interscience Publ. Inc., New York, London 1960, S. 40–47.
135. W. Heisenberg, Die Abstraktion in der modernen Naturwissenschaft. In: Reden und Gedenkworte. Orden Pour le mérite für Wissenschaft und Künste *4* (1960/61) 141. Die Umschau in Wissenschaft und Technik *63* (1963) 4–9. – Italienisch: Civilta delle Macchine *1965*, 55. – Spanisch: Revista de Occidente Núm. *5* (1963) 129–150.

1961

136. H. P. Dürr u. W. Heisenberg, Zur Theorie der „seltsamen" Teilchen. Z. Naturf. *16a* (1961) 726–747. Sitzungs.-Ber. Bayr. Akad. d. Wiss., München, März u. Okt. 1961. – Englisch: Proc. Intern. Conf. Elementary Particles, Aix-en-Provence *1* (1961) 163–168.
137. W. Heisenberg, Der derzeitige Stand der nichtlinearen Spinortheorie der Elementarteilchen. Acta Physica Austriaca *XIV* (1961) 328–339.
138. W. Heisenberg, Geschichte des Max-Planck-Instituts für Physik und Astrophysik. Jahrb. der Max-Planck-Gesellschaft, Teil *II* (1961) 632–643.
139. W. Heisenberg, Naturwissenschaft und Technik im politischen Geschehen unserer Zeit. In: Dauer im Wandel, Callway-Verlag, München 1961, S. 194–197.
140. W. Heisenberg, The Rôle of Modern Physics in the Present Development of Human Thinking. Universitas *4* (1961) 225–239. – Spanisch: Universitas *1* (1963) 121–136.

1962

141. W. Heisenberg, Bemerkungen zu Einsteins Entwurf einer einheitlichen Feldtheorie. In: Einstein und die Entwicklung des physikalisch-mathematischen Gedankens. Sammelband d. Akad. d. Wiss. d. USSR, Moskau 1962, S. 63–68 [russ.].
142. H. P. Dürr u. W. Heisenberg, The Quantum Numbers of the ω-Meson. Nuovo Cimento *23* (1962) 807–816.
143. W. Heisenberg, Max Born zum achtzigsten Geburtstag. Naturwiss. *49* (1962) 529.
144. W. Heisenberg, Bohrs Interpretation der Quantentheorie und die Physik der Elementarteilchen. Fysisk Tidsskrift *60* (1962) 47–53. – Russisch: Die Wissenschaft *1964*, 64–68.
145. W. Heisenberg, Electrodynamics in the Nonlinear Spinor Theory. Proc. Intern. Conf. on High Energy Physics at CERN *1962*, 675–680.
146. W. Heisenberg, The Scientific Work of Albert Einstein. Universitas *5* (1962/63) 321–326.

WERNER HEISENBERG

5. 12. 1901—1. 2. 1976

ALEXANDER N. FRUMKIN

24. 10. 1895—25. 5. 1976

147. W. Heisenberg, Der heutige Stand unserer Kenntnis von den Elementarteilchen. In: Sammelband „Wissenschaft und Menschheit“, Verlag Znanie, Moskau 1962, S. 308–317. – Urania-Verlag Leipzig 1964.

1963

148. W. Heisenberg, Die Entwicklung der einheitlichen Feldtheorie der Elementarteilchen. Naturwiss. *50* (1963) 3–7. – Spanisch: Atlantida, Vol. *IV* (1965) Núm. 15.

149. W. Heisenberg, The Nature of the Elementary Particles. Pontificia Academia Scientiarum, Commentarii *1* (1963) 1–4.

150. W. Heisenberg, Stand und Aussichten der Forschung auf dem Gebiet der Plasmaphysik. Die Atomwirtschaft *8* (1963) 290–291.

151. W. Heisenberg, Laudatio zur Verleihung der Planck-Medaille an Prof. Dr. R. E. Peierls (Birmingham). Physikalische Verhandlungen *11* (1963) 354–357.

152. W. Heisenberg, Nachruf auf Niels Bohr. Jahrbuch d. Bayer. Akad. d. Wiss., München *1963*, S. 204–207.

153. W. Heisenberg, Probleme bei der Förderung wissenschaftlicher Forschung. Rede in Bonn vor der Interparlament. Arb.-Gemeinsch. (5. 11. 1963). Frankfurter Zeitung (24. 12. 1963). – Physik. Blätter *20* (1964) 149–157. – Silikat Journal *3* (1964). – Universitas *19* (1964) 1009–1022.

154. W. Heisenberg, Philosophie, Politik und Naturwissenschaft. Der Deutsche Buchhandel DB Nr. 147: Zur Verleihung des Friedenspreises des Deutschen Buchhandels am 13. 10. 1963 an Prof. Dr. v. Weizsäcker.

155. W. Heisenberg, Remarks on the „Spurion“-theory of strange particles. Proc. Intern. Conf. on Elementary Particles, Siena 1963, S. 445–447.

156. W. Heisenberg, Anpassung an die moderne technische Entwicklung: In: Eine Freundesgabe der Wissenschaft für Ernst Hellmut Vits zur Vollendung seines 60. Lebensjahres. Fritz Knapp, Verlag, Frankfurt/M. 1963, S. 77–83.

157. W. Heisenberg, The present situation in the theory of elementary particles. Lecture presented at the Niels Bohr Commemoration meeting in Copenhagen (July 1963) [unveröffentlicht].

1964

158. W. Heisenberg, The Rôle of Modern Physics. In: Man and Science, Max-Huber-Verlag, München 1964, S. 18–31 (Wiederabdruck aus „Physics and Philosophy“).

159. W. Heisenberg, Kommentar zu einem Aufsatz v. Weizsäckers für die Enzyklopädia Britannica (1964).

160. W. Heisenberg, Kvanteteorien og dens fortolkning. In: Niels Bohr, J. H. Schultz-Verlag Kopenhagen 1964. (Übersetzung des Manuskriptes „Erinnerungen an Niels Bohr aus den Jahren 1922–1927“.)

161. W. Heisenberg, Das Naturgesetz und die Struktur der Materie in der Sicht heutiger Forschung, Physik und Philosophie (2. Teil der Athener Rede von 1964). Universitas *24* (1969) 337–344.

162. W. Heisenberg, Walter Gerlach zum 75. Geburtstag. Veröffentlicht in der Süddeutschen Zeitung 31. 7. 1964.

163. H. P. Dürr, W. Heisenberg, H. Yamamoto u. K. Yamazaki, Quantum electrodynamics in the nonlinear spinor theory and the value of Sommerfeld's fine-structure constant. Nuovo Cimento *38* (1965) 1220–1242.

164. W. Heisenberg, Die Mitwirkung der Bundesrepublik an den großen internationalen Forschungsprojekten. Aufsatz f. d. Jahrb. d. Auswärtigen Kulturbeziehungen, Akad. Verlag, Bonn 1965.

165. W. Heisenberg, Modern Physics View of Nature (3. Kapitel aus „Das Naturbild d. heutigen Physik"). Universitas, Engl. Ed. *7* (1965) 273–287. – Spanisch: Universitas, Ed. Esp. *3* (1965) 13–27.

166. H. P. Dürr u. W. Heisenberg, On the „Spurion"-Theory of Strange Particles. Nuovo Cimento *37* (1965) 1446–1486.

167. H. P. Dürr u. W. Heisenberg, Strange Particle Coupling Constants. Nuovo Cimento *37* (1965) 1487–1510.

168. W. Heisenberg, Particles as Collective Stationary States. Commemoration Issue for the 30th Anniversary of the Meson Theory by H. Yukawa. Progress of Theoretical Physics, Suppl., Extra Number *1965*, p. 298–303.

169. W. Heisenberg, Atomphysik und modernes Denken. In: „Anruf und Aufbruch." Festgabe für Günter Jacob. Evangelische Verlagsanstalt, 1965, 118–138.

1966

170. W. Heisenberg, Die Rolle der phänomenologischen Theorien im System der Theoretischen Physik. Preludes in Theoretical Physics (In Honor of V. F. Weisskopf), North-Holland Publ. Co., Amsterdam 1966, p. 166–169.

171. W. Heisenberg, Über den Formenreichtum in der Mathematischen Naturwissenschaft. In: Transparente Welt – Festschrift zum 60. Geburtstag von Jean Gebser. Verlag Hans Huber, Bern–Stuttgart 1966.

172. W. Heisenberg, Das Naturbild Goethes und die technisch-naturwissenschaftliche Welt. Vortrag gehalten auf der Hauptversammlung der Goethe-Gesellschaft zu Weimar am 21. Mai 1967. Jahrbuch der Goethe-Gesellschaft Weimar *29* (1967) 27–42; Physik. Bl. *24* (1968) 193–247.

173. W. Heisenberg, Nonlinear Problems in Physics. Physics Today *20* (1968) 27–33.

174. W. Heisenberg, La théorie du champ unitaire. In: Science et Synthèse, Gallimard 1967, p. 38 bis 47.

1968

175. W. Heisenberg, The concept of „understanding" in theoretical physics. In: Properties of Matter under Unusual Conditions (Festschrift zum 60. Geburtstag von E. Teller), ed. by H. Mank and S. Fernbach, J. Wiley & Son, New York/London/Sydney/Toronto 1969, 7–10.

176. W. Heisenberg, Report on the present situation in the non-linear spinor theory of elementary particles. Proceedings of the fourteenth conference on physics at the University of Brussels, October 1967, S. 129–144, John Wiley & Sons Ltd., London 1968.

1969

177. W. Heisenberg, Significance of Sommerfeld's Work Today. (Vortrag auf der Sommerfeld-Tagung, München 1968.) Proceedings: Physics of the One-and-Two-Electron Atoms, North-Holland Publ. Co., Amsterdam 1969, p. 44–52. – Deutsch: Physik. Bl. *24* (1968) 530–537.

178. W. Heisenberg, H. Wagner u. K. Yamazaki, Magnons in a Model with Antiferromagnetic Properties, Nuovo Cimento *59 A* (1969) 377–391.

179. W. Heisenberg, Gedenkworte für Otto Hahn und Lise Meitner. In: Reden und Gedenkworte Orden Pour le mérite *9* (1968/69) 111–119.

1970

180. W. Heisenberg, Die Tendenz zur Abstraktion in moderner Kunst und Wissenschaft (Vortrag Salzburg 1969). In : Das Altertum und jedes neue Gute. Festschrift f. W. Schadewaldt zum 15. 3. 1970. W. Kohlhammer-Verlag, Stuttgart 1970, 485–494. – Tschechisch: Hudební Rozhledy *23* (1970) 565–568.

181. W. Heisenberg, Änderung der Denkstruktur im Fortschritt der Wissenschaft. (Vortrag vor der Vereinigung Deutscher Wissenschaftler, 1969 in München.) Studium Generale *23* (1970) 808–816.

182. W. Heisenberg, Rede bei der Trauerfeier für Max Born am 12. 1. 1970 in Göttingen. Jahrbuch Akad. d. Wiss. in Göttingen *1970*, 59–64; Physik. Bl. *26* (1970) 49–54.

183. W. Heisenberg, Abschluß der Physik? Jubiläumsausgabe der Süddeutschen Zeitung v. 6. Oktober 1970. — Universitas *26* (1971) 1–7. — Englisch: Universitas (engl. ed.) *13* (1971) 97–103. — Spanisch: Universitas (span. Ausg.) *9* (1971) 1–7.

184. W. Heisenberg, Atoms and Peace (Vortrag anläßl. der Verleihung der Niels Bohr-Medaille im Oktober 1970 in Kopenhagen — nicht veröffentlicht).

1971

185. W. Heisenberg, Die Bedeutung des Schönen in der exakten Naturwissenschaft. (Vortrag vor der Bayer. Akad. d. Schönen Künste 1970.) In: Ensemble *2* (München 1971) 228–244. — Physik. Bl. *27* (1971) 97–107 (leicht gekürzt). — Englisch: (übersetzt von E. Cantore) Belser-Presse, Stuttgart 1971.

186. W. Heisenberg, Der Begriff der kleinsten Teilchen in der Entwicklung der Naturwissenschaften. In: Meyers Enzyklopädisches Lexikon, Bibl. Institut, Mannheim—Wien—Zürich 1971, 870–879.

187. W. Heisenberg, Physikalische und wissenschaftspolitische Gesichtspunkte beim Bau von Großbeschleunigern. (Vortrag bei der Tagung der Nobelpreisträger in Lindau, Juni 1971). In: Die wissenschaftliche Redaktion, Heft 7 (Festschrift zum 70. Geburtstag von Dr. Otto Mittelstaedt). — Englisch: Science *179* (1973) 643–647.

188. W. Heisenberg, Das Kaiser-Wilhelm-Institut für Physik, Geschichte eines Instituts. Jahrb. der Max-Planck-Gesellschaft *1971*, 46–89.

1972

189. W. Heisenberg, Die Aufgabe der Speicherringe. (Rede bei d. Einweihung der Speicherringe in CERN, Genf 16. 10. 1971). Physik. Bl. *28* (1972) 107–111.

190. W. Heisenberg, Bemerkungen zur neuen Tamm-Dancoff-Methode. Problemi teoretitcheskoi Fiziki. Akad. Nauk SSSR, Moskau 1972, 34–36.

191. W. Heisenberg, Indefinite Metric in State Space. In: Aspects of Quantum Theory, Dirac-Festschrift, ed. by A. Salam and E. P. Wigner, Cambridge Univ. Press 1972, p. 129–136.

192. W. Heisenberg, Naturwissenschaft in der heutigen Hochschule (Festrede zur 500-Jahrfeier der Universität München). Universitas *27* (1972) 909–928; Physik. Bl. *28* (1972) 337–343, 391–398; Bayer. Ärzteblatt *27* (1972) 742–759; Humanismus und Technik *17* (1973) 1–13. — Engl. Universitas (engl. ed.) *15* (1973) 97–116. — Spanisch: Universitas (span. Ausg.) *10* (1973) 193–213; Educación *7* (1973) 7–23.

193. W. Heisenberg u. K. Yamazaki, Magnons in a model with antiferromagnetic properties. II. Nuovo Cimento *11 B* (1972) 125–137.

194. W. Heisenberg, Die Richtigkeitskriterien der abgeschlossenen Theorien in der Physik. In: Einheit und Vielheit. Festschrift f. C. F. v. Weizsäcker zum 60. Geburtstag, Hrsg. E. Scheibe u. G. Süssmann, Vandenhoeck & Ruprecht, Göttingen 1972, S. 140–144.

195. W. Heisenberg, Naturwissenschaftliche und religiöse Wahrheit. (Rede gehalten vor der Katholischen Akademie in Bayern bei der Entgegennahme des Guardini-Preises am 23. 3. 1973). Mitteilungen der Max-Planck-Gesellschaft *1973*, H. 2, 73–90; Physik. Bl. *29* (1973) 339 bis 349.

1973

196. W. Heisenberg, The Development of Concept in Physics of the 20th Century. In: Connaissance scientifique et philosophie, Colloque Acad. Roy. de Belgique, Mai 1973, p. 161–177.
197. W. Heisenberg, Construction of large accelerators: Scientific and political aspects (Vortrag bei der Tagung der Nobelpreisträger in Lindau 1971). Science *179* (1973) 643–647.
198. W. Heisenberg, Tradition in Science, Science and Public Affairs. (Bull. of the Atomic Scientists) *29* (1973) No. 10, 4–10; Physics Bull. *25* (1974) 231–235; The Nature of Scientific Discovery, ed. by O. Gingerich, Washington 1975, p. 219–236.
199. W. Heisenberg, Development of Concepts in the History of Quantum Theory. In: The Physicist's Conception of Nature, ed. by J. Mehra, D. Reidel Publ. Co. 1973, p. 264–275.

1974

200. W. Heisenberg, The Unified Field Theory of Elementary Particles: Some Recent Advances. Naturwiss. *61* (1974) 1–5.
201. W. Heisenberg, The Philosophical Background of Modern Physics. Encyclopaedia Moderna *28* (1974) 133–141.

1975

202. W. Heisenberg, Nachruf auf Hans Kienle. Das Parlament *29* (1975) 6.
203. W. Heisenberg, Bemerkungen über die Entstehung der Unbestimmtheitsrelation. Physik. Bl. *31* (1975) 193–196.
204. W. Heisenberg, Die Beziehungen zwischen Gesellschaft und Wissenschaft im Spiegel der Lindauer Tagungen. In: Nobel führte sie zusammen — Begegnungen in Lindau, hrsg. von A. Dées de Sterio, Belser 1975, S. 84–99.
205. W. Heisenberg, Cosmic Radiation and Fundamental Problems in Physics. 14th Intern. Cosmic Ray Conference, Conference Papers Vol. *11* (München 1975) p. 3461–3474; Naturwiss. *63* (1976) 63–67.
206. W. Heisenberg, Was ist ein Elementarteilchen? Naturwiss. *63* (1976) 1–7. — Englisch: The Nature of Elementary Particles. Physics Today, March *1976*.

Bücher

1. Die physikalischen Prinzipien der Quantentheorie. Hirzel, Stuttgart 1930, und Bibliograph. Institut, Mannheim 1958. — Japanisch: Misuzu Shobo (1954). — Französisch: Gauthier-Villars, Paris 1932, 1957. — Weitere Übersetzungen in Englisch und Italienisch.
2. Wandlungen in den Grundlagen der Naturwissenschaft. Hirzel, Stuttgart 1935, 10. Aufl. 1973. — Englisch: Faber & Faber, London 1952. — Italienisch: P. Boringhieri, Turin 1960. — Spanisch: Editorial Norte y Sur, Madrid 1962.
3. Die Physik der Atomkerne. Vieweg & Sohn, Braunschweig 1943, 1949. — Italienisch: Sansoni, Florenz 1952. — Spanisch: Revista de Occidente, Madrid 1954. — Japanisch: Misuzu Shobo (1957).
4. [Hrsg.] Vorträge über die kosmische Strahlung. Springer, Berlin—Göttingen—Heidelberg 1943, 1953.
5. Das Naturbild der heutigen Physik. Rowohlt, Hamburg 1955, 1961. — Spanisch: Seix Barral, Barcelona 1957. — Dänisch: Gad, Kopenhagen 1959. — Ungarisch: Gondolat, Budapest 1958, 1967. — Französisch: Gallimard, Paris 1962. — Japanisch: Misuzu Shobo (1965). — Englisch: Harcourt, Brace & Co., New York; Hutchinson & Co., London. — Portugiesisch: Livros do Brasil, Lissabon.

6. Physics and Philosophy, Harper & Row, New York 1958; Allen & Unwin, London 1959.
7. Physik und Philosophie. Hirzel, Stuttgart 1959; Ullstein-Taschenbuch (1959, 2. Aufl. 1972). — Spanisch: La Isla, Buenos Aires 1959. — Französisch: Albin Michel, Paris 1961. — Italienisch: Saggiatore, Mailand 1961; I Gabbiani, Mailand (Taschenbuch) 1966. — Polnisch: Ksazka i Wiedza, Warschau 1965. — Dänisch: Reitzels und Thaning & Appels, Kopenhagen.
8. Introduction to the Unified Field Theory of Elementary Particles. Wiley & Sons, London 1966. — Deutsch: Einführung in die einheitliche Feldtheorie der Elementarteilchen, Hirzel, Stuttgart 1967. — Russisch: Izlatelstwo „Mir", Moskau 1968. — Japanisch: Misuzu Shobo (1970).
9. Natural Law and the Structure of Matter. In: Frontiers of Modern Scientific Philosophy and Humanism. The Athens Meeting 1964. Elsevier Publ. Co., Amsterdam 1966.
10. Das Naturgesetz und die Struktur der Materie — Natural Law and the Structure of Matter. (Rede, gehalten am 3. 6. 1964 auf dem Hügel Pnyx in Athen). Belser Presse, Chr. Belser Verlag, Stuttgart 1967. — Englisch: Rebel Press, London 1970.
11. Der Teil und das Ganze — Gespräche im Umkreis der Atomphysik. Piper, München 1969, 1973. — Englisch: Harper & Row, New York—Evanston—London 1971. — Dänisch: Thaning und Appels, Kopenhagen 1971. — Spanisch: Biblioteca de Autores Cristianos, Madrid 1972. — Französisch: Albin Michel, Paris 1972. — Serbokroatisch: Nolit, Belgrad 1972. — Japanisch: Misuzu Shobo 1974. — Norwegisch: Gyldendal Norske Forlag.
12. Schritte über Grenzen. Piper, München 1971, 2. Aufl. 1973. — Japanisch: Orion-Press, Tokyo 1971. — Englisch: Harper & Row, New York—London 1974 (paperpack 1975). — Holländisch: Het Spectrum, Utrecht-Amsterdam 1974. — Spanisch: Biblioteca de Autores Cristianos, Madrid 1974.

Schallplatte

Die Abstraktion in der modernen Naturwissenschaft. Akademische Verlagsgesellschaft (1962).

Tonbandaufnahme

Das Naturbild der heutigen Physik. Verlag Moderne Industrie. Inform-Cassette 970 680.

Alexander Naumovich Frumkin

24. 10. 1895—25. 5. 1976

Unser auswärtiges Mitglied Alexander Naumovich Frumkin verstarb am 25. Mai 1976 in Tula während des Besuches einer wissenschaftlichen Tagung. Bis zuletzt war sein Interesse nicht nur an den Fortschritten seiner Wissenschaft und den angrenzenden Gebieten wachgeblieben, sondern er inspirierte unermüdlich die Untersuchungen seiner Mitarbeiter aus dem Schatz seiner Erfahrungen als Forscher und Lehrer über sechs Jahrzehnte.

Seine Jugend verlebte A. N. Frumkin in Kischinew, wo er 1895 geboren wurde. Bis 1912 besuchte er die Realschule St. Paul in Odessa, der benachbarten Handelsmetropole am Schwarzen Meer. Er muß ein frühreifer Schüler gewesen sein, der, mit 17 Jahren das Studium in Straßburg und Bern beginnend, schon mit 19 Jahren seine erste Publikation verfaßte über Phosphordampf in Glimmentladungen gemeinsam mit seinem Lehrer *V. Kohlschütter*. Nach Odessa zurückgekehrt, gehörte er bis 1922 der Fakultät für Physik und Mathematik an. Hier arbeitete er unter Prof. *A. N. Sakhanow* im physikochemischen Laboratorium und wurde zu elektrochemischen Studien angeregt, die sein ganzes weiteres Leben bestimmen sollten. Den ersten bedeutsamen Schritt auf diesem Wege bildete 1919 seine Doktorarbeit über elektrokapillare Phänomene und Elektrodenpotentiale. Gleichsam wie bei einer langfristigen Prognose sind hierin die Themen angeschnitten, deren Gedankeninhalt häufig erst viel später ausgereift ist, wie das öfter für gute Dissertationen gilt. Frumkin bediente sich dabei der schon im 19. Jahrhundert von *J. W. Ritter*, *G. H. Quincke* u. a. eingeführten Quecksilbertropfelektrode, deren vorteilhafte periodische Erneuerung eine breite Anwendung ermöglicht. Drei Jahre später wurde diese flüssige Elektrode durch *J. Heyrovský* zum Hauptinstrument der Polarographie. Kernstück von A. N. Frumkins Dissertation war die Abhängigkeit der Oberflächenspannung des Quecksilbers von der an den Quecksilbertropfen gelegten Spannung, woraus eine sogenannte Elektrokapillarkurve resultiert. Aus deren Abhängigkeit konnte er zeigen:

— die Relation zwischen Ladung der Oberfläche und Steilheit der Elektrokapillarkurve,
— den Adsorptionseinfluß durch anorganische Ionen und ungeladene organische Substanzen,
— die Doppelschichtkapazität in nichtwäßrigen Lösungen und ihr Zusammenhang zur Dielektrizitätskonstante,
— Vergleich zwischen *Chapmanns* Theorie der diffusen Doppelschicht mit dem Experiment.

Schließlich erweiterte Frumkin seine Studien auf Amalgame und geschmolzene Metalle und kam dem Potential der Null-Ladung als Eigenschaft des Elektrodenmaterials auf die Spur.

Diese grundlegenden Ergebnisse ebneten ihm den Weg, in Moskau eine Stelle an dem aufblühenden Karpov-Institut für Physikalische Chemie zu erhalten. Allerdings war er jetzt verpflichtet, physikalisch-chemische Grundlagen industrieller Prozesse auszuarbeiten, z. B. Gas-Flüssigkeits-Austausch, Benetzung, Adsorption an Aktivkohle, Kolloide. Hierdurch bekannt, erhielt er 1928 eine Einladung als Gastprofessor für Kolloidchemie an die Universität Wisconsin (Madison). Nach seiner Rückkehr 1929 nahm er bis 1946 die Aufgabe eines Direktors am Karpov-Institut wahr, obwohl er schon 1930 eine Professur an der Moskauer Staatsuniversität erhielt und mit dem Aufbau einer elektrochemischen Abteilung begann. Schon 1932 wurden A. N. Frumkins Leistungen dadurch geehrt, daß ihn die Akademie der Wissenschaften der UdSSR zum Mitglied wählte. In der Folgezeit baute er das Modell der Struktur der elektrischen Doppelschicht aus, indem er u. a. zur Bestimmung ihres diffusen Teiles ein charakteristisches ψ-Potential definierte. Dazu führten ihn sehr exakte Kapazitätsmessungen an hochgereinigten Elektroden und Lösungen. Hierbei wurde auch Klarheit über den Einfluß von Verunreinigungen auf die Wasserstoffüberspannung gewonnen. Aus Ladungskurven an Platinelektroden konnte das Adsorptionsverhalten von Wasserstoff, Sauerstoff und Ionen analysiert werden, woraus als neue Relation die Frumkin-Isotherme abgeleitet wurde. In diesem Zusammenhang konnte erstmalig mittels Wechselstrom die Geschwindigkeit von Elektrodenreaktionen sondiert werden. Überhaupt wurde dieses Gebiet von Frumkin und seiner Schule experimentell und theoretisch am stärksten ausgebaut. Hierfür vermochte er viele junge Wissenschaftler an seinen beiden Wirkungsstätten, Akademie der Wissenschaften und Lomonossow Universität, für die Elektrochemie zu begeistern. Nach dem zweiten Weltkrieg stimulierten Frumkins Ideen die Elektrochemiker der ganzen Welt. Er wurde zum Nestor der Elektrochemie und genoß allgemeine Achtung und Anerkennung. Von den nationalen und internationalen Auszeichnungen sind zu nennen: der Leninpreis 1931, der Staatspreis 1941, der Leninorden 1945, der Rotbannerorden 1943, 1945, 1949 und die Palladiummedaille der Elektrochemischen Gesellschaft 1960.

Er war Mitglied folgender Akademien und wissenschaftlichen Gesellschaften: des Comité International de Thermodynamique et de Cinétique (Präsident 1965), der Polnischen Akademie der Naturforscher Leopoldina, der Bulgarischen Akademie der Wissenschaften, der Akademie der Wissenschaften der Niederlande, der Jugoslawischen Akademie der Wissenschaften, der Akademie der Wissenschaften der DDR, der Belgischen Chemischen Gesellschaft, der National Academy of Sciences (USA), der Ungarischen Akademie der Wissenschaften, des National Institute of Sciences of India und der Sächsischen Akademie der Wissenschaften zu Leipzig (1966).

1968 besuchte Frumkin unsere Akademie und hielt auf der öffentlichen Herbstsitzung in Leipzig den Plenarvortrag: „Die Abhängigkeit des Baues der elektrischen Doppelschicht von der Natur des Metalls", wobei die Adsorption von Wasserdipolen und die Methoden zur Bestimmung des Ladungsnullpunktes an festen und flüssigen Metallen im Mittelpunkt standen. Auf der anschließenden Rundreise nach Jena in das Zentralinstitut für Mikrobiologie und Experimentelle Therapie und zu den Goethe-Schiller-Gedenkstätten nach Weimar wurde deutlich, über welches umfassende Wissen A. N. Frumkin auch auf anderen Gebieten, insbesondere literarischen und künstlerischen, verfügte. Er kam mit genauen Vorstellungen darüber, was er unbedingt sehen wollte und was, als für ihn schon bekannt, nicht mehr nötig war. Dieses ohne Umschweife Hinsteuern auf Schwerpunkte war auch typisch bei seinen wissenschaftlichen Diskussionsbeiträgen, wobei es der Vortragende häufig nicht eben leicht hatte, mit seinen Kenntnissen zu bestehen. In jedem Fall aber hatte dieser und die Zuhörer einen Gewinn von Frumkins tiefgründigen Kommentaren, die auf seinem phänomenalen Gedächtnis basierten.

Obgleich seine Dissertation auf der Arbeit mit der Quecksilbertropfelektrode beruhte, zog A. N. Frumkin dieser die experimentell schwierigere Vielfalt der Festelektroden vor und erfand als entsprechende voltammetrische Sonde die rotierende Scheibenelektrode, woraus sich später die für Zwischenprodukte von Elektrodenreaktionen so empfindliche Ring-Scheiben-Elektrode entwickelte. Sein Weitblick ließ ihn rechtzeitig die Bedeutung der Elektrochemie für Nachbardisziplinen wir Molekularbiologie oder Photochemie erkennen und fähige Mitarbeiter dazu anregen. So entstanden in den letzten Jahren mehrere Moskauer Arbeitsgruppen, z. B. für Ionentransport durch Membranen und für Photoemission von Elektronen in Elektrolyt-Lösungen. Letztere erweiterte die Photopolarographie durch Einbeziehung von Festelektroden zur Photoelektrochemie.

Von der weitverzweigten publizistischen Tätigkeit A. N. Frumkins sind die beiden Monographien hervorzuheben: seine auch in mehrere Sprachen übersetzte Dissertation von 1919 und mit Jofa und Kabanow die „Kinetik der Elektrodenprozesse" 1953.

Es läge im Gesamtinteresse der Elektrochemiker, wenn sein Werk, zusammen mit dem Nachlaß, in eine geschlossene Form gebracht werden könnte. Frumkin hat Grundlagen zu neuen Wissenschaftszweigen gelegt, worauf noch ganze Generationen von Elektrochemikern aufbauen werden.

Hermann Berg

1914

1. V. Kohlschütter, A. N. Frumkin, Zur Kenntnis der Formen des Phosphorus. I. Über die Umwandlung von Phosphordampf in der Glimmentladung. Z. Elektrochem. *20* (1914) 110.
2. V. Kohlschütter, A. N. Frumkin, Über die Bildung von roten Phosphor durch Oxydation von Phosphordampf. Ber. *47* (1914) 1088.

1917

3. The movement of drops of mercury under the influence of an electric current. J. Russ. Phys. Chem. Soc. *49* [I] (1917) 207.

1919

4. Electrocapillary phenomena and electrode potentials. Odessa 1919.

1920

5. On the theory of electrocapillarity, I and II. Phil. Mag. *40* (1920) 363.

1921

6. V. Kohlschütter, A. N. Frumkin, Über Zersetzung von Kohlenwasserstoffen durch Kanalstrahlen. Ber. *54* B (1921) 587.

1923

7. Zur Theorie der Elektrokapillarität, I und II. Z. Physik. Chem. *103* (1923) 43.

1924

8. Phasengrenzkräfte und Adsorption an der Trennungsfläche Luft/Lösung anorganischer Elektrolyte. Z. Physik. Chem. *109* (1924) 34.
9. Phasengrenzkräfte an der Trennungsfläche gasförmig/flüssig. II. Adsorption und Lagerung der Moleküle aliphatischer Verbindungen. Z. Physik. Chem. *111* (1924) 190.
10. Potentialdifferenzen zwischen Flüssigkeiten. Kolloid-Z. *35* (1924) 340.
11. u. R. Kulvarskaja, Über die Verteilung des Silbernitrat zwischen Wasser und Anilin. Z. Anorg. Allgem. Chem. *138* (1924) 278.

1925

12. Die Kapillarkurve der höheren Fettsäuren und die Zustandsgleichung der Oberflächenschicht. Z. Physik. Chem. *116* (1925) 466.
13. Phasengrenzkräfte an der Trennungsfläche gasförmig/flüssig. III. Elektrische Eigenschaften monomolekularer Schichten von unlöslichen Substanzen. Z. Physik. Chem. *116* (1925) 485.
14. Über eine einfache Methode zur Prüfung des Gibbsschen Satzes. Z. Physik. Chem. *116* (1925) 498.
15. Traube's rule applied to phenomena of partition between two phases. Trans. Karpov Inst. Chem. (1925) 90.

1926

16. Über die Beeinflussung der Adsorption von Neutralmolekülen durch ein elektrisches Feld. Z. Physik *35* (1926) 792.
17. u. A. Donde, R. Kulvarskaja, Phasengrenzkräfte an der Trennungsfläche gasförmig/flüssig. IV. Adsorption und Lagerung der Moleküle einiger Benzolderivate. Z. Physik. Chem. *123* (1926) 321.

18. u. A. Donde, Über Quecksilbertropfelektroden. Z. Physik. Chem. *113* (1926) 339.

19. u. S. Reichstein, R. Kulvarskaja, Über Ionenadsorption an der Wasseroberfläche. Kolloid-Z. *40* (1926) 9.

20. Über die Ausbreitung von Farbstoffen auf der Wasseroberfläche. Kolloid-Z. *39* (1926) 8.

21. u. A. Obručeva, Über hydrolytische Adsorption an Platinmohr. Z. Anorg. Allgem. Chem. *158* (1926) 84.

22. u. A. Obručeca, Influences of the electric field on the adsorption of neutral molecules. Nature *117* (1926) 790.

1927

23. u. A. Donde, Über hydrolytische Adsorption an Platinmohr und Kohle. Ber. *60* B (1927) 1816.

24. u. A. Obručeva, Adsorption phenomena on silver iodide. Biochem. Z. *182* (1927) 220.

1928

25. u. A. V. Gorodeckaja, Kapillarelektrische Erscheinungen und Häutscheinbildung an flüssigem Gallium. Z. Physik. Chem. *136* (1928) 215.

26. u. A. V. Gorodeckaja, Kapillarelektrische Erscheinungen an Amalgamen. I. Thalliumamalgame. Z. Physik. Chem. *136* (1928) 451.

27. Die Elektrokapillarkurve. Ergeb. Exakt. Naturw., *7* (1928) 235.

28. N. Bach-Nikolajewa u. A. N. Frumkin, Über die Abhängigkeit der Stabilität von Kohlesuspension von der Gasbeladung und der Zusammensetzung der Lösung. Kolloid-Z. *46* (1928) 89.

1929

29. B. Bruns u. A. N. Frumkin, Über den Zusammenhang zwischen der Gasbeladung und der Adsorption von Elektrolyten durch aktivierte Kohle. I. Z. Physik. Chem. *141* (1929) 141.

30. u. J. Williams, The relation between the electric moment and the potential difference at an interface. Proc. Nat. Acad. Sci. U.S. *15* (1929) 400.

31. The adsorption of phenols at the interfaces: water-air, water-carbon and water-mercury. Rec. Trav. Chim. *48* (1929) 288.

32. Über die Bildung von Schwefelschichten auf eine Quecksilberoberfläche. Kolloid-Z. *47* (1929) 229.

33. R. Ch. Burštein u. A. N. Frumkin, Über das Verhalten von entgaster aktivierter Kohle gegen Elektrolyte. Z. Physik. Chem. A *141* (1929) 219.

1930

34. u. F. Cirves, Electrocapillary properties of amalgams. J. Phys. Chem. *34* (1930) 74.

35. B. Bruns u. A. N. Frumkin, Über den Zusammenhang zwischen der Gasbeladung und der Adsorption von Elektrolyten durch aktivierte Kohle. III. Platinierte Kohle als Wasserstoffelektrode. Z. Physik. Chem. *147* (1930) 125.

36. R. Ch. Burštein, A. N. Frumkin u. D. Lavrovskaja, IV. Über die Adsorption durch entgaste und durch wasserstoffgesättigte Kohle. Z. Physik. Chem. A *150* (1930) 421.

37. S. Vasiliev u. A. N. Frumkin, V. Über die Vergiftung von Platin in platinierter Kohle. Z. Physik. Chem. A *151* (1930) 87.

38. The significance of the electrocapillary curve. Colloid Symposium Annual *7* (1930) 89.

1931

39. Über die Adsorption von Elektrolyten durch aktivierte Kohle. Kolloid-Z. *51* (1930) 123.
40. M. Proskurnin u. A. N. Frumkin, Über den Nullpunkt der Ladung von Silber. Z. Physik. Chem. A *155* (1931) 29.
41. u. A. Levina, O. Zarubina, Über den Zustand der Oberfläche von platinierter Kohle bei gleichzeitiger Anwesenheit von H_2 und O_2 und über die Wirkungsweise von aktiven Zentren. Z. Physik. Chem. A *155* (1931) 41.
42. u. A. Obručeva, Über den Zusammenhang zwischen den balloelektrischen Erscheinungen und der Potentialdifferenz an der Trennungsfläche Gas/Lösung. Kolloid-Z. *54* (1931) 2.

1932

43. u. A. V. Gorodeckaja, B. Kabanov, N. Nekrasov, Kapillarelektrische Erscheinungen und Benetzung von Metallen durch Elektrolytlösungen. I. Physik. Z. Sowjetunion *I* (1932) 255.
44. Bemerkung zur Theorie der Wasserstoffüberspannung. Z. Physik. Chem. *160* (1932) 116.
45. R. Ch. Burštein, A. N. Frumkin, Sorption of hydrogen by platinized charcoal. Trans. Faradey Soc. *28* (1932) 273.
46. R. Ch. Burštein u. A. N. Frumkin, Influences on the kinetics of ethylene adsorption of the platinum content of activated carbon. Physikal. Z. Sowjetunion *2* (1932) 198.

1933

47. Physicochemical basis of the theory of flotation. Usp. Chim. *2* (1933) 1.
48. B. Kabanov u. A. N. Frumkin, Über die Größe elektrolytisch entwickelter Gasblasen. Z. Physik. Chem. A *165* (1933) 433; A *166* (1933) 316.
49. Wasserstoffüberspannung und Struktur der Doppelschicht. Z. Physik. Chem. *164* (1933) 121.
50. Ionenadsorption an Metallen und Kohle. Physikal. Z. Sowjetunion *4* (1933) 239.
51. R. Ch. Burštein, A. N. Frumkin u. N. Fedotov, Experimental evidence for activated adsorption of hydrogen by charcoal. J. Am. Chem. Soc. *55* (1933) 3052.

1934

52. u. A. Šlygin, Über die Platinelektrode. Compt. Rend. Acad. Sci. URSS *2* (1934) 173.
53. u. A. V. Gorodeckaja, P. Čugunov, Über die Bildung von polymolekularen Schichten an der Trennungsfläche Quecksilber-Lösung. Acta Physicochim. URSS *1* (1934) 12.
54. u. B. Bruns, Über Maxima der Polarisationskurven von Quecksilberkathoden. Acta Physicochim. URSS *1* (1934) 232.
55. Z. A. Iofa, A. N. Frumkin u. P. Čugunov, Phasengrenzkräfte an der Trennungsfläche gasförmig-flüssig. V. Halogen-substituierte Fettsäuren. Acta Physicochim. URSS *1* (1934) 883.

1935

56. A. Šlygin u. A. N. Frumkin, Über die Platinelektrode. I. Kapazität von platiniertem Platin in verschiedenen Elektrolyten und elektromotorisches Verhalten von adsorbiertem Wasserstoff. Acta Physicochim. URSS *3* (1935) 791.
57. M. Proskurnin u. A. N. Frumkin, A new determination of the capacity of the electrical double layer. Trans. Faraday Soc. *31* (1935) 110.
58. The double layer in electrochemistry. Usp. Chim. *4* (1935) 987.

59. u. N. Fuks, The vapour pressure of small drops and crystals. Acta Physicochim. URSS *3* (1935) 783.

60. M. A. Gerovič u. A. N. Frumkin, Phase boundary forces on the gas-liquid interface. VI. A new method of measuring the potential difference on quiet surfaces. Acta Physicochim. URSS *2* (1935) 1.

61. S. Levina, A. N. Frumkin u. A. Lunev, Effect of platinum of the adsorptive properties of charcoal in electrolytic solutions. Acta Physicochim. URSS *3* (1935) 397.

62. Couche double. Electrocapillarité, Surtension. Herman et Cie, Paris 1936 (Act. Sci. Indust. No. 373).

1936

63. u. A. Šlygin, The platinum electrode. III. Adsorbed atoms and ions on the surface of a platinum electrode. Acta Physicochim. URSS *5* (1936) 819.

64. M. A. Gerovič u. A. N. Frumkin, Electrical properties of films of ω-brom-hexadecanoic acid. J. Chem. Phys. *4* (1936) 624.

65. A. Šlygin, A. N. Frumkin u. W. Medvedovskij, Über die Platinelektrode. II. Adsorptionseigenschaften der Pt-Elektrode. Acta Physicochim. URSS *4* (1936) 911.

66. A. Obručeva u. A. N. Frumkin, Potential of platinum in solutions of silver salts. Compt. Rend. Acad. Sci. URSS *4* (1936) 11.

1937

67. Bemerkung zur Theorie der Wasserstoffüberspannung. Acta Physicochim. URSS *7* (1937) 475.

1938

68. N. Balašova u. A. N. Frumkin, Über das elektrokinetische Verhalten von Platin bei verschiedenen Potentialen. Compt. Rend. Acad. Sci. URSS *20* (1938) 449.

69. Über die Erscheinungen der Benetzung und des Anhaftens von Bläschen. I. Acta Physicochim. URSS *9* (1938) 313.

70. u. A. V. Gorodeckaja, On the phenomena of wetting and the adhesion of bubbles. II. The mechanism of the adhesion of bubbles to a mercury surface. Acta Physicochim. URSS *9* (1938) 327.

71. M. A. Gerovič, A. N. Frumkin u. D. Vargin, Dipole moment and surface potentials. J. Chem. Phys. *6* (1938) 906.

72. B. Bruns, A. N. Frumkin, Z. A. Iofa, L. Vanjukova u. E. Zolotarevskaja, Maxima on current-voltage curves. Acta Physicochim. URSS *9* (1938) 359.

73. Z. A. Iofa u. A. N. Frumkin, Influence of stirring on current-voltage curves obtained with a mercury cathode. Compt. Rend. Acad. Sci. URSS *20* (1938) 293.

74. u. V. A. Pleskov, Basic problems in electrochemistry. Sborn. Matem. Estest. SSSR (1938) 401.

1939

75. M. A. Vorsina u. A. N. Frumkin, Capacity of the double layer of the mercury electrode in dilute solutions of hydrochloric acid and of potassium chloride. Comp. Rend. Acad. Sci. URSS *24* (1939) 918.

76. P. D. Lukovcev, S. Levina u. A. N. Frumkin, Hydrogen overvoltage on nickel. Acta Physicochim. URSS *11* (1939) 21.

77. B. V. Eršler u. A. N. Frumkin, Surface chemistry of the platinum electrode. Trans. Faraday Soc. *35* (1939) 1.

78. Calculation of the absolute potential of the normal calomel electrode from the free energy of hydration of gaseous ions. J. Chem. Phys. *7* (1939) 552.

79. Z. A. Iofa u. A. N. Frumkin, Electrocapillary curve of concentrated acid solutions. Acta Physicochim. URSS *10* (1939) 473.

80. u. Z. A. Iofa, Electrocapillary curves of concentrated acid solutions. I. Derivation of an adsorption equation. Z. fiz. Chim. *13* (1939) 931.

81. u. A. Pankratov, Properties of unimolecular layers on solutions of salts. Acta Physicochim. URSS *10* (1939) 55.

1940

82. Electrode Potentials. Proceedings of the 2nd Conference on Corrosion of Metals. Akad. Nauk SSSR *1* (1940) 5.

83. The study of the double layer at the metal-solution interface by electrokinetic and electrochemical methods. Trans. Faraday Soc. *36* (1940) 117.

84. E. Kučinskij, R. Ch. Burstein u. A. N. Frumkin, Adsorption of electrolytes on charcoal. Acta Physicochim. URSS *12* (1940) 795.

85. P. Dolin, B. V. Eršler u. A. N. Frumkin, Kinetics of processes on the platinum electrode. II. The rate of discharge of hydrogen ions and the rate of the overall process of hydrogen evolution on platinum. Acta Physicochim. URSS *13* (1940) 779.

86. u. P. Dolin, B. V. Eršler, Kinetics of processes on the platinum electrode. III. The influence of the diffusion of molecular hydrogen on the capacity of the platinum electrode. Acta Physicochim. URSS *13* (1940) 793.

87. The electrochemical method for studying the surface of catalysts. Z. fiz. Chim. *14* (1940) 1200.

88. The mechanism of the hydrogen electrode process. A reply to Professor Horiuti. Sci. Papers. Inst. Phys. Chem. Res. *37* (Tokyo 1940) 473.

89. The overvoltage theory of H. Eyring. Acta Physicochim. URSS *12* (1940) 481.

1941

90. R. Ch. Burštein u. A. N. Frumkin, Formation of hydrogen peroxide from adsorbed oxygen on activated charcoal. Compt Rend. Acad. Sci. URSS *32* (1941) 327.

91. J. A. Kolotyrkin u. A. N. Frumkin, On the dissolution of Ni in acid. Compt. Rend. Acad. Sci. URSS *33* (1941) 445.

92. J. A. Kolotyrkin u. A. N. Frumkin, Effect of acid concentration and of the addition of Pt on the solution of Ni. Compt. Rend. Acad. Sci. URSS *33* (1941) 450.

93. J. A. Kolotyrkin u. A. N. Frumkin, Wasserstoffüberspannung und Auflösung von Metallen. I. Die Auflösung von Blei in Säuren. Acta Physicochim. URSS *14* (1941) 469.

94. The applicability of Nernst's formula to amphoteric adsorbents. Compt. Rend. Acad. Sci. URSS *30* (1941) 417.

1943

95. Contribution to the theory of the discharge of hydrogen ion. I. Mercury. Acta Physicochim. URSS *18* (1943) 23.

96. Z. A. Iofa u. A. N. Frumkin, Theory of the discharge of hydrogen ions. II. Mercury concentrated solutions of acids. Acta Physicochim. URSS *18* (1943) 183.

97. V. G. Levič u. A. N. Frumkin, Ohmic resistance of local cells in the process of the solution of metals in acids. Acta Physicochim. *18* (1943) 325.

98. On the free energy of the diffuse double layer. Acta Physicochim. URSS *18* (1943) 473.

99. M. A. Vorsina u. A. N. Frumkin, The capacity of a mercury cathode in the presence of multivalent ions. Acta Physicochim. URSS *18* (1943) 242.

100. M. Vorsina u. A. N. Frumkin, Effect of the anion on the capacity of a mercury electrode in dilute solutions. Acta Physicochim. URSS *18* (1943) 341.

1944

101. u. A. Aladžalova, Theory of hydrogen ion discharge. III. Palladium. Acta Physicochim. URSS *19* (1944) 1.

1945

102. u. V. G. Levič, The motion of solid and liquid metallic bodies in solutions of electrolytes. I. Motion in an electric field. Acta Physicochim. URSS *20* (1945) 769.

103. u. A. F. Kapustinskij, Physical chemistry in the Academy of Sciences of the USSR. Vestn. Akad. Nauk. SSSR *1945*, 91.

1946

104. u. V. G. Levič, The motion of solid and liquid metallic bodies in solutions of electrolytes. II. Motion in the field of gravity. Acta Physicochim. URSS *21* (1946) 193.

105. New electrocapillarly phenomena. J. Colloid Sci. *1* (1946) 277.

106. Surface phenomena in electrochemistry. Usp. Chim. *15* (1946) 385.

1947

107. I. A. Bagockaja u. A. N. Frumkin, The velocity of fall of mercury drops in a viscous medium. Compt. Rend. Acad. Sci. USSR *55* (1947) 131.

108. I. P. Tverdovskij u. A. N. Frumkin, Dependence of the wetting of mercury on the nature of the solvent. Z. fiz. Chim. *21* (1947) 819.

109. I. A. Bagockaja u. A. N. Frumkin, Potentials of falling drops. Z. fiz. Chim. *21* (1947) 1033.

110. u. V. G. Levič, On the effect of surface-active substances on the motions on the boundaries of liquid media. Z. fiz. Chim *21* (1947) 1183.

111. u. V. G. Levič, The motion of solid and liquid metallic particles in electrolytic solutions. IV. Maxima on the currentvoltage curves of a dropping mercury electrode. Z. fiz. Chim. *21* *21* (1947) 1335.

112. B. N. Kabanov, R. Ch. Burštein u. A. N. Frumkin, Kinetics of electrode processes on the iron electrode. Discussion Faraday Soc. *1* (1947) 259.

113. Hydrogen overvoltage. Discussion Faraday Soc. *1* (1947) 57.

114. A. V. Gorodeckaja, A. N. Frumkin u. A. S. Titievskaja, The adhesion of mercury to glass in electrolytic solutions. Z. fiz. Chim. *21* (1947) 675.

115. V. S. Bagockaja, Z. A. Iofa u. A. N. Frumkin, Excited form of cathodic hydrogen. Z. fiz. Chim. *21* (1947) 241.

1948

116. T. I. Borisova, B. V. Eršler u. A. N. Frumkin, Determination of the point of zero charge of solid metals by measuring the double-layer capacity. Z. fiz. Chim. *22* (1948) 925.

117. u. I. A. Bagockaja, The potentials of falling drops. J. Phys. Colloid Chem. *52* (1948) 1.

1949

118. The use of the electrochemical method to study catalytically active surfaces. Problems of kinetics and catalysis. Izv. Akad. Nauk SSSR *6* (1949) 85.

119. T. A. Krjukova u. A. N. Frumkin, Retardation of the tangential motion of the surface of a mercury drop in solutions of *n*-butyl alcohol. Z. fiz. Chim. *23* (1949) 819.

120. On the distribution of corrosion processes along a tube. Z. fiz. Chim. *23* (1949) 1477.

121. Adsorption and oxidative processes. Usp. Chim. *18* (1949) 9.

122. Dependence of the adsorption of electrolytes on potential and concentration. Dokl. Akad. Nauk SSSR *69* (1949) 821.

1950

123. The effect of electrolytes on hydrogen overvoltage and the theory of slow discharge. Z. fiz. chim. *24* (1950) 244.

124. u. V. I. Melik-Gajkazjan, Determination of the kinetic of adsorption of organic substances by measuring the capacity and conductance of the electrode-solution interfaces by alternating current. Dokl. Akad. Nauk SSSR *77* (1951) 855.

125. G. M. Florianovič u. A. N. Frumkin, Electroreduction of anions. Dokl. Akad. Nauk SSSR *80* (1951) 907.

126. G. M. Florianovič u. A. N. Frumkin, On the mechanism of reduction of oxalic acid at a mercury electrode. Dokl. Akad. Nauk SSSR *79* (1951) 997.

127. u. Z. A. Iofa, V. S. Bagockij, Reply to N. I. Kobozev. Z. fiz. Chim. *25* (1951) 1117.

1952

128. u. V. S. Bagockij, Z. A. Iofa, B. Kabanov, Kinetics of Electrode Processes. Moscow University Press, Moscow 1952.

129. P. S. Perminov, A. Orlov u. A. N. Frumkin, Influence of pressure on the solubility of molecular hydrogen in the β-phase of the palladium hydrogen system. Dokl. Akad. Nauk SSSR *84* (1952) 749.

130. Adsorption of organic compounds and electrode. Dokl. Acad. Nauk SSSR *85* (1952) 373.

131. Reduction reactions and the point of zero charge of metals. Vestn. Mosk. Univ. Ser. II Chim. *7* (1952) 37.

132. N. V. Nikolaeva, A. N. Frumkin, u. Z. A. Iofa, Effect of surface-active compounds on the kinetics of hydrogen ion discharge on a mercury electrode. Z. fiz. Chim. *26* (1952) 1326.

133. N. V. Nikolaeva, N. Šapiro u. A. N. Frumkin, Dependence of the electroreduction of anions at the position of the point of zero charge of electrode. Dokl. Akad. Nauk SSSR *86* (1952) 581.

134. u. Z. A. Iofa, V. S. Bagockij, The Adsorption theory of overvoltage of N. I. Kobozev. Z. fiz. Chim. *26* (1952) 1854.

135. V. I. Nestorova, u. A. N. Frumkin, The platinum electrode. IX. Adsorption of oxygen by platinized platinum at its contact with molecular oxygen at anodic polarization. Z. fiz. Chim. *26* (1952) 1178.

1953

136. Kinetics of electrode processes and phenomena on the metalsolution interface. Proceedings of the Conference on Electrochemistry. Akad. Nauk SSSR *1953*, p. 22.

137. u. S. I. Ždanov, On the problem of the reduction of nitrate ion at the dropping mercury cathode. Dokl. Akad. Nauk SSSR *92* (1953) 629.

138. I. A. Bagockaja u. A. N. Frumkin, Effect of surface-active compounds on the penetration of hydrogen into iron and the mechanism of hydrogen overvoltage. Dokl. Akad. Nauk SSSR *92* (1953) 979.

139. A. I. Fedorova u. A. N. Frumkin, Study of the palladium-hydrogen system by the electrochemical method. Z. fiz. Chim. *27* (1953) 247.

140. History of the development of electrochemistry in Russia in the nineteenth century. Usp. Chim. *22* (1953) 355.

141. u. E. P. Andreeva, On the catalytic evolution of hydrogen on mercury in the presence of organic bases. Dokl. Akad. Nauk SSSR *90* (1953) 417.

142. S. I. Ždanov u. A. N. Frumkin, The reduction of hydroxylamine on a dropping mercury electrode. Dokl. Akad. Nauk SSSR *92* (1953) 789.

1954

143. u. S. I. Ždanov, On the origin of the current jump and hysteresis loop on the polarisation curve in electroreduction reactions. Dokl. Akad. Nauk SSSR *96* (1954) 793.

144. R. S. Majzliš, I. P. Tverdovskij u. A. N. Frumkin, Study of adsorption phenomena on mercury in alcoholic-aqueous solutions of electrolytes. Z. fiz. Chim. *28* (1954) 87.

145. T. V. Kališ u. A. N. Frumkin, Influence of the point of zero charge on the electroreduction of $S_2O_8{}^{2}$-ions on a dropping electrode. Z. fiz. Chim. *28* (1954) 801.

146. T. V. Kališ u. A. N. Frumkin, Influence of anion adsorption on the reduction of $S_2O_8{}^{2}$-ion on a dropping cathode. Z. fiz. Chim. *28* (1954) 473.

147. u. S. I. Ždanov, The reduction of the nitrate ion in the presence of lanthanum in acid medium. Dokl. Akad. Nauk SSSR *97* (1954) 867.

1955

148. u. A. A. Ajkazjan, Kinetics of the ionization of molecular hydrogen on a platinum electrode and the role of anions. Dokl. Akad. Nauk SSSR *100* (1955) 315.

149. u. R. I. Kaganovič, M. A. Gerovič, V. N. Vasil'ev, On the mechanism of anodic formation of persulphate. Dokl. Akad. Nauk SSSR *102* (1955) 981.

150. On M. von Stackelberg's theory of the polarographic maximum. Z. fiz. Chim. *29* (1955) 1318.

151. G. M. Florianovič u. A. N. Frumkin, On the mechanism of electroreduction of anions on a mercury electrode. Z. fiz. Chim. *29* (1955) 1827.

152. Adsorptionserscheinungen und elektrochemische Kinetik. Z. Elektrochem. *59* (1955) 807.

153. M. I. Temkin u. A. N. Frumkin, On the problem of the energy of activation of hydrogen ion charge. Z. fiz. Chim. *29* (1955) 1513.

154. S. I. Ždanov u. A. N. Frumkin, On electrochemical processes in systems containing hydroxylamine and hydrogen ions. Z. fiz. Chim. *29* (1955) 1459.

155. Some trends in the development of electrochemical kinetics. Problems of chemical kinetics, catalysis and reactivity. Akad. Nauk SSSR. Moscow 1955, p. 402.

156. u. Z. A. Iofa, M. A. Gerovič, A. I. Fedorova, The history of the department of electrochemistry at Moscow State University. Uch. Zap. Mosk. Gos. Univ. *1955*, Nr. 174, 301.

157. u. Z. A. Iofa, M. A. Gerovič, On the question of the potential difference across the gas-water interface. Z. fiz. Chim. *30* (1956) 1455.

1956

158. On the thermodynamics of electrocapillary phenomena in concentrated solutions. Z. fiz. Chim. *30* (1956) 2066.

159. M. I. Temkin u. A. N. Frumkin, On the article of O. M. Poltorak „On the energy of activation of the discharge of hydrogen ion and the problem of the absolute potentials in electrochemical kinetics". Z. fiz. Chim. *30* (1956) 1162.

160. M. I. Temkin u. A. N. Frumkin, A remark on the dependence of hydrogen overpotential on the nature of the cathode in connection with the work of RUETSCHI AND DELAHAY. Z. fiz. Chim *30* (1956) 1885.

1957

161. u. B. B. Damaskin, N. V. Nikolaeva-Fedorovič, Superquivalent adsorption of cations on the the negatively-charge surface of mercury. Dokl. Akad. Nauk SSSR *115* (1957) 751.

162. u. A. S. Titievskaja, Electrocapillary phenomena in solutions of thallium salts. Z. fiz. Chim *31* (1957) 485.

163. On the study of the mechanism of electrolytic evolution of hydrogen by the method of introducing excess amounts of atomic hydrogen on to the surface of the electrode. Z. fiz. Chim. *31* (1957) 1875.

164. One some general problems of electrochemical kinetics and the theory of ionic reactions. Izv. Akad. Nauk SSSR. Ser. Chim. *12* (1957) 1429.

165. Adsorption of organic substances at the metal/electrolyte solution interface and its influence on electrochemical processes. Proc. 2nd Intern. Congress, Surface Activity *3* (1957) 58.

166. Zur Theorie der Wasserstoffüberspannung. Z. physik. Chem. *207* (1957) 321.

167. u. N. V. Nikolaeva-Fedorovič, On the electroreduction of anions. J. Chem. Phys. *26* (1957) 1552.

168. Die Adsorption von organischen Verbindungen an der Trennungsfläche Metall/Elektrolytlösung und ihre Einwirkung auf elektrochemische Vorgänge. Nova Acta Leopoldina *19* (1957) Nr. 132, 19 S.

169. On the potential difference and the accumulation of components of the solution in the diffuse layer in stationary electrolysis. Dokl. Akad. Nauk SSSR *117* (1957) 102.

170. On the importance of electrochemical methods for the study of the properties of surface compounds. Conference on Surface compounds and their role in the phenomena of adsorption, Moscow University Press 1957, p. 53.

171. The work of B. S. Jacobi in the field of electrochemistry, Preface to the 1957 edition of Jacobi's Work in Elektrochemistry.

172. u. N. V. Nikolaeva-Fedorovič, The electroreduction of anions and the adsorption of cations. Vestn. Mosk. Univ. 12 Ser. Mat., Mech., Astron. Fiz., Chim. *12* (1957) No 4, 169.

173. Z. A. Iofa, N. A. Frumkin u. E. A. Mazničenko, Effect of the nature of the cation on the hydrogen evolution reaction rate from alkaline solution. Z. fiz. Chim. *31* (1957) 2042.

1958

174. Die elektrische Doppelschicht. Wiss. Z. TH Dresden *7* (1957/58) 847.

175. On the stoichiometric number for the reaction of electrochemical desorption of hydrogen. Dokl. Akad. Nauk SSSR *119* (1958) 318.

176. u. G. A. Tedoradze, Der Mechanismus der Ionisierung von molekularem Chlor an einer Platinelektrode. Z. Elektrochem. *62* (1958) 251.

177. B. B. Damaskin, N. V. Nikolaeva-Fedorovič u. A. N. Frumkin, On the adsorption of Cs^+ ion on the surface of a mercury electrode. Dokl. Akad. Nauk SSSR *121* (1958) 129.

178. The adsorption of thallous ions and thallium atoms at the mercury-solution interface. Surface Phenomena in Chemistry and Biology. Pergamon London *1958*, p. 189.

179. u. N. S. Poljanovskaja, Electrocapillary phenomena in solutions of thallium and cadmium salts. II. Z. fiz. Chim. *32* (1958) 157.

180. S. I. Ždanov u. A. N. Frumkin, Polarography of the tropylium ion. Dokl. Akad. Nauk SSSR *122* (1958) 412.

181. u. G. A. Tedoradze, Kinetics of ionization of molecular chlorine. Dokl. Akad. Nauk SSSR *118* (1958) 530.

182. u. P. D. Lukovcev, Contemporary state of electrode process. Chim. Nauka i Prom. *3* (1958) 410.

1959

183. u. O. A. Petrij, N. V. Nikolaeva-Fedorovič, Mechanism of the electroreduction of the $Fe(CN)_6^{3-}$ anion on the dropping mercury electrode. Dokl. Akad. Nauk SSSR *128* (1959) 1006.

184. u. B. B. Damaskin, Adsorption isotherm of tetra-butyl ammonium on a mercury cathode. Dokl. Akad. Nauk SSSR *129* (1959) 862.

185. u. E. A. Ajkazjan, Kinetics of the ionization of molecular hydrogen on a platinum electrode. Izv. Akad. Nauk SSSR, Ser. Chim. *1959*, 202.

186. Some results of developments in the study of electrochemical reaction mechanisms in the last five years. Proc. 4th Electrochemical Conference, Akad. Nauk SSSR *1959*, p. 7.

187. Über die Anwendung von ^{18}O zur Erforschung des Mechanismus anodischer Vorgänge. Proc. 9th C.I.T.C.E. meeting in Paris 1957. London 1959, p. 396.

188. Influence of cation adsorption on the kinetics of electrode processes. Trans. Faraday Soc. *55* (1959) 156.

189. u. N. V. Nikolaeva-Fedorovič, R. Ivanova, The influence of surface active anions on the electroreduction of the persulphate anion at negative potentials. Can. J. Chem. *37* (1959) 253.

1960

190. u. L. N. Nekrasov, V. G. Levič, Ju. Ivanov, Die Anwendung der rotierenden Scheibenelektrode mit einem Ring zur Untersuchung von Zwischenprodukten elektrochemischer Reaktionen. J. electroanal. Chem. *1* (1959/60) 84.

191. A. Ja. Gochštein u. A. N. Frumkin, Auto-oscillations in the reduction of $S_2O_8^{2-}$ anions on mercury. Dokl. Akad. Nauk SSSR *132* (1960) 388.

192. The double layer in electrochemistry. J. electrochem. Soc. *107* (1960) 461.

193. Deterioration of platinum anodes in acidic solution. J. Res. Inst. Catalysis, Hokkaido Univ. *8* (1960) 10.

194. N. V. Nikolaeva-Fedorovič u. A. N. Frumkin, Reduction of cobaltamine complexes having a negative substituent in the inner sphere at the dropping mercury electrode. Dokl. Akad. Nauk SSSR *134* (1960) 1135.

195. Note on B. Kamienski's paper: The electric potential at the free surface of aqueous solutions. Electrochim. Acta *2* (1960) 351.

196. D. V. Kokoulina, P. Dolin u. A. N. Frumkin, The effect of radiation on the potential of a platinum electrode in an H_2SO_4 solution. Dokl. Akad. Nauk SSSR *132* (1960) 880.

1961

197. u. O. A. Petrij, N. V. Nikolaeva-Fedorovič, Current-time curves for the reduction of anions at a dropping electrode. Dokl. Akad. Nauk SSSR *136* (1961) 1185.

198. u. O. A. Petrij, N. V. Nikolaeva-Fedorovič, On the adsorption of hydrogen ions on the negatively-charged interface of mecury with an electrolyte. Dokl. Akad. Nauk SSSR *137* (1961) 896.

199. S. G. Mairanovskij, L. D. Kljukina u. A. N. Frumkin, Influence of the structure of the double layer on polarographic, surface catalytic, waves of hydrogen. Dokl. Akad. Nauk SSSR *141* (1961) 147.

200. u. V. N. Koršunov, Z. A. Iofa, On the kinetics of solution of amalgams of alkali metals in buffer solutions. Dokl. Akad. Nauk SSSR *141* (1961) 413.

201. u. R. I. Kaganovič, E. S. Bit-Popova, Adsorption of aromatic and hydro-aromatic compounds at the mercury-solution interface. Dokl. Akad. Nauk SSSR *141* (1961) 670.

202. The adsorption of ions at the metal-solution interface and its influence on electrode kinetics. Trans. Symp. Electrode Processes, edited by e. Yeager, Wiley, New York 1961, p. 1.

203. Hydrogen overvoltage and adsorption phenomena. I. Mercury, Advances in Electrochemistry and Electrochemical Engineering Vol. 1, edited by P. Delahay, Interscience, New York 1961, p. 65.

204. Adsorption des cations à des potentials anodiques. Electrochim. Acta *5* (1961) 266.

205. u. V. V. Sobol', Measurement of the potential drop on a platinum anode after the polarizing circuit is opened. Dokl. Akad. Nauk SSSR *141* (1961) 917.

206. Energy of hydration of ions and the displacement effect. Z. fiz. Chim. *35* (1961) 2163.

207. u. R. I. Kaganovič, E. V. Jakovleva, V. V. Sobol', The effect of cations on oxygen overvoltage. Dokl. Akad. Nauk SSSR *141* (1961) 1416.

1962

208. A. Ja. Gochstein, u. A. N. Frumkin, Study of the auto-oscillations in active and passive systems with the aid of a solid electrode. Dokl. Akad. Nauk SSSR *144* (1962) 821.

209. u. N. V. Nikolaeva-Fedorovič, The electroreduction of anions, Progress in Polarography. Vol. 1 edited by P. Zuman and I. M. Kolthoff, Interscience, New York 1962, p. 223.

210. u. B. B. Damaskin, The so-called tensammetric waves. J. electroanal. Chem. *3* (1962) 36.

211. u. S. Sat'janarajana, N. V. Nikolaeva-Fedorovič, On some new forms of polarographic maxima. Izv. Akad. Nauk SSSR, Ser. Chim. *1962*, 1977.

212. u. L. I. Boguslavskij, V. S. Serebrennikov, Electrode behaviour of heat-treated polyacrylonitrile. Dokl. Akad. Nauk SSSR *142* (1962) 878.

213. u. O. A. Petrij, N. V. Nikolaeva-Fedorovič, The electroreduction of anions and adsorption effects on dropping thallium electrodes. Dokl. Akad. Nauk SSSR *147* (1962) 878.

214. V. S. Bagockij u. A. N. Frumkin, The problem of direct conversion of chemical energy into electrical energy. Vestn. Akad. Nauk SSSR *32* (1962) 19.

215. E. Svarts, B. B. Damaskin u. A. N. Frumkin, Nature of the maximum on the differential capacity curve. Z. fiz. Chim. *36* (1962) 2419.

1963

216. u. O. A. Petrij, N. V. Nikolaeva-Fedorovič, On the determination of the value of the charge on the reacting particle and of the constant α from the dependence of the rate of electroreduction on the concentration of the solution. Electrochim. Acta *8* (1963) 177.

217. Hydrogen overvoltage and adsorption phenomena. II. Advances in Electrochemistry and Electrochemical Engineering. Vol. 3, edited by P. Delahay, Interscience, New York 1963, p. 287.

218. S. Mairanovskij u. A. N. Frumkin, Effect of the catalyst adsorption and of the doublelayer structure on the catalytic waves of hydrogen evolution. Rev. Polarog. (Kyoto) *11* (1963) 96.

219. u. E. A. Ponomarenko, R. Ch. Burštein, Chemisorption of oxygen and adsorption of electrolytes on active charcoal. Dokl. Akad. Nauk SSSR *149* (1963) 1123.

220. E. A. Ponomarenko, A. N. Frumkin u. R. Ch. Burštein, Dependence of the potential of a carbon electrode on pH of the solution under isoelectric conditions. Izv. Akad. Nauk SSSR, Ser. Chim. *1963*, 1549.

221. u. B. I. Podlovčenko, On the nature of the potentials of a platinum electrode occurring in solutions of ethanol. Dokl. Akad. Nauk SSSR *150* (1963) 349.

222. u. D. I. Džaparidze, G. A. Tedoradze, Catalytic evolution of hydrogen on mercury with high surface coverage of the electrode by the catalyst. Dokl. Akad. Nauk SSSR *152* (1963) 164.

223. B. I. Podlovčenko, O. A. Petrij u. A. N. Frumkin, On the nature of the minimum of the curve. of potential shift of a platinized platinum electrode on introduction of an organic substance Dokl. Akad. Nauk SSSR *153* (1963) 379.

1964

224. u. B. B. Damaskin, The effect of the electric field on the adsorption of organic compounds at the electrode-solution interface. Modern Aspects of Electrochemistry, Vol. 3, edited by J. O'M. Bockris, London 1964, p. 149.

225. Influences of adsorption of neutral molecules and organic cations on the kinetics of electrode processes. Electrochim. Acta *9* (1964) 465.

226. E. A. Ukše, N. G. Bukun, D. I. Leikis u. A. N. Frumkin, Investigation of the electric double layer in molten salts. Electrochim. Acta *9* (1964) 431.

227. On the dependence of the adsorption of organic substances on potential at metals adsorbing hydrogen. Dokl. Akad. Nauk SSSR *154* (1964) 1432.

228. u. V. A. Kuznecov, R. I. Kaganovič, Adsorption of perfluorinated fatty acids at the solution-air and solution-mercury interfaces. Dokl. Akad. Nauk SSSR *155* (1964) 175.

229. I. V. Shelepin, A. N. Frumkin, A. Fedorov u. S. Vasenin, Double-layer structure in the electrochemical initiation of methyl methacrylate polymerisation. Dokl. Akad. Nauk SSSR *154* (1964) 203.

230. u. N. B. Grigor'ev, I. A. Bagockaja, Structure of the electric double layer on gallium determined by the differential capacitance method. Dokl. Akad. Nauk SSSR *157* (1964) 957.

231. u. N. S. Poljanovskaja, N. B. Grigor'ev, Electrocapillary curves of liquid gallium. Dokl. Akad. Nauk SSSR *157* (1964) 1455.

232. u. R. Ivanov, B. B. Damaskin, The adsorption by mercury of ions from concentrated aqueous solutions of KCl and CsCl. Dokl. Akad. Nauk SSSR *157* (1964) 1202.

233. u. B. B. Damaskin, V. Gerovič, R. I. Kaganovič, Adsorption potentials at the mercury-electrolyte interface as influenced by the magnitude of the adsorption of neutral molecules. Dokl. Akad. Nauk. SSSR *158* (1964) 706.

234. A note on the paper „The description of adsorption at electrodes" by R. Parsons. J. Electroanal. Chem. *7* (1964) 152.

235. u. N. S. Poljanovskaja, N. B. Grigor'ev, I. A. Bagockaja, Electrocapillary phenomena on gallium. Presented at the 15th C.I.T.C.E. meeting in London, September 1964.

1965

236. The electric double layer at the metal-electrolyte interface and the theory of galvanic cells. Lecture delivered to the Association of Chemists, Royal Institute of Technology, Stockholm Februar 1964. Svensk Kim. Tid. *77* (1965) 300.

237. u. Chruščeva, M. Taresevič, N. Šumilova, Use of the rotating disc electrode with a ring in conjunction with the triangular voltage pulse method for the investigation of electrode reactions. Elektrochimija *1* (1965) 17.

238. Points of zero charge in equations of electrochemical kinematics. J. Electroanal. Chem. *9* (1965) 173.

239. O. A. Petrij, B. I. Podlovčenko, A. N. Frumkin u. Hira Lal, The behaviour of a platinized-platinum electrode and platinum-ruthenium electrodes in methanol solutions. J. Electroanal. Chem. *10* (1965) 253.

240. B. F. Ivanov, B. B. Damaskin, A. N. Frumkin, A. A. Ivaščenko u. N. I. Peškova, Differential capacity curves for a mercury electrode in high concentration of electrolyte. Elektrochimija *1* (1965) 279.

241. N. S. Poljanovskaja u. A. N. Frumkin, Electrocapillary curves of indium amalgams. Elektrochimija *1* (1965) 538.

1966

242. B. I. Podlovčenko, O. A. Petrij, A. N. Frumkin u. Hira Lal, The behaviour of a platinized-platinum electrode in solutions of alcohols containing more than one carbon atom, aldehydes and formic acid. J. Electroanal. Chem. *11* (1966) 12.

243. Über die durch Fremdionen verursachten Elektrodenpotentiale in Lösungen. Acta Univ. Debreceniensis Ludovico Kossoth nominate, Ser. phys. et chim. *12* (1966) 37. [russ. mit ungar. Zusammenfassung].

244. Couche double et adsorption des substances organiques. J. Chim. physique et Physicochim. biol. *63* (1966) 785.

245. Abhängigkeit des Potentials der Wasserstoffelektrode vom pH-Wert der Lösung unter isoelektrischen Bedingungen. Elektrochimija *2* (1966) 387 [russ.].

246. u. N. B. Grigor'ev, I. A. Bagockaja, Bestimmung der Null-Ladungspunkte von Gallium durch Differentialkapazitätsmessungen in verdünnten Lösungen. Ebda 329 [russ.].

247. u. B. B. Damaskin, Ju. A. Čizmadžev, Struktur der elektrischen Doppelschicht an der Phasengrenze Metall-Lösung. Ebda 875 [russ.].

248. u. O. A. Petrij, B. I. Podlovčenko, H. Lal, The behaviour of a platinized-platinum electrode in solutions of alcohols containing more than one carbon atom, aldehydes and formic acid. J. electroanalyt. Chem. *11* (1966) 12.

249. u. O. A. Petrij, R. V. Marvet, The dependence of the double-layer charge on the platinum hydrogen electrode surface upon the potential. Ebda *12* (1966) 504.

250. u. N. A. Balašova, V. E. Kazarinov, Some aspects of the thermodynamic properties of the platinum hydrogen electrode. J. electrochem. Soc. *113* (1966) 1011.

251. u. G. M. Mansurov, V. E. Kazarinov, N. A. Balasova, Untersuchung der Adsorption von Cadmiumkationen an der Platinelektrode. Collection czechoslov. chem. Commun. *31* (1966) 806 [russ. mit deutscher Zusammenfass.].

1967

252. u. V. S. Bagockij, B. B. Damaskin, L. J. Krištalik, Ju. V. Plesko, E. A. Ukše, Razvitie fizičeskoj chimii v SSSR [Entwicklung der physkialischen Chemie in der UdSSR] 1917—1967. (Moskva 1967). Sovetskaja nauka i technika za 50 let, 149 [russ.].

253. u. O. A. Petrij, B. J. Podlovčenko, Sovremennye problemy fizičeskoj chimii [Moderne Probleme der physikalischen Chemie] *2* (Moskva 1967): Adsorption und Elektrooxydation organischer Stoffe an Metallen der Platingruppe [russ.].

254. The dependence of the double layer structure on the nature of the metal surface. J. Res. Inst. Catalysis, Hokkaido Univ. *15* (1967) 61.

255. u. P. A. Rebinder, R. R. Dogonadze, Venjamin Grigor'evič Levič zum 50. Geburtstag. Elektrochimija *3* (1967) 525 [russ.].

256. u. V. V. Sobol', A. A. Dimitrieva, Oxydation of hydrogen on platinum. J. electroanalyt. Chem. *13* (1967) 179.

257. u. O. A. Petrij, R. V. Marvet, Experimentelle Prüfung der thermodynamischen Theorie des Oberflächenzustandes der Platin-Wasserstoff-Elektrode. Elektrochimija *3* (1967) 116 [russ.].

258. u. V. V. Sobol', A. A. Dimitrieva, Untersuchung des Prozesses der elektrochemischen Oxydation von Wasserstoff an Platin. Ebda 1040 [russ.].

259. u. N. S. Poljanovskaja, Elektrokapillareigenschaften des Systems Gallium-Quecksilber. Ebda 1129 [russ.],

260. u. Ja. M. Kolotyrkin, Vladimir Ivanovič Veselovskij zum 60. Geburtstag. Ebda 1156 [russ.]

261. u. O. A. Petrij, R. V. Marvet, Über die Abhängigkeit des Potentials der Wasserstoffelektrode vom pH-Wert und von der Zusammensetzung der Lösung unter isoelektrischen Bedingungen. Ebda 1311 [russ.].

262. u. B. B. Damaskin, S. L. Djatkina, Die Struktur der Grenzschicht Elektrode-Lösung in Gegenwart organischer Stoffe, die in zwei verschiedenen Lagen adsorbiert werden. Izvest. Akad. Nauk SSSR, Ser. chim. *1967*, 2171 [russ.].

263. u. B. B. Damaskin, Adsorption organischer Stoffe an der freien Oberfläche des Wassers und an der Phasengrenze Wasser/Quecksilber. Vestn. mosk. Univ. *22* (1967) Nr. 5, 27 [russ.].

1968

264. u. B. J. Podlovčenko, V. F. Stenin, Untersuchung der Adsorption und der Elektrooxydation des Methanols an platiniertem Platin mit Hilfe analytischer Methoden. Elektrochimija *4* (1968) 339 [russ.].

265. u. K. M. Gorbunova, N. T. Kudrjavčev, Ašot Tigranovič Vagramjan zum 60. Geburtstag. Ebda 372 [russ.].

266. u. O. A. Petrij, A. M. Kossaja, Thermodynamik der Oberflächenerscheinungen an Platinmetallen in alkalischen Lösungen und unter den Bedingungen von Sauerstoff-Adsorptionspotentialen. Ebda 475 [russ.].

267. u. O. A. Petrij, A. M. Kossaja, V. Entina, V. Topolev, Electric double layer on platinum group metals and the Esin-Markov-Effect. J. electroanalyt. Chem. *16* (1968) 175.

268. u. B. B. Damaskin, A. A. Survilla, The congruence of the adsorption isotherm with respect to the electrode potential or charge and the choice of an independent electric variable. Ebda 493.

269. V. N. Koršunov, T. V. Iwanov, Der Mechanismus der Absonderung von Wasserstoff aus alkalischen Lösungen in amalganischen Laugen von Metallen, die Indium enthalten. Elektrochimija *4* (1968) 1120 [russ.].

270. u. O. A. Petrij, B. J. Podlovčenko, Die Untersuchung der Adsorption und Elektrooxydation einfacher organischer Verbindungen an Elektroden aus Metallen der Platingruppe. Gegenwärtige Probleme der physikalischen Chemie. Fragen der Kinetik chemischer Reaktionen. Verlag der Moskauer Universität. Moskau 1968, 196 [russ.].

271. The Lippmann equation. Comments on part XXII of the paper „On the impedance of galvanic cells", by Timmer, Sluyters-Rehbach and Sluyters. J. electroanalyt. Chem. *18* (1968) 328.

272. u. O. A. Petrij, Eine neue Methode zur Untersuchung von Adsorptionserscheinungen an Metallen der Platingruppe. In: Internationales Symposium Brennstoffelemente, Dresden 29. 3. bis 1. 4. 1967. Hrsg. von K. Schwabe u. E. Winkler. Bln. 1968, 366 S., 17 (= Abh. Sächs. Akad. Wiss., math.-nat. Kl. Bd 49, H. 5).

273. u. O. A. Petrij, R. V. Marvet, Experimental Verification of the Thermodynamic Theory of the Platinum Hydrogen Electrode Surface State. Proceeding of the Symposium on Electrode Processes. Jodhpur/India 1968, 1.

274. u. N. M. Emanuel, Fifty Years of Soviet Physical Chemistry. Annual Review of Physical Chemistry *19* (1968) 1.

275. u. O. A. Petrij, Ju. Kotlov, The Dependence of the Surface Charge of Platinum Electrodes on the Potential in Alkaline Solutions. J. Res. Inst. Catalysis, Hokkaido Univ. *16* (1968) 367.

1969

siehe Jahrbuch der SAW *1969—70* (Berlin 1972) S. 155—156.

1970

276. u. E. V. Stepanina, N. V. Nikolaeva-Fedorovič, Über einen neuen Effekt der Wirkung oberflächenaktiver organischer Stoffe im Verlauf elektrochemischer Reaktionen auf die Quecksilbertropfelektrode. Vlijanie organičeskich veščestv na katodnoe vydelenie i anodnuju ionizaciju metallov (Materialy republikanskoj konferencii). Dnepropetrovsk (Chim.-tech. in-t) [Der Einfluß organischer Stoffe auf die Katodenabscheidung und Anodenionisierung von Metallen (Materialien einer Republikkonferenz). Dnepropetrovsk (Chemisch-technisches Institut)] 1970, 18 [russ.].

277. u. N. S. Poljanovskaja, Die Elektrokapillar-Eigenschaften einer Gallium-Indium-Legierung. Elektrochimija *6* (1970) 246 [russ.].

278. u. O. A. Petrij, I. G. Ščigorev, Untersuchung der Adsorption von Lithium- und Zäsium-Kationen an Platin. Ebda 400 [russ.].

279. u. O. A. Petrij, B. B. Damaskin, Der Begriff der Elektrodenladung und die Lippmannsche Gleichung. Ebda 614 [russ.].

280. u. A. M. Brodskij, Über die Thermoemission von Elektronen als Zwischenstadium bei der katodischen Abscheidung von Wasserstoff aus alkalischen Lösungen. Ebda 658 [russ.].

281. u. O. A. Petrij, Ju. G. Kotlov, Über die Abhängigkeit des Potentials einer Doppelschicht vom *pH*-Wert der Lösung an Platin- und Rhodiumelektroden im Bereich der Adsorption von Sauerstoff. Ebda 725 [russ.].

282. u. E. V. Stepanina, N. V. Fedorovič, Polarographische Maxima dritter Art. T. 1. Ebda 1572 [russ.].

283. u. V. N. Koršunov, I. Bagockaja, Hydrogen evolution from alkaline solutions on metals of high overvoltage. Electrochim. Acta *15* (1970) 289.

284. u. O. A. Petrij, Adsorption of ions and atoms on platinumgroup metals. Ebda 391.

285. u. B. Damaskin, A. Chizov, Generalized model for the surface layer for the case of adsorption of organic molecules on the electrode. Ebda *28* (1970) 93.

286. u. O. A. Petrij, I. G. Schigorev, W. A. Safonow, Die Beeinflussung der Wasserstoffadsorption an Platin durch anorganische Kationen. Z. physik. Chem. *243* (1970) 261.

287. E. A. Ukše, N. Bukun, D. Leikis u. A. Frumkin, Investigation of the electric double layer in salt melts. 14. CITCE-Tagung, Moskau, USSR.

1971

288. Electrocatalysis and electrodes surface properties. J. Electroanal. Chem. *33* (1971) 319.

289. On the adsorption of thallium salts on the mercury electrode. Elektrochimija *7* (1971) 578.

1972

290. Remarks on the name of the quantity in Gibbs surface thermodynamics. J. Electroanal. Chem. *35* (1972) 439.

291. u. .. Podlovčenko, .. Stentin, Elektrochemische Untersuchungen in Lösungen der Fluorwasserstoffsäure an Platinmetallen. I. Einige Fragen zur Methodik und Ergebnisse der galvanostatischen und potentiodynamischen Messungen an Platin und Rhodium. Elektrochimija *8* (1972) 129.

292. Potentials of zero free charge on a platinum electrode in the presence of strongly adsorbed iodine and thallium ions. Elektrochimija *8* (1972) 599.

293. u. B. B. Damaskin u. a., Influence of the constant concentration of a surface-active component on the shape of the adsorption isotherm of a different substance. Elektrochimija *8* (1972) 807.

294. u. R. Notoja u. a., Determination of the dependence of the hydrogen ions adsorption on platinum on solution *pH* at the reversible hydrogen potential. Elektrochimija *8* (1972) 904.
295. u. B. B. Damaskin, N. Polianovskaja, Electrocapillary phenomena in the Hg, Tl^+, H_2O system. J. Electroanal. Chem. *39* (1972) 123.
296. u. B. B. Damaskin, On the role of polarity of adsorbate and solvent molecules in adsorption of organic substances on electrodes. J. Electroanal. Chem. *34* (1972) 191.

1973

297. u. N. Polianovskaja u. a., Electrocapillary phenomena in the Hg, Tl, Tl^+, H_2O system in the presence of phenol. J. Electroanal. Chem. *49* (1973) 7.
298. u. D. I. Leikis, K. V. Rybalka u. a., Determination of the potentials of zero charge of solid metals by means of differential capacity measurements. J. Electroanal. Chem. *46* (1973) 161.

1974

299. u. B. B. Damaskin u. a., Potentials of zero charge, interactions of metals with water and adsorption of organic substances. I. Potentials of zero charge and hydrophilicity of metals. Electrochim. Acta 19 (1974) 69.
300. u. B. B. Damaskin u. a., Potentials of zero charge, interactions of metals with water and adsorption of organic substances. II. Potentials of zero charge and the work function. Electrochim. Acta *19* (1974) 75.
301. u. N. V. Fedorovič u. a., Polarographic maxima of the third kind. J. Electroanal. Chem. *50* (1974) 103.
302. u. N. V. Fedorovič, B. B. Damaskin u. a., Polarographica maxima of the third kind. III. Elektrochimija *10* (1974) 1452.

1975

303. u. L. I. Krištalik, Manuals of symbols and terminology for physicochemical quantities and units. Appendix. III. Electrochemical Nomenclature. Prepared for publication by R. Parsons. „Pure and applied chemistry" *37* (1974) 499. — About the electrochemical nomenclature. Elektrochemija *11* (1975) 1779.
304. u. O. A. Petrij, Potentials of zero total and zero free charge of platinum group metals. Electrochim. Acta *20* (1975) 347.

G. W.

Philologisch-historische Klasse

Johannes Jahn

22. 11. 1892—17. 2. 1976

Am 17. Februar 1976 verstarb im Alter von 83 Jahren der Nestor der Kunstwissenschaft der DDR, Prof. Dr. phil. habil. Dr. h. c. Johannes Jahn, Mitglied der Sächsischen Akademie der Wissenschaften, langjähriger Direktor des Kunsthistorischen Instituts der Karl-Marx-Universität Leipzig und des Museums der bildenden Künste in Leipzig. Ein Gelehrtenleben erfüllte sich, das seinen Sinn nach des Verstorbenen Worten darin fand, „der Pflege und Erforschung der Kunst zu dienen, sie aus ihren gesellschaftlichen Zusammenhängen zu begreifen und ihre Werte vielen Menschen zu erschließen".

Überschaut man das Lebenswerk von Johannes Jahn, so überrascht bei seinen Arbeiten die Breite der Themen und die Vielfalt seines methodischen Vorgehens. Noch unter dem Einfluß seines akademischen Lehrers August Schmarsow war er intensiv um Einsichten in die Gesetzmäßigkeiten der bildkünstlerischen Komposition bemüht gewesen. Danach wandte er sich der Ikonographie zu, in späteren Jahren ging er den Zusammenhängen zwischen Künstler, Kunstwerk und gesellschaftlicher Entwicklung nach. Früh bewegten ihn methodologische Fragen und die Geschichte der Kunstgeschichte, sie haben auch den reifen Gelehrten zu Vorträgen und Veröffentlichungen veranlaßt. Die gesamte europäische Kunst war sein Arbeitsfeld, die Thematik seiner Arbeiten reicht von der Antike bis zur Gegenwart, umfaßt alle Bereiche der bildenden Kunst und Architektur, dem monographischen Detail schenkte er die gleiche Aufmerksamkeit wie der zusammenfassenden Darstellung. Historischer Fakt, Stilanalyse und Ikonologie, weitgreifender Vergleich und ästhetische Verallgemeinerung finden in seinen Schriften gleichermaßen Raum.

Von den zahlreichen Veröffentlichungen Johannes Jahns seien nur genannt: „Kompositionsgesetze der französischen Reliefplastik im 12. und 13. Jahrhundert" (1922), „Die Kunstwissenschaft der Gegenwart in Selbstdarstellungen" (1927), „Beiträge zur Kenntnis der ältesten Einblattdrucke" (1927), „Schmuckformen des Naumburger Domes" (1944), „Lukas Cranach als Graphiker" (1955), „Rembrandt" (1956), „Das Museum der bildenden Künste Leipzig" (1961), „Michelangelo" (1963), „Der Prado" (1965), „Deutsche Renaissance" (1969) und als Auszug langjähriger Studien — sein letztes großes Vorhaben, die Geschichte der Landschaftsmalerei, blieb leider unvollendet — „Antike Traditionen in der Landschaftsmalerei bis zum 15. Jahrhundert" (1975). Vieles Wertvolle aus der Feder von Johannes Jahn steht an oft schwer zugänglicher Stelle, in Ausstellungskatalogen, Festgaben und Sammelschriften.

In allen seinen Arbeiten hat Johannes Jahn nicht nur einen Beitrag zur Entwicklung der Kunstgeschichte geleistet, sondern stets hat er, der Meister des knappen Ausdrucks und der sorgsam gefügten, durchsichtigen Sprache, kunstwissenschaftliche Erkenntnisse allgemein verständlich vorgetragen und so vielen Menschen den Weg zu den Werken der Weltkunst geebnet. In selten erreichter Vollkommenheit vermochte er es, bildkünstlerische Sachverhalte zu verbalisieren, nie aber nahm er das Kunstwerk zum Anlaß, sich selbst auszusprechen, immer zwang er sich zu sachlicher Aussage im Dienste am Werk. Erst wenn alle Fakten gesichert waren, wagte er eine, dann aber stets überzeugende Interpretation.

Dem Bestreben, dem wissenschaftlichen Nachwuchs ein brauchbares Nachschlagewerk in die Hand zu geben, ist sein „Wörterbuch der Kunst" zu danken, das, 1975 in 8. Auflage erschienen, zu einem Standartwerk der Kunstgeschichte geworden ist.

Johannes Jahn mußte die Fünfzig überschreiten, ehe er nach 1945 alle seine Fähigkeiten entfalten konnte. Der am 22. November 1892 auf Orlandshof (bei Poznán) Geborene immatrikulierte sich 1913 an der Philosophischen Fakultät der Leipziger Universität und belegte neuere Sprachen, Geschichte und Kunstgeschichte. In diesem Fache promovierte er 1917. Nach einer zweijährigen Volontärzeit an den Dresdener Kunstsammlungen holte ihn sein Lehrer Schmarsow 1920 als Assistenten an die Universität zurück. Hier arbeitete er unter Pinder und Bruhns, habilitierte sich 1927 und wurde 1934 zum außerordentlichen Professor berufen. Seine Weigerung, einer faschistischen Organisation beizutreten, behinderte die weitere Entwicklung. Nach der Zerschlagung des Faschismus stellte sich der aufrechte Humanist sofort für die demokratische Erneuerung zur Verfügung. 1945 übernahm er die Leitung des Museums der bildenden Künste. Ihm fiel damit die schwere und verantwortungsvolle Aufgabe zu, das ausgelagerte Kunstgut zurückzuführen und ihm eine neue Heimstatt zu schaffen, war doch das alte Museum in den Dezembertagen des Jahres 1943 bei einem Bombenangriff zerstört worden. Wenn das Museum heute eine wichtige Bildungsstätte ist und seine Sammlungen, die nach Dresden und Berlin zu den bedeutendsten der DDR zählen, Ansehen weit über die Grenzen unseres Staates hinaus genießen, so ist das nicht zuletzt sein bleibendes Verdienst.

Bei der Wiedereröffnung der Universität im Frühjahr 1946 konnte er sofort seine Lehrtätigkeit wieder aufnehmen. Hier waren nicht nur materielle Schäden zu beseitigen, das Institut war ausgebombt, Bibliothek und Diathek fast vollkommen vernichtet, sondern vor allem mußte der geistige Schutt beseitigt und auf von ihm treu bewahrten humanistischen Traditionen neu aufgebaut werden. 1952 wurde er zum Professor mit vollen Lehrauftrag, 1956 zum Professor mit Lehrstuhl ernannt. Von 1953 bis 1957 war er Prodekan der Philosophischen Fakultät. Von 1952 bis 1959 lehrte er auch an der Martin-Luther-Universität in Halle, danach hielt er Vorlesungen an der Medizinischen Akademie in Erfurt.

Dank seiner Tätigkeit als Hochschullehrer und Museumsdirektor konnte er in vorbildlicher Weise theoretische Unterweisung und praktische Übung im Museum verbinden. Im Hörsaal erworbenes Wissen mußte sich vor den Originalen praktisch bewähren, aus Übungen erwuchs allmählich die selbständige kulturpolitische Arbeit der Studierenden. Aus eigenem umfassenden Wissen heraus vermochte Johannes Jahn seinen Schülern Kunstgeschichte verbunden mit umfassender Allgemeinbildung zu vermitteln. Ihm danken sie die sichere Handhabung der Methoden des Faches ebenso wie einen umfassenden Überblick über das Ganze der Kunst und der Geschichte. Die Persönlichkeit des Lehrers erzog die Schüler zu Sachlichkeit und uneingeschränkter Hochachtung vor der künstlerischen Leistung, zu Pflichtbewußtsein und zum Engagement für das Fach und seine Aufgaben in der Gesellschaft. Die große Zahl seiner Doktoranden, die er behutsam zu führen, deren Schöpfertum er zu wecken und zu fördern wußte, war Ausdruck seiner fruchtbaren Lehrtätigkeit. Nicht wenige seiner einstigen Schüler bekleiden heute verantwortungsvolle Funktionen an Universitäten und Akademien, in Museen, Denkmalpflege und Verlagswesen.

Nach seiner Emeritierung 1964 wurde die Sächsische Akademie der Wissenschaften sein bevorzugtes Wirkungsfeld. Er war Sekretar ihrer philologisch-historischen Klasse und in ihren Schriften veröffentlichte er manche anregende Studie, die auf ein abschließendes Alterswerk hoffen ließ.

Zur Arbeit an Universität und Museum kamen umfangreiche Aufgaben bei der Pflege, Erforschung und Ausstellung der deutschen Kunst aus Museen der DDR, die ihm als Vorsitzenden der Lukas-Cranach-Kommission beim Ministerium für Kultur zufielen. Als Präsident des Nationalen Museumsrates vertrat er die DDR im ICOM, einer Nachfolgeeinrichtung der UNESCO. Bei all diesen Verpflichtungen fand er immer wieder Zeit zu öffentlichen Vorträgen. Er fühlte sich stets der Volksbildung im weiteren Sinne verpflichtet; schon als Student hatte er bei Arbeiter-Unterrichtskursen mitgewirkt, als Assistent an der Volkshochschule unterrichtet. Noch im Herbst 1975 sprach er vor der Winckelmann-Gesellschaft in Stendal.

Die großen Verdienste von Johannes Jahn fanden ihre Würdigung mit der Verleihung des Vaterländischen Verdienstordens in Silber und des Ordens Banner der Arbeit. Die Karl-Marx-Universität verlieh ihm die Würde eines Ehrendoktors, der Verband bildender Künstler der DDR die Ehrenmitgliedschaft. Die größte Würdigung seiner Arbeit aber ist es wohl, daß seine Bücher weiterwirken und immer neuen Menschen die Welt der bildenden Künste erschließen, und daß seine Schüler in seinem Sinne arbeiten und sein Werk fortführen.

Prof. Dr. sc. phil. Ernst Ullmann

I. Selbständige Veröffentlichungen

Der Stil der drei Westfenster der Kathedrale zu Chartres. Leipzig, Phil. Diss. v. 5. 3. 1917. Weida 1917. 75 S.

Kompositionsgesetze französischer Reliefplastik im 12. und 13. Jahrhundert. Leipzig 1922. 111 S., 24 Taf. = Forschungsinstitut f. Kunstgeschichte an der Universität Leipzig, [Veröff.] 2.

Die Skulpturen der nordfranzösischen Kathedralen. Leipzig 1924. 12 S., 10 Taf. = Bibliothek der Kunstgeschichte, 77.

Die Kunst und der Gewerkschaftsbund der Angestellten. Leipzig 1925. 12 S. mit Abb.

Beiträge zur Kenntnis der ältesten Einblattdrucke. Leipzig, Phil. Hab.-Schrift v. 10. 11. 1927. Straßburg 1927. 69 S., 12 Taf. mit 29 Abb. = Studien zur deutschen Kunstgeschichte, 252.

Wörterbuch der Kunst. In Verbindung mit Robert Heidenreich u. Wilhelm v. Jenny verf. — Stuttgart 1940. VI, 617 S. mit 189 Abb. = Kröners Taschenausgaben, 165.

2. durchges. u. erw. Aufl. Stuttgart 1943. VI, 740 S. mit 212 Abb.
3. Aufl. Stuttgart 1950. VII, 712 S. mit 212 Abb.
4. durchges. u. erw. Aufl. Stuttgart 1953. VII, 730 S. mit 212 Abb. Dass.: Berlin: Akademie-Verl. 1957 (Lizenzausg.) VIII, 730 S. mit 212 Abb.
5. durchges. u. erw. Aufl. Stuttgart 1957. VII, 758 S. mit 214 Abb.
6. durchges. u. erw. Aufl. Stuttgart 1962. VI, 749 S. mit 213 Abb.
7. durchges. u. erw. Aufl., Stuttgart 1966. VII, 765 S. mit 213 Abb.
8. durchges. u. erw. Aufl. Stuttgart 1975. VIII, 806 S. mit 213 Abb.

Schmuckformen des Naumburger Doms. Leipzig 1944. 130 S. mit 106 Abb. nach Aufnahmen v. Erich Kirsten.

Max Klingers Beethoven. Klingerschau Museumsruine, Museum der bildenden Künste. Leipzig o. J. 4 S., 1 Abb.

Max Klinger. 12 Bildkarten nach Radierungen aus dem Besitz des Museums der bildenden Künste zu Leipzig. Markkleeberg (1947). 3 Bl., 12 Taf.

Der Naumburger Dom und seine Bildwerke. Leipzig-Markkleeberg o. J. 4 S., 12 Taf.

Pieter Brueghel der Ältere 1525—1569. 7 farb. Nachbildungen seiner Hauptwerke. Mit e. Einf. Leipzig 1952. 4 Bl. Text mit Abb., 8 Taf. = Farbige Künstlermappe, 99.

Dass.: Neue Ausg. 1954.
3. Aufl. 1964. 11 S. mit Abb., 8 Taf. = Farbige Gemäldewiedergaben
4. Aufl. 1967.

Jan Steen 1626—1679. Leipzig 1952. 4 Bl. Text, 8 Taf. = Farbige Küstlermappe, 58.

Daniel Chodowiecki und die künstlerische Entdeckung des Berliner bürgerlichen Alltags. Berlin 1954. 71 S., 46 Anb. = Berlin in der Kunst, 1.

Die Frühzeit des Holzschnittes. Dresden 1954. 12 S., 16 Taf. = Das kleine Kunstheft, 3.

Lucas Cranach als Graphiker. Leipzig 1955. 72 S. mit 11 Abb., 108 Taf. mit 128 Abb.

Das Kinderalbum von Adolph Menzel. Mit e. Einführung. Leipzig 1955. 66 S., mit 26 Farbtaf.

Rembrandt. Leipzig 1956. 220 S. mit 41 Abb. u. 54 Taf., davon 32 in Farbe.

2. u. 3. Aufl. Leipzig 1959.
4. Aufl. Leipzig 1967.

Der Naumburger Dom. Kurze Beschreibung. Markkleeberg/Leipzig 1956. 8 S.

u. Paul Angerholm: Max Klinger. Geb. 18. 2. 1857. Zum 100. Geburtstag. Leipzig: Museum d. bildenden Künste 1957. 20 S. mit Abb.

Correggio und die Wandlung seiner Kunst. Dresden 1958. 21 S., 3 Taf. = Schriftenreihe d. Staatl. Kunstsammlungen Dresden.

Hundert Jahre im Dienste der Kunst. 1858—1958. Zur Geschichte des Verlages [Seemann]. Leipzig 1958. 48 S.

Museum der bildenden Künste Leipzig. Leipzig 1961. 116 S., 120 Taf.

Michelangelo. Leipzig 1963. 239 S. mit 113 Abb.

Die Erschließung der Bildwerke des Naumburger Meisters. Ein Beitr. zur Gesch. d. Kunstwissenschaft. Berlin 1964. 23 S. = Sitzungsber. Sächs. Akad. Wiss., Phil.-hist. Kl., Bd 109, H. 4.

Die Bildwerke des Naumburger Doms. 44 Bildtaf. mit e. Geleitw. 11. Aufl. Leipzig 1964. 61 S. = Insel-Bücherei Nr. 505. 12. Aufl. 1973.

Der Prado. Ausw. u. Text. Leipzig 1965. 67 S., 120 Taf.
2. Aufl. Leipzig 1972. 24 S., 100 Taf.
3. Aufl. Leipzig 1974. 24 S., 100 Taf.

Die Problematik der kunstgeschichtlichen Stilbegriffe. Berlin 1966. 34 S. = Sitzungsber. Sächs. Akad. Wiss., Phil.-hist. Kl., Bd 112, H. 4.

Michelangelo. Budapest 1966. 224 S., 113 Abb. (Ungar. Ausg.).

Cranach. Budapest 1968. 32 S., 47 Abb. (Ungar. Ausg.).

Deutsche Renaissance. Baukunst, Plastik, Malerei, Graphik, Kunsthandwerk. Leipzig: Seemann 1969. 51 S., 308 Taf. Dass.: Wien, München: Schroll 1969.

Entwicklungsstufen der Dürerforschung. Berlin 1971. 19 S. = Sitzungsber. Sächs. Akad. Wiss., Phil.-hist. Kl., Bd 115, H. 1.

Lucas Cranach d. Ä. 1472—1553. Das gesamte graphische Werk. Mit Exempeln aus d. graph. Werk Lucas Cranach d. J. u. d. Cranachwerkstatt. Einl.-München: Rogner & Bernhard 1972. 799 S., Titelb.
2. Aufl. München 1972.
Dass.: Berlin: Henschelverl. 1972 (Lizenzausg.)
2. Aufl. Berlin 1972.

Der Krimi. (Schüttelreime. Mit handkolorierten Holzstichen v. Egbert Herfurth.) Leipzig: Satz u. Druck d. Hochschule f. Grafik u. Buchkunst 1972. 16 Bl. nach Art e. Blockbuchs. 200 Ex.

Zerbster Prunkbibel „Cranachbibel". Die Apokalypse. Nach d. Übers. v. Martin Luther. Mit kolor. Holzschnitten versehen durch d. Werkstatt Lucas Cranach d. J. Neudr. nach dem 3. Bd. d. Originals Wittenberg 1541, Lufft. Begleittext v. Johannes Jahn. (Leipzig:) Edition Leipzig 1973. Bl. CCCXCIIII—CCCCX, XXXIII S. Begleittext S. I—XVII.

Michelangelo. Die Sixtinische Decke. Leipzig 1974. 19 S., 12 Taf.

Antike Tradition in der Landschaftsdarstellung bis zum 15. Jahrhundert. Berlin 1975. 26 S., 23 Taf. = Sitzungsber. Sächs. Akad. Wiss., Phil.-hist. Kl., Bd 117, H. 1.

II. Aufsätze und Rezensionen

[Rez.] Paul Moos, Die deutsche Aesthetik der Gegenwart mit bes. Berücks. d. Musikaesthetik. Berlin 1920. In: Annalen der Philosophie Jg 2 (1920) S. 479—480.

[Rez.] Johannes Volkelt, Das ästhetische Bewußtsein. Prinzipienfragen d. Aesthetik. München 1920. Ebda Jg *3* (1921) S. 135—137.

[Rez.] Wilhelm Waetzoldt, Deutsche Kunsthistoriker. Bd 1.2. Leipzig 1921. In: Leipziger Tageblatt v. 22. 12. 1921.

[Rez.] F. Burger, H. Schmitz, I. Beth, Die deutsche Malerei vom ausgehenden Mittelalter bis zum Ende der Renaissance. Tl 1—3. Berlin-Neubabelsberg 1913—[1924]. = Handb. d. Kunstwissenschaft. In: Monatshefte f. Kunstwissenschaft Jg *15* (1922) S. 326—328.

[Rez.] August Schmarsow, Hubert und Jan van Eyck. Leipzig 1924. = Kunstgeschichtl. Monographien, 19. In: Börsenblatt f. d. deutschen Buchhandel Jg *91* (1924) No 207, S. 11499—11500.

[Rez.] Ludwig Volkmann, Grundfragen der Kunstbetrachtung. Leipzig 1925. In: Leipziger Tageblatt v. 12. 6. 1925.

[Rez.] Erwin Panofsky, Idea. Ein Beitr. zur Begriffsgesch. d. älteren Kunsttheorie. Leipzig 1924. = Studien d. Bibliothek Warburg, 5. In: Zs. f. Bücherfreunde Jg *17* (1925) Beibl. 212/213.

[Rez.] Hans Kauffmann, Albrecht Dürers rhythmische Kunst. Leipzig 1924. In: Zs. f. bildende Kunst, Bd *59* (1925/26) Beil., H. 3, S. 19—20.

[Rez.] Hermann Thiersch, Friedrich Thiersch, der Architekt 1852–1921. München 1925. Ebda H. 4/5, S. 44.

[Rez.] Ottokar Smital, Symbolum Apostolicum. Blockbuch. München 1925. In: Zs. f. Bücherfreunde. Jg. *18* (1926) Beibl. 33.

[Rez.] Ernst Kühnel, Die Kunst des Ostens. Potsdam o. J. = Die sechs Bücher der Kunst, 2. Ebda Beibl. 227–228.

[Rez.] Heinrich Maria Lützeler, Formen der Kunsterkenntnis. Bonn 1924. In: Zs. f. bildende Kunst. Bd *60* (1926) H. 8, Beil. S. 72–73.

[Rez.] Otto Fichtner, Romfahrt. München o. J. Ebda Bd *61* (1927/28) Beil. S. 22.

[Rez.] Otto Höver, Vergleichende Architekturgeschichte. München o. J. Ebda H. 4 S. 46–47.

Methoden und Probleme der neueren Kunstwissenschaft. In: Archiv für Kulturgeschichte, Bd *18* (1928) S. 129–147.

[Rez.] Gustav Britsch, Theorie der bildenden Kunst. Hrsg. v. Egon Kornemann. München o. J. In: Zs. f. bildende Kunst, Bd *62* (1928/29) Beil. S. 30–31.

[Rez.] R. G. Collingwood, Outlines of a Philosophy of Art. London 1925. Ebda S. 32.

[Rez.] Ernst Benkard, Das ewige Antlitz. Berlin 1927. Richard Langer, Totenmasken. Leipzig 1927. Ebda S. 32–33.

[Rez.] Paul Westheim, Oskar Kokoschka. Berlin o. J. Ebda S. 49.

[Rez.] Leopold Seligmann, Das Heilige Licht. Gedanken zur Entwicklung d. mittelalterl. abendländ. Kunst. München o. J. Ebda S. 63.

[Rez.] Richard Wiebel, Das Schottentor. Kulturhistor. Auslegung d. Portalbildwerkes d. St. Jakobskirche in Regensburg. Augsburg 1928. Ebda S. 135–136.

Ludwig Richter. Zur 125. Wiederkehr seines Geburtstages am 28. 9. 1928. In: Deutsche Pressekorrespondenz v. 27. 9. 1928.

Die Schicksale des deutschen Holzschnittes. In: Deutsche Pressekorrespondenz v. 28. 2. 1929.

Anton Raphael Mengs. Zum 150. Todestag am 29. 6. 1929. In: Deutsche Pressekorrespondenz v. 25. 6. 1929.

Seit wann lieben wir Rembrandt? In: Welt und Leben. Deutsche Pressekorrespondenz v. 14. 8. 1929, S. 1–3.

Anselm Feuerbach. Zu seinem 100. Geburtstag am 12. 9. 1929. In: Deutsche Pressekorrespondenz v. 5. 9. 1929.

Zahlreiche Artikel im „Großen Brockhaus" 1929–1939.

Sachgebiete: Niederländische Kunst. Französische Kunst bis 1800. Ikonographie. Kunstgelehrte sowie eine Reihe von größeren Sonderthemen.

[Rez.] August Schmarsow, Italienische Künstler im Zeitalter Dantes. Bd 1.2. Augsburg 1928. In: Zs. für bild. Kunst, Bd *63* (1939/30) H. 1, Kunstchron. u. Kunstlit. S. 3–5.

Artikel: Malerei. In: Sachwörterbuch der Deutschkunde. Bd 2 (Leipzig 1930). S. 772–777.

Vergessene Wandmalereien in Leipzig. Die Wandgemälde des Paulinerkreuzganges. In: Das Neue Leipzig, Jg *2* (1930) H. 4, S. 238–240.

Drei Meisterwerke deutscher Malerei im Leipziger Museum. Ebda H. 5, S. 259–260.

Karl Woermann zum 60. Doktorjubiläum. In: FuF Jg *6* (1930) H. 21, S. 283–284.

Rembrandt als Kunst- und Raritätensammler. In: Deutsche Pressekorrespondenz v. 29. 5. 1930, S. 15–17.

Frühreife bildender Künstler. In: Deutsche Pressekorrespondenz v. 8. 12. 1930.

[Rez.] Konrad Weiß, Das gegenwärtige Problem der Gotik. Augsburg 1927. In: Zs. f. Aesthetik u. allgem. Kunstwiss. Jg *24* (1930) H. 2, S. 181–182.

[Rez.] Sachwörterbuch der Deutschkunde. Hrsg. v. Walther Hofstaetter u. Ulrich Peters. Leipzig, Berlin 1930. Bd. 1.2. In: Jahrb. f. Kunstwissenschaft *1930*, H. 3/4, S. 209–210.

Georg Steindorff zum 70. Geburtstag. In: Das Neue Leipzig Jg *2* (1931) H. 12, S. 389.

Der Weg der Landschaftsmalerei. In: Deutsche Pressekorrespondenz v. 30. 11. 1941. Dass. in: Die Ernte 1932, H. 4, S. 57.

Wilhelm Schulze-Rose. In: Die Weltkunst v. 25. 9. 1932.

[Rez.] Friedrich Knapp, Die Deutsche Kunst. 5. Aufl. Münster 1930 u. F. Knapp, Die künstlerische Kultur des Abendlandes, Bd 1. Münster 1930. In: DLZ Jg *53* (1932) H. 40, Sp. 1898 bis 1899.

Der Genter Altar der Brüder van Eyck. Zur 500jähr. Wiederkehr seiner Vollendung am 16. 5. 1932. In: Deutsche Pressekorrespondenz v. 9. 5. 1932, S. 13—14.

[Rez.] Theodor Hetzer, Gedanken um Raffaels Form. Frankfurt/M. 1932. In: DLZ Jg *54* (1933) H. 24, Sp. 1136—1138.

[Rez.] Alexander Friedrich, Handlung und Gestalt des Kupferstichs und der Radierung. Essen 1931. Ebda Sp. 1799—1800.

Die Entdeckung der deutschen Kunst. In: Kunst der Nation. *11* (1934) H. 2, S. 1—2.

Rundbogen und wuchtige Säule. Der romanische Stil u. seine deutsche Form. In: Deutsche Pressekorrespondenz v. 27. 11. 1935, S. 2—4.

Die Bauornamentik des Naumburger Domes (Vortragsbericht). In: Sitzungsberichte der Kunstgeschichtlichen Gesellschaft Berlin (1936/37) S. 16.

Anton Graff. Zu seinem 200. Geburtstag am 18. 11. 1936. In: Deutsche Pressekorrespondenz v. 5. 11. 1936, S. 7—8.

Sachsens bildende Kunst. In: Sächs. und Leipziger Hoch- und Fachschulzeitung v. 1. 12. 1936.

[Rez.] Rudolf Kaufmann, Der Renaissancebegriff in der deutschen Kunstgeschichtsschreibung. Winterthur 1932. = Schweizerische Beiträge zur Kunstgeschichte, 1. In: DLZ Jg *57* (1936) H. 22, Sp. 932—934.

August Schmarsow zum Gedächtnis. In: Zs. f. Aesthetik z. allgem. Kunstwiss. Jg *30* (1936) H. 2, S. 179—182.

[Rez.] Heinrich Alfred Schmidt, Kunstsammlungen, Kunstwissenschaft und Kunstgeschichte. Rektoratsprogramm d. Univ. Basel für 1935. Basel 1936. Ebda S. 361.

Deutsche Bildhauerkunst in Skandinavien. In: Deutsche Pressekorrespondenz v. 25. 2. 1937, S. 5 bis 7.

Sachsens Kunst in alter und neuer Zeit. In: Leipziger Tageszeitung v. 19. 10. 1937.

Die Entstehung des deutschen Bildnisses. In: Deutsche Pressekorrespondenz v. 11. 11. 1937, S. 4—6.

Heinrich der Löwe als Förderer deutscher Kunst. In: Deutsche Pressekorrespondenz v. 21. 4. 1938, S. 2—4.

Die deutsche Form des Barockstils. In: Leipziger Neueste Nachrichten v. 3. 7. 1938.

Der Schloßbau der Renaissance. In: Volk und Welt (1938) H. 2, S. 115—129.

[Rez.] Oskar Wulff, Lebenswege und Forschungsziele. Baden b. Wien 1936. In: DLZ Jg *59* (1938) H. 6, Sp. 199—200.

[Rez.] Hans Weigert, Die heutigen Aufgaben der Kunstwissenschaft. Berlin 1935. = Kunstwiss. Studien, 17. In: Zs. f. Aesthetik u. allgem. Kunstwiss. Jg *32* (1938) S. 80—81.

Die Legende vom finsteren Mittelalter. In: Deutsche Pressekorrespondenz v. 4. 4. 1938, S. 6—8. Dass. in: Volk und Welt (1940) H. 2, S. 12.

Hans Thoma. Zu seinem 100. Geburtstage am 2. 10. 1939. In: Deutsche Pressekorrespondenz v. 25. 9. 1939, S. 6—8.

[Rez.] Hans Weigert, Stilkunde (Neue Aufl.) Bd 1.2. Leipzig, Berlin 1938 = Slg Göschen, 80 u. 781. In: DLZ Jg *60* (1939) H. 14, Sp. 489.

Peter Paul Rubens. Zu seinem 300. Todestag am 30. 5. 1940. In: Deutsche Pressekorrespondenz v. 18. 5. 1940, S. 4—6.

[Rez.] Wilhelm Pinder, Die deutsche Kunst der Dürerzeit. Leipzig 1940. In: Leipziger Neueste Nachrichten v. 11. 7. 1940.

[Rez.] Otto Lehmann-Brockhaus, Schriftquellen zur Kunstgeschichte des 11. und 12. Jahrhunderts für Deutschland, Lothringen und Italien. Bd 1.2. Berlin 1938. In: DLZ Jg *61* (1940) H. 19/20, Sp. 432—434.

[Rez.] Heinrich Lützeler, Die Kunst der Völker. Freiburg i. B. 1940. In: DLZ Jg *62* (1941) H. 45/46, Sp. 1079—1080.

Was wissen wir von deutscher Kunst? In: Das Reich v. 3. 8. 1941, S. 21–22.
[Rez.] Hermann Beenken, Hubert und Jan van Eyck. Münster 1941. In: Leipziger Neueste Nachrichten v. 18. 8. 1941.
[Rez.] Karl M. Swoboda, Zum deutschen Anteil an der Kunst der Sudetenländer. Brünn 1939 = Beiträge zur Gesch. d. Kunst im Sudeten-u. Karpathenraum, 1. In: Raumforschung und Raumordnung Jg *5* (1941) H. 10/12, S. 629.
[Rez.] Karl M. Swoboda u. E. Bachmann, Studien zu Peter Parler. Brünn 1939 = Beiträge zur Gesch. d. Kunst im Sudeten- u. Karpathenraum, 2. Ebda S. 629–630.
[Rez.] E. Bachmann, Sudetenländische Kunsträume im 13. Jahrhundert. [u.] E. Bachmann, Eine spätstaufische Baugruppe im mittelböhmischen Raum. Brünn 1940. = Beiträge zur Gesch. d. Kunst im Sudeten- u. Karpathenraum, 4. Ebda S. 630.
[Rez.] Karl M. Swoboda, Peter Parler, Wien 1940 = Sammlung Schroll. Ebda S. 630.
Turmbauten deutscher Gotik. In: Volk und Welt (1941) H. 3, S. 73–83.
Mittelalterliche Glasmalerei. Ebda H. 12, S. 21–27.
[Rez.] Joseph Pfitzner, Das tausendjährige Prag. Bayreuth 1940. In: Leipziger Vierteljahresschrift für Südosteuropa Jg *7* (1943) H. 1, S. 64.
[Rez.] Dmytro Antonowytsch, Deutsche Einflüsse auf die ukrainische Kunst. Leipzig 1942. Ebda S. 96–97.
[Rez.] Coriolan Petranu, Die Renaissancekunst Siebenbürgens. Südostdeutsche Forschungen Jg *4* (1939) H. 2, S. 307–336. Ebda H 2/3 S. 179–180.
Winckelmann. Zur 175. Wiederkehr seines Todestages 1943. In: Leipziger Neueste Nachrichten v. 7. 6. 1943.
Wilhelm Pinder. Zu seinem 65. Geburtstag 1943. In: Leipziger Neueste Nachrichten v. 24. 6. 1943.
Der Kölner Dom und seine Geschichte. In: Leipziger Neueste Nachrichten v. 30. 6. 1943. Dass. in: Ostseezeitung v. 4. 7. 1943.
Thorwaldsen. Zur 100. Wiederkehr seines Todestages am 24. 3. In: Leipziger Neueste Nachrichten v. 23. 3. 1944.
Mittelalterliche Baukunst in Trier. In: Moselland (1944) H. 1/3, S. 16–19.
Der Meister der Bildwerke des Völkerschlachtdenkmals. Zur 25. Wiederkehr v. Franz Metzners Todestag am 24. 3. 1944. In: Leipziger Neueste Nachrichten v. 24. 3. 1944.
[Rez.] Hans Stephan, Wilhelm Kreis. Oldenburg 1943. In: Leipziger Neueste Nachrichten v. 21. 7. 1944.
Stanislaus Graf von Kalckreuth. Zum 50. Todestage am 26. 11. 1944. In: Leipziger Neueste Nachrichten v. 25. 11. 1944.
Ernst Rietschel. Zum 140. Geburtstag am 15. 12. 1944. In: Leipziger Neueste Nachrichten v. 15. 12. 1944.
An den Grenzen unseres Erkennens: Fragen der Kunstwissenschaft. In: Vereinigte Pressedienste 1945, No. 28 v. 2. 2. 1945.
Fritz Klimsch. Zum 75. Geburtstag des Bildhauers am 10. 2. 1945. In: Leipziger Neueste Nachrichten v. 9. 2. 1945.
Joseph Effner. Zur 200. Wiederkehr seines Todestages am 23. 2. 1945. In: Vereinigte Pressedienste v. 16. 2. 1945.
Gerhard von Kügelgen. Zum 125. Todestag am 27. 3. 1945. In: Vereinigte Pressedienste v. 6. 3. 1945.
[Vorw.] Mitteldeutsche Kunst. Malerei, Graphik, Plastik der Gegenwart. Ausst. im Museum der bildenden Künste Leipzig 1946 bis 1947. Katalog. Leipzig 1946. 42 S. mit Abb.
Dass.: Ausst. Chemnitz 1947.
Museum der bildenden Künste. In: Kulturaufbau. Das Leipziger Volksbildungsamt 1946–1947. Leipzig 1947 = Das wiedererstehende Leipzig, 3. S. 127–128.
Die Wiederentdeckung der antiken Kunst und Goethe. In: Goethe. Jahrb. d. Goethe-Ges. NF Jg *10* (1947) S. 168–190.

[Vorw.] Malerei der Gegenwart. (Katalog). Leipzig: Museum der bildenden Künste 1947. 34 S. m. Abb.

Europäische Barockmalerei. Sonderausst. im Museum der bildenden Künste, Leipzig [1947]. (Katalog) 2 Bl.

[Vorw.] Ausstellung Dresdner Künstler 1948. Leipzig, Museum der bildenden Künste 1948. (Katalog) 47 S. mit 30 Abb. Dass.: Staatl. Lindenau-Museum Altenburg 1948.

Das Museum der bildenden Künste. In: H. Bethe u. R. Franz, Führer durch die Gemeinschaftsschau der Leipziger Museen. Leipzig 1948. S. 27—28. 2 Abb.

Ein Beitrag zur Frage der Wirkung Dürers auf Italien. In: Zs. f. Kunstwiss. Jg *2* (1948) H. 1/2, S. 26—28.

Von der Privatsammlung zum Bildermuseum. 200 Jahre Kunstsammeln in Leipzig. In: Leipziger Kalender 1949. Leipzig 1948.

Ausstellung polnischer Maler im Museum der bildenden Künste. In: Leipziger Volkszeitung v. 6. 8. 1949.

Das künstlerische Leipzig und Goethe. In: Goethe. Jahrb. d. Goethe-Ges. NF Jg *12* (1950) H. 15, S. 32—52.

[Vorw.] Leipziger Kunstausstellung. Veranst. v. Volksbildungsamt, Gewerksch. Kunst u. Schrifttum, Schutzverband Bild. Künstler, Museum d. bild. Künste. Leipzig 1950 (Katalog). 18 Bl. mit Abb.

[Vorw.] Das Tier in der Kunst. Ausst. des Museums der bildenden Künste, Leipzig 1950 (Katalog).

Johannes Friedrich Rogge. Plastik, Zeichnungen. Leipzig, Museum der bildenden Künste 1950 (Katalog). 3 Bl. mit Abb.

[Rez.] Joseph Gantner, Schönheit und Grenzen der klassischen Form. Burckhardt, Croce, Wölfflin. Drei Vorträge. Wien 1949. In: Zs. f. Kunst Jg *4* (1950) H. 3, S. 239—240.

Nachruf Karl Friedrich Suter. In: Sächsisches Tageblatt v. 15. 3. 1952.

Nachruf Hermann Beenken. In: Sächsisches Tageblatt v. 17. 4. 1952.

Leonardo da Vinci als Künstler und Forscher. Zum 500. Geburtstag am 15. 4. 1952. In: Heute und Morgen Jg *6* (1952) H. 4, S. 211—220, 4 Abb.

Leonardos Aufzeichnungen. In: Leonardo da Vinci. Der Künstler u. seine Zeit. Hrsg. v. H. Lüdecke. Berlin: Akademie der Künste 1952. S. 49—61 mit Abb.

Dass. in: Leonardo da Vinci. Zur 500. Wiederkehr seines Geburtstages 1452/1952. Berlin: Komm. f. Kunstangelegenheiten; Dt. Akad. d. Künste; Staatl. Museen 1952. S. 57—70 mit Abb.

[Vorw.] Katalog der Lucas-Cranach-Ausstellung Weimar und Wittenberg 1953. Weimar 1953.

Lucas Cranach der Ältere. Der Weg des Künstlers. In: Lucas Cranach d. Ä. Der Künstler u. seine Zeit. Hrsg. v. H. Lüdecke. Berlin 1953. S. 17—81, Abb. 13—81.

Lucas Cranach. Zur 400. Wiederkehr seines Todestages am 16. 10. 1953. In: Natur und Heimat Jg *2* (1953) H. 10, S. 289—294 mit 7 Abb.

Matthias Grünewald. In: Volkskunst Jg *2* (1953) H. 8, S. 21, 1 Abb.

Deutsche Cranach-Ehrung 1953. Ebda H. 10, S. 25, 1 Abb.

Lucas Cranach als Grafiker. In: Papier und Druck. Fachausg. Typografie u. Gebrauchsgrafik Jg *2* (1953) H. 12, S. 177—182, 6 Abb.

[Vorw.] Kunstausstellung Leipzig, Grassimuseum 1953. Hrsg.: Verband bild. Künstler (Katalog). Leipzig 1953.

[Rez.] Das Atlantisbuch der Kunst. Eine Enzyklopädie d. bild. Künste. Zürich 1952. In: DLZ Jg *74* (1953) H. 7/8, Sp. 471—472.

Wir studieren das klassische Erbe. In: Der bildende Künstler Jg *4* (1953) H. 5, S. 8—11.

Albrecht Dürer, Sendung und Persönlichkeit. In: Albrecht Dürer. Die künstler. Entwicklung e. großen Meisters. Hrsg. v. G. Pommeranz-Liedtke. Berlin 1954. S. 9—44.

[Vorw.] Alte Kunst in Sachsen (1350—1550). Ausst. in der Albrechtsburg zu Meißen, veranst. v. d. Lucas-Cranach-Kommission, Berlin. Katalog v. Ernst-Heinz Lemper. Leipzig 1955.

Leibl-Ausstellung in Niedersachsen. In: Bildende Kunst (1955) H. 1, S. 60—62 mit 3 Abb.

Deutsche Eigenart in mittelalterlicher Plastik. Ebda H. 3, S. 198—202 mit 7 Abb.

Der Magdeburger Dom, ein großartiges Denkmal deutscher Baukunst. Ebda H. 5, S. 344—348 mit 7 Abb.

Die Albrechtsburg zu Meißen. Eine Betrachtung anläßl. d. Ausst. Alte Kunst in Sachsen. In: Natur. und Heimat (1955) H. 11, S. 323—325.

[Rez.] Norbert Lieb, Die Fugger und die Kunst im Zeitalter der Spätgotik und frühen Renaissance. München 1952. In: DLZ Jg. *76* (1955) H. 3, Sp. 212—214.

[Rez.] Richard Hamann, Geschichte der Kunst, 1. von d. Vorgesch. bis zur Spätantike. München: Droemer 1952, Lizenzausgabe Berlin: Akademie-Verl. 1955. In: Neues Duetschland v. 31. 7. 1955.

[Rez.] W. Balzer, Ludwig Richter, frühe Zeichnungen 1823—1826. Dresden 1954. In: Neues Deutschland v. 14. 8. 1955.

[Vorw.] Rembrandt: Radierungen, Zeichnungen. Ausst. in Dresden-Pillnitz, veranst. v. d. Lucas-Cranach-Kommission beim Ministerium f. Kultur der DDR (Katalog). Erfurt 1956.

Alte Kunst in Sachsen. Zu e. Ausst. in d. Albrechtsburg in Meißen. In: Bildende Kunst (1956) H. 1, S. 33—34 mit 2 Abb.

Die deutsche Form des gotischen Stils. Ebda H. 6, S. 314—318 mit 5 Abb.

Wandel der Gestaltung. Zu den Bildern von Correggio in der Dresdener Galerie. Ebda H. 11/12, S. 617—621.

Große Kunst in kleinen Mappen. Die Arbeit des Verlags Hans C. Schmiedicke, Markkleeberg. In: Neue Zeit, Berlin, v. 12. 7. 1956 (Verlage stellen sich vor).

[Rez.] Richard Hamann, Die Abteikirche von St. Gilles und ihre künstlerische Nachfolge. Bd 1—3. Berlin 1955. In: Neues Deutschland v. 8. 1. 1956.

Entgegnung auf eine Bespr. d. Picasso-Ausstellung im Museum der bildenden Künste, Leipzig. In: Sächsisches Tageblatt (Leipzig) v. 22. 4. 1956.

[Vorw.] Deutsche Landschaftsmalerei 1800—1914. Nationalgalerie Berlin. Veranst. v. d. Lucas-Cranach-Kommission (Katalog). Leipzig 1957.

Leipzig. Museum der bildenden Künste. In: Kunstmuseen der Deutschen Demokratischen Republik. Mitteilungen u. Berichte Jg *1* (1957) S. 60—62.

Conrad Felixmüller. Zum 60. Geburtstag d. Künstlers am 21. 5. 1957. In: Wiss. Zs. Univ. Halle, Ges. u. sprachwiss. R. Jg *6* (1957) H. 4, S. 488a.

Der Thieme-Becker, ein Werkzeug der Kunstwissenschaft. In: Festschrift Hans Vollmer. Leipzig 1957. S. 19—22.

Dass. in: Bildende Kunst (1957) H. 5, S. 344—346.

[Rez.] Siegbert Hummel, Die lamaistische Kunst in der Umwelt von Tibet. 1955. In: DLZ Jg *78* (1957) Sp. 627—628.

[Rez.] Arno Lehmann, Die Kunst der Jungen Kirchen. Berlin 1955. 2., durchges. u. erg. Aufl. 1957 Ebda Sp. 629.

[Rez.] Lottlisa Behling, Die Handzeichnungen des Mathis Gothart Nithart genannt Grünewald. Weimar 1955. Ebda Sp. 1116—1118.

[Rez.] Marielene Putscher, Raphaels Sixtinische Madonna. Tübingen 1955. In: Theol. Literaturzeitung (1957) H. 11, S. 867—868.

Was heißt Deutsche Renaissance? In: Bildende Kunst (1957) H. 1, S. 18—21.

Eigenes und Fremdes im deutschen Barock. Ebda H. 8, S. 539—543, 6 Abb.

Nachruf Prof. Walter Buhe. In: Sächsisches Tageblatt (Leipzig) v. 28. 12. 1958.

[Vorw.] Deutsche Zeichnungen — Der Bürger und seine Welt 1720 bis 1820. Wander-Ausst. 1958—1959 d. Lucas-Cranach-Kommission beim Ministerium für Kultur (Katalog). Berlin 1958.

Betrachtungen zur Ausstellung „Deutsche Zeichnungen 1720—1820, Der Bürger und seine Welt.". In: Bildende Kunst (1959) H. 4, S. 247—251, 3 Abb.

Die Geipel-Stiftung im Museum der bildenden Künste zu Leipzig. In: Kunstmuseen der Deutschen Demokratischen Republik. Mitteilungen und Berichte Jg *2* (1959) S. 16—18, 3 Abb.

Zur Frage des Bachbildnisses von Elias Gottlob Haußmann. In: Bach-Jahrbuch 1959. Berlin 1960. S. 124—129.

Die Stellung des Künstlers im Mittelalter. In: Festgabe für Friedrich Bülow zum 70. Geburtstag. Berlin 1960. S. 151–168.

Kunststadt Dresden. In: Merian (Hamburg 1960) Okt., S. 33–41 mit Abb.

Holland zur Zeit Rembrandts. In: Geist und Zeit (Düsseldorf 1960) H. 6, S. 101–107.

Sachsen als Neuland mittelalterlicher Kunst. In: Sächsische Heimatblätter Jg *7* (1961) H. 3, S. 129–144 mit Abb.

Die Niederländer des Museums der bildenden Künste in Leipzig. In: Kunstmuseum der Deutschen Demokratischen Republik. Mitteilungen und Berichte Jg *3* (1961) S. 110–112.

Der Barock und die deutsche Kunstwissenschaft. Zur Gesch. seiner Erschließung. In: Omagio lui George Oprescu cu prilejul împlinirii a 80 de ani (Bucureşti 1961) S. 309–317.

[Vorw.] Deutsche Bildnisse 1500–1800. Ausst. d. Lucas-Cranach-Kommission beim Ministerium f. Kultur (Katalog. Halle/Saale 1961).

[Vorw.] Deutsche Bildnisse 1800–1960. Ausst. d. Lucas-Cranach-Kommission beim Ministerium f. Kultur (Katalog. Berlin 1962).

[Rez.] Klara Garas, Franz Anton Maulbertsch 1724–1796. Budapest 1960. In: DLZ Jg *83* (1962) Sp. 145–147.

Die Erschließung der Bildwerke des Naumburger Meisters. Ein Beitr. zur Gesch. d. Kunstwissenschaft. In: FuF Jg *37* (1963) S. 375–378.

Dichtung und bildende Kunst. Vornehmlich am Beispiel Goethes. In: Anschauung und Deutung. Willy Kurth zum 80. Geburtstag. Berlin 1964. S. 28–37, 6 Abb.

Michelangelo. Zur 400. Wiederkehr seines Todestages. In: Bildende Kunst (1964) H. 2, S. 64–72.

Michelangelos Persönlichkeit. In: Michelangelo heute – Wiss. Zs. Univ. Berlin. So.-Bd *1965*, S. 37/51, 22 Abb.

Die Stellung des Künstlers im Mittelalter. In: Festschrift E. Trautscholdt. Hamburg 1965. S. 38 bis 54, 3 Abb. (Ergänzter Zweitdr. aus: Festgabe Fr. Bülow. Berlin 1960).

Die Problematik der kunstgeschichtlichen Stilbegriffe. In: FuF Jg *39* (1965) S. 204–207.

Grundlinien einer allgemeinen Geschichte der Landschaftsmalerei. In: FuF Jg *41* (1967) S. 303 bis 306.

Ein Kompositionsprinzip der Natur- und Innenraumdarstellung der Renaissance. In: Acta Hist. Art. Hung. (1967) Tom. *13* (Budapest) Fasc. 1–3, S. 17–24, 8 Abb.

Wilhelm Worringer 13. 1. 1881–29. 3. 1965. In: Jahrb. Sächs. Akad. Wiss. Leipzig *1963–1965* (Berlin 1967) S. 339–344 (mit Bildn.).

Rembrandt. Leben und Werk. In: Rembrandt. Die Radierungen im Dresdener Kupferstichkabinett, Staatl. Kunstsammlungen Dresden. Leipzig 1969. S. 8–18 mit Abb.

Die 8. Generalkonferenz des Internationalen Museumsrates 1968. In: Neue Museumskunde Jg *12* (1969) H. 3, S. 372–377.

Albrecht Dürer. Seine Leistung in Bildnis- u. Landschaftsmalerei. In: Albrecht Dürer. Zeit u. Werk. Hrsg. v. d. Karl-Marx-Univ. Leipzig 1971. S. 103–119, 30 Abb.

Goethe und Dürer. In: Goethe. Jahrb. d. Goethe-Ges. NF Bd *33* (1971) S. 75–95, 2 Abb.

[Rez.] M. Wundram, Donatello and Nanni di Banco. Berlin 1969. In: DLZ Jg. *92* (1971) Sp. 66–68.

[Rez.] H. Kauffmann, Giovanni Lorenzo Bernini. Die figürl. Kompositionen. Berlin 1970. Ebda Sp. 157–159.

[Rez.] Heinrich Klotz, Die Frühwerke Brunelleschis und die mittelalterliche Tradition. Ebda Sp. 410–411.

[Rez.] Mathias Mende, Dürer-Bibliographie. Wiesbaden 1971. Ebda Sp. 512–513.

Nachruf Walter Hentschel. 25. 3. 1899–22. 12. 1970. In: Jahrb. Sächs. Akad. Wiss. Leipzig *1969* bis *1970* (Berlin 1972) S. 357–360 (mit Bildn.).

Die 9. Generalkonferenz des ICOM, Paris-Grenoble 29. 8.–10. 9. 1971. In: Neue Museumskunde Jg *15* (1972) S. 164–167.

Bemerkungen zu Lucas Cranach als Zeichner. In: Lucas Cranach. Künstler u. Gesellschaft. Referate d. Colloquiums zum 500. Geburtstag Lucas Cranachs d. Älteren, Wittenberg 1.–3. 10. 1972. Wittenberg: Staatl. Lutherhalle 1973. S. 87–91.

[Rez.] Lucas Cranach d. Ä. Passional Christi und Antichristi. Mit e. Nachw. hrsg. v. Hildegard Schnabel. Berlin 1972. In: DLZ Jg *94* (1973) Sp. 851–852.

Unsere architektonische Umwelt. In: Festschrift zur Feier des 125jährigen Bestehens der Sächsischen Akademie der Wissenschaften zu Leipzig. Berlin 1974. S. 167–177.

[Rez.] Norbert Huse, Studien zu Giovanni Bellini. Berlin, New York 1972. In: DLZ Jg *95* (1974) Sp. 140–142.

[Rez.] Anja Broschek, Michel Erhart. Berlin, New York 1973. Ebda Sp. 217–219.

[Rez.] Gisbert Kraus, Das Bildgedicht in Europa. Ebda Sp. 408–409.

[Rez.] Joachim Peschke. Die Sieneser Domkanzel des Nicola Pisano. Berlin, New York 1973 (Braunschweig, TH, Diss. 1969) Ebda Sp. 649–650.

[Rez.] Hans Ebert, Buonaventura Genelli. Weimar 1971. In: Neue Museumskunde *17* (1974) H. 2, S. 152.

III. Herausgeber- und Übersetzer-Tätigkeit

Die Kunstwissenschaft der Gegenwart in Selbstdarstellungen. Cornelius Gurlitt, Carl Neumann, A. Kingsley-Porter, Julius Schlosser, August Schmarsow, Joseph Strzygowski, Hans Tietze, Karl Woermann. Hrsg. v. J. Jahn. Leipzig 1924.

[Übers.] Edmund Burke, A Philosophical Inquiry into the origin of our Ideas of the Sublime and Beautiful. 1976. Mit Einl. d. Übersetzers. (Ms.) o. J.

Kunstmuseen der Deutschen Demokratischen Republik. Mitteilungen u. Berichte. Hrsg. v. H. Bethe, J. Jahn, J. Müller, G. Rudloff-Hille u. W. Scheidig. Jg *1* (1957) – Leipzig 1957.

Museumsschriften. Hrsg. v. Johannes Jahn. Berlin 1959–1976.

Leben des Benvenuto Cellini, florentinischen Goldschmieds und Bildhauers (Vita [dt]). Von ihm selbst geschrieben. Übers. u. mit e. Anh. hrsg. v. Goethe. Nachwort v. J. Jahn. Leipzig 1964.

Ein Bildkarten-Kalender auf das Jahr ... (jeweils 12 Bl. mit Abb. zu e. kunsthistorischen Thema). Zusammenstellung u. Texte. Leipzig-Markkleeberg 1953–1976. 23 Kalender.

Fotomappen des Verlags Schmiedicke, Markkleeberg/Leipzig. Gr. u. kl. Ausg. Bildauswahl. 1948–1976 ca. 50 Mappen.

Bibliothekarin Barbara Stein

Werner Krauss

7. 6. 1900—28. 8. 1976

Am 28. 8. 1976 verstarb in Berlin-Hessenwinkel nach längerer Krankheit im Alter von 76 Jahren Professor Dr. Dr. h. c. Werner Krauss, ordentliches Mitglied der Sächsischen Akademie der Wissenschaften seit dem 14. 2. 1949 und der Akademie der Wissenschaften der DDR seit dem 14. 7. 1949. Dieser international hochangesehene Literaturwissenschaftler, dessen wissenschaftliches Werk u. a. durch die Verleihung des Nationalpreises und des Titels „Hervorragender Wissenschaftler des Volkes“, die Wahl zum auswärtigen Mitglied der Akademie der Wissenschaften der Sozialistischen Republik Rumänien und zum korrespondierenden Mitglied der Argentinischen Nationalen Akademie für Recht und Gesellschaftswissenschaften in Buenos Aires sowie durch Ehrendoktorate der Karl-Marx-Universität Leipzig und der französischen Universität Aix-en-Provence gewürdigt wurde, ist mit vollem Recht als der seit Franz Mehring bedeutendste marxistische Literaturwissenschaftler bezeichnet worden[1]). Werner Krauss trug in bemerkenswerter Weise zur Entwicklung und Fundierung der marxistisch-leninistischen Literaturwissenschaft bei. Zugleich verkörperte er als antifaschistischer Widerstandskämpfer und gesellschaftlich engagierter

---

[1]) Vgl. Heinrich Scheel: Werner Krauss — ein Literaturwissenschaftler von Weltgeltung. In: Spektrum *7* (1976) Heft 12, S. 25.

Wissenschaftler die Einheit von wissenschaftlicher Theorie und gesellschaftlicher Praxis. Immer wieder zeigte er in seinen Arbeiten eindringlich und anschaulich, wie sehr wissenschaftliche Methoden und Fragestellungen von entscheidender Bedeutung für die Weiterentwicklung des Faches sind und letztlich tiefgreifende Lebensfragen berühren.

Werner Krauss wurde am 7. Juni 1900 in Stuttgart als Sohn des Archivrats Rudolf Krauss geboren. In seiner Vaterstadt besuchte er das Humanistische Eberhard-Ludwigs-Gymnasium, das er 1918 mit dem Reifezeugnis verließ. Danach studierte er bis 1922 Germanistik, Romanistik und Kunstwissenschaft an den Universitäten München und Berlin. Im Jahre 1923 begab er sich nach Madrid, wo er sich bis 1926 hispanistischen Studien widmete. Am 1. 2. 1929 promovierte er an der Philosophischen Fakultät der Universität München mit einer Dissertation, die in der internationalen Fachkritik ziemliche Beachtung fand: „Das tätige Leben und die Literatur im mittelalterlichen Spanien". Sein Doktorvater war der weit über Deutschlands Grenzen hinaus bekannte Romanist Karl Vossler, der sehr scharfe Auseinandersetzungen mit dem Positivismus als wissenschaftlicher Grundhaltung in der Sprach- und Literaturwissenschaft führte und für eine geistesgeschichtlich-ästhetisierende Interpretation plädierte. Krauss suchte sein Dissertationsthema von der literarischen, kulturhistorischen und sprachgeschichtlichen Seite zu erfassen, wobei er Vosslers forscherischem Anliegen, das geistige Gesamtbild eines historischen Abschnitts in seiner inneren Verknüpfung aufzuhellen und nachzuzeichnen, zu entsprechen suchte.

In den folgenden Jahren bemühte sich Werner Krauss darum, die Universitätskarriere einzuschlagen. Er begann deshalb am 1. 4. 1931 als wissenschaftlicher Assistent am Romanischen Seminar der Universität Marburg, dem Erich Auerbach als Ordinarius vorstand. Reichlich ein Jahr später, am 30. 4. 1932, habilitierte er sich an der Philosophischen Fakultät dieser Universität für das Fach Romanische Philologie. Danach wirkte er als Privatdozent und hielt insbesondere Vorlesungen und Seminare über die Geschichte der französischen Literatur. Zugleich baute er seine hispanistischen Forschungen aus. Die Aussicht, als Ordinarius für Romanistik an eine deutsche Universität berufen zu werden, schwand für ihn jedoch in den folgenden Jahren in zunehmendem Maße, da das inzwischen zur Macht gelangte faschistische Regime dies verhinderte. Krauss machte nämlich aus seiner Ablehnung des Nationalsozialismus kein Hehl. Als sein akademischer Lehrer Erich Auerbach, zu dem er sich auch nach Beginn des braunen Terrors stets bekannte und in engem Kontakte stand, aus „rassischen Gründen" aus Deutschland vertrieben worden war, vertrat er mehrere Semester den romanistischen Lehrstuhl der Universität Marburg. Die dortige Philosophische Fakultät setzte ihn einstimmig auf die erste Stelle der Nachfolgeliste. Doch die NS-Dozentenschaft erhob Einspruch gegen diese vorgesehene Berufung. Ihr Argument, daß Werner Krauss politisch unzuverlässig sei, hatte bei den betreffenden Behörden des nazistischen Staates die erhoffte Wirkung. Ähnlich war auch die Situation, als die Philosophische Fakultät der Universität Rostock Ende 1936 die Berufung von Werner Krauss auf den vakant gewordenen romanistischen Lehrstuhl in Erwägung zog und zu diesem Zweck Gutachten einholte. Während das fachliche Gutachten von Professor Dr. Friedrich Schürr recht positiv ausfiel und Werner Krauss als gründlichen Kenner Spaniens bezeichnete, brachte der Marburger Gaudozentenführer Düring sehr deutlich zum Ausdruck, daß Werner Krauss keineswegs geeignet sei, „ein Lehrer der nationalsozialistischen Jugend zu sein."[2])

---

[2]) Vgl. Karlheinz Barck, Manfred Naumann, Winfried Schröder: Literatur und Gesellschaft. Zur literaturwissenschaftlichen Position von Wener Krauss. In: Positionen. Beiträge zur marxistischen Literaturtheorie in der DDR. Herausgegeben von Werner Mittenzwei. Leipzig 1969, S. 555.

Seit Beginn der dreißiger Jahre war Werner Krauss in zunehmendem Maße bemüht, den Marxismus zur Basis seiner literaturwissenschaftlichen Forschungen zu machen. Im Rückblick stellte er 1947 über jenen Abschnitt fest: „Die idealistische Philologie Karl Vosslers bejahte ich in ihren Ansätzen einer vertieften Historisierung, nicht aber in ihrem spekulativen und ästhetizistischen Grundgehalt".[3]) Die Wechselbeziehungen zwischen Gesellschaft und Literatur erregten nunmehr seine besondere Aufmerksamkeit. Dabei konnte es sich für ihn nicht um die Erkundung von Phänomenen handeln, die sich vordergründig hierfür anboten. Es ging ihm vielmehr um komplexe historisch-gesellschaftliche Zusammenhänge, in deren Kontext die Literatur stand und eine bestimmte Funktion besaß. Die französische Literatur des 17. Jahrhunderts beleuchtete er damals vor allem unter diesem Blickpunkt, wie es u. a. sein 1934 publizierter Aufsatz „Über die Träger der klassischen Gesinnung" oder seine 1936 veröffentlichte Studie „Corneille als politischer Dichter" bezeugen.

Die nazistischen Universitätsbehörden suchten nach Ausbruch des zweiten Weltkrieges so schnell wie möglich den unbequemen, durch kritische Distanz gegenüber dem herrschenden Regime auffallenden Dozenten Werner Krauss von der Alma mater zu entfernen: Im August 1940 wurde der inzwischen 40 Jahre alte Gelehrte zur Dolmetscherersatzabteilung nach Berlin eingezogen. Hier stieß er 1941 zur antifaschistischen Widerstandsgruppe Schulze-Boysen/Harnack, in der er aktiv mitarbeitete. Im November 1942 wurde er verhaftet und am 18. 1. 1943 wegen Hochverrats durch das Reichskriegsgericht zum Tode verurteilt. In letzter Minute gelang es Freunden von ihm, die Wiederaufnahme des Prozesses durchzusetzen. 1944 wurde dann das Todesurteil in eine 5jährige Zuchthausstrafe umgewandelt. Durch den Vormarsch der Alliierten wurde er schließlich davor bewahrt, aus dem Wehrmachtsgefängnis Torgau in ein Konzentrationslager überführt zu werden.

Nach dem Zusammenbruch des Hitlerreiches kehrte Werner Krauss nach Marburg zurück, wo er zum Beauftragten für den Wiederaufbau der Universität und zum Ordinarius für Romanische Philologie ernannt wurde. Er bemühte sich an seiner alten Wirkungsstätte um einen demokratischen Neubeginn, doch die restaurativen Kräfte, unterstützt von der amerikanischen Militärregierung, verhinderten dies. Im Juni 1947 schrieb Werner Krauss: „Ich beteiligte mich damals aktiv an dem Versuch, die Universität Marburg auf eine neue Basis zu stellen. Die Notwendigkeit, eine soziale Umschichtung der Studentenschaft herbeizuführen, vertrat ich wiederholt auch publizistisch. Die Praxis des Marburger Zulassungswesens, das immer mehr in die Hände der Einzelfakultäten geriet und jeden einheitlichen Gesichtspunkt vermissen ließ, zwangen mich immer mehr, mich zurückzuziehen. 1946 war ich Mitglied der provisorischen hessischen Landesversammlung; meine durch die lange Haftzeit geschädigte Gesundheit verhinderte mich aber an der Ausübung meines Abgeordneten-Mandates."[4])

Da Werner Krauss in Marburg keine Möglichkeit sah, neue grundlegend demokratische Maßstäbe durchzusetzen, folgte er 1947 einem Ruf an die Universität Leipzig. In der damaligen sowjetischen Besatzungszone, wo konsequent eine antifaschistisch-demokratische Ordnung aufgebaut wurde, welche die Voraussetzungen für die weitere sozialistische Entwicklung schuf, fand Werner Krauss ein breites, interessantes Betätigungsfeld. Obgleich er durch seine Haftzeit schwere gesundheitliche Schäden erlitten hatte, setzte er sich un-

---

[3]) Zitiert nach dem von Werner Krauss am 9. 6. 1947 verfaßten Lebenslauf, den ich bei der Kaderabteilung der AdW der DDR freundlicherweise einsehen konnte.

[4]) Ebda.

ermüdlich für die Entwicklung einer vom Geist des Maxismus-Leninismus erfüllten Literaturwissenschaft ein, die eine enge Kooperation mit anderen Gesellschaftswissenschaften anstrebte und offensiv die bürgerlichen Ideologien überwinden half. In der methodologischen Neurorientierung der Romanistik, und in diesem Zusammenhang der Literaturwissenschaft und benachbarten Gesellschaftswissenschaften schlechthin, sowie in der Heranbildung eines demokratisch eingestellten, marxistisch gebildeten wissenschaftlichen Nachwuchses erblickte er in den folgenden Jahren vorrangige Aufgaben. Während seiner Leipziger Tätigkeit nahm er zentrale methodologische Fragen der Literaturwissenschaft in Angriff und bildete eine Reihe von jungen Romanisten aus, die heute an dem Zentralinstitut für Literaturgeschichte der Akademie der Wissenschaften als kompetente Vertreter ihres Faches internationale Anerkennung gefunden haben und teilweise in leitenden Funktionen tätig sind oder als Professoren für Romanistik an der Karl-Marx-Universität Leipzig, der Martin-Luther-Universität Halle oder an der Wilhelm-Pieck-Universität Rostock wirken und sich forscherisch ebenfalls als gründliche Kenner ihres Forschungsgebietes ausgewiesen haben.

Im Jahre 1951 schrieb Werner Krauss: „Die Verwandlung der materiellen und ideologischen Lebensformen kann auch das wissenschaftliche Leben nicht unberührt lassen ... In dieser Situation wird das Verlangen nach Rechenschaft unabweisbar und greift auch auf die bis dahin unberührbaren Gedankenkreise eines wissenschaftlichen Spezialistentums über ... Die methodologische Fragestellung rückte nunmehr vom Rand in die Mitte jeder ernsthaften Wissensbemühung. Die Traditionen können jetzt keine sichere Stütze mehr bieten.“[5]) Ein Jahr früher hatte er in seinem grundlegenden Aufsatz „Literaturgeschichte als geschichtlicher Auftrag“ überzeugend dargelegt, wie sehr eine methodologische Neubesinnung mit einer kritischen Sichtung der vorliegenden Traditionen einhergehen mußte. In einer glänzenden Auseinandersetzung mit den positivistischen und geistesgeschichtlichen Traditionen sowie soziologistischen Ansätzen in der bisherigen Geschichte der deutschen Literaturwissenschaft stellte er die Notwendigkeit einer Literaturwissenschaft heraus, die sich an der geschichtlichen Bewegung der Literatur orientiert.

In den fünfziger Jahren wandte sich Werner Krauss sehr intensiv der Erforschung der französischen Aufklärung zu. Er sah es als eine entscheidende Aufgabe an, diese revolutionären Traditionen wieder ins Bewußtsein zu heben, die die spätbürgerliche Ideologie in Deuschland abgewertet und verzerrt dargestellt hatte. Zugleich erkannte er dabei immer mehr, welche befruchtende Wirkung von der französischen Aufklärung auf die deutsche Literatur- und Geistesentwicklung im 18. und frühen 19. Jahrhundert ausging und wie diese von den geistesgeschichtlichen Traditionen der deutschen Germanistik systematisch negiert worden war. 1955 gründete er an der Akademie der Wissenschaften der DDR eine Arbeitsgruppe zur Geschichte der deutschen und französischen Aufklärung, die er dann ab 1. 12. 1958 hauptamtlich leitete, nachdem er sich von seinem Ordinariat für Romanistik an der Karl-Marx-Universität hatte beurlauben lassen. Bald siedelte er nach Berlin-Hessenwinkel über. 1963 wurde er zum Direktor des neugegründeten Instituts für romanische Sprachen und Kultur der Akademie der Wissenschaften der DDR ernannt. Dieses Amt übte er bis zu seiner am 30. 9. 1965 erfolgten Emeritierung aus. Auch nach seiner Versetzung in den Ruhestand forschte er unermüdlich weiter auf dem Gebiet der französischen und spanischen Literaturentwicklung, wovon mehrere bemerkenswerte Monographien und Aufsätze beredtes Zeugnis ablegen. Bis zuletzt war ihm das Schreiben innerstes Bedürfnis, wenn ihm

[5]) Werner Krauss: Der Stand der romanistischen Literaturgeschichte an der Leipziger Universität. In: Wissenschaftliche Zeitschrift der Universität Leipzig *1951/1952*, H. 3, S. 1.

dies auch durch seinen Gesundheitszustand bedingt oftmals sehr schwer fiel. Als er am 28. August 1976 starb, saß er an einem Manuskript eines phantastischen Romans. Heinrich Scheel führte in seiner Trauerrede treffend aus: „Viele wußten, daß er, der die Nacht zum Tage machte, seine Kräfte nie geschont hatte. Die ihm Nahestehenden wußten, wie schwer die Arbeit der letzten Jahre den Krankheiten des Alters abgerungen werden mußten."[6])

Werner Krauss war ein ausgezeichneter Kenner der spanischen, französischen, italienischen wie auch deutschen Literatur. Er verfaßte zahlreiche Studien über Probleme dieser Literaturen, wobei sich seine Untersuchungen auf die Zeiträume vom Mittelalter bis zur Gegenwart erstreckten. Auch Fragen der Sprachwissenschaft, vor allem der Bedeutungslehre, schenkte er bis zuletzt große Aufmerksamkeit, wie es mehrere, vornehmlich lexikalische Studien ausweisen. Die Gebiete jedoch, auf denen er durch fundierte Arbeiten sehr wesentliche Ergebnisse erzielt und zahlreiche Impulse der Forschung gegeben hat, sind in erster Linie die spanische Literaturgeschichte, die französische Aufklärung und die literaturwissenschaftliche Methodologie.

In dem umfangreichen und vielfältigen Lebenswerk von Werner Krauss hat die Erforschung der spanischen Literatur stets einen bedeutenden Platz eingenommen. Wie seine Münchener Dissertation behandelte auch seine Marburger Habilitationsschrift ein hispanistisches Thema: „Die ästhetischen Grundlagen des spanischen Schäferromans". In den folgenden Jahren verfaßte Werner Krauss zahlreiche, von der internationalen Forschung vielbeachtete Aufsätze und Monographien über die spanische Literatur des 16. und 17. Jahrhunderts, jener in die geschichtlichen Annalen als Siglo de Oro eingegangenen klassischen Literaturepoche, so vor allem über die Lyrik der spanischen Frührenaissance, die Kritik des Siglo de Oro am Ritter- und Schäferroman, über Góngora, Lope de Vega und andere bedeutende Schriftsteller jener Zeit.

Im Jahre 1947 brachte er sein in vieler Hinsicht bemerkenswertes Buch „Graciáns Lebenslehre" heraus. Es war in jenen qualvollen Stunden entstanden, als er stets damit rechnen mußte, daß die faschistischen Henker kommen, um das verkündete Todesurteil zu vollstrecken. Dies allerdings deutet nur eine knapp bemessene Vorbemerkung vage an, die der Autor seinem Werk voranstellte: „Diese Arbeit wurde 1943 unter besonderen Verhältnissen geschrieben. Der Verfasser war auf die ihm von wohlgesinnter Seite zur Verfügung gestellten Gracián-Ausgaben angewiesen." Werner Krauss entwirft ein beeindruckendes Bild von Graciáns Vorstellungswelt, indem er sie mit den gesellschaftlichen und geistigen Auseinandersetzungen jener Zeit verknüpft und hierbei den Blick auch auf die Situation in Frankreich und Italien lenkt. Dabei arbeitet er heraus, inwiefern Graciáns Moralistik, d. h. Menschenkunde oder auch Psychologie, den sich im 17. Jahrhundert abzeichnenden Prozeß der Säkularisierung des Denkens mit vollzog und so den Boden für die Frühaufklärung vorbereiten half. Zugleich verdeutlicht er, daß Schopenhauer und Nietzsches Versuch, in Gracián einen ihrer Vorläufer zu erblicken, nicht den Blick für Graciáns historische Bedeutung verstellen darf. Gerade die von Gracián entworfene Psychologie bildet zu der von irrationalistischen Strömungen bestimmten Psychologie der Neuzeit einen absoluten Gegenpol. Und Werner Krauss schloß seine Ausführungen über Gracián mit dem Satz, daß auch auf seelischem Gebiet die wirklich fruchtbaren Entdeckungen nicht aus der bedenkenlosen Verwerfung alles überlieferten Wissens hervorgehen, sondern aus ihrer kühn gesammelten Macht für eine erneute Zielsetzung."[7])

Das Wesen und den Charakter des spanischen Nationaltheaters im 16. und 17. Jahr-

---

[6]) Vgl. Anmerkung 1.

[7]) Werner Krauss: Graciáns Lebenslehre. Frankfurt a. M. 1947, S. 161.

hundert suchte Werner Krauss vor allem in seinen beiden Studien über Calderón aufzuhellen. Er hob mit allem Nachdruck hervor, daß Calderón entgegen modernen Deutungen unbedingt innerhalb der Gesamtentwicklung des spanischen Theaters jener Zeit gesehen werden muß. Calderóns Stücke stellten den glanzvollen Epilog eines nationalgetönten volksverbundenen spanischen Massentheaters dar.

Mit seinem 1966 publizierten Buch „Miguel de Cervantes. Leben und Werk", dessen Plan und Vorarbeiten bis in die dreißiger Jahre zurückreichten, legte Werner Krauss wertvolle Forschungsergebnisse vor, die er zum Teil schon früher in einigen Aufsätzen vorgestellt hatte. Wie in seinen anderen literarhistorischen Untersuchungen vereinigten sich in diesem Werk gründliche Gelehrsamkeit, wissenschaftlicher Spürsinn und ein vertieftes Wissen um die inneren Zusammenhänge zwischen historisch-gesellschaftlicher und geistig-literarischer Entwicklung mit einer plastischen, assoziationsreichen und zugleich konzisen sprachlichen Darstellungsweise. Werner Krauss zeichnet hier in unmittelbarem Zusammenhang mit den wichtigsten literarischen und ästhetischen Strömungen ein über Spanien hinausreichendes Panorama der hauptsächlichen Entwicklungslinien in der Erzählprosa des 16. Jahrhunderts, um im Anschluß daran den speziellen Beitrag der spanischen Literatur, besonders denjenigen von Cervantes, auf dem Felde der Novellistik und des Romans herauszuarbeiten. Der spanische Roman jener Blütezeit der spanischen Literatur, zeigte Werner Krauss, „war mehr durch die Zersetzung einer vergangenen Gesellschaftsordnung bestimmt als durch den Akt der individuellen Selbstbefreiung, mit dem sich die kühle Zwecknatur der bürgerlichen Gesellschaft befestigte."[8] Der wirklichkeitsverbundene Roman und die Novellistik des 16. und 17. Jahrhunderts spiegelten sehr markant das Auseinanderbrechen und die Widersprüchlichkeit jener spanischen Gesellschaftsformation im Zeitalter des Absolutismus wider, die trotz außenpolitischer Machtposition im Innern des Landes den Anschluß an die fortgeschrittene frühkapitalistische Entwicklung wegen der fehlenden sozialökonomischen Bedingungen nicht finden konnte.

Die Rezeption des „Don Quijote" weist in den einzelnen europäischen Literaturen eine beträchtliche Vielfalt auf und zeugt von den Bemühungen der jeweiligen Zeitgenossen, ein produktives Verhältnis zum literarischen Erbe herzustellen. Werner Krauss skizziert diese Prozesse in seinem Buch über Cervantes knapp, aber treffend. Wie kein anderer Forscher vor ihm erkennt er im „Don Quijote" vor allem den Inbegriff des Literaturromans und weist dies in im einzelnen mit den erforderlichen Bezügen und daraus resultierenden Konsequenzen nach. Mit deutlichem Bezug auf die bewußtseinsbildende Kraft der Literatur folgert Werner Krauss hierbei: „Die Macht der Literatur ist das Grundphänomen, auf das der ganze Roman gegründet ist. Die Literatur reicht bis in den letzten Winkel. Dem Einfluß des Literarischen erliegt nicht nur Don Quijote. Jeder der ihm Begegnenden fühlt sich veranlaßt, aus der eigenen Lebensmitte Stellung zu nehmen, literarisch zu antworten. So verläuft der ‚Don Quijote' in der Form eines Dialogs über die Literatur, dessen bewegende und mitreißende Bezugskraft die vielschichtige Einheit des spanischen Lebens ans Licht bringt."[9])

Der spanischen Literatur des 20. Jahrhunderts schenkte Werner Krauss früh schon seine ganz besondere Aufmerksamkeit. Sein vierjähriger Spanienaufenthalt hatte ihm hierbei wesentliche Impulse gegeben. Er gewann damals wichtige Einsichten, machte interessante Begegnungen und schloß wertvolle persönliche Kontakte, die ihm das moderne Spanien

---

[8]) Werner Krauss: Cervantes und der spanische Weg der Novelle. In: Werner Krauss, Studien und Aufsätze, Berlin 1959, S. 111.

[9]) Werner Krauss: Miguel de Cervantes. Leben und Werk, Neuwied 1966, S. 167.

mit seinen gesellschaftlichen Widersprüchen verständlicher machten und viel unmittelbarer spürbar werden ließen. Die erste Frucht dieser Erfahrungen und der damit verknüpften Bemühungen, das im damaligen Spanien pulsierende geistig-literarische Leben zu erfassen und den eigenen Landsleuten verständlich zu machen, war der 1926 in München erschienene Band: „Junges Spanien". Werner Krauss bot darin eine von ihm selbst übersetzte Auswahl aus dem literarischen Schaffen zeitgenössischer spanischer Autoren und verfaßte eine Einleitung dazu. Diese sich hier bekundende lebhafte Anteilnahme an der zeitgenössischen spanischen Literaturentwicklung war für den weiteren Lebensweg von Werner Krauss typisch. Sie hielt bei ihm bis in seine letzten Lebensjahre an.

In der modernen spanischen Literatur, speziell der Lyrik, wies er immer wieder auf die Wirkungsmacht der poetischen Volkstraditionen hin. Auf diesem Hintergrund zeichnete er u. a. ein faszinierendes Bild von der dichterischen Größe des von den faschistischen Schergen Francos 1936 ermordeten Federico García Lorca. Auch die Entwicklung des spanischen Gegenwartsromans der fünfziger und sechziger Jahre verfolgte er mit wachem Interesse und skizzierte in einem Aufsatz die sich dabei abzeichnenden Tendenzen. Ein Gesamtbild der gesellschaftlichen, ideologischen und literarischen Gegebenheiten Spaniens entwarf Werner Krauss schließlich in dem 1972 veröffentlichten Buch „Spanien 1900—1965. Beitrag zu einer modernen Ideologiegeschichte". Es war eine Art Bilanz seiner ebenso vielfältigen wie langjährigen Forschungen über das geistig-literarische Leben Spaniens im 20. Jahrhundert, wobei das Bemühen unverkennbar hervortrat, die hierbei wirksamen sozialökonomischen Triebkräfte aufzuspüren, die progressiven Strömungen in ihrer Differenziertheit herauszuarbeiten und sichtbar zu machen, daß nur die mit dem spanischen Proletariat verknüpften gesellschaftlich emanzipatorischen Bestrebungen zukunftsweisenden Charakter besitzen.

In den fünfziger Jahren begann sich Werner Krauss intensiv der Erforschung der französischen Aufklärung zuzuwenden. Da es mit dem gesellschaftlichen Neubeginn in der Deutschen Demokratischen Republik galt, in Auseinandersetzung mit der jüngsten Vergangenheit und ihren ideologischen Positionen, die progressiven und revolutionären Traditionen aufzudecken und kritisch für die eigenen Aufgaben zu nutzen, mußte die Aufklärungsbewegung im 18. Jahrhundert, die im antifaschistischen Kampf einen konstanten Bezugspunkt bei der Verteidigung des humanistischen Erbes gebildet hatte, verstärkt ins Blickfeld rücken.[10]) Geistesgeschichtliche Traditionen spätbürgerlicher Observanz hatten die fortschrittlichen Regungen in der deutschen und französischen Literatur des 18. Jahrhunderts negiert, geschmäht, entstellt oder auch verkannt. Während sich fortschrittliche bürgerliche Intellektuelle in Deutschland in der ersten Hälfte des 19. Jahrhunderts, so Junghegelianer oder Repräsentanten des Vormärz, stets zu den revolutionären Traditionen des deutschen Bürgertums im 18. Jahrhundert bekannt und dabei gebührend die Bezüge zur Aufklärungsbewegung in Frankreich und England beachtet hatten, brachten die geistesgeschichtlichen Richtungen seit dem Ende des 19. Jahrhunderts, speziell in der Germanistik, nationalistisch gefärbte irrationalistische Deutungen vor, die zählebige Vorurteile gegen die deutsche wie französische Aufklärung aufbauen halfen. Aufklärung und Sturm und Drang erschienen nun als zwei sich antagonistisch gegenüberstehende Strömungen, wobei die übergreifende Klammer der bürgerlichen Emanzipationsbewegung im 18. Jahrhundert nicht mehr existierte und die auf dieser Basis sich abzeichnenden Beziehungen zur französischen und englischen Aufklärung als belanglos abgetan wurden.

---

[10]) Vgl. auch Hans Kortum: Werner Krauss und die französische Aufklärung. In: Weimarer Beiträge *XXI* (1975) H. 8, S. 32—38.

Werner Krauss arbeitete systematisch heraus, daß in der Aufklärung erstmals ein geschichtliches Weltbild entwickelt wurde, das für die Herausbildung des modernen geschichtlichen Denkens entscheidende Voraussetzungen schuf. Damit entkräftete er die in den historischen, philosophischen und literarhistorischen Handbüchern gängigen, von der geistesgeschichtlichen Forschung geförderten Gemeinplätze vom geschichtsfremden 18. Jahrhundert oder von der völligen Gleichsetzung von Aufklärung und Rationalismus. Er wies nach, daß der in Deutschland von Herder eingeschlagene Weg des geschichtlichen Denkens ohne das von der Fortschrittsidee beherrschte geschichtliche Weltbild der französischen Frühaufklärung nicht zu fassen ist. Zugleich verdeutlichte er darüber hinaus, welche Bedeutung diesem historischen Denken in der vorbereitenden Phase der Herausbildung des historischen Materialismus zukommt. Werner Krauss hob deshalb hervor: „Es geht hier um sehr viel mehr als um ein bloßes Verstehen einer vergangenen Geistesbewegung. Die Entdeckung der Herkunft des geschichtlichen Denkens gehört zu den Voraussetzungen unserer eigenen Zeiterfahrung.“[11]) Das geschichtliche Weltbild der Aufklärung untersuchte er vor allem in den beiden Monographien „Cartaud de la Villate. Ein Beitrag zur Entstehung des geschichtlichen Weltbildes in der französischen Aufklärung“. 2 Bände. Berlin 1960; und „Antike und Moderne in der Literaturdiskussion des 18. Jahrhunderts“. Berlin 1966.

Werner Krauss verfaßte nicht nur zahlreiche Aufsätze über bedeutende Vertreter der französischen Aufklärung wie Montesquieu, Voltaire, Helvétius, D'Alembert, Diderot und J.-J. Rousseau, sondern zugleich auch Studien über zentrale Themen der französischen Aufklärung, in denen er zahlreiche sekundäre und tertiäre Autoren heranzog und so die Breite der in sich differenzierten Aufklärungsbewegung an markanten Punkten beleuchtete. In diesen ebenso materialreichen wie in methodologischer Hinsicht ergiebigen Arbeiten stellte er u. a. neue Zusammenhänge her über die Entwicklung der Novellistik, der Romantheorie, der Utopien und der Neologismenproblematik in der französischen Literatur des 18. Jahrhunderts.

Immer wieder mußte Werner Krauss die Feststellung machen, daß die Ausstrahlungskraft der französischen Aufklärung auf Deutschland im 18. Jahrhundert und damit zugleich die mit kritischer Aneignung einhergehende Rezeptionsbereitschaft bei den deutschen Aufklärern viel zu wenig beachtet und forscherisch erschlossen worden war. Um diese Prozesse zu erfassen, sah er sich durch vielfache Fehlanzeige auf germanistischem Gebiet genötigt, selbst entscheidende Entwicklungslinien der deutschen Aufklärungsbewegung herauszufinden. Angesichts der wenig befriedigenden Forschungssituation hinsichtlich der deutschen Aufklärung konstantierte er: „Die Erkenntnis der deutschen Aufklärung leidet unter einem verjährten, aber immer noch wirksamen Vorurteil, wonach das ganze 18. Jahrhundert nur unter der Perspektive der Vorbereitung der Klassik gesehen wird.“[12]) 1963 brachte Werner Krauss die aufschlußreiche Anthologie heraus „Die französische Aufklärung im Spiegel der deutschen Literatur des 18. Jahrhunderts“. In der sehr umfangreichen Einleitung, die er hierzu verfaßte, handelte er von der Konstellation der deutschen Aufklärung sowie vom Weg der deutschen Aufklärung nach Frankreich. Er stellte heraus, wie sich in der deutschen Aufklärung eine prononciert adelsfeindliche Grundgesinnung manifestierte und wie im Gegensatz zu anderen Ländern die höfischen Kreise nicht den Versuch unter-

---

[11]) Werner Krauss: Cartaud de la Villate. Ein Beitrag zur Entstehung des geschichtlichen Weltbildes in der fanzösischen Aufklärung. Berlin 1960, Bd 1, S. 1.

[12]) Werner Krauss: Der komparatistische Aspekt der Aufklärungsliteratur: In: Werner Krauss, Werk und Wort. Aufsätze zur Literaturwissenschaft und Wortgeschichte. Berlin 1972, S. 69.

nahmen, an der neuen Geistesbewegung zu partizipieren. Damit hing eine weitere Spezifik zusammen, denn „der größere soziale Purismus der deutschen Aufklärung wurde allzu teuer erkauft durch den vollständigen Verzicht auf jede praktische Einflußnahme, auf jede politische Wirksamkeit."[13])

Durch seine Forschungen über die französische Aufklärung und deren Wirkungsmacht im 18. Jahrhundert wurde Werner Krauss veranlaßt, sich auch stärker mit der Aufklärungsbewegung in anderen europäischen Ländern zu beschäftigen und hierbei eine komparatistische Sicht in Betracht zu ziehen. Außer der deutschen Aufklärung war es vor allem die spanische, die er in seinen letzten Lebensjahren systematisch durcharbeitete. Das Ergebnis dieser Bemühungen war seine 1973 erschienene Monographie „Die Auflärung in Spanien, Portugal und Lateinamerika". Darin gelang es Werner Krauss, ein breites Panorama der spanischen Aufklärung zu bieten. Insbesondere war er bestrebt, vorwiegend durch Befragung der Texte des 18. Jahrhunderts selbst, ein umfassendes Bild von dem zu vermitteln, was in Spanien damals an vordringlichen gesellschaftlichen Fragestellungen auftauchte. Die Auseinandersetzung mit den verschiedensten Formen der Feudalstruktur treten hierbei stets als deutlich sichtbarer Bezugspunkt hervor. Mit seinen in diesem Zusammenhang gewonnenen Ergebnissen erhärtete er überzeugend, inwiefern von der spanischen Aufklärung progressive Traditionslinien ausgehen, die zum gegenwärtigen antifaschistischen Kampf des spanischen Volkes hinführen.

Auf Grund seiner weitgespannten Forschungen zur ideologisch-literarischen Entwicklung in romanischen und anderen europäischen Ländern kam Werner Krauss zu dem Schluß, daß der historische Stellenwert der Aufklärung innerhalb der Gesamtentwicklung der einzelnen Literaturen unterschiedlich ist und daß die Aufklärung als nationale Strömung auch eine unterschiedliche Periodisierung aufweist. In seiner Studie „Der komparatistische Aspekt der Aufklärungsliteratur" hob er hervor, daß sich zwar aus dem generellen Kampf gegen veraltete Feudalstrukturen parallele Züge in der Aufklärungsbewegung der verschiedenen europäischen Länder ergaben, daß aber auch von Anfang an die Aufklärung in den einzelnen europäischen Nationalliteraturen ein grundverschiedenes Gepräge erhält. Er zog daher folgendes Fazit: „Die Kenntnis der französischen und englischen Aufklärung kann den komparatistischen Blick auf die anderen Aufklärungen nicht entbehrlich machen. Die Nachhut eines Heeres ist nicht weniger wichtig als seine vorgeschobenen Posten. Die verschiedenen Beiträge der einzelnen aufklärerischen Literaturen reichen aus, um eine synchronistische Betrachtung des ganzen Komplexes zu sichern. Diese Gemeinsamkeiten stehen aber so verschiedenen Ansätzen von Schicksalen der einzelnen Bewegungen gegenüber, daß jeder Versuch, die Aufklärung als ein in ganz Europa zutage tretendes Phänomen zu betrachten, zu dem die einzelnen Nationen nur ihre Beiträge zu liefern hätten, scheitern müßte."[14])

Werner Krauss hat nicht nur neue wesentliche Erkenntnisse, vornehmlich auf dem Gebiet der spanischen und französischen Literaturgeschichte und der Aufklärungsforschung zutage gefördert, sondern zugleich der Literaturwissenschaft schlechthin wesentliche methodologische Impulse vermittelt,[15]) die immanenter Bestandteil seiner verschiedenen

---

[13]) Werner Krauss: Die französische Aufklärung in der deutschen Literatur, Berlin 1963, S. XIV.

[14]) Werner Krauss: Werk und Wort. Aufsätze zur Literaturwissenschaft und Wortgeschichte Berlin 1972, S. 71.

[15]) Vgl. Manfred Naumann: Aphoristische Bemerkungen über Literaturgeschichte und Literaturtheorie. Aus Anlaß des 75. Geburtstages von Werner Krauss. In: Weimarer Beiträge *XXI* (1975) H. 8, S. 18—31.

fundierten literarhistorischen Abhandlungen sind oder in methodologischen Fragen gewidmeten Studien eine spezielle Darlegung erfahren haben. Sein bereits erwähnter Aufsatz „Literaturgeschichte als geschichtlicher Auftrag“ bedeutete eine grundlegende Abrechnung mit den literaturwissenschaftlichen Traditionen in Deutschland bis 1945. Die Aktualität der hierbei aufgeworfenen Probleme ist unbestritten, geht es doch Werner Krauss hier darum, die Geschichtlichkeit der Literatur herauszustellen und für eine historisch-materialistische Erforschung der literarischen Entwicklung, die der Dialektik gebührende Beachtung schenkt und soziologistische vulgärmaterialistische Interpretationen ausschließt, zu plädieren. In seinem Aufsatz „Poetik und Strukturalismus“ betonte er: „In der Tat: das literarische Werk enthält die geschichtliche Bewegung in sich selbst; es bringt die geschichtliche Konstellation, in die es eintritt, schon mit sich.“[16] Die literarische Entwicklung wollte er nicht zu eng begriffen wissen. Die Geschichte der Buchproduktion und der gesamten Organisation des literarischen Lebens sollte hier mit erfaßt werden. Die sozialen und wirtschaftlichen Faktoren in ihrem ureigenen Bereich darf die Literaturgeschichtsforschung seines Erachtens keinesfalls übersehen, und er gab für die Aufklärungsperiode selbst das Beispiel, wie solche Probleme in Angriff zu nehmen und darzustellen waren.

Eine nützliche und fundierte Einführung in prinzipielle Probleme gab Werner Krauss in der erstmals 1968 publizierten Schrift „Grundprobleme der Literaturwissenschaft“, in der er anhand treffender Beispiele aus den verschiedensten Literaturen u. a. erläuterte, was als Literatur zu betrachten ist, welchen Zweck Interpretationen von Werken verfolgen, welche Probleme mit den literarischen Gattungen verknüpft sind usw. usw. Sicherlich war es nicht zufällig, daß Werner Krauss auch die Prinzipien der vergleichenden Literaturwissenschaft einer eingehenden Prüfung unterzog. Seine Studien über die europäische Aufklärung wie auch über die Wechselbeziehungen zwischen der französischen, spanischen und italienischen Literatur konfrontierten ihn ständig mit komparatistischen Arbeiten und warfen die Frage auf, ob die hierbei angewandten Methoden einen fruchtbaren Ansatz für eine umfassende materialistische Literaturbetrachtung zu bieten vermochten. Die traditionelle Komparatistik konnte dies zweifellos nicht. Doch deutete sie zumindest an, daß im einzelnen das Ganze nicht übersehen werden darf, weil „die Vielheit der Berührungen und Begegnungen erst das ganze Bild ergibt.“[17]) Werner Krauss lehnte mit Recht die Alternative, entweder nur nationale oder nur vergleichende Literaturgeschichte zu betreiben, ab. In der nationalen Literaturgeschichte erblickte er zwar den notwendigen Ausgangspunkt auch für komparatistische Zielstellungen, doch hob er zugleich die Wechselseitigkeit und Ergänzungsbedürftigkeit der einen Richtung durch die andere hervor. Er ließ sich von folgenden Überlegungen leiten: „Eine bestimmte Nationalliteratur steht in jedem Augenblick ihrer Entwicklung in einem von anderen nationalen Literaturen gebildeten Einflußfeld. Es genügt nicht ihr Werden allein aus ihrem Verhältnis zu eigenen Traditionen und Geschichte herzuleiten. Wenn wir diese letztere Betrachtungsweise eine diachronische nennen, so müßte sie durch eine synchronische Betrachtung der jeweiligen Einfluß- und Wirkungsfelder ergänzt werden.“[18])

Werner Krauss war ein äußerst vielseitiger Gelehrter, dem es stets um die Sache ging. Nichts war ihm so verhaßt wie Schönrednerei, Phrase und falsches Pathos. Für jede Art von

---

[16]) Werner Krauss: Werk und Wort. Aufsätze zur Literaturwissenschaft und Wortgeschichte, Berlin 1972, S. 27.

[17]) Werner Krauss: Probleme der vergleichenden Literaturgeschichte. Sitzungsberichte der Akademie der Wissenschaften der DDR. Berlin 1963, S. 17.

[18]) Ebda S. 5/6.

akademischem Zopf hatte er nur sarkastischen Spott übrig. Wissenschaftliche Forschung zu betreiben, hieß für ihn, einen gesellschaftlichen Auftrag erfüllen, sich für den gesellschaftlichen Fortschritt engagieren. Werner Krauss hat nicht nur wesentliche literarhistorische Erkenntnisse gewonnen und wichtige methodologische Einsichten vermittelt, sondern zugleich Fragestellungen aufgeworfen und Forschungskomplexe in Angriff genommen, die in den nächsten Jahren, ja Jahrzehnten die Forschung beschäftigen werden. Sein wissenschaftliches Vermächtnis werden wir dadurch am besten ehren, daß wir den von ihm eingeschlagenen Weg in Verbindung mit den Erfordernissen unserer gesellschaftlichen Entwicklung fortsetzen und hierbei weitere Erkenntnisse gewinnen werden. Wir gedenken seiner und seines Lebenswerkes stets in tiefer Dankbarkeit.

Werner Bahner

Bibliographie Werner Krauss

Zusammengestellt von Karlheinz Barck, Gerda Heydel und Winfried Schröder

1923

El concepto de Don Juan en la obra de Tirso de Molina, in: Boletín de la Biblioteca Menéndez y Pelayo (Santander) *V* (1923) 348–360.

1925

Thomas Mann in Paris, in: Wissen und Leben *XVIII* (Zürich 1925) 328ff.

1926

Junges Spanien (Übersetzung und Einleitung von Werner Krauss). Wege nach Orplid, Bd *10*, Mönchen-Gladbach/Köln 1926, 96 S.

1929

Das tätige Leben und die Literatur im mittelalterlichen Spanien, Diss. München, Stuttgart 1929, 97 S.
Vgl.: DLZ *51* (1930) 2175–2180 (Américo Castro); Literaturblatt für germ. u. rom. Philologie *53* (1932) 44–47 (E. Fey).

1930

Die ästhetischen Grundlagen des spanischen Schäferromans, Habil.-Schrift, Marburg 1930 (Masch.-Schr.).

1933

Deutschland als Thema der französischen Literatur, in: Deutsche Vierteljahrsschrift für Literaturwissenschaft und Geistesgeschichte *11* (1933) 445–463.

1934

Über die Träger der klassischen Gesinnung im 17. Jahrhundert, in: Zeitschrift für französischen und englischen Unterricht *33* (1934) 27–38.

Marino, Dichter und Gestalt, in: GRM *22* (1934) 239–248.

1935

Wege der spanischen Frührenaissancelyrik, I, in: RF *49* (1935) 181–214.

1936

Corneille als politischer Dichter (Marburger Beiträge zur romanischen Philologie 18), Marburg 1936, 60 S.

Vgl.: AnS *172* (1937), 226f. (J. Schmidt); RF *52* (1938) 45–50 (E. Marian-Genast); Maß und Wert, Zürich *I* (1937/38) 3, 473–478 (Leo Spitzer).

Die Kritik des Siglo de Oro am Ritter- und Schäferroman, in: Homenatge Rubió i Lluch, Barcelona, *I* (1936) 225–246.

Vgl.: Edward Glaser, Nuevos datos sobre la crítica de los libros de caballerías en los siglos XVI y XVII, in: Anuario de estudios medievales (Barcelona) *III* (1960).

Marburger Beiträge zur romanischen Philologie, hrsg. v. Werner Krauss, Marburg a. L., Heft 18–25 (1936–1939).

1937

H. de Bonald und die Theorie der Restauration, in: Deutsche Vierteljahrsschrift für Literaturwissenschaft und Geistesgeschichte *15* (1937) 269–294.

Zur Bedeutungsgeschichte von *romanesque* im 17. Jahrhundert, in: Zeitschrift für französische Sprache und Literatur *61* (1937–1938) 297–320.

Das neue Góngorabild, in: RF *51* (1937) 71–82.

1938

Über die Stellung der Bukolik in der ästhetischen Theorie des Humanismus, in: AnS *174* (1938) 180–198.

Vgl.: ZrP *60* (1940) 529f. (W. Kellermann).

Rezensionen

Winkler, E.: Zur Geschichte des Begriffs „Comédie“ in Frankreich, Heidelberg 1937, in: DLZ *59* (1938) 1745–1747.

González Vicén, Felipe: Deutsche und spanische Rechtsphilosophie der Gegenwart, Tübingen 1937, in: RF *52* (1938) 174–176.

1939

Erasmus und die spanische Renaissance, in: AnS *175* (1939) 76–89.

Molière und das Problem des Verstehens in der Welt des 17. Jahrhunderts, in: Zeitschrift für deutsche Geisteswissenschaft *1* (1939) 142–162.

1940

Novela-Novelle-Roman, in: ZrP *60* (1940) 16–28.

Cervantes und die Jesuiten in Sevilla, in: RF *54* (1940) 390–396.

Die Geltung der Lusiaden in Spanien, in: „Portugal“, Festschrift der Universität Köln (1940) 135–139.

Rezensionen

Dr. Mauricio de Iriarte, Dr. Huarte de San Juan und sein ‚Examen des ingenios‘, in: ZrP *60* (1940) 314–316.

Tiemann, Hermann, Lope de Vega in Deutschland, Hamburg 1939, in: DLZ *35/36* (1940) 803 bis 804.

1941

Falange Española und das spanische Geschichtsbild, in: Geist der Zeit, Wesen und Gestalt der Völker *19* (1941) 9, 493–503.

Das Problem einer spanischen Synonymik, in RF *55* (1941) 210–221.

Rezensionen

Friedrich, Hugo: Die Klassiker des französischen Romans, Leipzig 1939, in: RF *55* (1941) 154 bis 158.

1942

Lope de Vegas poetisches Weltbild in seinen Briefen, in: RF *56* (1942) 282–299; 57 (1943) 1–37.

Rezension

Lecoy, Félix: Recherches sur le Libro de Buen Amor de Juan Ruiz, in: ZrP *62* (1942) 534–538.

1943

Rezension

Lehr- und Wörterbücher für das Fremdsprachenstudium. Lehrbücher der spanischen Sprache, in: Das deutsche Fachschrifttum *7/9* (1943) 26–31.

1945

Idee, Aktion und Stil. Über die geistigen Grundlagen des modernen Spaniens, in: Die Wandlung *I* (Heidelberg 1945/46), 2, 148–165.

Die Wandlung. Eine Monatsschrift. Unter Mitwirkung von Karl Jaspers, Werner Krauss und Alfred Weber herausgegeben von Dolf Sternberger *I* (Heidelberg 1945/46); *II* (1947); *III* (1948).

1946

Die Welt im spanischen Sprichwort, Wiesbaden 1946, 91 S.
Vgl.: RF *60* (1948) 600–602 (F. Schalk).

Macht und Ohnmacht der Wörterbücher, in: Die Wandlung *I* (Heidelberg 1945/46) 9, 772–786.

Nationalismus und Chauvinismus, in: Aufbau *I* (Berlin 1946) 5, 443–456.

PLN. Die Passion des halykonischen Seele, Frankfurt a. M. 1946 (u. Potsdam 1948) 323 S.
Vgl.: Forum I (1947) 2, 58–60 (MT: Die Leidensgeschichte der Verfolgten); Die Umschau III (1947) 311–316 (Franz Walter Müller: Geheimnis von PLN); St. Hermlin/H. Mayer: Ansichten über einige Bücher und Schriftsteller, Berlin 1947, 181–185 (Stephan Hermlin: Werner Krauss, PLN); Forum IV (1950) 4, 11 (Victor Klemperer: Philologie unterm Fallbeil); Die Welt der Literatur II (1965) 29 (P. Härtling: „PLN"); WB XVI (1970) 6, 77–101 Wolfgang Brekle: Werner Krauss, ‚PLN' und Adam Kuckhoff's ‚Der Deutsche von Bayencourt', in: Die antifaschistische Literatur in Deutschland [1933–1945].

1947

Graciáns Lebenslehre, Frankfurt a. M. 1947, 201 S.
Vgl.: HR *17* (1949) 169–171 (A. G. Reichenberger); RF *62* (1950) 260–265 (L. Flachskampf).

Spanische Meditationen nach 1898: Das Vorbild von Maurice Barrès, Maeztu und Ganivet, Unamuno, Azorín, in: RF *60* (1947) 363–379.

Greguería, das Capricho der Sprache. Zu Gestalt und Kunst des Ramón Gómez de la Serna, in: Prisma *VIII* (Wiesbaden 1947) 24–27.

Das Ende der Generationsgemeinschaft, in: Pädagogik *II* (1947) 3, 137–144.

Über marxistische Abweichungen in älterer und jüngster Zeit, in: Einheit *II* (Berlin 1947) 3, 253–259; 4, 356–365.

Über den Zustand unserer Sprache, in: Die Gegenwart *II* (Freiburg i. Br. 28. 2. 1947) 3/4, 29–32.

Freiheit der Lehre und Begabtenauslese, in: Forum *I* (Berlin 1947) 1, 13.

1948

Die deutsche Geisteswelt im Vormärz, in: Forum *II* (Berlin 1948) 8, S. 248–251.

1949

Gesammelte Aufsätze zur Literatur- und Sprachwissenschaft, Frankfurt a. M. 1949, 469 S. Darin erstmals: Spaniens Weg am Abgrund, S. 298–320; Calderón aos religiöser Dichter, S. 262–277.

Ein spanisches Vermächtnis, in: Sinn und Form *I* (Berlin 1949) 2, S. 32–48.

Über den Standort einer Sprachbesinnung, in: Sinn und Form *I* (Berlin 1949), 5 104–131.

Nachruf auf Karl Vossler, in: Jahrbuch der Deutschen Akademie der Wissenschaften zu Berlin, *1946–1949*, 242–243.

1950

Calderón, Dichter des spanischen Volkes, in: Sinn und Form *II* (Berlin 1950) 2, 34–52.

Literturgeschichte als geschichtlicher Auftrag, in: Sinn und Form *II* (Berlin 1950) 4, 65–126. Vgl.: Zur Sprache und Begrifflichkeit: Werner Krauss, Hrsg. v. d. Projektgruppe Methodenseminar der Ad-hoc-Gruppe des Romanischen Seminars der FU Westberlin, 1968/69.

Molière und das Problem des Verstehens in der Welt des 17. Jahrhunderts, Düsseldorf–München–Hamburg 1953, 30 S.

1951

Die deutschen Friedenswünsche und das Friedensbekenntnis der deutschen Intelligenz, in: Forum *V* (Berlin 1951) 8, 1.

Altspanische Drucke im Besitz der außerspanischen Bibliotheken, Berlin 1951, 112 S. (= Berichte über die Verhandlungen der Sächsischen Akademie der Wissenschaften zu Leipzig, phil.-hist. Klasse, Bd *97*, 7.)

Christlicher Ausklang in der klassischen Tragödie Frankreichs, in: Sinn und Form *III* (Berlin 1951) 5, 87–99.

Der Stand der romanistischen Literaturgeschichte an der Universität Leipzig, in: WZ Leipzig *1951/52*, 3, 1–3.

1952

Lesebuch der französischen Literatur, hrsg. v. Werner Krauss unter Mitarbeit von Manfred Naumann, Teil 1: Aufklärung und Revolution, Berlin 1952, 160 S.

1953

Karl Marx im Vormärz, in: Deutsche Zeitschrift für Philosophie *I* (Berlin 1953) 3/4, 429–460.

Miguel de Cervantes Saavedra, Der geniale Hidalgo Don Quijote von der Mancha, Leipzig 1953, 2 Bde. Exkurs: Die spanische Route im Lebenswerk des Cervantes, Bd *2*, S. 721–739.

1954

Marx und Engels in ihrer Stellungnahme zur nationalen Frage, in: Deutsche Zeitschrift für Philosophie *II* (1954) 3, 601–612.

Neue Beiträge zur Literaturwissenschaft, hrsg. v. Werner Krauss und Hans Mayer, Berlin 1954 bis 1963; seit 1964 hrsg. v. Werner Krauss und Walter Dietze.

1955

Zur Periodisierung der Aufklärung, in: Grundpositionen der französischen Aufklärung (Neue Beiträge zur Literaturwissenschaft, Bd *1*), Berlin 1955, V–XVI.

Zur Lexikologie der Aufklärung I, in: RF *66* (1955) 384–396.

1956

1734 als Jahr der Entscheidung für Montesquieus *Esprit des lois*, in: Jakobiner und Sansculotten, Beiträge zur Geschichte der französischen Revolutionsregierung 1793–1794, hrsg. v. Walter Markov, Berlin 1956, 1–20.

1958

Cervantes und der spanische Weg der Novelle, in: Sinn und Form *X* (Berlin 1958) 4, 503–531.

Ramón Gómez de la Serna und die Revolution der Greguería, in: Limes-Lesebuch, Folge II, Wiesbaden 1958, 28–39.

1959

Studien und Aufsätze (Neue Beiträge zur Literaturwissenschaft, Bd *8*) Berlin 1959, 213 S. Darin erstmalig: García Lorca und die spanische Dichtung, S. 155–178.
Vgl.: ZrP *75* (1959) 590–591 (Baldinger); Books abroad *35* (1961) 162 (Bergel); Romance Philology *13* (1959–60) 477–478 (Bergman); RF *73* (1961) 187–193 (G. Sobejano); Bulletin of Hispanic Studies *37* (1960) 122–123 (Trotter); Nueva Revista de Filología Hispánica *16* (1962) 107–113 (Alan S. Trueblood); Panorama, München, 6. Juni 1959 (Hans Heinz Holz).

Die früheste Reaktion auf Diderots Jugendwerke in Deutschland, in: RF *71* (1959) 103–112.

Eine politische Preisfrage im Jahre 1780, in: Sinn und Form *XI* (Berlin 1959) 3, 345–354.

Schriftenreihe der Arbeitsgruppe zur Geschichte der deutschen und französischen Aufklärung, hrsg. v. Werner Krauss, Berlin 1959–1964.

1960

Cartaud de la Villate. Ein Beitrag zur Entstehung des geschichtlichen Weltbildes in der französischen Frühaufklärung, hrsg., eingeleitet und kommentiert von Werner Krauss, Berlin 1960, 2 Bde, 1. Bd: S. I–VII, 1–327; 2. Bd: S. I–VI, 1–230.
Vgl.: DLZ *82* (1961) 7/8, 595–600 (H. Dieckmann); StF (1961) 558 (F. O.); Annales Historiques de la Révolution Française (1961) 410 (A. Soboul); Rhl *62* (1962) 425 (J. Varloot); AnS *199* (1962/63) 275–279 (F. Schalk); FSt *17* (1963) 260–262 (R. N. Coe); Rbph *41* (1963) 544–546 (R. Mortier); Világirodalmi Figyelo *4* (1963) 477 (Lajos Hopp); Welt und Wort *6* (1963) (G. Konrad).

Über den Anteil der Buchgeschichte an der literarischen Entfaltung der Aufklärung, in: Sinn und Form *XII* (1960) 1, 32–88; 2, 270–315.

Le Cousin Jacques, Robespierre et la Révolution Française, in: Annales Historiques de la Revolution Française *32* (1960) 161, 303–308.

Entwicklungstendenzen der Akademien im Zeitalter der Aufklärung, in: Mitteilungsblatt für die Mitarbeiter der Deutschen Akademie der Wissenschaften zu Berlin *VI* (1960) 4, 121–127.

Eine Verteidigungsschrift des Materialismus in der deutschen Aufklärung, in: Deutsche Zeitschrift für Philosophie *VIII* (Berlin 1960) 6, 710–718.

JOHANNES JAHN

22. 11. 1892—17. 2. 1976

WERNER KRAUSS

7. 6. 1900–28. 8. 1976

Rezensionen

W. P. Wolgin: Die Entwicklung des gesellschaftlichen Denkens im Frankreich des 18. Jahrhunderts, Moskau 1958 [russ.], in: DLZ *81* (1960) 2, 150–154.

Franco Venturi: Saggi sull'Europa illuminista, I: Alberto Radicati di Passeranno, Turin 1954: Franco Venturi, Giannoniana Britannica, Neapel 1954; Franco Venturi, L'Encyclopédie et son rayonnement en Italie u. a. in versch. Zeitschriften erschienene Aufsätze, in: DLZ *81* (1960) 4, 345–349.

Joachim Streisand: Deutschland von 1789 bis 1815 (Von der Französischen Revolution bis zu den Befreiungskriegen und dem Wiener Kongreß), Berlin 1959, in: DLZ *81* (1960) 5, 427–429.

Otto Klapp: Bibliographie der französischen Literaturwissenschaft, Bd *I*: 1956–1958, Frankfurt a. M. 1960, in: DLZ *81* (1960) 10, 909–911.

1961

Über die Konstellation der Aufklärung in Deutschland, in: Sinn und Form *XIII* (1961) 1, 65–100; 2, 223–288. – Teilabdruck in: Marxistische Literaturkritik, hrsg. v. Victor Žmegač, Bad Homburg 1970, S. 274–302.

Eine Verteidigungsschrift des Materialismus in der deutschen Aufklärung. Einleitung und Neuausgabe von Karl Spaziers „Antiphädon" (Schriftenreihe der Arbeitsgruppe zur Geschichte der deutschen und französischen Aufklärung, Bd *15*), Berlin 1961, 145 S.
Vgl.: DLZ *83* (1962) 10, 871–873 (A. V. Gulyga).

Über das Schicksal der deutschen Literatur in der französischen Aufklärung, in: GRM *1* (1961) 62–69.

Siècle im 18. Jahrhundert, in: BrP *1* (1961) 83–98.

Samuel Formey – ein Akademiesekretär vor 200 Jahren, in: Spektrum, Mitteilungsblatt für die Mitarbeiter der DAW *VII* (1961) 5/6, 169–174.

Nachwort zu: Cervantes, Exemplarische Novellen, Fischer Bücherei, Frankfurt a. M. 1961.

Rezensionen

Del Litto, V.: La vie intellectuelle de Stendhal, Paris 1959, in: DLZ *82* (1961) 2, 139–140.

Brachfeld, Georg J.: André Gide and the Communist Temptation, Paris 1959, in: DLZ *82* (1961) 7/8, 643–645.

Bosbach, Erika: Die „Rêveries politiques" in Friedrichs des Großen politischem Testament von 1752. Historisch-politische Erläuterung, Köln–Graz 1960, in: DLZ *82* (1961) 9, 825–827.

Frid, Ja.: Stendal, Moskwa 1958, in: DLZ *82* (1961) 10, 898.

Utz, Hans: Die Hollis-Sammlung in Bern. Ein Beitrag zu den englisch-schweizerischen Beziehungen in der Zeit der Aufklärung, Bern 1959, in: DLZ *82* (1961) 12, 1118.

1962

Probleme der vergleichenden Literaturgeschichte, in: Spektrum, Mitteilungsblatt für die Mitarbeiter der Deutschen Akademie der Wissenschaften zu Berlin, *VIII* (1962) 4, 207–213.

Geist und Widergeist der Utopien, in: Sinn und Form *XIV* (1962) 5/6, 769–799.

Zu einer Prosa Diderots (*Ceci n'est pas un conte*). Mit einer deutschen Übersetzung der Novelle, in: Sinn und Form *XIV* (1962) 2, 161–165; 166–186.

L'énigme de Du Marsais, in: Rhl *62* (1962) 514–522.

La doctrina de la vida según Baltasar Gracián, Madrid: Ed. Rialp 1962. (Vom Autor nicht autorisierte, verfälschende Übersetzung v. „Graciáns Lebenslehre").

Monty, Jeanne R.: La critique littéraire de Melchior Grimm, Genf 1961, in: AnS *199* (1962/63) 64.

Freudmann, F. R.: L'étonnant Gourville (1625–1703), Genf–Paris 1960, in :AnS *199* (1962/63) 142.

Bonno, G. (éd.): Lettres inédites de Le Clerc à Locke, Berkeley–Los Angeles 1959, in: AnS *198* (1962) 282–283.

Bertrand, R. O.: Oratoria política y oradores del ochocientos, Bahía Blanca 1960, in: AnS *198* (1962) 423–424.

Mauzi, R.: L'idée du bonheur dans la littérature et la pensée françaises au XVIIIe siècle, Paris 1960, in: AnS *198* (1962) 422–423.

Moreau, Pierre: La critique littéraire en France, Paris 1960, in: DLZ *83* (1962) 2, 119.

Sareil, Jean: Anatole France et Voltaire, Genève–Paris 1961, in: DLZ *83* (1962) 7/8, 637–639.

Valjavec, Fritz: Geschichte der abendländischen Aufklärung, Wien–München 1961, in: DLZ *83* (1962) 6, 522–524.

Waldinger, Renée: Voltaire and reform in the light of the French Revolution, Genève–Paris 1959, in: DLZ *83* (1962) 10, 890–891.

1963

Studien zur deutschen und französischen Aufklärung (Neue Beiträge zur Literaturwissenschaft, Bd *16*), Berlin 1963, 567 S. Darin erstmalig: Über eine Kampfschrift der Aufklärung: Der „Essai sur les préjugés", S. 273–299; Der Weg der deutschen Aufklärung nach Frankreich während des 18. Jahrhunderts. S. 401–454. Zur Periodisierung: Aufklärung, Sturm und Drang, Weimarer Klassik. S. 376–399, letzt. neu veröffentlicht in: Renaissance, Barock, Aufklärung. Epochen- und Periodisierungsfragen. Hrsg. von Werner Bahner. Berlin 1976, S. 170–191.
Vgl.: Rhl *65* (1965) 515–516 (J. Proust); Rivista storica italiana, anno 77, fasc. *I*, S. 131–158 (Diaz); Neuer Bücherdienst, Wien (2. 6. 1963); Liberal-Demokr. Zeitg. Halle (25. 6. 1963); Neue Zeit, Berlin (28. 7. 1963) (H./B.R.); AnS *203* (1966) 391–393 (Fritz Schalk).

Die französische Aufklärung im Spiegel der deutschen Literatur des 18. Jahrhunderts (Schriftenreihe der Arbeitsgruppe zur Geschichte der deutschen und französischen Aufklärung, Bd *10*), Berlin 1963, S. IX–CLXXXVII, 1–484.
Vgl.: WB *XI* (1965) 473–478 (Werner Rieck); DLZ *87* (1966) 4, 308–312 (Rudolf Besthorn); StF *8* (1964) 555–556 (W. Drost).

Probleme der vergleichenden Literaturgeschichte (Sitzungsberichte der DAW zu Berlin, Klasse für Philosophie, Geschichte, Staats-, Rechts- und Wirtschaftswissenschaften [1963], 1,17).

Der verliebte Teufel. Französische Erzählungen des 18. Jahrhunderts. Herausgegeben und mit einer Übersicht über die französische Novellistik im 18. Jahrhundert versehen von Werner Krauss, Berlin 1963, 416 S.

Französische Aufklärung und deutsche Romantik, in: WZ der Karl-Marx-Universität Leipzig *12* (1963) ges.- u. sprachwiss. Reihe 2, 496–501.

Das Mittelalter in der Aufklärung, in: Medium Aevum Romanicum. Festschrift für Hans Rheinfelder, München 1963, 223–231.
Vgl.: ZfSL *75* (1965) 82–83 (B. Müller).

Zur Bedeutungsgeschichte von *Materialismus*, in: Wort und Text. Festschrift für Fritz Schalk, Frankfurt a. M. 1963, 330–332.

Fontenelle und die *Republik der Philosophen*, in: RF *75* (1963) 11–21.

La correspondance de Formey, in: Rhl *63* (1963) 2, 207–216.

Die französische Aufklärung und die deutsche Geisteswelt, in: AnS *200* (1963/64) 4, 264–283. (Französische Übersetzung unter dem Titel „L'ère française des lumières et les intellectuels allemands", in: La Pensée *123* [1965] 78–92).

L'Etude des écrivains obscurs du Siècle des lumières, in: Studies on Voltaire and the eighteenth century *XXVI* (Genf 1963) 1019—1025.

Bemerkungen zur neueren Aufklärungsforschung, in: BrP *II* (1963) 2, 32—38.

Rezensionen

Faure, Edgar: 12 mai 1776. La disgrâce de Turgot, Paris 1961, in: DLZ *84* (1963) 2, 142—145.

Winter, Eduard: Der Josefinismus, Berlin 1962, in: DLZ *84* (1963) 3, 237—239.

Diderot Studies III, Genf 1961, in: DLZ *84* (1963) 4, 315—318.

Kirkinen, Heikki: Les Origines de la conception moderne de l'homme-machine, Helsinki 1960, in: DLZ *84* (1963) 5/6, 396—397.

Tronskaja, M. L.: Die deutsche Satire im Zeitalter der Aufklärung, Leningrad 1962 (russ.), in: DLZ *84* (1963) 5/6, 443—444.

Roscioni, Gian Carlo: Beat Ludwig von Muralt e la ricerca dell'-umano, Rom 1961, in: DLZ *84* (1963) 9, 705—706.

Frischauer, Paul: Beaumarchais, Hamburg 1961, in: DLZ *84* (1963) 9,710.

Szigeti, Jozsef: Denis Diderot, une grande figure du matérialisme militant du XVIIIe siècle, Budapest 1962, in: DLZ *84* (1963) 10, 792—793.

Lively, Jack: The social and political thought of Alexis de Tocqueville, Oxford 1962, in: DLZ *84* (1963) 10, 801—803.

Grosclaude, Pierre: Malesherbes, témoin et interprète de son temps, Paris 1961; Grosclaude, Pierre: J.-J. Rousseau et Malesherbes. Documents inédits, Paris 1960, in: DLZ *84* (1963) 12, 997—1000.

Freudmann, Felix R.: L'étonnant Gourville (1625—1703), Genève—Paris 1960, in: AnS *199* (1962/63) 142.

Monty, Jeanne R.: La critique littéraire de Melchior-Grimm, Genève 1961, in: AnS *199* (1962/63) 64.

1964

Concepciones modernas de la historia de España, in: Revista de la Universidad de La Habana, *168—169* (1964) 97—107.

La aplicación del marxismo a la historia y a la crítica de la literatura, in: Revista de la Universidad de La Habana, *166—167* (1963) 33—39.

El desarrollo del castellano en España y del español en América, in: Revista de la Universidad de La Habana *170* (1964) 23—29.

Zur Bezeichnung einiger philosophischer Grundbegriffe der deutschen und französischen Aufklärung, in: Neue Beiträge zur Literatur der Aufklärung (Neue Beiträge zur Literaturwissenschaft, Bd 21), Berlin 1964, 7—11.
Vgl.: Rez. d. Gesamtbandes: Diderot Studies *8* (1966) 171—183 (Paul H. Meyer: French enlightenment in Eastern Germany. Krauss and his cercle); DLZ *87* (1966) 1, 1—4 (K. Adel).

Zur französischen Romantheorie des 18. Jahrhunderts. Nachahmung und Illusion. Kolloquium Gießen, Juni 1963. Vorlagen und Verhandlungen, München 1964, 60—71.

Morelly, Gesetzbuch der natürlichen Gesellschaft. Herausgegeben, mit einer Vorbemerkung und mit Anmerkungen versehen von Werner Krauss (Schriftenreihe der Arbeitsgruppe zur Geschichte der deutschen und französischen Aufklärung, Bd 4), Berlin 1964, 216 S.
Vgl.: ND Literatur 52/2 (Dieter Wolf); FSt *XX* (1966) 300—301 (Ronald Grimsley); Rhl *66* (1966) 513—514 (N. Wagner); StF *9* (1965) 556 (P. Brockmeier).

Reise nach Utopia. Französische Utopien aus drei Jahrhunderten. Hrsg. v. Werner Krauss, Berlin 1964, 478 S. (Einleitung: Überblick über die französischen Utopien von Cyrano de Bergerac bis Etienne Cabet, S. 5–59).

Diderot in dieser Zeit, in: WZ der Humboldt-Universität zu Berlin, ges.- u. sprachw. Reihe *13* (1964) 2/3, 115–118.

Rezensionen

Glunz, Hans H.: Die Literarästhetik des europäischen Mittelalters, Frankfurt a. M. 1963, in: DLZ *85* (1964) 2, 112–113.

Lebois, André: Littérature sous Louis XV, Paris 1962, in: DLZ *85* (1964) 6, 507–508.

Thelander, Dorothy R.: Laclos and the Epistolary Novel, Genève 1963, in: DLZ *85* (1964) 4, 306–307.

Proust, Jacques: Diderot et l'Encyclopédie, Paris 1962, in: DLZ *85* (1964) 5, 410–411.

Rihs, Charles: Voltaire. Recherches sur les origines du matérialisme historique, Genève–Paris 1962, in: DLZ *85* (1964) 7/8, 633–636.

Rebelliau, Alfred: Vauban, Paris 1962, in: DLZ *85* (1964) 9, 785–787.

Guiragossian, Diana: Voltaire's Facéties, Genève 1963, in: DLZ *85* (1964) 10, 884–885.

Müller, Elisabeth: Die Dichtung Luis Cernudas, Genève–Paris 1962, in: DLZ *85* (1964) 11/12, 1002–1003.

Grimsley, Ronald: Jean d'Alembert (1717–1783), Oxford 1963, in: AnS *200* (1964) 6, 478–479.

1965

Perspektiven und Probleme. Zur französischen und deutschen Aufklärung und andere Aufsätze, Neuwied (1965) 397 S.
Vgl.: Arkadia II (1967) 1, 109–112 (Winfried Engler).

Zur Dichtungsgeschichte der romanischen Völker, Leipzig 1965.
Vgl.: DLZ *87* (1966) 12, 1076–1078 (Fritz Schalk); WB *XII* (1966) 1, 144–146 (Karlheinz Barck/Carlos Rincón).

Die Lehre vom Wortkunstwerk, in: Hegel-Jahrbuch *1964*, hrsg. von W. R. Beyer, Meisenheim a. Glan 1965, S. 27–33.

Zur Wortgeschichte von Persiflage, in: AnS *201* (1965) 1, 1–28.

Vorbemerkung zu W. P. Wolgin, Die Gesellschaftstheorien der französischen Aufklärung (Schriften d. Instituts für romanische Sprachen und Kultur, Bd 2) Berlin 1965.

Die Welt im spanischen Sprichwort. Spanisch u. deutsch. Leipzig 1965, 116 S.

Concepciones modernas de la historia de España, in: Islas (Las Villas 1965) 7, 113–121.

Jean-Jacques Rousseau, Bekenntnisse. Mit einer Einführung und Anmerkungen von Werner Krauss, Leipzig 1965, 895 S.

Schriften des Instituts für romanische Sprachen und Kultur, hrsg. v. Werner Krauss und Werner Bahner, Berlin.

Rezensionen

Egret, Jean: La Prè-Révolution Française (1787–1788), Paris 1962, in: DLZ *86* (1965) 2, 108–109.

Diderot Studies IV, Genève 1963, in: DLZ *86* (1965) 4, 302–303.

Ricard, Robert: Aspects de Galdós, Paris 1963, in: DLZ *86* (1965) 5, 417–418.

Trousson, Raymond, Le thème de Prométhée dans la littérature européenne. T. I. II, Genève 1964, in: DLZ *86* (1965) 6, 496–498.

Dehennin, Elsa: La Résurgence de Góngora et la Génération poétique de 1927, Paris 1962, in: DLZ *86* (1965) 8/9, 713–715.

Cherpack, Clifton: An essay on Crébillon fils, Durham 1962, in: DLZ *86* (1965) 10, 889–890.

Actes du IIIe Congrès de l'Association Internationale de Littérature Comparée. 21–26 VIII 1961, S-Gravenhage 1962, in: DLZ *86* (1965) 12, 1063–1064.

Hemsterhuis, François: Lettre sur l'homme et ses rapports, avec le commentaire inédit de Diderot. Texte choisi, présenté et annoté par Georges May, New Haven 1964, in: AnS *202* (1965/66) 1, 76–79.

Fabre, Jean: Lumière et romantisme, Paris 1963, in: AnS *202* (1965/66) 1, 79–80.

1966

Miguel de Cervantes. Leben und Werk, Neuwied–Berlin 1966, 254 S.
Vgl.: Der Monat, Berlin (Dez. 1966) 55–63 („Glaubensritter Don Quijote", Otto F. Best); Frankfurter Rundschau (3. 9. 1966) („Cervantes u. d. Schicksal Spaniens", Hans Heinz Holz); RF *78* (1966) 490–492 (Harald Weinrich); Wort u. Wahrheit (1966) 6/7 (A. Rothbauer); ad lectores 3, Luchterhand (Nov. 1966) 67–75 („Die Verreißprobe"); Romanistisches Jahrbuch *19* (1968) 354–356 (H.-J. Neuschäfer); Horizonte *2000* (Bogotá 1966) 2 (Carlos Rincón, Cervantes hoy).

Las novelas ejemplares de Miguel de Cervantes, in: Eco (Bogotá 1966) 12, 597–629.

Antike und Moderne in der Literaturdiskussion des 18. Jahrhunderts, hrsg. v. Werner Krauss und Hans Kortum (Schriftenreihe der Arbeitsgruppe zur Geschichte der deutschen und französischen Aufklärung, Bd *7*), Berlin 1966, S. IX–LX: Einleitung: Der Streit der Altertumsfreunde mit den Anhängern der Moderne und die Entstehung des geschichtlichen Weltbildes.
Vgl.: AnS *204* (1967/68) 237–240 (F. W. Müller); FSt *22* (1968) 67 (J. H. Brumfitt); Romanistisches Jahrbuch *19* (1968) 209–212 (A. Buck).

Le Moyen âge au temps de l'Aufklärung, in: Mélanges à la mémoire de J. Sarrailh, Paris 1966, Bd *I*, S. 463–470.

Fontenelle und Helvétius, in: Ost und West in der Geschichte des Denkens und der kulturellen Beziehungen. Festschrift für Eduard Winter zum 70. Geburtstag (Quellen und Studien zur Geschichte Osteuropas, Bd *15*) Berlin 1966, 272–277.

Fontenelle et la formation d'Helvétius, in: Studi in onore di Italo Siciliano, vol. *I* (Firenze 1966) 599–607.

Revolution des Romans? Bemerkungen zum Neuen Roman der Franzosen, in: WB *XII* (1966) 489–504.
Vgl.: Kritik am affirmativen Charakter der Krauss'schen Literaturbetrachtung. Flugblatt der Roten Zelle Germanistik, Westberlin 1970.

Est-il utile de tromper de peuple? Concours de la classe de philosophie spéculative de l'Académie des Sciences et des Belles-Lettres de Berlin pour l'année 1780, eingeleitet und herausgegeben von Werner Krauss (Schriften des Instituts für romanische Sprachen und Kultur, Bd *3*), Berlin 1966, 139 S.
Vgl.: Le Nouvel Observateur (Paris), 30. 11. 1966 (René Etiemble, Du mensonge comme moyen de gouvernement).

Sobre el destino español de la palabra francesa ‚civilisation' en el siglo XVIII, in: Bulletin Hispanique *69* (Bordeaux 1967) 3/4, 436–440.

Sobre el concepto de decadencia en el siglo ilustrado, in: Cuadernos Hispanoamericanos *215* (Madrid, nov. 1967) 1–16.

Localización y desplazamientos en la novela pastoril española, in: Actas del Segundo Congreso Internacional de Hispanistas, Nimega 1967, 363–369.

Cervantes und die moderne Welt, in: BrP (Sonderheft 1967) 10–18.

Rezensionen

Walbröhl, Helene: Der Fürst von Ligne — Leben und Werk, Genève—Paris 1965, in: AnS *203* (1966/67) 71—72.

Defourneaux, Marcelin: L'inquisition espagnole et les livres français au XVIIIe siècle, Paris 1963, in: DLZ *87* (1966) 1, 38—39.

Molho, Raphael: La critique littéraire en France au XIXe siècle, Paris 1963, in: DLZ *87* (1966) 2, 119.

Schalk, Fritz: Studien zur französischen Aufklärung, München 1964, in: DLZ *87* (1966) 4, 306—308.

Beccaria, Cesare: Dei Delitti e delle Pene ... A cura di Franco Venturi, Torino 1965, in: DLZ *87* (1966) 5, 404—405.

Roger, Jacques: Les sciences de la vie dans la pensée française du XVIIIe siècle. La génération des animaux de Descartes à l'Encyclopédie, Paris 1963, in: DLZ *87* (1966) 6, 488—490.

Müller, Bodo: Góngoras Metaphorik, Versuch einer Typologie, Wiesbaden 1963, in: DLZ *87* (1966) 7, 594—595.

Friedrich, Hugo: Epochen der italienischen Lyrik, Frankfurt a. M. 1964, in: DLZ *87* (1966) 10, 882—883.

1967

‚Patriote', ‚patriotique', ‚patriotisme' à la fin de l'Ancien Régime, in: The age of the Enlightenment, Studies presented to Theodore Besterman, Edinburgh—London 1967, 387—394.

La néologie dans la littérature du XVIIIe siècle, in: Sudies on Voltaire and the 18th century LVI Genève 1967, 777—782.

Terrasson, in: BrP *VI* (1967) 2, 274—290.

D'Alembert, Rede zu seinem 250. Geburtstag vor der Deutschen Akademie der Wissenschaften zu Berlin, in: RF *79* (1967) 4, 476—488.

Miguel Angel Asturias, in: Die Weltbühne *22* (Berlin 1967) 47, 1491—1483.

Rezensionen

Leiner, Wolfgang: Der Widmungsbrief in der französischen Literatur (1580—1715), Heidelberg 1965, in: BrP *VI* (1967) 2, 394—395.

Cranaki, Mimica et Yvon Belaval: Nathalie Sarraute, Paris 1965, in: DLZ *88* (1967) 1, 14—16.

Gundolf, Friedrich, Briefwechsel mit Herbert Steiner und Ernst Robert Curtius, Amsterdam 1963, in: DLZ *88* (1967) 2, 127.

Maravall, José Antonio: Las Comunidades de Castilla. Una primera revolución moderna. Madrid 1963, in: DLZ *88* (1967) 3, 242—244.

Nerlich, Michael: Untersuchungen zur Theorie des klassizistischen Epos in Spanien (1700—1850), Genève—Paris 1964, in: DLZ *88* (1967) 6, 510—511.

Diderot Studies, vol. V—VII, Genève 1964—65, in: DLZ *88* (1967) 7, 594—596.

Bongie, Laurence L.: David Hume. Prophet of the Counterrevolution, Oxford 1965, in: DLZ *88* (1967) 8, 686—688.

Desné, Roland: Les Matérialistes Français de 1750 à 1800, Paris 1965, in: DLZ *88* (1967) 9, 799 bis 800.

de Booy, J. Th.: Histoire d'un manuscript de Diderot: La Promenade du Sceptique, Frankfurt a. M. 1964, in: DLZ *88* (1967) 12, 1081—1082.

1968

Grundprobleme der Literaturwissenschaft — Zur Interpretation literarischer Werke. Mit einem Textanhang, Hamburg 1968, (rde, 290/91), 253 S.

Vgl.: Die Weltwoche (Zürich) 1. 11. 1968 (Ernst Nef); Referatedienst zur germanistischen Literaturwissenschaft *1* (Berlin 1969) 6/7, 7–8 (Christa Gohrisch); Comunicación *4* (Bogotá 1968) (Carlos Rincón); Atlántida (Madrid), *VII*, 38 (marzo-abril 1969) (Alberto Porqueras Mayo, Problemas de la ciencia literaria).

Essays zur französischen Literatur, Berlin–Weimar 1968, 349 S. – Darin erstmalig: Die literarischen Gattungen, S. 5–43; Zur französischen Novellistik des 18. Jahrhunderts, S. 44–79; Zur französischen Romantheorie des 18. Jahrhunderts, S. 80–101; Helvétius, S. 195–296.

Aufsätze zur Literaturgeschichte, Leipzig 1968, 429 S. (Veränderte Nachauflage der Sammlung: Zur Dichtungsgeschichte der romanischen Völker). – Darin erstmalig: Der Klassencharakter der Literatur, S. 116–125.

Notizen zum spanischen Gegenwartsroman, in: WB *14* (1968) 1, 104–116.
Vgl.: Kunst und Literatur *18* (Berlin 1970) 1, 100–104 (Alexander Dymschitz, Dreizehn kleine Monographien von Werner Krauss); DLZ *91* (1970) 12, 1048–1051 (Fritz Schalk).

Die französische literarische Journalistik im 18. Jahrhundert, in: AnS *204* (1968) S. 414–425.

Molière, Werke. Mit einem Essay von Werner Krauss, Leipzig 1968, 1117 S.

Rezensionen

Hatin, Eugène: Bibliographie historique et critique de la Presse périodique française, précédée d'un Essai historique et statistique sur la naissance et les progrès de la presse périodique dans les deux mondes, Paris 1965, in: DLZ *89* (1968) 1, 28–29.

Mortier, Roland: Diderot in Deutschland 1750–1850, Stuttgart 1967, in: DLZ *89* (1968) 2 97–99.

Marcu, Eva: Répertoire des Idées de Montaigne, Genève 1965, in: DLZ *89* (1968) 2, 129.

Bonnefoy, Claude: Jean Genêt, Paris 1965; Micha, René: Nathalie Sarraute, Paris 1966; Miesch, Jean: Robbe-Grillet, Paris 1965, in: DLZ *89* (1968) 4, 306–308.

Leo, Ulrich: Romanistische Aufsätze aus drei Jahrzehnten, Köln–Graz 1966, in: DLZ *89* (1968) 5, 399–401.

Chappuy, Claude: Poésies intimes, Genève 1967, in: DLZ *89* (1968) 6, 498.

Maravall, J. A.: El mundo social de „La Celestina", Madrid 1964; J. A. Maravall: Antiguos y modernos. La idea del progreso en el desarrollo inicial de una sociedad, Madrid 1966, in: DLZ *89* (1968) 7, 602–604.

Diderot, Denis: Das erzählerische Gesamtwerk. Bd 1–4, Berlin 1966–67, in: DLZ *89* (1968) 8, 702–704.

Janvier, Ludovic: Literatur als Herausforderung. Die neue Welt des Nouveau Roman, München 1967, in: DLZ *89* (1968) 10, 890–892.

Macherey, Pierre: Pour une théorie de la production littéraire, Paris 1966, in: DLZ *89* (1968) 12, 1068–1070.

Markov, Walter: Die Freiheiten des Priesters Roux, Berlin 1967, in: DLZ *89* (1968) 12, 1103–1106.

Schalk, Fritz: Exempla romanischer Wortgeschichte, Frankfurt a. M. 1966, in: AnS *204* (1968) 147–148.

Hüther, Jochen: Die monarchische Ideologie in den französischen Römerdramen des 16. und 17. Jahrhunderts, München 1966, in: AnS *204* (1968) 310–311.

Cornelius, Paul: Languages in Seventeenth and Early Eighteenth-Century Imaginary Voyages, Genève 1965, in: AnS *205* (1968) 75–76.

Warning, Rainer: Illusion und Wirklichkeit in Tristram Shandy und Jacques le Fataliste. München 1965, in: AnS *205* (1968) 77–78.

Don Quijote, Forschung und Kritik. Hrsg. v. Helmut Hatzfeld (Wege der Forschung, Bd CLX). Darmstadt 1968, in: BrP *VII* (1968) 2,325.

Bibliothèque universitaire de Groningue. Catalogue des fonds hispanistiques (avant 1800), Groningen 1967, in: BrP *VII* (1968) 1, 179.

Van der Starre, E.: Racine et le théâtre de l'ambigüité. Etudes sur Bajazet, Leiden 1966, in: BrP *VII* (1968) 1, 179–180.

1969

Fontenelle und die Aufklärung. Textauswahl und einleitende Abhandlung von Werner Krauss (Reihe Theorie und Geschichte der Literatur und der schönen Künste, Bd *9*), München 1969, 299 S.

Vgl.: Referatedienst zur germanistischen Literaturwissenschaft *2* (Berlin 1970) 3, 270–271 (Manfred Starke).

Motivrepertoire einer spanischen Zeitschrift des 18. Jahrhunderts, in: Iberoromania, München 1969, 1.

Fontenelle, in: Encyclopaedia, Paris 1969.

Slawisch-deutsche Wechselbeziehungen in Sprache, Literatur und Kultur, hrsg. v. W. Krauss, Z. Stieber, J. Bĕlič, V. I. Borkovskij, Berlin 1969.

Kindlers Literatur-Lexikon, Bd *V* und *VI*, Zürich 1969 (Artikel über: Paradoxe sur le comédien; Pensées sur l'interprétation de la Nature; La Père de famille; La Religieuse; Traité des sensations; Supplément au voyage de Bougainville; Paradoxe sur le Comédien).

Rezensionen

Cole, Leo R.: The Religious Instinct in the Poetry of Juan Ramón Jiménez, Oxford 1967, in: DLZ *90* (1969) 5, 408–409.

Calderón, Don Pedro: Tan largo me lo fiais, Madrid 1967, in: DLZ *90* (1969) 6, 503–504.

Der moderne französische Roman. Interpretationen, Berlin 1968, in: DLZ *90* (1969) 7, 615–618.

Van der Starre, E.: Racine et le théâtre de l'ambiguité. Etudes sur Bajazet, Leiden 1966, in: DLZ *90* (1969) 8, 703–704.

Weisstein, Ulrich: Einführung in die Vergleichende Literaturwissenschaft, in: DLZ *90* (1969) 9, 883–884.

Huarte, Juan: Prüfung der Köpfe zu den Wissenschaften. Übers. von G. E. Lessing. Nachdruck der Ausgabe Zerbst 1752 mit einer kritischen Einleitung und Bibliographie von Martin Franzbach, München 1968, in: DLZ *90* (1969) 9, 773–774.

Barmeyer, Eike: Die Musen. Ein Beitrag zur Inspirationstheorie, München 1968, in: DLZ *90* (1969) 9, 787–788.

Nolting-Hauff, Ilse: Vision, Satire und Pointe in Quevedos Sueños, München 1968, in: BrP *VIII* (1969) 1, 197–199.

García, Francisco Olmos: Cervantes en su época, Madrid 1968, in: BrP *VIII* (1969) 1, 199–200.

1970

Französische Drucke des 18. Jahrhunderts in den Bibliotheken der Deutschen Demokratischen Republik, eingeleitet und herausgegeben v. Werner Krauss und Martin Fontius, 2 Bde, Berlin 1970. XVIII, 801 S.

Quelques remarques fugitives sur l'établissement des textes, in: Revue de l'université de Bruxelles, 1–2 (oct. 1969 – janv. 1970) 391–399.

Quelques remarques sur le roman utopique au XVIIIe siècle, in: Roman et Lumières au XVIIIe siècle, Paris 1970, 391–399.

Poetik und Strukturalismus, in: Sprache im technischen Zeitalter *36* (Berlin-West 1970) 269–290.

Patriote, patriotique, patriotisme am Ende des Ancien Régime; Zur Bedeutungsgeschichte von ‚Materialisme‘; Zur Bedeutungsentwicklung von ‚révolution‘; Über französisch ‚enthousiasme‘ im 18. Jahrhundert; Die Neologie in der Literatur des 18. Jahrhunderts, in: Struktur und Funktion des sozialen Wortschatzes in der französischen Literatur, Wissenschaftliche Zeitschrift der Martin-Luther-Universität Halle–Wittenberg. Gesellschafts- und Sprachwissenschaftliche Reihe *XIX* (1970) H. 3–4, S. 79–104.

Rezensionen

Dalla Valle, Daniela: De Théophile à Molière, aspectos de una continuidad, I/II, Santiago de Chile 1968, in: DLZ *91* (1970) 1, 27–28.

Derrida, Jacques: De la grammatologie, Paris 1967, in: DLZ *91* (1970) 2, 106–107.

Zeraffa, Michel: Personne et personnage. Le romanesque des années 1920 aux années 1950, Paris 1969, in: DLZ *91* (1970) 4, 308–310.

Bopp, Léon: Psychologie des Fleurs du mal, Bd I-IV, Genève 1964/69, in: DLZ *91* (1970) 6, 492 bis 494.

Fontenelle: Textes choisis (1683–1702), Paris 1966, in: DLZ *91* (1970) 8/9, 700–702.

Horkheimer, Max und Theodor W. Adorno: Dialektik der Aufklärung. Philosophische Fragmente, Frankfurt a. M. 1969, in: DLZ *91* (1970) 10/11, 869–871.

Wilhelm, Kurt: Der Noveau Roman. Ein Experiment der französischen Gegenwartsliteratur, Berlin 1969, in: DLZ *91* (1970) 10/11, 902–905.

Lorenzo, César M.: Les anarchistes espagnols et le pouvoir. 1868–1969, Paris 1969, in: RF *82* (1970) 4, 651–654.

1971

Die Literatur der französischen Frühaufklärung. Frankfurt/M. 1971. 230 S. (Schwerpunkte Romanistik. Hrsg. v. L. Pollmann, Bd *7*).

Rezensionen

Wolfzettel, Friedrich: Michel Butor und der Kollektivroman, Heidelberg 1969, in: DLZ *92* (1971) 117–118.

Munteano, B.: Constantes dialectiques en littérature et en histoire. Problèmes. Recherches. Perspectives, Paris 1967, in: DLZ *92* (1971) 207–209.

Bauer, Helga: Der Index Pictorius Calderóns, Hamburg 1969, in: DLZ *92* (1971) 421–422.

Holtz, Uwe: Der hinkende Teufel von Guevara und Lesage, Wuppertal 1970, in: DLZ *92* (1971) 422–424.

Meslier, Jean: Œuvres complètes. Préfaces et Notes par Jean Deprun, Roland Desné, Albert Soboul, I. Paris 1970, in: DLZ *92* (1971) 557–560.

Rieger, Dietmar: Jacques Cazotte, Heidelberg 1969, in: DLZ *92* (1971) 669–671.

Kowzan, Tadeusz: Littérature et Spectacle dans leurs rapports esthétiques, thématiques et sémiologiques, Varsovie 1970, in: DLZ *92* (1971) 852–854.

O'Gorman, Donal: Diderot the Satirist, Toronto und Buffalo 1971, in: DLZ *92* (1971) 870–872.

Alvar, Manuel: El Romancero, Barcelona 1970, in: DLZ *92* (1971) 1012–1013.

1972

Literatur der französischen Aufklärung, Darmstadt 1972, 99 S. (Erträge der Forschung, Bd 9).

Werk und Wort. Aufsätze zur Literaturwissenschaft u. Wortgesch. Berlin u. Weimar 1972, 395 S.

Spanien 1900–1965. Beitrag zu einer modernen Ideologiegeschichte, Berlin 1972, 324 S. (Sammlung Akademie-Verlag, Bd 17: Literatur).

Rezensionen

Garscha, Karsten: Hardy als Barockdramatiker, Frankfurt/M. 1971, in: DLZ *93* (1972) 32–33.

Kristeva, Julja: Le texte du roman. The Hague u. Paris 1970, in: DLZ *93* (1972) 117–118.

Daus, Ronald: Der Avantgardismus Ramón Gómez de la Sernas, Frankfurt/M. 1971, in: DLZ *93* (1972) 241–244.

Adorno, Theodor W.: Ästhetische Theorie, Frankfurt/M. 1970, in: DLZ *93* (1972) 298–299.

Stegmann, Tilbert Diego: Cervantes' Musterroman „Persiles", Hamburg 1971. Ebda 332–334.

Güntert, Georges: Das fremde Ich, Berlin und New York 1971, in: DLZ *93* (1972) 470–472.

Pabst, Walter [Hrsg.]: Das moderne französische Drama. Interpretationen, Berlin-West 1971, in: DLZ *93* (1972) 605–606.

Dieckmann, Herbert: Diderot und die Aufklärung, Stuttgart 1972, in: DLZ *93* (1972) 730–731.

Mönch, Walter: Frankreichs Kultur – Tradition und Revolte. Von der Klassik bis zum Surrealismus, Berlin-West und New York 1972, in: DLZ *93* (1972) 845–846.

Strukturalismus in der Literaturwissenschaft. Hrsg. von Heinz Blumensath, Köln 1972, in: DLZ *93* (1972) 981–982.

Watson, Anthony: Juan de la Cueva and the Portuguese succession, London 1971, in: RF *84* (1972) 641–642.

1973

Die Aufklärung in Spanien, Portugal und Lateinamerika, München 1973, 251 S.

Claude-Adrien Helvétius: Philosophische Schriften, Bd *I* (Berlin 1973) Bd *II* (Berlin 1976), eingeleitet und hrsg. von Werner Krauss.

Zur strukturalistischen Literaturbetrachtung, Zusatz in 4. erweiterte Aufl. von „Grundprobleme der Literaturwissenschaft" (rde 290/91), Reinbeck 1973.

Gottsched als Übersetzer französischer Werke, in: Hermann Samuel Reimarus (1694–1768), ein ‚bekannter Unbekannter' der Aufklärung, Göttingen 1973, S. 66–74.

Zur Theorie und Praxis des Übersetzens im Frankreich und Deutschland des 18. Jahrhunderts, in: BrP *XII* (1973) 387–392, WB *23* (1977) H. 2, 10–18

Goethe und die französische Revolution, in: Neohelicon. *I* Budapest, The Hague, Paris (1973) 77–90.

Rezensionen

Stephan, Rüdiger: Goldenes Zeitalter und Arkadien, Studien zur französischen Lyrik des ausgehenden 18. und des 19. Jahrhunderts, Heidelberg 1971, in: DLZ *94* (1973) 35–36.

Venturi, Franco: Europe des lumières. Recherches sur le 18e siècle, Paris 1971 und La Haye in: DLZ *94* (1973) 210–211.

Nies, Fritz: Gattungspoetik und Publikumsstruktur. Zur Geschichte der Sévignébriefe. München 1972, in: DLZ *94* (1973) 333–335.

Funke, Hans-Günter: Crébillon fils als Moralist und Gesellschaftskritiker, Heidelberg 1972, in: DLZ *94* (1973) 568–570.

Lope, H.-J.: Die „Cartas marruecas" v. J. Cadalso, Frankfurt/M. 1973, in: RF *85* (1973) 235–237.

1974

Rezensionen

Picard, Hans Rudolf: Die Illusion der Wirklichkeit im Briefroman des 18. Jahrhunderts, Heidelberg 1971, in: DLZ *95* (1974) 22–24.

Hoffmeister, Gerhart: Die spanische Diana in Deutschland, Berlin-West 1972. Ebda 99–100.

Mulagk, Karl-Heinz: Phänomene des politischen Menschen im 17. Jahrhundert, Berlin-West 1973, in: DLZ *95* (1974) 331–332.

Prawer, S. S.: Comparative Literary Studies, London 1973, in: DLZ *95* (1974) 407.

Spanische Literatur im Goldenen Zeitalter. Fritz Schalk zum 70. Geburtstag, Frankfurt/M. 1973, in: DLZ *95* (1974) 706–707.

1975

Das Ende der bürgerlichen Philosophie, in: Lendemains. Zeitschrift für Frankreichforschung und Französischstudium *I* (Berlin-West 1975) H. 2, 17–34.

Supplément I zum Dictionnaire Philosophique (Analogie; Optimismus optimisme), in: Lendemains *I* (Berlin-West 1975) H. 2, 35–40.

Algunos apuntes acera de la *Araucana* de Ercilla, in: BrP *XIV* (1975) 213–216.

Rezensionen

Godenne, René: La nouvelle française, Paris 1974, in: DLZ *96* (1975) 116–118.

Sutschkow, Boris: Historische Schicksale des Realismus, Berlin/Weimar 1972, in: DLZ *96* (1975) 183–186.

Theile, Wolfgang: Racine, Darmstadt 1974, in: DLZ *96* (1975) 456.

Descotes, Maurice: Les grands rôles du théâtre de Baumarchais, Paris 1974, in: DLZ *96* (1975) 698–699.

Brandenberger, Erna: Die spanische Kurzgeschichte seit dem Bürgerkrieg, Bonn 1974, in DLZ *96* (1975) 843–845.

Theile, Wolfgang: Die Racine-Kritik bis 1800, München 1974, in: DLZ *96* (1975) 1026.

1976

Supplément II zum Dictionnaire Philosophique (Einleitung; Die Metempsychose; Der Obszönitätenstreit in der Frühaufklärung), in: Lendemais *I* (Berlin-West 1976) H. 3, 4–13.

Reise als ‚adventure‘ und als Funktion, in: Lendemains *II* (Berlin-West 1976) H. 5, 4–8.

Brief von Werner Krauss an M. Nerlich vom Dez. 1975, in: Lendemains *II* (Berlin-West 1976) H. 5, 3.

Das historische Weltbild und die Geschichtsschreibung in der ersten Hälfte des XVIII. Jahrhunderts, in: Lendemains *I* (Berlin-West 1976) H, 4, 21–30.

Rezensionen

Kuczynski, Jürgen: Studien zu einer Geschichte der Gesellschaftswissenschaften *I* (Berlin 1975), in: DLZ *97* (1976) 102–104.

Sauerwald, Gregor: Die Aporie der Diderot'schen Ästhetik (1745–1781), Frankfurt/M. 1975, in: DLZ *97* (1976) 212–213.

1978

Zur Anthropologie des 18. Jahrhunderts. Die Frühgeschichte der Menschheit im Blickpunkt der Aufklärung. Hrsg. v. Hans Kortum u. Christa Gohrisch. Berlin 1978. 228 S.

VERZEICHNIS DER MIT DER AKADEMIE IM SCHRIFTENTAUSCH STEHENDEN KÖRPERSCHAFTEN

I. Periodica

Ägypten — VAR

Kahira

Institut Français d'Archéologie Orientale
Annuaire de l'Egyptologie
Bibliothèque d'études
Bulletin
Conférences

National Information and Documentation Centre
Journal of Chemistry

Argentinien

Buenos Aires

Comisióne Nacionale de la Energia Atómica
Inform

Sociedad Cientifica Argentina
Anales

La Plata

Universidad Nacional. Facultad de Ciencias Fisicomatemáticas
Revista

Mendoza

Universidad Nacional de Cuyo. Instituto de Linguistica
Anales

Australien

Adelaide

Barr Smith Library
The Australian Journal of Experimental Biology and Medical Science

Brisbane

Royal Society of Queensland
Proceedings

Canberra

National Library of Australia
Australian Bibliography and Bibliographical Services
Historical Records of Australia

Melbourne

Royal Society of Victoria
Proceedings

Sydney

Royal Society of New South Wales
Journal and Proceedings
Monographs

Belgien

Anvers	*Académie Royale d'Archéologie de Belgique* Revue belge d'archéologie et d'histoire de l'art
Bruxelles	*Algemene Bibliotheek van de Vrije Uniteit* Tijdschrift Studiereeks
	Institut Royal des Sciences naturelles de Belgique Memoirs
	Société des Bollandistes Analecta Bollandiana
	Union Académique Internationale Compte rendu Archivum latinitatis medii aevi
	Université libre. Bibliothèque Centrale Revue de l'Université
Gent	*Koninklijke Vlaamse Academie voor Taal- en Letterkunde* Jaarboek Verslagen en Mededeelingen Leonard Willemsfonds
Liège	*L'Institut Archéologique Liègeois* Bulletin Chronique archéologique du pays de Liège
Louvain	*Bibliothèque de l'Université* Recherches sociologiques Travaux de la Faculté de Philosophie et Lettres Travaux de l'Institut de Psychologie
	Universiteitsbibliotheek Bibliographia Academia Jaarboek Studia Hellenistica Ancient Society Humanistica Lovaniensia
Meise	*Jardin Botanique National* Bulletin
Namur	*Rédaction „Les études classiques"* Les Etudes classiques

Brasilien

Rio de Janeiro	*Academia Brasileira de Ciências* Anais
	Centro Brasileiro de Pesquisas Fisicas Summa brasiliensis mathematicae

VR Bulgarien

Sofija

Bulgarska Akademija na Naukite
Doklady
Izvestija na Instituta za bulgarski ezik
Izvestija na Instituta za literatura
Izvestija na Zoologičeskija institut

Universitetska Biblioteka
Godišnik na Sofijskija Universitet. Filogičeski fakultet
Juridičeski fakultet
Naučni trudove na Visši medicinski institut

Upravlenie za geoložki proučvanija
Godišnik. Otdel A
Priloženie kum Godišnik

Bundesrepublik Deutschland

Aachen

Aachener Geschichtsverein
Zeitschrift

Bibliothek der Rheinisch-Westfälischen Technischen Universität
Jahrbuch

Augsburg

Historischer Verein für Schwaben
Zeitschrift

Naturwissenschaftlicher Verein für Schwaben
Bericht

Bad Godesberg

Deutscher Forschungsdienst
Bericht über ihre Tätigkeit
Deutscher Forschungsdienst
Deutscher Forschungsdienst. Angewandte Wissenschaft

Beuron

Bibliothek der Erzabtei Beuron
Erbe und Auftrag
Texte und Arbeiten
Vetus lat. inst. Bericht

Bonn

Universitätsbibliothek
Politeia

Braunschweig

Bibliothek der Technischen Universität
Abhandlungen der Braunschweigischen wissenschaftlichen Gesellschaft
Geographische Rundschau

Bremen

Überseemuseum
Veröffentlichungen

Die Wittheit zu Bremen
Abhandlungen des Naturwissenschaftlichen Vereins
Abhandlungen und Vorträge
Bremisches Jahrbuch
Deutsche geographische Blätter
Jahrbuch der Bremischen Wissenschaft
Veröffentlichungen aus dem Staatsarchiv

Bremerhaven	*Institut für Meeresforschung* Veröffentlichungen
Darmstadt	*Hessische Landes- und Hochschulbibliothek* Jahrbuch } der Deutschen Akademie für Veröffentlichungen } Sprache und Dichtung
Düsseldorf	*Düsseldorfer Geschichtsverein* Düsseldorfer Jahrbuch
	Rheinisch-Westfälische Akademie der Wissenschaften Vorträge. Reihe Geisteswissenschaften Reihe Natur-, Ingenieur- u. Gesellschaftswissenschaften Wissenschaftliche Abhandlungen
Erlangen	*Institut für Fränkische Landesforschung* Jahrbuch Schriften. Historische Reihe
	Physikalisch-Medizinische Sozietät Sitzungsberichte
Frankfurt a. M.	*Philosophisch-Theologische Hochschule St. Georgen* Theologie und Philosophie
	Physikalischer Verein Jahresbericht
	Senckenbergische Naturforschende Gesellschaft Abhandlungen Ausätze und Reden Natur und Museum Senckenbergiana biologica Senckenbergiana lethaea
	Frobenius-Inst. an der J.-W.-Goethe-Univ. Paideuma
Freiburg i. Br.	*Naturforschende Gesellschaft* Berichte
Gießen	*Bibliothek der Justus-Liebig-Universität* Hessische Blätter für Volkskunde Mitteilungen des Oberhessischen Geschichtsvereins Nachrichten der Gießener Hochschulgesellschaft Schriften der Justus-Liebig-Universität
	Oberhessische Gesellschaft für Natur- und Heilkunde Bericht. Medizinische Abteilung Naturwissenschaftliche Abteilung
Göttingen	*Akademie der Wissenschaften* Abhandlungen. Math.-phys. Klasse Phil.-hist. Klasse Göttingische gelehrte Anzeigen Jahrbuch Nachrichten. Math.-phys. Klasse Phil.-hist. Klasse

Hamburg	*Geographische Gesellschaft* Mitteilungen
	Gesellschaft für Natur- und Völkerkunde Ostasiens Mitteilungen Nachrichten
	Mathematische Gesellschaft Mitteilungen
	Staats- und Universitätsbibliothek Abhandlungen aus dem Gebiete der Auslandskunde Hamburger Universitätsreden
Hannover	*Akademie für Raumforschung und Landesplanung* Raumforschung und Raumordnung
	Bibliothek der Technischen Universität/ Technische Informationsbibliothek Berichte der Naturhistorischen Gesellschaft Jahrbuch
	Niedersächsische Landesbibliothek Niedersächsisches Jahrbuch für Landesgeschichte Studia Leibnitiana
Heidelberg	*Heidelberger Akademie der Wissenschaften* Abhandlungen. Phil.-hist. Klasse Jahrbuch Sitzungsberichte. Math.-nat. Klasse Phil.-hist. Klasse
	Universitätsbibliothek Heidelberger Jahrbücher Veröffentlichungen aus der Heidelberger Papyrussammlung
Karlsruhe	*Bibliothek der Technischen Universität* Monographien
Kiel	*Naturwissenschaftlicher Verein für Schleswig-Holstein* Schriften
	Universitätsbibliothek Schriften des Geographischen Instituts der Universität Kiel
Leverkusen	*Farbenwerke Bayer* Therapeutische Berichte
Lübeck	*Stadtbibliothek* Ausblick Mitteilungen der Geographischen Gesellschaft und des Naturhistorischen Museums
	Verein für Lübeckische Geschichte und Altertumskunde Zeitschriften
	Verein „Natur und Heimat" Berichte

Mainz	*Akademie der Wissenschaften und der Literatur* Abhandlungen der Klasse Literatur Abhandlungen der geistes- u. sozialwiss. Klasse Abhandlungen der mathematisch-naturwiss. Klasse Jahrbuch Karl-A.-Forster-Lectures Mikrofauna des Meeresbodens	
	Mainzer Altertumsverein Mainzer Zeitschrift	
Marburg	*Deutsche Morgenländische Gesellschaft* Zeitschrift	
	Gesellschaft zur Beförderung der gesamten Naturwissenschaften Sitzungsberichte	
	Universitätsbibliothek Alma Mater Philippina	
München	*Bayerische Akademie der Wissenschaften* Abhandlungen. Math.-nat. Klasse Phil.-hist. Klasse Jahrbuch Sitzungsberichte. Math.-nat. Klasse Phil.-hist. Klasse Sonderschriften	
	Deutsches Museum Abhandlungen und Berichte Verwaltungsbericht	
	Max-Planck-Gesellschaft Jahrbuch Mitteilungen	
	Technische Universität. Universitätsbibliothek Veröffentlichungen der Deutschen Geodätischen Kommission. Reihe E. Berichte über die Vollsitzungen der Deutschen Geodätischen Kommission	
	Zentralinstitut für Kunstgeschichte Jahresbericht	
Münster	*Universitätsbibliothek* Westfälische geographische Studien	
Nürnberg	*Germanistisches Nationalmuseum* Anzeiger Bilder aus deutscher Vergangenheit	
Offenbach	*Bibliothek des Deutschen Wetterdienstes* Agrarmeteorologische Bibliographie Berichte Deutsches meteorologisches Jahrbuch	
Speyer	*Pfälzische Landesbibliothek* Mitteilung der Pollichia Mitteilungen des Historischen Vereins der Pfalz Pfälzische Bibliographie	

Stuttgart — *Kommission für geschichtliche Landeskunde in Baden-Württemberg*
Württembergische Geschichtsliteratur
Zeitschrift für Württembergische Landesgeschichte

Museum für Länder- und Völkerkunde. Linden-Museum
Tribus. Jahrbuch

Staatliches Museum für Naturkunde
Stuttgarter Beiträge zur Naturkunde

Verband der deutschen Höhlen- und Karstforscher
Bibliographie zur Karst- und Höhlenkunde in Deutschland
Jahreshefte für Karst- und Höhlenkunde
Mitteilungen

Württembergische Landesbibliothek
Jahrbücher für Statistik und Landeskunde von Baden-Württemberg

Ulm — *Verein für Kunst und Altertum in Ulm und Oberschwaben*
Mitteilungen

Wiesbaden — *Hessisches Landesamt für Bodenforschung*
Abhandlungen
Hessisches Lagerstättenarchiv
Mitteilungen der Reichsstelle für Bodenforschung
Notizblatt

Nassauischer Verein für Naturkunde
Jahrbücher

Verein für Nassauische Altertumskunde und Geschichtsforschung
Nassauische Annalen

Wolfenbüttel — *Braunschweigischer Geschichtsverein*
Braunschweigisches Jahrbuch

Würzburg — *Freunde Mainfränkischer Kunst und Geschichte*
Mainfränkische Hefte
Mainfränkisches Jahrbuch für Geschichte und Kunst

Physikalisch-medizinische Gesellschaft
Berichte

Ceylon

Peradeniya — *University of Sri Lanka*
Administration Report of the Director
Ceylon Journal of Science. Biological Series
Spolia Zeylanica. Geology, Zoology, Anthropology

China

Pei-ching — *Kuo li t'u shu kuan (National Library)*
Chinese Literature
Chinese Medical Journal
Scientia Sinica

Città del Vaticano

(vgl. auch Italien, Roma)

Archivum Historicum Societatis Jesu
Archivum

Biblioteca Apostolica Vaticana
Studi e Testi

Pontifico Istituto Biblico
Biblica
Orientalia

Specola Vaticana
Annual Report
Miscellanea astronomica
Richerche astronomiche
Richerche spettroscopiche

Dänemark

Århus *Statsbiblioteket*
Acta Jutlandica

København *Det Kongelige Danske Videnskaberne Selskab*
Arkeologisk-kunsthistoriske meddelelser
Arkeologisk-kunsthistoriske skrifter
Biologiske meddelelser
Biologiske skrifter
Historisk-filologiske meddelelser
Historisk-filologiske skrifter
Matematisk-fysiske meddelelser
Matematisk-fysiske skrifter
Oversigt over selskabets virksomhed

Universitets Matematiske Institut
Mathematica Scandinavica

Odense Odense Universitetsbibliothek
Mediaeval Scandinavia

Deutsche Demokratische Republik

Berlin *Akademie der Wissenschaften der DDR zu Berlin*
Abhandlungen. Klasse f. Mathematik, Physik u. Technik
Klasse f. Chemie, Geologie u. Biologie
Klasse f. Bergbau, Hüttenwesen u. Montageologie
Klasse f. Medizin
Klasse f. Sprachen, Literatur u. Kunst
Klasse f. Philosophie, Geschichte, Staats-, Rechts- u. Wirtschaftswissenschaften

Jahrbuch
Journal für Hirnforschung
Monatsberichte
Sitzungsberichte. Klasse f. Mathematik, Physik u. Technik
Klasse f. Chemie, Geologie u. Biologie
Klasse f. Bergbau, Hüttenwesen u. Montagegeologie
Klasse f. Medizin
Klasse f. Sprachen, Literatur u. Kunst
Klasse f. Philosophie, Geschichte, Staats-, Rechts- u. Wirtschaftswissenschaften
Vorträge und Schriften

Deutsches Amt für Meßwesen und Warenprüfung
Wissenschaftliche Abhandlungen

Geologischer Dienst. Staatliche Geologische Kommission
Geologie. Nebst Beihefte
Zeitschrift für angewandte Geologie

Universitätsbibliothek der Humboldt-Universität
Wissenschaftliche Zeitschrift der Humboldt-Universität
Gesellschafts- u. sprachwiss. Reihe
Mathematisch-naturwiss. Reihe

Dresden

Bibliothek der Hochschule für Verkehrswesen
Wissenschaftliche Zeitschrift der Hochschule für Verkehrswesen

Bibliothek der Technischen Universität
Wissenschaftliche Zeitschrift der Technischen Universität

Erfurt

Medizinische Akademie
Personal- und Vorlesungsverzeichnis

Wissenschaftliche Bibliothek der Stadt Erfurt
Aus der Vergangenheit der Stadt Erfurt
Beiträge zur Geschichte der Stadt Erfurt

Greifswald

Universitätsbibliothek
Wissenschaftliche Zeitschrift der Ernst-Moritz-Arndt-Universität
Gesellschafts- u. sprachwiss. Reihe
Mathematisch-naturwiss. Reihe

Halle (Saale)

Deutsche Akademie der Naturforscher „Leopoldina"
Nova Acta Leopoldina

Landesmuseum für Vorgeschichte
Jahresschrift für mitteldeutsche Vorgeschichte
Vorgeschichtliche Museumsarbeit und Bodendenkmalpflege

Universitäts- und Landesbibliothek
Hallische Monographien
Schriften zum Bibliotheks- und Büchereiwesen in Sachsen-Anhalt
Wissenschaftliche Zeitschrift der Martin-Luther-Universität
Gesellschafts- u. sprachwiss. Reihe
Mathematisch-naturwiss. Reihe

Ilmenau

Technische Hochschule
Wissenschaftliche Zeitschrift

Jena	*Universitätsbibliothek* Wissenschaftliche Zeitschrift der Friedrich-Schiller-Universität Gesellschafts- u. sprachwiss. Reihe Mathematisch-naturwiss. Reihe
Leipzig	*Deutsches Institut für Länderkunde* Geographische Berichte *Universitätsbibliothek* Wissenschaftliche Zeitschrift der Karl-Marx-Universität Gesellschafts- u. sprachwiss. Reihe Mathematisch-naturwiss. Reihe
Magdeburg	*Technische Hochschule Otto von Guericke* Wissenschaftliche Zeitschrift
Potsdam	*Geodätisches Institut* Veröffentlichungen
Rostock	*Universitätsbibliothek* Archiv der Freunde der Naturgeschichte in Mecklenburg Wissenschaftliche Zeitschrift der Universität Rostock Gesellschafts- u. sprachwiss. Reihe Mathematisch-naturwiss. Reihe
Tautenburg (Kr. Jena)	*Karl-Schwarzschild-Observatorium* Mitteilungen
Weimar	*Zentralbibliothek der deutschen Klassik* Wissenschaftliche Zeitschrift der Hochschule für Architektur und Bauwesen

England

Cambridge	*Cambridge Philosophical Society* Proceedings
Edinburgh	*Royal Societa of Edinburgh* Proceedings Transactions Year Book
Leeds	*South Library. The University* Proceedings. Scientific section Library and historical section
Liverpool	*Biological Society* Annual Report Proceedings and Transactions
London	*India Office Library* Report *London Mathematical Society* Journal *Polski Universytet na Obczyznie* Zeszyty Naukowe. Wyzd. Humanist.

University of London Library
Annual Report of the Library Committee
Bulletin of the Institute of Historical Research
Bulletin of the School of Oriental and African Studies
Institute of Historical Research. Annual Report
Slavonic and East European Review
Theses and Dissertations accepted for Highet Degrees

The Warburg Institute
Journal of the Warburg and Courtauld Institutes

Manchester

Manchester Literary and Philosophical Society
Memoirs and Proceedings

University of Manchester. University Library
Journal of Semitic Studies
Rhodes-Livingstone Journal

Finnland

Espoo

Geologinen Tutkimuslaitos
Bulletin

Helsinki

Societas pro Fauna et Flora Fennica
Acta
Acta botanica fennica
Acta zoologica fennica
Memoranda

Societas Biologica Fennica „Vanamo"
Annales Botanici Fennici
Annales Zoologici Fennici

Suomalaisen Kirjallisunden Seura
Proverbium

Suomen Maantieteellinen Seura
Fennia
Acta geographica

Suomen Tiedeseura (Societas Scientiarum Fennica)
Acta. Nova series. B. C.
Arsbok
Bidrag till kännedom af Finlands natur och folk
Commentationes biologicae
Commentationes humanorum litterarum
Commentationes physico-mathematicae

Suomalainen Tiedeakatemia (Academia Scientiarum Fennica)
Ergebnisse der magnetischen Beobachtungen
Folkore Fellows Communications
Sitzungsberichte
Toimituksia (Annales). Sarja A 1.2.3.4.5.6. B

Suomalais-Ugrilainen Seura, Kirjasto
(Société Finno-Ougrienne, Bibliothèque)
Finnisch-urgrische Forschungen

Turku	*Academia Aboeniora* Acta. Humaniora Mathematica et physica
	Turun Yliopiston Kirjasto (Bibliotheca Universitatia Turkuensis) Temenos Turun Yliopiston Julkaisuja (Annales Universitatis Turkuensis). Ser. A. I. II. B

Frankreich

Besançon	*Université de Besançon* Annales littéraires Annales scientifiques
Cherbourg	*Société Nationale des Sciences Naturelles et Mathématiques* Mémoires
Clermont-Ferrand	*Académie des Sciences, Belles-Lettres et Arts* Bulletin historique et scientifique de l'Auvergne
Lyon	*Bibliothèque de l'Université* Annales de l'Université. Droit Lettres Sciences. Sect. A. B. C. Fascicule Spécial
	Société Linnéenne de Lyon Bulletin mensuel
Marseille	*Bibliothèque de l'Université d'Aix-Marseille* Annales de la faculté des sciences Comptes rendus des travaux
Montpellier	*Académie des Sciences et Lettres* Bulletin
Paris	*Ecole Normale Supérieure* Annales scientifiques
	Institut de France. Académie des Inscriptions et Belles-Lettres Compres rendus Mémoires Mémoires présentés par divers savants
	Institut de France. Académie des Sciences Annuaire Bulletin bibliographique des publications périodiques Comptes rendus hebdomadaires. Sér. A. B. C. D.
	Institut de France. Académie des sciences morales et politiques Notices biographiques et bibliographiques Revue des travaux
	Muséum National d'Histoire Naturelle Annuaire Bulletin
	Société Mathématique de France Bulletin Gazette des mathématiques

Rennes	*Société Scientifique de Bretagne* Bulletin
Saint-Martin-d'Hères	*Institut de mathématiques pures* Annales de l'Institut Fourier
Sèvres	*Bureau International des Poids et Mesures* Travaux et mémoires
Toulouse	*Académie des Sciences, Inscriptions et Belles-Lettres* Mémoires *Université de Toulouse. Bibliothèque* Annales publ. de la Faculté des Lettres et des Sciences. Séries Homo Littératures Pallas Travaux de l'Institut d'Art Préhistorique Via Domitia

Ghana

Accra	*Ghana Academy of Sciences* Ghana Journal of Science Proceedings

Griechenland

Athenai	*Ecole Française d'Athènes* Bulletin de Correspondence hellénique
Thessaloniki	*Institute for Balkan Studies* Balkan Studies

Indien

Allahabad	*Allahabad Mathematical Society* Indian Journal of Mathematics

Indonesien

Djarkarta	*Perpustakaan-Museum Pusat* Madjalah ilmu sastra Indonesia

Irland

Dublin	*Royal Dublin Society* Economic Proceedings Report Scientific Proceedings. Ser. A. B. *Royal Irish Academy* Proceedings. Sect. A. B. C. Minutes

Island

Reykjavik	*Visindafélag islendinga (Societas Scientiarum Islandica)* The Eruption of Hekla Rit

Italien

Acireale	*Accademia di Scienze, Lettere e Belle Arti* Memorie e Rendiconti. Classe di lettere
Bologna	*Accademia delle Scienze dell'Istituto* Annuario Atti. Classe di scienze fisiche Memorie Rendiconti
	Istituto di Geologie e Paleontologia dell'Universitè Giornale di geologia
Brescia	*Ateneo* Commentari. Nebst Supplemento Guardare il firmamento della specola cidnea Quaderni della Biblioteca comunale
	Centro Camuno di Studi Preistorici Archivi Studi Camuni
Cremona	*Biblioteca Governativa e Libreria Civica* Annali
Ferrara	*Accademia delle Scienze. Biblioteca Ariòstea* Atti
Firenze	*Accademia della Crusca* Studi di filologia italiana Studi di grammatica italiana
	Accademia Toscana di Scienze e Lettere „La Colombaria" Atti e Memorie
Genova	*Museo Civica di Storia Naturale „Giacomo Doria"* Annali Doriana
Lecce	*Università degli Studi di Lecce, Biblioteca Centrale* Annali, Fac. di Lettere e Filosofia Fac. di Magistero Bollettino Quaderni della Biblioteca Centrale
Mantova	*Accademia Virgiliana di Scienze, Lettere ed Arti* Atti e Memorie

Milano	*Istituto Lombardo, Accademia di scienze e Lettere* Memorie. Classe di lettere e scienze morali e storiche Rendiconti. Classe di lettere e scienze morali e storiche Classe di scienze matematiche e naturali. A. B. Parte generale e atti ufficiali
	Società Storica Lombarda Archivio
Modena	*Accademia di Scienze, Lettere ed Arti* Atti e Memorie
	Istituto di Fisica dell'Università Atti del Seminario Matematico e Fisico
Napoli	*Società Nazionale di Scienze, Lettere ed Arti* Annuario Atti dell'Accademia di Scienze Fisiche e Matematiche Atti dell'Accademia di Scienze Morali e Politiche Atti del'Accademia Pontaniana Memorie dell'Accademia di Archeologia, Lettere e Belle Arti Rendiconti dell'Accademia di Archeologia, Lettere e Belle Arti Rendiconti dell'Accademia di Scienze Fisiche e Matematiche Rendiconti ed Atti dell'Accademia di Scienze, Mediche e Chirurgiche
	Stazione Zoologica di Napoli Activity Report Pubblicazioni
	Università di Napoli. Biblioteca della Facoltà di lettere e filosofia Annali
Padova	*Seminario Matematico* Rendiconti
Pisa	*Scuola Normale Superiore* Annali. Classe di lettere, storia e filosofia Classe di scienze fisiche e matematiche
	Società Toscana di Science Naturali Atti. Ser. A. B.
Roma	*Accademia Nazionale dei Lincei* Atti. Rendiconti. Classe di scienze fisiche, matematiche e naturali Classe di scienze morali, storiche e filologiche Rendiconti della adunanze solenni
	American Academy in Rome Memoirs Papers and Monographs
	Servizio Geologico d'Italia Bolletino
	Istituto di Geologia e Paleontologia dell'Università Geologica Romana
Sassari	*Università, Istituto giuridico* Studi Sassaresi

Torino

Accademia delle Scienze
Annuario
Atti. Classe di scienze fisiche, matematiche e naturali
Classe di scienze morali, storiche e filologiche
Memorie. Classe di scienze fisiche, matematiche e naturali
Classe di scienze morali, storiche e filologiche

Trento

Museo di Storia Naturale della Venezia Tridentina
Memorie
Studi Trentini

Trieste

Museo Civico di Storia Naturale
Atti

Università degli Studi
Pubblicazioni
Rendiconti dell'Istituto di metematiche

Venezia

Istituto Veneto di Scienze, Lettere ed Arti
Atti. Classe di scienze matematiche e naturali
Classe di scienze morali e lettere
Parte generale e atti ufficiali

Museo Civico di Storia Naturale
Bolletino

Japan

Fukuoka

Kyusyi University. Faculty of Science. Mathematical Institute
Memoirs. Ser. A. Mathematics

Hiroshima

Hiroshima University. Library
Journal of Science. A — II. Physics and Chemistry
B — I. Zoology
B — II. Botany
C — Geology and Mineralogy
Memoirs of the Facolty of Engineering

Laboratory for Amphibian Biology
Scientific Report

Kyoto

Department of Mathematics. Kyoto Univ.
Journal of the Mathematics

Okayama

Okayama University. Faculty of Science.
Department of Mathematics
Mathematical Journal

Osaka

Kansai University. Faculty of Engineering
Technology Reports

Osaka City University. Faculty of Science
Annual Reports of Scientific Works
Osaka Journal of Mathematics

Osaka City University Institute of Polytechnics
Journal of Biology

Sapporo *Hokkaido University, Faculty of Science*
Journal of the Faculty of Science. Physics

Sendai *Tohoku University. Faculty of Letters. Laboratory of Psychology*
Tohoku psychologica folia

Tokyo *Mathematical Society of Japan*
Journal

Nippon Telegraph and Telephone Public Corporation. The Electrical Communication laboratory
Review

Tokyo University of Education. Mathematical Institute
Science Reports. Sect. A.

University of Tokyo. Faculty of Science
Journal of the Faculty of Science. Sect. 1.2.3.4.5.

SFR Jugoslavien

Beograd *Društvo matematičara, fizičara i Astronoma N.R.S.*
Mathematica balkanica
Vesnik

Matematički institut
Matematički vesnik
Publications

Observatoire Astronomique
Bulletin
Publications

Srpska akademija nauka i umetnosti
Balcanica
Bulletin de l'Académie Serbe des ciences
Glas
Glasnik
Glasnik Etnografskog instituta
Godišnjak
Godišnjak našeg neba
Gradja
Istoriski časopis
Istoriski institut. Posebna izdanja
Jugoslovenske zemlje u XX veku
Jugoslovenske zemlje u XIX veku
Južnoslovenski Filolog
Muzička izdanja
Naš jezik
Naučno-popularni spisi
Posebna izdanja
Predavanja
Pregled razmene izdanja

Spomenik
Srpski etnografski zbornik
Starinar
Zbornik radova
Zbornik radova Vizantološkog instituta
Zbornik za istočnjačku istorisku i književnu gradju
Zbornik za istorija, jezik i knijževnost sprskog naroda

Institut de Geographie „Jovan Cvijič"
Posebna izdanja
Zbornik radova

Ljubljana

Conseil des Académies de la RPF Yougoslavie
Bulletin scientifique. Sect. A. B.

Geografsko društvo
Geografski vestnik

Nuklearni institut „Jozef Stefan"
Report

Slovenska akademija znanosti in umetnosti
Acta carsologica
Arheološki vestnik
Biblioteka
Dela. Classis I—V
Fontes rerum Slovenicarum
Geografski zbornik
Gradivo za narodopisje slovencev
Letopis
Linguistica
Razprave. Classis I—IV

Pula

Arheološki muzek Istre
Jadranski zbornik
Kulturhistorische Denkmäler in Istrien

Sarajevo

Akademija Nauka i Umjetnosti
Godišnjak
Djela
Posebna izdanja

Biološki institut
Godišnjak

Zemalski muzej
Glasnik. Arheologija
Etnologija
Istorija

Skopje

Faculté de Philosophie de l'Université
Annuaire (Godišen zbornik)

Faculté des Sciences de l'Université
Institut de Mathématique
Annuaire de la faculté des sciences (Godišen zbornik)

Filozofski fakultet na universitetot. Seminar za klasična filologija
Živa antika

Institute of Folklore
Makedonski folklor

Makedonische Akademie der Wissenschaften und Künste
Letopis
Macedonian Review
Prilozi
Pristapni

Narodna i Univerzitetska Biblioteka „Kliment Ohridski"
Macedonian Review
Razgledi

Split

Institut za nacionalnu arheologiju
Starohrvatska prosvjeta

Zagreb

Društvo matematičara i fizičara SRH
Glasnik matematičko-fizički i astronomski

Hrvatsko-prirodoslovno društvo
Biološki glasnik

Institut za geologiju i rudarstvu
Geološki Vjesnik

Jugoslovenska akademija znanosti i umetnosti
Bulletin international
Djela
Gradja za povijest književnosti hrvatske
Hrvatska bibliografija
Ljetopis
Prirodoslovna istraživanja
Rad
Zbornik Historijskog instituta

Staroslavenski Institut
Slovo

Kanada

Montréal

Université. Départment d'Etudes Slaves
Etudes slaves et est-européennes
Canadian Slavic Studies

Winnipeg

Ukrainśka Vil'na Akademija Nauk
Literatura
Litopys
Onomastica
Slavica Canadiana
Ucrainica Canadiana

Kolumbien

Bogotá *Academia Columbiana de Ciencias Exactas, Físicas y Naturales*
Revista

Kongo

Kinshasa *Université Lovanium*
Publications

Luxemburg

Luxemburg *Institut Grand-Ducal de Luxembourg. Section des Sciences Naturelles, Physiques et Mathématiques*
Archives
Publications

Marokko

Rabat *Société des Sciences Naturelles et Physiques du Maroc*
Bulletin
Cahiers de la Faculté des Sciences
Comptes rendus des séances mensuelles
Travaux de l'Institut scientifique Chérifien
Travaux de la section de pédologie

Mexico

Mexico *Academia Nacional de Ciencias*
Memorias y Revista

Biblioteca Instituto de Geologia. Ciudad Universitaria
Anales
Boletín
Paleontologia mexicana

Escuela Nacional de Ciencias Biologicas
Anales

Neuseeland

Auckland *The University of Auckland*
Mathematics Chronicle
New Zealand Mathematics Magazine
Univ. of Auckland. Dpt. of Mathematics.
Report Series

Wellington *Royal Society of New Zealand*
Bulletin
Journal
Proceedings
Transactions

Niederlande

Amsterdam

Koninklijke Nederlandse Akademie van Wetenschappen
Jaarboek
Mededeelingen. Afd. Letterkunde
Proceedings. Ser. A. B. C.
Verhandelingen. Afd. Letterkunde
Afd. Natuurkunde

Wiskundig Genootschaap
Niew Archief voor Wiskunde
Wiskundige opgaven met de plossingen

Harlem

Hollandsche Maatschappij der Wetenschappen
Archives nèerlandaises de zoologie
Physica

Musèe Teyler
Archives

Teyler's Tweede Genootschap
Verhandelingen

Den Haag

Koninklijke Bibliotheek
Bibliografie
Mnemosyne
Neophilologus

Leiden

Koninklijke Nederlandsche Botanische Vereeniging
Recueil des travaux botaniques néerlandais

Maatschappij der Nederlandsche Letterkunde
Jaarboek

Utrecht

Physiologisch Laboratorium der Rijksuniversiteit
Onderzoekingen

Provinciaal Utrechts Genootschap van Kunsten en Wetenschappen
Bijdragen en mededeelingen van het Historisch Genootschap
Verslag van het verhandelde

Norwegen

Bergen

Universitetsbiblioteket
Årbok. Hist.-antikv. rekke
Matemat.-naturvidenskapelig serie
Medisinsk rekke
Årsmelding
Skrifter. Bergens Historiske Forening

Oslo

Norske Meteorologiska Institutt
Norsk Méteorologisk Årbok

Norske Videnskaps-Akademi
Årbok
Astrophysica Norvegica
Avhandlingar. Hist.-filos. klasse
Matem.-naturvid. klasse
Geofysiske Publikasjoner
Hvalradets Skrifter
Physica Norvegica
Skrifter. Hist.-filos. klasse
Matem.-naturvid. klasse

Universitetes Oldsaksamling
Årbok
Norske Oldfunn
Skrifter
Viking

Universitetsbiblioteket
Archiv for Matematik og Naturvidenskab
Norwegian Journal of Zoology
Nytt Magasin for Botanikk
Nytt Magasin for Zoologi

Tromsö *Tromsö Museum*
Acta Borealia. A. Scientia
B. Humaniora
Astarte

Trondheim *Det Kongelige Norske Videnskabers Selskabet*
Årbok
Forhandlinger
Skrifter

Österreich

Graz *Historischer Verein für Steiermark*
Blätter für Heimatkunde
Mitteilungen des Steiermärkischen Landesarchives
Zeitschrift. Nebst Sonderband

Naturwissenschaftlicher Verein für Steiermark
Mitteilungen

Steiermärkische Landesbibliothek
Jahrbuch der naturwissenschaftlichen Abteilung am Joanneum

Innsbruck *Universitätsbibliothek*
Innsbrucker Beiträge zur Kulturwissenschaft. Sonderhefte

Wien *Bibliothek der Technischen Hochschule*
Abhandlungen der Geographischen Gesellschaft
Mitteilungen der Geographischen Gesellschaft

Geologische Gesellschaft
Mitteilungen

Naturhistorisches Museum
Annalen

Österreichische Akademie der Wissenschaften
Almanach
Anzeiger. Math.-nat. Klasse
Phil.-hist. Klasse
Archiv für österreichische Geschichte
Denkschriften. Math.-nat. Klasse
Phil.-hist. Klasse
Fontes
Mitteilungen der Prähistorischen Kommission
Monatshefte für Chemie
Sitzungsberichte. Math.-nat. Klasse
Phil.-hist. Klasse

Österreichische Mathematische Gesellschaft
Internationale mathematische Nachrichten

Universitätssternwarte
Annalen

Zoologisch-botanische Gesellschaft
Abhandlungen
Koleoptereologische Rundschau
Verhandlungen

Perú

Lima *Academia Nacional de Ciencias Exactas, Fisicas y Naturales*
Actas

VR Polen

Kraków *Polska Akademia Nauk. Oddział w Krakowie*
Acta archaeologica Carpathica
Acta biologica Cracoviensia. Ser. Botanica et Zoologica
Folia quaternaria
Mały Atlas gwar polskich
Materialy Komisji nauk historycznych
Prace Komisji Archeologicznej
Prace Komisji Filologii klasycznej
Prace Komisji Nauk Historycznych
Rocznik
Ruch literacki
Słownik staropolski
Studia

Institute of Systematic and Experimental Zoology
Acta Zoologica Cracoviensia
Folia Biologica

Polskie Towarzystwo Geologiczne
Regionalna Geologia Polski
Rocznik

Lódź	*Lódzkie Towarzystwo Naukowe* Biuletyn peryglacjalny
Lublin	*Biblioteka Uniwersytecka Katolickiego Uniwersytetu Lubelskiego* Roczniki filozoficzne Roczniki teologiczno-kanoniczne Rozprawy *Uniwersytet Marii Curie-Skłodowskiej* Annales. A. AA. B. C. D. DD. E. F. G. H.
Poznań	*Polskie Towarzystwo Antropologiczne* Przeglad antropologiczny *Polskie Towarzystwo Historyczne. Oddzial w Poznaniu* Studia i materialy do dziejów Wielkopolski i Pomorza *Poznańskie Towarzystwo Przyjaciol Nauk* Bulletin. Ser. C. Prace Komisji filologicznej Prace Komisji historii sztuki Prace Komisji jezykoznawczej Roczniki historyczne Zabytki jezyka i literatury polskiej
Szczecin	*Muzeum Narodove* Materiały zachodnio-pomorskie
Toruń	*Towarzystwo Naukowe* Fontes Prace wydziału filologiczno-filosoficznego Roczniki Sprawozdania Studia. Sect. C. E. F. G. Zapiski historyczne
Warszawa	*Centralny Instytut Informacij Naukowo-Technicznej i Ekonomicznej* Obzor pol'skoj techničeskoj literatury *Panstwowe Muzeum Archeologiczne* Archeologia Materiały starozytne Materiały wczesnośredniowieczne Sprawozdania Wiadomości archeologiczne *Polska Akademia nauk* Archiwum budowy maszyn Bulletin de l'Académie Polonaise des sciences. Sér. des sciences biologiques Sér. des sciences chimiques Sér. des sciences géol. et géogr. Sér. des sciences mathématiques Sér. des sciences techniques

Nauka polska
Review of the Polish Academy of Sciences
Sprawozdania z prac naukowych
Zeszyty problemowe nauki polskiej

Polska Akademia nauk. Instytut matematyczny
Annales polonici mathematici
Roczniki. Ser. I. II.
Studia mathematica

Polska Akademia nauk. Instytut zoologiczny
Acta ornithologica
Annales zoologici
Fauna polski
Fragmenta faunistica

Polskie Towarzystwo Botaniczne
Acta Societatis botanicorum Poloniae

Polskie Towarzystwo Matematyczne
Roczniki. Ser. A. Prace matematyczne
Ser. B. Wiadomości matematyczne

Warsaw Technical University. Institut of Mathematics
Demonstratio Mathematica

Wrocław *Muzeum Etnograficzne. Oddzial Muzeum Slaskiego*
Roczniki etnografii ślaskiej
Zeszyty etnograficzne

Polski Zwiazek Entomologiczny
Polskie pismo entomologiczne. Ser. B.

Wrocławskie Towarzystwo Naukowe
Comptes rendus
Prace. Ser. A. B
Sprawozdania. Ser. A. B

Portugal

Lisboa *Academia das Ciências de Lisboa*
Anuário
Boletim

Faculdade das Ciências
Portugaliae physica

Oeiras *Instituto Gulbenkian de Ciência*
Arquivo. A. Estudo matemáticos e fisico-matemáticos

SR Rumänien

București *Academia Republicii Socialiste România*
Analele
Communicările

Publicaţiile Comisiei pentru studiul şi formarea limbii şi poporului romîn
Revue des études sud-est européennes
Revue roumaine de biologie
Sér. botanique
Sér. de zoologie
Revue roumaine de chimie
Revue roumaine de géologie, géophysique et géographie
Revue roumaine de mathématiques pures et appliquées
Revue roumaine des sciences sociales
Sér. de philosophie et logique
Sér. de psychologie
Sér. des sciences économiques
Sér. des sciences juridiques
Revue roumaine des sciences techniques
Sér. de mécanique appliquée
Sér. de métallurgie
Sér. électrotechnique et énergétique
Revue roumaine d'historie
Progresele ştiintei
Studii. Revista de istorie
Studii clasice
Studii şi cercetări istorie veche
Studii şi materiale de istorie moderna
Viitorul social

Institutul Geologic
Anuarul Comitetului geologic
Dări de seama ale şedinţelor
Studi

Societatea de Stiinte Matematice si Fizice din R. P. R.
Bulletin mathématique
Gazeta matematica. Ser. A

Iasi

Academia de Stiinte Sociale şi Politice.
Institutul de Istorie şi arheologie
Annural

Schweden

Göteborg

Chalmers Tekniska Högskolas Biblioteket
Handlingar

Kungl. Vetenskaps- och Vitterhetssamhället
Arsbok

Universitetsbibliotek
Arsredogörelse
Etnologiska studier
Fynd
Göteborgs Universitets Årsskrift
Göteborger germanistische Forschungen
Gothenburg Studies in English
Romanica Gothoborgensia
Studia graeca et latina Gothoburgensia

Lund

Kungl. Fysiografiska Sällskapets
Förhandlingar

Kungl. Humanistika Vetenskapssamfundet
Årsberättelse
Scripta minora
Skrifter

Slaviska Institutet vid Lunds Universitet
Årsbok
Meddelanden (Sprakliga bidrag)

Universitetsbiblioteket
Lunds Universitets Årsskrift
Mémoires du Musée historique

Stockholm

Geologiska Föreningens
Förhandlingar
Sveriges Geologiska Undersökning

Humanistika Biblioteket. Stockholms Högskola
The Ethnographical Museum of Sweden. Monograph Studies
Stockholm Studies in History of Literature

Kungl. Svenska Vetenskapsakademien
Arkiv för Astronomi
Arkiv för Botanik
Arkiv för Geofysik
Arkiv för Kemi
Arkiv för Matematik
Arkiv för Mineralogi och Geologi
Arkiv för Zoologi
Arsbok
Bidrag till Kungl. Svenska Vetenskapsakademiens historia
Chemica scripta
Handlingar
Levnadsteckningar
Physica sripta
Skrifter u naturskyddsärenden
Stockholms Observatoriums Annaler
Zoologica scripta

Kungl. Tekniska Högskolas Bibliotek
Forskning och Framsteg

Kungl. Vitterhets Historie och Antikvitets Akademien
Antikvariskt arkiv
Arsbok
Filologiskt arkiv
Fornvännen
Handlingar. Antikvariska serien
Filosofisk-filologiska serien
Historiska serien
Historiskt arkiv
Samlinggarnas tillväxt

Nordiska Museet
Fataburen
Handlingar

Uppsala

Kungl. Humanistiska Vetenskapssamfundet
Skrifter

Kungl. Vetenskaps-Societeten
Årsbok
Nova Acta

Universitetsbiblioteket
Acta Universitatis Upsaliensis
  Acta Societatis linguisticae Upsaliensis
  Historia litterarum
  Historia religionum
Archives des traditions populaires Suédoises
Bulletin of the Geological Institute
Eranos
Uppsala Läkareförenings förhandlingar (Acta Societatis medicorum Upsaliensis)
Zoon

Schweiz

Aarau

Historische Gesellschaft des Kantons Aargau
Argovia

Basel

Historische und antiquarische Gesellschaft
Basler Bibliographie
Basler Zeitschrift für Geschichte und Altertumskunde

Naturforschende Gesellschaft
Verhandlungen

Öffentliche Bibliothek der Universität
Akademische Vorträge
Jahresverzeichnis der Schweizerischen Hochschulschriften

Bern

Allgemeine Geschichtsforschende Gesellschaft der Schweiz
Bibliographie der Schweizergeschichte
Schweizerische Zeitschrift für Geschichte

Naturforschende Gesellschaft
Mitteilungen

Schweizerische Geisteswissenschaftliche Gesellschaft
Jahresbericht

Schweizerische Naturforschende Gesellschaft
Denkschriften
Verhandlungen

Chur

Naturforschende Gesellschaft Graubündens
Jahresbericht

Genf
Institut National Genevois
Bulletin

Musée d'Art ed d'Histoire
Genava

Société Physique et d'Histoire Naturelle
Archives des sciences
Mémoires

Neuchâtel
Bibliothèque Centrale de l'Université
Mémoires
Publications du Séminaire de Géométrie
Recueil des travaux
Travaux de l'Institut botanique

Schaffhausen
Naturforschende Gesellschaft
Mitteilungen
Neujahrsblatt

Zürich
Geographisch-ethnographische Gesellschaft
Geographica Helvetica

Naturforschende Gesellschaft
Neujahrsblatt
Vierteljahrsschrift. Nebst Beihefte

Schweizerisches Landesmuseum
Jahresbericht

Senegal

Dakar
Université de Dakar. Bibliothèque Universitaire
Annales de la Faculté des Séances

Sowjetunion

Alma Ata
Akademija nauk Kazachskoj SSR
Astrofizika
Izvestija Astrofizičeskogo instituta
Trudy Astrofizičeskogo instituta

Char'kov
Char'kovskaja Gosudarstvennaja Naučnaja Biblioteka
Fizika nizkich temperatur

Char'kovskij gosudarstvennyj universitet im. A. M. Gor'kogo
Cirkular Astronomičeskoj observatorii

Erevan
Akademija nauk Armjanskoj SSR
Soobščenija Bjurakanskoj observatorii

Kazań
Kazanskij gosudarstvennyj universitet
Bjulleteń. Astronomičeskoj observatorii
Izvestija Astronomičeskoj Engel'gardtovskoj observatorii

Kiev	*Akademija Nauk Ukrainskoj SSR*	

Kiev — *Akademija Nauk Ukrainskoj SSR*
Avtomatičeskaja svarka
Doslidžennja i materialy u ukrainśkoimovy
Geologičnyj žurnal
Leksykografija i kul'tura reči
Prykladna mechanika
Trudy Poltavskoj gravimetričeskoj observatorii
Visnyk

Astronomičeskaja observatorija Gosudarstvennogo universiteta im. T. G. Ševčenko
Cirkuljar
Publikacii Kievskoj astronomičeskoj observatorii

Kišinev — *Akademija nauk Moldavskoj SSR*
Monographien

Leningrad — *Akademija nauk SSSR*
Astronomičeskij cirkuljar izdavaemyj Bjuro astronomičeskich soobščenij Akademii nauk SSSR
Astronomičeskij ežegodnik
Bjulleteń Instituta teoretičeskoj astronomii
Bjulleteń Vsesojuznogo astronomo-geodezičeskogo obščestva
Efemeridy malych planet
Geobotanika
Izvestija Glavnoj astronomičeskoj observatorii v Pulkove
Izvestija Krymskoj astrofizičeskoj observatorii
Novosti sistematiki nizšich rastenij
Novosti vysšich rastenij
Peremennye zvezdy. Bjulleteń izdavaemyj
Astronomičeskim Sovetom Akademii nauk SSSR
Sbornik Muzeja antropologii i etnografii
Soobščenija Gosudarstvennogo astronomičeskogo
instituta im K. P. Šternberga
Trudy Gel'mintologičeskoj laboratorii
Trudy Glavnoj astronomičeskoj observatorii v Pulkove
Trudy i materialy naučnych kongressov i sóveščanij, opublikovannye za rubežom
Trudy Paleonotologičeskogo instituta

Lvov — *Astronomičeskaja observatorija L'vovskogo gosudarstvennogo universiteta im. Ivano Franko*
Cikuljar

Moskva — *Gosudarstvennaja publičnaja naučno-techničeskaja biblioteka SSSR*
Uspechi chimii

Tartu — *Akademija nauk Estonskoj SSSR. Institut fiziki i astronomii*
Soobščenija Tartuskoj astronomičeskoj observatorii
Trudy

Taškent — *Akademija nauk Uzbekskoj SSR. Fundamental'naja Biblioteka*
Doklady
Obščestvennye nauki

Tbilisi — *Akademija nauk Gruzinskoj SSR*
Bjulleteń

Spanien

Barcelona	*Real Academia de Ciencias y Artes* Nomina de personal académico
Madrid	*Ciudad Universitaria. Facultad de Filosofía y Letras* Cuadernos de Filología Clásica
Valladolid	*Universidad de Valladolid. Departamento de Prehistoria y Arqueologia* Boletin

Tschechoslowakische Sozialistische Republik

Bratislava	*Geologický ústav S. Štúra* Sbornik geologických vied
	Slovenská Akadémia vied Acta geologica et geographica Ekonomicky časopis Filozofia Jazykovedny časopis Slovenskie odborné nažvoslovie
	Slovenska Akademia Vied. Geofyzikalny Ustav Bulletin of the Slovak Seismographic Stations Contributions
Brno	*Brněnská základna Československé Akademie ved* Folia Geobotanica Prace
	Czechoslovak Academy of Sciences. Botanical Institute Folia geobotanica et phytotaxonomica bohemoslavica
	J. E. Purkyně-Universita Ročenka Sbornik praci Filosofické fakulty. Řada C. E. F. G. Spisy Filosofické fakulty Spisy Lékarské fakulty Spisy Prirodovědecké fakulty
	Vysoká Škola Zemědělská Sbornik. Ř. A–C. Spisy
Olomouc	*University Palackého. Prirodovedecké fakulty* Acta
Ostrava	*Statni vedecka knihovna* Sbornik praci ped. fak.
Praha	*Československá Akademie věd* Collection of Czechoslovak Chemical Communications Rozpravy matemat. a přirod. věd Rozpravy společenskych věd Rozpravy techn. věd Slovanský prehled Věstnik

Československá Akademie věd Historický ústav
Československý časopis historický

Československá Akademie věd Geofysikálni ústav
Bulletin čsl. seismických stanic
Geofysikálni sbornik
Special Papers
Výsledky geomagnetikých

Československá Akademie věd. Matematický ústav
Aplikace matematiky
Časopis pro pestováni matematiky
Czechoslovak Mathematical Journal

Československá Akademie věd. Orientalni ústav
Archiv orientalni

Československá Akademie věd. Kabinet pro studia recká, řimska a latinska
Byzantinoslavica

Československá Akademie věd. Ústav jazyku a literatur
Slavia

Československá Akademie věd. Ustav technické fysiky
Czechoslovak Journal of Physics

Československá Akademie věd. Ústředni ústav matematický
Časopis pro pěstováni matematiky a fysiki

Československá entomologická společnost
Acta entomologica bohemoslovaca

Ministerstvo vnitra
Archivni časopis
Sbornik archivnich praci

Národni muzeum. Entomologické odděleni
Acta faunistica entomologica
Sbornik (Acta entomologica)

Statni Židovské Muzeum v Praze
Judaica Bohemiae

Ústredni ustav geologický
Rozpravy
Sbornik

VR Ungarn

Budapest

Bányaszati Kutatóintézet
Mitteilungen

Budapesti Müszaki Egyetem Központi Könyvtara
Periodica polytechnica
Elfogadot doktori diszertaciok jegy zeke

Magyar Tudományos Akadèmia
Acta biologica
Acta geologica
Acta historica
Acta historiae artium
Acta linguistica
Acta mathematica
Acta medica
Acta morphologica
Acta orientalia
Acta physiologica
Acta veterinaria
Könyvtárának kiadványai
Magyar tudomány
Studia historica

Magyar Tudományos Akadémia. Matematikai Kutató Intézetének
Studia scientiarum mathematicarum Hungaricae

Debrecen *Institutum mathematicum Universitatis Debreceniensis*
Publicationes mathematicae

Szeged *Institutum Bolyainum Universitatis*
Acta scientiarum Mathematicarum

Uruguay

Montevideo *Instituto de Matemática y Estadística. Facultad de Ingeniería y Agrimensura*
Publicationes

Museo Nacional de Historia Natural
Anales
Communicaciones antropológicas
Communicationes botánicas
Communicaciones paleontológicas
Communicaciones zoológicas
Flora del Uruguay

Sociedad de Biología
Archivos

Venezuela

Caracas *Universidad Central de Venezuela. Facultad de Ciencias. Escuela de Biología*
Acta biologica venezuelica

Vereinigte Staaten von Amerika

Albany *New York State Museum and Science Service*
Bulletin
Educational Leaflet
Handbook
Map end Chart Series

Ann Arbor	*University of Michigan* Bulletin of the American Mathematical Society
Berkeley	*University of California* Lick Observatory Bulletin Pacific Journal of Mathematics
Bloomington	*Goethe-Linck-Observatory* Publications Reprint *Indiana University Library* Indiana University Publications. Social Science Series Journal of Mathematics and Mechanics
Boston	*American Academy of Arts and Sciences* Daedalus Memoirs Records
Cambridge	*Astronomical Observatory of Harvard College* Annual Report *Massachusetts Institute of Technology* Studies in applied mathematics *Museum of Comparative Zoology at Harvard College* Annual Report Breviora Bulletin
Chicago	*Chicago Natural History Museum* Publication. Report Series
Columbus	*Ohio State University* Chemical Abstracts
Eugene	*University of Oregon. Library* Comparative Literature
Gainesville	*University of Florida. Florida State Museum* Bulletin of the Biological Science Report of the Director
Indianapolis	*Indiana Academy of Science* Proceedings
Lawrence	*Kansas Academy of Science* Transactions *University of Kansas. Library* Library Series Science Bulletin

Lexington	*University of Kentucky Library*
	Kentucky Geological Survey. Bulletin
	  Report of Investigations
	  Special Publication

Los Angeles	*University of Southern California. Allan Hancock Foundation* Allan Hancock Monographsin marine biology
Madison	*Wisconsin Academy of Sciences, Arts and Letters* Transactions
Minneapolis	*University of Minnesota. Library* Agricultural Experiment Station. Bulletin
New Haven	*Connecticut Academy of Arts and Sciences* Memoirs Transactions *Kline Science Library* Bulletin
New York	*American Academy of Arts and Letters* Proceedings *American Council of Learned Societies* Annual Report *American Museum of Natural History* Annual Report Anthropological Papers Bulletin Natural History Novitates Science Guide *Rockefeller Institute for Medical Research* Journal of General Physiology
Philadelphia	*American Philosophical Society* Memoirs Proceedings Transactions Year Book
Pittsburgh	*Hillmann Library* Southeastern Europe Byzantine Studies
Reston	*U. S. Geological Survey* Abstracts of North American Geology New Publications
San Francisco	*California Academy of Sciences* Annual Report Occasional Papers Proceedings
Seattle	*University of Washington. Library* Annual Northwest Traffic Engineering Conference. Proceedings Publications in Anthropology Publications of Oceanography Trend in Engineering

Urbana	*University of Illinois. Library*
	Agricultural Experiment Station
	Bulletin
	Circular
	Biological Notes
	Engineering Experiment Station.
	Bulletin
	Engineering Outlook
	Illinois Natural History Survey.
	Bulletin
	Circular
	Publications
Washington	*Library of Congress*
	American Bibliography of Russian and East European Studies
	World list of Future International Meetings
	National Bureau of Standards
	Earthquake Information
	Bulletin
	Journal of Research. Sect. B.
	Smithsonian Institution
	Annual Report of the Board of Regents
	Bureau of American Ethnology.
	Annual Report
	Bulletin
	Contributions from the U. S. National Herbarium
	Proceedings of the U. S. National Museum
	Smithsonian Contributions to Astrophysics
	Smithsonian Miscellaneous Collections

Westberlin

Deutsches Archäologisches Institut
Archäologische Bibliographie
Archäologischer Anzeiger
Jahrbuch

Staatsbibliothek. Preußischer Kulturbesitz
Monographien

Technische Universität
Humanismus und Technik

II. Einzelwerke

Es gingen ein an Einzelwerken im Jahre	1975	267 Bände
	1976	267 Bände

BR Dr. Dietmar Debes

ABKÜRZUNGEN

Abh.	Abhandlungen
AdW	Akademie der Wissenschaften der DDR
AfO	Archiv für Orientforschung. (Berlin) Graz
Alman.	Almanach
Ann.	Annalen
AnS	Archiv für das Studium der neueren Sprachen. Freiburg/Br. u. München
Anz.	Anzeige
AO	Der Alte Orient. Leipzig
Arch.	Archiv
ArOR	Archiv Orientalní. Prag
Bd	Band, Bände
Beil.	Beilage
Ber.	Berichte
Bespr.	Besprechung
BrP	Beiträge zur romanischen Philologie. Berlin
CVA	Corpus Vasorum Antiquorum
ders., dies.	derselbe, dieselbe
DLZ	Deutsche Literaturzeitung. Berlin 1880ff.
DMG	Deutsche Morgenländische Gesellschaft
dtsch.	deutsch (e, er)
dtv	Deutscher Taschenbuch-Verlag
Einltg.	Einleitung
FSt	French Studies. Oxford
Festschr.	Festschrift
Forsch.	Forschungen
FuF	Forschungen und Fortschritte. Berlin
GRM	Germanisch-romanische Monatsschrift. Heidelberg
HR	Hispanic Review. Philadelphia
HZ	Historische Zeitschrift
Interv.	Interview
Jahrb., Jb.	Jahrbuch
Kal.	Kalender
KMU	Karl-Marx-Universität Leipzig
Ktn	Karten
Lfg	Lieferung

MGH	Monumenta Germaniae Historica
Mitt.	Mitteilungen
Nachr.	Nachruf
NF	Neue Folge
OLZ	Orientalische Literaturzeitung. (Leipzig) Berlin
o.V.	ohne Verfasser
PGM	Petermanns Geographische Mitteilungen
PH	Pädagogische Hochschule
Pl.	Plan, Pläne
Psych.	Zeitschrift für Psychatrie, Neurologie und medizinische Psychologie
Rbph	Revue belge de philologie et d'histoire. Bruxelles
Rdsch.	Rundschau
Rev.	Revue
RF	Romanische Forschungen. Köln
RGW	Rat für gegenseitige Wirtschaftshilfe
Rhl	Revue d'histoire littéraire de la France. Paris
StF	Studi francesi. Torino
T.	Teil
TH	Technische Hochschule
ThLZ	Theologische Literaturzeitung. (Leipzig) Berlin
TU	Technische Universität
Vortr.	Vortrag
Vorw.	Vorwort
WB	Weimarer Beiträge. Berlin u. Weimar
WHO	World Health Organisation
Wiss. Ann.	Wissenschaftliche Annalen. Berlin 1952ff.
Wschr.	Wochenschrift
WTA	Wissenschaftlich-technische Assistentin
WZ	Wissenschaftliche Zeitschrift
Z., Zschr.	Zeitschrift
ZAA	Zeitschrift für Anglistik und Amerikanistik
Zbl.	Zentralblatt
ZfG	Zeitschrift für Geschichtswissenschaft
ZfS, ZfSl.	Zeitschrift für Slawistik
ZfSL	Zeitschrift für französische Sprache und Literatur. Wiesbaden
ZrP	Zeitschrift für romanische Philologie. Tübingen
ZRG (GA, RA, KA)	Zeitschrift der Slavigny-Stiftung für Rechtsgeschichte (germanistische Abteilung, romanistische Abteilung, kanonistische Abteilung)
Ztg	Zeitung

NAMENREGISTER

(Mitglieder der Akademie und der mit ihnen im Zusammenhang stehende Personenkreis)

Aebischer, Paul **29**
Aland, Kurt **29, 144, 174–175**
Angelov, Dimiter Simeonov **30, 175**
Arland, Anton 3, 7, **38**, 45, **203–213**
Auerbach, Erich 291
Avanesov, Ruben Ivanovič **361**

Baetke, Walter 23, 45, 96
Bahner, Werner 4, **23–24**, 45, 84, 94, 135, **136–137, 176**, 300
Barck, Karlheinz 300
Barkhausen, Heinrich 100
Baumann, Eckehard 50
Beck, Friedrich 81
Becker, Richard 215
Beckert, Herbert **9**, 44, 80, **158**
Bedbuhr, Michael 82
Benedict, Ernst 50
Berg, Hermann 4, **9**, 94, 123, 124, 134, 156, **158**, 263
Bergmann, Gunter 84, 85, 117
Bernhardt, Arnd 50
Beševliev, Veselin **30**, 138, 145, 177
Bethge, Heinz **9**, 44, 46, **158–159**
Beyer, Kurt 47
Biedermann, Wilhelm 48
Bieler, Joachim 50
Binder, Ludwig 7, 47
Birkenbeil, Heiner 50
Bischoff, Karl **30**, 81, 136, **177**
Blaschke, Karlheinz 81, 82
Bloch, Felix 154, 247, 248
Blum, Siegfried 84
Blum, Sybille 84
Blumenthal, Lieselotte **24**, 94, 144, **145–146, 177**
Böhm, Gustav-Adolf 50, 60
Böhme, Hans-Joachim 109
Boer, Elisabeth 82
Bohr, Niels 151, 154, 155, 214, 246, 248
Bonhoeffer, Karl Friedrich 248
Born, Max 151, 153, 154, 246, 248
Braune, Christian Wilhelm 47
Brednow, Walter 3, **38**, 94, 123–124, 156, **220 bis 229**
Bredt, Heinrich 7, **16, 44**
Broglie, Louis Victor de 152, 246
Brüning, Eberhard 5, 7, **24**, 46, 94, **139–140**, 144, 146, 148, **177–178**
Bruford, Walter Horace **30**, 138, **178–179**
Bruhns, Carl 47
Bruhns, Leo 280
Buchda, Gerhard **24**, 45, 46, 81, 82, 84, 93, 118, 147, **179**
Buchheim, Wolfgang **9**, 49, 55, 94, 114, 134, **151–155**, 156, **159**
Buchner, Paul **16**
Buder, Johannes 203
Budevski, Evgeni Bogdanov **16–17**
Bücher, Karl 48
Bursian, Conrad 47
Busch, Karl-Franz **9–10, 42**, 45, 46, **159**

Chadwick, James 44
Coblenz, Werner **24**, 46, 81, 94, 135, 147, **180 bis 181**
Czok, Karl **24–25, 42**, 45, 46, 81, 82, **181**

Dabelow, Adolf **17**
Dahl, Eva-Sophie 85
Debes, Dietmar 8, 81, 82, 351
Debye, Peter 213
Dirac, Paul 246
Diesner, Hans-Joachim **25**, 46, 81, 144–148, **181–182**
Dietze, Walter **25**, 44, 46
Döbereiner, Johann Wolfgang 47
Dörter, Klaus 3, 4, **10**, 46, 49, 94, **126**, 134, **159**, 207, 241
Drischel, Hans 5, 7, **10**, 44, 80, 134, 156, **159**
Drobisch, Moritz Wilhelm 101
Droz, Jacques **30**
Dudek, Gerhard **362**
Dürwald, Wolfgang **362**

Eberhardt, Hans 81, 83
Eibisch, Hermann 50, 62
Eichler, Ernst 81, 84, 157, **363**
Eichler, Ingrid 85
Einstein, Albert 213
Eißfeld, Otto 45
Ellenberger, Wilhelm 48
Emmrich, Rolf 7
Erben, Johannes **30**, 44, 135, 138, **182**
Eschenburg, Liesel 85
Eßbach, Hasso **10**, 45

Fechner, Gustav Theodor 149
Fejes Tóth, László **17**, **160**
Flechsig, Paul 48
Fleischer, Wolfgang 84
Foerster, Fritz 48
Förster, Max 139, 140
Forberger, Rudolf **25**, 81, 83, **182**
Frahm, Friedericke 50
Franck, James 151, 213, 214
Frank, Christine 50
Frede, Dieter 8
Freimuth, Ulrich **10**, 46, 49, 94, 131, **149–150**, **160**
Frings, Theodor 7
Fröhlich, Gertrud 85
Frumkin, Alexander N. 4, **39**, 110, **261–279**
Fück, Johann 44
Funke, Otto 48

Gadamer, Hans-Georg **30–31**, **182–183**
Georgiev, Vladimir I. **31**
Gerasimov, Innokentii Petrovich **17**, **160–163**
Gerhardt, Ursel 80
Gersch, Manfred **10–11**, 44, 49, 60, 62, 63, 113, 114, 156, **163–164**
Giese, Annemarie 213
Görlich, Paul **11**, 44–46, 49, 120, 131, 134, **164**
Götz, Heinrich 84, 117
Goldschmidt, Eugen 213
Grau, Anneliese 91, 92, 119
Gringmuth-Dallmer, Hanns 81
Große, Rudolf 5, 7, **25**, 81, 84, 94, 135, **146** bis **147**, **183–184**
Großkopf, Gertraude 80
Gundlach, Jürgen 85, 118
Gutschmidt, Hermann Alfred v. 47

Haenisch, Erich 47
Hahn, Otto 213
Hamilton, William Rowan 151, 152
Hanson, Horst **11**, 49, 50, 94, 133, **134**, **164** bis **165**
Hantsch, Arthur 229, 230
Hartsch, Inge 50
Hasse, Maria 116, 156
Haushofer, Albrecht 95
Havránek, Bohuslav **31**
Heilemann, Hildegard 82
Heimpel, Hermann **31**, 135, 146, 148, **184**
Hein, Franz 4, **38**, 44, 45, **229–239**
Heinze, Richard 48
Heisenberg, Werner 4, **39–40**, 44, 125, 133, 134, 151, 154, **246–261**
Heitz, Gerhard 81
Helferich, Burckhardt **17**
Heller, Rolf 84, 156
Helm, Dagmar 85
Hentschel, Walter 46
Herrmann, Ingeborg 82
Herrmann, Johannes 82
Herrmann, Renate 85
Hertwig, Paula **17**, 44, 45
Hertz, Gustav 3, **38–39**, 44, 45, 151, **213–220**
Hertz, Heinrich 213
Heydel, Werner 300
Heyrovský, J. 262
Hiebsch, Hans **25**, 46, 50, 64, 84, 94, 119, **148** bis **149**
Hilbert, David 213
Hill, Archibald Vivian **17–18**, 44
Hilse, Hilda 9
Hölder, Ernst **18**, 93
Hoffmann, Gerhard 47
Hopf, Eberhard **18**
Horn, Heidemarie 50, 69
Huber, Kurt 96
Hückel, E. 248
Hund, Friedrich 4, **18**, 44, **165**, 249

Ilberg, Johannes 48
Iordan, Iorgu **31–32**, 135, **184–185**
Ising, Gerhard 84, 85, 117

Jacobi, Erwin 7
Jäger, Klaus-Dieter 50
Jahn, Johannes 4, 7, **40**, 45, 157, **279–290**
Jarceva, Viktoria N. **31**, **185–186**
Jordan, Herbert **11**, 49, 55, 94, 114, **125**, 156, **165**
Jordan, Pasqual 151, 246
Jorke, Dietfried 3, 222
Junghans, Helmar 81

Kabisch, Gunter 49
Kähler, Erich **18**
Kaischev, Rostislav **18**
Karšulin, Miroslav **18–19**
Keitel, Ruth 80
Keldysch, Mstislav **19**
Keller, Ott-Heinrich **11**, 44, 94, 116, **120**
Kersten, Martin **19**
Kießling, Karin 50
Klimaszewski, Miecysław **19**
Klinkowski, Maximilian 46
Klose, Manfred 49
Kobialka, Manfred 8
Kobuch, Manfred 82
Koch, Herbert 47
Köhler, Reinhold 47
König, Robert **19**
König, Walter 100
Köppe, Ingeborg 84
Körner, Annelies 80
Köstler, Margot 80
Kohlschütter, V. 261
Kolotyrkin, Jakob Mikhailovitsch **19–20**, **166 bis 167**
Koschaker, Paul 47
Krackow, Erika 85
Kramer, Kurt **20**
Krauss, Werner 4, **40–41**, 44–46, 96, **290** bis **315**
Krug, Herbert **362**
Krug, Walter 84
Kühn, Julius 241
Kühnert, Friedmar **25–26**, 93, 94, 136, 138, **143–144**, 147, **186**
Kumaniecki, Kazimierz **32**

Ladendorf, Heinz 7, **32**
Lagally, Max 47
Lampadius, Felix 50
Lamprecht, Karl 118
Landmann, Helga 51, 76
Lange, Erich **20**
Langer, Bernhard 84
Laqua, Erika 80
Laue, Max v. 213
Lea, Elisabeth 8
Lehmann, Edgar 5, 7, **26**, 45, 49, 81, 82, 110, **113–119**, 150, **186**
Leipoldt, Johannes 47
Lerchner, Gotthard 84
Leser, Rita 50
Leutwein, Friedrich 44, 120
Lieberwirth, Rolf **26**, 45, 46, 81, 82, 146, 148
Ligeti, Lajos **32–33**
Lindau, Sabine 50
Lindenau, Bernhard August v. 47
Lissa, Zofia **33**, **186**
Lösche, Artur 3, **11–12**, 44, 45, 94, 120, 131, 156, **167–168**, 216
Löster, Heinz 51, 76
Lomov, Boris F. **361–362**
Lueken, Bernd Lüder **12**, 94, **121–123**

Maier, Wilhelm **20**, 156, **168**
Mannsfeld, Karl 50
Markov, Walter **26**, 44–46, 81, 96, 135, 136, 138, 144, 145, **187–188**
Matzen, Peter Friedrich 7, **12**, 45, **168**
Mayrhofer, Manfred **33**, 145, **188–189**
Meischner, Lona 80
Meister, Richard 47
Meitner, Liese 213
Meßner, Rosemarie 50
Mettke, Heinz 84
Meyer, Hans 48
Meyer, Rudolf **27**, 94, **147–148**, **189**
Michałowski, Kazimierz **33–34**, **189–190**
Michels, Victor 48
Möbius, Friedrich **27**, **42–43**, 46, **190**
Mohs, Margot 80
Morenz, Siegfried 7
Mothes, Kurt **12–13**, 44, 45, **168–169**, 240
Mrusek, Hans-Joachim 81, 83, 92
Müller, Gertraud 84
Müller, Joachim **27**, 46, 94, **137–138**, **144** bis **145**, 147, 148, 156, 157, **190–191**
Müller, Karl Otto **20**
Myrberg, Pekka Juhana **20**, 120

Neef, Ernst 5, 7, **13**, 46, 49, 50, 68, 81, 93, 94, 115, 120, 123, **127–129**, 131, **169**
Németh, Julius **34**
Nernst, Walter 213
Neubert, Albrecht **27**, 46, 84, 94, 117, 135, **191** bis **192**
Neumann, Isolde 85
Neumann, Werner **27**, 44–46, **192**
Neuß, Erich 81, 83, 84
Nissen, Rudolf **20–21**
Nötzel, Traudel 50
Nowotny, Paul 81

Obenaus, Fritz **13**, 44–46
Oelßner, Wilhelm **13**, 45

Orlandos, Anastasios K. **34**, 136, **192**
Otto, Ernst 84

Paetzold, Roland **13–14**, **42**, 46, **169**
Parthier, Benno **362**
Partikel, Inge 8
Paul, Eberhard 91, 92, 119
Pauli, Wolfgang 247
Pée, Willem **35**, **192–193**
Peek, Werner **27–28**, 44, 93, **193**
Petschow, Herbert **35**, **194**
Peukert, Herbert **35**, 46, 84, 94, 137, **138–139**, 147, **194**
Pfeffer, Wilhelm 203
Pinder, Wilhelm 280
Planck, Max 247
Poulík, Josef **35**, **194**
Préaux, Claire **36**, **194**
Protze, Helmut 85, 118
Průšek, Jaroslav **36**
Pührer, Herbert 49

Quincke, G. H. 262

Radtke, Gisela 50
Rădulet, B. Remus **21**
Rädlein, Hertha 85
Rammler, Erich **14**, 44, 45, 94, 123, **131–132**, 134, **169–170**
Rathmann, Lothar **28**, **43**, 44–46
Richter, Klaus 49, 62
Riemann, Susanne 50
Ries, Werner **14**, **42**, **170**
Ritter, J. W. 262
Rochler, Wolfgang 82
Rosenkranz, Heinz 85
Rothe, Christian 85
Ruchholz, Matthias 49, 54
Rudolph, Kurt **28**, 46, 94, 136, 138, 141–142, 144, 146–148, **194–195**
Rüprich, Gerda 81
Ruge, Sophus 47
Ruhland, Wilhelm 203
Runge, Bärbel 50
Runge, Franz **44**, 133, 134

Sadlon, Hilde 81
Sakhanow, A. N. 261
Salié, Hans 80, 81, 116
Scheel, Heinrich 294
Scheibe, Gudrun 80
Schenk, Winnifred 80
Scheumann, Karl Hermann 47
Scheunert, Arthur 47
Schlechte, Horst 81, 84
Schmalfuß, Karl 4, **39**, 44, 45, **239–245**
Schmarsow, August 280
Schmid, Erich **21**
Schmidt, Eberhard **36**
Schmitt, Rudolf Wilhelm 47
Schneider, Ferdinand Josef 47
Scholl, Hans und Sophia 96
Schröder, Robert 7
Schröder, Winfried 300
Schrödinger, Ernst 152–155, 246
Schubart-Fikentscher, Gertrud 7, **28**, 45, 81
Schücking, Levin L. 139, 140
Schürr, Friedrich 291
Schultheis, Johannes 157
Schulze, Gustav E. R. 44, 46
Schuster, Heinz 84
Schwab, Ingeborg 50
Schwabe, Kurt 5, 7, **14–15**, 44–46, 49, 51, 80, 94, **95–112**, 124–125, **132–133**, 148, 149, 150, 151, 156, **170–171**
Seidler, August 48
Seim, Hermann 76
Simon, Arthur 7, 45
Skrjabin, Georgi K. **22**
Smiałowski, Michał **22**, **171**
Sočaca, Viktor Borisovič **361**
Sommerfeld, Arnold 213, 248
Spangenberg, Karl 85, 117
Sperling, Ortrud 80
Spitzin, Viktor Iwanowitsch 22, 94, **124–125**
Sporleder, Jutta 8
Stark, Carl Bernhard 48
Stather, Fritz 45
Staude, Herbert **22**
Steinmetz, Max 81, 83
Stephan, Bernd 82
Stern, Leo 81
Stobbe, Johann Ernst Otto 47
Strack, Erich 7, **15**, 44, 45, 49, 71, 76, 80, 115, 123, **171**
Straub, Werner **28**, 45, 46
Stubbe, Hans **15**, 44, 45, 120
Studniczka, Franz 48

Tackenberg, Kurt **36**, 135
Telegdi, Zsigmond **36**, **196**
Teller, Edward 248
Thieme, Paul **36**
Ţiţeica, G. Şerban 22

Tomashov, Nikon Danilovič **361**
Tottermusch, Paul 8
Träger, Claus **28—29**, 46, **145**, 148, **196**
Treibs, Wilhelm **22**, **44**, 45
Turner, Eric Gardner **37**, **196—197**

Uhlmann, Dietrich **15**, 49, 60, 67, 71, 94, 123, **129—130**, 134, **172**
Ukert, Friedrich August 48
Ullmann, Ernst 4, 281
Unger, Manfred 81, 82

Van der Waerden, Bartel L. **22—23**, 248
Volkelt, Johannes 48
Vossler, Karl 291, 292
Vossler, Otto **37**, **197**

Wagner, Carl 23, 120, 172
Wächter, Carl Georg v. 48
Walter, Ernst 157
Walther, Hans 81, 82, 84, 157
Warburg, Emil 213
Wartburg, Walter v. 96
Wartenberg, Günther 82
Watznauer, Adolf **16**, 45, 49, 55, 114, 131
Weber, Ernst Heinrich 149
Weichsel, Lebrecht 80, 81, 116, 229
Weidhaas, Hermann 81
Weise, Ingelore 85
Weise, Magdalene 50
Weißenow, Hannelore 119
Weizsäcker, Carl Friedrich v. **37**, 138, **197—198**, 247
Weller, Friedrich **29**, **44**, 45, 96, 138, **144**, 146, 148, **199**
Werl, Elisabeth 82
Werner, Ernst **29**, 44—46, 81, 84, 94, 135, **140—141**, 145, 157, **199**
Westmeier, Sigrid 8
Westphal, Wilhelm 213
Wezel, Lothar 85
Wieacker, Franz **37**, 135
Wiemers, Gerald 2, 8, 213, 239, 245, 279
Wiese, Annemarie 85
Wiese, Joachim 85
Wilcke, Claus 156
Winkler, Gudrun 50
Wittkowski, Teodolius 85
Wittkowski, Hartmut 85
Wittkowski, Ingrid 85
Wolf, Friedrich 4, **16**, 44, 45, 50, 76, 94, 115, **133—134**
Wolf, Leopold **44**, 45, 49
Wolfrum, Gerhard 84
Wollgast, Siegfried **363**
Worringer, Wilhelm 47
Wülker, Richard 139, 140
Wünsche, Rosemarie 81
Wundt, Wilhelm 102, **148—149**

Zabelt, Marianne 8
Zade, Adolf 203, 204, 206
Zhdanov, German Stepanovitsch 23
Zimmern, Heinrich 48
Zwicker, Ruth 49, 205

ZUWAHLEN

In der Plenarsitzung vom 14. April 1978 wurden gewählt:

Auswärtige Mitglieder der mathematisch-naturwissenschaftlichen Klasse

Sočava, Viktor Borisovič, Dr. der geographischen Wissenschaften, Professor für Geographie und Geobotanik, 1959—1976 Direktor des Geographischen Instituts der Akademie der Wissenschaften der UdSSR in Irkutsk (Sibirischer Zweig), Träger des Leninordens 1954 und 1975, Vizepräsident der Internationalen Assoziation der Ökologen und Physio-Geographen, o. Mitglied der Akademie der Wissenschaften der UdSSR, Ehrenmitglied der Geographischen Gesellschaft in der DDR, geb. 20. VI. 1906 in St. Petersburg (14. IV. 1978). † 29. XII. 1978.

Tomashow, Nikon Danilovič, Dr., Prof. für physikalische Chemie der Metalle, Korrosions- und Metallschutz, Leiter des Laboratoriums für Korrosionsforschung von Metall-Legierungen am Institut für physikalische Chemie der Akademie der Wissenschaften der UdSSR in Moskau, Verdienter Wissenschaftler der UdSSR, Träger des Ordens des Roten Arbeitsbanners, Inhaber der W. R. Whitney-Auszeichnung der NACE (USA), Mitglied der International Society of Electrochemistry (ISE), geb. 24. XII. 1905 in Kiev, V-312 Moskau, Wawilow-Straße 55/7, Wohnung 48, Tel. 124-61-27; dienstlich: Institut für physikalische Chemie der Akademie der Wissenschaften der UdSSR, V-312 G.S.P. Moskau, Leninsky Prospekt 31, Tel. 234-00-14,-2-29 (14. IV. 1978).

Auswärtige Mitglieder der philologisch-historischen Klasse

Avanesov, Ruben Ivanovič, Dr. phil., Dr. phil. h. c. (Warszawa), Prof. für russische und slawische Sprachwissenschaft, dialektologisch-historische Phonologie und Theorie der Orthographie an der Lomonossow-Universität in Moskau, Vizepräsident der Association Phonétique Internationale und der Redaktion des Sprachatlasses von Europa, Leiter und Chefredakteur des Wörterbuches der altrussischen Sprache, Leiter der Kommission für den Gesamtslawischen Sprachatlas beim Internationalen Slawistenkomitee und Vorsitzender des Redaktionskollegiums, Staatspreisträger der UdSSR, Inhaber des Ordens des Roten Arbeitsbanners, zweier Ehrenzeichen, der Verdienstmedaille der Akademie der Wissenschaften der ČSSR für Verdienste im Bereich der ganzen Wissenschaften, korresp. Mitglied der Akademie der Wissenschaften der UdSSR und der Akademie der Wissenschaften und der Literatur in Mainz, Ehrenmitglied der Linguistischen Gesellschaft der Akademie der Wissenschaften der ČSSR, geb. 14. II. 1902 in Šuša (Aserbaidschan), 117333 Moskau, Wawilow-Straße 48, Wohnung 169, Tel. 137-51-97; dienstlich: Institut für russische Sprache der Akademie der Wissenschaften der UdSSR, 121019 Moskau, Volchonka 18/2, Tel. 202-59-71 (14. IV. 1978).

Lomov, Boris F., Dr. phil., Prof. für Psychologie, Direktor des Instituts für Psychologie bei der Akademie der Wissenschaften der UdSSR in Moskau, Präsident der Allunionsgesellschaft der Psychologen in der UdSSR, Vizepräsident der International Union of Psychological Sciences, korresp. Mitglied der Akademie der Wissenschaften der UdSSR und der Akademie der Pädagogischen Wissenschaften der UdSSR, geb. 28. 1. 1927 in Gorki, Institut für Psychologie der Akademie der Wissenschaften der UdSSR, 129366 Moskau, Jaroslavskaja Straße 13 (14. IV. 1978).

In der Plenarsitzung vom 20. Oktober 1978 wurden gewählt:

Ordentliche Mitglieder der mathematisch-naturwissenschaftlichen Klasse

Dürwald, Wolfgang, Dr. med., o. Professor für Gerichtliche Medizin an der Karl-Marx-Universität Leipzig, Direktor des Instituts für Gerichtliche Medizin und Kriminalistik am Bereich Medizin der Karl-Marx-Universität, Verdienter Arzt des Volkes, Obermedizinalrat, Friedrich-Engels-Preisträger, Inhaber der Hufeland-Medaille in Gold, der Kopernikus-Medaille der Universität Kraków und der Richard-Kockel-Medaille der Gesellschaft für Gerichtliche Medizin der DDR, Mitglied der Internationalen Akademie für Gerichtliche und Soziale Medizin, seit 1976 Vizepräsident dieser Akademie, Mitglied der Gesellschaft für Gerichtliche Medizin der DDR, der Gesellschaft für Militärmedizin der DDR, der Gesellschaft für Hämatologie und Bluttransfusion der DDR, der Gesellschaft für Humangenetik der DDR und der Gesellschaft für Experimentelle Medizin der DDR, Ehrenmitglied der Allunions-Gesellschaft für Gerichtliche Medizin der UdSSR, der Royal Society of Medicine in London und der Soziedad de Medicina Legal in Chile, geb. 13. I. 1924 in Hagen (Westfalen), 7027 Leipzig, Naunhofer Straße 18, Tel. 8611636 (20. X. 1978).

Krug, Herbert, Dr.-Ing., o. Professor für Verfahrenstechnik an der Bergakademie Freiberg, Inhaber der Verdienstmedaille der DDR, der Artur-Becker-Medaille der FDJ in Silber, der Medaille für Verdienste in der Kohleindustrie in Gold, der Ehrenplakette der Stadt Freiberg in Silber, der Karl-Kegel-Medaille der ehemaligen Brennstofftechnischen Gesellschaft in der DDR und der Humboldt-Medaille in Gold, Mitglied der wissenschaftlich-technischen Gesellschaft „Energiewirtschaft" und der montanwissenschaftlichen Gesellschaft der KdT, geb. 10. 1. 1919 in Brossen (Kr. Zeitz), 92 Freiberg, Lindenweg 10, Tel. 47801 (20. X. 1978).

Parthier, Benno, Dr. rer. nat., Professor für Molekularbiologie an der Akademie der Wissenschaften der DDR, Institut für Biochemie der Pflanzen in Halle, Mitglied und Präsidiumsmitglied der Deutschen Akademie der Naturforscher Leopoldina in Halle, Mitglied und Vorstandsmitglied der Biochemischen Gesellschaft in der DDR, Mitglied der Biologischen Gesellschaft in der DDR und der American Society of Photobiology, geb. 21. VIII. 1932 in Holleben (Saalkreis), 402 Halle (Saale), Am Birkenwäldchen 7, Tel. 31990 (20. X. 1978).

Ordentliche Mitglieder der philologisch-historischen Klasse

Dudek, Gerhard, Dr. phil., o. Professor für Russische Literatur an der Karl-Marx-Universität Leipzig, Inhaber der Johann-Heinrich-Pestalozzi-Medaille in Bronze, Mitglied der Kommission für Slawische Poetik und Stilistik beim Internationalen Slawistenkomitee, geb. 30. XII. 1922 in Groß-Peterwitz (Westpreußen), 705 Leipzig, George-Bähr-Straße 15, Tel. 66462 (20. X. 1978).

Eichler, Ernst, Dr. phil., o. Professor für Tschechische Sprache an der Karl-Marx-Universität Leipzig, Inhaber der Johann-Heinrich-Pestalozzi-Medaille in Bronze und Silber, Mitglied der Historischen und der Sprachwissenschaftlichen Kommission der Akademie, des Nationalkomitees der Slawisten der DDR, Vorsitzender der Onomastischen Kommission dieses Nationalkomitees, Mitglied der Kommission für slawische Schriftsprachen beim Nationalkomitee der Slawisten der DDR, der Onomastischen Kommission beim Internationalen Slawistenkomitee, des International Comittee of Onomastic Sciences (ICOS) und des Nordischen Komitees für Zusammenarbeit auf dem Gebiet der Namenforschung (NORNA), der Societas Jablonoviana in Leipzig, der Bilateralen Kommission DDR/ČSSR für Bohemistik und Slowakistik beim Ministerium für Hoch- und Fachschulwesen der DDR und des Linguistischen Arbeitskreises an der Karl-Marx-Universität Leipzig, geb. 15. V. 1930 in Mimoň (ČSSR), 703 Leipzig, Kantstraße 36, Tel. 35140 (20. X. 1978).

Wollgast, Siegfried, Dr. phil., o. Professor für Geschichte der Philosophie an der Technischen Universität Dresden, Inhaber der Johann-Gottfried-Herder-Medaille in Gold, der Silbernen Ehrennadel der „Urania", der Erinnerungsmedaille „20 Jahre Kampfgruppen der Arbeiterklasse" und des Preises der TU Dresden II. Klasse, geb. 27. IX. 1933 in Schönlanke (Netzekreis), 8019 Dresden, Thomas-Müntzer-Platz 10, Tel. 691264 (20. X. 1978).

In der Plenarsitzung vom 8. Juni 1979 wurden gewählt:

Auswärtige Mitglieder der mathematisch-naturwissenschaftlichen Klasse

Fink, Julius, Dr. phil., o. Professor für Geographie an der Universität Wien, wirkliches Mitglied der Österreichischen Akademie der Wissenschaften in Wien, geb. 18. IV. 1918 in Wien, 1090 Wien, Alserbachstraße 11, Tel. 3480313 (8. VI. 1979).

Szabó, Zoltán, G., Dr. rer. nat., Dr. rer. nat. h. c. (München, FU Berlin), o. Professor für physikalische Chemie an der L. Eötvös Universität Budapest, Direktor des Instituts für Anorganische und Analytische Chemie an der L. Eötvös Universität Budapest, Inhaber des Staatspreises der VR Ungarn, o. Mitglied der Ungarischen Akademie der Wissenschaften in Budapest, Mitglied des Council of the International Congress on Catalysis, geb. 30. V. 1908 in Debrecen (Ungarn), Eötvös Loránd Universität, Faculty of Science, Budapest VIII, Múzeum-Körut 6—8 (8. VI. 1979).

Auswärtige Mitglieder der philologisch-historischen Klasse

Hamann, Günther, Dr. phil., o. Professor für Geschichte der Neuzeit an der Universität Wien, Inhaber der Johannes-Amos-Comenius-Medaille der ČSSR, der Nicolaus-Copernicus-Medaille der VR Polen, des Kommandeurkreuzes des Ordens für Verdienste um die Volksrepublik Polen und des Nationalpreises der Republik Portugal für wissenschaftliche Literatur, wirkliches Mitglied der Österreichischen Akademie der Wissenschaften in Wien, korresp. Mitglied der Académie Internationale d'Histoire des Sciences in Paris, Vorstandsmitglied der Österreichischen Geographischen Gesellschaft und der Gesellschaft Österreichischer Bibliotheken, Leiter des Arbeitskreises „Geschichte der Reisen und Entdeckungen" der internationalen Alexander v. Humboldt-Gesellschaft, Mitglied der Kommission für die Copernicus-Gesamtausgabe und Leiter der österreichischen

Zweigstelle, geb. 12. X. 1924 in Wien, 1190 Wien, Tallesbrunngasse 8, Tel. 3246724 (8. VI. 1979).

Ivić, Milka, Dr. phil., o. Professor für Slawistik, Serbokroatistik und allgemeine Sprachwissenschaft an der Universität Beograd, o. Mitglied der Serbischen Akademie der Wissenschaften und Künste in Beograd, korresp. Mitglied der Norwegischen Akademie der Wissenschaften in Oslo, geb. 4. XII. 1924 (8. VI. 1979).

Mitchell, Terence Frederick, Dr. phil. o. Professor für Linguistik und orientalische Sprachen, Direktor des Department of Linguistics an der Universität Leeds, Mitglied der Philological Society in London, geb. 3. V. 1919 in Torquay/Großbritannien (8. VI. 1979).

FSC
www.fsc.org
MIX
Papier | Fördert
gute Waldnutzung
FSC® C083411

Kolibri 360 GmbH
Ferdinand-Jühlke-Straße 7
99095 Erfurt, Deutschland
produktsicherheit@kolibri360.de